LES SCIENCES MATHÉMATIQUES

DU BREVET ÉLÉMENTAIRE

a

QUESTIONS PRATIQUES DE SCIENCES

au

BREVET ÉLÉMENTAIRE

PAR

Ch. PLOMION

Licencié ès sciences, directeur d'École à Paris, examinateur au Brevet

Une brochure de 104 pages . . . .   0 fr. 90

Le nouveau programme du Brevet porte que les interrogations sur les Sciences devront être plutôt pratiques que théoriques, partir du concret pour aboutir à la loi scientifique. C'est dans cet esprit qu'ont été rédigées les questions et les réponses de cet opuscule, destinées à faciliter la tâche des maîtres et des élèves.

Rompus d'avance à cette gymnastique, les candidats prendront confiance en eux-mêmes et ne se laisseront pas dérouter par des interrogations qui ne correspondent plus à l'exposé méthodique de leur manuel.

(*Majoration temporaire de* **25 %.**)

LES SCIENCES MATHÉMATIQUES

DU BREVET ÉLÉMENTAIRE

ARITHMÉTIQUE
GÉOMÉTRIE ÉLÉMENTAIRE
ALGÈBRE PRATIQUE

AVEC PLUS DE 1.700 EXERCICES THÉORIQUES ET PRATIQUES

PAR

A. BRÉMANT

Officier de l'Instruction publique

**Nouvelle édition, entièrement conforme
au programme de 1920**

PARIS

LIBRAIRIE A. HATIER

8, RUE D'ASSAS, 8

—

1922

AVERTISSEMENT

POUR LA NOUVELLE ÉDITION

Ce volume a été transformé dans les mêmes conditions que ceux des *Sciences naturelles* et des *Sciences physiques* pour le mettre en harmonie parfaite avec les programmes d'août 1920 (1).

Mais en modifiant le texte, on a eu grand soin de garder, des éditions précédentes, ce qui avait jusqu'ici fait le succès du livre, c'est-à-dire : les définitions toujours courtes et claires, les démonstrations purement arithmétiques, les exemples simples et bien choisis, en un mot, les caractères de netteté et de simplicité qui aident tant à la compréhension des notions d'arithmétique.

De nombreuses additions ont dû être effectuées. C'est ainsi qu'un chapitre nouveau a été consacré au calcul mental, un autre aux mouvements des mobiles, permettant la résolution des nombreux problèmes que l'on pose aujourd'hui sur ces matières.

Les notions relatives au SYSTÈME MÉTRIQUE sont entièrement conformes à la nomenclature imposée par la loi de 1903.

(1) *Voir à la fin du volume à la page 532 la table de concordance avec le nouveau programme officiel.*

Nous avons introduit dans le cours de l'ouvrage et d'une façon régulière, de nombreux corrigés de questions théoriques et pratiques. Nous espérons que cette innovation sera accueillie avec faveur. Il est bon que les élèves aient sous les yeux, d'une façon constante, des exemples de raisonnements arithmétiques, particulièrement en ce qui concerne les questions théoriques.

Les notions d'ALGÈBRE et de GÉOMÉTRIE ÉLÉMEN-TAIRES complètement remaniées, simplifiées le plus possible et mises à la portée de tous, suivent exactement le programme donné, par l'arrêté du 18 août 1920, aux Écoles primaires supérieures et aux Cours complémentaires et contribueront à donner au volume entier le caractère pratique qui fit son succès.

Enfin, nous avons ajouté plus de 1.700 exercices théoriques et pratiques, pris dans les sujets donnés aux examens du Brevet élémentaire et de l'Admission aux Écoles normales. Nous les avons choisis et classés de telle façon que les élèves puissent y trouver des exemples de toutes les difficultés qui peuvent leur être proposées.

Nous espérons que ce livre, tel qu'il se présente actuellement, rendra les plus grands services aux candidats au Brevet élémentaire et aux élèves des Cours complémentaires et que cette édition sera accueillie avec la même faveur que les précédentes.

LES SCIENCES MATHÉMATIQUES

DU BREVET ÉLÉMENTAIRE

CHAPITRE PREMIER

NOTIONS PRÉLIMINAIRES

1. L'Arithmétique est la science des *nombres*. C'est elle qui nous apprend à les former, à les nommer, à les écrire, à les combiner, à connaître leurs propriétés.

2. Un **Nombre** est la réunion de plusieurs *unités*.

3. On appelle **Unité**, le terme de comparaison qui a servi à évaluer un nombre.

Ainsi lorsqu'on dit qu'un ruban a vingt-cinq mètres, cela signifie que le ruban contient vingt-cinq fois la longueur qui a été prise comme unité : le mètre.

4. Le nombre est *entier* s'il n'est composé que d'unités.

Ex. : *trente-deux mètres*.

5. On appelle **Fraction** d'unité ou **Fraction** ordinaire, une ou plusieurs parties d'unité divisée en un certain nombre de parties égales.

Ex. : *un quart de pomme, quatre cinquièmes d'un litre d'eau*.

6. Si, au lieu de diviser l'unité en un nombre quelconque de parties égales, on la divise en dix, cent, mille, dix mille parties égales, chacune de ces parties, ou plusieurs de ces parties réunies prennent le nom de **Fraction décimale**.

Ex. : *un décilitre, sept centimètres*.

7. Un nombre est **fractionnaire** lorsqu'il est composé d'un nombre entier suivi d'une fraction.

Ex. : *quatre pommes et demie.*

8. Le nombre est **décimal** si la fraction qui suit l'entier est décimale.

Ex. : *cinq francs cinquante centimes.*

9. Lorsque la nature des unités qui forment un nombre est exprimée, le nombre est **concret**.

Ex. : *dix hommes, vingt chevaux.*

Dans le cas contraire, le nombre est **abstrait.**

Ex. : *dix, vingt.*

NUMÉRATION

10. La numération est la partie de l'arithmétique qui enseigne à former, à nommer, à écrire et à lire les nombres.

11. Formation des nombres. — Pour former les nombres, un nombre de cailloux par exemple, on commence par prendre une unité, un caillou ; c'est le premier nombre, le plus petit ; puis à cette unité on en ajoute une semblable, un autre caillou, pour former un nouveau nombre ; et l'on continue à ajouter une unité au nouveau nombre formé, et indéfiniment ainsi.

Deux nombres *consécutifs* ne diffèrent donc que d'une unité.

La suite des nombres est *illimitée* puisqu'au dernier nombre qu'on croira avoir formé on pourra toujours ajouter une unité.

La connaissance des *noms* donnés à chacun des nombres ainsi formés constitue la *numération parlée.*

12. Numération parlée. — Par cela même que la suite des nombres est illimitée, on n'a pu songer à donner à chacun d'eux un nom particulier ; on ne l'a fait que pour quelques-uns.

Les noms donnés aux neuf premiers nombres sont :

Un, deux, trois, quatre, cinq, six, sept, huit, neuf.

Le nombre qui suit immédiatement *neuf* forme un groupe qu'on appelle *dizaine* ou *dix*.

Si l'on prend la dizaine pour unité, on peut compter par dizaines comme on l'a fait pour les unités et dire : deux dizaines, trois dizaines,... neuf dizaines, qu'on appellera :

Vingt, trente, quarante, cinquante, soixante, soixante-dix, quatre-vingts, quatre-vingt-dix.

La réunion de dix dizaines forme une nouvelle espèce d'unité qu'on a appelée la *centaine* ou *cent*.

On comptera ensuite par centaines comme on a compté par unités, puis par dizaines, et l'on dira :

Deux cents, trois cents..... neuf cents, **Mille**.

Puis ainsi de suite de *mille* en *mille* :

Deux mille..... cinq mille..... soixante mille, cent mille, **Million**.

On continuera :

Dix millions..... cent millions..... **Billion** ou **Milliard**.

Nous avons ainsi obtenu un certain nombre d'espèces d'unités différentes, savoir :

Unité simple ou unité du	1er	ordre.	
Dizaine	—	2e	—
Centaine	—	3e	—
Unité de mille	—	4e	—
Dizaine de mille	—	5e	—
Centaine de mille	—	6e	—
Unité de million	—	7e	—
Dizaine de million	—	8e	—
Centaine de million	—	9e	—
Unité de milliard	—	10e	—

13. Principe de la numération parlée. — Cette nomenclature nous montre donc que chacune de ces unités est dix fois plus grande que celle qui la précède immédiatement, que, par conséquent, chaque ordre contient au plus neuf unités de son ordre.

14. Il nous reste à nommer maintenant les neuf nombres compris entre chaque dizaine ; les quatre-vingt-dix-neuf nombres compris entre chaque centaine ; les neuf cent quatre-vingt-dix-neuf nombres compris entre chaque mille, etc.

Pour nommer les nombres compris entre chaque dizaine, on ajoute au nom de la dizaine, les noms des neuf premiers nombres :

Ainsi les nombres compris entre la 4e et la 5e dizaine s'appelleront :

Quarante-un ; quarante-deux... quarante-huit ; quarante-neuf.

Entre *cent* et *deux cents*, nous répéterons *cent* suivi des quatre-vingt-dix-neuf premiers nombres :

Cent un... cent vingt... cent quatre-vingt-dix-neuf.

Et ainsi de suite.

Exceptions. — Au lieu de dix-un, dix-deux, dix-trois, dix-quatre, dix-cinq, dix-six, on dit : *onze, douze, treize, quatorze, quinze, seize.*

Par suite de ces exceptions, entre soixante-dix et quatre-vingts, et entre quatre-vingt-dix et cent, nous trouverons :

Soixante-onze, soixante-douze... soixante-dix-neuf ;

Quatre-vingt-onze... quatre-vingt-quinze... quatre-vingt-dix-neuf.

15. *Classes.* — La réunion des unités, des dizaines, des centaines de chaque unité principale s'appelle *classe*. Ainsi la 1re classe est celle des unités simples ; la 2e classe, celle des mille ; la 3e classe, celle des millions.

Le tableau qui suit nous montrera la constitution des nombres en Classes et en Ordres ; chaque classe de nombres comprenant trois ordres :

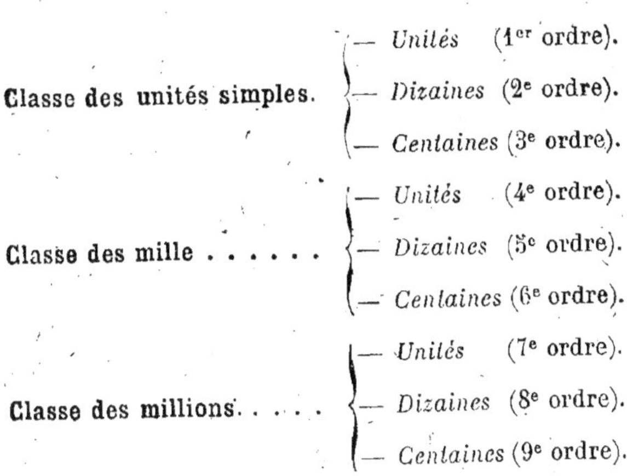

On voit que, s'il faut dix unités d'un ordre pour former une unité de l'ordre immédiatement supérieur, il faudra mille unités d'une classe pour faire une unité de la classe immédiatement supérieure.

16. Remarques sur la numération parlée. — 1° On remarque que pour nommer, tous les nombres employés jusqu'à un milliard, on n'emploie que *vingt-quatre mots particuliers.*

2° On pourrait cependant faire l'économie de 6 mots en disant *dix-un ; dix-deux... dix-six* au lieu de onze, douze... seize.

3° Il serait plus rationnel de revenir aux anciennes appellations de soixante-dix, quatre-vingts, quatre-vingt-dix, qui. étaient *septante, octante, nonante.*

4° Chaque fois qu'un nombre s'énonce en réunissant deux noms de nombres (*quatre-vingts, trois cents,* etc.), si le nom du plus petit nombre précède le nom du plus grand, cela signifie que le plus petit nombre *multiplie* le plus grand.

Ainsi dans *quatre cents* formé des deux nombres *quatre* et *cent,* le plus petit nombre *quatre* précède le plus grand *cent ;* il indique *cent* répété *quatre* fois.

Mais si le plus petit nombre suit le plus grand, cela signifie seulement qu'il *s'ajoute* au plus grand.

Ainsi dans *cent quatre*.

Le plus petit nombre *quatre* suit le plus grand *cent*; il indique *cent* plus *quatre*.

17. Numération écrite. — Le but de la *numération écrite* est d'apprendre à représenter tous les nombres à l'aide de signes appelés *chiffres*.

Les neuf premiers nombres sont représentés par les chiffres suivants :

$$1 \ , \ \ 2 \ , \ \ 3 \ , \ \ 4 \ , \ \ 5 \ , \ \ 6 \ , \ \ 7 \ , \ \ 8 \ , \ \ 9 \ .$$

Qui signifient :

Un, deux, trois, quatre, cinq, six, sept, huit, neuf.

Il existe un autre chiffre : 0, *zéro*, dont nous verrons, plus loin, l'utilité.

18. *Principes de la numération écrite.* — La représentation écrite des nombres est fondée sur ces principes :

1° Tout chiffre placé à la gauche d'un autre représente des unités de l'ordre immédiatement supérieur.

2° On remplace par un ou plusieurs 0 un ou plusieurs ordres manquant dans un nombre.

19. D'après la 1re convention on devra toujours trouver le premier à droite du nombre, le chiffre qui représente les unités du nombre à écrire; immédiatement à gauche de ce chiffre, c'est-à-dire au 2e rang, celui qui représente les dizaines; au 3e rang, celui qui représente les centaines, etc.

Comme chaque ordre contient au plus neuf unités, les neuf premiers chiffres seront toujours *suffisants* pour représenter toutes les unités contenues dans chaque ordre. Ces neuf signes sont *nécessaires* puisqu'on peut avoir neuf unités de chaque ordre à représenter.

Ainsi veut-on écrire le nombre :

Trois mille cinq cent vingt-huit unités

On écrira 3, chiffre des unités de mille.

A sa droite 5, chiffre des centaines d'unités.

A sa droite 2, chiffre des dizaines d'unités.

A sa droite 8, chiffre des unités.

CLASSE DES MILLE			CLASSE DES UNITÉS		
Cent.	Diz.	Unités.	Cent.	Diz.	Unités.
		3	5	2	8

Et l'on aura ainsi 3.528 qui représentera le nombre proposé.

Veut-on écrire le nombre :

Six mille quatre unités.

On écrira 6, chiffre des unités de mille.

Puis à sa droite 0, qui indique que le nombre ne contient pas de centaines d'unités.

Puis à sa droite 0, qui indique que le nombre ne contient pas de dizaines d'unités.

Puis à sa droite 4, chiffre des unités.

CLASSE DES MILLE			CLASSE DES UNITÉS		
Cent.	Diz.	Unités.	Cent.	Diz.	Unités.
		6	0	0	4

Et l'on aura 6.004, qui est le nombre proposé (voir le tableau ci-dessus).

20. De ce qui précède, il résulte que tout chiffre peut avoir deux valeurs : une **valeur absolue**, une **valeur relative**.

La valeur *absolue* d'un chiffre est celle qu'il a par lui-même et quand on le considère comme *étant isolé*; elle dépend de la forme du chiffre.

Sa valeur *relative* est celle que lui donne sa position dans un nombre. Sa valeur est *donc relative à la place qu'occupe le chiffre dans le nombre.*

Ainsi, dans le nombre 3.528, la valeur absolue du chiffre 5 est cinq, tandis que sa valeur relative est cinq centaines puisqu'il occupe le rang des centaines.

On voit alors qu'un nombre est la somme des valeurs relatives de ses différents chiffres.

21. Lire un nombre écrit. — *1° Si ce nombre a 3 chiffres, on énonce le chiffre de ses centaines, puis celui de ses dizaines et enfin celui de ses unités et l'on donne pour nom à chacun d'eux, celui de sa valeur relative.*

Ainsi, soit à énoncer le nombre

432

on dit 4 cent, trente, deux unités.

2° Si le nombre a plus de 3 chiffres, on le divise en commençant par la droite, en tranches de 3 chiffres (ou en classes).

On énonce ensuite chaque tranche en faisant suivre ce nombre du nom de la classe que représentent ses unités.

Ainsi : 7.324.832 se divisera en :

CLASSE DES MILLIONS			CLASSE DES MILLE			CLASSE DES UNITÉS		
Cent.	Diz.	Unités	Cent.	Diz	Unités	Cent.	Diz.	Unités
		7	3	2	4	8	3	2

Et s'énoncera : 7 *millions*, 324 *mille*, 832 *unités*.

22. *Remarques sur la numération.* — 1° Les unités de notre système de numération sont de 10 en 10 fois plus grandes, alors 10 se nomme la *base* de notre système de numération, et ce système est *décimal*.

Mais on aurait pu choisir une autre base; par exemple, on aurait pu nommer unités de différents ordres, des nombres de 12 en 12 fois plus grands, 12 étant alors la base du système. Il eût fallu donner des noms particuliers aux 11 premiers nombres et employer 12 chiffres, y compris le zéro.

2° Notre numération écrite décimale est plus parfaite que la numération parlée puisque, avec 10 signes seulement, elle nous apprend à représenter tous les nombres, alors qu'il faut déjà vingt-cinq mots particuliers pour les nommer jusqu'aux milliards.

———

NUMÉRATION DES NOMBRES DÉCIMAUX

23. Si nous partageons l'unité en 10 parties égales, chacune de ces parties s'appellera un *dixième*.

Si nous partageons 1 dixième en 10 parties égales, chacune des nouvelles parties prendra le nom de *centième;* elle est en effet la centième partie de l'unité primitive.

En continuant ainsi à partager l'unité en parties égales, de 10 en 10 fois plus nombreuses, on obtiendra des parties de 10 en 10 fois plus petites qu'on nomme *fractions décimales.* Elles se nomment, à partir de l'unité :

Dixièmes, centièmes, millièmes, dix-millièmes, cent-millièmes, etc...

Une fraction décimale est donc une ou plusieurs parties de l'unité divisée en parties égales de 10 en 10 fois plus petites.

Un nombre décimal est un nombre entier accompagné d'une fraction décimale; ainsi :

7 litres quinze centièmes de litre.

24. Écrire un nombre décimal. — 1° Soit à écrire 5 unités 7 centièmes ; on écrit d'abord la partie entière 5 qu'on fait suivre d'une virgule (,) — la virgule servira toujours à séparer la partie entière de la partie décimale — puis comme 7 centièmes ne renferment pas de dixièmes, on tiendra la place de cet ordre par un 0 que l'on fera suivre du 7, soit :

$$5,07$$

2° Soit à écrire 342 dixièmes ; comme dans notre système de numération tout chiffre placé à la gauche d'un autre appartient à l'ordre d'unités qui lui est immédiatement supérieur, que 2 doit représenter des dixièmes, 4 représentera des unités : or on doit séparer par une virgule les unités des fractions décimales, le nombre 342 dixièmes s'écrira donc :

$$34,2$$

Lire un nombre décimal. — Un nombre décimal se lit ordinairement en 2 fois : d'abord on lit la partie entière, puis la fraction décimale à laquelle on donne pour nom celui de l'ordre de son dernier chiffre de droite.

Ainsi le nombre

$$548,6402$$

se lira 548 unités 6.402 dix-millièmes parce que 2 appartient à l'ordre des dix-millièmes.

On pourrait cependant le lire en une seule fois, et dire en prenant le dix-millième pour unité :

5 millions 486 mille 402 dix-millièmes.

Rendre un nombre entier et décimal 10, 100, 1.000... fois plus grand ou plus petit.

25. 1° Pour rendre un nombre entier 10, 100, 1.000 fois plus grand, il suffit d'ajouter à sa droite autant de 0, qu'il y en a dans 10, 100, 1.000.

Ainsi veut-on avoir un nombre 100 fois plus grand que

(1)   35

on écrira à sa droite deux 0 et l'on aura

(2)   3.500

En effet dans (1) 5 représente des unités alors que dans (2) il représente des centaines ; sa valeur relative est donc devenue 100 fois plus grande. Il en est de même pour 3 qui dans (1) représente des dizaines et qui dans (2) représente des mille. La valeur relative de tous les chiffres du nombre étant devenue 100 fois plus forte, le nombre lui-même est devenu 100 fois plus grand.

26. 2° Pour rendre un nombre décimal 10, 100, 1.000 fois plus fort, il suffit de déplacer la virgule d'autant de rangs vers la droite qu'il existe de 0 dans 10, 100, 1.000.

Ainsi soit à rendre 10 fois plus grand le nombre

(1)   28,725

Je recule la virgule d'un rang vers la droite, et j'ai

(2)   287,25

qui est 10 fois plus grand que le nombre proposé.

La démonstration est analogue à celle qui précède ; il suffit de montrer que la valeur relative de chacun des chiffres du second nombre est 10 fois plus grande que celle des mêmes chiffres dans le nombre proposé.

27. 3° Pour rendre un nombre entier, 10, 100, 1.000 fois plus petit, il suffira de séparer sur la droite de ce nombre, par une virgule, autant de chiffres qu'il y a de 0 dans 10, 100, 1.000.

Soit à rendre 728 cent fois plus petit
On aura 7,28.

Chaque chiffre du second nombre a bien en effet une valeur relative 100 fois moindre.

28. 4° Pour rendre un nombre décimal 10, 100, 1.000 fois plus petit, on fera mouvoir la virgule vers la gauche d'autant de rangs qu'il y a de 0 dans 10, 100, 1.000, etc.

Ainsi le nombre 10 fois plus petit que

$$23,75$$

sera $$2,375$$

29. On ne change pas la valeur d'un nombre décimal en ajoutant ou en retranchant des 0 à sa droite.

$$52,4$$

a bien la même valeur que

$$52,40$$

Car dans les 2 nombres tous les chiffres ont bien la même place, ils ont donc la même valeur relative.

Aussi dans le calcul devra-t-on toujours supprimer les 0 qui terminent une fraction décimale, ils ne peuvent être qu'une gêne et une cause d'erreur.

Pour la même raison des 0 ne devront jamais figurer à la gauche d'un nombre entier.

NUMÉRATION ROMAINE

30. Pour écrire les différents nombres, les Romains se servaient de 7 lettres ou caractères qu'on appelle **chiffres romains.**

Ce sont :

I,	V,	X,	L,	C,	M
1	5	10	50	100	1000

31. Ils combinaient ces chiffres selon les conventions suivantes :

1) *Les chiffres pareils, placés à côté les uns des autres, s'ajoutent.*

Ex. : III égale 3.

2) *Tout chiffre placé à la droite d'un autre égal ou supérieur s'ajoute au premier.*

Ex. : VI égale 6.

3) *Tout chiffre placé à la gauche d'un autre qui lui est supérieur se retranche du premier.*

Ex. : IV égale 4.

SUJETS DONNÉS AU BREVET ÉLÉMENTAIRE
EXEMPLES DE SOLUTIONS

I. — *On donne le nombre 2453 unités en numération décimale. On demande de l'écrire en numération duodécimale (à base 12). Les nombres 10 et 11 seront représentés, s'il y a lieu, par A et B. Faire la preuve.*

Le 1ᵉʳ chiffre à droite du nombre demandé représente les unités.

Le 1ᵉʳ chiffre qui se place de suite à la gauche du précédent représente les douzaines.

Le 2ᵉ chiffre qui se place encore à la gauche du précédent représente des douzaines de douzaines ou des grosses et ainsi de suite.

Cherchons la quantité totale de douzaines comprises dans le nombre donné.

On a 2453 : 12 = 204 douzaines avec un reste 5 (1ᵉʳ chiffre à droite du nombre demandé).

Puis 204 : 12 = 17 grosses avec un reste 0 (2ᵉ chiffre du nombre en allant à gauche).

Puis 17 : 12 = 1 douzaine de grosses avec un reste 5 (3ᵉ chiffre).

Le 4ᵉ chiffre en allant toujours à gauche sera 1.

Le nombre demandé est 1.505 qu'on se gardera bien de lire : quinze cent cinq.

Preuve : Il s'agit de transformer 1.505 (duodécimal) en nombre décimal.

5 unités valent		5 unités.
0 douzaines.		0 —
5 grosses	$144 \times 5 =$	720 —
1 douzaine de grosses .	$144 \times 12 =$	1.728 —
	Total. . .	2.453 unités.

II. — Combien a-t-on employé de caractères pour paginer un volume de 2.421 pages? — Connaissant ce nombre et le doublant, combien pourra-t-on paginer de pages avec ce nouveau nombre de caractères?

1) Les 9 premières pages ont exigé. . . . . .   9 caractères.

De la page 10 à la page 99, soit 90 pages, il a fallu employer . . . . $2 \times 90 = 180$ —

De la page 100 à la page 999, soit 900 pages, il a fallu employer . . . $3 \times 900 = 2.700$ —

De la page 1.000 à la page 2.421, soit 1.422 pages, il a fallu employer . $4 \times 1.422 = 5.688$ —

        Total des caractères employés. . $\overline{8.577}$ —

2) Nouveau nombre de caractères $8.577 \times 2 = 17.154$.

Pages 1 à 9. . . . .   9 caractères.

Pages 10 à 99 . . . . $2 \times 90 = 180$ —

Pages 100 à 999 . . . . $3 \times 900 = 2.700$ —

               Total. . . $\overline{2.889}$ —

Il reste $17.154 - 2.889 = 14.265$ caractères.

Comme les pages à partir de *mille* nécessitent 4 caractères, il y aura donc : $\dfrac{14.265}{4} = 3.566$ pages après la page 999.

On pourra donc paginer 4.565 pages et il restera 1 caractère non employé.

III. — On écrit la suite des nombres à partir de 1 sans les séparer. On demande quel sera le 200ᵉ chiffre.

Les 9 premiers nombres écrits, le neuvième chiffre sera un 9.

Lorsqu'on aura écrit le chiffre 99, on aura écrit : $9 + 180 = 189$ chiffres, et le dernier sera un 9.

Il reste à écrire $200 - 189 = 11$ chiffres.

Comme les nombres suivants ont 3 chiffres, on pourra en écrire : $\dfrac{11}{3} = 3$, et il restera 2 chiffres à placer.

Les trois derniers nombres écrits sont 100, 101, 102 et par suite, pour employer les 2 derniers chiffres à placer, on commencera le nombre 103. Le 200ᵉ chiffre sera donc un 0.

CHAPITRE II

OPÉRATIONS

—

ADDITION

32. Définition. — *L'addition est une opération qui a pour but de réunir en un seul nombre toutes les unités contenues dans plusieurs nombres de la même espèce. Le résultat de l'addition se nomme* **somme**.

Le signe de l'addition est $+$ qui signifie *plus* ou *augmenté de*.

Il est indispensable que les quantités à additionner soient de même espèce, c'est-à-dire aient même nom, même dénomination, même dénominateur.

Il pourra cependant se présenter des cas où les nombres ayant des dénominations différentes pourront être groupés par addition en leur donnant une même dénomination, un dénominateur commun.

Ainsi : *Un bouquet contient 20 roses, 35 œillets, 60 héliotropes, combien contient-il de fleurs?*

Comme les roses, les œillets, les héliotropes sont des fleurs, nous pourrons résoudre ce problème par addition.

THÉORIE DE L'ADDITION

33. 1° Soit à additionner les nombres d'un seul chiffre :

$$5 ; 2 ; 4$$

L'opération s'indique :

$$5 + 2 + 4$$

Nous ne connaissons jusqu'alors que la suite des nombres, il est donc indispensable de décomposer en unités les nombres que nous devons ajouter à 5. L'opération précédente se ramène alors à :

$$5 + \left(\dfrac{1+1}{2}\right) + \left(\dfrac{1 + 1 + 1 + 1}{4}\right) = 11$$

Ce que nous faisions, enfants, en prenant le doigt pour unité.

Bientôt l'habitude du calcul nous a dispensés de décomposer les nombres en unités et nous avons dit :

$$5 + 2 = 7 \quad , \quad 7 + 4 = 11$$

34. L'ordre dans lequel on ajoute les nombres est indifférent.

En effet soit à additionner les nombres $5 + 3 + 6 + 2$; décomposés en leurs unités ces nombres seront $(1+1+1+1+1) + (1+1+1) + (1+1+1+1+1+1) + (1+1)$ et l'opération sera figurée par :

$$1+1+1+1+1+1+1+1+1+1+1+1+1+1+1+1$$

dans lequel le groupement primitif n'apparaît plus et qu'on peut grouper indifféremment sans changer le résultat.

35. 2° Les nombres à additionner sont quelconques.

RÈGLE. — *Pour trouver la* **somme** *de plusieurs nombres, on les écrit les uns au-dessous des autres en ayant soin de placer dans une même colonne verticale les chiffres qui appartiennent au même ordre ; puis on souligne le dernier nombre.*

On fait la somme des **nombres** (d'un chiffre) (1°) *placés dans chaque colonne en opérant de droite à gauche. Lorsqu'une somme partielle est moindre que 10, on l'écrit sous la colonne qui l'a fournie; lorsqu'elle est plus forte, on écrit ses unités et l'on porte ses dizaines à la colonne suivante.*

$$325 + 72 + 5.732$$

se dispose et s'effectue comme il suit :

325
72
5.732
______
6.129

En commençant par la droite nous trouvons 9 comme somme des nombres placés dans la 1re colonne; je l'écris tel qu'il est puisque ce nombre ne surpasse pas 9. Je fais la somme des nombres de la seconde colonne et je trouve 12 dizaines, j'écris le chiffre des dizaines 2 sous la 2e colonne et je reporte la centaine aux centaines de la colonne suivante (c'est l'explication de : je retiens 1).

Je fais la somme des nombres de la 3e colonne et je trouve 11; mais les nombres ajoutés sont des unités du 3e ordre; notre résultat se décompose donc en 1 unité du 3e ordre, que nous écrivons sous la 3e colonne, et une unité du quatrième que nous reportons aux nombres de la 4e colonne, etc.

36. — Le nombre obtenu 6.129 est bien la somme demandée puisqu'il est la somme des différentes parties des nombres proposés.

Et la somme portera le même nom que les parties qui la constituaient :

Si j'ai additionné 325 francs, plus 72 francs, plus 5.732 francs, je trouverai 6.129 francs.

37. Addition des nombres décimaux. — Cette opération se dispose et s'effectue de la même façon que celle des nombres entiers. Et comme en faisant l'opération on connaît toujours la nature des unités qu'on additionne, on séparera à la somme la partie entière de la partie décimale par une virgule. Cette virgule se trouvera d'ailleurs placée sous les virgules des nombres à additionner.

Soit à additionner $328,32 + 7,438 + 23,4$.

Présentée sous cette forme l'opération est théoriquement impossible, puisqu'on ne peut pas ajouter des centièmes à des millièmes, à des dixièmes ; il importe de les réduire au même dénominateur ; ils deviennent alors :

$$328,320 + 7,438 + 23,400$$

328,32   Mais, dans la pratique, on se contente de laisser libre la
  7,438   place des zéros et l'opération se dispose comme ci-contre.
 23,4   Le résultat s'énonce : 359 unités et 158 millièmes.
359,158

38. Preuve. — La preuve d'une opération est une seconde opération qu'on effectue pour s'assurer de l'exactitude de la première. Rigoureusement, une preuve aurait besoin d'une preuve, puis la nouvelle preuve d'une autre encore et ainsi jusqu'à l'infini. Mais on se contente toujours d'une seule preuve.

La preuve de l'addition se fait en recommençant l'opération dans un ordre différent.

Quand l'opération est très longue on peut la diviser en plusieurs additions et faire ensuite la somme des totaux partiels.

39. On ne commence pas l'opération par la gauche à cause de l'impossibilité de prévoir la valeur de la retenue qui résulterait de la somme des unités de la colonne suivante.

SOUSTRACTION

40. Définition. — *La soustraction a pour objet de retrancher d'un nombre toutes les unités contenues dans un autre nombre de la même espèce.*

Le résultat de l'opération se nomme **reste**.

Le signe de la soustraction est —, qui signifie *moins ou à diminuer de*.

Ainsi retrancher 3 de 7 s'exprimera 7 — 3 et signifiera qu'on doit retrancher de 7 toutes les unités contenues dans 3, c'est-à-dire 3 unités; et qu'après l'opération il *restera* 4 unités.

41. On peut également dire que :

La soustraction a pour objet de trouver combien il manque d'unités à un nombre pour en égaler un autre plus grand et de la même espèce; ou bien encore qu'elle a pour but de trouver de combien d'unités un nombre en surpasse un autre de la même espèce.

Le résultat s'appelle alors *différence* ou, dans le second cas, *excès*. Les nombres 7 et 3 sont les *termes* de la différence.

Ainsi l'opération 7 — 3 consiste à trouver combien il manque d'unités à 3 pour égaler 7, ou bien de combien d'unités 7 excède 3.

42. Le résultat d'une soustraction s'appelle donc *reste, excès* ou *différence* suivant la forme de la définition adoptée.

L'opération 7 — 3 pourra alors s'effectuer de deux façons; ou bien, en se servant de la première forme de la définition on dira :

(1°) $7 - 1 = 6$; $6 - 1 = 5$; $5 - 1 = 4$ en retranchant 3 fois 1 de 7.

ou bien

(2°) $3 + \left(\overset{1}{1} + \overset{1}{1} + \underset{4}{1} + \overset{1}{1} \right) = 7$ en cherchant combien il manque d'unités à 3 pour égaler 7.

La première façon d'opérer (1) est fondée sur la connaissance des nombres en sens inverse;

La deuxième façon est une opération de numération directe; c'est elle qu'on emploie toujours.

43. Principe. — *La différence de deux nombres ne change pas quand on ajoute un même nombre à ses deux termes.*

Il faut démontrer que

$$(7 - 4) = (7 + 2) - (4 + 2)$$

Si j'ajoutais 2 seulement au plus grand nombre, la différence augmenterait de 2 unités, car il manquerait au plus petit nombre 2 unités de plus pour égaler le grand nombre modifié; mais si pour combler cet excès de différence j'ajoute 2 au plus petit nombre, la différence ne sera plus changée.

RÈGLE GÉNÉRALE DE LA SOUSTRACTION

44. Les nombres à soustraire ont plusieurs chiffres

$$725 - 438$$

On écrit le plus petit nombre sous le plus grand en ayant soin de faire correspondre dans une même colonne verticale les chiffres d'un même ordre et l'on souligne. Puis, opérant de droite à gauche, on retranche, s'il est possible, **chaque chiffre** *du nombre inférieur de celui qui se trouve immédiatement au-dessus et l'on écrit la différence au-dessous (2° 42).*

Mais lorsqu'une soustraction partielle est impossible on augmente le chiffre supérieur de 10 unités de son ordre et pour ne pas changer la différence, on augmente d'une unité de son ordre le chiffre inférieur de la soustraction partielle suivante:

$$725 - 438$$

Ainsi

$$\begin{array}{ccc} & {\scriptstyle 12}\ {\scriptstyle 15} \\ 7 & 2 & 5 \\ {\scriptstyle 5}\ {\scriptstyle 4} \\ 4 & 3 & 8 \\ \hline 2 & 8 & 7 \end{array}$$

Et l'on dira 8 à ôter de 5 ne se peut; j'ajoute 10 unités à 5 qui devient 15.

8 ôté de 15 reste 7.

Mais j'ai ajouté 10 unités au nombre supérieur; pour ne pas changer la valeur de la différence (40), j'ajoute 1 dizaine aux 3 dizaines du nombre inférieur (c'est l'explication de : je retiens 1, et 3 font 4).

On continue : 4 dizaines à ôter de 2 ne se peut; j'ajoute 10 dizaines aux dizaines du nombre supérieur qui deviennent 12, et pour ne pas changer la différence, j'ajoute 1 centaine aux 4 centaines du nombre inférieur. Je dis alors : 4 dizaines ôtées de 12 = 8.

Puis 5 centaines ôtées de 7 = 2.

45. On faisait anciennement la soustraction d'une façon un peu différente. Cette méthode s'appelait soustraction par *emprunt*, tandis que la précédente est dite par *compensation*.

Ainsi par exemple :

$$\begin{array}{ccc} \scriptstyle 6 & \scriptstyle 11 & \scriptstyle 15 \\ 7 & 2 & 5 \\ 4 & 3 & 8 \\ \hline 2 & 8 & 7 \end{array}$$

On disait 8 de 5 ne se peut ; j'emprunte 1 dizaine aux 2 dizaines du même nombre, et je la convertis en unités que j'ajoute à 5 qui devient 15 unités, alors que 2 dizaines devient 1 dizaine.

8 ôté de 15 reste 7.

3 ôté de 1 ne se peut ; j'emprunte 1 centaine à 7 centaines ; je trouve 11 dizaines, mais 6 centaines :

3 ôté de 11 reste 8
4 ôté de 6 reste 2.

On a généralement conservé l'habitude, je ne sais pourquoi, d'opérer la soustraction par emprunt, lorsqu'il s'agit des nombres complexes.

46. Preuve. — Pour faire la preuve d'une soustraction, on ajoute le résultat de l'opération au plus petit nombre et l'on doit ainsi retrouver le plus grand. Cela résulte de la définition même de la soustraction.

47. Soustraction des nombres décimaux. — Elle se dispose et s'effectue de la même façon que celle des nombres entiers. On a soin au résultat de placer la virgule sous les virgules des deux termes de la différence.

Là encore, comme dans l'addition, il faut supposer que les nombres décimaux ont le même dénominateur. Ainsi, l'opération pratique :

$$57,32 - 25,728$$

est mise pour

$$57,320 - 25,728$$

48. Remarque. — La soustraction ne peut pas généralement se commencer par la gauche, à cause de la difficulté de prévoir la retenue. Il n'y a que dans le cas particulier où tous les chiffres du nombre supérieur sont plus forts que leurs correspondants du nombre inférieur que l'opération pourrait se commencer par la gauche;

Ainsi 8 7 5 4 — 3 5 4 2.

49. Principes relatifs à l'addition et à la soustraction.

1° Pour ajouter à un nombre la somme de plusieurs autres, il suffit d'ajouter à ce nombre chacun des autres successivement.

Soit à effectuer :

$$224 + (45 + 27)$$

D'après la définition même de l'addition, on aura :

$$224 + (45 + 27) = 224 + 45 + 27 = 269 + 27 = 296$$

2° Pour retrancher d'un nombre la somme de plusieurs nombres, il suffit de retrancher de ce nombre chacun des autres successivement.

Soit à effectuer :

$$224 - (45 + 27)$$

D'après la définition de la soustraction, on aura :

$$224 - (45 + 27) = 224 - 45 - 27 = 179 - 27 = 152$$

3° Pour ajouter à un nombre la différence de deux nombres, il suffit d'ajouter à ce nombre le plus grand terme et de retrancher du résultat le plus petit.

Soit à effectuer :

$$224 + (45 - 27)$$

On aura :

$$224 + (45 - 27) = 224 + 45 - 27 = 269 - 27 = 242$$

4° Pour retrancher d'un nombre la différence de deux nombres, il suffit de retrancher du nombre le plus grand terme et d'ajouter au résultat le plus petit.

Soit à effectuer :

$$224 - (45 - 27)$$

On aura :

$$224 - (45 - 27) = 224 - 45 + 27 = 179 + 27 = 206$$

En effet, en retirant 45 de 224, on a retiré un nombre trop grand de 27 unités, il faudra donc ajouter au reste ces 27 unités.

50. Remarque. — Il y a donc lieu de faire très attention à la suppression des parenthèses dans les calculs arithmétiques.

SUJETS DONNÉS AU BREVET ÉLÉMENTAIRE
QUESTIONS TRAITÉES

I. — *Faire comprendre comment on peut trouver deux nombres, connaissant leur somme 127 et leur différence 43.*

On a :

$$\text{Grand Nombre} + \text{Petit nombre} = 127$$

et

$$\text{Grand Nombre} - \text{Petit nombre} = 43$$

En ajoutant membre à membre ces deux égalités, on obtient encore une nouvelle égalité :

$$\text{Grand Nombre} + \text{Petit Nombre} + \text{Grand Nombre} - \text{Petit Nombre}$$

$$= 127 + 43$$

ou

$$2 \text{ fois le Grand Nombre} = 127 + 43$$

$$\text{Grand Nombre} = \frac{127 + 43}{2} = 85$$

$$\text{Le Petit Nombre sera } 127 - 85 = 42.$$

On déduit de cette démonstration que le grand nombre est égal à la demi-somme des valeurs données, et que le petit nombre sera égal à la demi-différence des mêmes valeurs.

II. — *En retranchant le nombre 2.792 du nombre 3.241, un enfant a négligé toutes les retenues. Dire, à l'aide d'un raison-*

nement et sans faire l'opération exacte, de combien le résultat trouvé diffère du résultat réel.

Soit la soustraction :

$$3.241$$
$$2.792$$

En négligeant la première retenue, c'est-à-dire celle d'une dizaine, la différence a été augmentée d'une dizaine.

En négligeant la deuxième retenue, c'est-à-dire celle d'une centaine, la différence a été augmentée d'une centaine.

De même pour la troisième retenue, celle des mille, la différence a été augmentée d'un mille.

Au total, la différence trouvée par l'élève est supérieure à la vraie de 1 mille + 1 centaine + 1 dizaine, soit de 1.110 unités.

En effet le résultat trouvé était 1559 et le résultat réel est 449.

MULTIPLICATION

51. Définition. — *La multiplication est une opération qui a pour but de répéter un nombre appelé* multiplicande *autant de fois qu'il y a d'unités dans un autre appelé* multiplicateur.

Le résultat de l'opération se nomme **produit**.

Le signe de la multiplication est $\times$, qui signifie *à multiplier par*.

Ainsi
$$4 \times 3$$

signifie 4 à répéter 3 fois ou

$$4 + 4 + 4$$

La multiplication est donc une *addition abrégée*

52. *On peut dire aussi que, dans la multiplication, on cherche un produit qui soit au multiplicande ce que le multiplicateur est à l'unité.*

Dans l'exemple 4×3, si l'on compare le multiplicateur à l'unité on voit qu'il est 3 fois plus grand que l'unité ; alors

le produit doit être 3 fois plus grand que le multiplicande 4
Ce qui est bien encore $4 + 4 + 4$.

53. Le multiplicande et le multiplicateur sont appelés **facteurs** du produit.

54. *Emploi de la multiplication*. — *Un mètre d'étoffe coûte 4 francs ; combien coûteront 3 mètres de cette étoffe ?*

3 mètres coûteront 3 fois le prix d'un mètre ; il faudra donc répéter 4 francs 3 fois ; soit

$$4 \text{ fr.} \times 3$$

On voit d'après cet exemple que le multiplicande 4 francs a conservé son nom, qu'il est nombre concret ; mais que le multiplicateur a perdu le sien, qu'il est abstrait.

55. Remarque. — Il en sera ainsi dans toute multiplication : le *multiplicande* doit toujours représenter un nombre concret, le *multiplicateur* un nombre *abstrait*, et par conséquent le *produit* sera un nombre *concret* de même nature que le multiplicande.

56. Remarque. — *Si l'on rend le multiplicande ou le multiplicateur un certain nombre de fois plus grand ou plus petit, le produit est rendu le même nombre de fois plus grand ou plus petit.*

1° Si nous rendons le multiplicande seul 2, 3, 4, 5... fois plus grand, cela indique qu'on répète le même nombre de fois un nombre 2, 3, 4, 5, fois plus grand, le produit sera évidemment 2, 3, 4, 5 fois plus grand.

2° Si c'est le multiplicateur seul que je rends 2, 3, 4 fois plus grand, cela signifie que je répète le même nombre 2, 3, 4... fois plus ; le produit sera donc 2, 3, 4... fois plus grand.

Un produit varie donc dans le même sens que l'un quelconque de ses facteurs.

57. *Comme conséquence :*
1° Si l'un des facteurs devient 3 fois plus grand et que l'autre

devienne 5 fois plus grand, le produit deviendra 3×5 fois plus grand, c'est-à-dire 15 fois plus grand.

2° Si l'un des facteurs devient 3 fois plus grand et que l'autre devienne 3 fois plus petit, le produit ne changera pas.

3° Le produit sera plus petit que le multiplicande si le multiplicateur est plus petit que l'unité :

Car le produit devant être au multiplicande comme le multiplicateur est à l'unité, si le multiplicateur est plus petit que l'unité, le produit sera plus petit que le multiplicande.

PRINCIPES RELATIFS A LA MULTIPLICATION

58. Principe. — Un produit de deux facteurs ne change pas lorsqu'on intervertit leur ordre.

Il faut démontrer que

$$4 \times 3 = 3 \times 4$$

Si je prends la bille (.) pour unité, le premier membre de l'égalité signifiera 4 billes à répéter 3 fois ; *je figure* en colonne ce produit dans le tableau suivant :

$$\left. \begin{matrix} . & . & . & . \\ . & . & . & . \\ . & . & . & . \end{matrix} \right\} 3 \times 4$$

$$4 \times 3$$

Le produit sera le nombre obtenu en comptant ces billes. Mais je puis les compter, sans en laisser échapper aucune, ou bien de haut en bas, ce qui me donne 4 billes répétées 3 fois ;

$$4 \times 3$$

ou bien de gauche à droite, ce qui me donne 3 billes répétées 4 fois, ou

$$3 \times 4$$

sans que le nombre de billes ait changé.

59. Principe. — Un produit de trois facteurs ne change pas quand on intervertit l'ordre des deux derniers facteurs.

Je veux démontrer que

$$3 \times 5 \times 4 = 3 \times 4 \times 5$$

Le premier membre de l'égalité signifie d'abord qu'il faut répéter 3 cinq fois ou $3 + 3 + 3 + 3 + 3$; puis, qu'il faut répéter cette quantité 4 fois; je le *figure* dans le tableau suivant :

$$\left.\begin{array}{l} 3 + 3 + 3 + 3 + 3 \\ 3 + 3 + 3 + 3 + 3 \\ 3 + 3 + 3 + 3 + 3 \\ 3 + 3 + 3 + 3 + 3 \end{array}\right\} \ \mathbf{3 \times 4 \times 5}$$
$$\underbrace{}_{\mathbf{3 \times 5 \times 4}}$$

En observant les tranches horizontales je vois 3 répété 5 fois, le tout répété 4 fois ou $3 \times 5 \times 4$; en observant les tranches verticales, je vois 3 répété 4 fois, le tout répété 5 fois ou $3 \times 4 \times 5$. Comme c'est la même figure qui me donne les mêmes façons de voir, c'est que les résultats sont les mêmes.

60. Principe. — Un produit de plusieurs facteurs ne change pas quand on intervertit l'ordre de deux facteurs consécutifs quelconques.

Il faut démontrer que :

$$3 \times 8 \times 5 \times 7 \times 2 = 3 \times 8 \times 7 \times 5 \times 2$$

Pour effectuer le calcul du 1er membre de l'égalité, il faudrait d'abord faire le produit 3×8; supposons qu'on ait trouvé a comme produit; on aurait d'abord :

(1) $3 \times 8 \times 5 \times 7 \ldots = a \times 5 \times 7 \ldots$

Mais dans un produit de 3 facteurs, on peut intervertir l'ordre des 2 derniers; alors

$$a \times 5 \times 7 = a \times 7 \times 5 \text{ ou} = 3 \times 8 \times 7 \times 5$$

L'égalité (1) peut devenir :

(2) $3 \times 8 \times 5 \times 7 \ldots = 3 \times 8 \times 7 \times 5 \ldots$

Sans qu'elle cesse d'être égalité, on peut rendre ses 2 membres 2 fois plus grands, elle devient enfin

$$3 \times 8 \times 5 \times 7 \times 2 = 3 \times \ \times 7 \times 5 \times 2$$

61. *Principe*. — Un produit de plusieurs facteurs ne change pas quand on intervertit les facteurs dans un ordre quelconque.

Il faut démontrer que

$$3 \times 7 \times 5 \times 6 \times 8 \times 4 = 6 \times 7 \times 4 \times 3 \times 8 \times 5$$

En invoquant le principe précédent, je vais faire permuter 6 avec le 3e facteur; puis, dans une autre égalité, avec le 2e; puis avec le premier; j'aurai successivement :

$$3 \times 7 \times 5 \times 6 \times 8 \times 4 = 3 \times 7 \times 6 \times 5 \times 8 \times 4$$
$$= 3 \times 6 \times 7 \times 5 \times 8 \times 4$$
$$= 6 \times 3 \times 7 \times 5 \times 8 \times 4$$

J'opérerai de même pour placer 7 au 2e rang; etc.

$$= 6 \times 7 \times 3 \times 5 \times 8 \times 4$$
$$= 6 \times 7 \times 3 \times 5 \times 4 \times 8$$
$$= 6 \times 7 \times 3 \times 4 \times 5 \times 8$$
$$= 6 \times 7 \times 4 \times 3 \times 5 \times 8$$
$$= 6 \times 7 \times 4 \times 3 \times 8 \times 5$$

62. *Principe*. — Dans un produit de plusieurs facteurs, on peut remplacer plusieurs facteurs par leur produit effectué.

Il faut démontrer : 1°

$$3 \times 4 \times 5 \times 6 = 60 \times 6$$

ou 2°

$$3 \times 4 \times 5 \times 6 = 3 \times 20 \times 6$$

Le 1° est évident : puisque pour effectuer le produit indiqué il faudrait d'abord faire le produit $3 \times 4 = 12$, puis $12 \times 5 = 60$.

Le 2e se ramène au 1er cas en intervertissant l'ordre des facteurs qui peuvent devenir $4 \times 5 \times 3 \times 6 = 20 \times 3 \times 6 = 3 \times 20 \times 6$.

63. *Réciproquement*. — Pour multiplier un nombre par un produit de plusieurs facteurs, on peut multiplier ce nombre successivement par chacun des facteurs de ce produit.

Soit à multiplier 243 par 24 (considéré comme le produit $2 \times 3 \times 4$) :

$$243 \times 24 = 24 \times 243$$

mais
$$24 = 2 \times 3 \times 4$$

d'où
$$243 \times 24 = 2 \times 3 \times 4 \times 243$$

mais
$$2 \times 3 \times 4 \times 243 = 243 \times 2 \times 3 \times 4$$

donc
$$243 \times 24 = 243 \times 2 \times 3 \times 4$$

Ce principe permet de simplifier certains calculs en les rendant possibles mentalement. Ainsi :

$$427 \times 24 \text{ se fera mentalement} : 427 \times 4 \times 6$$
$$32 \times 75 \ldots \ldots \ldots \ldots 32 \times 5 \times 5 \times 3$$

64. Principe. — Pour multiplier une somme non effectuée par un nombre, il faut multiplier toutes les parties de cette somme par le nombre.

Il faut démontrer que

$$(5 + 4 + 7) \times 3 = (5 \times 3) + (4 \times 3) + (7 \times 3).$$

En effet $(5 + 4 + 7) \times 3$ signifie $(5 + 4 + 7)$ à répéter 3 fois, je le figure :

$$
\begin{array}{ccccc}
5 & + & 4 & + & 7 \\
5 & + & 4 & + & 7 \\
5 & + & 4 & + & 7 \\
\hline
\end{array}
$$

qui nous donne bien $(5 \times 3) + (4 \times 3) + (7 \times 3)$

65. Principe. — Pour multiplier une différence par un nombre, il faut multiplier les deux parties de la différence par ce nombre.

Il faut démontrer que

$$(7 - 4) \times 3 = (7 \times 3) - (4 \times 3) :$$

En effet $(7 - 4) \times 3$, signifie $(7 - 4)$ à répéter 3 fois ; je le figure :

$$
\begin{array}{ccc}
7 & - & 4 \\
7 & - & 4 \\
7 & - & 4 \\
\hline
\end{array}
$$

qui se lit :
$$(7 \times 3) - (4 \times 3)$$

66. *Inverse des deux principes précédents*. — On peut transformer la somme (64) :

$$(5 \times 3) + (4 \times 3) + (7 \times 3)$$

ou la différence (61) :

$$(7 \times 3) - (4 \times 3)$$

en revenant à :

$$(5 + 4 + 7) \times 3 \text{ pour } (64)$$
$$(7 - 4) \times 3 \quad \text{ pour } (65)$$

formes infiniment plus commodes pour le calcul.

Cette opération qui consiste à prendre en une seule fois 3, alors que ce nombre était facteur commun à toutes les parties de la somme, s'appelle *mettre 3 en facteur commun*.

67. *Principe*. — Pour multiplier un nombre par une somme, il suffit de multiplier ce nombre par chaque partie de la somme et d'additionner les produits obtenus.

Il faut démontrer que :

$$24 \times (3 + 2) = 24 \times 3 + 24 \times 2$$

En effet, le multiplicateur étant composé de 3 fois l'unité plus 2 fois l'unité, le produit sera composé de 3 fois 24 plus de 2 fois 24.

68. *Principe*. — Pour multiplier un nombre par une différence, il suffit de multiplier ce nombre par chaque partie de la différence et de soustraire les produits obtenus.

Il faut démontrer que :

$$25 \times (4 - 2) = 25 \times 4 - 25 \times 2$$

En effet, le multiplicateur étant composé de 4 fois l'unité, moins 2 fois l'unité, le produit sera composé de 4 fois le multiplicande moins 2 fois ce même multiplicande ou :

$$25 \times 4 - 25 \times 2$$

69. *Principe*. — Pour multiplier une somme de deux

nombres par une somme de deux nombres, il faut multiplier la somme multiplicande par chacune des parties du multiplicateur et ajouter les résultats obtenus.

Il faut démontrer que :

$$(5 + 3) \times (4 + 7) = (5 + 3) \times 4 + (5 + 3) \times 7$$

Si nous voulions figurer le premier membre de l'égalité, il faudrait répéter 5 + 3 d'abord 4 fois, ce qui nous donnerait :

$$(5 + 3) \times 4$$

puis répéter (5 + 3) 7 fois, ce qui donnerait $(5 + 3) \times 7$ nous aurions donc en tout :

$$(5 + 3) \times 4 + (5 + 3) \times 7$$

70. Principe. — Pour multiplier une somme de deux nombres par une différence de deux nombres, on multiplie successivement la somme multiplicande par chacune des parties du multiplicateur et l'on soustrait les résultats obtenus.

Il faut démontrer que

$$(5 + 3) \times (7 - 4) = (5 + 3) \times 7 - (5 + 3) \, 4.$$

Si nous voulions figurer le premier membre de l'égalité, il faudrait répéter (5 + 3) d'abord 7 fois, ce qui donnerait :

$$(5 + 3) \times 7$$

puis 4 fois, ce qui donnerait $(5 + 3) \times 4$ et soustraire :

$$(5 + 3) \times 7 - (5 + 3) \, 4.$$

71. Des démonstrations identiques s'appliquent au produit d'une différence par une somme, ou d'une différence par une différence.

72. On appelle **puissance** d'un nombre le produit de plusieurs facteurs égaux à ce nombre.

Ainsi $16 = 2 \times 2 \times 2 \times 2$ est une puissance de 2 ; c'est sa 4ᵉ puissance. On l'exprime en disant :

$$16 = 2^4 \text{ (qui s'énonce 2 puissance 4)}$$

Le carré d'un nombre est la 2ᵉ puissance de ce nombre.

$$5^2 = 5 \times 5$$

c'est donc le produit de ce nombre par lui-même

Le **cube** d'un nombre est sa 3ᵉ puissance.

$$5^3 = 5 \times 5 \times 5.$$

72. Principe. — **Le produit de plusieurs puissances d'un nombre a pour exposant la somme des exposants des facteurs.**

$$\text{Ainsi :} \quad 5^2 \times 5^4 \times 5^5 = 5^{11}$$
$$\text{En effet : } 5^2 = 5 \times 5$$
$$5^4 = 5 \times 5 \times 5 \times 5$$
$$5^5 = 5 \times 5 \times 5 \times 5 \times 5.$$

Le produit de ces facteurs est donc :

$$5 \times 5 \times 5 \times 5 \times 5 \times 5 \times 5 \times 5 \times 5 \times 5 \times 5 = 5^{11}$$

73. Carré d'une somme de deux nombres.

$$\text{Soit : } (7 + 4)^2$$

D'après le principe (69)

$$\text{On a : } (7 + 4)^2 = (7 + 4) \times (7 + 4)$$
$$\text{ou :} = 7 \times 7 + 4 \times 7 + 7 \times 4 + 4^2$$
$$\text{ou encore :} = 7^2 + 2 (7 + 4) + 4^2$$

On en conclut que :

Le carré de la somme de deux nombres est égal au carré du premier nombre, plus le double produit du premier par le second, plus le carré du second nombre.

74. Carré d'une différence de deux nombres.

$$\text{Soit : } (7 - 4)^2$$

$$\text{On a : } (7 - 4)^2 = (7 - 4) \times (7 - 4)$$
$$\text{ou :} = (7 - 4) \times 7 - (7 - 4) \times 4$$
$$\text{ou :} = 7 \times 7 - 4 \times 7 - 7 \times 4 + 4^2$$
$$\text{ou encore :} = 7^2 - 2 (7 + 4) + 4^2$$

On en conclut que :

Le carré de la différence de deux nombres est égal au carré

du premier nombre, moins le double produit du premier par le second, plus le carré du second.

75. Produit d'une somme de deux nombres par leur différence.

$$\text{Soit} : (7 + 4) \times (7 - 4)$$

D'après le principe (70)

$$\text{On a} : (7 + 4) \times (7 - 4) = (7 + 4) \times 7 - (7 + 4) \times 4$$
$$\text{ou} : = 7 \times 7 + 4 \times 7 - 7 \times 4 - 4 \times 4$$
$$\text{ou encore} : = 7^2 - 4^2$$

On en conclut que :

Le produit d'une somme de deux nombres par leur différence est égal à la différence des carrés de ces deux nombres.

THÉORIE DE LA MULTIPLICATION

1er Cas.

76. Le multiplicande et le multiplicateur n'ont qu'un seul chiffre.

$$4 \times 3$$

En principe, et pour se conformer à la définition on doit répéter 4 trois fois et dire :

$$4 + 4 + 4 = 12$$

Mais, un tableau appelé *table de multiplication* a été formé, qui renferme tous les produits de deux nombres n'ayant qu'un seul chiffre. On consulte d'abord cette table puis, plus tard, on connaît par cœur les résultats qui y sont contenus, et l'on évite ainsi la perte de temps que nécessiterait l'addition.

Pour construire **une table de multiplication, dite table de Pythagore,** on forme une première ligne horizontale qui renferme les 9 premiers nombres, et une première ligne verticale commençant par ces mêmes 9 premiers nombres, soit :

1 2 3 4 5 6 7 8 9
2
3
4
5
6 12 18. . . . .
7
8
9

Pour former la tranche horizontale qui commence par 6, par exemple, on ajoute 6 à lui-même : $6 + 6 = 12$ qu'on écrit sous le 2 de la première ligne horizontale; je dis que cette somme 12 est le produit de 6 par 2 : en effet, c'est 6 répété 2 fois. On ajoute ensuite 6 à 12, soit $6 + 12 = 18$ qu'on écrit sous le 3 de la première tranche horizontale; je dis que cette somme 18 est le produit de 6 par 3; en effet, à 3 répété 2 fois j'ai ajouté une fois 6, cela me donne bien 6 répété 3 fois ou 6×3, etc.

On forme ainsi les huit autres lignes en procédant par addition, et l'on voit comment les sommes obtenues constituent cependant des produits.

La table prend alors la disposition suivante :

1	2	3	4	5	6	7	8	9
2	4	6	8	10	12	14	16	18
3	6	9	12	15	18	21	24	27
4	8	12	16	20	24	28	32	36
5	10	15	20	25	30	35	40	45
6	12	18	24	30	36	42	48	54
7	14	21	28	35	42	49	56	63
8	16	24	32	40	48	56	64	72
9	18	27	36	45	54	63	72	81

Pour faire **usage de cette table** et trouver par exemple le produit de 8 par 6, on suit la tranche horizontale qui commence par 8 et on descend la colonne verticale commençant par 6 ; à l'intersection de ces deux colonnes se trouve 48, produit des deux nombres.

Cela résulte en effet de la disposition donnée à la construction de la table, qui a placé 8 répété 6 fois sous le 6 de la première tranche horizontale.

2e CAS.

77. Le multiplicande a plusieurs chiffres et le multiplicateur n'en a qu'un seul.

$$846 \times 7$$

Le multiplicande signifie :

$$8 \text{ centaines} + 4 \text{ dizaines} + 6 \text{ unités.}$$

L'opération proposée revient donc à :

$$(8 \text{ centaines} \times 7) + (4 \text{ dizaines} \times 7) + (6 \text{ unités} \times 7)$$

ou : $$(56 \text{ centaines}) + (28 \text{ dizaines}) + (42 \text{ unités})$$

et : $$5.600 + 280 + 42 = 5.922 \text{ unités.}$$

Opération qui se dispose plus simplement comme il suit, et dans laquelle on fait à la fois, et la multiplication de chaque chiffre du multiplicande par le multiplicateur, et l'addition des dizaines de chaque ordre avec les unités de l'ordre suivant :

846

7

5.922

3e CAS.

78. Le multiplicande a plusieurs chiffres et le multiplicateur est un chiffre significatif suivi de zéros.

$$842 \times 700.$$

On fait dans ce cas l'opération comme si les zéros n'existaient pas au multiplicateur, mais au produit on ajoute autânt de zéros à sa droite qu'il y en avait au multiplicateur.

En effet, en supprimant deux zéros, j'ai rendu le multiplicateur 100 fois plus petit que celui qui m'était donné, le produit sera donc 100 fois trop faible ; pour lui rendre sa véritable valeur, je devrai le multiplier par 100 (en ajoutant 2 zéros à sa droite).

4ᵉ CAS.

79. 4° Les deux facteurs ont plusieurs chiffres.

$$7.846 \times 428$$

Le multiplicateur peut se décomposer

$$428 = 400 + 20 + 8.$$

L'opération proposée revient donc à celles-ci :

$$(7.846 \times 8) + (7.846 \times 20) + (7.846 \times 400)$$

Opérations que nous savons faire (2° et 3°), mais qu'on dispose comme il suit, en supprimant, dans l'opération pratique, les zéros aux multiplicateurs ainsi qu'aux produits partiels.

$$
\begin{array}{r}
7.846 \\
428 \\
\hline
62768 \\
15692 \\
31384 \\
\hline
3.358.088
\end{array}
$$

80. D'où la règle générale : — *On écrit le multiplicande, puis au-dessous de lui le multiplicateur, qu'on souligne. Ensuite on multiplie tout le multiplicande par chaque chiffre du multiplicateur. On écrit les produits partiels les uns au-dessous des autres en ayant soin de placer le premier chiffre de chacun d'eux au rang du chiffre multiplicateur qui a fourni ce produit. On fait ensuite la somme des produits ainsi disposés et obtenus.*

81. *Preuve*. — Pour faire la preuve d'une multiplication, on multiplie le multiplicateur par le multiplicande, et si l'on a bien opéré, on doit trouver le même produit.

Cette preuve est fondée sur le principe (58) qui dit qu'un produit de 2 facteurs ne change pas quand on intervertit leur ordre.

MULTIPLICATION DES NOMBRES DÉCIMAUX

82. Soit à faire la multiplication suivante :

$$78,45 \times 5,6$$

En vertu de la définition de la multiplication, nous devons trouver un produit qui soit au multiplicande ce que le multiplicateur est à l'unité; et ici, un produit qui soit à 78,45 ce que 56 dixièmes est à l'unité.

Or 56 dixièmes sont 56 fois le dixième de l'unité, notre produit doit donc être 56 fois le dixième du multiplicande.

Soit   56 fois 7,845

ou $7,845 \times 56$.

Théoriquement donc, *avant d'effectuer l'opération, on devra rendre le multiplicateur entier, en le multipliant par une puissance de 10 suffisante; et pour ne pas changer le produit, on divisera le multiplicande par la même puissance de 10 — ce qu'on sait faire sans avoir recours à la division (28). Le produit aura autant de chiffres décimaux que le nouveau multiplicande.*

Mais, dans la pratique, la multiplication des nombres décimaux se dispose et s'effectue comme celle des nombres entiers, en ne tenant pas compte des virgules; mais sur la droite du produit, on sépare autant de chiffres décimaux qu'il y en a dans les deux facteurs réunis.

Exemple : $78,45 \times 5,7$

On disposera comme il suit :

$$
\begin{array}{r}
78,45 \\
5,7 \\
\hline
54915 \\
39225 \\
\hline
447,165
\end{array}
$$

Et pour justifier cette façon d'opérer on dira qu'il faut séparer 3 chiffres décimaux au produit; car en supprimant la virgule du multiplicande, j'ai rendu celui-ci 100 fois plus grand et, de ce fait, le produit 100 fois trop grand. En faisant abstraction de la virgule du multiplicateur, j'ai rendu celui-ci 10 fois plus grand et par suite le produit, de ce seul fait, 10 fois trop grand. Ces 2 opérations simultanées ont rendu le produit (100×10) 1.000 fois trop fort; pour lui rendre sa véritable valeur, je dois le diviser par 1000, en séparant trois chiffres sur sa droite.

Cette dernière façon de procéder, commode dans la pratique puisqu'elle ne modifie pas les nombres proposés, est cependant fautive pour plusieurs raisons :

D'abord elle permet l'emploi d'un multiplicateur concret puisqu'il est décimal, ce qui est contraire à la définition.

Puis elle fait exprimer au produit des unités que n'exprime pas le multiplicande; ainsi dans l'exemple précédent le produit est un nombre de millièmes alors que le multiplicande représentait des centièmes.

SUJETS DONNÉS AU BREVET ÉLÉMENTAIRE
QUESTIONS TRAITÉES

I. — *De combien augmente le produit de deux facteurs quand on les augmente tous deux du même nombre?*

Soient M le multiplicande, m le multiplicateur, a le nombre ajouté à chaque facteur.

Le nouveau produit est donc :

$$(M + a) \times (m + a) = (M + a) \times m + (M + a) \times a.$$

Ce second membre peut s'écrire :

$$(M \times m) + (a \times m) + (M \times a) + (a \times a).$$

Comme le produit primitif était M $\times$ m, le nouveau produit se trouve augmenté :

1° Du produit du multiplicateur par le nombre ajouté ; plus :

2° Du produit du multiplicande par le nombre ajouté ; plus :

3° Du produit du nombre ajouté par lui-même.

II. — *Ayant un produit de deux facteurs, si l'on multiplie le multiplicande par un nombre, $\frac{2}{3}$ par exemple, et le multiplicateur par un autre $\frac{5}{7}$, le produit des deux facteurs ainsi modifiés est égal au produit primitif multiplié par le produit des deux fractions $\frac{2}{3}$ et $\frac{5}{7}$* (Brevet élémentaire).

Ainsi, soit M le multiplicande et m le multiplicateur.

Si l'on multiplie M par $\frac{2}{3}$ on trouve :

$$\frac{2}{3} \times M.$$

Si l'on multiplie m par $\frac{5}{7}$

on a $\quad\quad\quad\quad\quad\quad\quad \frac{5}{7} \times m.$

Si nous faisons le produit de ces 2 facteurs modifiés il **vient**

$$\frac{2}{3} \times M \times \frac{5}{7} \times m.$$

Mais dans un produit de plusieurs facteurs, on peut intervertir l'ordre des facteurs et remplacer plusieurs d'entre eux par leur produit effectué ; il vient alors

$$(M \times m) \times \left(\frac{2}{3} \times \frac{5}{7}\right).$$

Produit primitif. Produit des fractions.

III. — *Si les deux facteurs d'un produit sont terminés par un 8, dire quelles conditions doivent exister pour que le produit soit terminé par 64* (Concours d'École normale. Instituteurs).

8 fois le chiffre des dizaines du multiplicande plus 8 fois le chiffre des dizaines du multiplicateur doit donner un nombre de dizaines tel que ce nombre est terminé par un 0. De cette façon le chiffre 6 de 64 se trouvera être le chiffre des dizaines du produit complet.

Si on représente par D le chiffre des dizaines du multiplicande et par d le chiffre des dizaines du multiplicateur, on aura :

$$8 \times (D + d) = \text{nombre terminé par un 0.}$$

Or, ce cas se produit dans 2 conditions :

$$1° \ D + d \text{ égalera } 10, \text{ en effet } 8 \times 10 = 80$$
$$1° \ D + d \ — \quad 5 \quad — \quad 8 \times 5 = 40$$

La première condition présentera 10 solutions.

$$D = 9 \quad \text{et} \quad d = 1$$
$$D = 8 \quad \text{et} \quad d = 2$$
$$D = 7 \quad \text{et} \quad d = 3$$
$$\text{Etc.}$$

La deuxième condition présentera 5 solutions.

$$D = 5 \quad \text{et} \quad d = 0$$
$$D = 4 \quad \text{et} \quad d = 1$$
$$\text{Etc.}$$

Il y aura 15 réponses.

Vérification. — En effet, soit D = 8 et d = 2.
Le produit : $88 \times 28 = 2.464$ est terminé par 64.
Soit encore : D = 4 $\quad d$ = 1.
Le produit : $148 \times 118 = 17.464$ est terminé par 64.

DIVISION

83. Définition. — *La division a pour but de chercher combien un nombre appelé* dividende *contient de fois un autre nombre appelé* diviseur.

Le résultat se nomme **quotient**.

Le signe de la division est :, placé entre le dividende et le diviseur et sur une même ligne; ou —, placé entre les deux termes situés, le dividende au-dessus, le diviseur au-dessous. Ces deux signes veulent dire *à diviser par*.

Ainsi :

$$29 : 6 \text{ et } \frac{29}{6}$$

signifient : 29 *à diviser par* 6.

D'après la définition on doit chercher combien 29 contient de fois 6; il le contiendra évidemment autant de fois qu'on pourra retirer 6 de 29,

ou

$$29 - 6 = 23, \text{ 1 fois} \qquad 23 - 6 = 17, \text{ 2 fois}$$
$$17 - 6 = 11, \text{ 3 fois} \qquad 11 - 6 = 5, \text{ 4 fois}$$

J'ai pu retirer 4 fois 6 de 29; 4 est le quotient; le reste est 5.

84. Mais si le diviseur est contenu 6 fois dans le dividende, sauf le reste, le quotient multiplié par le diviseur devra reproduire le dividende sauf le reste; ce qui donne lieu à cette autre définition de la division :

La division est une opération qui a pour but de trouver un nombre appelé quotient qui, multiplié par le diviseur devra reproduire le dividende, ou plus généralement, *elle a pour but de trouver le plus grand nombre qui, multiplié par le diviseur, pourra se retrancher du dividende.*

85. Cette définition de la division peut se résumer en l'égalité suivante, quand la division se fait exactement, c'est-à-dire sans reste :

$$\text{Dividende} = \text{quotient} \times \text{diviseur}$$

le dividende est alors un produit ayant pour facteurs le quotient et le diviseur.

Ou bien par cette autre, quand la division ne se fait pas exactement :

$$\text{Dividende} = \text{quotient} \times \text{diviseur} + \text{reste}.$$

86. On peut, en se fondant sur cette dernière définition de la division, connaître le nombre des chiffres d'un quotient avant d'avoir fait l'opération.

Ainsi dans la division :

$$\frac{72.428}{842}$$

Le quotient cherché, multiplié par le diviseur 842, ne devra jamais surpasser le dividende 72428 ; il ne sera dans ce cas qu'un nombre de dizaines.

Car 842×10 ou 8.420 sera plus petit que 72.428.

Mais 842×100 ou 84.200 serait plus grand que 72.428.

Ce qui ne doit jamais se produire.

Le quotient qui est un nombre de dizaines aura donc 2 chiffres.

Autre exemple :   54.287 : 42

Si le quotient était :

10, multiplié par 42, il égalerait 420, plus petit que 54.287,
100,   —   4.200   —
1.000,   —   42.000   —
10.000,   —   420.000, qu'on ne peut plus retrancher
de 54.287 ; le quotient compris entre 1000 et 10000 aura donc 4 chiffres.

On voit que le nombre des chiffres d'un quotient est égal au plus grand nombre plus un des zéros qu'il faut ajouter au diviseur, pour que celui-ci puisse se retrancher du dividende.

87. Remarques. — *1° Lorsqu'on multiplie le dividende seul par un nombre entier, la partie entière du quotient se trouve multipliée par ce nombre.*

En effet, si le dividende devient 5 fois plus grand par exemple, le diviseur sera contenu 5 fois plus dans le nouveau dividende, le quotient sera donc 5 fois plus grand.

2° *Lorsqu'on multiplie le diviseur seul par un nombre entier, la partie entière du quotient se trouve divisée par ce nombre.*

En effet, si le diviseur devient 5 fois plus grand, il sera contenu 5 fois moins dans le dividende qui n'a pas changé.

Comme conséquence de ces deux principes, *on ne change pas la valeur d'un quotient lorsqu'on multiplie le dividende et le diviseur par un même nombre.*

Il y a en effet compensation.

On démontrerait de la même façon : *qu'un quotient ne change pas quand on divise le dividende et le diviseur par un même nombre.*

Ces vérités sont démontrées ensemble dans le principe suivant.

88. Principe. — *Le quotient d'une division ne change pas lorsqu'on multiplie ou qu'on divise le dividende et le diviseur par un même nombre; mais le reste, s'il y en a un, est multiplié ou divisé par ce nombre.*

En effet :

$$\text{Dividende} = (\text{quotient} \times \text{diviseur}) + \text{reste}.$$

Si l'on multiplie les deux membres de cette égalité par 5, elle devient :

$$\text{Dividende} \times 5 = (\text{quotient} \times \text{diviseur}) \times 5 + \text{reste} \times 5 = (\text{diviseur} \times 5) \times \text{quotient} + \text{reste} \times 5.$$

Égalité qui montre bien que si l'on divise le dividende × 5 par le diviseur × 5 on trouve le même quotient, mais que le reste est multiplié par 5.

$$\text{car} \quad \frac{\text{Dividende} \times 5}{\text{diviseur} \times 5} = \text{quotient} + (\text{reste} \times 5).$$

Ce reste qui augmente ne surpassera jamais le diviseur, car si

1 fois le reste est plus petit que 1 fois le diviseur,
5 — seront plus petits que 5 —

THÉORIE DE LA DIVISION

1er Cas.

89. Le diviseur et le quotient n'ont qu'un seul chiffre.

$$\frac{45}{7}$$

On pourrait trouver le quotient par soustractions successives. Mais il est préférable de chercher dans la table de multiplication quel serait le plus grand nombre qui, multiplié par 7, donnerait un produit égal à 45 ou pouvant s'en retrancher; on trouve 6; le nombre 6 est le quotient.

| Comme | $6 \times 7 = 42$ | | 45 | 7 |
| le reste est | $45 - 42 = 3$ | | 3 | 6 |

C'est donc en se servant de la multiplication, opération connue, qu'on a résolu ce premier cas.

2e Cas.

90. Le diviseur a plusieurs chiffres et le quotient un seul.

(1) $7.342 : 935$

Le quotient, qui par hypothèse ne renferme que des unités, multiplié par les centaines du diviseur, fournira un produit qui devra être soustrait des centaines du dividende. C'est ce nombre qu'il faut chercher en n'opérant primitivement que sur les centaines. On modifiera l'opération proposée en celle-ci :

(2) $73 : 9 = 8$ (cas précédent)

sera sinon le véritable quotient de (1), du moins un quotient trop fort. (Car le produit du quotient par les dizaines du diviseur pourra fournir des centaines qui, ajoutées aux centaines provenant du produit du quotient par les centaines du diviseur pourront bien ne pas se retrancher des centaines du dividende.)

On l'essaie en faisant le produit de 8 par 935; si le produit peut se retrancher de 7.342, c'est que le quotient est le bon; sinon on essaie 7, en faisant à la fois et la multiplication du quotient par le diviseur, et la soustraction de ce produit du dividende.

$$\begin{array}{c|c} 7.342 & 935 \\ 797 & 7 \end{array}$$

On reconnaît qu'un chiffre essayé au quotient est trop faible, lorsque son produit par le diviseur, soustrait du dividende, égale ou surpasse le diviseur. Car, dans ce cas, c'est que le diviseur peut être encore retiré au moins une fois du dividende.

La recherche du quotient dans ce deuxième cas comprend donc 2 opérations : 1° la recherche probable de ce chiffre; 2° la vérification de l'exactitude de ce chiffre.

91. Règle. — *On cherche combien de fois les plus hautes unités du diviseur sont contenues dans les unités de même ordre du dividende. Puis on multiplie le diviseur par le quotient, qu'on diminue d'un nombre d'unités suffisant pour que le produit obtenu puisse être retranché du dividende.*

3e Cas.

92. Le quotient a plusieurs chiffres.

53426 : 72.

Le quotient aura 3 chiffres, il sera donc un nombre de centaines. Le chiffre des centaines du quotient, multiplié par 72 unités devra fournir un produit qu'on doit pouvoir soustraire des centaines du dividende. Je cherche ce nombre en divisant 534 par 72 (cas précédent).

$$\begin{array}{c|c} 534.26 & 72 \\ 30 & 7 \end{array}$$

On trouve ainsi 7 pour premier chiffre du quotient; et

30 centaines comme reste (le reste étant de même nature que le dividende).

Si nous convertissons ces 30 centaines en dizaines et si nous ajoutons les 2 dizaines que contient le dividende, on a :

$$\begin{array}{r|l} 534.26 & 72 \\ 30.2 & \overline{7} \end{array}$$

302 dizaines qui divisées par le diviseur 72 fourniront le chiffre des dizaines du quotient

$$\begin{array}{r|l} 534.26 & 72 \\ 30.2 & \overline{74} \\ 4.4 & \end{array}$$

soit 4 pour dizaines du quotient et 14 dizaines pour reste ou 140 unités, qui, ajoutées aux 6 du dividende, donnent 146. Ce nombre des unités divisé par le diviseur, fournira les unités du quotient.

$$\begin{array}{r|l} 534.26 & 72 \\ 30.2 & \overline{742} \\ 4.46 & \\ 02 & \end{array}$$

93. RÈGLE GÉNÉRALE. — *A gauche du dividende, on sépare le plus petit nombre contenant le diviseur. En effectuant la division de ce dividende partiel par le diviseur, on a le premier chiffre du quotient.*

A droite du reste, on abaisse le chiffre suivant du dividende proposé; on forme ainsi le deuxième dividende partiel; en effectuant la division de ce dividende par le diviseur entier, on trouve le deuxième chiffre du quotient.

Et l'on continue ainsi jusqu'à ce qu'on ait abaissé le dernier chiffre du dividende.

S'il arrivait qu'un dividende partiel ne contînt pas le diviseur, le chiffre correspondant du quotient serait un zéro; et on obtiendrait le dividende partiel suivant en abaissant un nouveau chiffre du dividende.

QUOTIENT APPROCHÉ

94. La division précédente $\dfrac{53.426}{72}$ a donné un reste 2, elle ne s'est donc pas faite exactement; et quand je dirai qu'elle a fourni comme quotient 742, je commettrai une erreur.

En effet, le véritable quotient, s'il existe, est plus grand que 742, mais certainement plus petit que 743. Il est vrai que je commets une erreur en donnant 742 comme quotient, mais je viens de montrer que cette erreur est moindre qu'une unité (puisque le véritable quotient serait compris entre 742 et 743). On dit dans ce cas que 742 est le *quotient approché à moins d'une unité près par défaut*, 743 *serait le quotient à moins d'une unité près par excès.*

Si l'on voulait obtenir un quotient différant du véritable quotient de moins d'un centième, il faudrait faire exprimer au dividende et par suite au reste des centièmes (d'abord des dixièmes, puis des centièmes). Le quotient exprimerait alors des centièmes.

```
534.26  | 72
 30.2   | ‾‾‾‾‾‾‾‾
  1.46  | 742,02
  200
   56
```

Ainsi l'opération précédente se continuerait comme il suit :

Je convertis le reste 2 unités en dixièmes, il devient 20 que je divise par 72. Le quotient 0 exprime qu'il n'y a pas de dixièmes, et comme les dixièmes doivent être séparés de la partie entière par une virgule, je la place entre le 2 et le 0.

Je convertis les 20 dixièmes en centièmes, soit 200 qui, divisés par 72, fournissent 2 centièmes comme quotient, et un reste 56 centièmes.

La division ne s'est pas encore faite exactement. Mais le véritable quotient, s'il existe, ne peut être compris qu'entre 742,02 centièmes et 742,03 centièmes. En donnant 742,02 centièmes comme quotient, je commets encore une erreur, mais moindre qu'un centième. 742,02 *est le quotient approché à moins d'un centième près par défaut*, 742,03 *le serait à moins d'un centième près par excès.*

On pourrait, en continuant l'opération, approcher aussi près qu'on le voudrait du véritable quotient.

DIVISION DES NOMBRES DÉCIMAUX

95. Trois cas peuvent se présenter dans la division des nombres décimaux :

1º Le dividende seul est décimal   42,6 : 5

2º Le diviseur seul est décimal   453 : 3,52

3º Les deux termes sont décimaux 3,25 : 2,3

Règle. — *Dans tous les cas, on laisse ou on rend le diviseur entier en le multipliant par une puissance de 10 suffisante; et pour ne pas changer le quotient, on multiplie le dividende par la même puissance de 10.*

Si après cette modification le dividende reste décimal, lorsqu'on abaisse le premier chiffre de la partie décimale du dividende, on met une virgule au quotient : chaque chiffre au quotient représentant en effet le même ordre d'unités que le dernier chiffre du reste qui vient de le former.

Les opérations proposées plus haut se transforment donc :

1º 42,6 : 5   rien ne change ici

2º 453   : 3,52 devient   45.300 : 352

3º 3,25 : 2,3   devient   32,5 : 23

et le 1ᵉʳ et le 3º s'effectuent comme suit :

$$\begin{array}{r|l} 42,6 & 5 \\ 2\ 6 & \overline{8,5} \\ 1 & \end{array} \qquad\qquad \begin{array}{r|l} 3,25 & 23 \\ 9\ 5 & \overline{1,4} \\ 3 & \end{array}$$

96. Preuve. — Pour faire la preuve de la division, on multiplie le diviseur par le quotient, puis au produit obtenu on ajoute le reste, et la somme doit reproduire le dividende.

Cela résulte de la définition même de la division (nº 84).

PRINCIPES RELATIFS A LA DIVISION

97. *Principe*. — Pour diviser un nombre par un produit de plusieurs facteurs, on peut le diviser successivement par les facteurs de ce produit.

Soit à diviser 450 par 45.

Le nombre 45 est égal au produit 9×5.

Si je partage 450 en 9 parts égales, puis chaque part en 5 autres parts égales, j'obtiendrai 45 parts. On aura donc divisé 450 en 45 parts égales, c'est-à-dire qu'on aura effectué la division par 45.

98. *Principe*. — Pour diviser un produit de plusieurs facteurs par un nombre, il suffit de diviser l'un des facteurs par ce nombre.

Soit le produit 12×7 à diviser par 4; il suffit de diviser 12 par 4 et on aura pour quotient 3×7.

En effet $12 \times 7 = 7 \times 12$, c'est-à-dire 12 fois 7. Si au lieu de prendre 12 fois 7, on ne prend que 3 fois 7, on aura évidemment un produit 4 fois moins grand qui sera 7×3 ou 3×7.

99. *Principe*. — Pour diviser une somme ou une différence par un nombre, on peut diviser par ce nombre chacun des termes de la somme ou de la différence. On fait ensuite le total ou la différence des quotients.

Soit à diviser $28 + 12$ par 4.

On veut démontrer que

$$\frac{28 + 12}{4} = (28 : 4) + (12 : 4)$$

On sait que :

$$28 + 12 = 4 \text{ fois } (28 : 4) + 4 \text{ fois } (12 : 4)$$

ou :

$$28 + 12 = 28 + 12$$

l'égalité est justifiée.

100. Principe. — Le quotient de deux puissances d'un même nombre a pour exposant la différence des exposants des facteurs.

Soit $5^6 : 5^4$
$5^6 = 5 \times 5 \times 5 \times 5 \times 5 \times 5$
$5^4 = 5 \times 5 \times 5 \times 5$

Le quotient sera $\dfrac{5 \times 5 \times 5 \times 5 \times 5 \times 5}{5 \times 5 \times 5 \times 5} = 5 \times 5 = 5^2$.

SUJETS DONNÉS AU BREVET ÉLÉMENTAIRE
QUESTIONS TRAITÉES

I. — *Dans toute division, la somme du reste par défaut et du reste par excès est égale au diviseur* (Brevet élémentaire).

Dans l'exemple $\dfrac{53.426}{72}$ nous avons obtenu pour quotients : par défaut 742, par excès 743.

Quand le quotient par défaut était 742, le reste de la division était $53.426 - (72 \times 742)$.

Quand le quotient par excès était 743, le reste de la division était $(72 \times 743) - 53.426$.

Faisons la somme de ces restes, nous trouverons

$$53.426 - (72 \times 742) + (72 \times 743) - 53.426.$$

Supprimant 53.426 qui s'ajoute d'une part et se retranche d'autre part ; mettant 72 en facteur commun, il vient :

$$72 \times (743 - 742) = 72 \times 1 = 72, \text{ le diviseur.}$$

II. — *La division d'un certain nombre par 37 donne un reste de 22 ; de combien faudrait-il augmenter le dividende pour avoir au quotient un entier de plus avec un reste égal à 7 ?*

Le 1ᵉʳ dividende est égal à

$$37 \text{ fois le quotient} + 12$$

Le 2ᵉ dividende est égal à

$$37 \text{ fois le quotient} + 37 + 7$$

puisque le quotient avait été augmenté de 1.

Il suffit d'effectuer la différence des deux expressions pour avoir l'augmentation demandée :

$$37 \text{ fois le quotient} + 44 - (37 \text{ fois le quotient} + 12)$$
$$\text{ou } 44 - 12 = 32$$

III. — *La division de deux nombres entiers donne 356 pour quotient et 4.623 pour reste. De combien d'unités peut-on augmenter en même temps le dividende et le diviseur, sans changer le quotient ? (Écoles normales. Admission.)*

Le quotient ne change pas, ce sera toujours 356. Si on ajoute 1 unité au dividende, le reste augmente d'une unité.

Si on ajoute 1 unité au diviseur, le reste diminue de $1 \times 356 = 356$.

Pour une unité ajoutée aux 2 termes, le reste diminue donc de $356 - 1 = 355$.

Il s'ensuit qu'on pourra ajouter au plus

$$\frac{4.623}{355} = 13 \text{ unités}$$

au dividende et au diviseur et, dans ce cas, le reste de la nouvelle division sera le reste de la division $\dfrac{4.623}{355}$, c'est-à-dire 8.

On peut ajouter aux deux termes de la division un nombre d'unités variant de 1 à 13 au plus, sans changer le quotient.

CHAPITRE III

DIVISIBILITÉ DES NOMBRES

---

101. *Définitions*. — On dit qu'un nombre est *multiple* d'un autre ou est *divisible* par un autre, lorsqu'il est le produit de celui-ci par un nombre entier.

Ainsi 72 est multiple de 8 ou est divisible par 8,

parce que : $$72 = 8 \times 9.$$

On dit qu'un nombre est un *diviseur*, un *sous-multiple*, ou une *partie aliquote* d'un autre lorsque la division de celui-ci par celui-là se fait exactement, lorsque par conséquent ce dernier nombre est multiple du premier.

Ainsi 8 sera un diviseur, un sous-multiple, une partie aliquote de 72, si la division de 72 par 8 se fait exactement ; si 72 est un multiple de 8.

La théorie de la divisibilité a pour objet de fournir des caractères propres à discerner si une division peut ou non se faire exactement, ou plus généralement de fournir le reste d'une division sans effectuer celle-ci.

102. Principe. — *Tout nombre qui en divise plusieurs autres divise leur somme.*

Je suppose que 3 divise :

$$9, \quad 12, \quad 15$$

Je veux démontrer que 3 divise :

$$9 + 12 + 15.$$

En effet, si 3 divise 9, c'est que 9 est un multiple de 3
Si 3 —   12   —   12   —   3
Si 3 —   15   —   15   —   3
On a alors à chercher la nature de la somme.

$$m.3 + m.3 + m.3 \ (1).$$

Or une somme est toujours de même nature que les parties qui
constituent cette somme : dans ce cas, elle sera un multiple de 3,
elle sera donc divisible par 3.

103. Principe. — *Tout nombre qui en divise deux autres
divise leur différence.*

Je suppose que 3 divise :

$$15 \text{ et } 9$$

Je veux démontrer que 3 divise :

$$15 — 9$$

Par hypothèse :

$$15 = m.3 \text{ et } 9 = m.3$$
or :
$$m.3 — m.3 = m.3$$

car une différence est de même nature que ses termes.
Donc la différence qui est $m.3$ sera divisible par 3.

104. Corollaire. — *Lorsqu'un nombre divise la somme de
deux nombres et l'un de ces nombres, il divise l'autre.*

Soit 3 divisant 27 (la somme des deux nombres 21 et 6) et
l'une des parties 21.

Je veux démontrer qu'il divise l'autre partie.

En effet, l'autre partie est 27 — 21, c'est-à-dire la différence des
nombres donnés ;
Or 27 et 21 sont divisibles par 3, par hypothèse, donc leur différence, qui est l'autre nombre, sera divisible par 3.

____

(1) $m.3$ signifie multiple de 3.

105. Principe. — *Lorsqu'un nombre est décomposé en deux parties de somme : 1° tout nombre qui divise l'une de ces parties sans diviser l'autre ne divise pas la somme ; 2° la division du nombre donné et celle de la seconde partie de la somme par le diviseur proposé donneront le même reste.*

Soit le nombre $61 = 42 + 19$.

le nombre 7 divise 42, mais ne divise pas 19, je dis :

1° Qu'il ne divise pas 61.

En effet :
$$42 = 7 + 7 + 7 + 7 + 7 + 7 = m.7$$
$$19 = 7 + 7 + 5 = m.7 + 5$$

donc $42 + 19$ ou $61 = m.7 + m.7 + 5 = m.7 + 5$ qui n'est pas exactement un multiple de 7.

2° On voit que :
$$61 = m.7 + 5$$
$$19 = m.7 + 5$$

Si l'on divise successivement ces 2 multiples de $7 + 5$ par 7 on trouvera bien dans les 2 cas le même reste 5.

106. Principe. — *Tout nombre terminé par un zéro est divisible par 2 et par 5 ; terminé par 2 zéros, par 4 et par 25 ; terminé par 3 zéros, par 8 et par 125.*

Si le nombre est terminé par un zéro, 720 par exemple, il est un nombre exact de dizaines. Or 1 dizaine est divisible par 2 et par 5 :

$$10 = 2 \times 5$$

72 dizaines seront donc divisibles par 2 et par 5.

Si le nombre est terminé par 2 zéros, 6.400 par exemple, c'est un nombre exact de centaines. Or :

$$100 = 4 \times 25$$

donc 64 centaines seront multiples de 4 et de 25.

Si le nombre est terminé par 3 zéros, 5.000 par exemple, il est un nombre exact de mille. Or :

$$1.000 = 8 \times 125$$

donc 5.000 seront divisibles par 8 et par 125.

107. Un nombre est divisible par 2, si son dernier chiffre est divisible par 2.

En effet, tout nombre, 478 par exemple, peut se décomposer en ses dizaines plus ses unités :

$$478 = 470 + 8$$

J'ai alors une somme 478 égale à 2 parties de somme 470 et 8.

La première partie de la somme 470 sera toujours divisible par 2 puisque c'est un nombre exact de dizaines (n° 105) ; pour que la somme 478 le soit, il suffit donc que la 2ᵉ partie de la somme, 8, c'est-à-dire son dernier chiffre, le soit.

Or il n'y a que les chiffres pairs qui soient divisibles par 2 : un nombre sera donc divisible par 2 si son dernier chiffre est pair ou zéro (n° 106).

108. Un nombre est divisible par 5, si son dernier chiffre est divisible par 5.

Car $$725 = 720 + 5.$$

La première partie de la somme 720 est divisible par 5 puisque c'est un nombre de dizaines.

Le nombre tout entier sera donc divisible par 5, si la seconde partie de la somme 5 est divisible par 5.

Or il n'y a que le chiffre 5 qui soit divisible par 5 ; un nombre sera donc divisible par 5 si son dernier chiffre est un 5, ou un 0 (n° 106).

109. Un nombre est divisible par 4, si le nombre formé par ses 2 derniers chiffres est divisible par 4.

En effet, tout nombre, 1.536 par exemple, peut être décomposé en ses centaines plus ses dizaines et unités :

$$1.536 = 1.500 + 36$$

J'ai une somme 1.536 égale à 2 parties de somme 1.500 et 36 ; la première partie de la somme 1.500 sera toujours divisible par 4 puisque c'est un nombre exact de centaines ; pour que la somme 1.536 le soit, il suffira donc que la deuxième partie de la somme, 36, c'est-à-dire le nombre formé par ses 2 derniers chiffres, le soit.

110. Un nombre est divisible par 25, si le nombre formé par ses 2 derniers chiffres est divisible par 25.

La démonstration est exactement la même que pour 4.

Mais comme les seuls nombres de 2 chiffres divisibles par 25 sont 25, 50 et 75, un nombre sera divisible par 25, s'il est terminé par 25, 50 ou 75, ou 2 zéros (nº 106).

111. Un nombre est divisible par 8, si le nombre formé par ses 3 derniers chiffres est divisible par 8.

$$57.136 = 57.000 + 136$$

La première partie de la somme 57.000 est divisible par 8 parce que c'est un nombre exact de mille, il suffit donc que 136 le soit pour que la somme 57.136 soit divisible par 8.

Le caractère de divisibilité d'un nombre par 125 est le même que par 8 en substituant 125 à 8.

112. Un nombre est divisible par 9 lorsque la somme de ses chiffres égale 9 ou un multiple de 9.

On remarquera :

1° *Que toute puissance de 10 est multiple de 9 + 1.*

En effet :

$$10 = 9 + 1; \qquad 100 = 99 + 1 = m.9 + 1$$
$$1.000 = 999 + 1 = m.9 + 1; \quad 10.000 = 9.999 + 1 = m.9 + 1$$

2° *Que tout chiffre significatif suivi de zéros est un multiple de 9 plus ce chiffre significatif.*

$$40 = 4 \times 10 = 4 \times (9 + 1) = m.9 + 4$$
$$5.000 = 5 \times 1.000 = 5 \times (m.9 + 1) = m.9 + 5.$$

Soit le nombre :   43.272

On peut écrire :

$$43.272 = 40.000 + 3.000 + 200 + 70 + 2$$

Mais :

$$40.000 = m.9 + 4$$
$$3.000 = m.9 + 3$$
$$200 = m.9 + 2$$
$$70 = m.9 + 7$$
$$2 = \quad 2$$

Et la somme $43.272 = m.9 + (4 + 3 + 2 + 7 + 2)$

j'ai alors une somme 43.272 égale à 2 parties de somme, $m.9$ et $(4 + 3 + 2 + 7 + 2)$.

La première partie de la somme est divisible par 9 puisque c'est $m.9$; pour que le nombre 43.272 soit divisible par 9, il faut que la seconde partie de la somme $(4 + 3 + 2 + 7 + 2)$ le soit. Et c'est précisément la somme des chiffres du nombre proposé.

113. Le caractère de divisibilité d'un nombre par 3 est le même que par 9 en substituant 3 à 9.

Car tout multiple de 9 l'est à plus forte raison de 3. Et la démonstration est la même que pour 9. On écrit seulement $m.3$ partout où se trouve $m.9$.

114. Un nombre est divisible par 6, s'il l'est par 2 et par 3. Et en général un nombre est divisible par un produit de *facteurs premiers entre eux* s'il est divisible par chacun de ces facteurs. Un nombre sera divisible par 15, s'il l'est par 3 et par 5 ; par 21, s'il l'est par 3 et par 7, etc.

Mais il ne le sera pas nécessairement par 12, l'étant par 2 et par 6, parce que 2 et 6 ne sont pas premiers entre eux.

115. Remarque. — On vient de voir que tout nombre est égal à un multiple de 9 augmenté de la somme de ses chiffres. En vertu de ce qui précède, on peut écrire :

$$8.425 = m.9 + (8 + 4 + 2 + 5).$$

Mais si nous divisions 8.425 par 9, nous devrons trouver le même reste que si nous divisions par 9 sa valeur $m. + (89 + 4 + 2 + 5)$.

Or $m.9$ divisé par 9 donne évidemment 0 pour reste.

Donc le reste de la division par 9 de 8.425 sera le même que celui de la division de $8 + 4 + 2 + 5$ par le même nombre.

On voit alors que le reste de la division d'un nombre par 9 est le même que celui que donnerait la division par 9 de la somme des chiffres de ce nombre.

C'est sur cette importante remarque qu'est fondée la théorie de la preuve par 9.

**116. Un nombre est divisible par 11 lorsque la différence

entre la somme de ses chiffres de rang impair et celle dè ses chiffres de rang pair est 0 ou un multiple de 11.

On remarquera d'abord que :

$$10 = 11 - 1$$
$$100 = (11 \times 9) + 1 = m.11 + 1.$$
$$1.000 = (11 \times 91) - 1 = m.11 - 1.$$
$$10.000 = (11 \times 909) + 1 = m.11 + 1.$$

Donc, l'unité suivie d'un nombre impair de 0 est un multiple de 11 moins cette unité ; l'unité suivie d'un nombre pair de 0 est un multiple de 11 plus cette unité.

On verrait de même que tout chiffre significatif suivi de zéros est un multiple de 11 plus ou moins ce chiffre significatif, selon que le nombre des zéros est pair ou impair.

$$30 = 10 \times 3 = m.11 - 3$$
$$500 = 5 \times 100 = m.11 + 5$$
$$7.000 = 1.000 \times 7 = m.11 - 7, \text{ etc.}$$

Soit le nombre :

$$62.854$$

On peut écrire :

$$62.854 = 60.000 + 2.000 + 800 + 50 + 4$$
$$60.000 = m.11 + 6$$
$$2.000 = m.11 - 2$$
$$800 = m.11 + 8$$
$$50 = m.11 - 5$$
$$4 = 4$$

et la somme : $62.854 = m.11 + [(6 + 8 + 4) - (2 + 5)]$.

Chiffres de   Chiffres de
rang impair.   rang pair.

J'ai encore une somme 62.854 égale à 2 parties de somme $m.11$ et $[(6 + 8 + 4) - (2 + 5)]$.

La première partie de la somme est divisible par 11 ;

Pour que la somme 62.854 soit divisible par 11, il faut que la deuxième partie de la somme $[(6 + 8 + 4) - (2 + 5)]$ soit divisible par 11.

Et cette seconde partie est précisément formée de la somme des chiffres de rang impair diminuée de la somme des chiffres de rang pair.

Remarque. — Si la somme des chiffres de rang pair l'emportait sur celle de rang impair, qu'on ne pût pas faire la différence, on ajouterait à la somme des chiffres de rang impair autant de fois 11 que cela serait nécessaire pour rendre la différence possible.

Ainsi dans   854.293

la somme des chiffres de rang impair est $3 + 2 + 5 = 10$
      —   pair $9 + 4 + 8 = 21$

La différence est impossible ; j'ajoute 1 fois 11 à 10, soit 21 ; la différence est $21 - 21 = 0$.

Le nombre est divisible par 11.

PREUVES PAR 9 DE LA MULTIPLICATION ET DE LA DIVISION

117. — **Preuve par 9 de la multiplication.**

Soit à vérifier la multiplication suivante :

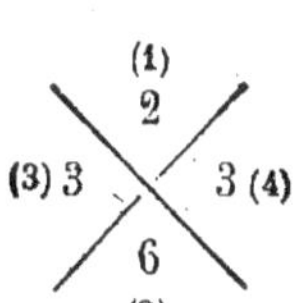


```
   1.847
     528
  ───────
 4 4776
 3 694
92 35
 ───────
97.5216
```

Je recommence l'opération en prenant, à la place du multiplicande et du multiplicateur proposés, leurs valeurs en fonction de multiple de 9. J'ai alors (115) :

$$1.847 = m.9 + 20 = m.9 + 2$$
$$528 = m.9 + 15 = m.9 + 6$$

donc :

$$1.847 \times 528 \text{ doit égaler } (m.9 + 2) \times (m.9 + 6)$$
$$= (m.9 + 2) \times m.9 + (m.9 + 2) \times 6)$$
$$= (m.9 \times m.9) + (m.9 \times 2) + (m.9 \times 6) + (2 \times 6)$$

égale enfin :

$$m.9 + 12 = m.9 + 3,$$

pour que l'opération soit exacte, il faut alors que le produit :

$$975.216 \text{ soit égal à } m.9 + 3$$

comme :

$$975.216 = m.9 + 30 = m.9 + 3$$

la multiplication proposée est bonne.

118. Dans la pratique, on n'écrit pas la valeur des facteurs en fonction de multiple de 9 ; on se contente d'écrire le reste qu'on trouverait si l'on divisait par 9 les deux facteurs, et l'on fait le produit seul des deux restes : en effet, en développant le calcul de $(m.9 + 2) \times (m.9 + 6)$, le seul produit qui ne nous a pas fourni nécessairement un multiple de 9 a été le produit de 2 par 6, c'est-à-dire le produit des restes.

On dispose généralement en une croix, comme il est indiqué plus haut, les restes et les produits qu'on obtient en suivant la règle suivante :

Règle. — *On cherche les restes des divisions par 9 du multiplicande* (1), *du multiplicateur* (2), *du produit* (3); *le produit des deux premiers restes divisé par 9 doit fournir un nombre* (4) *égal au 3e reste.*

119. Preuve par 9 de la division. — Si du dividende on retranche le reste de la division, le dividende ainsi diminué devient exactement le produit du diviseur par le quotient. Il suffit alors de vérifier, comme pour la multiplication, si le produit du diviseur par le quotient égale le dividende modifié. Mais, au lieu de chercher l'erreur au produit qui correspond au multiplicande, on la cherche, s'il y a lieu, au reste qui correspond au quotient.

Soit à vérifier l'opération suivante :

$$
\begin{array}{ll}
734.2684 \,\big|\, 528 & 7342684 - 316 = 7342368 \\
206\ 2 \quad \overline{13906} & \qquad\ (3) \qquad\quad (1) \qquad (4) \\
\ \ 47\ 86 & 7342368 = 13906 \times 528 \\
\ \ \ \ 3484 & \qquad\quad (1) \qquad\qquad (2) \\
\ \ \ \ \ 316 &
\end{array}
$$

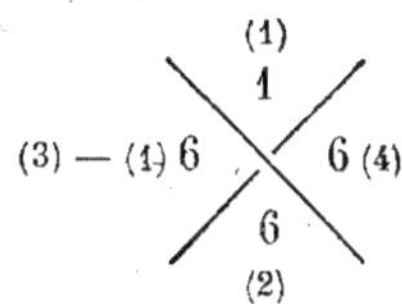

Remarques sur la preuve par 9. — La preuve par 9 n'est pas une certitude que l'opération vérifiée est bonne; elle n'est qu'une probabilité de certitude; en effet :

1° Si deux ou plusieurs chiffres sont interposés dans le résultat, la somme des chiffres étant la même, le reste de la division par 9 sera le même.

2° Si l'erreur consiste en un multiple de 9 elle n'apparaît pas, puisqu'on ne s'inquiète pas de quel multiple de 9 le résultat est formé. L'erreur fréquente d'un 9 mis à la place d'un zéro ou inversement n'apparaît pas; un zéro ajouté ou manquant à un résultat, ne sera pas signalé par cette preuve.

DIVISEURS COMMUNS

120. On appelle *diviseurs communs* de plusieurs nombres, les nombres qui divisent exactement les nombres proposés.

121. Le plus grand commun diviseur (P. G. C. D.) *de plusieurs nombres est le plus grand nombre qui divise exactement les nombres proposés.*

Ainsi les diviseurs communs de 6, 12 et 36 sont :

$$1 \ , \ 3 \ \text{et} \ 6$$

et le P. G. C. D. de 6, 12 et 36 est :

$$6.$$

122. Principe. — *Tout nombre qui divise le dividende et le diviseur d'une division divise également le reste de leur division.*

En effet : dividende = (diviseur × quotient) + reste.

Si un nombre divise Dividende et Diviseur, il divisera évidemment (Diviseur×Quot.) qui est aussi un multiple de Diviseur.

Ce nombre divisant une somme Dividende, et l'une des parties de la somme (Diviseur × Quot.), divisera l'autre partie de la somme qui est Reste.

Il résulte de ce principe *que tout diviseur commun au dividende et au diviseur d'une division est aussi diviseur commun du diviseur et du reste.*

Recherche du P. G. C. D. de deux nombres.

123. Le P. G. C. D. de 2 nombres 2.740 et 316 ne sera certainement pas supérieur au plus petit nombre, mais il peut être ce plus petit nombre (si ce plus petit nombre divise le plus grand). On essaie donc la division de 2.740 par 316 ; elle donne le reste 212.

Puisqu'il y a un reste, 316 ne divise pas 2.740.

On a alors :

$$2.740 = (316 \times 8) + 212.$$

Mais le P. G. C. D. de 2.740 et 316 est le même que celui de 316 et 212 (n° 122).

Il sera donc 212 si ce nombre divise 316 et 212. On fait la division et l'on trouve 104 pour le reste.

De même, le P. G. C. D. de 316 et 212 est le même que celui de 212 et 104. On cherche s'il ne serait pas 104, et l'on continue ainsi jusqu'à ce que le reste soit 0. Le dernier diviseur est alors le P. G. C. D. des nombres proposés.

On dispose l'opération comme il suit :

Quotients :		8	1	2	26
	2740	316	212	104	4
Restes :	212	104	4	24 0	

Règle. — *Pour trouver le plus grand commun diviseur de* deux nombres, on divise le plus grand par le plus petit. S'il y a un reste, on divise le 1er diviseur par ce reste; ce reste par le 2e reste; ainsi de suite jusqu'à ce que le reste soit nul. Le dernier diviseur est le P. G. C. D.

124. Principe. — *Lorsqu'un nombre en divise deux autres, il divise leur P. G. C. D.*

En effet, tout nombre qui divise 2.740 et 316 divise 212, le reste de leur division (n° 122); divisant 316 et 212, il divise le reste de leur division 104; et ainsi de suite. Il divisera leur P. G. C. D. qui est le dernier de ces restes.

125. Principe. — *Lorsqu'on multiplie ou qu'on divise deux nombres par un troisième, leur P. G. C. D. est multiplié ou divisé par ce troisième nombre.*

En effet, pour trouver le P. G. C. D. de 2 nombres, on divise le plus grand par le plus petit (n° 123).

Or, lorsqu'on multiplie ou qu'on divise 2 nombres par un troisième, le reste de leur division est multiplié ou divisé par ce nombre, et le P. G. C. D. de 2 nombres est le reste de leur division, après 1re ou 2e ou 3e opération.

126. Principe. — *Lorsqu'on divise deux nombres par leur P. G. C. D., les quotients obtenus sont premiers entre eux.*

D'après le principe précédent, si l'on divise par exemple 2.740 et 316 par leur P. G. C. D.-4, les quotients auront pour P. G. C. D. 4 : 4, ou 1.

127. Recherche du P. G. C. D. de plus de deux nombres. — *Pour trouver le P. G. C. D. de plusieurs nombres on cherche le P. G. C. D. de deux quelconques de ces nombres, puis de ce P. G. C. D. et d'un troisième nombre, et ainsi de suite jusqu'à ce que tous les nombres donnés aient été employés. Le dernier P. G. C. D. trouvé est le P. G. C. D. cherché :*

Soit à trouver le P. G. C. D. de 12.600, 1.890, 1.980, et 360.
    Le P. G. C. D. entre 12.600 et 1.890 est 630.
    Le P. G. C. D. entre 1.980 et 630 est 90.
    Le P. G. C. D. entre 360 et 90 est 90.
Le P. G. C. D. entre les nombres donnés est 90.

NOMBRES PREMIERS

128. *Un nombre* **premier** *est un nombre qui n'est divisible que par lui-même et par l'unité ; il n'a donc que 2 diviseurs :*

$$5 \quad ; \quad 13 \quad ; \quad 29$$

sont des nombres premiers.

129. Principe. — *Tout nombre qui divise le produit de deux facteurs et qui est premier avec l'un d'eux, divise nécessairement l'autre.*

Soit le nombre 4 divisant le produit 9×12, mais premier avec 9, je dis qu'il doit diviser 12.

En effet, 4 et 9 étant premiers entre eux ont 1 pour P. G. C. D. Si nous multiplions 4 et 9 par 12, leur P. G. C. D. sera multiplié par 12 (n° 125); donc :

Le P. G. C. D. entre 4×12 et 9×12 sera 1×12 ou 12.

Or 4 divise le 1er produit 4×12 puisqu'il en est un des facteurs ; il divise par hypothèse le 2e produit 9×12.

Il divisera donc leur P. G. C. D. 12, puisque, lorsqu'un nombre en divise deux autres, il divise leur P. G. C. D. (n° 124).

130. *Des nombres sont* **premiers entre eux** *lorsqu'ils n'ont que l'unité pour diviseur commun.*

(1)   5, 13 et 29   (2)   8, 25, 33.

Tous les nombres premiers sont premiers entre eux.

Mais des nombres qui ne sont pas premiers peuvent être premiers entre eux.

131. Règle. — *Pour reconnaître si un nombre donné est premier ou non, on divise ce nombre par les nombres premiers 2, 3, 5, 7, 11, 13, 17… jusqu'à ce qu'on trouve pour quotient un nombre égal ou inférieur au diviseur essayé.*

Si aucune de ces divisions ne s'est faite exactement, le nombre est premier.

En effet, si le nombre proposé était divisible par un nombre supérieur au dernier diviseur essayé, il serait aussi divisible par un quotient plus petit que ce diviseur, ce qui a été reconnu impossible.

Ainsi, nous voulons savoir si 107 est premier.

Après avoir essayé les divisions de 107 par 2, 3, 5, 7, 11, et vérifié qu'aucune de ces divisions ne s'est faite exactement, je ne continuerai pas à essayer la division par 13, car 107 : 11 nous a fourni 10 pour quotient, nombre inférieur au diviseur essayé 11.

Si alors nous prenions 13 pour diviseur, le quotient deviendrait 8, et si la division se faisait exactement, c'est que le nombre serait divisible par 13, mais aussi par 8, ce qui a été vérifié impossible.

132. Construction d'une table de nombres premiers. — Pour construire une table de nombres premiers, jusqu'à 50 par exemple, on écrit les 50 premiers nombres. Puis on barre :

Tous les nombres de 2 en 2 à partir de 4 (ce sont des multiples de 2) :

Tous les nombres de 3 en 3 à partir de 6 (ce sont des multiples de 3) ;

Tous les nombres de 5 en 5 à partir de 10 (ce sont des multiples de 5), etc.

Tous les nombres non barrés sont premiers.

1 — 2 — 3 — 4 — 5 — 6 — 7 — 8 — 9 — 10 — 11
12 — 13 — 14 — 15 — 16 — 17 — 18 — 19 — 20 — 21
22 — 23 — 24 — 25 — 26 — 27 — 28 — 29 — 30 — 31
32 — 33 — 34 — 35 — 36 — 37 — 38 — 39 — 40 — 41
42 — 43 — 44 — 45 — 46 — 47 — 48 — 49 — 50...

133. Remarque. — Lorsqu'on barre les nombres non premiers, on remarque que le 1er nombre à barrer comme divisible par 2 est 4 ; que le 1er à barrer à cause de 3 est 9 (6 est barré par 2) ; que le 1er à barrer à cause de 5 est 25 (10, 15, 20, sont déjà barrés par 2 ou 3), que le 1er à barrer par 7 est 49 (14, 21, 28, 35, 42 sont déjà barrés par 2, 3, ou 5).

Or :

$$4 \text{ est le carré de } 2$$
$$9 \quad - \quad 3$$
$$25 \quad - \quad 5$$
$$49 \quad - \quad 7$$

Il est donc inutile de chercher à barrer les multiples de 11 : il n'en existe pas dans cette table, car le 1er nombre à barrer serait :

$$11^2 = 121.$$

134. Décomposer un nombre en ses facteurs premiers. — Décomposer 720 en ses facteurs premiers, c'est trouver les nombres premiers dont le produit soit égal à 720.

Pour cela, on divise le nombre proposé par les nombres premiers qui le divisent exactement, autant de fois qu'il est possible, en commençant par les plus petits.

On dispose l'opération comme il suit :

$$
\begin{array}{r|l}
720 & 2 \\
360 & 2 \\
180 & 2 \\
90 & 2 \\
45 & 3 \\
15 & 3 \\
5 & 5 \\
1 &
\end{array}
$$

et l'on écrit :

$$720 = 2^4 \times 3^2 \times 5$$

135. Principe. — *Un nombre n'est décomposable que d'une seule manière en ses facteurs premiers.*

$$\text{Soit } 720 = 2^4 \times 3^2 \times 5.$$

Je dis : 1° qu'il ne peut pas contenir d'autres facteurs premiers que 2, 3 et 5 ; 2° qu'il ne peut les contenir qu'avec les exposants 4 pour le facteur 2 ; 2 pour le facteur 3 ; 1 pour le facteur 5.

1° S'il contenait le facteur 7 par exemple, 7 diviserait 720 ; par conséquence sa valeur $2^4 \times 3^2 \times 5$; il diviserait donc au moins un des facteurs de ce produit (n° 129), ce qui est impossible puisque chaque facteur est un nombre premier.

2° 2, par exemple ne peut pas avoir d'autre exposant que 4; s'il pouvait avoir 3 pour exposant, c'est que :

$$720 \text{ pourrait égaler } 2^4 \times 3^2 \times 5 \text{ et } 2^3 \times 3^2 \times 5$$

d'où :

$$2^4 \times 3^2 \times 5 = 2^3 \times 3^2 \times 5$$

divisant les deux membres de l'égalité par $3^2 \times 5$

$$2^4 = 2^3$$

ce qui est impossible.

Il n'est donc qu'un seul système de facteurs premiers dont le produit égale 720.

DIVISEURS D'UN NOMBRE

136. Principe. — *Pour qu'un nombre soit divisible par un autre, il suffit qu'il contienne tous les facteurs premiers de cet autre avec des exposants au moins égaux.*

Soit le nombre :

$$N = 2^2 \times 3^2 \times 5$$

et un autre nombre

$$n = 2 \times 3,$$

N est divisible par n.

En effet on peut écrire :

$$N = 2 \times 2 \times 3 \times 3 \times 5$$

ou encore :

$$N = \underline{2 \times 3} \times 2 \times 3 \times 5$$

ou en remplaçant la partie soulignée par la valeur n égale

$$N = n \times 2 \times 3 \times 5.$$

N est donc bien divisible par n, puisqu'il en est le multiple.

137. Trouver tous les diviseurs d'un nombre. — On décompose ce nombre en ses facteurs premiers. Puis on fait toutes les combinaisons possibles de ces facteurs affectés de tous les exposants qui leur sont propres.

Ainsi :

$$270 = 2 \times 3^3 \times 5.$$

On aura pour les diviseurs de 270,
d'abord :

$$1, 2, 3, 3^2, 3^3, 5;$$

puis toutes les combinaisons possibles de tous ces diviseurs entre eux :

$$2\times3; 2\times3^2; 2\times3^3; 2\times5; 3\times5;$$
$$2\times3\times5; 3^2\times5; 3^2\times2\times5;$$
$$3^3\times5; 3^3\times2\times5.$$

Car tout nombre divisible par plusieurs autres, premiers entre eux deux à deux, est divisible par leur produit.

Et, pour ne laisser échapper aucune combinaison, on dispose l'opération comme il suit :

	Facteurs premiers.	Diviseurs.
		1.
270	2	2.
135	3	3. 6.
45	3	9. 18.
15	3	27. 54.
5	5	5. 10. 15. 30. 45. 90. 135. 270.
1		

Après avoir décomposé 270 en ses facteurs premiers, pour former la colonne qui contient tous ses diviseurs, on écrit d'abord le diviseur 1, puis on le multiplie par le facteur 2; on écrit le produit en regard des facteurs 2. Ensuite on multiplie les diviseurs 1 et 2 par le premier facteur 3; on écrit le produit en regard de ce facteur 3. Ensuite, parce que le facteur 3 se répète, on multiplie par la dernière ligne des diviseurs trouvés, de même pour le nouveau 3 qui se répète encore. Enfin on multiplie tous les diviseurs déjà inscrits par le facteur 5 nouvellement trouvé.

Autre exemple. — Trouver tous les diviseurs de 540.

	Facteurs premiers	Diviseurs
		1.
540	2	2.
270	2	4.
135	3	3. 6. 12.
45	3	9. 18. 36.
15	3	27. 54. 108.
5	5	5. 10. 20. 15. 30. 60. 45. 90. 180.
1		135. 270. 540.

Le plus petit est toujours 1; le plus grand est le nombre proposé.

138. Plus grand commun diviseur de plusieurs nombres. — Soit à trouver le plus grand commun diviseur des nombres

$$90 \quad , \quad 270 \quad , \quad 360 \quad , \quad 1.035.$$

On pourrait chercher tous les diviseurs de ces nombres : choisir ceux qui sont communs, et prendre le plus grand. Il serait bien le plus grand commun diviseur.

Mais ce procédé trop lent est remplacé avantageusement par le suivant :

On décompose les nombres proposés en leurs facteurs premiers; puis on fait le produit des facteurs communs à tous les nombres, en prenant chacun d'eux avec son plus petit exposant.

Ainsi :

$$90 = 2 \times 3^2 \times 5 \quad , \quad 270 = 2 \times 3^3 \times 5$$
$$360 = 2^3 \times 3^2 \times 5 \quad , \quad 1.035 = 3^2 \times 5 \times 23$$

$$\text{P. G. C. D.} = 3^2 \times 5.$$

1° Ce nombre $(3^2 \times 5)$ est bien un diviseur commun puisqu'il est contenu dans tous les nombres proposés.

2° Il est bien le plus grand, car si, pour le rendre plus grand j'avais introduit le facteur 2, il aurait cessé d'être diviseur de 1.035 puisqu'il n'aurait plus été contenu dans ce nombre. Je ne puis pas non plus ajouter une puissance, 3^3 par exemple, parce que tous les nombres proposés ne contiennent pas le facteur 3^3, et que le nombre trouvé aurait cessé d'être contenu dans 90. 360 et 1.035.

139. Plus petit commun multiple de plusieurs nombres. — Un nombre 72 est *multiple commun de plusieurs nombres* 2, 3, 6, 9, lorsqu'il est le produit de chacun de ces nombres par des nombres entiers différents 36, 24, 12, 8. Ce multiple commun de plusieurs nombres est évidemment divisible par tous ces nombres.

On trouve un multiple commun de plusieurs nombres en faisant le produit de ces nombres.

Le *plus petit commun multiple* de plusieurs nombres est le plus petit nombre qui soit exactement divisible par tous les nombres proposés.

Pour trouver le P. P. C. M. de plusieurs nombres on fait le produit de tous leurs facteurs premiers communs ou non communs; mais ceux qui sont communs ne sont pris qu'une seule fois, avec leur plus grand exposant.

Soit à trouver le P. P. C. M. de

$$90 \quad , \quad 270 \quad , \quad 360 \quad , \quad 1035.$$

$$90 = 2 \times 3^2 \times 5 \quad , \quad 270 = 2 \times 3^3 \times 5$$
$$360 = 2^3 \times 3^2 \times 5 \quad , \quad 1035 = 3^2 \times 5 \times 23$$

$$\text{P. P. C. M.} = 2^3 \times 3^3 \times 5 \times 23.$$

1° Ce nombre est bien un multiple commun de 90, 270, 360, 1.035, puisqu'il contient au moins tous les facteurs de ces 4 nombres. Il contient 270 puisqu'il renferme sa valeur $2 \times 3^3 \times 5$; il contient 1.035 puisqu'il renferme sa valeur $3^2 \times 5 \times 23$, etc.

2° Il est le plus petit, car si je supprime un seul facteur, 23, par exemple, il ne contiendra plus 1.035 qui est un multiple de 23 et cessera d'être multiple commun; si je prends seulement 2^2, le nombre que je trouverai ne contiendra plus 360 qui est un multiple de 2^3.

SUJETS DONNÉS AU BREVET ÉLÉMENTAIRE
EXEMPLES DE SOLUTIONS

I. — *On donne le nombre 725.400; quels chiffres significatifs peut-on mettre à la place des deux zéros pour faire un nombre qui soit divisible à la fois par 4 et par 9.*

725.400 est déjà divisible par 4 et par 9 (par 4, parce que c'est un nombre exact de centièmes; par 9, parce que la somme de ses chiffres, 18, est divisible par 9), le nombre de deux chiffres que nous devrons substituer aux deux zéros devra donc être lui aussi un multiple de 4 et 9, il sera leur produit $4 \times 9 = 36$ ou tous les multiples de 36 n'ayant que deux chiffres; soit le seul, $2 \times 36 = 72$.

Les deux zéros pourront être remplacés par 3 et 6, ou 7 et 2.

II. — *Trouver un nombre de 3 chiffres compris entre 300 et 400 qui, divisé séparément par 8 et par 9, donne le même reste 5 (École normale, Cahors).*

Le nombre demandé est N
On a

$$N = \text{multiple de } 8 + 5$$
$$N = \text{multiple de } 9 + 5$$

ou encore

$$N - 5 = \text{multiple de } 8$$
$$N - 5 = \text{multiple de } 9$$

8 et 9 étant premiers entre eux, on aura

$$N - 5 = \text{multiple de } 72.$$

Or entre 300 et 400, il n'y a qu'un nombre multiple de 72, c'est $72 \times 5 = 360$.

Le nombre demandé sera donc $360 + 5 = 365$.

III. — *Démontrer que le produit de deux nombres est égal au produit de leur plus grand commun diviseur par leur plus petit commun multiple.*

Soit le produit 48×18.
Leur plus grand commun diviseur est

$$\left. \begin{array}{l} 48 = 2^4 \times 3 \\ 18 = 2 \times 3^2 \end{array} \right\} \, 2 \times 3$$

Leur plus petit commun multiple est

$$2^4 \times 3^2$$

Le produit du P. G. C. D. et du P. P. C. M est

$$2 \times 3 \times 2^4 \times 3^2$$

ou encore

$$2^4 \times 3 \times 2 \times 3^2$$

Mais le produit de 48×18 égale aussi $2^4 \times 3 \times 2 \times 3^2$, le théorème est donc démontré.

CHAPITRE IV

FRACTIONS

---

140. *Une* fraction *est une ou plusieurs parties de l'unité divisée en un certain nombre de parties égales.*

141. Une fraction est représentée par deux nombres : l'un appelé *dénominateur*, qui indique en combien de parties égales l'unité a été divisée ; l'autre *numérateur*, qui indique combien on prend de ces parties.

142. Pour écrire une fraction, on place d'abord le nombre qu'exprime le numérateur, on le souligne, puis on écrit le dénominateur au-dessous de ce trait.

143. Pour lire une fraction, on énonce le numérateur, puis le dénominateur qu'on fait suivre de la terminaison *ième*. Excepté pour les dénominateurs 2, 3, 4, qu'on prononce *demi, tiers, quart*.

Ainsi la fraction $\frac{5}{6}$ s'énoncera cinq sixièmes et signifiera : par son dénominateur 6, que l'unité a été divisée en 6 parties égales ; et par son numérateur 5, qu'on a pris 5 de ces parties.

Le dénominateur est donc un nom, une dénomination, donnée au numérateur.

144. Principe. — *Une fraction est le quotient de son numérateur par son dénominateur.*

Il faut démontrer que $\frac{5}{6}$ est le quotient de 5 par 6.

On sait que le quotient de toute division multiplié par le diviseur doit reproduire le dividende :

$$\text{or} \qquad \frac{5}{6} \times 6 \text{ ou } \frac{5 \times 6}{6} = 5$$

Donc $\frac{5}{6}$ est bien le quotient de 5 par 6, puisque multiplié par le diviseur 6, il reproduit le dividende 5.

145. A la seule inspection d'une fraction, il sera possible de voir si elle est plus petite ou plus grande que l'unité, ou égale à l'unité.

Supposons en effet que l'unité soit représentée par la ligne AB et divisée en 7 parties égales. Chaque partie sera $\frac{1}{7}$.

Si je prends moins de 7 parties, 5 par exemple, la longueur AC représentera $\frac{5}{7}$ de l'unité, et comme AC est plus petit que AB, $\frac{5}{7}$ sera plus petit que l'unité.

146. Une fraction est **plus petite** que l'unité lorsque son numérateur est **plus petit** que son dénominateur;

147. Une fraction est **égale** à l'unité lorsque son numérateur égale son dénominateur (voir la figure) : $\frac{7}{7}$ ou AB.

148. Si le numérateur d'une fraction est plus grand que son dénominateur, la fraction prend le nom d'*expression fractionnaire*. On voit aisément qu'une **expression fractionnaire est plus grande** que l'unité : $\frac{9}{7}$ ou AD.

149. Nous appellerons **complément** d'une fraction, la fraction qui manque à la première pour égaler l'unité :

$$\text{Le complément de la fraction } \frac{5}{7} \text{ sera } \frac{2}{7}$$

$$\text{celui de la fraction } \frac{1}{5} \text{ sera } \frac{4}{5}.$$

150. Nous appellerons **supplément** d'une expression fractionnaire, la fraction dont l'expression fractionnaire surpasse l'unité :

$$\text{le supplément de l'expression fractionnaire } \frac{9}{5} \text{ sera } \frac{4}{5},$$

$$\text{celui de l'expression } \frac{7}{4} \text{ sera } \frac{3}{4}.$$

151. *Un nombre entier peut toujours être considéré comme une expression fractionnaire dont le dénominateur serait 1.*

Il nous sera quelquefois commode d'écrire $\frac{5}{1}$ à la place de 5 ;

$$\frac{10}{1} \text{ à la place de 10, etc.}$$

152. Un *nombre fractionnaire* est un nombre entier accompagné d'une fraction : $4\frac{5}{6}$

Le signe $+$ est sous entendu entre l'entier et la fraction.

$$4\frac{5}{6} \text{ signifie } 4 + \frac{5}{6}$$

153. On voit, d'après ce qui précède, que plus le numérateur d'une fraction augmentera et plus la valeur de la fraction augmentera elle-même :

$$\frac{2}{7}, \quad \frac{5}{7}, \quad \frac{7}{7}, \quad \frac{9}{7}$$

Alors, de plusieurs fractions qui ont même dénominateur,
la plus grande est celle qui a le plus grand numérateur.

La chose est évidente, car si cinq objets forment un nombre
supérieur à deux objets de même nature, il en sera de même si les
objets s'appellent des septièmes : plus il y en aura, plus le nombre
sera grand.

154. Inversement : De plusieurs fractions qui ont le même
numérateur la plus grande est celle qui a le plus petit dénominateur :

$$\frac{3}{4}, \quad \frac{3}{7}, \quad \frac{3}{11}.$$

$$AC \quad AD \quad AE$$

En effet, plus le dénominateur est petit, plus les parties en lesquelles on divise l'unité sont grandes, et puisque les numérateurs
sont égaux, la fraction qui a le plus petit dénominateur est bien la
plus grande.

155. Conséquence. — Une fraction varie dans le même
sens que son numérateur, et en sens inverse de son dénominateur.

156. Comparaison des fractions entre elles. — Nous venons
de voir deux moyens de comparer des fractions entre elles :

1° Lorsqu'elles ont même dénominateur ;

2° Lorsqu'elles ont même numérateur.

Il nous est encore possible de les comparer lorsque leurs
compléments ont le même numérateur ; par conséquent lorsqu'il y a même différence et de même sens entre les numérateurs et les dénominateurs des fractions proposées.

Soit à comparer les fractions suivantes :

$$\frac{4}{7}, \quad \frac{8}{11}, \quad \frac{12}{15}, \quad \frac{17}{20}$$

Ces fractions ont pour compléments :

$$\frac{3}{7}, \quad \frac{3}{11}, \quad \frac{3}{15}, \quad \frac{3}{20}$$

Le plus petit complément étant $\frac{3}{20}$, la plus grande fraction est $\frac{17}{20}$, puisque c'est à celle-ci qu'il manque la plus petite quantité pour égaler l'unité.

157. Principe I. — *Lorsqu'on multiplie le numérateur seul d'une fraction par un nombre entier, la fraction devient ce nombre de fois plus grande.*

Soit la fraction $\frac{2}{7}$

Si je multiplie son numérateur par 3, elle deviendra

$$\frac{2 \times 3}{7} = \frac{6}{7}$$

Il faut démontrer que $\frac{6}{7}$ est trois fois plus grand que $\frac{2}{7}$.

En effet, $\frac{2}{7}$ et $\frac{6}{7}$ indiquent toutes deux que l'unité a été divisée en 7 parties égales; mais dans $\frac{2}{7}$ on ne prend que 2 de ces parties, tandis que dans $\frac{6}{7}$ on en prend 6, c'est-à-dire 3 fois plus.

$\frac{6}{7}$ est donc trois fois plus grand que $\frac{2}{7}$.

158. Principe II. — *Lorsqu'on multiplie le dénominateur seul d'une fraction par un nombre entier, la fraction devient ce nombre de fois plus petite.*

Soit la fraction $\frac{2}{7}$

En multipliant son dénominateur par 3, elle devient

$$\frac{2}{7 \times 3} = \frac{2}{21}$$

Il faut démontrer que $\frac{2}{21}$ est 3 fois plus petit que $\frac{2}{7}$.

En effet, dans la fraction $\frac{2}{7}$ l'unité est divisée en 7 parties égales dans la fraction $\frac{2}{21}$ la même unité est divisée en 21 parties, c'est-à-dire en parties 3 fois plus petites. Et comme dans les 2 cas on prend le même nombre de parties, $\frac{2}{21}$ est bien 3 fois plus petit que $\frac{2}{7}$.

159. Conséquence. — On ne change pas la valeur d'une fraction lorsqu'on multiplie ses deux termes par un même nombre.

$$\frac{2}{7} = \frac{2 \times 3}{7 \times 3}$$

Il y a compensation (Principes I et II).

160. Un raisonnement analogue nous permettrait de démontrer que :

On ne change pas la valeur d'une fraction lorsqu'on divise ses 2 termes par un même nombre.

Ce principe serait la conséquence des deux suivants :

1° Lorsqu'on divise le numérateur seul d'une fraction par un nombre entier, on rend cette fraction ce nombre de fois plus petite.

2° Lorsqu'on divise le dénominateur seul d'une fraction par un nombre entier, on rend cette fraction ce nombre de fois plus grande.

161. Pour rendre une fraction 2 fois plus grande, par exemple, on pourra, ou bien multiplier son numérateur par 2, ou bien diviser son dénominateur par 2.

Ainsi, deux valeurs d'une fraction 2 fois plus grande que $\frac{5}{6}$

seront $\quad \frac{5 \times 2}{6} = \frac{10}{6}$ et $\frac{5}{6 : 2} = \frac{5}{3}$

Par analogie, deux valeurs d'une fraction 2 fois plus petite que $\frac{4}{5}$

seront $\quad \frac{4 : 2}{5} = \frac{2}{5}$ et $\frac{4}{5 \times 2} = \frac{4}{10}$.

162. Principe. — Si l'on ajoute un même nombre aux deux termes d'une fraction ou d'une expression fractionnaire, toutes deux se rapprochent de l'unité (la fraction en augmentant, l'expression fractionnaire en diminuant).

Si l'on ajoute 2 aux deux termes de la fraction $\frac{2}{3}$,

elle devient
$$\frac{2+2}{3+2}=\frac{4}{5}.$$

à $\frac{4}{5}$ il manque $\frac{1}{5}$ pour égaler l'unité.

à $\frac{2}{3}$ il manque $\frac{1}{3}$.

Or $\frac{1}{5}$ est plus petit que $\frac{1}{3}$; donc $\frac{4}{5}$ est plus près de l'unité que $\frac{2}{3}$.

Par cela même $\frac{4}{5}$ est plus grand que $\frac{2}{3}$.

Mais si aux termes de l'expression $\frac{3}{2}$ j'ajoute 2, je trouve

$$\frac{3+2}{2+2}=\frac{5}{4}$$

$\frac{5}{4}$ surpasse l'unité de $\frac{1}{4}$ où $=1+\frac{1}{4}$

$\frac{3}{2}$ — de $\frac{1}{2}$ où $=1+\frac{1}{2}$

$\frac{1}{4}$ est plus petit que $\frac{1}{2}$

Donc $\frac{5}{4}$ surpasse moins l'unité que $\frac{3}{2}$; elle est plus près de l'unité et par suite elle est plus petite que $\frac{3}{2}$.

163. On démontrerait d'une façon analogue que :

Si l'on retranche un même nombre aux deux termes d'une fraction ou d'une expression fractionnaire, toutes deux s'éloignent de l'unité (la fraction en diminuant, l'expression fractionnaire en augmentant).

1° Si des 2 termes de la fraction $\frac{5}{7}$ je retranche 2,

elle deviendra $\frac{5-2}{7-2} = \frac{3}{5}$

Je dis que $\frac{3}{5}$ est plus éloigné de l'unité que $\frac{5}{7}$;

le complément de $\frac{3}{5}$ est $\frac{2}{5}$

Celui de $\frac{5}{7}$ est $\frac{2}{7}$

$\frac{3}{5}$ ayant le plus grand complément est [plus éloigné de l'unité que

$\frac{5}{7}$ qui a le plus petit complément.

$\frac{5}{7}$ en s'éloignant de l'unité diminue donc.

2° Si aux 2 termes de l'expression fractionnaire $\frac{44}{8}$ je retranche 4,

elle devient $\frac{7}{4}$

le supplément de $\frac{11}{8}$ est $\frac{3}{8}$

celui de $\frac{7}{4}$ est $\frac{3}{4}$

le plus grand supplément étant $\frac{3}{4}$, l'expression fractionnaire $\frac{7}{4}$ est

plus éloignée de l'unité que $\frac{11}{8}$

L'expression fractionnaire $\frac{11}{8}$ en s'éloignant de l'unité grandit.

164. Convertir un nombre fractionnaire en une expression fractionnaire. — Soit à convertir $4\frac{2}{5}$ mis pour $4 + \frac{2}{5}$ en expression fractionnaire.

On convertit d'abord l'entier 4 en cinquièmes, puis on ajoute les $\frac{2}{5}$. On dit :

1 unité contient 5 cinquièmes,

4 unités en contiendront 4 fois plus

ou $$5 \times 4 = 20 \text{ cinquièmes} = \frac{20}{5}$$

et enfin $$\frac{20}{5} + \frac{2}{5} = \frac{22}{5}$$

165. Règle. — *Pour convertir un nombre fractionnaire en expression fractionnaire, on multiplie l'entier par un nombre égal au dénominateur de sa fraction; on ajoute à ce produit le numérateur, et l'on donne à cette somme pour dénominateur le dénominateur de la fraction qui accompagne l'entier.*

Dans cette règle, nous disons qu'on multiplie la partie entière par un *nombre égal* au dénominateur et non pas par le dénominateur; car le nombre 5 qui multiplie l'entier 4 n'est pas le dénominateur de la fraction $\frac{2}{5}$, mais bien le numérateur de l'unité 5 cinquièmes.

166. Convertir une expression fractionnaire en nombre fractionnaire ou extraire les entiers contenus dans une expression fractionnaire.

Soit $\frac{22}{5}$ à convertir en nombre fractionnaire.

$$5 \text{ cinquièmes valent 1 unité.}$$
$$1 \quad\underline{\quad\quad}\quad \frac{1}{5}$$
$$\text{et } 22 \quad\underline{\quad\quad}\quad \frac{1 \times 22}{5}$$

On trouve pour quotient 4 et pour reste 2.
Comme le dividende est un nombre de cinquièmes et que le reste est de même nature que le dividende,

on aura $$\frac{1 \times 22}{5} = 4 + \frac{2}{5}$$

ou $$4\frac{2}{5}$$

167. Règle. — *Pour extraire les entiers contenus dans une expression fractionnaire, on divise le numérateur par un nombre* *égal au dénominateur. Le quotient fournit la partie entière qu'on fait suivre d'une fraction ayant pour numérateur le reste et pour dénominateur celui de l'expression fractionnaire.*

Nous disons qu'on divise le numérateur par un *nombre égal au dénominateur* et non par le dénominateur; car le raisonnement montre bien que le diviseur n'est pas le dénominateur de $\frac{22}{5}$, mais le numérateur 5 de l'unité 5 cinquièmes.

168. Simplification des fractions. — *Simplifier une fraction, c'est la transformer en une fraction ayant même valeur, mais avec des nombres moins forts comme termes.*

Pour simplifier une fraction ou la réduire à une plus simple expression, on divise ses deux termes par un même nombre.

Ainsi $\qquad \frac{8}{12} \; ; \; \frac{8:2}{12:2} = \frac{4}{6}$

$\frac{4}{6}$ est une fraction plus simple que $\frac{8}{12}$; de plus, elle est bien équivalente à $\frac{8}{12}$ puisqu'elle est obtenue en divisant ses deux termes par un même nombre, et qu'on ne change pas la valeur d'une fraction quand on divise ses deux termes par un même nombre. Mais elle n'est pas la plus simple expression de $\frac{8}{12}$.

169. Pour réduire une fraction à sa plus simple expression, on divise ses deux termes par leur plus grand commun diviseur.

Soit à réduire à sa plus simple expression :

$$\frac{270}{1.035}$$

le plus grand commun diviseur des deux termes est 45.

Il vient, en suivant la règle :

$$\frac{270:45}{1.035:45} = \frac{6}{23}$$

La fraction $\frac{6}{23}$ est irréductible;

En effet, les 2 termes de la fraction $\dfrac{270}{1.035}$ ayant été divisés par le plus grand nombre qui pouvait les diviser sont devenus *premiers entre eux* (n° 126); la fraction ne peut plus être simplifiée puisqu'il n'y a plus que l'unité qui puisse diviser ses deux termes.

170. *Une fraction est dite irréductible lorsqu'il n'existe pas de fraction équivalente dont les termes soient plus petits.*

171. Principe. — Toute fraction irréductible a ses termes premiers entre eux.

La fraction précédente $\dfrac{6}{23}$ a ses termes premiers entre eux, puisque ses deux termes ont pour P. G. C. D. l'unité.

Réciproquement, une fraction dont les termes sont premiers entre eux est irréductible, car toute fraction équivalente a pour termes des équimultiples de ceux de la première.

Soit la fraction $\dfrac{3}{5}$ dont les termes sont premiers entre eux.

Supposons une autre fraction $\dfrac{a}{b}$ et $\dfrac{3}{5} = \dfrac{a}{b}$.

Il faut démontrer que $\underline{a}$ est un multiple de $\underline{3}$ $\left.\begin{array}{c}\\ b \qquad\qquad 5\end{array}\right\}$ équimultiples.

Multiplions les deux termes de la 1ʳᵉ fraction par b et les deux termes de la deuxième fraction par 5.

$$\frac{3}{5} = \frac{a}{b}$$

$$\frac{3 \times b}{5 \times b} = \frac{a \times 5}{b \times 5}$$

On a donc $3 \times b = a \times 5$ (1).

3 divise le produit $3 \times b$, mais il est premier avec 5, donc il divise a.

On peut écrire $a = 3 \times q$.

Dans l'expression (1), portons la valeur de a, on a :

$$3 \times b = 3 \times q \times 5.$$

Divisons par 3 et l'on tire

$$b = q \times 5.$$

On voit bien que $a = 3 \times q$
$$b = 5 \times q$$

c'est-à-dire que a et b sont des équimultiples de 3 et de 5.

172. Réduire plusieurs fractions au même dénominateur. — *Réduire des fractions au même dénominateur, c'est les transformer en des fractions équivalentes et ayant toutes le même dénominateur.*

Pour réduire plusieurs fractions :

$$\frac{2}{3} \;,\; \frac{3}{4} \;,\; \frac{4}{5} \;,\; \frac{7}{8} \;,$$

au même dénominateur, on peut multiplier les **deux** termes de chaque fraction par le produit des dénominateurs des autres fractions :

$$\frac{2 \times 4 \times 5 \times 8}{3 \times 4 \times 5 \times 8} \;,\; \frac{4 \times 8 \times 3 \times 4}{5 \times 8 \times 3 \times 4}$$

$$\frac{3 \times 5 \times 8 \times 3}{4 \times 5 \times 8 \times 3} \;,\; \frac{7 \times 3 \times 4 \times 5}{8 \times 3 \times 4 \times 5}$$

Ces fractions seront bien équivalentes aux fractions proposées, car les deux termes de chaque fraction ont été multipliés par un même nombre.

Elles auront bien même dénominateur, car tous les dénominateurs sont le produit des mêmes facteurs.

En effectuant les calculs indiqués plus haut, on trouve :

$$\frac{320}{480} \;,\; \frac{360}{480} \;,\; \frac{384}{480} \;,\; \frac{420}{480}.$$

173. Comme on peut prendre pour dénominateur commun un multiple quelconque des dénominateurs, il sera toujours plus avantageux de le prendre le plus petit possible, c'est-à-dire de choisir pour dénominateur commun le *P. P. C. M.* des dénominateurs; ce sera le plus petit *dénominateur commun.*

174. Pour réduire plusieurs fractions à leur plus petit dénominateur commun, on cherchera le **P. P. C. M.** des dénominateurs. On divisera ce **P. P. C. M.** par chaque dénominateur et l'on multipliera les deux termes de chaque fraction par le quotient correspondant.

Exemple :

$$\frac{7}{8} \quad , \quad \frac{5}{12} \quad , \quad \frac{1}{24} \quad , \quad \frac{5}{36}$$

le P. P. C. M. des dénominateurs est 72

$$72 : 8 = 9 \quad , \quad 72 : 12 = 6 \quad , \quad 72 : 24 = 3 \quad , \quad 72 : 36 = 2$$

$$\frac{7 \times 9}{8 \times 9} = \frac{63}{72} \quad , \quad \frac{5 \times 6}{12 \times 6} = \frac{30}{72} \quad , \quad \frac{1 \times 3}{24 \times 3} = \frac{3}{72} \quad , \quad \frac{5 \times 2}{36 \times 2} = \frac{10}{72}$$

Les fractions ont bien le même dénominateur 72; elles n'ont pas changé de valeur puisque les deux termes de chacune ont été multipliés par le même nombre.

175. On peut quelquefois convertir une fraction en une autre équivalente ayant pour dénominateur un dénominateur donné.

Soit par exemple à convertir $\frac{3}{7}$ en quatre-vingt-quatrièmes,

7 doit devenir 84, il faut pour cela le multiplier par

$$84 : 7 = 12$$

Et pour que la fraction ne change pas de valeur, nous devrons multiplier ses deux termes par ce même nombre 12. Elle deviendra

$$\frac{3 \times 12}{7 \times 22} = \frac{36}{84}$$

fraction exprimée en quatre-vingt-quatrièmes et ayant même valeur que $\frac{3}{7}$.

L'opération ne sera possible que si le nouveau dénominateur proposé est un multiple du dénominateur de la fraction à convertir.

On ne pourrait pas convertir des septièmes en quinzièmes parce que aucun nombre entier multiplié par 7 ne **peut** fournir 15.

ADDITION DES FRACTIONS

176. *L'addition des fractions a pour but de réunir, en une seule, plusieurs fractions de même nature (de même dénomination, de même dénominateur).*

1er CAS.

177. Si les fractions données ont le même dénominateur :

$$\frac{3}{4} + \frac{1}{4} + \frac{5}{4}$$

on additionne les numérateurs et l'on donne à la somme le dénominateur commun :

En effet, 3 fleurs écrites $\dfrac{3}{\text{fleurs}} + \dfrac{1}{\text{fleur}} + \dfrac{5}{\text{fleurs}} = \dfrac{9}{\text{fleurs}}$ ou 9 fleurs.

$$\frac{3}{4} + \frac{1}{4} + \frac{5}{4} = \frac{3+1+5}{4} = \frac{9}{4}$$

On extrait les entiers et on réduit la fraction à sa plus simple expression s'il y a lieu.

$$\frac{9}{4} = 2\frac{1}{4}$$

2e CAS.

178. Si les fractions n'ont pas le même dénominateur, on les y réduit et l'on continue comme il est indiqué au 1er cas.

Car 2 roses écrites $\dfrac{2}{\text{roses}} + \dfrac{3}{\text{œillets}} + \dfrac{1}{\text{héliotrope}} + \dfrac{5}{\text{marguerites}}$ ont dû être transformés en fleurs avant d'être additionnés.

$$\frac{2}{3} + \frac{3}{4} + \frac{1}{12} + \frac{5}{24}$$

ou

$$\frac{16}{24} + \frac{18}{24} + \frac{2}{24} + \frac{5}{24} = \frac{16 + 18 + 2 + 5}{24} = \frac{41}{24} = 1\frac{17}{24}$$

3e CAS.

179. S'il se trouve des nombres fractionnaires, on fait séparément l'addition des fractions, puis celle des entiers, et l'on ajoute les deux sommes.

soit
$$3\frac{2}{3} + 7\frac{3}{4} + \frac{1}{12} + 2\frac{5}{24}$$

mis pour
$$3 + \frac{2}{3} + 7 + \frac{3}{4} + \frac{1}{12} + 2 + \frac{5}{24}$$

Comme l'ordre dans lequel on ajoute les nombres est indifférent, on peut effectuer :

$$\left(\frac{2}{3} + \frac{3}{4} + \frac{1}{12} + \frac{5}{24}\right) + (3 + 7 + 2)$$

ou
$$1\frac{17}{24} + 12$$

et enfin
$$13\frac{17}{24}$$

SOUSTRACTION DES FRACTIONS

180. *La soustraction des fractions a pour but de retrancher l'une de l'autre deux fractions de même nature.*

1er CAS.

181. Les fractions ont même dénominateur.

$$\frac{7}{8} - \frac{3}{8}$$

On retranche le numérateur de la fraction à soustraire de l'autre numérateur, et on donne à la différence le dénominateur commun.

$$\frac{7-3}{8} = \frac{4}{8}$$

On fait les réductions s'il y a lieu :

$$\frac{4}{8} = \frac{1}{2}$$

2ᵉ Cas.

182. Si les fractions n'ont pas le même dénominateur, on les y réduit et l'on continue comme il est indiqué au 1ᵉʳ cas.

$$\frac{5}{6} - \frac{7}{15}$$

ou
$$\frac{25}{30} - \frac{14}{30} = \frac{25-14}{30} = \frac{11}{30}$$

3ᵉ Cas.

183. Si les quantités à soustraire sont des nombres fractionnaires, on fait séparément la soustraction des entiers et celle des fractions.

$$5\frac{5}{6} - 3\frac{7}{15}$$

$$5 - 3 = 2$$

$$\frac{25}{30} - \frac{14}{30} = \frac{11}{30}$$

La différence est :

$$2\frac{11}{30}$$

184. — Mais s'il arrive que la fraction de l'expression à soustraire soit plus forte que la première fraction, on prend une unité au premier nombre fractionnaire. on la convertit en fraction qu'on ajoute à la plus petite.

Soit :

$$5\frac{7}{15} - 3\frac{5}{6}$$

comme $\frac{7}{15}$ est plus petit que $\frac{5}{6}$ on modifiera l'opération en :

$$4\frac{22}{15} - 3\frac{5}{6}$$

ou :

$$4 - 3 = 1$$

$$\frac{44}{30} - \frac{25}{30} = \frac{19}{30}$$

La différence est :

$$1\frac{19}{30}$$

MULTIPLICATION DES FRACTIONS

185. — *La* **multiplication** *des fractions a pour but de trouver un produit qui soit au multiplicande ce que le multiplicateur est à l'unité.*

Soit :

$$\frac{5}{6} \times \frac{3}{4}$$

Multiplier $\frac{5}{6}$ par $\frac{3}{4}$ c'est trouver un produit qui soit à $\frac{5}{6}$ ce que $\frac{3}{4}$ est à l'unité.

Or $\frac{3}{4}$ est 3 fois le quart de l'unité, donc le produit sera trois fois le quart de $\frac{5}{6}$.

Multiplier $\frac{5}{6}$ par $\frac{3}{4}$ revient donc à prendre les $\frac{3}{4}$ de $\frac{5}{6}$

$$\frac{1}{4} \text{ de } \frac{5}{6} = \frac{5}{6 \times 4}$$

$$\frac{3}{4} \text{ de } \frac{5}{6} = \frac{5 \times 3}{6 \times 4}$$

D'où la règle générale : **Pour multiplier une fraction par une autre, on fait le produit des numérateurs qu'on divise par le produit des dénominateurs.**

186. Le produit est plus faible que le multiplicande, puisque le multiplicateur est plus faible que l'unité (n° 57). Il est également plus petit que le multiplicateur; on le montrerait en intervertissant l'ordre des facteurs.

187. Si l'on avait :

$$\frac{5}{6} \times 3 \quad \text{ou} \quad 3 \times \frac{5}{6}$$

on ramènerait à :

$$\frac{5}{6} \times \frac{3}{1} \quad \text{ou} \quad \frac{3}{1} \times \frac{5}{6}$$

en observant notre convention du n° 150.

On appliquerait la règle générale.

188. Cependant, si l'on demandait d'exposer la théorie de la multiplication de $\frac{5}{6} \times 3$ avant qu'on ait exposé la théorie générale, on dirait :

Le produit devant être à $\frac{5}{6}$ ce que 3 est à l'unité, et 3 étant 3 fois l'unité, le produit sera 3 fois $\frac{5}{6}$ ou :

$$\frac{5 \times 3}{6}$$

d'où cette règle particulière : **Pour multiplier une fraction par un nombre entier, on multiplie le numérateur seul de la fraction par le nombre entier.**

189. De même si l'on voulait exposer la théorie de $3 \times \frac{5}{6}$ avant la théorie générale, on dirait :

Le produit doit être à 3 ce que $\frac{5}{6}$ est à l'unité ; $\frac{5}{6}$ est 5 fois le sixième de l'unité, le produit sera 5 fois le sixième de 3, ou

$$\frac{3 \times 5}{6}$$

D'où l'on tire la même règle que n° 188.

190. *Si les quantités à multiplier sont des nombres fractionnaires, on les réduit en expressions fractionnaires, et l'on opère comme pour les fractions.*

Soit à multiplier :

$$5\frac{2}{3} \times 4\frac{7}{8}$$

Les nombres fractionnaires deviennent :

$$\frac{17}{3} \times \frac{39}{8}$$

et enfin :

$$\frac{17 \times 39}{3 \times 8} = \frac{663}{24} = 27\frac{15}{24} = 27\frac{5}{8}.$$

191. On pourrait se dispenser de faire la réduction des nombres fractionnaires en expressions fractionnaires, et effectuer le produit de la somme de 2 nombres par la somme de 2 nombres (n° 69), soit :

$$\left(5 + \frac{2}{3}\right) \times \left(4 + \frac{7}{8}\right)$$

que nous pouvons disposer comme il suit :

$$5 + \frac{2}{3}$$

$$4 + \frac{7}{8}$$

$$\left(5 \times 4\right) + \left(\frac{2}{3} \times 4\right) + \left(5 \times \frac{7}{8}\right) + \left(\frac{2}{3} \times \frac{7}{8}\right)$$

ou :

$$20 + \frac{8}{3} + \frac{35}{8} + \frac{14}{24} = 20 + \frac{64 + 105 + 14}{24} = 20\frac{183}{24}$$

et enfin :

$$27\,\frac{15}{24}=27\,\frac{5}{8}$$

192. Fractions de fractions. — On peut se proposer de prendre les $\frac{3}{7}$ des $\frac{4}{5}$ de $\frac{8}{9}$.

On prend d'abord les $\frac{4}{5}$ de $\frac{8}{9}$, soit :

$$\frac{8\times4}{9\times5}$$

on prend ensuite les $\frac{3}{7}$ de l'expression trouvée; soit :

$$\frac{8\times4\times3}{9\times5\times7}$$

193. Principe. — Un produit de plusieurs facteurs fractionnaires ne change pas quand on intervertit leur ordre.

Il faut démontrer que :

$$\frac{5}{7}\times\frac{3}{4}\times\frac{8}{9}\times\frac{6}{11}=\frac{8}{9}\times\frac{5}{7}\times\frac{6}{11}\times\frac{3}{4}$$

Le premier membre de cette égalité peut s'écrire :

$$\frac{5\times3\times8\times6}{7\times4\times9\times11}$$

Mais le numérateur de cette fraction peut devenir

$$8\times5\times6\times3$$

le dénominateur peut également devenir

$$9\times7\times11\times4$$

et la fraction :

$$\frac{8\times5\times6\times3}{9\times7\times11\times4}$$

et enfin :

$$\frac{8}{9}\times\frac{5}{7}\times\frac{6}{11}\times\frac{3}{4}$$

DIVISION DES FRACTIONS

194. — *La division des fractions est une opération qui a pour but de trouver un quotient qui, multiplié par le diviseur, reproduise le dividende.*

Soit :

$$\frac{8}{9} : \frac{2}{3}$$

C'est trouver un quotient qui, multiplié par $\frac{2}{3}$ reproduise $\frac{8}{9}$

Mais multiplier le quotient par $\frac{2}{3}$ c'est prendre les $\frac{2}{3}$ du quotient (n° 145).

Si :

$$\frac{2}{3} \text{ du quotient} = \frac{8}{9}$$

$$\frac{1}{3} \qquad — \qquad \text{égalera 2 fois moins}$$

ou :

$$\frac{8}{9 \times 2}$$

et $\frac{3}{3}$ du quotient 3 fois plus

ou :

$$\frac{8 \times 3}{9 \times 2}$$

d'où la règle générale :

Pour diviser une fraction par une autre fraction, on multiplie la fraction dividende par la fraction diviseur renversée.

195. — Le même raisonnement pourrait conduire à une façon différente d'opérer :

Si :

$$\frac{2}{3} \text{ du quotient} = \frac{8}{9}$$

$$\frac{1}{3} \qquad — \qquad \text{égalera 2 fois moins}$$

ou :

$$\frac{8 : 2}{3}$$

et $\frac{3}{3}$ du quotient égaleront 3 fois plus

ou :

$$\frac{8 : 2}{9 : 3}$$

qui donne lieu à cette règle particulière :

Pour diviser une fraction par une fraction, on divise les deux termes de la fraction dividende par les termes correspondants de la fraction diviseur.

Cette dernière règle devra être suivie, mais ne pourra être suivie que chaque fois que les termes de la fraction dividende seront des multiples des termes correspondants de la fraction diviseur.

196. — On pourrait encore expliquer l'opération de la division des fractions en suivant ce raisonnement :

Soit à faire la division :

$$\frac{8}{9} : \frac{2}{3}$$

Si au lieu de diviser $\frac{8}{9}$ par $\frac{2}{3}$, je divise $\frac{8}{9}$ par 2 unités, je trouve n° 125) :

$$(1)\ \frac{8}{9 \times 2} \qquad \text{ou} \qquad (2)\ \frac{8 : 2}{9}$$

Mais dans ce cas, j'ai un quotient 3 fois trop faible, puisque j'ai pris un diviseur 3 fois plus grand que celui qui m'était donné $\left(2 \text{ est } 3 \text{ fois plus grand que } \frac{2}{3} \text{ ; car c'est } 2 \right)$. Pour trouver le véritable quotient, je dois multiplier les fractions précédentes par 3. Elles deviennent alors :

$$(1)\ \frac{8 \times 3}{9 \times 2} \qquad \text{ou} \qquad (2)\ \frac{8 : 2}{9 : 3}$$

D'où l'on tire comme il est énoncé plus haut : de (1) la règle générale; et de (2) une règle particulière.

197. — Si maintenant, pour trouver le quotient de la division de deux fractions, nous invoquons la définition de la division donnée en premier lieu pour les nombres entiers, à savoir que cette opération a pour but de connaître combien de fois le dividende contient le diviseur, nous devrons d'abord réduire nos fractions au même dénominateur, car on ne peut retrancher l'une de l'autre que des quantités de même nature :

Soit à faire l'opération suivante :

$$\frac{5}{7} : \frac{3}{8}$$

Je réduis ces fractions au même dénominateur, elles deviennent :

$$\frac{5\times8}{7\times8} : \frac{3\times7}{8\times7}$$

Mais le quotient de ces deux fractions entre elles est le même quecelui de quantités (7×8) fois plus grandes (n° 87), c'est-à-dire de $5\times8 : 3\times7$.

Le quotient de $\frac{5}{7} : \frac{3}{8}$ est donc :

$$5\times8 : 3\times7 \quad \text{ou} \quad \frac{5\times8}{7\times3}$$

ce que les raisonnements précédents indiquaient déjà. On voit alors que, dans la division d'une fraction par une fraction, on peut réduire les deux fractions au même dénominateur puis diviser le nouveau numérateur de la fraction dividende par le nouveau numérateur de la fraction diviseur,

198. — Si l'on avait :

$$\frac{8}{9} : 2 \quad \text{ou} \quad 2 : \frac{8}{9}$$

on transformerait en :

$$\frac{8}{9} : \frac{2}{1} \quad \text{ou} \quad \frac{2}{1} : \frac{8}{9}$$

et l'on appliquerait l'une des règles indiquées plus haut.

199. — Cependant si l'explication de ces opérations était demandée avant qu'on eût formulé la règle générale, on dirait, pour :

$$\frac{8}{9} : 2$$

$$2 \text{ fois le quotient} = \frac{8}{9}$$

$$1 \qquad - \qquad = \frac{8}{9 \times 2} \text{ ou } \frac{8 : 2}{9}$$

D'où l'on tirerait la règle : Pour diviser une fraction par un nombre entier on multiplie le nombre entier diviseur par le dénominateur de la fraction; ou, si possible, on divise le numérateur par le nombre entier.

200. Soit :

$$\frac{8}{9} \text{ du quotient} = 2$$

$$\frac{1}{9} \qquad - \qquad = \frac{2}{8}$$

et

$$\frac{9}{9} \qquad - \qquad = \frac{2 \times 9}{8}$$

D'où la règle : Pour diviser un nombre entier par une fraction, on multiplie l'entier par la fraction diviseur renversée.

201. — Si les quantités à diviser sont des nombres fractionnaires, on les réduit en expressions fractionnaires et l'on opère comme pour les fractions.

ainsi :

$$7 \frac{3}{5} : 4 \frac{8}{9}$$

deviennent :

$$\frac{44}{9}$$

dont le quotient est :

$$\frac{38 \times 9}{5 \times 44}$$

PREUVES DES OPÉRATIONS SUR LES FRACTIONS

202. — Les principes des preuves des opérations sur les fractions sont les mêmes que celles que nous avons énoncées pour les nombres entiers.

Pour l'*addition*, on recommence l'opération en l'effectuant dans un ordre différent.

Pour la *soustraction*, la différence trouvée ajoutée à la plus petite fraction doit reproduire la plus grande.

$$\text{si} : \frac{5}{6} - \frac{7}{15} = \frac{11}{30}$$

$$\frac{11}{30} + \frac{7}{15} \text{ devra égaler } \frac{5}{6}$$

Pour la *multiplication*, on peut intervertir l'ordre des facteurs, ou diviser le produit à vérifier par l'un des facteurs, on doit retrouver l'autre :

$$\frac{17}{18} \times \frac{5}{12} \text{ doit égaler } \frac{5}{12} \times \frac{17}{18}$$

ou :

$$\frac{85}{216} : \frac{5}{12} \text{ doit égaler } \frac{17}{18}$$

Dans la *division*, il faut que le quotient trouvé multiplié par le diviseur reproduise le dividende :

si :
$$\frac{17}{18} : \frac{5}{12} = \frac{17 \times 12}{18 \times 5} = \frac{204}{90}$$

l'opération sera bonne si :
$$\frac{204}{90} \times \frac{5}{12} = \frac{17}{18}$$

CONVERSION DES FRACTIONS ORDINAIRES
EN FRACTIONS DÉCIMALES ET RÉCIPROQUEMENT

203. — Nous rappellerons qu'une fraction décimale est une fraction qui a pour dénominateur 10 ou une puissance de 10. On ne l'écrit pas généralement sous la forme des fractions à deux termes en vertu de conventions que nous avons étudiées dans la numération ; mais 0,35 et $\frac{35}{100}$ sont la même fraction décimale.

204. Pour réduire une fraction ordinaire en fraction décimale, on effectue la division du numérateur par le dénominateur.

En effet, une fraction étant le quotient de son numérateur par son dénominateur, en effectuant la division on la convertira en fraction décimale.

205. En faisant cette opération, on peut trouver :
1° Un *quotient décimal exact* :

$$\frac{4}{5} = 0,8 \qquad \begin{array}{c|c} 40 & 5 \\ \hline & 0,8 \end{array}$$

2° Soit un quotient *non terminé* :

$$\frac{4}{11} = 0,363636\ldots \qquad \begin{array}{c|c} 40 & 11 \\ 70 & \overline{0,3636\ldots} \\ 40 & \end{array}$$

206. *Principe*. — Pour qu'une fraction ordinaire irréductible puisse être exactement convertie en une fraction décimale, il faut que son dénominateur ne contienne pas d'autres facteurs premiers que 2 et 5.

Convertir une fraction ordinaire en fraction décimale, c'est la transformer en une autre fraction équivalente ayant pour dénominateur 10 ou une puissance de 10,

$$\text{or :} \qquad 10 = 2 \times 5 \quad , \qquad 100 = 2^2 \times 5^2$$
$$1.000 = 2^3 \times 5^3 ; \qquad 10.000 = 2^4 \times 5^4,$$

C'est-à-dire que toute puissance de 10 est un produit des facteurs 2 et 5 affectés des mêmes exposants.

Comme on prend, par hypothèse, une fraction irréductible, la seule opération qu'on puisse lui faire subir sans changer sa valeur, c'est de multiplier ses deux termes par un même nombre, c'est-à-dire leur ajouter de nouveaux facteurs.

Si donc le dénominateur contient un facteur étranger à ceux qui peuvent constituer une puissance de 10, la multiplication des deux termes pour un même nombre ne pourra jamais le faire disparaître, et jamais la fraction qui le possède ne deviendra décimale.

Ainsi $\dfrac{3}{4}$ pourra devenir fraction décimale,

en effet : $\qquad \dfrac{3}{4} = \dfrac{3}{2^2}$

Multiplions les deux termes de cette fraction par 5^2, elle deviendra

$$\dfrac{3 \times 5^2}{2^2 \times 5^2} = \dfrac{75}{100}, \text{ fraction décimale,}$$

de même : $\qquad \dfrac{7}{20} = \dfrac{7}{2^2 \times 5}$

multiplions ses deux termes par 5 :

$$\dfrac{7 \times 5}{2^2 \times 5 \times 5} = \dfrac{35}{100}, \text{ fraction décimale,}$$

Enfin : $\dfrac{3}{40} = \dfrac{3}{2^3 \times 5}$ multiplions ses deux termes par 5^2 :

$$\dfrac{3 \times 5^2}{2^3 \times 5 \times 5^2} = \dfrac{75}{1.000}$$ fraction décimale.

Mais : $\dfrac{5}{14} = \dfrac{5}{2 \times 7}$

Aucun nombre multipliant les deux termes ne pourra faire disparaître 7 ; jamais alors le dénominateur ne deviendra décimal.

207. Remarque. — On voit qu'on peut, à l'avance, trouver le nombre des chiffres décimaux qu'aura une fraction décimale exacte ; *il est égal au plus haut exposant des facteurs 2 ou 5 de la fraction irréductible donnée.*

Ainsi : $\dfrac{7}{20} = \dfrac{7}{2^2 \times 5}$ fournira une fraction décimale de 2 chiffres ; $\dfrac{9}{250} = \dfrac{3}{2 \times 5^3}$ fournira un nombre de millièmes, soit 3 chiffres décimaux.

208. Si, en effectuant la division du numérateur par le dénominateur d'une fraction ordinaire, on ne trouve pas un quotient exact, il arrivera nécessairement un moment où, dans l'opération, on trouvera un reste qui s'est déjà produit ; ce même reste donnera un quotient déjà trouvé, qui à son tour fournira un autre reste déjà trouvé et ainsi de suite ; à partir de ce moment, les chiffres du quotient se répéteront toujours et indéfiniment dans le même ordre ; on aura un *quotient périodique.*

209. Il existe deux espèces de quotients périodiques :

Le quotient est **périodique simple** *quand la période commence immédiatement après la virgule :*

soit 0,528 528 528 528... la période est 528.

Le quotient est **périodique mixte** *quand la période est précédée d'une partie irrégulière, qui ne se répète pas :*

0,43 675 675 675 675...

210. Quand il a été prévu que, de la conversion d'une fraction ordinaire en fraction décimale, doit résulter une fraction périodique, il est possible de savoir combien d'opérations il faudra faire au plus, avant de trouver le premier chiffre de la seconde période, c'est-à-dire combien la période aura de chiffres.

Soit en effet à convertir $\frac{4}{7}$ en fraction décimale.

Nous voyons d'abord qu'elle donnera naissance à une fraction périodique, puisque son dénominateur contient 7 comme facteur.

$$\begin{array}{c|l} 40 & 7 \\ 50 & \overline{0{,}571428\,57\ldots} \\ 10 & \\ 30 & \\ 20 & \\ 60 & \\ 40 & \\ 50 & \end{array}$$

Puis, nous disons que sa période aura au plus 6 chiffres. En effet, les seuls restes que la division de 4 par 7 puisse donner sont : 1, 2, 3, 4, 5, 6, puisque le reste d'une division doit être inférieur au diviseur ; quand tous ces restes auront été obtenus — en admettant qu'on les obtienne tous, ce qui arrivera rarement — on retrouvera nécessairement un reste qui s'est déjà trouvé, qui fournira un quotient déjà trouvé, et à partir de ce moment nous aurons la période.

La période peut donc avoir au plus autant de chiffres qu'il y a d'unités moins une dans le dénominateur.

211. *On appelle* **fraction génératrice** *d'une fraction décimale la fraction ordinaire qui donnerait naissance à une fraction décimale périodique.*

Convertir une fraction décimale en fraction ordinaire.

212. 1° **La fraction donnée n'est pas périodique.**

Règle. — *Pour donner à une fraction décimale la forme d'une fraction ordinaire, on prendra pour numérateur la partie* *décimale, et pour dénominateur l'unité suivie d'autant de zéros qu'il y aura de chiffres dans la partie décimale.*

$$0,8 = \frac{8}{10}.$$

Cela résulte de la définition même des fractions.

213. 2° La fraction décimale donnée est périodique simple :

$$0,36\ 36\ 36\ 36\dots$$

Soit F la fraction ordinaire recherchée, équivalente à la fraction décimale donnée.

On doit avoir :

(1) $$F = 0,36\ 36\ 36\ 36\dots$$

Je multiplie par 100 les deux membres de cette égalité, pour rendre entière la première période. On trouve :

(2) $$100\ F = 36,\ 36\ 36\ 36\dots$$

Retranchons ces égalités membre à membre : (2) moins (1)

(2) $$100\ F = 36,\ 36\ 36\ 36\dots$$

(1)
$$\frac{1\ F^o}{99\ F} = \frac{0,\ 36\ 36\ 36\ 36\dots}{36,\ 00\ 00\ 00\ 36\dots}$$

Soustraction que je dois faire nécessairement par la gauche dans les deux membres puisque la partie décimale n'a pas de limite à droite.

Mais la partie décimale 36 est relativement près de la partie entière parce que j'ai pris un nombre limité de périodes; si j'avais pris, ce qui est vrai, un nombre infini de périodes, la partie décimale 36 se serait trouvée infiniment loin de la partie entière ; elle pourra donc être négligée sans entraîner aucune erreur. Il reste alors :

$$99\ F = 36$$

$$F = \frac{36}{99}$$

Règle. — *La fraction ordinaire, génératrice d'une fraction périodique simple, a pour numérateur une période, et pour dénominateur, autant de 9 qu'il y a de chiffres à la période.*

214. 3° La fraction décimale donnée est périodique mixte:

$$0, 436\ 36\ 36\ 36...$$

Soit F la fraction ordinaire cherchée. On doit avoir :

(1) $$F = 0, 436\ 36\ 36\ 36...$$

Multiplions ces deux membres par 1.000 pour faire sortir comme partie entière la première période de la partie non périodique.

(2) $$1.000\ F = 436,\ 36\ 36\ 36...$$

Multiplions la même égalité (1) par 10 pour faire sortir en partie entière la partie non périodique :

(3) $$10\ F = 4,\ 36\ 36\ 36\ 36...$$

Retranchons (3) de (2)

$$
\begin{array}{r}
1.000\ F = 436 \qquad 36\ 36\ 36... \\
10\ F = 4, \qquad 36\ 36\ 36\ 36... \\
\hline
990\ F = (436 - 4),\ 00\ 00\ 00\ 36...
\end{array}
$$

Un raisonnement analogue à celui de la démonstration précédente nous montrera qu'on peut rigoureusement supprimer la partie décimale. Il reste :

$$990\ F = 436 - 4$$

d'où :

$$F = \frac{436 - 4}{990}$$

Règle. — La fraction ordinaire, génératrice d'une fraction périodique mixte, a pour numérateur la partie non périodique suivie de la première période, moins la partie non périodique, et pour dénominateur autant de 9 que de chiffres dans la période, suivis d'autant de zéros que de chiffres dans la partie non périodique.

OPÉRATIONS DES NOMBRES DÉCIMAUX

Considérés comme des expressions fractionnaires.

215. Addition. — Soit à additionner les nombres décimaux

$$2,5 + 42,53 + 9,536 + 4,3$$

Convertis en expressions fractionnaires, ils deviennent :

$$\frac{25}{10} + \frac{4.253}{100} + \frac{9.536}{1.000} + \frac{43}{10}$$

Il faut les réduire au même dénominateur 1.000 et les additionner

$$\frac{2.500}{1.000} + \frac{42.530}{1.000} + \frac{9.536}{1.000} + \frac{4.300}{1.000} = \frac{58.866}{1.000}$$

Et enfin, convertir la somme en nombre décimal :

$$58,866$$

216. Soustraction. — Soit à faire la soustraction :

$$72,4 - 5,58.$$

Il vient :

$$\frac{724}{10} - \frac{558}{100}$$

Ou :

$$\frac{7.240}{100} - \frac{558}{100} = \frac{6.682}{100}$$

Et enfin 66,82.

217. Multiplication. — Soit à effectuer :

$$7,45 \times 32,3$$

Il vient :

$$\frac{745}{100} \times \frac{323}{10} = \frac{745 \times 323}{100 \times 10}$$

Ou :

$$\frac{240,635}{1.000} = 240,635$$

218. *On voit que lorsqu'on multiplie un nombre de centièmes par un nombre de dixièmes, on trouve un nombre de millièmes.*

219. Division. — Soit à effectuer :

$$87,95 : 32,4$$

Il vient :

$$\frac{8.795}{100} : \frac{324}{10}$$

Multipliant la fraction dividende par la fraction diviseur renversée, on trouve :

$$\frac{8.795 \times 10}{100 \times 324} = \frac{87.950}{32.400}$$

Ou, divisant les deux termes par 10 pour simplifier la fraction :

$$8.795 : 3.240$$

On trouve alors cette règle générale :

Pour faire une division de nombres décimaux, on égalise, en ajoutant un ou plusieurs zéros, les nombres des chiffres décimaux du dividende et du diviseur, on supprime les virgules, et l'on opère sur les nombres devenus entiers.

220. Nous trouvons ici une règle un peu différente de celle énoncée lors de la division des nombres décimaux (n° 95). Ici, en effet, les deux termes deviennent entiers, tandis que dans la règle précitée, le dividende pouvait rester décimal. D'ailleurs les deux façons de procéder conduisent au même résultat.

SUJETS DONNÉS AU BREVET ÉLÉMENTAIRE
QUESTIONS TRAITÉES

I.—*Former une fraction équivalente à* $\dfrac{91}{143}$ *et dont le dénominateur soit* 110.

Réduisons la fraction à sa plus simple expression. On a :

$$\frac{91 : 13}{143 : 13} = \frac{7}{11}$$

La fraction $\dfrac{7}{11}$ est équivalente à $\dfrac{91}{143}$

Pour avoir une fraction équivalente à $\dfrac{7}{11}$ mais qui ait pour dénominateur 110, il suffit de multiplier les deux termes par 10, soit :

$$\frac{7 \times 10}{11 \times 10} = \frac{70}{110}$$

II. — *Pourrait-on réduire deux fractions au même numérateur ? Comment ? Quelle pourrait être l'utilité de cette opération ? Pourrait-elle remplacer dans tous les cas la réduction au même dénominateur ? Prendre comme exemple les deux fractions* $\dfrac{6}{13}$ *et* $\dfrac{4}{9}$

1° On peut réduire deux fractions au même numérateur. Il suffit de multiplier les deux termes de la première par le numérateur de la deuxième et les deux termes de la deuxième par le numérateur de la première.

$$\frac{6}{13} \text{ et } \frac{4}{9} \text{ donnent } \frac{6 \times 4}{13 \times 4} \text{ et } \frac{4 \times 6}{9 \times 6}$$

ou encore :

$$\frac{24}{52} \text{ et } \frac{24}{54}$$

On aurait pu prendre un numérateur commun, c'est-à-dire le P. P. C. M. des numérateurs. Ici c'eût été 12.
On aurait eu :

$$\frac{[6 \times 2]}{13 \times 2} \text{ et } \frac{4 \times 3}{9 \times 3} \text{ soit } \frac{12}{26} \text{ et } \frac{12}{27}$$

2° Cette opération permet de comparer les grandeurs de deux fractions.
Mais elle ne pourrait pas remplacer dans tous les cas la réduction au même dénominateur, car il serait impossible d'additionner

$$\frac{24}{52} \text{ et } \frac{24}{54}$$

sans les réduire au même dénominateur.
De même, cette opération n'a aucune utilité pour la soustraction des fractions.

III. — *Les deux facteurs d'un produit ont été l'un multiplié par* $\frac{1}{3}$, *l'autre divisé par* $\frac{1}{4}$. *Le produit des résultats de ces deux opérations est 3.456. Quel était le produit primitif ?*

Soit P ce produit primitif. En multipliant un des deux facteurs par $\frac{1}{3}$, on a rendu le produit 3 fois moins fort. En le divisant par $\frac{1}{4}$, on l'a rendu 4 fois plus fort.

Il est donc devenu $\dfrac{P \times 4}{3}$, les 4/3 du produit primitif.

D'où :

$$\frac{P \times 4}{3} = 3.456$$

et :

$$P = \frac{3.456 \times 3}{4} = 2.592$$

IV. — *Pour quelles valeurs de* n *la fraction* $\dfrac{n}{2n+1}$ *se réduit-elle à un nombre décimal fini ?*

Un nombre décimal veut dire que la division de n par $2n+1$ finira par un reste 0. -

1° Quel que soit n, il n'existera jamais aucun diviseur commun entre n et $2n+1$, car n divise $2n$, mais ne peut diviser 1, sauf un seul cas, quand $n = 1$. On a alors $\frac{1}{3}$ qui ne répond pas à la question.

2° On sait que pour qu'on ait un nombre décimal fini, le dénominateur de la fraction ne doit contenir que les facteurs 2 ou les facteurs 5.

Le dénominateur $2n+1$ ne contiendra jamais le facteur 2, car il est toujours impair.

Il faut donc que $2n+1$ égale 5 ou une *puissance* de 5. On dit *puissance* et non *multiple* de 5, car si on disait multiple, on introduirait au dénominateur un facteur autre que 5, et dans ce cas on n'obtiendrait pas un nombre décimal fini.

Si :

$$2n + 1 = 5 \text{ ou puissance de } 5$$

on aura :

$$n = \frac{\text{Puissance de 5} - 1}{2}$$

Les valeurs à donner à n sont donc les puissances de 5 diminuées de 1 et dont on prendrait la moitié.

Ce sont donc :

$$\frac{5 - 1}{2} = 2$$

$$\frac{25 - 1}{2} = 12$$

$$\frac{125 - 1}{2} = 62$$

et ainsi de suite en multipliant le nombre précédent par 5 et en ajoutant 2 unités à ce produit.

CHAPITRE V

RACINES

EXTRACTION DE LA RACINE CARRÉE

221. Rappelons que le **carré** d'un nombre est le produit de ce nombre par lui-même.

$$5^2 = 5 \times 5 = 25$$

222. *La* **racine carrée** d'un nombre proposé *est le nombre qui multiplié par lui-même reproduit le nombre proposé.* Le signe de l'extraction de la racine carrée est $\sqrt{}$.

Ainsi :

$$\sqrt{25} \text{ est } 5$$

parce que :

$$5 \times 5 = 25$$

223. 1° Extraire à une unité près, la racine carrée d'un nombre plus petit que 100.

Il suffit de chercher dans la table de multiplication le plus grand nombre dont le carré égale le nombre proposé ou puisse s'en retrancher.

Ainsi :

$$\sqrt{64} = 8$$
$$\sqrt{40} = 6 \text{ à une unité près.}$$

C'est-à-dire qu'elle est comprise entre 6 et 7.

2° **Le nombre donné est plus grand que 100 mais plus petit que 10.000.**

La racine carrée d'un tel nombre sera plus grande que 10 mais plus petite que 100 ; elle aura donc 2 chiffres.

En effet :

$$10^2 = 100 \text{ et } 100^2 = 10.000.$$

Cette racine contenant des dizaines et des unités, son carré sera le carré de la somme de 2 nombres : dizaines et unités.

Or, le carré d'un nombre formé de dizaines et d'unités renferme :

1° *Le carré des dizaines ;*

2° *Le double produit des dizaines par les unités ;*

3° *Le carré des unités.*

Et si, pour abréger. nous appelons d le chiffre des dizaines d'une racine et u le chiffre de ses unités, on aura :

$$(d + u)^2 = d^2 + 2\,du + u^2$$

Soit à extraire la racine carrée de 7.215.

Sa racine sera comprise entre 10 et 100 ; elle contiendra donc un chiffre de dizaines (d) et un chiffre d'unités (u). Ce sont ces 2 chiffres qu'il s'agit de trouver.

$$
\begin{array}{ll|l}
d^2 + 2\,du + u^2 + \mathrm{R} = 72.15 & & du \\
2\,du + u^2 + \mathrm{R} = 81.5 & & 84 \\
\cline{3-3}
\mathrm{R} = 159 & & 164 \times 4 = 656 \\
& & (2\,d + u)\,u = 2\,du + u^2
\end{array}
$$

Le carré des dizaines (d^2) ne pouvant être qu'un nombre de centaines se trouvera dans les 72 centaines du nombre donné.

Je sépare donc par un point les centaines de 7.215, et j'extrais la racine carrée de 72. Je trouve ainsi 8 qui est le chiffre exact des dizaines (d).

Si je retranche le carré de 8 dizaines (d^2) de 7.215 il me restera 815 qui ne renferme plus que :

(2) Le double produit des dizaines par les unités.

(3) Le carré des unités ; et peut-être un reste (R).

Or, le double produit des dizaines par les unités $(2\,du)$ est un nombre de dizaines qui sera contenu dans les dizaines du premier reste 815, je sépare ces dizaines par un point.

Mais 81 dizaines ne contiennent peut-être pas seulement les dizaine qui proviennent du double produit des dizaines par les unités, elles peuvent contenir en outre des dizaines qui proviennent du carré des unités, et celles du reste. Alors en divisant 81 dizaines par le double 16 des dizaines de la racine (2 d) on trouvera ou le chiffre des unités (u) ou un chiffre trop fort :

$$81 : 16 \text{ donne } 5 \text{ pour quotient.}$$

Pour vérifier ce chiffre 5, on le place à côté de 16 (2 d) et on multiplie le nombre 165 (2 $d + u$) par 5 (u), on obtient ainsi le double produit des dizaines par les unités, plus le carré des unités (2 $du + u^2$) ; si cette somme ne peut pas se retrancher de 815, c'est que 5 (u) est trop fort, on essaye 4. Dans ce cas 2 $du + u^2 = 656$ qu'on peut retrancher de 815 ; 4 est le chiffre des unités.

La racine carrée de 7.215 est donc 84 ; elle donne 159 pour reste.

3º Le nombre donné est plus grand que 10.000.

Soit à extraire la racine carrée de 6.423.047.

```
6.4 2.3 0.4 7 |    2.534
24.2          | ─────────────
  1 7 3.0     |       45 × 5
              | ─────────────
    2 2 1 4.7 |      503 × 3
              | ─────────────
      1 8 9 1 |    5.064 × 4
```

Le carré des dizaines de la racine est contenu dans les centaines du nombre proposé 6.423.047. Je sépare ses centaines par un point. Si j'extrais la racine de 64.230, j'aurai les dizaines de la racine.

Mais 64230, étant plus grand que 100, aura une racine plus grande que 10. Le carré de ces dernières dizaines sera contenu dans les centaines de 64230 ; je les sépare par un point. Il restera à extraire la racine de 642, opération qu'on sait faire.

La racine carrée de 642 est 25.

Ce nombre 25 peut être considéré comme étant les dizaines de la racine du nombre 642.30 et le nombre 22147 ne doit plus contenir que les deux autres parties du carré, et le reste s'il y en a un.

En cherchant, comme il est indiqué plus haut (2º), le chiffre des unités de cette racine on trouve 3.

La racine carrée de 6.42.30 est 253.

Mais on doit, cette fois, considérer le nombre 253 comme étant les dizaines de la racine du nombre 6.42.30.47. Il ne reste plus à chercher que le chiffre de ses unités par le procédé connu ; ce chiffre est 4. La racine carrée de 6.423.047 est 2.534.

De cette théorie on tire la règle suivante :

Règle. — *Pour trouver à une unité près la racine carrée d'un nombre, on le partage de droite à gauche en tranches de deux chiffres. (La dernière tranche à gauche peut n'avoir qu'un chiffre.) On cherche la racine de la dernière tranche à gauche ; et l'on a ainsi le 1ᵉʳ chiffre à gauche de la racine.*

On soustrait de la 1ʳᵉ tranche le carré du 1ᵉʳ chiffre de la racine. A la droite du reste on abaisse la tranche suivante du nombre proposé.

On divise les dizaines du nombre ainsi formé par le double du nombre inscrit à la racine. Le quotient est le chiffre suivant de la racine ou un chiffre trop fort. Pour essayer ce quotient on l'écrit à droite du diviseur qui l'a fourni ; on multiplie le nombre ainsi formé par le chiffre à éprouver ; si l'on peut retrancher ce produit du nombre formé par le premier reste suivi de la seconde tranche du nombre donné, le chiffre est le bon ; sinon il est trop fort.

On le diminue alors d'une ou de plusieurs unités et on éprouve les chiffres diminués, comme il vient d'être dit. Quand on a trouvé le chiffre convenable, on le porte à la racine à droite du premier.

Pour trouver le troisième chiffre de la racine, à droite du dernier reste, on abaisse la tranche suivante du nombre proposé, on divise les dizaines du nombre ainsi formé par le double du nombre trouvé à la racine ; le quotient éprouvé est le chiffre suivant de la racine.

On continue ainsi jusqu'à ce qu'on ait abaissé et employé toutes les tranches du nombre donné.

Si un dividende était moindre que le diviseur correspondant, le chiffre à placer à la racine serait un zéro. On abaisserait une nouvelle tranche et on continuerait à appliquer la règle.

224. Preuve. — Pour faire la preuve de l'extraction de la racine carrée d'un nombre, on fait le carré de la racine, on y ajoute le dernier reste, et l'on doit retrouver le nombre proposé.

225. Remarque I. — *Le reste ne doit jamais surpasser le double du nombre qui figure à la racine ; dans le cas contraire, le chiffre essayé est trop faible.*

226. Remarque II. — *La racine a autant de chiffres que le nombre dont on l'a extraite avait de tranches.*

Ainsi $\qquad {}^2\!\sqrt{5.23.46.28}$ aura quatre chiffres.

227. Racine carrée des nombres décimaux. — On rend pair le nombre des chiffres décimaux (s'il ne l'est déjà) en ajoutant un zéro. On opère ensuite comme si le nombre était entier. Mais au résultat, on sépare autant de chiffres décimaux qu'il y a de tranches dans la partie décimale du nombre dont on a extrait la racine.

Ainsi $\qquad {}^2\!\sqrt{34263,456} = {}^2\!\sqrt{3.42.63,45.60}.$

La racine aura 2 chiffres à sa partie décimale (voir remarque II).

228. Racine carrée d'un nombre à moins d'une unité décimale donnée.

Soit à extraire $\qquad {}^2\!\sqrt{3}$ à 0,001 près.

On ajoutera sur la droite de 3 autant de tranches de zéros qu'on veut obtenir de chiffres décimaux et on continuera l'opération comme si le nombre était décimal.

$$ {}^2\!\sqrt{3} \text{ à } 0,001 \text{ près, se modifie en } {}^2\!\sqrt{3,00\ 00\ 00}. $$

229. Racine carrée d'une fraction. — Pour extraire la racine carrée d'une fraction, on peut, ou extraire la racine carrée de la fraction décimale équivalente, ou extraire la racine carrée de ses deux termes.

$$ {}^2\!\sqrt{\frac{8}{11}} = \frac{{}^2\!\sqrt{8}}{{}^2\!\sqrt{11}} $$

On peut cependant, dans ce cas, éviter d'extraire deux

racines. Si je multiplie les deux termes de la fraction $\dfrac{\sqrt[2]{8}}{\sqrt[2]{11}}$ par $\sqrt{11}$, elle deviendra, sans changer de valeur :

$$\frac{\sqrt{8} \times \sqrt{11}}{\sqrt{11} \times \sqrt{11}}$$

Or le dénominateur deviendra 11, le numérateur $\sqrt{8 \times 11}$, donc la fraction

$$\frac{\sqrt{8}}{\sqrt{11}} = \frac{\sqrt{8 \times 11}}{11} = \frac{\sqrt{88}}{11}$$

dans laquelle il n'y a plus qu'à extraire une racine.

CUBE ET RACINE CUBIQUE DES NOMBRES (1)

230. On appelle *cube* d'un nombre le produit de 3 facteurs égaux à ce nombre.

Ainsi le cube de 6 est $6 \times 6 \times 6 = 216$.

Les cubes de :

$$1 \;;\quad 2 \;;\quad 3 \;;\quad 4 \;;\quad 5 \;;\quad 6 \;;\quad 7 \;;\quad 8 \;;\quad 9 \;;\quad 10.$$

sont

$$1 \;;\quad 8 \;;\quad 27 \;;\quad 64 \;;\quad 125 \;;\quad 316 \;;\quad 343 \;;\quad 512 \;;\quad 729 \;;\quad 1000.$$

La *racine cubique* d'un nombre est un nombre dont le cube reproduit le nombre proposé.

Ainsi $\sqrt[3]{343} = 7.$

231. Théorème. — Le cube de la somme de deux nombres se compose de quatre parties :

1° *Le cube du premier nombre ;*

---

(1) Ce chapitre ne fait pas partie du programme de l'examen du brevet élémentaire de capacité.

2° *Le triple produit du carré du premier par le second nombre,*

3° *Le triple produit du premier par le carré du second.*
4° *Le cube du second.*

Alors tout nombre plus grand que 10, qui évidemment contient des dizaines (d) et des unités (u) aura son cube exprimé comme suit :

$$(d \times u)^3 = d^3 \times 3\,d^2\,u \times 3\,d\,u^2 \times u^3$$

232. 1° Soit à extraire la racine cubique d'un nombre inférieur à 1.000 ; par exemple 270.

Ce nombre étant plus petit que 1.000 aura une racine cubique moindre que 10 ; il suffit, pour trouver celle-ci, de chercher dans la table des cubes des dix premiers nombres, le cube qui se rapproche le plus, en moins de 270 ; c'est 216, dont la racine est 6.

$\sqrt[3]{270} = 6$ à moins d'une unité près, car sa racine est comprise entre 6 et 7.

2° Le nombre donné est plus grand que 1.000 mais plus petit que 1.000.000 ; soit 63.849.

Puisque ce nombre est plus grand que 1.000, sa racine cubique est plus grande que 10 ; elle contient donc des dizaines et des unités, donc le cube sera composé :
1° Du cube des dizaines, d^3 ;
2° Du triple produit du carré des dizaines par les unités, $3\,d^2\,u$;
3° Du triple produit des dizaines par le carré des unités, $3\,d\,u^2$;
4° Du cube des unités, u^3 ;
5° Et d'un reste probable R.

$$
\begin{array}{ll}
d^3 + 3\,d^2u + 3\,du^2 + u^3 + R = 63.849 & \begin{array}{l} du \\ 39 \end{array} \\
\end{array}
$$

$$
\begin{array}{rr}
 & d^3 \qquad\quad 27 \\
3d^2u + 3\,du^2 + u^3 + R = & \overline{36.849} \\
 & 32.319 \\
R & \overline{4.530}
\end{array}
\left|
\begin{array}{l}
\overline{3 \times 3^2 = 27 =} \qquad 3d^2 \\
\overline{3 \times 30^2 \qquad = 2700 = 3d^2} \\
3 \times 30 \times 9 = \ 810 = 3du \\
9^2 \qquad\qquad = \quad 81 = u^2 \\
\overline{\qquad\quad 3591} \times 9 = 32319 \\
(3d^2 + 3du + u^2) \times u
\end{array}
\right.
$$

d^3 étant un nombre de mille ne peut se trouver que dans les 63 mille du nombre donné. Je sépare les mille par un point. En extrayant la racine cubique de 63 j'aurai le chiffre des dizaines de la racine : c'est 3 ; si je retranche 27 mille, le cube de 3 dizaines, du nombre proposé 63.849 il restera 36.849 qui renferme encore :

2º $3d^2u$.

3º $3du^2$.

4º u^3.

5º R.

Mais 3 d^2u étant le produit d'un nombre de centaines par des unités donnera un nombre de centaines qui doit être contenu dans les 368 centaines du reste 368.49. Je sépare ces centaines par un point.

Mais ces 368 centaines peuvent contenir des centaines qui proviendraient des 3 dernières parties 3º, 4º, 5º. De sorte qu'en divisant 368 centaines par 3 d^2 ou 27 centaines, on trouvera le chiffre des unités ou un chiffre trop fort. Le quotient est 9.

Pour l'essayer on peut employer deux méthodes :

1º Faire le cube de 39 et voir s'il peut être retranché de 63.849 ; mais ce procédé est plus long et ne permet pas de profiter des calculs déjà effectués.

2º Comme on a déjà retranché d^3 du nombre donné, il suffit de retrancher du reste 36.849 les 3 autres parties.

$$3\ d^2u + 3\ du^2 + u^3 \text{ ou plus simplement :}$$

$$(3d^3 + 3du + u^2)u$$

$$\text{soit} \quad \begin{pmatrix} 3 \times 30^3 + 3 \times 30 \times 9 + 9^2 \\ 2700 \quad + \quad 810 \quad + 81 \end{pmatrix} \times 9 = 32.319$$

Si 32.319 peut être soustrait de 36.849, c'est que 9 est le chiffre des unités. Si 9 essayé avait fourni une somme supérieure à 36.849, il eût fallu essayer 8, etc.

$$\sqrt[3]{63849} = 39 \text{ à moins d'une unité près.}$$

3º Le nombre proposé est plus grand que 1.000.000, soit 76.928.432.701.

Le cube des dizaines de la racine doit être contenu dans les mille

```
76.9 28.4 32.7 01 | 4253
64
───────────────
12 9.28
10 0 88
───────────────
 2 8 40 4.32
 2 6 77 6.25
───────────────
   1 62 8 07 7.01
   1 62 6 77 2 77
───────────────
            1 30 4 24
```

$4^2 \times 3$	$=$	48		$42^2 \times 3$	$=$	5292		
$3 = 40^2$	$=$	4800		3×420^2	$=$	529200		
$3 \times 40 \times 2$	$=$	240		$3 \times 420 \times 5$	$=$	6300		
2^2	$=$	4		5^2	$=$	25		
		5044				535525		
		× 2				× 5		
		10088				2677625		

$425^2 \times 3$	$=$	541375
3×4250^2	$=$	54187500
$3 \times 4250 \times 3$	$=$	38250
3^2	$=$	9
		54225759
		× 3
		162677277

de 76928432701. Je sépare ces mille par un point, et en extrayant la racine cubique de 76.928.432 je devrais trouver les dizaines de la racine.

Mais 76928432, étant encore plus grand que 1.000, aura une racine composée de dizaines et d'unités.

Le cube de ces dernières dizaines sera contenu dans les mille de 76928432; je les sépare par un point.

Il restera à extraire la racine cubique de 76.928, opération indiquée au 2°.

La racine cubique de 76.928, est 42, nombre qui représente les dizaines de la racine de 76.928.432, et la différence 2.840.432 ne contient plus que les quatre dernières parties du cube, en comptant le reste.

En cherchant le chiffre des unités de cette racine on trouve 5.

La racine cubique de 76.928.432 est 425. Mais ce nombre 425 peut être considéré comme représentant les dizaines de la racine du nombre 76.928.432.701.

La recherche du chiffre de ses unités nous donne 3,

d'où $\qquad \sqrt[3]{76928432701} = 4.253$ à moins d'une unité près.

233. Règle. — *Pour extraire la racine cubique d'un nombre, il faut le partager en tranches de 3 chiffres à partir de la droite (la première tranche à gauche peut n'avoir qu'un ou deux chiffres). On extrait la racine cubique de la dernière tranche, ce qui fournit le chiffre des plus hautes unités de la racine ; on soustrait le cube de ce chiffre de la dernière tranche.*

A la droite du reste on abaisse la tranche suivante, on sépare ses 2 premiers chiffres de droite et on divise la partie gauche par le triple carré de la racine obtenue; le quotient est le second chiffre de la racine ou un chiffre trop fort. Pour l'essayer on forme les 3 autres parties du cube et leur somme doit pouvoir être retranchée du premier reste suivi de la 2° tranche.

A la droite du nouveau reste on abaisse la 3ᵉ tranche, on sépare ses centaines par un point et on les divise par le triple carré de la racine composée maintenant de 2 chiffres ; le quotient est le troisième chiffre de la racine, qu'on essaye comme il est indiqué plus haut.

On continue ainsi jusqu'à ce qu'on ait abaissé et employé toutes les tranches du nombre donné.

Remarque I. — *On reconnaît qu'un chiffre placé à la racine est trop faible lorsque le reste surpasse 3 fois le carré de la racine trouvée, plus 3 fois cette racine.*

Remarque II. — *On trouve autant de chiffres à la racine qu'il y a de tranches dans le nombre proposé.*

Racine cubique d'un nombre décimal.

234. Pour extraire la racine cubique d'un nombre décimal, on commence par ajouter à sa droite un ou deux zéros, afin d'avoir un nombre de chiffres décimaux multiple de 3. On continue l'opération comme si le nombre était entier, puis à la racine on sépare par une virgule la partie entière de celle qui doit être décimale, en se rappelant que chaque tranche fournit un chiffre à la racine.

Exemple :

$$\sqrt[3]{76928,4327} = \sqrt[3]{76928,432.700} = 42,53.$$

Cube et racine cubique d'une fraction.

235. Pour élever une fraction au cube, on doit élever chacun de ses deux termes au cube.

En effet

$$\left(\frac{3}{4}\right)^3 = \frac{3}{4} \times \frac{3}{4} \times \frac{3}{4} = \frac{3^3}{4^3} = \frac{27}{64}$$

Il est alors évident que pour extraire la racine cubique d'une fraction on pourra extraire la racine cubique de ses deux termes.

$$\sqrt[3]{\frac{27}{64}} = \frac{\sqrt[3]{27}}{\sqrt[3]{64}} = \frac{3}{4}$$

On peut aussi convertir la fraction ordinaire en fraction décimale et extraire la racine cubique de cette dernière.

Racine cubique d'un nombre à moins d'une fraction décimale.

236. Si l'on veut extraire la racine cubique d'un nombre à moins d'un centième près, par exemple, comme la racine doit contenir deux chiffres décimaux, on devra ajouter à la suite du nombre proposé deux tranches de trois zéros qu'on considérera comme chiffres décimaux. On effectuera ensuite comme il est indiqué pour les nombres décimaux.

Ainsi, soit à extraire :

$$\sqrt[3]{3542} \text{ à } 0,01 \text{ près.}$$

On disposera l'opération comme si l'on avait :

$$\sqrt[3]{3242,000.000}.$$

Preuve.

237. Pour faire la preuve de l'opération, on fait le cube de la racine trouvée auquel on ajoute le reste : on doit retrouver le nombre proposé.

SUJETS DONNÉS AU BREVET ÉLÉMENTAIRE
QUESTIONS TRAITÉES

I. — *Trouver le plus petit nombre par lequel il faut diviser 9.720 pour avoir un quotient carré parfait* (École normale).

Décomposons 9.720 en ses facteurs premiers.
On a :

$$9.720 = 2^3 \times 3^5 \times 5.$$

Pour qu'on puisse avoir un carré parfait, il faudrait n'avoir que des facteurs à exposant pair. En effet, tout facteur à exposant pair est un carré parfait, car sa racine est égale au facteur lui-même affecté d'un exposant égal là a moitié du premier. C'est ainsi que 5^4 est un carré parfait, car $5^4 = 5 \times 5 \times 5 \times 5 = (5 \times 5) \times (5 \times 5) = 5^2 \times 5^2$.

Dans le cas donné, il faudrait avoir

$$2^2 \times 3^4, \text{ qui serait un carré parfait.}$$

Il suffira donc de diviser 9.720 par $2 \times 3 \times 5 = 30$.

II. — *Tout carré d'un nombre impair divisé par 8 donne 1 pour reste et la différence des carrés de deux nombres impairs est toujours divisible par 8* (École normale).

1° Un nombre impair est toujours

$$\text{multiple de } 4 - 1$$
$$\text{multiple de } 4 + 1$$

Si on élève au carré ces deux expressions, on aura toujours comme résultat multiple de $8 + 1$.

En effet:

$$\text{multiple de } 4 - 1$$
$$\underline{\text{multiple de } 4 + 1}$$
$$(\text{multiple de } 4)^2 - 2 \text{ multiples de } 4 + 1$$

Or (multiple de $4)^2$ est un multiple de 8, de même 2 fois un multiple de 4 donne un multiple de 8.

On a donc:

$$(\text{multiple de } 4 - 1)^2 = \text{multiple de } 8 - \text{multiple de } 8 + 1$$
$$= \text{multiple de } 8 + 1$$

Le reste de la division d'un nombre entier par 8 élevé au carré sera donc de 1.

2° Quels que soient les nombres impairs considérés, on aura :

$$N = \text{multiple de } 8 + 1$$
$$\underline{n = \text{multiple de } 8 - 1}$$
$$N - n = \text{multiple de } 8$$

CHAPITRE VI

CALCUL MENTAL

238. Calculer mentalement, c'est exécuter les opérations de tête. Ce calcul a des règles propres, différentes de celles du calcul écrit.

• On peut énoncer quelques règles générales :

1° *Avant d'effectuer toute opération, classer les nombres donnés en mettant en premier le plus grand nombre ;*

2° *Tâcher de remplacer les nombres par d'autres qui permettent un calcul plus facile. On rectifiera le résultat ensuite ;*

3° *Commencer toutes les opérations par les unités du plus haut rang.*

ADDITION

239. Exercice I. — Soit à additionner 76 et 28.

On dira : 7 dizaines et 2 dizaines font 9 dizaines ; 6 unités et 8 unités font 14 unités ou 1 dizaine et 4 unités. En tout, on obtient 10 dizaines et 4 unités, soit 104.

On peut encore remplacer 76 par 80 et 28 par 30. On aura : 8 dizaines et 3 dizaines font 11 dizaines, desquelles il faut retrancher 4 unités prises en trop dans 80 et 2 unités prises en trop dans 30, soit 6 unités. Il restera 10 dizaines et 4 unités, soit 104.

240. *Exercice II*. — Soit à additionner 489 et 503.

Les deux méthodes précédentes peuvent s'appliquer. Cependant la deuxième est préférable, car les nombres donnés sont très près de nombres exprimant des centaines exactes.

On dira 5 centaines et 5 centaines font 10 centaines, desquelles on retranchera 11 unités prises en trop et auxquelles on ajoutera 3 unités prises en moins. Soit alors 8 unités à retrancher. Il restera donc 10 centaines ou 100 dizaines moins 8 unités, soit 99 dizaines et 2 unités, ce qui donne 992.

SOUSTRACTION

241. *Exercice I*. — Soit à effectuer

$$85 - 19$$

On devra éviter de dire 9 ôtés de 15. Il suffira de prendre le nombre 89 au lieu de 85. On voit de suite qu'on aura 8 dizaines moins 1 dizaine, soit 7 dizaines, desquelles il faudra déduire 4 unités ajoutées à 85. Il restera 7 dizaines moins 4 unités, soit 6 dizaines, 6 unités, ce qui donne 66.

On aurait pu soustraire le nombre 20 de 85, il serait resté 6 dizaines et 5 unités, mais on a retranché une unité en trop, il faudra l'ajouter au résultat. On retrouve 6 dizaines et 6 unités, soit 66.

242. *Exercice II*. — Soit à effectuer

$$493 - 109$$

Il y a avantage à remplacer 493 par 500 et 109 par 100. On obtient de suite 4 centaines, desquelles il faudra diminuer 7 unités, ajoutées en trop au grand nombre et 9 unités diminuées du petit nombre, soit 16 unités à retirer de 4 centaines, ou de 40 dizaines. En enlevant la dizaine, on a 39 dizaines et les 6 unités retirées donnent 38 dizaines 4 unités, soit 384.

243. Exercice III. — Soit à effectuer

$$80 \text{ fr.} - 49 \text{ fr. } 75$$

On peut faire comme dans le commerce, chercher ce qu'il faut ajouter à 49 fr. 75 pour obtenir 80 francs. On ajoute d'abord 0 fr. 25 et on obtient 50 francs. De 50 francs pour aller à 80 francs, il faut ajouter 30 francs. La différence est donc 30 fr. 25.

MULTIPLICATION

244. Exercice I. — Soit à effectuer

$$354 \times 8$$

On dira : 8 fois 3 centaines font 24 centaines ; 8 fois 5 dizaines sont 40 dizaines ou 4 centaines, au total on a 28 centaines. Puis 8 fois 4 unités font 32 unités ou 3 dizaines et 2 unités. Le résultat sera 2.832 unités.

245. Exercice II. — Soit à effectuer

$$48 \times 18$$

Il y aura avantage à effectuer 48×20, on aura de suite, en supprimant le zéro à condition de se souvenir qu'on aura des dizaines, 2 fois 48 ou 2 fois 50, ce qui fait 100 moins 4, ce qui donne 96 dizaines ou 960 unités.

Il faut maintenant déduire de ce nombre 2 fois 48, c'est-à-dire 96 (voir ci-dessus) unités. Pour retirer 96 unités, je retire 100 unités et il reste 860 que j'augmente de 4 unités retirées en trop, ce qui fait 864.

246. Exercice III. — Soit à effectuer

$$50 \times 37$$

Il y a tout avantage à intervertir l'ordre des facteurs, on aura 37×50. Or, 50 fois 37, c'est 100 fois 37 ou 3.700. Il ne reste plus qu'à prendre la moitié de 3.700. La moitié de 3.800 est 1.900, il faut en déduire la moitié de 100, ou 50. Il reste 1.850.

247. En général, les *procédés sont innombrables et dépendent* des nombres *eux-mêmes*. Cependant, il existe certaines règles applicables à certains nombres. En voici quelques-unes :

1° *Pour multiplier un nombre par 9, il suffit de le multiplier par 10 et de retirer du résultat le nombre lui-même;*

2° *Pour multiplier un nombre par 99, il suffit de le multiplier par 100 et de retirer du résultat le nombre lui-même;*

3° *Pour multiplier un nombre par 102, il suffit de le multiplier par 100 et d'y ajouter deux fois le même nombre;*

En général, *pour multiplier un nombre approchant 10, 100, 1.000, il suffit de le multiplier par 10, 100, 1.000, et de retrancher ou d'ajouter un certain nombre de fois ce premier nombre;*

4° *Pour multiplier un nombre par 5, il suffit de le multiplier par 10 et d'en prendre ensuite la* $\frac{1}{2}$;

5° *Pour multiplier un nombre par 25, il suffit de le multiplier par 100 et d'en prendre ensuite le* $\frac{1}{4}$;

6° *Pour multiplier un nombre par 15, il suffit de multiplier ce nombre par 10, puis d'ajouter au résultat la moitié de celui-ci;*

7° *Pour multiplier un nombre par 75, il suffit de le multiplier par 100 et d'en prendre les* $\frac{3}{4}$;

8° *Pour multiplier un nombre par 0,5, il suffit d'en prendre la* $\frac{1}{2}$;

9° *Pour multiplier un nombre par 0,25, il suffit d'en prendre le* $\frac{1}{4}$.

248. Exercice IV. — Soit à effectuer

$$125 \times 98$$

On dira : 100 fois 125 donnent 125 centaines, desquelles il faut déduire 2 fois 125, soit 250. Il restera 122 centaines et demie ou 12.250.

249. *Exercice V*. — Soit à effectuer

$$425 \times 103$$

On dira : 100 fois 425 donnent 425 centaines, auxquelles il faut ajouter 3 fois 425, c'est-à-dire 12 centaines et 75 unités, ce qui fait 425 et 12 ou $425 + 10 + 2 = 437$ centaines et 75 unités. En tout 43.775.

250. *Exercice VI*. — Soit à effectuer

$$476 \times 25$$

On multipliera par 100, on obtiendra 476 centaines, desquelles il faudra prendre le $\frac{1}{4}$. Le $\frac{1}{4}$ de 400 centaines est 100 centaines, le $\frac{1}{4}$ de 76 centaines est 19. Résultat : 11.900.

251. *Exercice VII*. — Soit à effectuer

$$273 \times 15$$

On dira 10 fois 273 font 273 dizaines ou 2.730 unités, dont il faut prendre la moitié. La moitié de 2.800 est 1.400, la moitié de 70 est 35, la moitié de 2.730 sera $1.400 - 35$ ou 1.365. Il s'agit ensuite d'ajouter 2.730 à 1.365. Pour cela, ajoutons les centaines $27 + 13$, cela fait 40 centaines. Ajoutons aux 30 unités, 70 unités, nous aurons 100 unités, desquelles nous devrons retrancher 5 unités comptées en trop. Reste 95 unités. Le résultat est 4.095.

252. *Exercice VIII*. — Soit à effectuer

$$87 \times 0{,}25$$

Il suffira de prendre le $\frac{1}{4}$ de 87. Prenons la $\frac{1}{2}$, 43,5 ; puis la $\frac{1}{2}$ de 43 est 21,5 et la $\frac{1}{2}$ de 0,5 est 0,25, cela fait $21{,}5 + 0{,}25 = 21{,}75$.

DIVISION

253. Ici encore, il existe quelques règles applicables à certains diviseurs :

1° *Pour diviser un nombre par 5, il suffit de le diviser par 10 et d'en prendre le double ;*

2° *Pour diviser un nombre par 25, il suffit de le diviser par 100 et d'en prendre le quadruple ;*

3° *Pour diviser un nombre par 50, il suffit de le diviser par 100 et de doubler le résultat ;*

4° *Pour diviser un nombre par 0,5, il suffit de le doubler ;*

5° *Pour diviser un nombre par 0,25, il suffit de le quadrupler ;*

Etc...

254. **Exercice I.** — Soit à effectuer

$$884 : 25$$

On aura 884 qu'il faut multiplier par 4. On dira : 4 fois 8 centaines donnent 32 centaines ; 4 fois 8 dizaines donnent 32 dizaines qui, ajoutées aux 32 centaines donnent 35 centaines et 2 dizaines. Puis il restera 4 fois 4 unités qui feront 16 unités qui, ajoutées à 35 centaines 2 dizaines donnent 35 centaines 3 dizaines 6 unités ou 3.536. Il suffira de diviser ce nombre par 100. Le résultat sera 35,6.

255. **Exercice II.** — Soit à effectuer

$$4.823 : 0,5$$

On aura 4.823 × 2 ou 2 fois 48 centaines, ce qui fait 96 centaines, et 2 fois 23 unités, ce qui fait 46 unités. Le résultat sera 9.646 unités.

CHAPITRE VII

SYSTÈME MÉTRIQUE DÉCIMAL

256. Le Système métrique, ou *système légal des poids et mesures, est l'ensemble des mesures seules reconnues en France par la loi ayant pour base le* MÈTRE.

257. L'Assemblée nationale décréta, le 8 mai 1790, la suppression de l'ancien système des mesures françaises ; elle chargea une commission, dans laquelle figuraient Berthollet, Lagrange, Delambre, Laplace, Méchain, de présenter un nouveau système de mesures.

L'emploi de ces mesures fut définitivement rendu obligatoire à partir du 1ᵉʳ janvier 1840.

L'ancien système était *très compliqué*, les subdivisions des unités principales étaient très nombreuses et se déduisaient très irrégulièrement de l'unité principale.

Il manquait d'uniformité : les mesures n'avaient ni le même nom ni la même valeur d'une province à une autre ou d'une ville à l'autre. Le même nom de mesure n'indiquait même pas toujours la même valeur : ainsi pour le boisseau.

Il manquait de stabilité : les mesures changeaient suivant les circonstances, le temps, etc., surtout pour les monnaies.

258. Les principaux avantages du nouveau système sont d'abord : le choix qui a été fait d'une *unité fondamentale rigoureusement invariable, le mètre ;* puis la division des unités secondaires en parties *de 10 en 10 fois plus petites ou plus grandes*, ce qui donne plus de facilité dans les calculs; enfin leur uniformité d'emploi du Nord au Sud de la France.

Presque tous les États civilisés ont adopté notre système métrique décimal, sauf l'Allemagne et l'Angleterre.

UNITÉS DE LONGUEUR

259. *Le* **mètre**, unité de longueur, *est la dix-millionième partie du quart du méridien terrestre, ou* $\dfrac{1}{40.000.000}$ *du méridien tout entier.*

Ce furent Méchain et Delambre qui mesurèrent l'arc du méridien compris entre Dunkerque et Barcelone. De leurs travaux ils conclurent que le quart du méridien a une longueur de 5.130.740 toises. Le mètre a donc 0,513.074 toise.

On appelle *méridien*, ou plus exactement *méridienne* d'un lieu A, la circonférence passant par ce lieu et par les deux pôles de la terre.

L'*équateur* est la circonférence du cercle perpendiculaire au méridien et passant par le centre de la terre.

La *latitude* d'un lieu, Rennes, par exemple, est l'arc du méridien de Rennes compris entre ce lieu et l'équateur : RS. Les latitudes sont boréales ou australes, soit, pour Rennes, environ 48° de latitude boréale.

La *longitude* d'un lieu R est l'arc de l'équateur compris entre le méridien de Paris (origine des méridiens) et le méridien du lieu. Les longitudes sont orientales ou occidentales, soit, pour Rennes, environ 4° de longitude occidentale : BS.

Le mot *midi* signifie moitié du temps pendant lequel il fait jour dans une journée de 24 heures.

Il est *midi* en un lieu lorsque le méridien de ce lieu passe devant le centre du soleil.

(Ce n'est pas exactement ce midi que marquent nos horloges, mais c'est ailleurs que nous apprendrons la différence entre le temps vrai et le temps moyen.)

La terre tournant de l'ouest vers l'est, le méridien d'un lieu situé à l'est de Paris A, Nancy N, par exemple, passera devant le soleil avant celui de Paris ; il sera donc midi plus tôt à Nancy qu'à Paris. Pour trouver de combien de minutes l'heure de Nancy avance sur celle Paris, il faut calculer le temps que la terre met à tourner de 4° (longitude de Nancy), en sachant qu'elle fait un tour complet de 300° en 24 heures.

Soit $$\frac{24 \times 4}{360} = 16 \text{ minutes.}$$

Lorsqu'il sera midi à Paris, il sera donc midi 16 minutes à Nancy, mais midi moins 16 ou 11 heures 44 minutes à Rennes (4° de longitude occidentale).

Connaissant les latitudes des deux villes situées sur un même méridien, on peut facilement calculer la distance de ces deux villes en se rappelant que le méridien tout entier, qui renferme 360 degrés, a 40.000.000 de mètres.

La longueur de 1 degré est donc

$$\frac{40.000.000}{360} = 111.111 \text{ mètres.}$$

260. Le mètre a pour multiples :

Le *décamètre* (D. a. m.), qui signifie 10 mètres.

L'*hectomètre* (Hm.), qui signifie 100 mètres.

Le *kilomètre* (Km.), qui signifie 1.000 mètres.

Le *myriamètre* (Mm.), qui signifie 10.000 mètres.

Les sous-multiples sont :

Le *décimètre* (dm.)., le *centimètre* (cm.)., le *millimètre* (mm.), qui signifient :

$$0 \text{ m. } 1, \qquad 0 \text{ m. } 01, \qquad 0 \text{ m. } 001,$$

On remarque que toutes ces unités sont de 10 en 10 fois plus grandes ou plus petites; qu'il faut alors un chiffre pour représenter chaque ordre d'unités :

12 mètres 4 centimètres s'écrivent : 12 m. 04.

261. Choix de l'unité. — Dans la mesure de certaines longueurs, ou très grandes ou très petites, on ne conserve pas toujours le mètre pour unité; ainsi les cotes d'un dessin sont exprimées en millimètres, la longueur d'une règle en centimètres, la distance entre deux villes en kilomètres.

Sur les routes de quelque importance se trouvent, tous les kilomètres, des bornes dites kilométriques, entre chacune desquelles se trouvent 9 bornes hectométriques numérotées 1. 2. 3. 4. 5. 6. 7. 8. 9.

262. Mesures effectives ou réelles. — On appelle mesures *effectives* ou réelles des mesures qui sont construites, qu'on peut voir, dont on peut se servir dans le commerce et l'industrie, comme le mètre en bois, le stère, le litre, etc.

Les autres mesures, qui ne sont employées généralement que dans le calcul, qui n'existent pas réellement, sont dites *mesures fictives* : le mètre carré, l'are, le mètre cube, etc.

Toutes les fois que l'emploi d'une mesure effective a été décrété, on a décrété en même temps l'emploi de son double et de sa moitié; il n'y a d'exception que pour la plus grande mesure qui peut bien ne pas avoir son double, et la plus petite qui peut bien ne pas avoir sa moitié.

Les principales mesures effectives de longueur sont :

Le *double décamètre* ou 20 mètres.

Le *décamètre* (chaîne d'arpenteur), 10 mètres.

Le *demi-décamètre* ou 5 mètres.

Le *double mètre* ou 2 mètres.

Le *mètre* (droit ou pliant).

Le *demi-mètre* ou 0 m. 50.

Le *double-décimètre* (pour le dessin), 0 m. 2.

Le *décimètre*,   —   0 m. 1.

263. Anciennes mesures de longueur encore en usage. — Les anciennes mesures encore en usage pour les distances terrestres ou marines sont :

La *lieue de poste*, qui vaut 4 kilomètres.

La *lieue commune*, qui vaut 4 km. 444 ; cette lieue est contenue 25 fois dans un degré du méridien terrestre.

La *lieue marine*, qui vaut 5 km. 555 ; elle est contenue 20 fois dans un degré du méridien terrestre.

Le *mille marin*, qui vaut $\frac{1}{3}$ de lieue marine ou 1.852 mètres.

Le *nœud*, qui vaut $\frac{1}{120}$ du mille, ou 15 m. 40.

264. Mesure des longueurs. — Mesurer une longueur quelconque, c'est chercher combien cette longueur contient d'unités de longueur.

On dira qu'un coupon d'étoffe contient 14 mètres s'il contient 14 fois la longueur du mètre.

UNITÉS DE SURFACE

265. *Le* **mètre carré, unité principale des surfaces,** *est un carré construit sur le mètre, unité de longueur.*

266. Ses multiples sont :

Le *décamètre carré* (dam²) carré qui a 1 d. a. m. de côté.

L'*hectomètre carré* (hm²)   —   1 hm.   —

Le *kilomètre carré* (km²)   —   1 km.   —

Le *myriamètre carré* (Mm²)   —   1 Mm.   —

Ses sous-multiples sont :

Le *décimètre carré* (dm²) carré de 1 dm. de côté.

Le *centimètre carré* (cm²)   —   1 cm.   —

Le *millimètre carré* (mm²)   —   1 mm.   —

267. Dans ces mesures de surface, les diverses unités sont de 100 en 100 fois plus grandes ou plus petites :

Soit ABCD un mètre carré ; la base CD contient 10 décimètres sur lesquels je puis déposer 10 décimètres carrés ayant 1 décimètre de hauteur ; au-dessus de cette bande de 10 décimètres carrés j'en puis déposer 9 autres qui constitueront en tout 10

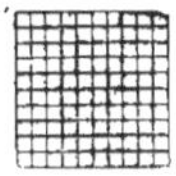

Cent millimètres carrés font un centimètre carré.

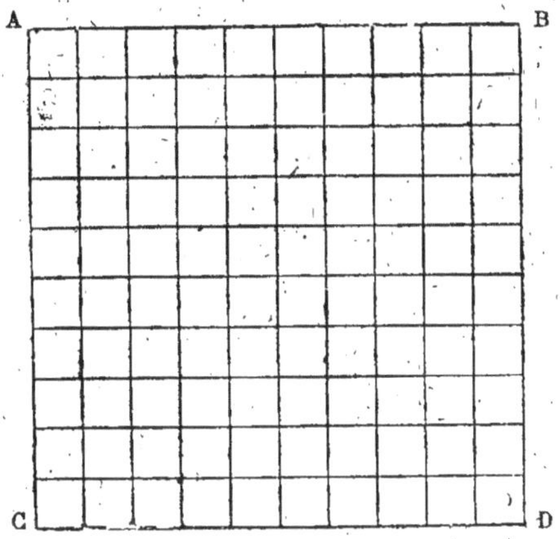

bandes de 10 décimètres carrés : soit 100 décimètres carrés dans le mètre carré.

Le même raisonnement montrerait que 100 millimètres carrés font 1 centimètre carré, etc.

Les unités des différents ordres, dans ces mesures, croissant ou décroissant de 100 en 100, une tranche de deux chiffres sera nécessaire parce qu'on pourra avoir à écrire jusqu'à 99 unités de chaque ordre, elle sera suffisante parce que l'on n'aura jamais à exprimer plus de 99 unités de chaque ordre.

12 mètres carrés 4 centimètres carrés s'écrivent : 12 m² 0004.

268. Are. — Pour la mesure des champs, des bois, des grandes étendues, on prend généralement pour unité l'*are*.

L'are est une mesure agraire qui équivaut au *décamètre carré* ; il a donc une surface égale à 100 mètres carrés.

Son seul multiple employé est l'*hectare* (Ha.) qui vaut 100 ares et qui équivaut par conséquent à l'*hectomètre carré*.

Son seul sous-multiple usité est le *centiare* (ca.). qui vaut 100 fois moins qu'un are ; il équivaut au *mètre carré*.

269. Changement d'unité. — 1° Soit à convertir :

1 hm² 5236 en ares.

Je le convertis en décamètres carrés ; soit 152 dam² 36 que j'appelle :

152 a. 36 centiares.

2° Soit à convertir 72.386 m² 37 en hectares.

Je le convertis en décamètres carrés, 723 dam² 8637 que j'appelle ares : soit 723 a. 8637 que je convertis en hectares : 7 ha. 238637.

Ou, sachant que les hectomètres carrés et les hectares sont équivalents, je convertis immédiatement 72.386 m² 37 en hectomètres carrés, 7 hm² 238637 que j'appelle 7 ha. 238637.

3° Soit à convertir 5 ha. 26947 en mètres carrés.

Les hectares et les hectomètres carrés sont équivalents ; le nombre précédent peut donc se lire :

5 hm² 26947

qui, convertis en mètres carrés, donnent :

52.694 m² 70.

270. Il n'existe pas de mesures effectives de surface ; toutes les unités sont fictives.

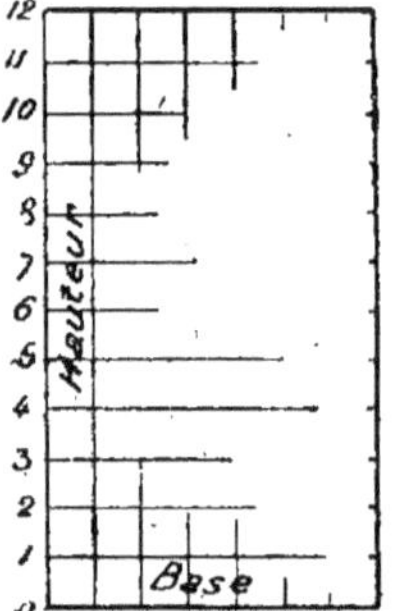

271. Mesure des surfaces. — Mesurer une surface, c'est chercher combien elle contient d'unités de surface ; on dira qu'un parquet a 25 mètres carrés s'il renferme exactement 25 fois le mètre carré pris pour unité

Pour trouver la surface d'un rectangle, il faut répéter les unités de surface que contient la base autant de fois qu'il y a de mètres dans la hauteur.

Dans le rectangle ci-contre, la base a 7 mètres et la hauteur 12. Pour trouver sa surface, il suffira de remarquer que sur la base peuvent se placer 7 mètres carrés, que le rectangle peut contenir 12 bandes semblables, qu'il contient donc :

$$7 \text{ m}^2 \times 12 = 84 \text{ m}^2.$$

Plus communément, mais improprement, on dit que pour trouver la surface d'un rectangle, on multiplie la longueur de sa base par celle de sa hauteur :

ou 7 m. × 12 m = 84 m².

En procédant ainsi on commet deux erreurs d'arithmétique : 1° le multiplicateur est un nombre concret; 2° le produit n'est pas de même nature que le multiplicande.

272. Nous rappellerons dans le tableau suivant la mesure des surfaces. (Voir *Géométrie usuelle*, p. 314.)

$$\text{Surface des parallélogrammes} : b \times h.$$
$$\text{Surface du losange} : \frac{D \times d}{2}.$$
$$\text{Surface des triangles} : \frac{B \times h}{2}.$$
$$\text{Surface des polygones réguliers} : \frac{p \times a}{2}.$$
$$\text{Surface du trapèze} : \frac{B+b}{2} \times h.$$
$$\text{Longueur de la circonférence} : 2 \times \pi \times R.$$
$$\text{Surface du cercle} : \pi \times R^2.$$
$$\text{Surface du secteur} : \frac{\overset{\frown}{b} \times R}{2}.$$

dans lequel :

b	signifie	*base.*	B signifie	*grande base.*
h	—	*hauteur.*	π —	3, 1416.
D,d	—	*grande, petite dia-*	R —	*rayon.*
		gonale.	$\overset{\frown}{b}$ —	*arc de base.*
p	—	*périmètre.*		
a	—	*apothème.*		

UNITÉS DE VOLUME

273. *Le* mètre cube (m³), unité des volumes, *est un cube qui a 1 mètre d'arête ou de côté.*

274. Son seul multiple est le *myriamètre cube*, employé pour exprimer le volume de la Terre.

Ses autres multiples qui s'appelleraient décamètre cube, hectomètre cube. kilomètre cube, ne sont pas usités.

Ses sous-multiples sont :

Décimètre cube (dm³), *centimètre cube* (cm³), *millimètre cube* (mm³).

Le décim. cube est un cube constr. sur 0 m. 1 de longueur.

Le centimètre cube est — 0 m. 01 —

Le millimètre cube est — 0 m. 001 —

275. Il est facile de se rendre compte que, dans ces mesures, il faut 1.000 unités d'un ordre pour faire une unité de l'ordre immédiatement supérieur.

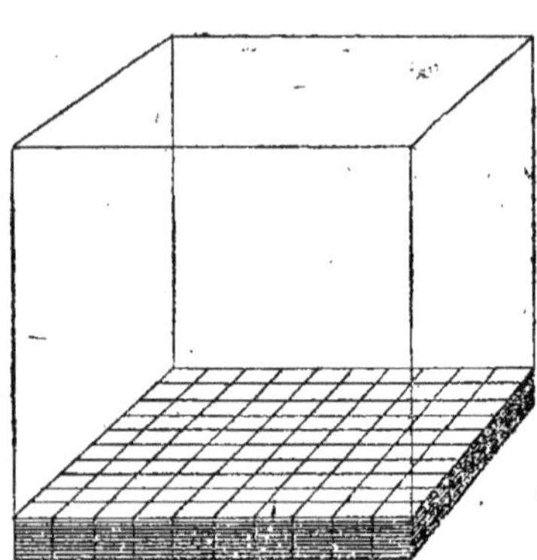

Imaginons en effet un mètre cube creux ; sur sa surface de base qui est un mètre carré nous pourrons déposer 100 décimètres cubes qui s'élèveront à la même hauteur de 1 décimètre, c'est-à-dire au 10ᵉ de la hauteur totale. Comme nous pourrons ajouter au-dessus de cette première assise 9 autres assises semblables nous aurons bien dans notre cube 10 fois 100 décimètres cubes ou 1.000 décimètres cubes.

Un raisonnement analogue nous montrerait que le décimètre cube renferme 1.000 centimètres cubes.

Dans ces mesures de volume, les unités étant de 1.000 en 1.000 fois plus grandes ou plus petites, il faut donc 3 chiffres pour représenter chaque ordre d'unités (car on ne peut pas écrire plus de 999 unités de chaque ordre, mais on peut avoir à exprimer jusqu'à 999 unités de chaque ordre).

12 mètres cubes 4 centimètres cubes s'écrivent : 12 m³ 000004.

276. Le mètre cube, ses multiples et ses sous-multiples sont tous des volumes FICTIFS : on ne construit aucun d'eux pour l'usage.

277. Mesure des volumes. — Mesurer un volume, c'est chercher combien de fois ce volume contient d'unités de volume.

Généralement, mais improprement et pour les raisons que

nous avons données (n° 271), on dit qu'un volume est le produit de 3 dimensions, longueur, largeur, épaisseur, ou le produit d'une surface par une longueur.

278. Nous rappellerons dans le tableau suivant la façon de trouver le volume des principaux solides :

VOLUMES

Volume prisme : $s.\,b. \times h$.

Volume cylindre : $s.\,b. \times h = \pi \times R^2 \times h$.

Volume pyramide : $\dfrac{s.\,b. \times h}{3}$

Volume cône : $\dfrac{s\,b \times h}{3} = \dfrac{\pi \times R^2 \times h}{3}$.

Volume sphère : $\dfrac{4 \times \pi \times R^3}{3}$.

Volume tronc de pyramide ou cône :

$$\frac{h}{3} \times \left(s\,B + s\,b + \sqrt{s\,B \times s\,b} \right).$$

Volume tonneau : $\dfrac{\pi \times h}{4} \times \left(\dfrac{2D + d}{3} \right)^2$.

Volume tas de cailloux :

$$\frac{h}{6} \times \left[C \times (2C' + c') + c' \times (2c + C) \right].$$

s. b signifie *surface de base.*	D, d signifie *grand, petit diamètre.*
h — *hauteur.*	
R — *rayon.*	C C' — *côtés du grand rectangle de base.*
π — 3,1416.	
S. B — *surface de la grande base.*	c, c' — *côtés du petit rectangle de base.*
s. b — *surface de la petite base.*	

279. Stère. — *Le* **stère** *est une unité de volume employée au mesurage des bois de chauffage.* Il équivaut à 1 mètre cube.

C'est une mesure formée de *deux montants* verticaux fixés

dans une base horizontale appelée *sole*. Les dimensions du stère sont :

Longueur de sole comprise entre les deux montants, 1 mètre.

Hauteur utile des montants, 0 m. 88.

Longueur des bûches, 1 m. 14.

Ses multiples et sous-multiples sont :

Décastère (Das.) ou 10 *stères* et *décistère* (d. s.) ou 0ˢ1.

280. Les mesures effectives en usage pour le bois de chauffage sont : le *stère*, le *double stère* et le *demi-décastère* (5 stères).

L'emploi du stère tend de plus en plus à disparaître devant l'usage à peu près constant de la vente des bois au poids.

281. Exercice. — 1° *La longueur des bûches de bois étant de 95 centimètres, jusqu'à quelle hauteur faudra-t-il les empiler dans le stère pour avoir 1 stère de bois?*

Le produit des 3 dimensions doit fournir 1 mc. et la quantité constante est l'écart entre les montants, soit 1 mètre :

$$1 \times 0,95 \times h = 1m^3$$

ou (suivant l'usage) 0 mq. 95 $\times h = 1m^3$

$$h = \frac{1}{0,95} = 1 \text{ m. } 0526.$$

2° Si les bûches avaient 1 m. 40 de long,

$$1 \times 1,4 \times h = 1 \text{ m}^3.$$

ou

$$1 \text{ mq. } 40 \times h = 1 \text{ m}^3.$$

et

$$h = \frac{1}{1,4} = 0 \text{ m. } 7142.$$

UNITÉS DE POIDS

282. *Le* **kilogramme, unité des poids,** *est le poids d'un décimètre cube d'eau distillée, pesée à la température de 4° dans le vide.*

283. Avant 1903 l'unité de poids était le gramme, c'est pourquoi on avait des multiples et des sous-multiples. Depuis 1903,
on énonce simplement les unités diverses de poids qui sont :

Tonne métrique (Tm.)	1.000 kilogrammes.
Quintal métrique (Qm.)	100 —
Myriagramme (Mg.)	10 —
Kilogramme (kg.)	1.000 grammes.
Hectogramme (hg.)	100 —
Décagramme (dag.)	10 —
Gramme (g.)	
Décigramme (dg.)	0 gr. 1
Centigramme (cg.)	0 — 01
Milligramme (mg.)	0 — 001

284. Les mesures effectives de poids sont au nombre de 24,
savoir :

50 *kilogrammes.*	2 *grammes.*
20 —	1 *gramme.*
10 —	1/2 *gramme* (5 *décigr.*)
5 —	
2 —	2 *décigrammes.*
1 —	1 —
1/2 *kilogramme* (500 *gr.*)	1/2 *décigramme* (5 *centigr.*)
2 *hectogrammes* (200 *gr.*)	2 *centigrammes.*
1 — (100 *gr.*)	1 —
1/2 *hectogramme* (50 *gr.*)	1/2 *centigramme* (5 *milligr.*)
2 *décagrammes* (20 *gr.*)	2 *milligrammes.*
1 — (10 *gr.*)	1 —
1/2 *décagramme* (5 *gr.*)	

Les poids ont diverses formes et sont faits de métaux différents, suivant leurs dimensions :

Ils sont en fonte, et en forme de tas de sable pour les gros
poids : 50 kilogrammes et 20 kilogrammes; en fonte et en
forme de pyramide hexagonale tronquée pour les poids variant
de 10 kilogrammes au demi-hectogramme.

Ils sont en cuivre et de forme cylindrique pour les poids
variant de 20 kilogrammes à 1 gramme.

Il existe enfin des poids en forme de lames minces en cuivre, en argent ou en en platine, allant du demi-gramme au milligramme.

Pour peser les pierres précieuses, on emploie comme unité le carat, qui pèse 0 gr. 2058.

285. *La densité d'un corps solide ou liquide est le nombre qui exprime en kilogrammes le poids d'un décimètre cube de ce corps, ou en grammes le poids d'un centimètre cube.* (Voir la *Physique.*)

Si la densité du fer est 7, cela signifie que 1 décimètre cube de fer pèse 7 kilogrammes, ou que 1 centimètre cube de fer pèse 7 grammes.

UNITÉS DE CONTENANCE OU DE CAPACITÉ

286. Litre. — *Le* litre *est l'unité des mesures de capacité; c'est le volume occupé par 1 kilogramme d'eau pure prise à son maximum de densité sous la pression normale.*

Le volume du litre est très approximativement égal à 1 décimètre cube.

Ses multiples et sous-multiples généralement employés sont :

Décalitre (dal.), *hectolitre* (hl), qui signifient 10 *litres*, 100 *litres*.

Décilitre (dl), *centilitre* (cl) qui signifient 0 l. 1 ; 0 l. 01.

287. Les unités, dans ces mesures, sont de 10 en 10 fois plus petites ou plus grandes; il suffit donc, dans ces mesures de volume, d'un seul chiffre pour exprimer chaque ordre d'unités.

1° *Convertir* 15 dal. 725 *en litres.*

$$15 \text{ dal. } 725 = 157 \text{ l. } 25$$

2° *Convertir* 7 dam³ 5289 *en litres.*

Le litre est un décimètre cube; 7 dam³ 5289 = 7.528.900 décimètres cubes que j'appelle 7.528.900 litres.

3° Convertir 5.432 dal. 53 en décamètres cubes.

$$5.432 \text{ dal. } 53 = 5.4325 \text{ l. } 3$$

que j'appelle 5.4325 dm³ 3, que je convertis en décamètres cubes.

Soit :

$$0 \text{ dam}^3 \ 0543253.$$

288. Les mesures effectives de capacité reconnues par la loi sont au nombre de 13, savoir :

L'hectolitre.	. . .	100 litres	*Le double litre* . . .	2 litres
Le demi-hectolitre	.	50 —	*Le litre*	1 —
			Le demi-litre. . . .	0 l. 5
Le double décalitre.		20 litres	*Le double décilitre.* .	0 l. 2
Le décalitre . . .		10 —	*Le décilitre*	0 l. 1
Le demi-décalitre	.	5 —	*Le demi-décilitre* . .	0 l.05

Le double centilitre.	. . . . .	0 l. 02
Le centilitre	. . . .	0 l. 01

Ces mesures effectives de capacité servent pour les liquides : le vin, le vinaigre, l'eau-de-vie, le lait, l'huile ; pour les matières sèches comme le blé, les pommes de terre, le charbon, etc.

C'est la forme cylindrique qu'on a adoptée pour toutes ces mesures parce qu'elle donne plus de facilité pour le maniement et le nettoyage.

Elles sont *en étain* pour le commerce au détail des liqueurs alcooliques ; dans ce cas, la hauteur est double du diamètre intérieur.

Elles sont *en fer-blanc* pour le lait ; elles ont alors une hauteur égale à leur diamètre intérieur.

Elles sont *en bois* ou *en tôle* pour la mesure des matières sèches ; la hauteur est égale encore à leur diamètre. Pour rendre leur maniement facile, elles sont munies de deux tiges de fer placées à l'intérieur, l'une verticale, l'autre horizontale et formant le T.

UNITÉS MONÉTAIRES

289. *Le* franc, unité des monnaies, *est la valeur de 5 grammes d'argent monnayé.*

Ses multiples n'ont pas de noms particuliers ; on dit 10 francs, 100 francs.

Son sous-multiple est le *centime*, 0 fr. 01. Au lieu de décime, on dit généralement 10 centimes.

Les monnaies sont en or ou en argent combinés au cuivre, en bronze ou en nickel.

290. *On appelle* titre d'un alliage *le rapport entre le poids du métal fin et le poids total de l'alliage.*

$$\text{Titre} = \frac{\text{Poids total du métal}}{\text{Poids total de l'alliage}}.$$

Les pièces de bronze sont formées de 95 centièmes de leur poids en cuivre, de 4 centièmes d'étain, et de 1 centième de zinc.

Les pièces de nickel sont formées de nickel pur.

Les pièces d'argent de 0 fr. 20, 0 fr. 50, 1 franc et 2 francs sont au titre de :

$$\frac{835}{1.000}$$

Les pièces d'argent de 5 francs et toutes les pièces d'or sont au titre de :

$$\frac{9}{10}$$

291. Dans ces dernières pièces ou dans un lingot de même titre, *le poids total est* 10 ; *le poids du métal fin est* 9, *celui du cuivre* 1.

Il y a donc 10 fois plus de poids total que de cuivre et 9 fois plus de métal fin que de cuivre.

292. On peut calculer la valeur d'un poids quelconque de monnaie d'or ou de bronze, ou le poids d'une valeur quelconque de monnaie d'or ou de bronze en sachant que, *à poids égal, l'or vaut 15 fois et demi plus que l'argent, et le bronze 20 fois moins que l'argent.*

Alors : 1 *gramme de monnaie d'argent vaut* $\dfrac{1 \text{ fr.}}{5} = 0$ fr. 20

1 *gramme de monnaie d'or vaut* 0 fr. 20 $\times$ 15,5 = 3 fr. 10

1 *gramme de monnaie de bronze vaut* $\dfrac{0 \text{ fr. } 20}{20} = 0$ fr. 01.

1° *Quel est le poids de 100 francs en or ?*

Le poids en argent serait 5 gr. $\times$ 100 = 500 grammes. en or il sera :

$$\frac{500}{15,5} = 32 \text{ gr. } 26$$

2° *Quelle est la valeur de 300 grammes d'or ?*

La valeur de 300 grammes d'argent est $\dfrac{300}{5} = 60$ francs.

La valeur en or sera :

$$60 \times 15,5 = 930 \text{ francs.}$$

3° *Quelle est la valeur de 800 grammes de monnaie de bronze ?*

La valeur de 800 grammes d'argent est $\dfrac{800}{5} = 160$ francs.

Sa valeur en bronze sera $\dfrac{160}{20} = 8$ francs.

293. Les **monnaies effectives** sont de quatre espèces : la *monnaie d'or*, celle *d'argent*, celle de *nickel* et celle de *bronze*, savoir :

NATURE DES PIÈCES		POIDS	TITRE	DIAMÈTRE
Or	100 fr.	32^{gr},258		35 millimètres
	50 fr.	16^{gr},129		28 —
	20 fr.	6^{gr},452	0,900	21 —
	10 fr.	3^{gr},226		10 —
	5 fr.	1^{gr},613		17 —
Argent	5 fr.	25 grammes	0,900	37 millimètres
	2 fr.	10 —	0,835	27 —
	1 fr.	5 —	—	23 —
	0^{f},50	2^{gr},5	—	18 —
	0^{f},20	1 gramme	—	16 —
Nickel	0^{f},25	7 grammes	0,98	24 —
Bronze	0^{f},10	10 grammes		30 millimètres
	0^{f},05	5 —		25 —
	0^{f},02	2 —		20 —
	0^{f},01	1 —		15 —

294. Fabrication des monnaies. — Les monnaies sont fabriquées dans l'*Hôtel des monnaies* de Paris ; elles sont fabriquées, sous le contrôle d'une commission spéciale, par des entrepreneurs auxquels on alloue 1 fr. 50 par kilogramme d'argent au titre de 0,9 et 6 fr. 70 par kilogramme d'or au même titre.

On appelle **valeur absolue, valeur intrinsèque** d'une somme ou d'un objet d'or ou d'argent, la valeur de l'or ou de l'argent pur qu'ils contiennent sans tenir compte ni des frais de fabrication de la monnaie ni de la main-d'œuvre.

295. 1° *Quelle est la valeur de 1 kilogramme d'or pur ?*

1 kilogramme d'or monnayé au titre de 0,9 vaut :

$$\frac{1.000 \times 15,5}{5} = 3.100 \text{ francs}$$

Pour monnayer cette somme on prend 6 fr. 70.

En or monnayé 1 kilogramme vaut donc 3.100 fr. — 6,70 = 3.093 fr. 3.

c'est l'or seul, c'est-à-dire les $\frac{9}{10}$ du poids, qui valait 3.093 fr. 3.

Le kilogramme d'or pur vaut donc $\dfrac{3.093,3 \times 10}{9} = 3.437$ fr.

2° *Quelle est la valeur de 1 kilogramme d'argent pur mon-nayé ?*

1 kilogramme d'argent monnayé au titre de 0,9 vaut :

$$200 \text{ fr.} - 1,5 = 198 \text{ fr. } 50$$

1 kilogramme d'argent pur vaudra $\dfrac{198,5 \times 10}{9} = 220$ fr. 56.

Anciennes mesures que le système métrique a remplacées.

LONGUEURS

296. *La toise de Paris vaudrait* 1 m. 949.
La toise valait 6 pieds.
1 pied (0 m. 325) valait 12 pouces.
1 pouce valait 12 lignes (chaque ligne valait 12 points).

C'est à l'aide de la toise que Méchain et Delambre mesurèrent l'arc du méridien de Paris, compris entre Dunkerque et Barcelone, qui leur permit de trouver la longueur du méridien tout entier.

D'autres mesures de longueur étaient :
L'aune de longueur variable.
La *perche*, de 18 pieds à Paris, et généralement de 22 pieds.

SURFACES

297. *Arpent de Paris :* 100 *perches de Paris.*
Arpent des eaux et forêts : 100 *perches des eaux et forêts.*
Perche carrée de Paris : carré dont le côté valait 18 *pieds.*
Perche carrée des eaux et forêts : carré dont le côté valait 22 *pieds.*

CAPACITÉS

298. Le *setier* qui vaudrait 156 litres
  Le *boisseau*   —   13 litres
  Le *muid* ·   —   244 litres
  La *pinte*   —   0 l. 91
  La *chopine*   —   0 l. 45

POIDS

299. La *livre* qui vaudrait 489 gr. 51.

La livre valait *seize* onces ; l'once valait 8 *gros*, le gros 3 *deniers*, le denier 24 *grains*.

MONNAIES

300. L'unité des monnaies était la *livre tournois* qui vaudrait 1 franc $\frac{1}{8}$; elle valait 20 sous ; le sou valait 4 *liards et le liard* 3 *deniers*.

NOMBRES COMPLEXES

301. Le système décimal n'a pas été adopté d'une façon absolue ; des vestiges de l'ancien système nous sont restés et continuent à être en usage pour la mesure du temps et pour celle de la circonférence.

On appelle **nombres complexes** des nombres qui ne suivent pas, dans la formation de leurs multiples et sous-multiples, les règles de la numération décimale :

Ainsi :

$$5 \text{ h. } 20 \text{ m. } 15 \text{ s.}$$

302. Addition. — Soit à additionner :

5 h. 32 m. 52 s + 8 h. 46 m. 12 s. + 15 j. 7 h. 25 m.

	12 h.	32 m.	52 s.
	8 h.	46 m.	12 s.
15 j.	7 h.	25 m.	
15 j.	27 h.	103 m.	64 s.
ou 16 j.	4 h.	44 m.	4 s.

La somme des secondes fait 64 qui valent 1 m. que j'ajoute aux minutes, plus 4 secondes que je place à la somme des secondes ; de même 104 m. = 1 h. + 44 m., j'ajoute cette heure aux heures données et j'abaisse 44 ; 28 h. = 1 j. + 4 h., etc.

303. Soustraction. — De 27 degrés 15 minutes 23 secondes retrancher 4 degrés 25 minutes 40 secondes.

27° 15′ 23″   L'opération doit se faire en autant de fois qu'il
4°   25′ 40″   y a d'ordres d'unités différents ; retrancher les secondes des secondes, les minutes des minutes, etc. Mais ici l'opération serait impossible. Si l'on opère par emprunt, l'opération précédente se modifie en :

26° 74′ 83″
4°   25′ 40″
22° 49′ 43″

en ne touchant qu'au nombre supérieur, pour emprunter 1 minute aux 15 et la rendre sous forme de 60 secondes aux 23 ; puis emprunter 1 degré aux 27° pour le rendre sous forme de 60 minutes aux 14.

On peut également procéder par compensation, et dans ce cas modifier la donnée en :

	75′	83″
27°	15′	23″
5	26″	
4	25′	40″
22	49′	43″

Et dire : 40″ ne pouvant se retrancher de 23″ j'ajoute 60″ à 23″ qui deviennent 83″ et pour ne pas changer la différence, j'ajoute 1′ aux 25. 83″ — 40″ = 43. 26′ ne peuvent se retrancher de 15′ j'ajoute 60′ et pour ne pas changer la différence j'ajoute : 1° aux 4.75′ — 26′ = 39′. Et 27° — 5° = 22°.

304. Multiplication. — Soit à multiplier par 5 le nombre 12° 45′ 25″.

Il faut répéter 5 fois chacune des parties de la somme 12° + 45′ + 25″ qu'on dispose comme il suit :

$$
\begin{array}{ccc}
12° & 45′ & 25″ \\
& & 5 \\
\hline
60° & 225′ & 125″
\end{array}
$$

Produit qu'on exprime plus simplement :

$$63° \quad 47′ \quad 5″$$

305. Division. — Soit à diviser 8 mois, 23 jours, 20 heures, 45 minutes, par 5.

On dispose l'opération comme il suit :

$$
\begin{array}{llll|l}
8\ \text{m.}\ 23\ \text{j.} & 20\ \text{h.} & 45\ \text{m.} & & 5 \\
3 & & & & \overline{1\ \text{m.}\ 22\ \text{j.}\ 18\ \text{h.}\ 33\ \text{m.}} \\
\end{array}
$$

$$
\begin{array}{l}
\times 30\ \text{j.} \\
\hline
90 + 23 = 113\ \text{j.} \\
\quad 110 \\
\hline
\quad 3 \\
\quad \times 24 \\
\hline
\quad 72\ \text{h.} + 20 = 92\ \text{h.} \\
\quad\quad 90 \\
\hline
\quad\quad 2 \\
\quad\quad \times 60 \\
\hline
\quad\quad 120\ \text{m.} + 45 = 165\ \text{m.} \\
\quad\quad\quad 165 \\
\hline
\quad\quad\quad 0
\end{array}
$$

Opération qu'on explique ainsi :

On divise d'abord :

$$
8\ \text{mois par}\ 5 \qquad
\begin{array}{l|l}
8\ \text{m.} & 5 \\
3 & 1
\end{array}
$$

Le quotient est 1 mois, le reste est 3 mois (le dividende, le quotient et le reste sont des nombres de même nature).

Le reste. 3 mois convertis, en jours donne :

$$3 \times 30 = 90\ \text{jours}$$

qui ajoutés aux 23 jours du dividende donnent 113 jours.

113 jours divisés par 5 fournissent 22 jours comme quotient et

3 jours pour reste ; ceux-ci convertis en heures et ajoutés aux 20 heures du dividende donnent 92 heures, etc.

Conversion des nombres complexes en nombres fractionnaires ou en nombres décimaux.

306. Comme l'emploi des nombres fractionnaires et surtout des nombres décimaux est plus commode que celui des nombres complexes, il y aura avantage à convertir ceux-ci en ceux-là toutes les fois qu'on en apercevra la possibilité.

307. Soit à convertir 3 ans 45 jours en un nombre fractionnaire.

$$1 \text{ jour est } \frac{1}{365} \text{ d'année}$$

$$45 \text{ jours seront } \frac{45}{365} \text{ d'année}$$

$$3 \text{ ans } 45 \text{ jours} = 3 \text{ ans } \frac{45}{365} = 3 \text{ ans } \frac{9}{73}.$$

308. *Convertir 5 heures 25 minutes en un nombre fractionnaire.*

$$1 \text{ minute est } \frac{1}{60} \text{ d'heure}$$

$$25 \text{ minutes seront } \frac{25}{60} \text{ d'heure}$$

$$5 \text{ heures } 25 \text{ minutes} = 5 \text{ h. } \frac{25}{60} = 5 \text{ h. } \frac{5}{12}.$$

Un raisonnement analogue nous montrerait la vérité des égalités suivantes :

$$1 \text{ h. } 15 \text{ m.} = 1 \text{ h. } \frac{1}{4} ; \quad 1 \text{ h. } 20 \text{ m.} = 1 \text{ h. } \frac{1}{3} ; \quad 1 \text{ h. } 30 \text{ m.} = 1 \text{ h. } \frac{1}{2} ;$$

$$1 \text{ h. } 45 \text{ m.} = 1 \text{ h. } \frac{3}{4}, \text{ etc...}$$

309. Convertir 8 heures 35 minutes en un nombre décimal.

Nous venons de voir que :

$$8 \text{ h. } 35 \text{ m} = 8 \text{ h. } \frac{35}{60} = 8 \text{ h. } \frac{7}{12}.$$

Il suffit de convertir la fraction ordinaire $\frac{7}{12}$ en fraction décimale avec une approximation aussi grande qu'on le désire et d'ajouter cette fraction décimale à la suite de la partie entière 8, en séparant ces deux parties par une virgule.

Ainsi :

$$8 \text{ h. } 35 \text{ m.} = 8 \text{ h. } \frac{7}{12} = 8 \text{ h. } 5833\ldots \qquad \begin{array}{l} 70 \\ 100 \\ \quad 40 \\ \quad\ 4 \end{array} \left| \begin{array}{l} 12 \\ \hline 0,583\ldots \end{array} \right.$$

De même :

$$5 \text{ h. } 30 \text{ m.} = 5 \text{ h. } \frac{1}{2} = 5 \text{ h. } 5$$

$$6 \text{ h. } 15 \text{ m.} = 6 \text{ h. } \frac{1}{4} \; 6 \text{ h. } 25$$

CHAPITRE VIII

RAPPORTS. PROPORTIONS.
RÈGLES DIVERSES

310. *Le rapport de deux grandeurs est la fraction qui exprime combien elles contiennent respectivement de fois une commune mesure.*

Il faut donc, pour qu'il y ait un rapport entre deux quantités, que celles-ci soient de même nature.

Si deux longueurs A et B ont l'une 14 millimètres, l'autre 25 millimètres, le rapport de A et B sera :

$$\frac{14}{25}$$

On peut donc dire que le rapport de deux nombres est le quotient de ces deux nombres.

Ainsi, le rapport de 7 à 8 est :

$$\frac{7}{8}$$

écrit sous forme de fraction.

311. Un rapport est une *fraction* : tout ce qui est relatif à celle-ci s'applique également au rapport.

312. Une proportion est l'égalité de deux rapports.

Si

$$\frac{7}{8} \text{ est égal à } \frac{14}{16}$$

l'égalité $\dfrac{7}{8} = \dfrac{14}{16}$ est une proportion qui s'énonce : 7 est à 8 comme 14 est à 16.

Une telle proportion s'appelle quelquefois encore proportion géométrique par quotient.

Anciennement on l'écrivait 7 : 8 : : 14 : 16.

Les premier et dernier nombres énoncés 7 et 16 sont les *extrêmes*, les deux autres 8 et 14 sont les *moyens*.

313. *Principe*. — Dans toute proportion, le produit des extrêmes est égal à celui des moyens.

Soit la proportion $\qquad \dfrac{7}{8} = \dfrac{14}{16}.$

Il faut démontrer que $7 \times 16 = 14 \times 8$.

En effet, réduisant les deux rapports donnés au même dénominateur, on trouve :

$$\frac{7 \times 16}{8 \times 16} = \frac{14 \times 8}{16 \times 8}.$$

Si les deux fractions qui ont un même dénominateur sont égales, leurs numérateurs sont nécessairement égaux.

Donc :
$$7 \times 16 = 14 \times 8.$$

314. Réciproquement. — *Si quatre nombres sont tels que le produit de deux d'entre eux égale le produit des deux autres, ces quatre nombres forment une proportion.*

Soient les quatre nombres 5, 6, 15, 18, tels que :
$$5 \times 18 = 15 \times 6.$$

Si nous divisons par 6×18 les deux membres de cette égalité, elle deviendra :
$$\frac{5 \times 18}{6 \times 18} = \frac{15 \times 6}{6 \times 18}$$

et, après simplification, nous trouverons la proportion :
$$\frac{5}{6} = \frac{15}{18}.$$

315. Sans troubler une proportion, on peut disposer de huit manières les quatre nombres qui la composent :

On peut écrire successivement :

$$\frac{5}{6}=\frac{15}{18}\,;\ \frac{5}{15}=\frac{6}{18}\,; \qquad\qquad \frac{6}{5}=\frac{18}{15}\,;\ \frac{15}{18}=\frac{5}{6}\,;$$

$$\frac{15}{5}=\frac{18}{6}\,;\ \frac{6}{18}=\frac{5}{15}\,; \qquad\qquad \frac{18}{15}=\frac{6}{5}\,;\ \frac{18}{6}=\frac{15}{5}.$$

316. Principe. — Dans une suite de rapports égaux, la somme des numérateurs divisée par la somme des dénominateurs fournit un nouveau rapport équivalent à l'un quelconque des rapports donnés.

Soient les rapports égaux :

$$\frac{2}{3},\qquad \frac{4}{6},\qquad \frac{6}{9}\,;$$

je veux démontrer que

$$\frac{2+4+6}{3+6+9}=\frac{4}{6}\ \text{ par exemple.}$$

En effet, si nous réduisons au même dénominateur les fractions égales données, elles auront nécessairement le même numérateur ; soient donc n leur numérateur commun et d leur dénominateur commun ; chaque fraction deviendra $\dfrac{n}{d}$.

La somme des numérateurs divisée par la somme des dénomina-

teurs donnera $\qquad\qquad \dfrac{n+n+n}{d+d+d}=\dfrac{3\,n}{3\,d}.$

et $\dfrac{3\,n}{3\,d}$ se simplifie et devient $\dfrac{n}{d}$;

or $\dfrac{n}{d}$ est équivalent à l'un quelconque des rapports donnés.

317. Chercher la quatrième proportionnelle à trois nombres donnés, c'est trouver le quatrième terme d'une proportion dont les 3 premiers termes sont les nombres donnés.

La quatrième proportionnelle à 7, 8, 14 se trouvera en disposant comme il suit :

$$\frac{7}{8} = \frac{14}{x}$$

d'où
$$7\,x = 8 \times 14$$

en observant le principe précédent

et
$$x = \frac{8 \times 14}{7} = 16.$$

La quatrième proportionnelle est égale au produit des deux moyens divisé par l'extrême connu.

318. La troisième proportionnelle à deux nombres donnés est le quatrième terme d'une proportion dont les deux moyens sont égaux.

La troisième proportionnelle à 2 et 8 est :

$$\frac{2}{8} = \frac{8}{x}, \qquad x = \frac{8 \times 8}{2} = 32.$$

319. **La moyenne proportionnelle à 2 nombres** donnés est le nombre qui formerait les deux moyens égaux d'une proportion dont les 2 nombres donnés sont les extrêmes.

La moyenne proportionnelle à 2 et 32,

s'exprime
$$\frac{2}{x} = \frac{x}{32}$$

d'où
$$x^2 = 2 \times 32$$

et
$$x = \sqrt[2]{2 \times 32} = 8.$$

La moyenne proportionnelle à deux nombres donnés est égale à la racine carrée du produit de ces deux nombres.

320. La moyenne arithmétique de plusieurs quantités est égale au quotient de leur somme par le nombre des quantités.

Exemple : la moyenne arithmétique des quatre nombres :
10, 11, 8, 7.

sera
$$\frac{10 + 11 + 8 + 7}{4} = 9.$$

321. Deux quantités sont DIRECTEMENT PROPORTIONNELLES ou sont dans **le même rapport** lorsque l'une d'elles devenant un certain nombre de *fois plus grande ou plus petite*, l'autre devient le même nombre de *fois plus grande ou plus petite*.

Ainsi sont directement proportionnelles les quantités suivantes.

La *longueur* d'une étoffe et son *prix* ;

10 mètres d'étoffe coûtent 10 fois plus qu'un mètre de la même étoffe.

L'*ouvrage* fait par des ouvriers et leur *nombre* ;

Le *salaire* des ouvriers et la *durée* de leur travail ;

Le *charbon consommé* par un poêle et son *temps de chauffe* ; etc.

322. Deux quantités sont INVERSEMENT PROPORTIONNELLES, ou en **rapport inverse** lorsque l'une devenant un certain nombre de *fois plus grande ou plus petite*, l'autre devient en ce même nombre de *fois plus petite ou plus grande*.

Ainsi, le *nombre des ouvriers* et le *temps qu'ils doivent mettre* à faire un ouvrage sont deux quantités inversement proportionnelles.

10 ouvriers mettront 10 fois moins de temps que 1 ouvrier pour faire le même ouvrage.

Sont également dans un rapport inverse :

La *longueur* et la *largeur* d'une étoffe pour une même surface;

Le *temps* employé pour parcourir une route et la *vitesse* du mobile ;

La *durée* des vivres et le *nombre des consommateurs*, etc.

Cette variation de deux grandeurs correspondantes est très importante à observer dans la résolution des problèmes.

RÈGLE DE TROIS

323. Une règle de trois est un problème dans lequel les 3 quantités données et une inconnue forment deux séries de quantités qui sont de même espèce deux à deux, et telles que l'une quelconque de la première série variant, l'inconnue qui lui correspond varie dans le même rapport ou en rapport inverse.

324. Exemple : *15 mètres de soie coûtent 180 francs, combien coûteront 8 mètres de cette soie?*

Ce problème est une règle de trois ; nous avons 2 séries de quantités, des mètres et des francs ; et l'inconnue, qui est un nombre de francs correspondant à 8 mètres, varie dans le même rapport que les mètres.

325. L'inconnue, d'une règle de trois, peut donc être considérée comme le 4e *terme* d'une proportion dont 3 *nombres donnés* constituent les *trois premiers termes.*

326. La règle de trois est *directe* si les quantités correspondantes sont directement proportionnelles. Elle est *inverse* dans le cas contraire.

327. La règle de trois est *simple* si chacun des termes qui constituerait la proportion ne contient qu'un seul nombre. Elle est *composée* dans le cas contraire.

Règle de trois simple et directe.

328. Exemple : *15 mètres de soie coûtent 180 francs ; combien coûteraient 8 mètres de cette soie ?*

Ces grandeurs sont directement proportionnelles, on peut écrire :

$$\frac{15}{8} = \frac{180}{x}$$

d'où $\qquad 15x = 180 \times 8 \qquad$ et $\qquad x = \frac{180 \times 8}{15} = 96.$

Les 8 mètres de soie coûteraient 96 francs.

Ces problèmes se résolvent plus généralement par la méthode de réduction à l'unité.

Exemple sur le problème précédent.
Disposition des données,

$$15 \text{ mètres} \qquad 180 \text{ francs.}$$
$$8 \quad - \qquad\qquad x$$

Si 15 mètres coûtent 180 francs,
   1   —   coûtera 15 fois moins.

ou $$\frac{180}{15}$$

et 8 mètres coûteront 8 fois plus

ou $$\frac{180 \times 8}{15} = 96 \text{ francs.}$$

Règle de trois simple et inverse.

329. Exemple : *20 ouvriers ont mis 15 jours pour faire un certain ouvrage ; combien 6 ouvriers auraient-ils mis de jours pour faire le même ouvrage ?*

Disposition des données :

$$20 \text{ ouvriers} \qquad 15 \text{ jours}$$
$$6 \quad - \qquad\qquad x$$

Les quantités sont ici inversement proportionnelles, on aura

$$\frac{20}{6} = \frac{x}{15}$$

d'où $$6x = 20 \times 15$$

et $$x = \frac{20 \times 15}{6} = 50 \text{ jours.}$$

Ce même problème résolu par la méthode de réduction à l'unité se résout comme il suit :

Si 20 ouvriers ont mis 15 jours pour faire l'ouvrage
   1   —   mettra 20 fois plus de temps

ou $$15 \times 20$$

Et 6 ouvriers en mettront 6 fois moins

ou $\qquad \dfrac{15 \times 20}{6} = 50.$

Les 6 ouvriers mettront 50 jours pour faire l'ouvrage.

Règle de trois composée.

330. Exemple : *20 ouvriers ont mis 18 jours pour faire 300 mètres d'ouvrage, combien 30 ouvriers pendant 15 jours feront-ils de mètres ? Disposition des données.*

$$
\begin{array}{lll}
20 \text{ ouvriers} & 18 \text{ jours} & 300 \text{ mètres} \\
30 \ \text{---} & 15 \ \text{---} & x
\end{array}
$$

Les nombres d'ouvriers et les nombres de jours sont proportionnels directement aux nombres exprimant les mètres. Dans ce cas, le rapport des mètres est égal au produit des deux autres rapports.

$$\frac{300}{x} = \frac{20 \times 18}{30 \times 15}$$

et $\qquad x = \dfrac{300 \times 30 \times 15}{20 \times 18} = 375 \text{ mètres.}$

Ce même problème peut être résolu par la méthode de l'unité en le divisant en deux règles de trois simple.

Si 20 ouvriers ont fait 300 mètres en 18 jours.

$$1 \ \text{---} \qquad \text{a fait} \quad \frac{300}{20}$$

et $\quad 30 \ \text{---} \qquad \text{ont fait} \ \dfrac{300 \times 30}{20} = 450 \text{ mètres.}$

Si en 18 jours ces 30 ouvriers ont fait 450 mètres

en $\qquad 1 \ \text{---} \qquad\qquad \text{---} \qquad \text{feront} \ \dfrac{450}{18}$

et en $\quad 15 \ \text{---} \qquad\qquad \text{---} \qquad \text{feront} \ \dfrac{450 \times 15}{18} = 375 \text{ mètres.}$

On peut même faire le raisonnement en 1 seule fois.

Si 20 ouvriers en 18 jours ont fait 300 mètres

$$1 \quad - \quad \text{en } 18 \quad - \quad \text{fera} \quad \frac{300}{20}$$

$$\text{et} \quad 30 \quad - \quad \text{en } 18 \quad - \quad \text{feront} \quad \frac{300 \times 30}{20}$$

$$30 \quad - \quad \text{en } 1 \quad - \quad \text{font} \quad \frac{300 \times 30}{20 \times 18}$$

$$30 \quad - \quad \text{en } 15 \quad - \quad \text{feront} \quad \frac{300 \times 30 \times 15}{20 \times 18} = 375 \text{ mètres.}$$

RÈGLE D'INTÉRÊTS

331. *L'intérêt d'une somme est le profit que tire de cette somme la personne qui la prête.*

La somme prêtée s'appelle **capital**.

Le **taux** est l'intérêt de 100 francs prêtés pendant 1 an.

332. Un capital est placé à **intérêts composés**, lorsque, à la fin de chaque année, l'intérêt s'ajoute au capital, pour produire intérêt pendant l'année suivante. L'intérêt est simple, lorsque le capital reste fixe pendant toute la durée du prêt. C'est l'intérêt simple qui est couramment employé.

Il y a donc 4 quantités à considérer dans les problèmes d'intérêt : *le capital, le taux, le temps du prêt* et *l'intérêt.* Et suivant que l'on cherche l'une ou l'autre de ces quantités, les 3 autres étant connues, ces questions donnent lieu à 4 genres de problèmes différents, qui ne sont d'ailleurs que des règles de trois.

333. Problème. — Calculer l'intérêt i, d'un capital A placé au taux de r p. 100 pendant t années.

100 fr. en 1 an rapportent r fr.

1 fr. en 1 an rapportera 100 fois moins

$$\text{ou} \qquad \frac{r}{100}$$

A fr. en 1 an rapporteront A fois plus

$$\text{ou} \qquad \frac{A \times r}{100}$$

et A fr. en t ans rapporteront t fois plus

ou
$$i = \frac{A \times r \times t}{100}.$$

Si t exprimait un nombre de *mois*, la formule précédente deviendrait :
$$i = \frac{A \times r \times t}{100 \times 12}.$$

Si t exprimait des *jours*, nous aurions :
$$i = \frac{A \times r \times t}{100 \times 360}.$$

De la formule générale $i = \dfrac{A \times r \times t}{100}$ on voit que l'intérêt d'une somme égale le produit du capital, par le taux et par le temps, divisé par 100.

De cette formule on peut tirer la valeur du capital A en fonction des autres éléments et l'on trouve :
$$A = \frac{100 \times i}{r \times t}$$

ou celle du taux
$$r = \frac{100 \times i}{A \times t}$$

ou celle du temps
$$t = \frac{100 \times i}{A \times r}.$$

334. Remarque. — Quand le taux est de 5 p. 100, il est facile de calculer rapidement l'intérêt annuel d'un capital quelconque. En effet la formule générale $t = \dfrac{A \times r \times t}{100}$ devient dans ce cas particulier où r égale 5 et t égale 1 :
$$i = \frac{A \times 5}{100} = \frac{A}{20} = \frac{A}{2 \times 10} = \frac{A}{20}$$

il suffit alors de prendre la moitié du capital, puis le dixième. L'intérêt annuel de 20.000 francs placés à 5 p. 100

est
$$\frac{20.000}{2} = 10.000 \quad \text{et} \quad \frac{10.000}{10} = 1.000$$

calculs qu'on fait mentalement.

335. Simplification des problèmes d'intérêt par les diviseurs fixes. — Dans les opérations commerciales ou de banque les intérêts sont calculés par jour, la formule employée est donc :

$$i = \frac{A \times r \times t}{100 \times 360} = \frac{A \times r \times t}{36.000}.$$

Or ce dénominateur 36.000 admet une grande quantité de diviseurs ce qui permet de fréquentes simplifications :

Ainsi avec le taux 4 :

$$i = \frac{A \times 4 + t}{30.000} = \frac{A \times t}{9.000}$$

avec le taux 6

$$i = \frac{A \times 6 \times t}{36.000} = \frac{A \times t}{6.000}.$$

Ainsi avec les taux :

$$3 \qquad 4 \qquad 4\ 1/2 \qquad 5$$

les diviseurs fixes sont :

$$12.000 \qquad 9.000 \qquad 8.000 \qquad 7.200.$$

Il suffira alors, *pour trouver l'intérêt d'une somme placée pendant un certain nombre de jours, de multiplier le capital par le nombre de jours et de diviser le produit par le diviseur correspondant aux taux.*

336. Simplification des problèmes d'intérêt par les parties aliquotes.

On suppose que le taux est toujours 6 p. 100. Cherchons le nombre de jours nécessaires pour que 100 francs rapporte son centième, c'est-à-dire 1 franc.

$$100 \text{ francs rapportent } 6 \text{ francs en } 360 \text{ jours.}$$
$$100 \text{ — } \qquad \text{ — } \quad 1 \text{ — } \qquad 60 \text{ —}$$

Le nombre 60 jours est la base au taux de 6 p. 100. Ainsi une somme de 4.500 francs rapportera 45 francs en 60 jours, une somme de 3.000 francs rapportera son centième c'est-à-dire 30 francs en 60 jours.

337. *Quel est l'intérêt d'une somme de 3.600 francs en 85 jours à 6 p. 100 ?*

On pose en 60 jours, l'intérêt est le 1/100 du capital ou 36 francs, puis on cherche des parties aliquotes de 60, conduisant finalement à une addition donnant 85 jours.

Voici le calcul :

60 jours.	36 francs.
20 —	12 —
5 —	3 —
85 jours.	51 —

Si l'on veut employer un **autre taux**, soit 3 1/2 p. 100, il suffit de ramener les 51 francs d'intérêt à ce nouveau taux, toujours par les parties aliquotes.

6 p. 100 correspond à un intérêt de 51 francs.		
3 p. 100	—	—	25 fr. 50
1/2 p. 100	—	—	4 fr. 25
3 1/2 p. 100	—	—	29 fr. 75

338. Recherche du capital, étant donné le capital et l'intérêt réunis. — *Un certain capital placé à 4 p. 100 pendant 3 ans est devenu 3.360 francs, capital et intérêts compris. Quel était le capital primitif ?*

100 francs placés à 4 p. 100 pendant 3 ans rapportent $4 \times 3 = 12$ fr.
100 francs de capital seraient donc devenus 100 francs $+$ 12 francs $= 112$ francs. Il suffit d'une règle de trois simple pour obtenir la réponse demandée.

$$\frac{3.360 \times 100}{112} = 3.000 \text{ francs.}$$

339. INTÉRÊTS COMPOSÉS. — Nous avons dit qu'un capital est composé lorsqu'à la fin de chaque année l'intérêt s'ajoute au capital et est productif d'intérêt pendant l'année suivante.

EXEMPLE : *Quelle somme devra-t-on retirer pour le capital et les intérêts composés d'un capital de 15.000 francs placé à 5 p. 100 pendant 6 ans ?*

1 fr. au bout de la 1re année devient $1 + 0,05$
1 fr.   —   2e deviendra $(1 + 0,05) \times (1 + 0,05) = (1 + 0,05)^2$
1 fr.   —   3e — $(1 + 0,05)^2 \times (1 + 0,05) = (1 + 0,05)^3$
1 fr.   —   6e — $(1 + 0,05)^5 \times (1 + 0,05) = (1 + 0,05)^6$
et 15.000   —   6e — $15.000 \times (1 + 0,05)^6$.

Le tableau suivant donne ce que devient 1 franc au bout d'un certain temps à un certain taux; il sera facile, en le consultant, de résoudre les problèmes relatifs à l'intérêt composé.

TABLE donnant la valeur de 1 franc placé à intérêts composés.

ANNÉES	TAUX DE L'INTÉRÊT						
	3	3,50	4	4,50	5	5,50	6
	fr.	fr.	fr.	fr.	fr.	fr.	fr.
1	1,030 00	1,035 00	1,010 00	1,045 00	1,050 00	1,055 00	1,060 00
2	1,060 90	1,071 22	1,081 60	1,092 02	1,102 50	1,113 02	1,123 60
3	1,092 73	1,108 72	1,124 86	1,141 17	1,157 62	1,174 24	1,191 02
4	1,125 51	1,147 52	1,169 86	1,192 52	1,214 51	1,238 82	1,262 48
5	1,159 27	1,187 69	1,216 65	1,246 18	1,276 28	1,306 96	1,338 23
6	1,194 05	1,229 25	1,265 32	1,302 26	1,340 10	1,378 84	1,418 52
7	1,229 87	1,272 28	1,315 93	1,360 86	1,407 10	1,454 68	1,503 63
8	1,266 77	1,316 81	1,368 57	1,422 10	1,476 45	1,534 69	1,593 85
9	1,304 77	1,362 90	1,423 31	1,486 09	1,551 33	1,619 09	1,689 48
10	1,343 92	1,410 60	1,480 24	1,542 97	1,628 89	1,708 14	1,790 85
11	1,384 23	1,459 97	1,539 35	1,622 85	1,710 34	1,802 09	1,898 30
12	1,425 76	1,511 07	1,601 03	1,695 88	1,795.86	1,901 21	2,012 20
13	1,468 53	1,563 96	1,665 07	1,772 20	1,885 65	2,005 77	2,132 93
14	1,512 59	1,618 69	1,731 68	1,851 94	1,979 93	2,116 09	2,260 90
15	1,557 97	1,675 35	1,800 94	1,935 28	2,078 93	2,232 48	2,396 56
16	1,604 71	1,733 99	1,872 98	2,022 37	2,182 87	2,355 26	2,540 35
17	1,652 85	1,794 68	1,947 90	2,113 38	2,292 02	2,484 80	2,692 77
18	1,702 43	1,857 49	2,025 82	2,208 48	2,406 62	2,621 47	2,854 34
19	1,753 51	1,922 50	2,106 85	2,307 86	2,526 95	2,765 65	3,025 60
20	1,806 11	1,989 79	2,191 12	2,411 71	2,653 30	2,917 76	3,207 13
21	1,860 29	2,059 43	2,278 77	2,520 24	2,785 96	3,078 23	3,399 56
22	1,916 10	2,131 51	2,369 92	2,633 65	2,925 26	2,247 54	3,603 54
23	1,973 59	2,206 11	2,464 72	2,752 17	3,071 52	3,426 15	3,819 75
24	2,032 79	2,283 33	2,563 30	2,876 01	3,225 10	3,614 59	4,048 93
25	2,093 78	2,363 24	2,665 84	3,005 43	3,386 35	3,813 39	4,291 87
26	2,156 59	2,445 96	2,772 47	3,140 68	3,555 67	4,023 13	4,549 38
27	2,221 29	2,531 57	2,883 37	3,282 01	3,733 46	4,244 40	4,822 35
28	2,287 93	2,620 17	2,998 70	3,429 70	3,920 13	4,477 84	5,111 69
29	2,326 56	2,711 88	3,118 65	3,584 04	4,116 14	4,724 12	5,318 39
30	2,457 26	2,806 79	3,243 40	3,745 32	4,321 94	4,983 95	5,743 49

RÈGLE D'ESCOMPTE

340. *L'escompte est la retenue qu'on fait sur le montant d'un billet payé avant son échéance.*

Ainsi, veut-on recevoir aujourd'hui le montant d'un billet à ordre de 500 francs payables dans 90 jours, on présente l'effet à un banquier qui fait une retenue ou escompte et vous verse le reste. La retenue, calculée à un taux déterminé, est l'intérêt que rapporterait cette somme de 500 francs dans 90 jours.

Dans ce cas, l'escompte à 6 p. 100 est de :

$$\frac{6 \times 500 \times 90}{360 \times 100} = 7 \text{ fr. } 50.$$

Le banquier versera donc :

$$500 \text{ francs} - 7 \text{ fr. } 5 = 492 \text{ fr. } 50.$$

C'est une véritable recherche d'intérêt et la règle d'escompte offre les 4 *genres de problèmes que nous avons expliqués pour l'intérêt.* C'est surtout à ces calculs d'escompte commercial que s'appliquent les méthodes alternatives des diviseurs et des aliquotes (n°ˢ 335 et 336).

341. On voit que, dans ce cas, l'escompte a été pris sur la valeur que portait le billet (*valeur nominale*); cet escompte ainsi fait est l'*escompte commercial* ou *en dehors.*

342. Mais le banquier qui a escompté le billet précédent l'a fait sur une valeur supérieure à la valeur réelle du billet. Cet effet ne vaut pas aujourd'hui 500 francs ; il vaudra 500 francs dans 90 jours.

L'escompte calculé sur la valeur *actuelle* du billet est *appelé escompte en dedans.*

Le seul escompte pratiqué en France est l'escompte commercial ou en dehors.

343. On démontre assez facilement que *la différence entre les deux escomptes est égale à l'escompte commercial de l'escompte en dedans.*

En effet, on a :

Valeur nominale = valeur actuelle + intérêts de la valeur actuelle.
Valeur nominale = valeur actuelle + escompte en dedans.
Prenons l'intérêt de toute l'égalité ; on aura :
Intérêts de valeur nominale = intérêt de valeur actuelle + intérêts de l'escompte en dedans.
Escompte en dehors = escompte en dedans + intérêts de l'escompte en dedans.
Escompte en dehors = escompte en dedans + escompte en dehors de l'escompte en dedans.

344. Problème d'escompte en dedans. — *Quelle somme recevra le porteur d'un effet de 700 francs payable dans 90 jours s'il le présente à un banquier qui pratique l'escompte en dedans à 5 p. 100 ?*

Je cherche d'abord l'intérêt de 100 francs pendant 90 jours à 5 p. 100 ?

$$\frac{5 \times 90}{360} = 1 \text{ fr. } 25.$$

Je cherche maintenant la valeur *actuelle* de l'effet qui vaudra 700 francs dans 90 jours. 100 francs + 1 fr. 25 ou 101 fr. 25 payables dans 90 jours, valent aujourd'hui 100 francs.
Valeur actuelle de l'effet.

$$\frac{100 \times 700}{101,25} = 691 \text{ fr. } 35.$$

En effet le banquier devrait faire son escompte sur cette somme ;

$$\text{Escompte pour 90 jours : } \frac{5 \times 691,35 \times 90}{100 \times 360} = 8 \text{ fr. } 643.$$

Le porteur du billet recevrait donc 700 — 8,65 = 691 fr. 35, somme trouvée pour la valeur actuelle.

345. Escompte commercial avec commission et change de place. — Les banquiers, en plus du taux d'escompte, retiennent un tant pour cent pour la *commission* et un tant pour cent pour le *change de place*.

La *commission* représente les frais de déplacement pour aller toucher le billet dans une ville.

Le *change de place* représente les frais de déplacement pour faire toucher le billet dans des localités éloignées.

346. Problème. — *Un banquier escompte un billet de 600 fr. au taux de 6 p. 100 payable dans 78 jours. Il prend 1/2 p. 100 de commission et $\frac{1}{10}$ p. 100 de change de place. Quel sera l'escompte total ?*

Nous allons résoudre cet exercice par la méthode des parties aliquotes.

On pose :

60 jours	6 francs
12 —	1 fr. 20
6 —	0 fr. 60
78 jours	7 fr. 80

La commission s'élève à : $\dfrac{600 \times 0,50}{100} = 3$ francs.

Le change de place s'élève à : $\dfrac{600 \times 1}{100 \times 10} = 0$ fr. 60.

Escompte total : 7 fr. 80 + 3 francs + 0 fr. 60 = 11 fr. 40.

On remarquera que la commission et le change de place sont indépendants du nombre de jours à courir jusqu'à l'échéance.

Escompte sur une facture.

347. On appelle encore *escompte* une remise de tant p. 100 que les commerçants font sur le montant d'une facture pour diverses causes. La recherche de cet escompte est une simple règle de trois.

Échéance moyenne et échéance commune.

348. — Dans un problème d'échéance moyenne, on se propose de remplacer plusieurs billets ou effets de commerce, payables à des époques différentes, par un seul billet égal au montant total des billets donnés. On cherche alors l'échéance unique ou moyenne.

Le taux d'escompte n'intervient point dans ce genre de problèmes.

349. Problème. — *On veut remplacer 2 billets, l'un de 3.200 francs payable dans 50 jours, l'autre de 4.800 francs payable dans 45 jours par un billet unique de montant égal à la somme des deux précédents. En chercher l'échéance.*

Escompte du 1ᵉʳ billet $\dfrac{3.200 \times 50 \times t}{36.000}$.

Escompte du 2ᵉ billet $\dfrac{4.800 \times 45 \times t}{36.000}$.

Escompte du billet unique $\dfrac{8.000 \times x \times t}{36.000}$.

Il est évident que :

$$\frac{3.200 \times 50 \times t}{36.000} + \frac{4.800 \times 45 \times t}{36.000} = \frac{8.000 \times x \times t}{36.000}.$$

On peut supprimer dans cette égalité au dénominateur 36.000 et au numérateur t.

On aura : $\qquad 3.200 \times 50 + 4.800 \times 45 = 8.000\ x.$

et $\qquad x = \dfrac{3.200 \times 50 + 4.800 \times 45}{8.000} = 47$ jours.

350. Règle. — **On multiplie chaque montant des billets donnés par leur temps respectif. On fait la somme et on divise par le total des montants.**

351. Dans un **problème d'échéance commune**, on se propose, étant donné plusieurs billets ou effets de commerce, payables à des époques différentes, de les remplacer par un billet unique à une époque donnée mais dont on a à trouver le montant.

Le taux d'escompte intervient ici.

352. Problème. — *On veut remplacer 2 billets, l'un de 3.600 francs payable dans 50 jours, l'autre de 6.000 francs payable dans 45 jours par un billet unique payable dans 60 jours, quel sera le montant de celui-ci? Le taux est de 6 p. 100.*

Valeur actuelle du 1er billet :

$$3.600 - \frac{3.600 \times 50}{6.000} = 3.570 \text{ francs.}$$

Valeur actuelle du 2e billet :

$$6.000 - \frac{6.000 \times 45}{6.000} = 5.955 \text{ francs.}$$

Valeur actuelle du billet unique :

$$3.570 + 5.955 = 9.525 \text{ francs.}$$

Connaissant la valeur actuelle 9.525 francs, il suffit de remonter à la valeur nominale.

Cherchons la valeur actuelle d'un billet de 100 francs à 6 p. 100 payable dans 60 jours.

Ce sera : $100 - 6 = 94$ francs.

D'où valeur nominale demandée :

$$\frac{9.525 \times 100}{94} = 10.132 \text{ fr. } 97.$$

PARTAGES PROPORTIONNELS

353. La règle de **partages proportionnels** ou de **répartition proportionnelle** est une opération par laquelle on partage un nombre proposé en parties proportionnelles à d'autres nombres donnés.

354. Pour partager une quantité en parties proportionnelles à des nombres donnés : 1° **On divise la quantité à partager par la somme des nombres donnés** ; 2° on multiplie le quotient successivement par chaque nombre donné.

Exemple : Partager 13 en parties proportionnelles à 6, 8, 12.

$$1^o \ \frac{13}{26} ; \qquad 2^o \left\{ \begin{array}{l} \dfrac{13 \times 6}{26} = 3 \\[2mm] \dfrac{13 \times 8}{26} = 4 \\[2mm] \dfrac{13 \times 12}{26} = 6. \end{array} \right.$$

355. Pour partager une quantité en parties inversement proportionnelles à des nombres dónnés, on partage cette quantité en parties proportionnelles à l'inverse des nombres donnés.

Exemple : Partager 18 en parties inversement proportionnelles à 6, 8, 12.

L'inverse de 3 ou $\frac{3}{1}$ est $\frac{1}{3}$.

L'inverse de $\frac{2}{3}$ est $\frac{3}{2}$.

Partager 18 en parties inversement proportionnelles à 6, 8, 12, c'est partager 18 en parties proportionnelles à $\frac{1}{6}, \frac{1}{8}, \frac{1}{12}$.

Ces fractions réduites au même dénominateur sont :

$$\frac{4}{24}, \frac{3}{24}, \frac{2}{24}$$

Il reste donc à partager 18 en parties proportionnelles à $\frac{4}{24}, \frac{3}{24}, \frac{2}{24}$ ou en parties proportionnelles à des nombres 24 fois plus grands, ce qui est la même chose ou 4, 3, 2.

Soit donc :

$$\frac{18 \times 4}{9} = 8$$
$$\frac{18 \times 3}{9} = 6$$
$$\frac{18 \times 2}{9} = 4$$

356. Problème. — *On veut partager un héritage de 47.000 francs, entre 3 héritiers âgés respectivement de 15 ans,*

20. *ans, 25 ans, en raison inverse de leurs âges. Quelles seront les parts ?*

Partager 47.000 francs en raison inverse de 15, 20, 25, c'est partager 47.000 francs en raison directe de $\dfrac{1}{15}, \dfrac{1}{20}, \dfrac{1}{25}$

ou en réduisant au même dénominateur

$$\dfrac{20}{300}, \dfrac{15}{300}, \dfrac{12}{300}.$$

Il suffira de partager 47.000 francs proportionnellement à 20, 15, 12.

1re part : $\dfrac{47.000 \times 20}{47} = 20.000$ francs.

2e part : $\dfrac{47.000 \times 15}{47} = 15.000$ francs.

3e part : $\dfrac{47.000 \times 12}{47} = 12.000$ francs.

RÈGLE DE SOCIÉTÉ SIMPLE

357. Problème. — *Trois commerçants se sont associés ; leurs mises sont 6.000 francs, 8.000 et 12.000 francs ; ils ont réalisé un bénéfice de 13.000 francs ; quelle sera la part de chacun ?*

C'est avec $(6.000 + 8.000 + 12.000) = 26.000$ francs qu'ils ont gagné 13.000 francs.

Le 1er associé avec 6.000 francs aura donc gagné

$$\dfrac{13\ 000 \times 6.000}{26.000} = 3.000.$$

le 2e

$$\dfrac{13.000 \times 8.000}{26.000} = 4.000.$$

le 3e

$$\dfrac{13.000 \times 12.000}{26.000} = 6.000.$$

Il est évident que les parts sont proportionnelles aux mises.

RÈGLE DE SOCIÉTÉ COMPOSÉE

358. Problème. — *Deux commerçants se sont associés. Le premier a apporté 20.000 francs pendant 15 mois, le second 12.000 pendant 10 mois. Les bénéfices à partager se sont élevés à 6.300 francs. Quelle sera la part de chacun?*

La part de chacun sera proportionnelle à la fois à sa mise et au temps, c'est-à-dire qu'elle sera proportionnelle au produit des mises par les temps. Il suffit de diviser 6.300 francs proportionnellement à

$$20.000 \times 15 = 300.000 \qquad\qquad 30$$
$$\text{ou encore à}$$
$$12.000 \times 10 = 120.000 \qquad\qquad 12$$

$$1^{re} \text{ part} \qquad \frac{6.300 \times 30}{42} = 4.500$$

$$2^{e} \text{ part} \qquad \frac{6.300 \times 12}{42} = 1.800$$

ALLIAGES — MÉLANGES

359. Les **alliages** sont des combinaisons qui résultent de la fusion de différents métaux. Les alliages dont on s'occupe presque uniquement en arithmétique sont ceux qui sont formés de la combinaison de l'or et de l'argent avec le cuivre.

La connaissance de la définition du titre suffit pour permettre de résoudre tous les problèmes dits d'alliages.

360. Problème I. — *On fond ensemble 570 grammes d'argent pur et 65 grammes de cuivre, on demande le titre de l'alliage.*

Solution :

Le poids total est $570 + 65 = 635$.

$$\text{Titre} = \frac{570}{635}$$

qu'on peut réduire en fraction décimale, ce qui donne :

$$0,897.$$

361. On appelle donc *titre d'un alliage*, le rapport de la matière précieuse au poids total de l'alliage.

362. Problème II. — *Un lingot d'argent pesant 800 grammes est au titre de 0,925; combien faut-il y ajouter de cuivre pour abaisser son titre à 0,835 ?*

Solution :

Le poids qui ne doit pas varier est celui de l'argent :

Poids de l'argent pur $\dfrac{800 \times 925}{1.000} = 740$ grammes.

Nous allons chercher quel poids d'alliage au titre de 0,835, on peut former en employant 740 grammes d'argent pur.

Avec 835 grammes d'argent, on obtient 1.000 grammes d'alliage.

$$\text{Avec} \quad 1 \quad — \quad — \quad — \quad \frac{1.000}{835}$$

$$\text{et avec } 740 \quad — \quad — \quad — \quad \frac{1.000 \times 740}{835} = 886 \text{ gr. } 227.$$

Le poids du lingot final doit être 886 gr. 251 ; le lingot donné pesait 800 grammes.

Il faut donc ajouter $886,227 - 800 = 86$ gr. 227 de cuivre.

363. Problème III. — *Un lingot d'argent pesant 745 grammes est au titre de 0,835; combien faut-il y ajouter d'argent pour élever son titre à 0,900 ?*

Solution :

Le poids fixe est le cuivre; c'est lui qu'il faut chercher.

Poids du cuivre : $\dfrac{745 \times 165}{1.000} = 122$ gr. 925.

Dans le lingot final, avec 100 grammes de cuivre, on obtient 1.000 grammes d'alliage.

Avec 122 gr. 925 on obtiendra :

Poids du lingot final : $\dfrac{1.000 \times 122,925}{100} = 1.229$ gr. 25.

Il faut donc ajouter $1.229,25 - 745 = 484$ gr. 25 d'argent pur.

Certains problèmes de mélange ne donnent lieu à aucune difficulté. Exemple le suivant.

364. Problème IV. — *Un mélange de vin est formé de 60 litres de vin à 0 fr. 60 le litre, de 25 litres à 0 fr. 50 et de 40 à 0 fr. 65 on demande le prix de 1 litre du mélange.*

```
60 litres à 0 fr. 60 le litre, valent 36 fr.
25    —    0    50        —        12   50
40    —    0    65        —        26
125 litres de mélange valent        74 fr. 50
```

$$1 \text{ litre vaut } \frac{74,5}{125} = 0 \text{ fr. } 596.$$

365. La résolution des problèmes de mélanges et d'alliages présente une plus grande difficulté lorsque, au lieu de chercher la *valeur* du mélange, on demande **dans quel rapport un mélange doit être fait** pour qu'on obtienne un prix donné, ou **dans quel rapport un alliage doit être composé pour obtenir un titre donné**.

366. Problème I. — *Dans quel rapport devra-t-on mélanger des vins à 57 francs et à 50 francs l'hectolitre pour que l'hecto- litre du mélange puisse être vendu 53 francs ?*

Solution :

```
Quand on vend 53 fr. 1 hectol. qui coûte 57 fr. on perd 4 fr.
    —         53 fr. 1       —          50 fr. on gagne 3 fr.
```

Pour que la perte soit égale au gain, on devra prendre :

```
       3 hectol. à 57 fr.
   et 4    —      à 50 fr.
Car en prenant 3  —  à 57 fr. on perd  4 fr. × 3 = 12 fr.
       —       4  —  à 50 fr. on gagne 3 fr. × 4 = 12 fr.
```

Il y a donc compensation.

Pour plus de facilité, on dispose l'opération comme il suit :

Disposition des calculs :

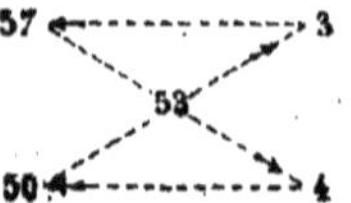

Il faut prendre 3 hectolitres à 57 francs et 4 hectolitres à 50 francs.

On écrit, comme l'indique la figure ci-dessus, les uns au-lessous des autres les prix donnés ; entre ces 2 nombres et à leur droite le prix du mélange ; on fait enfin les différences entre le prix du mélange et les prix donnés, différences qu'on place en croix avec les prix donnés. Les nombres qui se trouvent en regard, sur une même ligne horizontale, expriment les quantités qu'il faut prendre de chaque prix (suivre les traces des flèches).

367. Problème II. — *Combien faut-il ajouter de vin à 0 fr. 75 le litre à 120 litres de vin à 0 fr. 45 le litre pour que le litre du mélange revienne à 0 fr. 65 ?*

Solution :

Le mélange doit avoir lieu dans les proportions suivantes :

$$
\begin{array}{ccc}
75 & & 20 \\
& 65 & \\
45 & & 10
\end{array}
$$

On devra prendre 20 litres à 0 fr. 75 et 10 litres à 0 fr. 45.
Pour 10 litres à 0 fr. 45 on prend 20 litres à 0 fr. 75.
    1   —   0 fr. 45 on en prendra 10 fois moins.

$$
\text{ou } \frac{20}{10}
$$

et pour 120 litres on en prendra 120 fois plus

$$
\text{ou } \frac{20 \times 120}{10} = 240.
$$

Réponse : On devra ajouter 240 litres à 0 fr. 75.

368. Problème III. — *Dans quelle proportion faut-il allier de l'argent au titre de* $\frac{810}{1.000}$ *et de l'argent au titre de* $\frac{925}{1.000}$ *pour avoir un lingot au titre de* $\frac{880}{1.000}$?

Solution :

En prenant le millième pour unité, on a :

$$
\begin{array}{ccc}
810 & & 45 \\
& 880 & \\
925 & & 70
\end{array}
$$

on devra prendre 45 grammes au titre de $\frac{810}{1.000}$

et 70   —   — $\frac{925}{1.000}$.

RENTES

369. La rente *est l'intérêt annuel d'une somme prêtée, habituellement à l'État.*

Quand l'État veut effectuer de grands travaux, ou payer une indemnité de guerre ou faire face à quelque grosse dépense imprévue et extraordinaire et que le produit des impôts est insuffisant, il fait appel aux capitalistes et émet un *emprunt*.

Chaque prêteur reçoit alors *un titre de rente* et se trouve inscrit sur le *Grand Livre de la dette publique*.

Ce titre de rente est comme toute autre marchandise, il peut être vendu à la *Bourse* par l'intermédiaire des *Agents de change*, et peut, par conséquent, prendre une valeur variable suivant la quantité des offres par rapport aux demandes. Il s'établit alors un *cours* pouvant varier chaque jour.

Lorsqu'on dit que le 3 p. 100 est au cours de 85 francs, cela signifie qu'il faut verser 85 francs (plus les frais de courtage et de timbre) pour avoir un titre de rente de 3 francs.

Le *courtage* pris par l'agent de change se monte à 1 franc pour 1.000 francs de capital, ou $\dfrac{1}{1.000}$ du capital. On lui paie en outre un *impôt* de 0 fr. 0125 p. 1000 du capital, ou $\dfrac{1}{80.000}$ plus le *timbre* qui est de 0 fr. 10.

370. Problème I. — *Quelle rente se fera-t-on si l'on dispose d'un capital de 20.000 francs pour acheter de la rente 3 p. 100 au cours de 85 francs (courtage et frais compris) ?*

```
Somme versée.  . . . . . . . . . .      20.000   »
Courtage   . . .  20   » 
Impôt.  . . . .    0 25                             20 35
Timbre  . . . .    0 10 
                        Somme disponible.  19.979 65
```

Avec   85 fr. » on a   3 fr. de rente.

—   1 fr. » on a $\dfrac{3}{85}$

—   19.979 fr. 35 on a $\dfrac{3 \times 19.979 \text{ fr. } 35}{85} = 705$ fr. de rente.

A remettre avec les titres de 4 fr. 65 de reliquat.

371. Problème II. — *Quelle somme devra-t-on débourser pour l'achat de 3.000 francs de rente 3 p. 100 au cours de 83 francs (courtages et frais compris) ?*

3 fr. de rente coûtent   83 francs.

1   —   coûtent $\dfrac{83}{3}$

et 3.000   —   coûtent $\dfrac{83 \times 3.000}{3} = 83.000$ fr. »

```
Courtage 1/1000              83 fr. »
Impôt 1/80.000                1 fr. 05
Timbre                        0 fr. 10
              Prix total    83.084 fr. 05
```

ACTIONS ET OBLIGATIONS

372. On appelle *action* un titre reconnaissant le versement d'une certaine somme en vue de constituer le *capital d'une société*. L'action est donc une *part dans une entreprise*, et, à ce titre, le porteur a droit à une part proportionnelle dans les bénéfices.

Si la Société fait des bénéfices et veut étendre son commerce, elle emprunte sous une nouvelle forme. Elle émet des *obligations*.

373. Les *obligations* sont des titres reconnaissant le versement d'une somme prêtée à condition d'en tirer un *intérêt fixé d'avance*.

Les obligations sont *remboursables* dans un certain laps de temps fixé au moment de l'émission. On tire au sort les numéros qui doivent être remboursés chaque année.

374. Les actions et obligations sont négociables à la Bourse des valeurs. Leur cours varie selon les fluctuations des bénéfices.

Le cours des obligations est plus stable que celui des actions, par suite de la garantie que les premières donnent : d'être remboursées les premières, dans les cas de liquidation de la Société.

Le revenu annuel des actions s'appelle *dividende*.

375. Courtage et impôts divers. — L'agent de change qui opère légalement la cession des actions et obligations prend un *courtage* de 1 p. 1.000 sur le capital. L'impôt est de 0 fr. 10 pour 1.000 francs.

Les **valeurs nominatives**, c'est-à-dire celles qui portent le nom du possesseur, sont sujettes :

1° A une *taxe annuelle* de 4 p. 100 calculée sur les revenus et les dividendes ;

2° A un *droit de mutation* de 0 fr. 75 p. 100 sur la valeur nominale, à retirer aussi sur les revenus.

Les **valeurs au porteur**, c'est-à-dire celles qui ne portent pas le nom du possesseur, sont assujetties à :

1° Une *taxe annuelle* de 4 p. 100 calculée sur les revenus et les dividendes ;

2° Un *droit de mutation* de 0 fr. 25 p. 100 sur le cours moyen de l'année précédente, à retirer aussi sur les revenus.

Le timbre est pour toutes les opérations de 0 fr. 10 p. 1.000 fr. de capital.

376. Problème. — *On vend 10 obligations au porteur, Ville de Paris 3 p. 100, 1871, au cours de 396 fr. Quelle sera la somme à toucher? On place cet argent en rentes sur l'État au cours de 86 fr. A-t-on augmenté ou diminué son revenu et de combien? Cours moyen de l'an passé 395).*

1°
Prix de vente brut	$396 \times 10 =$	3.960 fr. »
Courtage 1/1000	3 fr. 95	
Impôt 0 fr. 10 p. 1000	0 fr. 40	4 fr. 45
Timbre	0 fr. 10	
	Produit net	3.955 fr. 55

Somme pour acheter la rente		3.955 fr. 55
Courtage	3 fr. 95	
Impôt	0 fr. 05	4 fr. 10
Timbre	0 fr. 10	
	Reste	3.951 fr. 45

Rente 3 p. 100 achetée $\dfrac{3.951 \text{ fr. } 45 \times 3}{86} = 137$ francs de rente. Il y aura un reliquat de 24 fr. 10.

2° Une obligation rapporte 12 francs.

$$\text{Taxe sur le revenu } \frac{12 \times 4}{100} = 0 \text{ fr. } 48.$$

$$\text{Taxe de transmission } \frac{395 \times 0,25}{100} = 0 \text{ fr. } 9875.$$

Revenu net d'une obligation :
$$12 \text{ fr. } - (0,48 + 0,9875) = 10 \text{ fr. } 5325.$$

Revenu de 10 obligations :
$$10 \text{ fr. } 5325 \times 10 = 105 \text{ fr. } 32.$$

On a donc augmenté son revenu de $137 - 105,32 = 31$ **fr. 68.**

NOTIONS SUR LES PROBLÈMES DE FAUSSE POSITION
ET SUR LES MOBILES

377. Fausse position. — On appelle ainsi des problèmes que l'algèbre résout facilement, mais qui, dans leur résolution par l'arithmétique, présentent certaines difficultés.

378. Problème I. — Dans un externat, il y a des élèves payant 20 francs par mois, d'autres payant 30 francs ; sachant qu'il y a 50 élèves en tout, et que le directeur a touché 1.400 francs pour le mois, combien y a-t-il d'élèves de chaque catégorie ?

On suppose que tous les élèves paient 30 francs, cela fait une somme de $30 \times 50 = 1.500$ francs qui dépasse le total 1.400 francs de 100 francs.

Pour faire disparaître cette différence de 100 francs, il suffit de mettre à 20 francs une certaine quantité d'élèves. Cette quantité s'obtient

$$\frac{100}{30-20} = 10 \text{ élèves.}$$

Il y a donc 10 élèves à 20 francs.
      40   —   à 30 francs.

379. Problème II. — 20 mètres d'une étoffe de soie et 12 mètres d'étoffe de laine coûtent ensemble 420 francs. Si l'on prend seulement 15 mètres de la première et 10 mètres de la seconde, le prix n'est que de 325 francs. Quels sont les prix d'un mètre de chaque étoffe ?

On dispose ainsi les opérations :

    20 mètres soieries + 12 mètres laine = 420 francs.
    15   —   —   + 10   —   — = 325   —

Il s'agit d'arriver à un même nombre de mètres de soieries dans les deux cas. Pour cela, il suffit de multiplier le 1er achat par 3, et le second par 4, on aura

    60 mètres soieries + 36 mètres laine = 1.260 francs
    60   —   —   + 40   —   = 1.300   —

On voit de suite que dans le 2ᵉ achat il y a 4 mètres de laine en plus, ce qui justifie le prix plus élevé de 1.300 — 1.260 = 40 francs.

D'où, prix d'un mètre de lainage $\dfrac{40}{4} = 10$ francs

et prix d'un mètre de soie $\dfrac{420 - 10 \times 12}{20} = 15$ francs.

380. Bessèges et Alais sont reliés par un chemin de fer de 31 kilomètres. Le transport de la houille coûte 0 fr. 04 par kilomètre et par tonne. En supposant que la tonne de houille coûte 19 francs à Bessèges et 19 fr. 50 à Alais, on demande à quel point de la ligne, il est indifférent de faire venir le charbon de Bessèges ou d'Alais.

Faisons partir du charbon de Bessèges vers Alais et cherchons à quel endroit de la ligne la tonne reviendra à 19 fr. 50. A ce point, elle aura augmenté de 0 fr. 50, — donc le charbon aura parcouru

$$\frac{0.50}{0.04} = 12 \text{ km., } 5.$$

A ce point C de la ligne le charbon est aussi cher qu'à Alais.

Si l'on prend maintenant le milieu exact de la distance C à Alais, on aura évidemment un point où la tonne sera d'un égal prix, qu'elle vienne de C ou d'Alais.

La distance C à Alais est de 31 — 12,5 = 18 km., 5.

Le point demandé sera à $\dfrac{18,5}{2} = 9$ km., 250 d'Alais et à 9,250 + 12,500 = 21 km., 750 de Bessèges.

Vérification. — Prix de la tonne de charbon venant de Bessèges

$$19 \text{ fr.} + 0 \text{ fr. } 04 \times 21,75 = 19 \text{ fr. } 87$$

Prix de la tonne de charbon venant d'Alais

$$19 \text{ fr. } 50 + 0 \text{ fr. } 04 \times 9,250 = 19 \text{ fr. } 87.$$

MOBILES. — VITESSE. — ESPACE PARCOURU.

381. Mouvement uniforme. — Dans le mouvement uniforme d'un mobile *les espaces* parcourus sont *proportionnels aux temps employés à les parcourir,* la vitesse restant la même.

Soit une locomotive faisant 45 kilomètres à l'heure régulièrement. En 3 heures, elle aura parcouru $45 \times 3 = 135$ kilomètres.

Et en 5 heures elle aura parcouru $45 \times 5 = 225$ kilomètres.

Rapport des temps $\dfrac{3}{5}$.

Rapport des espaces $\dfrac{135}{225}$.

On a $\dfrac{3}{5} = \dfrac{135}{225}$.

Si l'on remplace les vitesses 3 et 5 par t et t', les espaces
parcourus par e et e', on aura l'expression

$$\frac{t}{t'} = \frac{e}{e'}.$$

D'autre part, l'espace parcouru dans le 1er cas, sera représenté par l'expression

$$e = vt$$

v représentant la vitesse de la locomotive.

L'espace parcouru dans le 2e cas sera représenté par

$$e' = vt'$$

Si l'on considère un même espace parcouru successivement
par deux mobiles de vitesses différentes et pendant des temps
différents, on aura

$$e = vt$$
$$e = v't'$$

ou en égalisant

$$vt = v't'$$

ou encore

$$\frac{v}{v'} = \frac{t'}{t}$$

d'où l'on conclut que dans ce cas, *les vitesses doivent être inversement proportionnelles aux temps.*

382. Le mouvement uniforme se rencontre souvent dans des
problèmes tels que ceux concernant les bicyclettes, les trains,
les tramways, les aiguilles d'une montre, etc.

Il y aura lieu souvent d'employer la *méthode graphique*
dont nous donnons un exemple p. 181.

383. Exercice I. — *Une personne a marché avec une vitesse constante pendant 3 heures et demie ; puis elle a pris un voiturier qui lui faisait parcourir par heure 5 kilomètres de plus qu'elle n'en faisait à pied. Son voyage en voiture a duré 3 heures 20 minutes et la distance totale qu'elle a parcourue, tant à pied qu'en voiture, a été de 54 kilomètres 250. Quel chemin parcourait-elle dans une heure à pied ?*

Cette personne a fait en voiture 5 km., $\times$ 3 h. 20 de plus qu'elle n'aurait fait à pied.

Elle aurait donc couvert à pied pendant le temps total un espace de

$$54 \text{ km., } 250 - 5 \times 3 \text{ h. } 20$$

ou

$$54\frac{1}{4} - 5 \times 3\frac{1}{3}$$

$$\frac{217}{4} - \frac{50}{3} = \frac{451}{12} \text{ de kilomètres.}$$

Sa vitesse à pied est v et pendant 3 heures et demie $+$ 3 heures un tiers, elle aurait parcouru $\frac{451}{12}$ kilomètres.

On a donc d'après la formule, p. 179,

$$\left(3\frac{1}{2} + 3\frac{1}{3}\right) v = \frac{451}{12}$$

$$\frac{44}{6} v = \frac{451}{12}$$

$$v = \frac{451}{12} : \frac{44}{6} = \frac{451 \times 6}{12 \times 44} = 5 \text{ km., et demi.}$$

Elle parcourait 5 kilomètres et demi à pied par heure.

384. Exercice II. — *Deux villes A et B sont séparées par une distance de 600 kilomètres. Un train part de A vers B avec une vitesse de 50 kilomètres à l'heure. Un autre train part de B vers A à la même heure avec une vitesse de 30 kilomètres à l'heure. On demande à quelle heure exacte et à quelle distance de A les deux trains se croiseront.*

Nombre de kilomètres couverts en 1 heure par les 2 trains.

$$50 + 30 = 80 \text{ kilomètres.}$$

Nombre d'heures nécessaires pour qu'ils se croisent

$$\frac{600}{80} = 7 \text{ heures et demie.}$$

Distance de A

$$50 \times 7\frac{1}{2} = 375 \text{ kilomètres.}$$

385. On peut très souvent résoudre ces problèmes de trains ou de mobiles à l'aide de la *méthode graphique*.

Pour cela dans le problème précédent, traçons le schéma suivant.

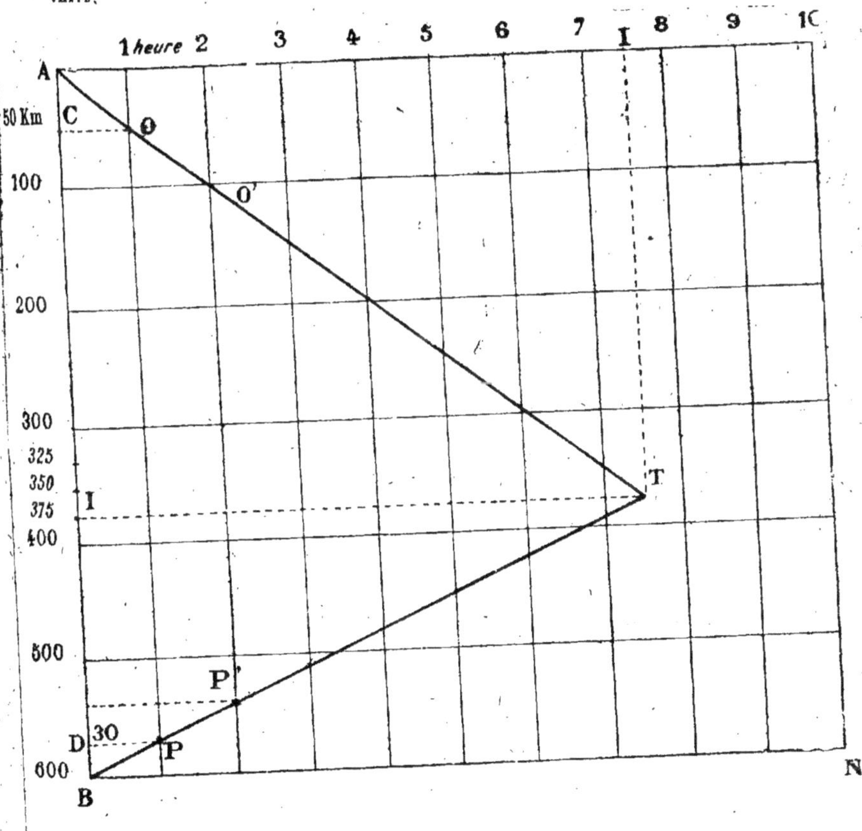

Le 1er train, partant de A, a une vitesse de 50 kilomètres à l'heure. Menons en C (50 km.,) une parallèle à A M qui coupera la ligne de 1 heure au point O.

De même, au bout de 2 heures, la position du train sera en O′, croisement de la ligne de 100 kilomètres avec la ligne de 2 heures.

Par A, O, O′, menons une droite. Elle représentera la marche du premier train.

Pour le 2e train partant de B, prenons sur B A une distance de 30 kilomètres et menons en D une parallèle à B N qui coupera la ligne de 1 heure au point P.

Prenons sur B A une distance B D′ = 60 kilomètres, menons une parallèle à B N qui coupera la ligne de 2 heures au point P′.

Joignons par une droite B P P′, elle représentera la marche du second train.

Prolongeons les droites A O′ et B P′. Si le dessin est juste, elles se rencontrent en un point T qui marquera le croisement.

Abaissons de T une perpendiculaire T I, sur A M, on voit que le point I tombe au milieu des heures 7 et 8, l'heure de rencontre est donc 7 heures et demie.

Du point T abaissons une perpendiculaire T I sur A B. Le point I′ tombe aux trois quarts de la distance de 300 à 400 — c'est-à-dire indique le chiffre de 375 kilomètres.

Et ainsi la solution graphique corrobore la solution arithmétique.

386. Exercice III. — *On suppose une piste circulaire de 360 kilomètres. Un automobiliste* A, *un cycliste* C *et un piéton* P *partent à midi du même point* I *de la piste et marchent dans le même sens. La vitesse de l'automobile est de 60 kilomètres à l'heure, celle du cycliste est de 24 kilomètres, et celle du piéton 6 kilomètres. Trouver :*

1° A quelle heure l'automobile rattrapera le piéton ;

2° A quelle heure il rattrapera le cycliste ;

*3° A quelle heure l'automobiliste sera pour la première fois
à égale distance du piéton et du cycliste;*

*4° A quelle heure il sera pour la deuxième fois à égale dis-
tance du piéton et du cycliste. Vérifier.*

1° L'automobile prendra les devants et fera d'abord un tour complet
en $\frac{360}{60} = 6$ heures. Pendant ce temps le piéton aura fait 6 km.
$\times 6 = 36$ kilomètres que l'auto devra rattraper.

Espace rattrapé en 1 heure par l'auto sur le piéton $60 - 6 = 54$ kilomètres.

Temps nécessaire pour rattraper le piéton :

$$\frac{36}{54} = \frac{2}{3} \text{ d'heure.}$$

Il sera donc 18 h. 40.

2° L'automobile fait toujours un tour complet et pendant ce temps,
le cycliste fait $34 \times 6 = 144$ kilomètres que l'auto devra rattraper
dans son second tour.

Espace rattrapé en 1 heure par
l'auto sur le cycliste : $60 - 24 = 36$ kilomètres.

Temps nécessaire pour rattraper
le piéton :

$$\frac{144}{36} = 4 \text{ heures.}$$

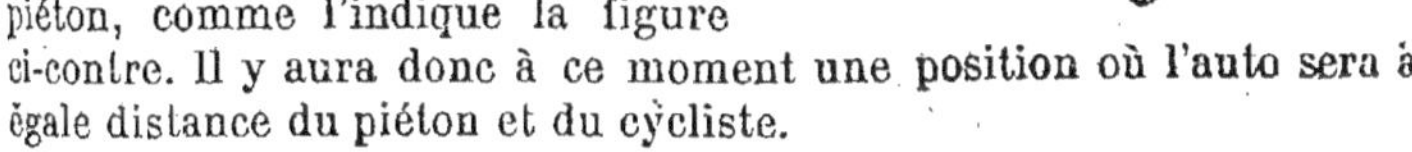

Il sera donc 22 heures.

3° Avant de terminer son premier
tour, l'auto va se trouver à un moment donné entre le cycliste et le
piéton, comme l'indique la figure
ci-contre. Il y aura donc à ce moment une position où l'auto sera à
égale distance du piéton et du cycliste.

Il faudra qu'on ait $CMA = AOP$.

Espace $CMA = (60 - 24) \times$ temps demandé
ou $36 \times$ temps.

Espace $AOP = AO + OP$
          $AO = 360 - 60 \times$ temps
          $OP = 6 \times$ temps.

Espace $AOP = 360 - 54 \times$ temps.

On obtient :

$$36 \times \text{temps} = 360 - 54 \times \text{temps}$$

ou
$$90 \times \text{temps} = 360.$$

Temps demandé : $\dfrac{360}{90} = 4$ heures.

Il sera donc 16 heures.

Lorsque l'auto a fini son premier tour, les positions sont indiquées par la figure ci-contre.

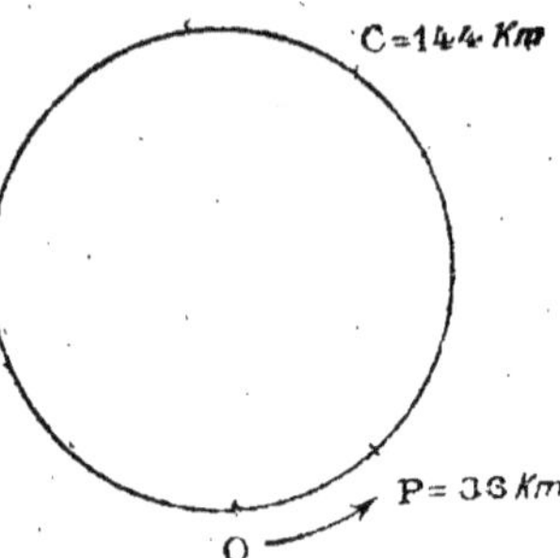

L'auto va rattraper rapidement le piéton, puis le dépassera et il se trouvera une position entre P et C où l'auto se retrouvera à égale distance des deux.

L'avance sur le piéton sera de

$$54 \times \text{temps} - 36 \text{ kilomètres.}$$

Le retard sur le cycliste sera de

$$144 - 36 \times \text{temps.}$$

Cette avance et ce retard doivent être égaux, on a donc :

$$54 \times \text{temps} - 36 = 144 - 36 \times \text{temps.}$$
$$90 \times \text{temps} = 180.$$

Temps demandé $= \dfrac{180}{90} = 2$ heures après un tour complet c'est-à-dire $2 + 6 = 8$ heures après le départ primitif.

Il sera donc 20 heures.

Vérification. — En 2 heures après 1 tour complet l'auto se trouvera à $60 \times 2 = 120$ kilomètres de O.

En 2 heures le piéton aura fait 6 km. $\times 2 + 6$ km. $\times 6$ faits pendant le 1er tour d'automobile, soit $12 + 36 = 48$ kilomètres.

En 2 heures le cycliste aura fait 24 km. $\times 2 + 24$ km. $\times 6$ faits pendant le 1er tour d'automobile, soit $48 + 144 = 192$ kilomètres.

On a bien $120 - 48 = 192 - 120$
$$72 = 72.$$

QUESTIONS THÉORIQUES ET PROBLÈMES

DONNÉS AUX EXAMENS DU BREVET ÉLÉMENTAIRE

NUMÉRATION ET QUATRE OPÉRATIONS

1. Objet de la numération parlée. Comment a-t-on résolu le problème? Combien de mots sont nécessaires pour nommer tous les nombres jusqu'au milliard inclusivement?

2. Expliquer que dans le système de numération décimale, 10 caractères ou chiffres sont nécessaires et suffisants pour représenter tous les nombres entiers.

3. Combien y a-t-il de nombres entiers de six chiffres?

4. Quand on intervertit l'ordre des chiffres d'un nombre entier compris entre 10 et 100, la valeur de ce nombre augmente ou diminue de 9 fois la différence des valeurs absolues de ces chiffres.

5. Quel est le nombre de pages d'un dictionnaire dont la pagination a nécessité 3.897 caractères d'imprimerie?

6. Dans un nombre de 2 chiffres, le chiffre des dizaines est A, et on intercale un zéro entre les deux chiffres du nombre :
1º Trouver l'accroissement de valeur ainsi obtenu; montrer que cet accroissement est indépendant du chiffre des unités et que, quel que soit A, il est toujours divisible par 90.
2º Qu'arrive-t-il quand on intercale successivement 1, 2, 3 zéros?

7. On écrit la suite naturelle des nombres entiers sans séparer les différents chiffres, déterminer la valeur absolue du chiffre qui occupe le 18.243e rang.

8. Quel est l'objet de l'addition des nombres entiers? Pourquoi l'ordre dans lequel on les ajoute est-il indifférent? — Enoncer la règle pratique de l'opération et l'expliquer. — La définition, la règle et l'explication sont-elles applicables aux nombres décimaux?

9. Quels sont les divers objets de la soustraction des nombres entiers et comment sont-ils réductibles à un seul? Exposer et raisonner l'opération sur l'exemple suivant :

de 3.200.001 retrancher 739.925

10. Enoncer et démontrer le principe sur lequel repose la soustraction des nombres entiers

11. Retrancher 3.597 de 14.243. Expliquer l'opération en s'appuyant sur la définition de la soustraction.

12. Pourquoi commence-t-on par la droite l'opération de la soustraction? Raisonner sur des exemples.

13. Comment peut-on faire pour retrancher d'un nombre, 1º la somme de deux nombres; 2º la différence de deux nombres? Démontrer.

14. En retranchant le nombre 289 du nombre 312, un enfant a négligé toutes les retenues. Dire, à l'aide d'un raisonnement et sans faire l'opération exacte, de combien le résultat trouvé diffère du résultat réel.

15. Si à un nombre donné on ajoute séparément le triple et le décuple d'un autre nombre, on obtient 85 et 134. Calculer les 2 nombres.

16. La différence de deux nombres est 1.511. Que deviendrait cette différence, 1º si l'on augmentait le grand nombre de 245 et le petit nombre de 125; 2º si l'on diminuait le grand nombre de 433 et le petit nombre de 622; 3º si l'on augmentait le grand nombre de 23 et qu'on diminuât le petit de 413?

17. On multiplie le plus grand nombre d'une soustraction par 8, sans toucher au plus petit. Que devient le reste?

18. Expliquer l'objet de la multiplication des nombres entiers. — Qu'entend-on par multiplier 26 mètres par 11 et qu'est alors le produit? — Peut-on se proposer de multiplier 26 par 11 mètres, ou 26 mètres par 11 mètres?

19. Donner la définition générale de la multiplication et en expliquer le sens au moyen d'exemples dans lesquels le multiplicateur sera successivement supérieur, égal ou inférieur à l'unité.

20. Dans quel cas le produit de deux facteurs sera-t-il plus grand que chacun des deux facteurs? Citez un exemple numérique à l'appui de votre démonstration.

21. Ayant un produit de deux facteurs, on multiplie le multiplicande par 2/3 et le multiplicateur par 5/7. Démontrer que le produit des deux facteurs ainsi modifiés est égal au produit multiplié par le produit des deux fractions 2/3 et 5/7.

22. Démontrer que l'on peut intervertir l'ordre des deux facteurs d'une multiplication sans que le produit soit changé.

23. Démontrer qu'un produit de 3 facteurs ne change pas si l'on intervertit l'ordre des deux derniers facteurs.

24. Démontrer que, dans un produit de 5 facteurs, on peut changer l'ordre du 3ᵉ et du 4ᵉ sans changer la valeur du produit.

25. Démontrer qu'un produit de plusieurs facteurs ne change pas lorsqu'on intervertit d'une manière quelconque l'ordre des facteurs.

26. Démontrer que, pour multiplier un nombre par un produit de plusieurs facteurs, 2 × 3 × 5 par exemple, on peut le multiplier d'abord par 2, puis le produit par 3, puis le nouveau produit par 5.

27. Démontrer que, pour multiplier un nombre par un produit de facteurs, il suffit de multiplier ce nombre successivement par chacun des facteurs.

Montrer qu'en appliquant ce principe, on peut simplifier certaines multiplications, par exemple celle de 2.437 par 24 ou par 625.

28. Démontrer que, multiplier une somme par un certain nombre, revient à multiplier chacune des parties de la somme par ce nombre.

29. Prouver que ， (36 × 14) + (36 × 52) + (36 × 34) = 36 × (14 + 52 + 34) = 36 × 100; — puis formuler la règle à suivre en pareil cas.

30. Exposer ce que deviennent :
1° Le total ou la différence de 2 nombres, lorsqu'on multiplie chacun d'eux par un même nombre ;
2° Le produit de 2 facteurs lorsqu'on multiplie chacun d'eux par un même nombre.

31. Étant donnés la somme (3 + 4 + 5), et le produit (3 × 4 × 5), démontrer que pour multiplier la première par 6, il faut multiplier chacune de ses parties par 6, et que, pour multiplier le second par le même nombre, il suffit de multiplier l'un quelconque de ses facteurs par 6.

32. Que devient le produit de deux facteurs : 1° quand on les multiplie tous les deux par un même nombre ; 2° quand on les augmente tous les deux du même nombre ?

33. De combien augmente le produit de deux nombres quand on augmente chacun d'eux d'une unité ?

34. Que devient le produit de deux facteurs quand on augmente le plus grand de 5 unités, et que l'on diminue l'autre de 5 unités ?

35. Mettre sous la forme d'un produit de deux facteurs l'expression
8 × 9 — 6 × 6 + 9 × 5 — 6 × 8.

36. Le produit d'un nombre par 15 le surpasse de 49.154. Dites ce nombre.

37. En multipliant un nombre par 86, il se trouve augmenté de 46.070. Quel est ce nombre ?

38. Un élève ayant à calculer le produit d'un nombre par 80, multiplie bien le nombre par 8, mais il néglige d'écrire un zéro à la droite du résultat. Il trouve ainsi un produit inférieur de 7.992 au produit véritable. Quel est le multiplicande ?

39. Soit le produit 456 × 34. Si on augmente le multiplicateur de 3, de combien faudra-t-il augmenter le multiplicande pour que le nouveau produit dépasse le premier de 1.664 ?

40. Démontrer que si les deux facteurs d'un produit sont terminés par un 5, le produit est terminé par 25 ou 75. Dire dans quel cas il est terminé par 75.

41. L'un des facteurs d'un produit est les 2/3 de l'autre. Si l'on ajoute 3 à chacun des facteurs, le produit est augmenté de 129; quels sont ces deux facteurs?

42. Démontrer que le produit de deux nombres diminue lorsqu'on augmente le plus grand et qu'on diminue le plus petit d'une unité.

43. L'un des deux facteurs d'un produit est 58. Si l'on augmente de 7 chacun de ces facteurs, et que l'on fasse une nouvelle multiplication, le second produit surpasse le premier de 623. Quel est le second facteur du produit primitif?

44. Construction et usage de la table de multiplication, dite table de Pythagore.

45. Raisonner le troisième cas de la multiplication des nombres entiers sur l'exemple de 3.627×945.

46. Expliquer la multiplication de 376.000 par 4.200.

47. Enoncer la règle de la multiplication des nombres décimaux et la justifier sur l'exemple suivant : $7,436 \times 2,53$.

48. Multiplication des nombres décimaux. A démontrer sur l'exemple de $3,14 \times 0,0096$.

49. Montrer que multiplier ne veut pas toujours dire rendre plus grand; que diviser ne veut pas toujours dire rendre plus petit. Citer des exemples.

50. A quelles conditions le quotient d'une division est-il : 1º égal au dividende; 2º égal au diviseur; 3º égal à l'unité; 4º inférieur à l'unité; 5º inférieur au dividende; 6º supérieur au dividende? Montrer pourquoi.

51. Démontrer que, dans une division, si l'on multiplie le dividende et le diviseur par un même nombre, le quotient ne change pas, mais que le reste est multiplié par ce nombre.

52. En effectuant la division d'un certain nombre entier par 67, on a obtenu 28 pour reste. Trouver quel serait ce reste si le dividende était mille fois plus grand.
Trouver aussi de quelle quantité augmenterait le quotient.

53. Le quotient d'une division est 8 et le reste est 24, si l'on additionne le dividende, le diviseur, le quotient et le reste, on obtient 380. Trouver le dividende et le diviseur.

54. On multiplie un nombre entier quelconque par 0,125. D'un autre côté, on divise ce même nombre par 8.
Les résultats sont égaux: Démontrer qu'il en doit être ainsi, après avoir rappelé la définition de la multiplication et de la division.

55. Comment trouve-t-on le quotient, dans une division de nombres entiers, lorsque **le diviseur** est plus grand que 10? — Faire la démonstration.

56. Diviser 56.814 par 7, 8, et expliquer l'opération.

57. Diviser 0,0056 par 0,04678. Donner le quotient à un millième près et expliquer l'opération.

58. Théorie de la division des nombres décimaux.

59. Comment vérifie-t-on la division par la multiplication? Expliquer et justifier la marche à suivre sur l'exemple suivant : 10,758 : 988.

60. Qu'est-ce que le quotient à 1 près par défaut de 2 nombres? Qu'est-ce que le quotient à 1 près par excès? Expliquez sur un exemple que la somme du reste par défaut et du reste par excès est égale au diviseur.

61. Démontrer que dans toute division le reste est inférieur à la moitié du dividende.

62. Le diviseur d'une division de nombres entiers est 26; le quotient est quadruple du reste, qui est le plus grand possible. Trouver le dividende.

63. Le dividende d'une division est 16 fois plus petit que le diviseur. Quel est le quotient exact de la division?

64. Dans une division qui se fait exactement, la somme du dividende, du diviseur et du quotient est 49, et la somme du dividende et du diviseur dépasse le quotient de 41. — Trouver le dividende, le diviseur et le quotient.

65. Un élève, en divisant un nombre par 8, a obtenu pour reste 4. En divisant ce même nombre par 12, il a eu pour reste 3. Démontrez qu'il a certainement commis une erreur.

66. Dans une division, le quotient est 5 et le reste 6. Trouver à l'aide d'un raisonnement le dividende et le diviseur de cette division, la différence étant 62.

67. On augmente le diviseur d'une division du nombre 4, et le dividende du nombre 12; il se trouve que le quotient n'a pas changé, non plus que le reste. Trouver le quotient. — Généraliser.

68. Le nombre des chiffres du quotient est égal à la différence entre le nombre de chiffres du dividende et du diviseur ou à cette différence augmentée de 1.

69. Par quels procédés peut-on faire la preuve d'une division?

70. En divisant deux nombres entiers on a trouvé 30 pour quotient et 64 pour reste. Si l'on avait ajouté 179 au dividende sans changer le diviseur, le quotient aurait été égal à 31. Quels sont le dividende et le diviseur?

71 Parmi les nombres inférieurs à 200, quels sont ceux qui peuvent servir de dividende et de diviseur à une division dont le quotient serait 4 et le reste 35?

DIVISIBILITÉ

72. Qu'est-ce qu'un nombre divisible par un autre?
Comment reconnaît-on qu'un nombre est divisible par un autre?
Peut-on le savoir sans faire la division?
Etablir le caractère de divisibilité par 2.

73. Démontrer que le produit de deux nombres entiers consécutifs est divisible par 2.

74. Caractères de divisibilité d'un nombre par 8, puis par 125; démonrer.

75. Démontrer que tout nombre entier est égal à un multiple de 9, augmenté de la somme de ses chiffres pris avec leurs valeurs absolues. En conclure le caractère de divisibilité par 9.

76. Comment trouve-t-on le reste d'une division d'un nombre par 9 sans effectuer la division. — Règle et démonstration.

77. Expliquer le caractère de divisibilité par 3 en opérant sur le nombre 763.454. A quoi peut être utile la connaissance des caractères de divisibilité des nombres?

78. Enoncer le principe sur lequel on s'appuie dans la pratique pour faire la preuve par 9 de la multiplication, et appliquer ce principe à la preuve par 9 de la multiplication de 7.846 par 408.
S'y poser dans le produit une erreur provenant de ce que le deuxième produit partiel aura été déplacé et montrer que la preuve par 9 n'indique pas cette erreur.

79. Donner la théorie de la preuve par 9 de la multiplication. Opérer sur les nombres 41.723 par 821.

80. Preuves de la multiplication. Différentes manières de faire cette preuve. — Faites l'application de l'une d'elles et donnez la démonstration.

81. Prouver que la différence entre deux nombres composés des mêmes chiffres, dans un ordre différent comme 8.246 et 6.428, est exactement divisible par 9.

82. Démontrer que tout diviseur de deux nombres divise aussi le reste de la division du plus grand nombre par le plus petit. Par exemple, 2 divisant 1.524 et 72, divisera aussi le reste 12 de la division de 1.524 par 72.

83. Décomposer en leurs facteurs premiers :
600 , 420

84. 340 , 720 , 180.

85. Trouver tous les diviseurs de :

630 , 500 , 36, 49

86. 340 , 810 , 900.

87. Trouver le P. G. C. D. de :

1200 et 450 ; 18 et 600

88. 731 et 140 ; 144 et 36.

89. Trouver le P. G. C. D. de :

12 , 20 , 36 et 160

90. 18 , 40 , 170 et 270

91. 110 , 420 et 141

92. 144 , 345 et 810.

93. Trouver le P. G. C. D. et le P. P. C. M. de :

3 , 4 , 9 et 16

94. 7 , 12 , 36 et 45

95. 27 , 36 , 420 et 810.

96. Théorie du plus grand commun diviseur de deux nombres. On prendra les nombres 5.832 et 342.

97. Décomposer le nombre 6.933 en ses facteurs premiers.

98. Donner (sans la démontrer) la règle à suivre pour trouver le plus grand commun diviseur de deux nombres : 1º par la méthode des divisions successives; 2º par la méthode de la décomposition en facteurs premiers. Laquelle des deux est préférable? Exemple : trouver le P. G. C. D. entre 1.688 et 1.780.

99. Trouver le plus petit nombre qui, divisé par 11, par 5, par 15 et par 35 donne toujours 1 pour reste.

100. Démontrer qu'un nombre est divisible par 4 lorsque le chiffre des unités ajouté au double du chiffre des dizaines donne une somme divisible par 4.

101. On donne le nombre 727.400. Quels chiffres significatifs peut-on mettre à la place des deux zéros pour former un nouveau nombre qui soit divisible à la fois par 4 et par 9?

102. Prouver qu'un nombre quelconque est égal à un multiple de 6, plus le chiffre des unités augmenté de 4 fois la somme des autres chiffres. En déduire un caractère de divisibilité par 6.

103. Démontrer que le produit de deux nombres entiers consécutifs est multiple de 2 et que le produit de trois nombres entiers consécutifs est toujours multiple de 3.

104. Le produit de quatre nombres entiers consécutifs est divisible par 3 et par 8.

105. Le P. G. C. D. de deux nombres est 14; on demande quels sont ces deux nombres, sachant que la série des quotients qu'on obtient dans la recherche de leur P. G. C. D., sont 3, 8, 2, 4.

106. Connaissant deux nombres, 5.544 et 936, et leur P. G. C. D. 72, trouver leur P. P. C. M.

107. Si l'on divise 4.373 et 826 par un même nombre, on obtient respectivement 8 et 7 pour restes. Quel est ce nombre? Y en a-t-il plusieurs?

108. Démontrer que pour qu'un nombre soit divisible par 15, il suffit qu'il soit divisible séparément par 3 et par 5.

109. Trouver un nombre qui, divisé par 11, 15 et 33, donne toujours pour reste 1, et s'il y en a plusieurs, indiquer le plus petit.

FRACTIONS

110. Ranger par ordre de grandeur les fractions suivantes sans les réduire au même dénominateur :

$$\frac{8}{17} , \frac{5}{17} , \frac{4}{23} , \frac{4}{52} , \frac{12}{17}$$

111.
$$\frac{2}{5} , \frac{7}{5} , \frac{3}{8} , \frac{4}{5}$$

112. Écrire des fractions plus petites que l'unité de :
$$\frac{1}{3} , \frac{3}{5} , \frac{1}{8} , \frac{3}{4} , \frac{7}{15}$$

113. Écrire des expressions fractionnaires qui surpassent l'unité de :
$$\frac{4}{5} , \frac{3}{8} , \frac{4}{9} , \frac{5}{6} , \frac{2}{3}$$

114. Convertir en expressions fractionnaires :
$$3\frac{2}{3} , 4\frac{7}{8} , 8\frac{11}{15}$$

115.
$$2\frac{7}{9} , 12\frac{4}{5} , 15\frac{18}{21}$$

116. Convertir en nombres fractionnaires les expressions fractionnaires :
$$\frac{125}{13} , \frac{12}{3} , \frac{48}{5}$$

117.
$$\frac{19}{12} \ , \ \frac{4}{3} \ , \ \frac{124}{21}$$

118. Réduire à leur plus simple expression :
$$\frac{540}{360} \ , \ \frac{51}{34} \ , \ \frac{169}{143}$$

119.
$$\frac{150}{100} \quad \frac{204}{153} \quad \frac{370}{310}$$

120. Addition des fractions :
$$\frac{3}{4} + \frac{5}{6} + \frac{1}{12} + \frac{7}{24}$$

121.
$$3\frac{7}{8} + \frac{4}{5} + 1\frac{8}{27} + 4\frac{5}{48}$$

Soustraction.

122.
$$\frac{7}{8} - \frac{13}{14}$$

123.
$$5\frac{8}{9} - 2\frac{3}{5}$$

124.
$$8\frac{4}{5} - 3\frac{11}{12}$$

Multiplication.

125.
$$\frac{8}{11} \times \frac{4}{5} \ ; \ 3 \times \frac{7}{9} \ ; \ \frac{8}{11} \times 5$$

126.
$$3\frac{2}{3} \times 4 \ ; \ 6 \times 9\frac{2}{3} \ ; \ 4\frac{2}{3} \times 5\frac{7}{9}$$

Division.

127.
$$7 : \frac{3}{4} \ ; \ \frac{7}{11} : 5 \ ; \ \frac{8}{9} : \frac{4}{3}$$

128.
$$\frac{15}{24} : \frac{3}{4} \ ; \ 6\frac{2}{3} : 4\frac{5}{17} \ ; \ 11 : 4\frac{2}{9}$$

129. Quelle est la plus grande des trois fractions 34/60, 39/56, 53/90 ? Expliquez la marche à suivre pour résoudre cette question.

130. Dire laquelle des deux fractions 11/36 et 17/63 est plus grande, et expliquer les opérations que l'on est obligé de faire pour comparer ce deux fractions.

131. Démontrer que le quotient que l'on obtient en rendant le dividende 3 fois plus grand et le diviseur 4 fois plus grand est bien les 3/4 du premier quotient.

132. Comment peut-on rendre la fraction 4/15, 3 fois plus grande ? — Expliquer les deux procédés. — Qu'arriverait-il si l'on ajoutait le nombre 3 à chaque terme de la fraction ?

133. Démontrer qu'une fraction ne change pas de valeur lorsqu'on multiplie ses deux termes par un même nombre. Application de ce principe.

134. Trouver une fraction égale à 3/11 et dont la somme des termes soit 238.

135. Que fait-on à une fraction telle que 15/18, en ajoutant ou en retranchant un même nombre 10 aux deux termes ? — La même altération se produirait-elle sur le nombre fractionnaire 18/15 ?

136. Enoncer et démontrer le théorème sur lequel repose la simplification des fractions.

137. Qu'entend-on par simplifier une fraction et par réduire une fraction à sa plus simple expression ?

Réduire à sa plus simple expression la fraction $\dfrac{45864}{160524}$

Prouver que le résultat obtenu est bien égal à la fraction donnée.

138. 1° Réduire la fraction 135/360 à sa plus simple expression.
° Enoncer les principes sur lesquels vous vous appuyez; dire de combien elle dépasse la fraction 3/13.

139. Enoncer et démontrer le principe servant de base à la réduction des fractions au même dénominateur. Application : réduire au même dénominateur les fractions 3/4 et 5/7.

140. Si l'on a une série de fractions (quatre par exemple) et que l'on multiplie les deux termes de chacune par le produit des dénominateurs des autres, démontrer :
1° Que les fractions n'auront pas changé de valeur;
2° Qu'elles auront toutes le même dénominateur.

141. Convertir en 105ᵉ la fraction 13/15. Démonstration et règle La conversion est-elle possible dans tous les cas?

142. Réduction de plusieurs fractions au même dénominateur. — But de cette opération. — Utilité — Peut-on opérer de plusieurs manières ? —

Quel dénominateur doit-on choisir de préférence? Expliquer la théorie de l'opération sur les trois fractions :

$$\frac{2}{5} \qquad \frac{5}{6} \qquad \frac{7}{8}$$

143. Théorie de la réduction des fractions au plus petit dénominateur commun.

Prendre comme exemple les fractions

$$\frac{126}{168} \qquad \frac{75}{90} \qquad \frac{175}{225} \qquad \frac{126}{135}$$

144. De combien de manières peut-on opérer pour retrancher 5 2/3 de 8 4/7? Faire et expliquer l'opération.

145. Que faut-il entendre par ces mots : multiplier $\frac{3}{4}$ par $\frac{5}{7}$? Démontrer que le produit est tout à la fois plus petit que 3/4 et plus petit que 5/7.

146. Qu'arrive-t-il lorsqu'on multiplie par $\frac{2}{3}$ les deux facteurs d'un produit?

147. Diviser $\frac{8}{25}$ par $\frac{4}{5}$. Théorie de l'opération. — Dans ce cas particulier, est-on obligé d'appliquer la règle générale?

148. Diviser $\frac{5}{9}$ par $\frac{7}{8}$: démonstration et règle. Comment faut-il faire pour trouver le quotient à 1/25 près?

149. Diviser 12 par 3/4. Démontrer que le résultat est plus grand que le dividende 12.

150. Diviser 12 8/9 par 4, puis 4 par 12 8/9; faire voir que la première division comporte deux procédés, et que la seconde n'en admet qu'un seul.

151. Faire voir que, dans la division d'une fraction par une fraction, on réduit en réalité les deux fractions au même dénominateur, puisque l'on divise le nouveau numérateur de la fraction dividende par le nouveau numérateur de la fraction diviseur $\left(\frac{5}{6} : \frac{7}{8}\right)$.

152. Démontrer et formuler la règle de la division de 2 fractions ayant le même dénominateur, telles que 40/48 et 42/48. Ramener à ce cas particulier le cas où les fractions sont quelconques, telles que 5/6 et 7/8 et en déduire la règle habituelle de la division des fractions.

153. Par quel nombre faut-il multiplier 11/12 pour obtenir 792? Énoncer et démontrer la règle à suivre pour exécuter l'opération nécessaire.

154. En multipliant par un certain nombre 358 2/5, on trouve pour produit 20 6/8.

Quel est ce nombre?

155. Par quel nombre faut-il diviser un autre nombre pour que celui-ci soit augmenté de ses 7/12?

156. Preuve usuelle et raisonnée des quatre opérations suivantes

$$\frac{17}{18} + \frac{5}{12} \; ; \; \frac{17}{18} - \frac{5}{12} \; ; \; \frac{17}{18} \times \frac{5}{12} \; ; \; \frac{17}{18} : \frac{5}{12}$$

157. Expliquer comment, en réduisant une fraction ordinaire en fraction décimale avec une approximation indéfinie, on doit nécessairement obtenir un quotient limité ou bien un quotient périodique. — Combien d'opérations, au plus, faudra-t-il faire avant d'arriver à l'un ou à l'autre de ces deux résultats?

158. Démontrer que la fraction 13/250 est exactement réductible en fraction décimale, et qu'on peut déterminer à l'avance le nombre des chiffres décimaux.

159. Convertir la fraction $\frac{3}{125}$ en fraction décimale par voie de multiplication et montrer que le résultat obtenu doit être le même qu'en divisant le numérateur par le dénominateur.

160. Démontrer que $\dfrac{4}{9} = \dfrac{44}{99} = \dfrac{444}{999}$.

161. Simplifier autant que possible la fraction

$$\frac{48 \times 625 \times 111}{74 \times 875 \times 864}.$$

162. Prouver, sans les réduire au même dénominateur, l'égalité des fractions $\dfrac{17}{43}$ et $\dfrac{1.717}{4.343}$.

163. Une fraction est telle que si on ajoute 20 à son numérateur et 25 à son dénominateur, elle ne change pas de valeur. Quelle est cette valeur?

164. Quel nombre faut-il ajouter aux deux termes de la fraction 8/15 pour qu'elle ne diffère de l'unité que de $\dfrac{1}{300}$?

165. Par quel nombre faut-il multiplier un nombre donné pour l'augmenter de son septième? de ses trois septièmes?

166. Expliquer la conversion des fractions ordinaires en fractions décimales sur l'exemple $\dfrac{27}{204}$

167. Quelles sont les fractions ordinaires qui, réduites en décimales, donneraient

$$0,54\ 54\ 54\ldots \quad \text{et} \quad 0,324\ 324\ldots$$

168. Trouver la valeur exacte du quotient de la division du premier nombre par le second dans l'exercice précédent.

169. Faire la théorie de la conversion sur la fraction décimale 0,54 54....

170. Une personne avait une certaine somme; elle en a dépensé 1/2 pour acheter de la toile à 2 fr. 25 le mètre; elle a employé les 2/3 du reste pour avoir du drap à 12 fr. 75 le mètre; avec ce qui lui est resté, elle a pu couvrir le prix de 225 litres de vin à 54 francs l'hectolitre. Combien a-t-elle reçu de toile et de drap?

171. Il reste 47.200 francs à une personne qui a disposé du $\frac{1}{2}$ de sa fortune, des $\frac{2}{7}$ et des $\frac{3}{11}$. A quelle somme s'élevait cette fortune?

172. Un père et son fils travaillent à un ouvrage qu'ils peuvent faire ensemble en 15 jours. Ils travaillent d'abord 6 jours ensemble, puis le fils achève tout l'ouvrage en 30 jours. Combien de temps le père et le fils auraient-ils employé séparément à faire l'ouvrage?

173. Les frais de construction d'un chemin vicinal qui relie cinq localités ont été supportés de la manière suivante : $\frac{1}{3}$ par la première localité, $\frac{1}{4}$ par la seconde, $\frac{1}{6}$ par la troisième. $\frac{1}{12}$ par la quatrième. La cinquième a eu à faire pour sa part une longueur de 800 mètres. Sachant que les frais se sont élevés à 2.500 francs le kilomètre, on demande de déterminer la dépense supportée par chacune des cinq localités et la longueur du chemin.

174. Deux ouvriers de force inégale travaillent à un même ouvrage qu'ils peuvent faire ensemble en 12 jours. Au bout de 4 jours de travail, le plus habile tombe malade; l'autre achève alors le travail en 18 jours. Combien chacun d'eux travaillant seul aurait-il mis de temps pour faire l'ouvrage en entier?

175. Une fontaine fournit 119 hectolitres d'eau en 7 heures; une seconde, 390 hectolitres en 15 heures; une troisième, 324 hectolitres en 18 heures. Combien ces trois fontaines mettront-elles d'heures pour remplir un bassin de 1.647 hectolitres?

176. Deux fontaines versent de l'eau dans le même bassin. La 1ʳᵉ pourrait le remplir en 3 heures et la 2ᵉ en 5 heures. On laisse d'abord couler la 1ʳᵉ pendant 1 heure, puis la 2ᵉ seule pendant 1 heure et demie, et ensuite on les laisse couler toutes deux ensemble. On demande au bout de combien de temps le bassin sera plein?

177. Une 1re fontaine coulant seule remplirait un bassin en 3 heures et demie; une 2^e le remplirait en 3 h. $\frac{1}{7}$; une 3^e en 4 h. $\frac{1}{3}$. En combien de temps auront-elles rempli ce bassin en coulant ensemble et quelle fraction de ce bassin chacune d'elles aura-t-elle rempli?

178. Dans un jour, un ouvrier fait le tiers d'un ouvrage; dans un autre jour, il fait le quart du reste. Quelle fraction de l'ouvrage lui reste-t-il alors à faire? — Combien l'ouvrage lui sera-t-il payé s'il a gagné 4 francs dans la seconde journée?

179. Un bassin, pouvant contenir 8 hectolitres reçoit par heure 75 litres $\frac{3}{4}$ par un 1er robinet, 86 litres $\frac{2}{3}$ par un 2e, et il perd 64 litres $\frac{4}{5}$ par un 3e. On ouvre les trois robinets ensemble. Trouver au bout de combien de temps le bassi sera rempli.

180. On demande quel est le traitement annuel d'un instituteur, sachant qu'il subit, pour la retraite, une retenue égale au vingtième de ce traitement; qu'il dépense par an les 4/5 de son traitement diminué de la retenue, plus encore 200 francs; qu'enfin, au bout de 6 ans, il est arrivé à économiser les $\frac{227}{300}$ de son traitement annuel.

181. Quatre ouvriers ont fait un ouvrage de 3.239 mètres. Le travail du deuxième est les 4/5 de celui du premier; le travail du troisième est les 2/3 de celui du deuxième, et le travail du quatrième est les 3/4 de celui du troisième. L'ouvrage total ayant été payé 6.724 francs, combien chaque ouvrier a-t-il fait de mètres et combien recevra-t-il?

182. Une pompe peut vider un bassin en 6 h. 42 minutes; une autre le viderait en 4 h. 37 minutes. Combien faudra-t-il d'heures, de minutes et de secondes pour vider le bassin en faisant fonctionner simultanément les deux pompes?

183. Une somme de 1.416 francs a été partagée entre deux personnes; la première ayant dépensé les 4/7 de sa part, et la seconde les 3/8 de la sienne, il leur reste des sommes égales. Quelles sont les parts des deux personnes?

184. Un marchand a un tonneau plein de vin du prix de 80 centimes le litre. Il vend un jour les $\frac{2}{3}$ des $\frac{5}{8}$ du tonneau; le lendemain il en vend pour 7 fr. 20 de plus que la veille, et il ne lui reste plus que le demi-quart du tonneau. Calculer la capacité du tonneau.

185. Un homme boit le tiers du vin qui remplit un verre, il le remplit ensuite en y versant de l'eau et il boit la moitié du tout; il le remplit une seconde fois avec de l'eau et en boit encore la moitié. Quelle partie du vin primitif reste-t-il encore dans le verre?

186. Après avoir perdu successivement les 3/8 de sa fortune, le 1/9 du reste, puis les 5/12 du nouveau reste, une personne hérite de 60.800 francs. La perte est ainsi réduite à la moitié de la fortune primitive. On demande combien cette personne possédait d'abord, et combien elle a successivement perdu.

187. Extraire à moins de 1 unité près les racines carrées suivantes :

$$\sqrt[2]{723498} \ , \ \sqrt[2]{3425696}$$

188.
$$\sqrt[2]{34964328} \ , \ \sqrt[2]{95486723}$$

189. Extraire à moins de 1 centième près :

$$\sqrt[2]{3} \ , \ \sqrt[2]{2} \ , \ \sqrt[2]{723698}$$

190. Extraire les racines :

$$\sqrt[2]{38497,4236} \ , \ \sqrt[2]{84294,234} \ , \ \sqrt[2]{52943,42876}.$$

SYSTÈME MÉTRIQUE

191. Enoncer les mesures effectives de longueur.

192. Dire ce qu'est le mètre : Comment l'a-t-on déterminé?

193. Démontrer qu'un mètre carré vaut 100 décimètres carrés.

194. Mètre carré et mètre cube. — Faire comprendre le rapport qui existe entre ces deux unités et leurs multiples et sous-multiples.

195. Définir les unités de volumes. Combien l'une d'elles renferme-t-elle d'unités de l'ordre immédiatement inférieur? — Démonstration.

196. Mesures pour le bois de chauffage.

197. Enoncer et démontrer le rapport qui existe entre les unités de volume; comparer ensuite le décimètre cube et le décistère.

198. Du décamètre cube et du décastère : définir ces deux solides, en indiquer la forme, les dimensions, la surface extérieure et le volume; comparer ces deux volumes.

199. Donnez la définition du kilogramme. Exposez les motifs qui ont conduit à entourer de tant de précautions la détermination de cette mesure.

200. Quelles sont les mesures effectives de capacité? Quelle règle a présidé à leur formation?

201. Monnaies employées en France. — Comment se rattachent-elle au mètre? — Ont-elles le même titre? — Qu'entend-on par le titre d'une monnaie?

202. Quels sont les titres des monnaies françaises d'or et d'argent? Quel rapport y a-t-il entre le poids du cuivre et celui de l'argent fin : 1° dans les pièces de 5 francs; 2° dans la monnaie divisionnaire?

203. Dans un système dont l'adoption avait été proposée en France, on avait divisé en 19 heures le temps compris entre minuit et minuit de la nuit suivante; chacune des heures ainsi déterminées aurait été divisée en 100 minutes, et chaque minute en 100 secondes. En supposant qu'une horloge soit réglée d'après ce système, on demande : 1° ce qu'elle marquera lorsqu'il sera, d'après le système actuel, 3 h. 36 minutes du soir; 3° quelle heure il est, d'après le système actuel, lorsque ladite horloge marque 8 h. 15 minutes.

204. La latitude de Dunkerque est de 51°2'11"; celle de Barcelone est de 41°22'59". Trouver quelle est en kilomètres la distance qui sépare ces deux villes si l'on admet qu'elles sont sur le même méridien?

205. Calculer le nombre de degrés de latitude parcourus par un voyageur qui franchit 1.675 kilomètres dans la direction du pôle à l'équateur. Quel chemin doit-il faire pour parcourir 25 degrés?

206. Deux lieux sont situés sur le même méridien. Leurs latitudes sont 25°24'30" et 19°57'30". Évaluer en kilomètres la distance de ces lieux : 1° lorsqu'ils sont dans des hémisphères différents; 2° lorsqu'ils sont dans le même hémisphère.

207. La longitude de Corté est de 6°49' à l'est et celle de Brest est de 6°49'42" à l'ouest. On demande :
1° Quelle heure il est à Brest, quand il est midi à Corté;
2° Quelle heure il est à Corté, quand il est midi à Brest;
3° Quelle heure il est à Corté et à Brest quand il est midi à Paris.

208. La ville de Saint-Pétersbourg est située à 27°58' de longitude orientale. Quelle heure est-il dans cette ville quand il est midi à Paris?

209. Une terre a 2 hectares 32 centiares de superficie. Elle est louée 85 francs l'arpent et l'arpent vaut 42 ares 20 centiares 8 dixièmes. Le fermier cultive du colza et dépense 242 fr. 50 par hectare; il récolte 59 hectolitres de grain qu'il vend 22 fr. 75 l'hectolitre. Calculer le bénéfice total et le bénéfice par hectare.

210. Dans le courant d'une année, le propriétaire d'une usine a payé 2.314 fr. 50 pour le transport, à une distance de 2 myriamètres 37 hectomètres, de la houille dont il a besoin. On demande de calculer le nombre d'hectolitres de houille consommés dans l'usine, en sachant qu'on paye 12 centimes par kilomètre pour le transport de 1.000 kilogrammes, plus un droit de 3 fr. 24 pour 3.240 hectolitres et qu'un hectolitre de houille pèse 75 kilogrammes.

211. Un cultivateur a récolté les betteraves d'un champ de 17 hectares 85 ares 72 centiares, il les a vendues au prix de 19 francs les 1.000 kilogrammes. La moyenne de la récolte est de 63.457 kilogrammes par hectare. L'acheteur lui décompte 7,5 % sur le poids des 30 premiers centièmes des betteraves; 12,85 % sur les 48 centièmes suivants; 23,6 % sur le reste.

Le cultivateur a dépensé par hectare, savoir : 175 francs pour le fermage; 187 fr. 50 pour frais de culture et de transport; 348 fr. 75 pour engrais. Trouver le bénéfice ou la perte pour le cultivateur.

212. L'hectolitre de blé coûte 24 francs et pèse environ 80 kilogrammes; l'hectolitre de seigle coûte 14 francs et pèse environ 70 kilogrammes; on prélève pour la mouture, le blutage et les frais de fabrication 25 % du poids total, et le reste rend 1 kilogramme de pain pour 1 kilogramme de farine; dans quelle proportion faut-il mélanger ce froment et ce seigle pour que le kilogramme de pain revienne à 0 fr. 32?

213. En admettant que Paris ait la surface d'un rectangle de 8 kilomètres sur 10 de longueur, évaluer en tonnes la quantité de neige dont il a fallu débarrasser le sol en décembre dernier, en sachant que la neige tombée eût représenté fondue une hauteur de 12 centimètres d'eau.

214. On a acheté 7 hectolitres de vin à 3 fr. 80 le décalitre. On paie la moitié du prix d'achat avec de la monnaie d'or; la moitié de ce qui reste avec de la monnaie d'argent, et le reste avec de la monnaie de bronze. On demande le poids total de la somme payée et le poids du cuivre contenu dans les pièces d'or.

215. Un cultivateur a répandu, sur un champ de luzerne de 2 hectares 39 ares, 37 hectolitres de plâtre immédiatement après la première coupe; le produit de la deuxième coupe vaut alors les $\frac{4}{3}$ du produit de la première. Le produit de la première coupe était de 7.955 kilogrammes par hectare. D'autre part, la luzerne vaut 48 francs les 1.000 kil grammes, et l'hectolitre de plâtre coûte 3 francs. Quel bénéfice le cultivateur a-t-il retiré de l'emploi du plâtre?

216. Un vigneron a vendu le vin de sa récolte à raison de 79 fr. 92 la pièce contenant 199 kilogrammes 8 hectogrammes de vin. A volume égal, le poids de ce vin est les 0,925 de celui de l'eau. On demande : 1° le prix de l'hectolitre; 2° la somme d'argent monnayé qui aurait un poids égal à celui du vin qui est contenu dans les $\frac{3}{4}$ de la pièce; 3° le poids d'argent pur contenu dans cette somme.

217. Une barrique vide pèse 27 kgr. 87. Remplie d'huile, elle pèse 154 kgr. 37. On demande combien elle contient de litres d'huile, le poids de cette huile étant les $\frac{11}{12}$ du poids de l'eau.

218. Un vase est rempli d'un mélange pesant 7 kilogrammes et composé d'eau-de-vie et d'eau distillée. On demande le poids de l'eau distillée qui remplirait ce vase, en sachant que le mélange contient en poids 4 fois autant d'eau-de-vie que d'eau, et que le poids de l'eau-de-vie est, à volume égal, les $\frac{19}{20}$ du poids de l'eau.

219. Un vase rempli par des poids égaux d'eau et de mercure pèse 83 kgr. 56, et sa capacité est de 39 litres et demi. Trouver le poids du vase vidé, en prenant 13,6 pour la densité du mercure.

220. Un vase plein d'eau pèse 115 décagrammes; le même vase plein d'huile pèse 1 kgr. 082. En sachant que 17 litres et demi d'huile pèsent 16 kilogrammes, on demande quel est le poids du vase vide et quelle en est la capacité.

221. L'hectolitre de pommes de terre pèse environ 80 kilogrammes et vaut 5 fr. 20. Une terre ensemencée en pommes de terre a produit 83 quintaux à l'hectare, et la recette totale s'est vendue 845 francs. Calculer, à un mètre carré près, la superficie de cette terre.

222. La surface totale de la terre est de 5.099.508 myriamètres carrés. Elle est partagée en cinq zones; deux zones glaciales, deux zones tempérées et une zone torride.

Trouver la superficie en hectares de la zone torride, en sachant que chacune des zones tempérées est les $\dfrac{13}{50}$ de la surface totale de la terre et que chacune des zones glaciales est les $\dfrac{2}{13}$ d'une zone tempérée.

223. Le centimètre cube d'argent pèse 10 gr. 50 et le centimètre cube de cuivre 8 gr. 85. On fond ensemble 9 kilogrammes d'argent et 1 kilogramme de cuivre; quel sera le volume de cet alliage?

224. Une somme de 2.441 francs est composée, pour une partie, de monnaie d'or française, et, pour le reste, de monnaie d'argent; le poids total de toutes ces pièces de monnaie est de 2,780 grammes. On demande de calculer la valeur et le poids de chaque espèce de monnaie.

225. Les dimensions d'une barre sont : longueur, 3ᵐ60, largeur 0ᵐ06, épaisseur 0ᵐ02. Son poids est de 67 kgr. 65. Combien pèserait une barre du même métal, longue de 1ᵐ50, large de 0ᵐ048 et qui aurait 0ᵐ036 d'épaisseur?

226. Une salle de conférences a 20 mètres de longueur sur 15 mètres de largeur et 3ᵐ80 de hauteur; 350 personnes s'y réunissent ordinairement. On voudrait que le volume d'air fût de 4 mètres cubes en moyenne par personne. De combien faut-il élever le plafond?

227. Une cour de forme rectangulaire a 14 mètres de long sur 8ᵐ75 de large; elle doit être recouverte d'une couche de gravier de 0ᵐ03 d'épaisseur. On demande combien il faudra de mètres cubes de gravier et quelle sera la dépense, si le tombereau contenant 735 décimètres cubes de gravier coûte 2 fr. 65.

228. Un propriétaire fait établir sur ses terres un chemin de 308 mètres de longueur sur 6 mètres de largeur. La chaussée qui doit être empierrée a 3 mètres de largeur. Combien coûtera ce chemin, sachant que le terrain est estimé 950 francs l'hectare, que le caillou répandu sur une épaisseur uniforme de 0ᵐ20 revient à 5 fr. 50 le mètre cube rendu et placé; que la construction du chemin coûte 250 francs le kilomètre? — Calculer aussi le prix moyen du mètre courant.

229. On a creusé un bassin rectangulaire dont les dimensions sont : 12^{m}4 ; 4,3 ; 2,1. On a répandu les terres sur le sol environnant à la hauteur de 15 centimètres. Quelle surface a-t-on recouverte, en admettant que 3 mètres cubes de terre tassée donnent 4 mètres cubes de terre remuée? — Si cette surface était un triangle de 84^{m}4 de base, quelle en serait la hauteur?

PROPORTIONS

230. Trouver la 4ᵉ proportionnelle à :
$$4,\ 5,\ 12 \quad ; \quad 3,\ 4,\ 12 \quad ; \quad 5,\ 7,\ 20$$

231. $$8,\ 9,\ 16 \quad ; \quad \frac{4}{5},\ \frac{3}{4},\ \frac{7}{8} \quad ; \quad 4,\ \frac{5}{6},\ \frac{7}{9}$$

232. Trouver la 3ᵉ proportionnelle à :
$$5,\ 30 \quad ; \quad 3,\ 12 \quad ; \quad 7,\ 56.$$

233 Trouver la moyenne arithmétique des nombres :
$$3,\ 7,\ 15,\ 18,\ 27 \quad ; \quad 8,\ 12,\ 16,\ 24.$$

234. Trouver la moyenne proportionnelle de :
$$2\ \text{et}\ 32 \quad ; \quad 3\ \text{et}\ 12 \quad ; \quad 2\ \text{et}\ 50.$$

235. $$4\ \text{et}\ 36 \quad ; \quad 16\ \text{et}\ 25 \quad ; \quad 9\ \text{et}\ 81.$$

236. Définition d'une proportion.

Démontrer que, dans toute proportion, le produit des extrêmes est égal au produit des moyens

Réciproquement : démontrer que si le produit de deux nombres est égal à celui de deux autres, ces quatre nombres peuvent former une proportion.

De combien de manières peut-on intervertir les quatre termes d'une proportion sans qu'ils cessent de former une proportion?

237. Qu'appelle-t-on proportion géométrique par quotient? Donnez un exemple.

Démontrez que le produit des moyens est égal au produit des extrêmes.

RÈGLES DE TROIS

238. Qu'est-ce qu'une règle de trois? — A quoi reconnaît-on que les choses comparées sont en rapport direct? — A quoi reconnaît-on qu'elles sont en rapport inverse? — Donner des exemples de ces deux cas.

239. Une troupe d'ouvriers travaillant 10 heures par jour a mis 4 jours pour moissonner 15 hectares de blé. Combien la même troupe mettra-t-elle de jours pour moissonner 24 hectares de blé, si les ouvriers ne travaillent que 8 heures par jour?

240. Un ouvrier avait été engagé pour 17 journées à raison de 9 heures de travail par jour, il devait recevoir 84 fr. 15. Il n'a pu faire que 12 journées de 6 heures. Que recevra-t-il?

241. 12 ouvriers, travaillant 8 heures par jour, mettent 18 jours pour faire la moitié d'un ouvrage. Si 4 d'entre eux quittent alors le travail, combien faudra-t-il de temps aux autres ouvriers, travaillant 9 heures par jour, pour faire l'autre moitié de l'ouvrage?

242. Un pensionnat qui possède 200 élèves, coûte 1.800 francs d'entretien pour 15 jours; 50 élèves quittent l'école, on demande ce que coûtera l'entretien de ceux qui restent pendant une période de 60 jours?

243. Il y a dans une place forte 9.000 hommes qui ont encore des vivres pour 64 jours. La ville est sur le point de subir un siège qui peut durer 150 jours. Combien doit-on faire sortir d'hommes pour qu'en diminuant la ration de 1/5, les vivres puissent être suffisants pour ce temps?

INTÉRÊT

244. Quel est le capital qui, réuni à ses intérêts pendant 3 mois et 6 jours au taux de 4,5 % par an, forme un total de 875 fr. 38?

245. 1º Quelle est la somme qui, augmentée de ses intérêts à 5 % pendant 18 mois, est devenue 2.633 fr. 75? — 2º Dire le poids, sachant qu'on paye 2.600 francs en or, 30 francs en argent et le reste en bronze.

246. Une personne dépose chez un notaire une certaine somme qui doit produire intérêt à 3 % l'an. — Au bout de 16 mois, elle retire la somme, et reçoit, capital et intérêts simples réunis, 6.656 francs. Quelle somme avait-elle déposée, et de combien la somme reçue serait-elle augmentée, si le banquier avait capitalisé les intérêts du dépôt à la fin du 12ᵉ mois comme il serait rationnel de le faire?

247. Un capital et ses intérêts forment au bout de 15 mois une somme de 1.309 fr. 75. Au bout de 8 mois, ce capital avec ses intérêts s'élèverait à 1.277 fr. 20. Trouver le capital et le taux.

248. Un capital et ses intérêts pendant 15 mois forment une somme de 3.705 francs. Au bout de 4 ans, le même capital, avec ses intérêts, s'élèverait à 3.936 francs. Trouver le capital, et le taux.

249. Une personne a placé les $\frac{2}{5}$ de son capital à 3 % et le reste à 4,50 %; elle en retire ainsi 1.950 francs de rente annuelle. Quel est ce capital?

250. Un homme a placé deux capitaux à intérêts simples, le 1ᵉʳ à 4 % et le 2ᵉ à 5 %. Il a retiré au bout de 7 ans 9 mois une somme de 23.800 francs pour le capital et les intérêts réunis. Trouver quels sont ces deux capitaux, en sachant que le 1ᵉʳ n'est que les $\frac{5}{6}$ du 2ᵉ.

251. Une personne achète, avec les 5/12 de sa fortune, une ferme qui lui revient à 5.000 francs l'hectare; les 2/3 du reste sont employés à l'achat d'une maison; enfin, avec le capital qui lui reste elle se fait une rente annuelle de 3.150 francs, en le plaçant à 4,5 %. Trouver la fortune de cette personne, la contenance de la ferme, la valeur de la maison et celle du capital placé.

252. Une personne a un capital qu'elle a partagé en 2 parties égales : la 1re placée à 5 % rapporte 80 francs de plus que la 2e qui est placée à 4 1/2 %. Quel est ce capital?

253. Au bout de combien de temps, un capital quelconque placé à 5 % produira-t-il un intérêt égal au capital lui-même?

254. Une personne qui avait placé de l'argent à 4 1/2 % le retire au bout de 8 mois et touche, pour le capital et les intérêts, la somme de 4.635 fr. Elle emploie les intérêts et replace le capital à 5 %. Au bout de combien de jours ce nouveau placement lui aura-t-il rapporté le même intérêt que le premier et quel était le capital placé?

255. Calculer le temps au bout duquel un capital de 76.800 francs au taux de 4,75 % produit un intérêt de 2.128 francs.

256. Une petite société, au capital de 14.575 francs, perd, la première année, 7 % de son capital; la deuxième année, 6 1/2 % du capital restant; enfin, la troisième année, elle gagne 23 % sur le capital restant. Quel est le capital à la fin de la troisième année, et que reviendra-t-il à chaque action de 25 francs?

257. Un homme place les $\frac{2}{5}$ d'un capital à 6 % et en retire un revenu annuel de 939 fr. 60 Le reste du capital est placé à 4,5 %. Trouver le revenu total que cet homme a au bout de l'année; trouver aussi le taux unique auquel il faudrait placer tout le capital pour avoir le même revenu.

258. Le prix d'achat d'une propriété est de 12.500 francs; les droits d'enregistrement sont de 5 1/2 % plus le double décime sur les mêmes droits. Etablir le total de ce qu'a coûté cette propriété; et, comme elle rapporte en moyenne 400 francs, dire à quel taux est placé le capital qui a servi à l'acheter.

259. Un propriétaire emploie la neuvième partie de sa fortune pour acheter une maison; avec le quart du reste, il achète un bois; enfin, de ce qui lui reste encore, il fait deux parts qui sont entre elles comme 2 et 3. La première part étant placée à 4 % et la seconde à 5,5 %, il se fait un revenu annuel de 8.820 francs. Calculer les sommes placées à 4 % et à 5,5 %, la fortune entière et le prix du bois.

260. Une personne possède un capital qu'elle divise en trois parties; elle place la première à 5 %, la seconde à 4 % et la troisième à 3 %. Au bout d'un an, elle retire les trois sommes augmentées de leurs intérêts respectifs et touche 15.926 fr. 40. Calculer les trois capitaux placés, sachant que le premier est les $\frac{3}{5}$ du second et que le troisième est la somme des deux autres.

261. Un particulier place une certaine somme à intérêt simple au taux 3 %. Après 1 an 8 mois, il retire 8.820 francs, capital et intérêts réunis, et il achète un terrain rectangulaire dont les $\frac{3}{9}$ valent 2 fr. 30 le mètre carré et le reste 180 francs l'are. On demande : 1° la somme placée; 2° la surface du terrain; 3° sa largeur, sachant que la longueur vaut 140 mètres.

262. Une somme, placée à 4 %, a acquis la valeur de 18.000 francs, tandis que si elle avait été placée à 6 %, elle serait devenue 19.500 francs. Quelle est cette somme et pendant combien de temps a-t-elle été placée?

263. La fortune d'une personne se compose de deux capitaux : l'un de 57.450 francs, l'autre de 84.250 francs, qui lui procurent ensemble un revenu de 5.400 francs. A quel taux sont-ils placés?

264. Deux capitaux qui sont entre eux comme les nombres 4 et 5 ont été placés : le plus petit pendant 4 ans 3 mois à 4 %; l'autre pendant 2 années $\frac{1}{3}$ à 3 %. L'intérêt produit par le premier a surpassé de 660 fr. l'intérêt produit par le second. Quel doit être le montant de chacun de ces placements?

265. Deux capitaux font un total de 167.280 francs. Le premier placé à 4 % pendant trois mois produirait un intérêt double de celui du deuxième placé à 5 % pendant sept mois. Quels sont ces deux capitaux?

266. Calculer deux capitaux, sachant qu'ils diffèrent de 5.600 francs, et que si on les place pendant neuf mois, le plus grand à 4 % et le plus petit à 3 %, la différence des intérêts est 216 francs.

267. Une personne a mis des fonds dans une entreprise et reçoit au bout de 5 ans 2 mois, 182.000 francs, capital et bénéfice compris. Le bénéfice est les $\frac{2}{5}$ du capital. Quel est le taux du placement et le capital placé?

268. Une personne qui a hérité d'une certaine somme en a placé le $\frac{1}{3}$ à 5 % et le reste à 4 %. La somme entière, ainsi placée, a rapporté en 2 ans 1/2 6.500 francs d'intérêts simples. Quelle était cette somme?

ESCOMPTE

269. Une personne fait escompter par un banquier un billet de 674 fr. 40 payable dans 10 mois; elle reçoit 637 fr. 87. Quel était le taux de l'escompte? (Escompte commercial)

270 Un effet de commerce escompté trois mois avant son échéance, au taux de 6 % par la méthode de l'escompte en dehors est réduit à 3.546 francs. Quelle était la valeur nominale du titre?

271 On propose d'escompter un billet de 2.450 francs payable dans 88 jours. L'escompte se fait par la méthode commerciale à 6 % ; de plus le banquier prélève $\frac{1}{4}$ % pour commission et $\frac{1}{10}$ % pour les frais de correspondance. Quel est le taux réel de cet escompte par an ?

272. On présente à l'escompte deux billets payables dans 45 jours et dont l'un surpasse l'autre de 1.500 francs. On reçoit 5.955 francs. Le taux de l'escompte étant 6 %, quelles sont les valeurs des deux billets ?

273. Une personne a présenté, le 15 mars, chez un banquier un billet de 3.458 fr. 50. A l'escompte ordinaire, calculé au taux de 4 %, le banquier joint un droit de commission de $\frac{3}{8}$ %. Quelle est la date de l'échéance du billet, sachant que le porteur a reçu une somme de 3.408 fr. 65 ?

274 Un négociant achète 18 barils d'huile, pesant ensemble 1.350 kilogrammes, poids net, à raison de 105 fr. 40 les 100 kilogrammes et payables dans 6 mois, mais avec la faculté de faire des avances de payement avec 7 % d'escompte par an. Il donne 800 francs 45 jours après l'achat ; puis il solde le reste quelque temps après en donnant 587 fr. 70. On demande de combien de jours il a dû avancer ce dernier payement.

275 Trouver la valeur nominale d'un billet qui est payable dans 96 jours, en sachant que la différence entre l'escompte en dehors et l'escompte en dedans à 6 % est de 1 fr. 28, si on l'escompte aujourd'hui.

276. Un effet de commerce, payable dans 36 jours, a été présenté à un banquier qui, outre l'escompte à 6 %, a prélevé une commission de 0,5 %. Le banquier ayant payé 2.749 fr. 42, trouver la valeur nominale du billet.

277. Un fabricant offre de vendre 50 pièces de coutil de 90 mètres chacune à 1 fr. 20 le mètre, et 30 autres pièces de 75 mètres chacune à 1 fr. 35 le mètre. L'achat sera payé comptant, moyennant une remise de 1 % ;

L'acheteur propose de payer l'ensemble de ce coutil 1 fr. 25 le mètre et de ne le payer que dans 90 jours.

Si le fabricant accepte la proposition de l'acheteur, combien gagnera-t-il ou perdra-t-il, s'il fait escompter de suite, à 6 % l'an, le billet que lui donnera l'acheteur ?

ÉCHÉANCE MOYENNE ET ÉCHÉANCE COMMUNE.

278. Un commerçant veut remplacer les trois billets suivants :

<pre>
750 francs dans 50 jours.
640   —   — 75 —
1.200 —   — 80 —
</pre>

par un billet unique dont le montant doit être égal à la somme des 3 billets donnés. Dans combien de jours aura lieu l'échéance du billet unique ?

279. Deux effets de commerce : l'un de 600 francs, l'autre de 975 francs sont payables, le premier au bout de 60 jours, le deuxième au bout de 45 jours. On demande à les remplacer par un billet unique payable au bout de 30 jours. Quel sera le montant de ce troisième billet? Le taux est de 6 %?

280. On a souscrit 2 billets, l'un de 1.500 francs payable dans 40 jours, l'autre de 2.000 francs payable dans 60 jours. On veut les remplacer par un billet unique de 3.550 francs; trouver l'époque de l'échéance, le taux de l'escompte étant de 6 %.

281. Deux effets de commerce, l'un de 800 francs, l'autre de 1.275 francs sont payables, le premier au bout de 90 jours, le deuxième au bout de 60 jours. On veut les remplacer par un troisième payable au bout de 45 jours. Quel doit être le montant de ce troisième billet? Le taux de l'escompte est de 4 % par an.

282. Deux personnes se présentent chez un banquier, la première avec un billet de 1.500 francs payable dans 6 mois, la seconde avec un billet de 1.470 francs payable dans 10 jours. Le banquier escompte les deux billets au même taux et donne à la seconde personne 12 fr. 55 de plus qu'à la première. Quel est le taux de l'escompte?

283. Un billet, souscrit le 20 septembre et payable le 1er décembre, a été escompté en dedans à 6 % le 2 octobre, et l'escompte a été de 28 fr. 60. On demande quelle était la somme énoncée dans le billet.

284. On doit une somme de 2.374 francs et on voudrait la payer par 3 billets égaux payables : le premier dans 60 jours, le deuxième dans 80 jours, le troisième dans 120 jours. Quel doit être le montant de chaque billet, le taux de l'escompte étant de 4,5 %?

285. Trouver le montant de 2 billets égaux échéant, le premier dans 4 mois, le deuxième dans 5 mois et qui représentent actuellement un capital total de 16.270 francs; le taux de l'escompte en dedans est de 4,5 % par an.

286. Une personne doit 1.800 francs payables le 18 juillet. Elle voudrait s'acquitter le 7 mai en remettant : 1o un billet de 600 francs payable le 25 mai; 2o un autre billet de 500 francs payable le 4 septembre; 3o le reste en argent. Quel devra donc être le montant de)cette dernière somme si l'on tient compte de l'escompte commercial à 6 %?

RENTES

287. Combien pourrait-on acheter de rentes 3 % au cours de 86,50 avec le produit de la vente d'un terrain rectangulaire ayant 151m75 de longueur et 68 mètres de largeur, à raison de 3.420 francs le journal (sans les frais divers)? Le journal est une ancienne mesure locale valant 28 a 50

288. Un propriétaire a un champ de 8 ha. 5 a. qu'il loue 1 fr. 95 l'are; il vend cette propriété à raison de 4.200 francs l'hectare, et, avec le produit de cette vente, il achète de la rente 3 % au cours de 89,20. On demande s'il a augmenté ou diminué son revenu et de combien (sans les frais divers)?

289. Une personne qui possède 66.080 francs de capital affecte les $\frac{3}{8}$ de sa fortune à l'acquisition d'une maison rapportant net le 0,06 de son prix d'achat. Avec le reste elle achète de la rente 3 % au cours de 86 fr. 50. Quel est le revenu annuel de cette personne (sans les frais divers)?

290. Trouver le taux réel d'un placement d'argent fait en achetant de la rente 3 % au cours de 88 francs, et chercher quel devait être le cours de cette rente pour que ce placement rapportât 0 fr. 25 % en plus du taux que l'on aura trouvé (sans les frais divers).

291. Une personne achète de la rente 3 % sur l'Etat. Le capital qu'elle emploie à cet achat se trouve ainsi placé à 4,80 %. Dire à quel cours la rente a été achetée. On ne tiendra pas compte des frais de courtage. Vérifier sur une somme quelconque.

292. Un banquier m'a acheté 840 francs de rente 3 % au cours de 95 fr. 30; 45 jours après, je revends mes titres au cours de 96 fr. 80. A quel taux ai-je placé mon argent, y compris les frais?

293. Une personne possède un titre de rente 3 %, et chaque hausse de 0 fr. 15 dans le cours de la rente correspond à un accroissement de 100 fr. de son capital. On demande à quelle quotité de rente s'élève son titre (sans les frais)?
Quel doit être le cours de la rente pour que le prix de ce titre soit 65.000 francs (sans les frais)?

294. On achète pour 15.800 francs une propriété qui est louée 740 francs par an, mais pour laquelle on doit payer 18 fr 50 d'impositions annuelles et des frais d'entretien et d'assurance s'élevant en moyenne et par année à 0 fr 30 % du prix d'achat. A quel taux a-t-on placé son argent? Y aurait-il eu avantage à le placer en rente 3 % au cours de 97 fr. 50 (sans les frais divers)?

295. Une personne achète de la rente à 2 % au cours de 97 fr 50. Elle débourse 10.837 fr. 60, y compris les frais de courtage s'élevant à 1/10 % du capital, plus 4 fr. 25 de timbres et de faux frais. Calculer le montant de la rente.

296. Une personne achète de la rente 3 % pour 322.822 fr. 50. Au bout de quelques jours, elle est obligée de revendre, mais, le cours ayant baissé de 0 fr. 17, elle perd 549 fr. 78. On demande le montant annuel de la rente et le cours auquel elle l'a revendu. (On ne tiendra pas compte des droits de courtage ni des autres.)

297. Les 8/15 d'un certain capital ont été employés à l'achat de rente française 3 % au cours de 96 francs. Avec le reste de ce capital, on a acheté de la rente russe 3 % au cours de 70 francs. La différence entre les revenus de ces deux achats est de 225 francs. Calculer le capital placé et son revenu annuel (sans tenir compte des frais divers.

298. Une personne a un titre de rente de 1.169 francs en 2,5 % anglais et l'échange contre un titre de rente française 3 % représentant le même capital. Cette opération se fait au moment où le 2,5 % est au cours de 90 francs et le 3 % au cours de 100 fr. 20. On demande le gain que fait cette personne sur son revenu. On ne tiendra pas compte des courtages, des timbres et de l'impôt.

PARTAGES PROPORTIONNELS ET RÈGLES DE SOCIÉTÉ

299. Règle des partages proportionnels. La démontrer sur l'exemple suivant : Partager 4.500 francs proportionnellement à 7, 8 et 15.

300. Qu'est-ce que partager 37.842 en parties inversement proportionnelles à 24, 15 et 56 ?
Comment faire ce partage ?

301. Un oncle lègue en mourant à ses trois neveux 2.700 fr. de rente 3 % à condition de partager le capital en proportion du nombre de leurs enfants. La rente ayant été vendue au cours de 57 francs, on demande la part de chacun, sachant que le premier a 2 enfants, le deuxième 3 et le troisième 4. (Ne pas tenir compte des frais.)

302. Un père partage sa fortune entre ses trois fils en raison inverse de leurs âges. Ils ont respectivement 7, 8 et 12 ans. L'aîné devant recevoir une somme de 37.988 francs, quelles seront les parts des 2 autres ?

303. Partager 310 francs en deux parties dont le rapport soit le même que celui de $\frac{2}{3}$ à $\frac{5}{8}$.

304. Deux associés se partagent le bénéfice d'une affaire. La part du premier qui vaut 7 fois la part du deuxième la surpasse de 75.234 francs. Quelle est la part de chaque associé ?

305. On a partagé 27 en parties proportionnelles à 3 nombres dont les deux premiers sont 3/7 et 5/6 et on a obtenu 8 pour la troisième partie. Quel est ce troisième nombre et quelles sont les deux premières parties ?

306. Une somme de 2.100 francs doit être partagée entre trois personnes. La part de la première doit être les $\frac{2}{3}$ de celle de la deuxième ; celle de la deuxième doit être les $\frac{4}{5}$ de celle de la troisième. Combien revient-il à chaque personne ?

307. Deux marchands se sont associés et ont mis 800 francs dans un commerce qui leur a rapporté 150 francs de bénéfice. Le premier ayant retiré, mise et bénéfice compris, 570 francs, on demande la mise de chacun et le bénéfice du second.

308. Quatre ouvriers ont fait un ouvrage de 3.239 mètres. Le travail du deuxième est les $\dfrac{4}{5}$ de celui du premier; le travail du troisième est les $\dfrac{2}{3}$ de celui du deuxième, et le travail du quatrième est les $\dfrac{3}{4}$ de celui du troisième; l'ouvrage total a été payé 6.724 francs. Trouver combien chaque ouvrier a fait de mètres et combien il doit recevoir.

309. Trois personnes ayant à parcourir 40 kilomètres, s'entendent avec deux autres personnes qui ont à se rendre à 22 kilomètres sur la même route, pour louer une voiture à frais communs. On leur demande pour cette voiture 20 fr. 50. Quelle part de cette somme chaque personne devra-t-elle payer, en proportion des distances parcourues?

310. Une somme d'argent doit être partagée entre deux personnes. Le total de ce qu'elles réclament dépasse de 4.090 fr. le montant de la somme à partager. Le partage étant fait proportionnellement à leurs demandes, la première personne reçoit 20.250 francs et la deuxième 16.560 francs. Combien chacune réclamait-elle?

311. Deux marchands ont fait une entreprise; le premier a mis 8.000 fr. pendant 10 mois et a reçu 4.000 francs pour sa part de bénéfice; combien touchera le deuxième qui a mis 5.000 francs pendant un an?

312. Une personne laisse 16.000 francs à répartir entre 3 bureaux de bienfaisance, avec la condition que les infirmes recevront deux fois autant que les autres pauvres. Le premier bureau a 525 pauvres dont $\dfrac{2}{3}$ d'infirmes; le deuxième 490 pauvres dont $\dfrac{3}{7}$ d'infirmes, le troisième a 540 pauvres dont $\dfrac{1}{7}$ d'infirmes. Combien faudra-t-il donner à chaque pauvre et à chaque infirme?

313. Partager 58.800 francs entse trois personnes de manière que la première ait le double de la deuxième, et que la troisième ait les $\dfrac{2}{5}$ de la somme des deux autres.

314. Trois ouvriers, A, B, C, travaillant ensemble, ont mis 15 jours pour faire un ouvrage. A fait en 4 jours autant de travail que B en 5, et B fait en 9 jours autant de travail que C en 10 jours. L'exécution de l'ouvrage ayant été payée 252 francs, quelle somme revient à chaque ouvrier? Combien de jours chaque ouvrier travaillant seul aurait-il mis pour faire l'ouvrage?

315. Un père laisse en mourant 56.600 francs qui doivent être partagés entre ses 6 enfants. Il a stipulé dans son testament que la part de chacun d'eux doit être en raison inverse de son âge. On demande quelles seront les parts, sachant que l'aîné des enfants est âgé de 24 ans, le deuxième de 20 ans, le troisième de 18 ans, le quatrième de 16 ans, le cinquième de 12 ans et le sixième de 10 ans?

316. Les salaires réunis de 3 ouvriers se sont élevés à la somme de 471 francs pour un certain travail. Le salaire du deuxième ouvrier est égal aux $\frac{6}{7}$ du salaire du premier, plus 6 francs; le salaire du troisième ouvrier est égal aux $\frac{2}{3}$ du salaire du deuxième plus 36 francs. Quel est le salaire de chaque ouvrier?

317. Une personne devait à ses créanciers A, B, C, D, les sommes suivantes : à A, elle devait 2.454 fr. 25; à B, elle devait 5.860 fr. 75; à C, elle devait 3.000 fr. 25; enfin à D, elle devait autant qu'aux 3 premiers. Cette personne vient à mourir et sa succession ne s'élève qu'à 18.104 fr. 40 Combien chacun des créanciers doit-il recevoir?

318. Un délégué cantonal met à la disposition d'une institutrice une somme de 64 fr. 50 pour être distribuée en livrets de caisse d'épargne aux 5 élèves du cours supérieur de l'école suivant leur force en orthographe. Les copies de la composition donnée à cet effet accusent respectivement 1 faute $\frac{1}{2}$, 2 fautes, 2 fautes $\frac{1}{2}$, 3 fautes et 4 fautes. Faire un partage équitable d'après ces données.

MÉLANGES ET ALLIAGES

319. Combien faut-il mettre d'eau dans 200 litres de vin, qui coûtent 95 francs, pour que le litre de boisson revienne à 0 fr. 50?

320. On a mélangé du vin à 36 francs l'hectolitre avec du vin à 27 francs. Le prix moyen est de 32 francs, et il y a 10 hectolitres de plus de la première qualité que de la seconde. Quelles sont les quantités mélangées?

321. Un cultivateur mêle du blé coûtant 26 fr. 50 l'hectolitre avec du blé coûtant 29 fr. 05 et il met 2 fois plus du deuxième que du premier. À combien revient l'hectolitre du mélange?

322. On a fait un mélange de cinq litres avec deux liquides dont les densités sont 1,25 et 0,74. Combien y a-t-il de litres de chacun dans le mélange, si sa densité est 0,95?

323. L'eau de la Méditerranée, près de Tunis, contient 0 gr. 035 de sel par centimètre cube, et celle de l'Océan 0 gr. 025. Quelle quantité d'eau douce faut-il ajouter à 853 litres d'eau de la Méditerranée pour qu'elle contienne la même quantité de sel que l'eau de l'Océan?

324. On a du vin coûtant 75 centimes le litre. Combien faut-il y ajouter d'eau par pièce de 250 litres, pour que le litre du mélange ne revienne qu'à 65 centimes?

325. L'eau de mer contient environ 2 1/2 % de son poids de sel et 1 litre de cette eau pèse 1 kgr. 26. Combien faut-il prendre de litres d'eau de mer pour obtenir 1 kilogramme de sel?

326. Un marchand de vin veut remplir un tonneau de 216 litres avec du vin de deux qualités; la première coûtant 45 centimes le litre et la deuxième coûtant 52 centimes, combien doit-il mettre de litres de chaque qualité pour que le litre du mélange revienne à 0 fr. 50?

327. Quand on mélange des volumes égaux d'eau et d'alcool, il se produit une contraction, c'est-à-dire que le volume du mélange est moindre que la somme des volumes des deux liquides qui le composent. Cela posé, on constate qu'un litre de ce mélange pèse 936 grammes; on sait, d'autre part, qu'un litre d'alcool pur pèse 79 décagrammes. On demande de calculer, à un demi-centilitre près, les volumes égaux d'eau et d'alcool qu'il faut mélanger pour avoir un hectolitre du mélange.

328. Un boulanger mélange de la farine à 60 francs les 100 kilogrammes avec d'autre farine à 44 francs les 100 kilogrammes, dans la proportion de 7 kilogrammes de la première contre 12 de la seconde. On sait que 17 kilogrammes de farine donnent 21 kilogrammes de pain. Combien faudra-t-il vendre le kilogramme de pain pour réaliser un bénéfice de 6 %, les frais de fabrication étant de 4 francs pour 100 kilogrammes de pain?

329. On a une masse de cuivre de 134 kgr. 85. On demande : 1º quelle quantité d'étain et de zinc il faut lui allier pour avoir le bronze des monnaies; 2º combien, avec cet alliage, on pourra fabriquer de pièces de monnaie de 0 fr. 05 et de 0 fr. 10 en nombre égal.

330. Combien faut-il allier de cuivre à 4 fr. 80 le kilogramme avec 12 kilogrammes de zinc à 2 fr. 50 pour que le prix moyen du kilogramme du mélange revienne à 3 fr. 60?

331. Déterminer le titre d'un lingot d'argent obtenu en faisant fondre ensemble 100 francs en pièces d'argent de 5 francs et 100 francs en pièces d'argent inférieures. Le titre des premières est 0,900 et celui des autres 0,835. Définir le titre.

332. On fond ensemble trois lingots d'or. Le premier au titre de 0,927 pèse 72 kilogrammes; le deuxième au titre de 0,892 pèse 84 kilogrammes; le troisième, au titre de 0,900 pèse 100 kilogrammes. Quel est le titre du lingot ainsi obtenu?

333. Un lingot d'argent pesant 1.245 grammes est au titre de 0,800. Quel poids d'argent faut-il lui ajouter pour en élever le titre à 0,950?

334. On met dans un creuset 200 francs en pièces d'argent au titre de 0,9. Chercher quel est le poids du cuivre qu'il faut ajouter pour abaisser le titre à 0,835.

335. Un lingot d'or pesant 1.348 grammes contient 145 grammes de cuivre. On demande combien de grammes d'or pur il faut ajouter pour le

mettre au titre légal des monnaies françaises et combien de pièces de 20 francs on pourra fabriquer avec ce nouveau lingot. On demande aussi de trouver le titre du lingot primitif.

336. Quand on a retiré de la circulation notre petite monnaie d'argent pour en réduire le titre, il y en avait pour 222.166.304 fr. 25.

On demande quel poids de cuivre il eût fallu y ajouter, s'il n'y avait pas eu de perte par l'usure, pour en faire de la petite monnaie d'aujourd'hui, et quelle augmentation de valeur nominale cette addition eût donnée à la somme totale.

337. Combien pourra-t-on faire de pièces de 1 franc avec 100 francs en pièces de 5 francs?

338. Un fondeur fait un alliage de cuivre, de zinc et d'étain. Le cuivre y entre pour les $\frac{5}{8}$ du poids total; le poids du zinc n'est que le tiers de celui du cuivre et l'étain forme le reste. En prenant pour bénéfice et frais de fabrication 8 % de la valeur des métaux employés, le fondeur peut vendre cet alliage au prix de 209 fr. 25 les 100 kilogrammes. Le zinc lui coûtant 90 centimes le kilogramme et l'étain 1 fr. 50, trouver ce que coûtait le kilogramme de cuivre.

339. Un lingot d'or pur pèse 93 gr. 573. On le fond avec la quantité de cuivre nécessaire pour obtenir l'alliage de la monnaie. Combien pourra-t-on faire de pièces de 5 francs? Quelle serait la longueur d'une règle de laiton, ayant le même poids que l'ensemble des pièces de 5 francs, une largeur de 0^m025 et une épaisseur de 0^m0025; la densité du laiton est 8,43.

340. On fond ensemble 1.295 pièces de 5 francs en argent pour faire des pièces de 50 centimes au nouveau titre. Combien fera-t-on de ces pièces et quel poids de cuivre faudra-t-il y ajouter?

341. On a un lingot d'or pur pesant 378 décagrammes. Quel poids de cuivre faut-il y ajouter pour que ce lingot soit au titre de 0,900, et quel est le nombre des pièces de 10 francs qu'on pourra fabriquer avec ce lingot?

342. Un lingot d'or pesant 1 kgr. 1/2 est au titre de 0,825; on le fond en y ajoutant l'or pur nécessaire pour l'amener au titre légal et on le convertit en monnaie. On demande : 1° la quantité d'or à ajouter; 2° le poids du lingot après cette addition; 3° la somme fabriquée en supposant que, dans la fabrication, il se perde 5/1000 de matière première.

343. Les alliages d'or et de cuivre employés dans l'orfèvrerie peuvent avoir trois titres différents : 0,920, 0,840 et 0,750. On demande quel poids de chacun des deux alliages à 0,920 et à 0,750 il faudra fondre ensemble pour obtenir un lingot au titre de 0,840 et pesant 500 grammes. On demande en outre le poids de l'or et du cuivre contenus dans ce lingot.

344. Un orfèvre a deux lingots d'or de 1.800 grammes chacun, l'un au titre de 0,920 et l'autre au titre de 0,750. Combien doit-il ajouter de grammes du deuxième au premier pour obtenir un alliage au titre de 0,840?

345. A un morceau d'or qui a un volume de 8 centimètres cubes on veut allier de l'argent, de telle sorte qu'un centimètre cube de l'alliage pèse 12 gr. 5. Calculer le volume de cet argent, en sachant qu'un centimètre cube d'argent pèse 10 gr. 4 et qu'un centimètre cube d'or pèse 19 gr. 2. On suppose d'ailleurs que le volume de l'alliage est la somme de volumes des deux métaux alliés.

FAUSSE POSITION ET MOBILES

346. Un marchand a acheté 2 espèces de thé, la première valant 14 fr. et la deuxième 18 francs le kilogramme. Il fournit à un de ses correspondants une caisse de 100 kilogrammes renfermant les 2 espèces de thé et reçoit pour son paiement 1.932 francs. On demande combien il a envoyé de thé de chaque espèce, sachant qu'il a gagné 15 % sur son marché.

347. Un train express porte 143 voyageurs de 1re et de 2e classe; le transport en 1re classe coûte 16 francs et en 2e il coûte 13 francs. La recette totale est évaluée à 2.129 francs. Dire quel est le nombre de voyageurs de 1re classe et celui des voyageurs de 2e classe.

348. Une somme de 20.000 francs dont une partie est placée à 4 % et l'autre, à 5 % rapporte annuellement 890 francs. Quelles sont ces deux parties?

349. Un marchand a acheté une pièce de drap à raison de 15 francs le mètre. Il en a revendu les 2/7 à 19 francs le mètre, les 2/9 à 18 fr. 50, les 2/11 à 18 francs, les 2/13 à 17 fr. 50 et le reste à 17 francs le mètre. Il a ainsi gagné 285 francs sur le marché. Quelle était la longueur de la pièce?

350. Un marchand a acheté 12 mètres de toile et 25 mètres de drap pour 236 francs. S'il avait acheté 25 mètres de toile et 12 mètres de drap, il aurait dépensé 65 francs de moins. On demande quel est le prix du mètre de chaque étoffe.

351. Deux personnes jouent au billard à 1 franc la partie. Avant de commencer, l'une a 42 francs, l'autre a 24 francs. Au bout d'un certain nombre de parties, la première se trouve avoir 5 fois autant que ce qui reste à la seconde. Combien la première a-t-elle gagné de parties?

352. Un banquet a réuni 100 personnes parmi laquelle 10 invités n'ont pas payé leur part, les autres ont payé 8 francs ou 4 francs par tête. Le prix de revient a été de 5 francs par convive; il y a en outre 100 francs de frais divers. Sachant que les recettes ont excédé les dépenses de 40 francs, on demande combien il y avait de convives à 8 francs et de convives à 4 francs.

353. Un train omnibus qui fait 27 kilomètres à l'heure part à 13 h. 55 de la gare d'Aurillac, dans la direction de Paris; un train-poste va dans la même direction et part à 16 heures; il fait 43 km. 250 à l'heure. A quelle distance d'Aurillac le train poste atteindra-t-il le train omnibus?

354. Deux bicyclistes partent à la même heure de Toulouse; l'un fait 29 km. 6 en 2 h. 15; l'autre 22 kilomètres en 1 h. 40. Après 9 heures de marche, le premier bicycliste qui veut attendre le second ne fait plus que 10 kilomètres à l'heure. A quelle distance de Toulouse aura lieu la rencontre?

355. Une personne dispose de 4 heures pour faire une promenade sur une rivière; elle doit partir d'un point A et revenir en ce point. Elle peut faire, en descendant le courant, 7 km. 1/2 à l'heure et en remontant 4 km. 1/2. Elle commence par remonter. Au bout de combien de temps devra-t-elle virer pour redescendre?

356. Un piéton part d'une ville à 8 heures et arrive à une autre ville à 10 h. 35. Après chaque heure de marche, il s'arrête et prend un repos de même durée pour chaque halte. Sachant qu'il a parcouru une distance de 14 km. 5 et qu'il marche à raison de 6 kilomètres à l'heure, on demande combien de temps dure chaque halte.

357. Un tramway part de A pour aller à B; pour faire ce trajet, il met 25 minutes; puis il a un arrêt de 6 minutes. Il revient ensuite de B vers A en 25 minutes avec arrêt en A de 6 minutes. A quel endroit se trouve-t-il et dans quel sens va-t-il : 1° après 2 heures 4 minutes de service; 2° après 4 heures 49 minutes?

358. Un régiment part à 4 heures du matin et marche au pas de 5 kilomètres à l'heure. Chaque fois qu'il a parcouru 4 kilomètres, il lui est accordé 10 minutes de repos. Vers le milieu de l'étape un temps de repos est porté de 10 minutes à l'heure. Sachant que ce régiment est arrivé à midi, on demande la longueur de l'étape.

359. Deux villes P et R sont distantes de 28 kilomètres. Une personne A quitte la ville P à 8 heures et se dirige vers la ville R dans une voiture qui fait 12 kilomètres à l'heure. Une automobile part de R à 8 h. 40 et va à la rencontre de la personne A. Lorsque la rencontre a lieu, A monte dans l'automobile, qui retourne vers R.

Deux minutes sont employées pour permettre à A de monter et à l'automobile de tourner.

L'automobile met, pour aller de R au point de rencontre, le même temps que pour revenir de ce point à R.

On demande combien elle fait de kilomètres à l'heure, sachant que A arrive à la ville à 9 h. 30. Vérifier le résultat.

PROBLÈMES DIVERS

REVISION

Exemple de la disposition à donner à la solution d'un problème dans un examen

360. *En revendant une pièce d'étoffe à raison de 4 fr. 50 les 3/4 de mètre, on fait un bénéfice de 82 francs; en la revendant au prix de 3 francs les 2/3* *de mètre, on fait une perte de 41 francs, on demande : 1° la longueur de la pièce; 2° son prix d'achat. — Vérifier (Brevet élémentaire).*

Calculs :	Raisonnement :

Calculs :

15
45 × 4
—————— = 6
3
1

1230 |15
  30 |82

82
 4,5
————
410
328
————
369,0

Raisonnement :

Prix de vente du mètre dans le 1er cas $\dfrac{4,5 \times 4}{3} = 6$ fr.

Prix de vente du mètre dans le 2e cas $\dfrac{3 \times 3}{2} = 4$ fr. 50.

Différence des prix de vente du mètre 6 — 4,5 = 1 fr. 50.
Différence des prix de vente de la pièce 82 + 41 = 123 fr

1° *Longueur de la pièce* $\dfrac{123}{1,5} = 82$ mètres.

Prix de vente de la pièce au 1er prix 6 × 82 = 492 fr.
2° *Le prix d'achat est* 492 — 82 = 410 fr.

Vérification :

Le prix d'achat calculé dans les conditions de la seconde vente doit être le même que celui que nous avons calculé dans le problème.
Prix de vente au 2e prix 4,5 × 82 = 369.
Puisqu'elle a été vendue avec perte de 41 francs, son prix d'achat était 369 + 41 = 410 francs.

361. *La densité du mercure étant 13,57, on en remplit aux 3/4 un vase rectangulaire dont les dimensions intérieures sont 15 centimètres, 12 centimètres et 7 centimètres; calculer le volume d'eau dont le poids serait égal à celui du mercure à moins de 1 centilitre près* (Brevet élémentaire).

Calculs :

15   180
12   7
————   ————
30   1260
15

180

1,26
   3
————
3,78 : 4 = 0,945

13,57
 0,945
————
6785

12 213
————
12,82365

Raisonnement :

Volume du vase :

12 × 12 × 7 = 1260 cent. cubes

ou   1 l. 26.

Volume du mercure :

$$\dfrac{1,26 \times 3}{4} = 0^l.945.$$

Poids du mercure :

13,57 × 0,945 = 12 k. 82365

Nombre de litres d'eau : 12 l. 82

Réponse : 12 l. 82.

362. Un particulier laisse à ses héritiers les 2/3 de sa fortune. Il en donne le 1/5 aux pauvres, et il ordonne que le reste soit placé à 4 % pendant trois ans au profit du bureau de bienfaisance. Au bout de trois ans, le bureau se trouve ainsi possesseur d'une somme de 784 francs; on demande la fortune du défunt, la part des héritiers et la part des pauvres.

363. Un négociant a acheté du charbon à 48 fr. 65 les 1.000 kilogrammes. Il paie 4.540 francs de transport pour le tout, et 0 fr. 18 de droit par hectolitre. En revendant son charbon à 5 fr. 40 l'hectolitre, il gagne 15 %. En admettant que le mètre cube de charbon pèse 849 kilogrammes, on demande le poids du charbon qui a été vendu.

364. Un père a 35 ans; son fils en a 10; dans combien d'années l'âge du fils sera-t-il la moitié de celui du père?

365. Une montre marque 7 heures. Trouver à quel moment la grande aiguille sera éloignée du point 12 heures du cadran de la même distance que la petite aiguille du point 6 heures.

366. Dans un terrain rectangulaire de 36 mètres sur 22 m. 50 payé 24.000 francs l'hectare, on a construit une maison qui a coûté 8.100 francs. Sachant que le 1/5 du prix du loyer est absorbé par les impôts et les frais d'entretien, trouver combien il faudra louer la propriété pour retirer un revenu qui représente 5 % du capital employé.

367. Deux vaisseaux partent ensemble pour la même destination, éloignée de 860 lieues de leur point de départ, et ils suivent la même route. Le premier fait 12 lieues 3/4 en 3 h. 1/4; le second fait 25 lieues 1/2 en 6 h. 3/4. On veut savoir la différence qui les séparera 50 heures après le départ, celui des deux qui arrivera le premier, et combien de temps il arrivera avant l'autre. Exprimer ce temps à une minute près.

368. Un négociant a placé dans le commerce une somme de 80.000 fr. pendant 6 ans. Cette somme lui a donné chaque année un bénéfice égal à son vingtième. Au bout de ce temps, il a retiré son capital et les bénéfices, et il a employé tout cet argent à acheter une ferme de 120 ha. 75 a. 1/3 du terrain de cette ferme est en labour et le reste en herbage. Le prix de l'hectare en labour égale la moitié du prix de 1 hectare en herbage. On demande : 1° combien coûte la ferme; 2° quel est le prix de l'are de labour; 3° combien vaut l'hectare de l'herbage.

369. Une montre avance de 6 minutes par jour. Elle est mise à l'heure le 1er du mois à midi. Quelle sera l'heure exacte lorsque, le 7 du même mois, elle indiquera 4 h. 37 minutes dans l'après-midi?

370. 7 hectares, 9 ares de vigne valent 15 hectares, 30 ares de prairie, et 28 hectares de prairie valent 62 hectares, 5 ares de bois. Quel est le prix d'un hectare de bois quand l'hectare de vigne vaut 5.300 francs?

371. Des ouvriers qui travaillent ensemble sont répartis en trois groupes, dont le premier comprend 5 ouvriers de plus que le second, et 8 de plus que le troisième. Les ouvriers du premier groupe sont payés à raison de 2 fr. 25, par jour et par homme; ceux du deuxième, 3 fr. 25; ceux du troisième 4 fr. 25.

La totalité des salaires s'élève par jour à 144 fr. 75. Combien y a-t-il d'ouvriers dans chaque groupe?

372. Une compagnie industrielle fait un emprunt en obligations de 500 francs payables, soit en une seule fois, le 1er juillet, avec un escompte de 3 1/2 %, soit en trois fois, c'est-à-dire en demandant 125 francs le 1er juillet, 150 francs le 15 octobre, 225 francs le 31 janvier de l'année suivante. — Est-il plus avantageux pour une personne dont l'argent est placé à 4 1/2 %, d'adopter la combinaison des trois paiements partiels que de ne faire qu'un seul paiement?

372. Une montre qui avance chaque jour (24 heures) de 8 minutes et demie est réglée un jour à midi. Au bout de combien de temps marquera-t-elle l'heure exacte, si elle continue à marcher sans être réglée?

374. Je veux envoyer à un de mes amis de l'argent par la poste; j'acquitte tous les frais qui sont : 1 % sur la somme que touchera mon ami, 0 fr. 25 de timbre et 0 fr. 15 d'affranchissement de la lettre d'envoi. Je dépose 167 francs entre les mains de l'employé de la poste; quelle somme recevra mon ami?

375. Une institution où la durée des cours est de 11 mois chaque année a eu 120 élèves pendant la dernière année scolaire; 2 de ses élèves ont fréquenté l'établissement pendant deux mois seulement; 20 pendant 6 mois, et les autres y sont restés 11 mois. Sachant que le montant des recettes a été de 68.880 francs, on demande quel était le prix de la pension annuelle (11 mois).

376. Deux personnes se sont partagé un tas de bois de 6 mètres de long; 0 m. 88 de large et 1 m. 50 de haut. La première en a pris les 5/8 et la deuxième le reste. Combien chacune en a-t-elle eu de stères et quelle somme a-t-elle dû payer si le tas entier vaut 78 fr. 60?

377. Entre deux propriétés estimées 2.425 francs l'hectare, d'un revenu de 3,25 %, existe un lambeau de terre inculte de 16 m. 25 de long sur un mètre de large au sujet duquel ont plaidé les deux propriétaires voisins. Il en a coûté au perdant 720 francs et au gagnant 91 francs. On demande : 1° la valeur réelle de ce lambeau de terrain; 2° combien de fois il a été porté au-dessus de sa valeur par les frais du procès; 3° ce que coûterait l'hectare à ce taux; 4° combien il faudra, pour couvrir les frais du procès, que le perdant consacre d'années du revenu de sa propriété qui a 160 à. 75.

378. Une construction communale est mise en adjudication au rabais. Un premier soumissionnaire offre de la faire pour la somme de 14.861 fr.; un second demande 46 fr. 20 de plus que le premier, et il fait ainsi un rabais de 3,20 % sur le montant du devis. On demande quel est le montant de ce devis, et quel rabais pour cent offrait le premier soumissionnaire.

379. On a ensemencé 3 ha. 50 ares de terre avec 7 hl. 70 litres de blé; le rendement a été de 1.225 gerbes. Sachant que 100 gerbes produisent 7 hectolitres 5 litres de blé, quel est le produit d'un litre de semence? Combien faudrait-il cultiver d'hectares de terre pour récolter 345 hl. 45 litres de blé?

380. Une personne a acheté, une première fois, 15 kilogr. de café et 12 kilogrammes de sucre pour 69 francs. Une autre fois, elle a acheté aux mêmes conditions, 17 kilogrammes de café et 14 kilogrammes de sucre pour 79 francs. Quels sont les prix du kilogramme de café et du kilogramme de sucre?

381. La descente d'une montagne se fait ordinairement dans les 0,73 du temps employé à l'ascension. Une personne est descendue en 3 h. 57 m. 12 secondes de l'hospice du mont Saint-Bernard. L'ascension s'est faite en 7 minutes par 53 mètres. A quelle hauteur est situé l'hospice?

382. En revendant un terrain de 2 ha. 21 pour 117.130 francs, on a gagné 6 % sur le prix d'achat. On demande : 1° combien on avait payé le mètre carré de ce terrain; 2° combien de mètres cubes de froment produirait ce terrain mis en culture à raison de 17 litres par are.

383. La farine de froment absorbe 58 % d'eau pendant le pétrissage; pendant la cuisson, une partie de cette eau s'évapore, de telle sorte que 118 kilogrammes de pâte fournissent 100 kilogrammes de pain. Combien le boulanger peut-il retirer de pains de 3 kilogrammes d'un sac de farine pesant 125 kilogrammes?

384. Un propriétaire convertit en pâture 3 hectares de terre arable qui lui rapportaient 110 francs par hectare, soit 5 % du prix d'achat. Cette transformation lui coûte 12 fr. 50 l'are. Quelle est la valeur de la propriété ainsi transformée? Si le revenu annuel est de 950 francs, combien cette propriété lui rapporte-t-elle pour cent?

385. On achète trois pièces d'étoffe de même qualité pour une somme totale de 1.931 fr. 37. La première a 12 mètres de plus que la seconde, la seconde 45^m75 de plus que la troisième; celle-ci coûte 270 fr. 50. Quelle est la longueur de chaque pièce?

386. Un négociant a acheté 12 pièces de drap de chacune 40 mètres, à raison de 11 francs le mètre, et il veut faire, en revendant le tout, un bénéfice de 20 % sur le prix d'achat. Il en a déjà revendu 230 mètres à 12 fr. 50 le mètre. Combien doit-il vendre le mètre de ce qui reste, pour arriver à réaliser les 20 % de bénéfice total, et quel sera le bénéfice pour cent sur le prix de vente?

387. La distance de Paris à Bordeaux est de 578 kilomètres. Un train express part de Paris à 9 h. 30 m. du matin et arrive à Bordeaux à 10 h. 34 m. du soir. On demande quelle est la vitesse moyenne de ce train et à quelle heure arrivera à Bordeaux un train rapide qui part de Paris 3/4 d'heure avant le précédent et dont la vitesse moyenne surpasse celle de l'autre de 19 km. 064 par heure.

388. Un particulier répand uniformément dans une cour de forme rectangulaire une couche de sable de 3 centimètres d'épaisseur, au prix de 4 fr. 50 le mètre cube. Sachant que la dépense s'est élevée à 136 fr. 89 et que la largeur de la cour est exactement les 2/3 de la longueur, on demande les deux dimensions de cette cour.

389. Un petit marchand achète, à 9 francs la douzaine, des objets qu'il revend en détail 0 fr. 90 la pièce. En outre, on lui fait une remise de 5 %

sur le prix d'achat et on lui donne le 1/13 par-dessus la douzaine. Quel est le bénéfice de ce trafiquant sur la vente de chaque objet ?

390. Un père marche avec son jeune fils ; le fils est obligé de faire 5 pas pendant que son père en fait 4. Au bout de 2 km. 700 le fils a fait 1.000 pas de plus que le père ; dites, en millimètres, la longueur d'un pas du père et la longueur d'un pas du fils.

391. Trois associés ont consacré à une entreprise des capitaux différents : le premier a mis 16.832 francs ; le second 10.625 fr. ; celui-ci a apporté, outre sa mise, un brevet qui lui donne droit d'après l'acte de société, au prélèvement de 8,5 % sur les bénéfices, avant leur partage.

Au moment de la liquidation, le premier associé reçoit 1.854 fr. 25 et le troisième 2.524 fr. 25. On demande : 1º le montant du capital engagé par le troisième associé ; 2º le montant des sommes qui reviennent au deuxième-associé pour sa mise et son brevet ; 3º le bénéfice total de la société.

392. Un aubergiste a acheté un certain nombre de litres de vin. Il les revend au détail à 0 fr. 60 le litre, en faisant un bénéfice de 20 %. Sachant que le prix de vente de 15 litres représente les 3/40 du prix de tous les litres, on demande : 1º quel est le prix d'achat du litre ; 2º combien de litres l'aubergiste avait achetés.

393. Au moment où un propriétaire se dispose à vendre son blé et son vin, il survient une baisse de 6 francs par hectolitre sur le prix du vin et une hausse de 2 fr. 50 sur le prix du blé. S'il vendait tout, les nouvelles conditions du marché lui feraient perdre 300 francs. Il vend la totalité du blé, mais seulement les 2/3 du vin, et retire de cette vente ce qu'il en aurait retiré aux anciennes conditions. Combien avait-il de blé et de vin à vendre ?

394. Deux trains de chemin de fer font le trajet de Paris à Lyon, l'un en 8 h. 50, l'autre en 18 heures. — Le premier fait 29 km. 317 à l'heure de plus que le second. Calculer à un kilomètre près la distance de Paris à Lyon.

395. Un métallurgiste, qui établit ses prix de vente sur un bénéfice de 8 % vend la tonne de fer 266 francs. Il emploie dans son usine un minerai qui renferme 70 % de fer ; mais le traitement de ce minerai entraîne un déchet de 4 % du fer qu'il contient.

Combien ce métallurgiste a-t-il traité de tonnes de minerai dans une année où il a gagné 28.000 fr. 32.

396. Deux bicyclistes roulent sur une piste circulaire de 360 mètres de tour, tantôt dans un sens, tantôt en sens contraire. Quand ils marchent dans le même sens, le premier dépasse le second toutes les minutes ; quand ils marchent en sens contraire, ils se croisent à des intervalles réguliers de 12 secondes. Quelles sont les vitesses des deux cyclistes en mètres à la seconde et en kilomètres à l'heure ?

397. Un sol renferme 75 % d'argile ; on veut qu'il n'en contienne plus que 70 % dans une couche superficielle de 0ᵐ1 de profondeur, et pour cela on se propose d'y ajouter une terre légère qui n'en renferme que

25 %. Combien faudra-t-il transporter de mètres cubes de cette terre par hectare du sol à amender?

Chaque mètre cube transporté revient à 3 fr. 50; la récolte représentait, dans le premier sol d'une valeur de 1.100 francs l'hectare, un revenu de 1 fr. 50 % du capital d'acquisition du terrain. La valeur de la récolte a quintuplé. Y a-t-il avantage à amender le sol? Combien rapporte-t-il actuellement pour 100 du capital engagé?

398. Deux pièces de drap d'inégale longueur sont de même qualité : les 3/4 de la première valent les 5/6 de la deuxième, et, si on les vendait toutes deux, à 12 francs le mètre, on recevrait une somme d'argent dont le poids serait 6 lit. 84 d'eau distillée. Quelle est la longueur de chaque pièce?

399. Un marchand a directement acheté d'un vigneron 225 litres de vin; il a distribué ce liquide en bouteilles de 0 lit. 60 qu'il vend 0 fr. 70 l'une. A ce compte, il gagne 286 fr. 76 pour 1000 sur ses déboursés. Sachant que les frais de transport, de régie et de manipulation s'élèvent aux 16/35 du prix d'achat, on demande la somme versée au vigneron.

400. Un lingot de cuivre pèse 330 grammes de plus dans l'air que dans l'eau distillée; on l'emploie à la composition du métal destiné aux pièces divisionnaires d'argent. Combien faut-il y ajouter d'argent, et combien de pièces de 0 fr. 50 pourra-t-on fabriquer avec l'alliage obtenu? — La densité du cuivre est 8,8.

401. L'eau de mer a une densité de 1,02, et contient 2 % de son poids de sel. On en a introduit, à une certaine hauteur. dans un bassin rectangulaire de 80 mètres de long ,et 48 mètres de large. L'évaporation terminée, on a recueilli 11.750 kgr. 4 de sel. — Quelle hauteur avait l'eau introduite dans le bassin?

402. Trois compagnies d'ouvriers, qui sont entre elles comme 3, 5 et 7, ont fait un ouvrage auquel elles ont travaillé pendant des nombres de jours proportionnels à 4, 3 et 2. La première compagnie, qui compte 12 ouvriers, a reçu 1.152 francs. Sachant qu'un ouvrier gagne 6 francs par jour, on demande le nombre des ouvriers et des jours de travail de chaque compagnie, ainsi que la somme payée pour l'ouvrage entier.

403. Une propriété vendue aux enchères a été adjugée pour 36,000 fr. On demande la mise à prix, sachant qu'à la première enchère, l'augmentation a été de 1/5 de la mise à prix, qu'à la deuxième enchère l'augmentation a été le 1/4 de la mise à prix, et qu'à la troisième enchère l'augmentation a été le 1/29 de l'enchère précédente.

404. Une ménagère a acheté, à raison de 1 fr. 75 le mètre, de la toile écrue pour faire trois douzaines de chemises. Au lavage, cette toile se raccourcit de 1/19 de sa longueur. On demande combien cette ménagère a dépensé, sachant qu'il faut 2ᵐ50 de toile blanchie pour faire une chemise, que la façon et les fournitures coûtent 1 fr. 65 par chemise et que le marchand a fait sur le prix de la toile une remise de 3 fr. 75 %.

405. On emploie pour un ouvrage 36 ouvriers (hommes, femmes et enfants). Le nombre des hommes est double de celui des femmes, et celui-ci est les 5/3 du nombre des enfants : la journée d'un homme vaut 1 fr. 75 de plus que celle d'une femme, et 3 fr. 25 de plus que celle d'un enfant. Le salaire total, pour 6 journées de travail de chacun des 36 ouvriers, s'élevant à 750 francs, on demande : 1° le nombre des ouvriers de chaque catégorie (hommes, femmes et enfants); 2° le prix de la journée de chaque ouvrier.

406. On a acheté, à raison de 7 fr. 60 le stère et revendu 1 fr. 10 le quintal métrique, une certaine quantité de bois. Le bénéfice net, augmenté de ses intérêts simples à 5 % par an pendant deux mois douze jours, a produit une somme avec laquelle on a pu payer, à raison de 150 francs l'are, un jardin ayant la forme d'un trapèze, dont les bases mesurent 50 mètres et 30 m. 80 et la hauteur 20 mètres.

Trouver combien on avait acheté de stères de bois sachant :

1° Que la densité de ce bois est 0.8;

2° Que les frais d'achat et de vente de ce même bois se sont élevés à 240 francs.

407. Combien pourra-t-on faire de kilogrammes de pain avec un sac de blé de 160 litres ? Le poids de ce blé n'est que les 3/4 du poids d'un même volume d'eau, il perd les 0,28 de son poids par la mouture et 3 kilogrammes de farine donnent 4 kilogrammes de pain.

Quelle sera la valeur de ce pain à raison de 0 fr. 395 le kilogramme ?

408. Un champ qui est affermé 50 francs est mis en vente. L'impôt annuel est de 4 fr. 75; les frais divers s'élèvent à 15 francs et les frais d'acte sont le douzième du prix d'acquisition. Quelle est l'enchère que l'acquéreur ne devra pas dépasser s'il veut que son argent lui rapporte 3 fr. 50 % ?

409. Les aiguilles d'une montre sont actuellement sur midi. On demande : 1° à quelle heure elles se trouveront de nouveau l'une sur l'autre;

2° A quelle heure elles seront en prolongement;

3° A quelle heure elles seront à angle droit.

410. Une ferme a une superficie totale de 120 hectares dont les 80/100 sont en terres labourables. Le 1/3 de ces terres labourables a été ensemencé en blé, un autre 1/3 en avoine. La récolte par hectare, dans la partie ensemencée en blé, a été de 16 hectolitres de blé et de 3.680 kilogrammes de paille; dans la partie ensemencée en avoine, de 36 hectolitres d'avoine et de 3.200 kilogrammes de paille. Trouver la valeur de la récolte sur chacune de ces deux portions de terrain, sachant d'autre part : 1° que 159 kilogrammes de blé se vendent en moyenne 36 fr. 16, et 159 kilogrammes d'avoine 28 fr. 62; 2° qu'à poids égal le prix de la paille de blé est les 3/4 du prix du blé, et celui de la paille d'avoine les 5/6 de celui de l'avoine. L'hectolitre de blé pèse 75 kilogrammes; l'hectolitre d'avoine pèse 45 kilogrammes.

411. On demande comment on peut mélanger du vin à 0 fr. 60 le litre et du vin à 0 fr. 80 le litre, de manière qu'il y ait 100 litres de plus du second vin que du premier et que le litre du mélange revienne à 0 fr. 75.

412. Par la torréfaction le café vert perd 1/5 de son poids. En vendant son café moulu au prix de 0 fr. 75 les 125 grammes, un épicier fait un bénéfice de 25 %. Ce café vert était un mélange de cafés achetés à 3 fr. 45

et à 4 fr. 50 le kilogramme. Dans quelle proportion a-t-il fait le mélange pour obtenir 70 kilogrammes de café moulu à vendre au détail?

413. Un marchand a acheté trois pièces de drap, la première à 6 francs le mètre, la deuxième à 5 fr. 70 le mètre et la troisième à 4 fr. 20 le mètre. Il les a revendues avec un bénéfice de 5 % et la vente a produit 642 fr. 60. On sait que la première pièce a coûté à elle seule autant que les deux autres ensemble, et que la seconde a coûté 104 fr. 40 de plus que la troisième. On demande la longueur de chaque pièce.

414. Un particulier dépense les 3/7 de sa fortune pour l'acquisition d'une propriété sur laquelle il fait bâtir une maison qui lui coûte les 2/5 de ce qui lui reste. Il loue le tout 1.000 francs et retire ainsi 3 fr. 75 % des sommes qu'il a déboursées. Quel est le prix de la propriété et le prix de la maison?

415. Cinq personnes s'associent pour exploiter une industrie. La première apporte les 8/21 de la mise de la deuxième, la troisième les 7/16 de la mise de la première. La mise de cette première personne est les 4/5 des mises réunies des deux derniers associés, lesquelles forment un total de 28.000 francs et sont l'une à l'autre dans le rapport de 5 à 9. On demande quel est le capital engagé dans l'opération et quelle est la part de bénéfice de chaque associé, lorsque, dans un partage proportionnel aux mises, celui qui a engagé la plus petite somme gagne 3.675 francs.

416. Un réservoir rectangulaire de 7 mètres de long et de 3 m. 10 de large a une profondeur inconnue; on sait seulement qu'après y avoir versé 385 myriagrammes d'eau pure, et après y avoir fait couler pendant 8 heures 45 deux fontaines qui fournissent, l'une, 12 hectolitres 3/4 en une heure 1/2, et l'autre 1 mc. 7/8 en 1 h. 1/4, le bassin s'est trouvé rempli aux 5/8. Calculer la profondeur inconnue.

417. Un lingot d'argent au titre de 0,835 pèse 1 kgr. 750, on demande avec quelle quantité d'un autre lingot d'argent au titre de 0,950 on devrait le fondre pour obtenir un troisième lingot au titre de 0,900.

418. Un terrain a la forme d'un trapèze dont la base inférieure a 24 mètres de plus que la base supérieure; sa hauteur est de 75 mètres. Ensemencé en colza, il a produit 40 hectolitres de graine à l'hectare; la graine, qui pesait 65 kilogrammes à l'hectolitre, a donné 32 % de son poids d'huile. Cette huile, vendue à 125 francs le quintal, n'a été payée qu'après 125 jours, avec l'intérêt à 6 % l'an. Le propriétaire ayant reçu 414 fr. 05, on demande les bases du trapèze.

419. Les sources nouvellement acquises par la Ville de Paris débitent 1.280 litres à la seconde; sachant que entre la prise des eaux et leur arrivée au réservoir il y a une déperdition de 1/128 du volume total, on demande quelle devra être la hauteur du réservoir pour que le niveau de l'eau amenée en 24 h. ne dépasse pas les 4/5 de cette hauteur, la base de ce réservoir étant rectangulaire et mesurant 274m32 sur 100 mètres.

420. Une personne achète deux terrains rectangulaires; le premier qui a 95 mètres de longueur a été payé 7.125 francs à raison de 300 francs l'are; le second a 57 mètres de long et son prix d'achat est les 24/25 de celui du premier. Sachant que l'are du second coûte le double de l'are du premier, on demande la largeur de chaque terrain; on demande également quel prix il faudrait les revendre l'are pour qu'en plaçant la somme produite à 4,5 % on se fasse un revenu de 637 fr. 50.

421. Un ménage a acheté à crédit le 5 septembre 1913 un ameublement estimé 675 francs et il doit payer l'intérêt à 6 %. Le 15 mai 1914 il a versé 260 francs; le 12 décembre suivant 325 francs. Quelle somme aura-t-on dû donner le 15 juin 1915 pour acquitter la dette? On comptera l'année de 360 jours.

422. Un épicier a acheté 380 kilogrammes de café de première qualité et 150 kilogrammes d'une qualité inférieure coûtant 8 fr. 50 de moins le quintal. — Il revend le mélange 2 fr. 80 le kilogramme avec un bénéfice de 12 % sur le prix coûtant.
Combien a-t-il payé, à un centime près, le quintal de chaque sorte de café?

423. La livre de 8 bougies coûte 1 fr. 50; chaque bougie a 17 centimètres de longueur et on en consomme 32 millimètres par heure. Quelle différence de dépense y aurait-il au bout d'un mois de 30 jours si, au lieu de cette bougie, on brûlait de l'huile du prix de 65 centimes le demi-kilogramme à raison de 1 kilogramme pour 6 jours et 5 heures d'éclairage par jour?

424. Un marchand a acheté une pièce d'étoffe sur laquelle il veut gagner 120 francs. Il a vendu une première fois le 1/5 de la pièce, une deuxième fois le 1/4 du reste, une troisième fois le 1/3 du nouveau reste et une quatrième la 1/2 du dernier reste. Ces quatre ventes produisent le prix d'achat plus 20 fr. de bénéfice. Quel est le prix d'achat?

425. On achète pour 17.500 francs une maison qui est louée annuellement 750 francs. Les dépenses pour entretien, assurance, frais divers, sont évaluées chaque année à 3/10 % du prix d'achat. A quel taux a-t-on placé son argent? Y aurait-il eu avantage à le placer en rentes françaises à 4 1/2 % au cours de 106 fr. 10 (sans tenir compte des frais)?

426. Trois associés ont fait 57.000 francs de bénéfice dans une entreprise; la part du premier est les 5/4 de celle du deuxième; celle du troisième est la dixième partie de celle du premier.
Ce bénéfice représente les 2/25 des capitaux engagés dans l'entreprise. On demande :
1° Quelle est la part de bénéfice de chaque associé;
2° Quel est le capital fourni par chacun d'eux sachant que les parts des bénéfices sont proportionnelles aux mises.

427. On a mélangé 480 kilogrammes de farine du prix de 0 fr. 35 le kilogramme et 520 kilogrammes d'une qualité supérieure, du prix de 0 fr. 70 le kilogramme. Combien y a-t-il de kilogrammes de chaque qualité dans une portion du mélange valant 319 fr. 20?

428. Pour construire deux portions de ligne de chemin de fer d'égale importance quant au travail, un entrepreneur emploie 50 ouvriers dans chacune. Au bout de 40 jours, les $\frac{2}{5}$ du premier travail et la moitié du

BRÉMANT. — Math, Brevet   8 second sont faits. Calculer combien il faudrait ajouter d'ouvriers de la seconde équipe à la première pour terminer le premier travail en 80 jours en tout.

429. Deux compagnies peuvent faire le même travail, l'une dans 11 jours, l'autre en 15 jours. On prend 1/3 des ouvriers de la première et 3/5 des ouvriers de la seconde. En combien de jours fera-t-on l'ouvrage?

430. Le 23 mai 1914, un propriétaire a payé 514 fr. 20 pour le prix principal et l'intérêt simple, à 5 % l'an, d'un plancher circulaire ayant 8^{m}75 de diamètre, terminé le 4 novembre 1913. — A combien serait revenu le mètre carré, si le propriétaire avait payé au jour de l'achèvement du plancher?

431. Un boulanger emploie 69 kilogrammes de pâte pour obtenir 60 kilogrammes de pain. Pour faire 180 kilogrammes de cette pâte, il a fallu 120 kilogrammes de farine; et pour faire 200 kilogrammes de cette farine, il a fallu 266 kilogrammes 2/3 de froment. Sachant que le décalitre de ce froment pèse 7 kgr. 700, on demande combien ce boulanger fabrique de kilogrammes de pain avec 2 hectolitres de froment.

432. Une propriété rectangulaire a 328 mètres de longueur sur 152 mètres de largeur. Achetée à raison de 360 francs l'are, et revendue, partie à 400 francs l'are et le reste à 300 l'are, elle donne 1.000 francs de bénéfice.

On demande combien d'ares et de centiares ont été vendus à 300 francs l'are.

433. Un épicier a acheté des groseilles à 0 fr. 35 le kilogramme; elles lui donnent 76 % de jus auquel il ajoute un égal poids de sucre à 1 fr. 04 le kilogramme.

Il constate, après la cuisson, une diminution de poids de 16 % et il a 42 kgr. 42 de gelée. Il veut gagner, en les vendant, 25 % sur ses déboursés. — On demande :

1° Combien il doit vendre le kilogramme de gelée;

2° Le poids des groseilles et du sucre employés.

434. Un libraire achète des exemplaires d'un ouvrage classique, à raison de 2 fr. 60 l'exemplaire; on lui donne le treizième en plus. Il fait cartonner un certain nombre d'exemplaires qu'il revend au prix de 3 fr. 72 l'un, en faisant ainsi un bénéfice de 20 % sur le prix d'achat.

On demande quel est le prix de revient du cartonnage d'un exemplaire.

435. Un terrain ayant la forme d'un triangle de 225 mètres de base a produit, par hectare, 30.000 kilogrammes de betteraves, qui ont donné en sucre, les 5/100 de leur poids. La valeur totale de ce sucre, au prix de 110 francs le quintal, représente celle de 148 fr. 50 de rente 4 1/2 %, au cours de 108 fr.; quelle est la hauteur du triangle (sans tenir compte des frais)?

436. Un réservoir à base rectangulaire de 1^{m}20 de long sur 0^{m}90 de large, contient de l'huile d'olives qui n'occupe que les 5/8 de sa capacité. Si l'on achetait cette huile à 243 fr. l'hectolitre et qu'on la revendît à 290 francs le quintal, on gagnerait 97 fr. 20. La densité de l'huile étant 0,9, quelle est la profondeur du réservoir?

437. Un père de famille prend à Paris pour Lille 4 billets de 2e classe et un de 3e classe pour la somme de 109 fr. 30. — Au retour, il prend deux billets de 2e et trois billets de 3e pour la somme de 96 fr. 90.

1° Calculer la distance de Paris à Lille, sachant que la différence entre le prix du billet de 2e classe et le prix du billet de 3e classe est de 0 fr. 0248 par kilomètre. — 2° Calculer le prix du billet de 3e classe.

438. Un orfèvre a deux lingots d'or : le premier, de 560 grammes est au titre de 0,920; le second de 840 grammes, au titre de 0,750.

1° Combien faudrait-il prendre de l'un et de l'autre pour composer 238 grammes au titre de 0,840?

2° Si l'on fondait ensemble ces deux lingots, quel serait le titre de l'alliage obtenu?

3° Les deux lingots étant alliés, que faudrait-il y ajouter pour former de l'alliage au titre de la monnaie, et combien pourrait-on fabriquer de pièces de 5 francs?

439. Une somme inconnue a été divisée en parties directement proportionnelles aux nombres 3, 4, 5. Les 2/3 des 7/8 de la deuxième part placés à 4 1/2 % l'an pendant 152 jours et augmentés de l'intérêt produit forment la somme de 9,986 fr. 20. — Calculer les parts et la somme inconnue.

440. Les frais nécessaires pour extraire le cuivre d'un quintal de minerai s'élèvent à 5 fr. 75.

On a acheté, à raison de 18 francs le quintal, une certaine quantité de minerai, dont la teneur en cuivre est 12 %.

Quand on extrait le cuivre du minerai, il se perd les 0,02 du cuivre que le minerai contient; à quel prix revient le quintal de cuivre?

441. On a placé sur l'un des plateaux d'une balance un sac de monnaie contenant :

1° 7 francs, en monnaie de bronze;

2° 80 francs en monnaie d'argent;

3° 10 pièces de 5 francs en or, 6 pièces de 10 francs, 15 pièces de 20 fr. et 3 pièces de 50 francs.

Sur l'autre plateau, on place un vase en fer blanc, ayant la forme d'un décimètre cube et pesant, vide, 380 gr. 500; puis on verse dans ce vase assez d'eau pour établir l'équilibre entre les deux plateaux.

On demande : 1° quelle quantité d'eau on a dû verser; 2° à quelle hauteur cette eau s'élèvera dans ce cube. (Il ne sera pas tenu compte du poids du sac vide).

442. Un négociant vend une pièce d'étoffe dans les conditions suivantes : 1° les 2/7 de la pièce à 2 fr. 45 le mètre; 2° le tiers du reste à 2 fr. 80 le mètre; 3° enfin ce qui reste à 2 fr. 10 le mètre.

Sachant que ce dernier coupon était de 16 mètres, et que le négociant se fait, dans l'ensemble de ces ventes, un bénéfice de 12 %; on demande quel était son prix d'acquisition.

443. Deux villes A et B sont éloignées de 240 kilomètres.

Deux trains partent le matin :

L'un de A vers B, à 8 h. 24 m., avec une vitesse de 40 kilomètres à l'heure; l'autre de B vers A, à 9 h., avec une vitesse de 32 kilomètres à l'heure.

1° A quelle distance se fera la rencontre?

2° A quelle distance les deux trains seront-ils l'un de l'autre 1 heure 1/2 après le départ du second?

444. Une ménagère a acheté, à raison de 1 fr. 75 le mètre, de la toile écrue pour faire trois douzaines de chemises. Au lavage, cette toile se raccourcit de 1/19 de sa longueur. On demande combien cette ménagère a dépensé, sachant qu'il faut 2^{m}50 de toile blanchie pour faire une chemise, que la façon et les fournitures coûtent 1 fr. 65 par chemise et que le marchand a fait sur le prix de la toile une remise de 3 fr. 75 %.

445. Une personne, ayant une certaine somme à sa disposition, achète une maison et une propriété dont le prix est les 3/4 du prix de la maison. Il lui reste alors le cinquième de la somme, et elle place ce reste, moitié en 4 %, moitié en 4,5 %. Ce placement lui rapporte 1.487 fr. 50 par an.

On demande quel est le montant du prix de la maison, du prix de la propriété, de la somme placée et de la somme totale.

446. Un père et son fils creusent un fossé; ensemble ils le termineraient en 15 jours. Après y avoir travaillé tous deux pendant 6 jours, le fils seul achève le fossé en 30 jours. Combien chacune de ces personnes mettrait-elle de jours pour creuser séparément le fossé?

447. Une personne achète un lot de marchandises contenant 125 mètres de soie, 142 mètres de mérinos, 180 mètres de jaconas pour la somme de 2.372 francs. Le prix du mètre de mérinos est les 3/5 de celui du mètre de soie, et le prix du jaconas le 1/4 du prix du mérinos. Vu l'état de la saison, la personne doit perdre 7 % sur le prix du jaconas; elle peut vendre le mérinos à 15 % de profit; à quel prix doit-elle vendre le mètre de soie pour gagner 12 % sur le prix total des marchandises?

448. Un négociant achète 20 sacs de blé de 150 kilogrammes chacun au prix de 82 francs le sac. Il se trouve 135 kilogrammes avariés qu'il revend les 3/4 de ce qu'ils ont coûté. Combien doit-il revendre le kilogramme du reste pour faire néanmoins un bénéfice de 15 % sur la somme totale qu'il a déboursée?

449. Un voyageur part de Paris à 6 h. 5 minutes du matin pour arriver à Boulogne à 1 h. 37 minutes du soir. Le lendemain, il repart de Boulogne à 12 h. 35 minutes pour retourner à Paris avec la même vitesse. Sachant que Paris est à 254 kilomètres de Boulogne, on demande de calculer: 1° la distance de ces deux villes au point de la ligne où il se trouvera à la même heure que la veille; 2° l'heure à laquelle il passera par ce point.

450. On place la moitié d'une somme à 4 %, et 5 mois plus tard, le tiers de ce qui reste à 4,5 %. Au bout de 2 ans, comptés à partir du premier placement, les intérêts simples s'élèvent à 1.867 fr. 50. Quelle est la somme?

451. Un billet à ordre payable le 8 novembre est escompté le 16 juin précédent, au taux de 5,5 % l'an. Le banquier prélève, outre l'escompte, une commission de 1/4 % sur le montant du billet, et une somme fixe de 8 fr. 50, pour frais d'encaissement. Le porteur a reçu 715 fr. 35. — On demande quel était le montant du billet. (Les mois seront comptés pour leur durée réelle.)

452. On sait que 10 mètres de drap coûtent autant que 15 mètres de soie; que 6 mètres de soie ont la même valeur que 8 mètres de cachemire; que 12 mètres de cachemire valent 18 mètres de mérinos; et enfin, que pour avoir 1 mètre de chacun de ces tissus, il faut verser 30 francs. Quel est le prix du mètre de chaque étoffe?

453. Un négociant a perdu dans une affaire le vingtième et le douzième de ce qu'il possédait : il lui reste encore les trois quarts de ce qu'il a perdu plus 16.100 francs. Quelle somme possédait-il?

454. Une personne se propose d'acheter du thé et du café. Si elle prenait 12 kilogrammes du premier et 7 kilogrammes du deuxième, elle dépenserait 133 fr. 50; mais si elle prenait 9 kilogrammes du premier et 11 kilogrammes du deuxième, elle dépenserait 7 fr. 50 de moins. Trouver le prix du kilogramme de chaque marchandise.

455. On a fabriqué une certaine quantité de monnaie de bronze dont la valeur est de 1.158 fr. 30. Sachant qu'il y a eu un déchet de fabrication de 2 1/2 %, on demande quel poids de chacun des métaux qui entrent dans l'alliage des monnaies de bronze il a fallu mettre au creuset.

456. On a deux capitaux tels que les 3/4 du premier égalent les 4/5 du second.

Si l'on plaçait à 4,5 % pendant 4 mois les 2/3 du premier et la 1/2 du second, on recevrait 49 fr. 05 d'intérêts.

Trouver la valeur de chaque capital.

457. Une fermière vend des poulets pour 91 fr. 20 et des dindons pour 180 francs. Le prix d'un poulet est le 1/3 de celui d'un dindon, et le nombre des poulets surpasse de 13 celui des dindons. Trouver : 1° le prix d'un poulet et celui d'un dindon; 2° le nombre des poulets et celui des dindons vendus.

458. Le foin perd, par la fenaison, 48 % de son poids; et le foin sec subit, dans le grenier, une perte de 12 % du poids qu'il avait quand on l'a rentré. Un propriétaire pourrait vendre son foin sur pied, à raison de 210 francs l'hectare; il refuse cette proposition et ne vend son foin que 8 mois après la récolte, à raison de 4 fr. 25 les 50 kilogrammes. On demande de combien il a perdu ou gagné à cette opération, sachant que la prairie produit 60 quintaux métriques de foin vert à l'hectare; que la récolte totale pesait, quand on l'a remisée, 26.000 kilogrammes, et qu'enfin, s'il avait vendu son foin sur pied, il aurait pu placer, à 6 %, le prix de vente et les 165 francs de frais que la récolte lui a occasionnés.

459. Une machine fabrique 1.500 briques par heure. Quel poids de briques peut-elle fournir par journée de 12 heures, si les dimensions de ces briques sont : 0^m25, 0^m14, 0^m06, et que le mètre cube pèse 2.170 kilogrammes?

460. Une mercière, qui veut réaliser un bénéfice de 18 % sur ses achats, a des jupes qui lui reviennent à 20 francs et à 25 francs pièce. Un client lui demande 43 jupes pour 1.180 francs. Combien la mercière doit-elle livrer de jupes de chaque sorte?

461. 2 ouvrières travaillent ensemble : la 1re gagne par jour 1/4 de plus que la 2e. Au bout d'un certain temps, la 1re qui a travaillé 8 jours de plus que la 2e a reçu 120 francs, et la 2e, 80 francs. Combien chacune gagnait-elle par jour ?

462. 4 compagnies font un ouvrage : la 1re en 24 jours ; la 2e en 18 jours ; la 3e en 15 jours ; la 4e en 12 jours.

On prend pour faire le même ouvrage : les 2/3 de la 1re ; les 3/5 de la 2e ; les 5/6 de la 3e ; la 1/2 de la 4e.

On demande au bout de combien de jours et d'heures l'ouvrage sera fait.

463. 2 instituteurs ont touché des appointements dont le total s'est élevé pour l'année à 6.600 francs. Le 1er a dépensé les 2/3 de ce qu'il a gagné, le 2e a dépensé les 3/4, de plus il leur reste ensemble 1.965 francs.

On demande ce que chacun d'eux a gagné dans l'année.

464. On a un lingot d'or pesant 320 grammes au titre de 0,640, et on veut élever ce titre à 0,720 ; mais au lieu d'or pur, on ne peut employer à cela qu'un autre lingot de même matière au titre de 0,780. Combien doit-on allier de grammes de ce dernier au premier lingot pour obtenir le titre demandé ?

465. Une personne possède 78.000 francs ; elle en emploie une partie à acheter une maison, place le tiers de ce qui lui reste à 4 % et les deux autres tiers à 5 %. Elle retire de ces deux placements un revenu de 2.870 francs. Quel est le prix de la maison ?

466. 2 personnes se sont associées et ont mis 800 francs dans un commerce qui leur a rapporté 150 francs de bénéfice. La 1re a retiré, mise et bénéfice, 570 francs. On demande la mise de chacune et le bénéfice de la 2e.

467. Un marchand achète un lot de moutons à 3 prix. Il a payé le 1/3 à raison de 21 francs par tête ; les 2/5 à raison de 19 francs et le reste à raison de 15 francs. Il revend le tout pour la somme de 1.674 francs et gagne ainsi le 1/5 du prix d'achat. De combien de moutons se compose le lot ?

468. Une femme porte un panier d'œufs au marché. Elle vend à une première personne les 2/5 du contenu de son panier, à une deuxième les 2/3 du reste, à une troisième la moitié de ce qui reste après sa vente à la deuxième. Une quatrième personne prend le dernier reste qui se compose de douze œufs. Combien d'œufs y avait-il en tout ?

469. Un marchand a acheté 15 barils d'huile à 160 francs l'hectolitre. Il a revendu le tout avec un bénéfice de 10 % sur le prix d'achat. Avec ce bénéfice, il pourrait acquérir une pièce de terre rectangulaire de 72m25 de long sur 34m50 de large, qui vaut 75 francs l'are. Combien chaque baril contenait-il de litres d'huile ?

470. Deux frères se partagent un héritage par portions égales qu'ils emploient différemment. Tandis que le premier achète de la rente 3 % à 94 francs tous frais compris, le deuxième achète du 5 % à 104 fr. 50, frais compris aussi, et au bout de vingt-cinq mois ses revenus ont dépassé ceux de son frère de 462 francs. Quel était le montant de l'héritage ?

471. En vendant 4 fr. 50 le kilogramme un sac de café torréfié qui lui coûtait 2 fr. 775 le kilogramme, un épicier a réalisé un bénéfice de 17 fr. 55. Sachant que par la torréfaction le café perd un tiers de son poids, on demande.

1º Combien pesait le sac de café vert?

2º Combien l'épicier gagne pour cent du prix d'achat?

472. Une personne achète un cheval et le revend 2.921 fr. 25, perdant ainsi 5 % sur le prix d'achat. Combien aurait-elle gagné ou perdu % en le revendant 3.305 fr. 625?

473. Deux sœurs ont hérité de la même somme; au bout de quelques années, l'aînée a augmenté son capital de 0,45 de ce capital et la plus jeune a dépensé 0,75 du sien. L'aînée a alors 43.524 fr. 60 de plus que sa sœur. Quel était le montant de l'héritage et quel est actuellement le capital de chaque sœur?

474. En fondant ensemble deux lingots d'or, l'un au titre de 0,95, l'autre au titre de 0,7, on obtient un alliage de 600 grammes au titre de 0,8. On demande de calculer, avec ces données :

1º Les poids respectifs des deux premiers lingots;

2º Le poids d'or pur qu'il convient d'ajouter au lingot total de 600 grammes pour en obtenir un quatrième au titre de 0,9;

3º Enfin, le nombre de pièces de 20 francs que fournirait ce quatrième lingot s'il était monnayé.

475. On a du vin pesant 9 hgr. 9 décagr. par litre, et de l'huile pesant 9 hectogrammes par litre. Un fût rempli de ce vin pèse 109 kgr, 2 hgr. vin et fût compris; le même fût rempli de cette huile pèse 102 kilogrammes huile et fût compris. On demande la contenance et le poids du fût.

476. Le poids du cuivre contenu dans une certaine somme en pièces de 10, de 5 et de 2 centimes est 14 kgr. 763. Déterminer : 1º le poids de chacun des autres éléments métalliques; 2º la valeur de cette somme; 3º le nombre des pièces de chaque espèce, sachant qu'il y a 3 fois autant de pièces de 5 centimes et 6 fois autant de pièces de 2 centimes que de pièces de 10 centimes.

477. Le blé pèse 75 kilogrammes à l'hectolitre et fournit 84 % de son poids de farine; on admet que 15 kilogrammes de farine donnent 18 kilogrammes de pain et qu'une personne consomme par jour 720 grammes de pain. On demande à quelle hauteur, dans un bassin rectangulaire de 12ᵐ50 de long sur 10 mètres de large, il faut réunir du blé pour nourrir, pendant 70 jours, une population de 120 habitants.

478. Une maîtresse ouvrière a associé ses auxiliaires à ses bénéfices; elle prélève seulement 1/13 de la recette pour ses frais généraux, et reçoit les 5/4 du salaire d'une ouvrière. Dans le cours d'une quinzaine, la maîtresse a travaillé 13 jours de 12 heures; la 1ʳᵉ ouvrière 12 jours de 11 heures; la 2ᵉ ouvrière 10 jours de 10 heures. Cette dernière a reçu 13 fr. 44 de moins que sa compagne. On demande ce qu'ont reçu les ouvrières et la maîtresse, ainsi que le prélèvement de celle-ci.

479. Un particulier a payé le 1/6 de ce qu'il devait en fournissant du vin à 12 fr. 40 le double décalitre, puis la moitié du reste en pièces d'argent.

La deuxième partie a été payée en pièces d'or. Sachant que le poids de celles-ci était de 150 gr., on demande : 1° quel était le montant de la dette; 2° quelle quantité de vin il a fourni.

480. Deux lingots d'or, l'un au titre de 0,920, l'autre au titre de 0,860, ont des poids tels que, si on les fond ensemble, on obtient un lingot au titre de 0,900 et pesant autant que 1.085 pièces de 20 francs. Calculer les poids des deux lingots primitifs.

481. Une personne qui a fait 2 parts de sa fortune en place 1/4 à 3,60 % et cette partie lui rapporte 2.000 francs par an. A quel taux doit-elle placer le reste pour avoir un revenu annuel total de 9.000 francs?

482. On achète une propriété du prix de 84.000 francs composée de champs, prés et bois; les prés ont les 2/3 de la valeur des champs et les bois les 3/4 de la valeur des prés; les champs rapportent 3 %, les prés 4 %, et les bois 3 %. On demande le revenu de la propriété et quel revenu on aurait en achetant de la rente 3 % au cours de 75 francs au lieu de la propriété. (Sans frais divers.)

483. Une avenue a été plantée, des deux côtés, en arbres fruitiers : sur 1/10 de sa longueur en cerisiers; sur les 2/9 du reste, en pruniers; sur la moitié du nouveau reste, en poiriers; sur le 1/3 du reste nouveau, en pommiers; et les 84 mètres restant ont été plantés en noyers.
Sachant que les arbres sont espacés de 6 mètres en 6 mètres, on demande : 1° la longueur de l'avenue; 2° le nombre total des arbres.

484. Un négociant a des vins qui lui reviennent à 76 francs, 68 francs, et 62 francs l'hectolitre. On lui demande 225 litres de vin pour 180 francs. Sachant qu'il veut gagner 15 % sur ses déboursés et employer 3 litres du premier vin pour 2 litres du deuxième, combien doit-il prendre de litres de chaque sorte?

485. Un marchand achète un certain nombre de sacs de blé d'une même qualité pour 6.400 francs. Il revend les uns à 42 francs, les autres à 43 francs et gagne ainsi 6 % sur son prix d'achat. Son bénéfice aurait été de 7 1/2 % s'il avait pu vendre tous ses sacs à 43 francs.
Combien avait-il acheté de sacs?
Combien avait-il payé chaque sac?
Combien a-t-il vendu de sacs à 42 francs et combien à 43 francs?

486. Une serviette de forme rectangulaire, détachée d'une pièce plus longue et plus large, a 0 m. 95 de long, 0 m. 70 de large. On fait un ourlet de 0 m. 005. De combien l'étendue de la serviette est-elle diminuée?

487. Un marchand achète 1.000 kilogrammes de café vert à 4 francs le kilogramme prix brut, et obtient un escompte de 5 %. Un vingtième de ce café étant avarié, il le cède à 3 francs le kilogramme. Il grille le reste, qu'il vend ensuite 5 fr. 50 le kilogramme. Son bénéfice, sur le total de la vente étant de 634 fr. 50, on demande combien pour % le café vert perd de son poids par le grillage.

488. Une salle de classe dont le sol est rectangulaire a 8^m 75 de longueur et 6^m 20 de largeur. Elle renferme 34 élèves et un maître qui ont chacun 5 m^3 115 d'air à respirer. Le nombre des élèves étant devenu

49, on demande de combien il faudra élever le plafond pour que ces 49 élèves et le maître aient encore 5 m³ 115 d'air à respirer.

489. Une famille comprenant le père, la mère et 3 enfants va de Paris à Limoges en wagon de 1ʳᵉ classe. Elle débourse pour le voyage 162 fr. 50. Le père est militaire et paie 1/4 de place, 2 enfants de moins de 7 ans ne paient que 1/2 place. On demande la distance de Paris à Limoges sachant que le prix par place et par kilomètre est en 1ʳᵉ classe de 0 fr. 125?

490. Six héritiers se partagent une somme de 32.000 francs. Le premier reçoit une somme inconnue; le deuxième, 4 fois la part du premier; le troisième, 1/2 part du premier moins 120 francs; le quatrième le 1/4 de la part du deuxième, moins 415 francs; le cinquième autant que le premier et le quatrième, moins 320 francs; le sixième autant que le premier et le troisième, plus 540 francs. Quelle est la part de chacun?

491. Un vaisseau de guerre poursuit un vaisseau marchand. Ils sont séparés par une distance de 67.135 mètres. Le vaisseau de guerre parcourt 14 milles marins à l'heure, tandis que le vaisseau marchand ne parcourt que 8 milles marins. Le mille marin étant de 1.852 mètres, combien de temps dure la poursuite?

492. Un certain nombre de pièces d'or de 20 francs et de pièces d'argent de 5 francs forment une somme de 20.570 francs. Le nombre des pièces de 20 francs est les $\frac{3}{5}$ de celui des pièces de 5 francs.

Cela posé, on demande :

1º Le nombre des pièces de chaque espèce;
2º Les poids d'or, d'argent et de cuivre contenus dans la somme.

493. Une famille de 6 personnes a consommé, en une année bissextile, le blé fourni par un terrain rectangulaire de 172ᵐ 5 de long, qui a produit 24 hectolitres à l'hectare. Ce blé qui pesait 75 kilogrammes par hectolitre, a donné les 16/25 de son poids de farine. Convertie en pâte, la farine a augmenté des 3/5 de son poids, et, à la cuisson, la pâte a perdu les 3/10 de son poids. Sachant qu'une personne consomme 750 grammes de pain par jour, on demande la largeur du terrain.

494. Une personne place un capital en 3 parties de la manière suivante : la première partie à 4 % pendant 3 ans 9 mois; la deuxième à 4,50 % pendant 3 ans 8 mois; la troisième à 5 % pendant 3 ans 6 mois. Le deuxième capital est triple du premier, et le troisième est le double du second. Ces trois parts ont rapporté un intérêt simple total de 2.373 francs. On demande quel est le capital et les trois parts.

495. Un propriétaire possède un terrain rectangulaire ayant 57ᵐ 20 de long et 27 m. 50 de large. Il les vend, emploie les 2/3 de l'argent qu'il retire à payer une dette et place le reste à 5 %. Au bout d'un an, 1 mois et 6 jours, il retire pour le capital et les intérêts réunis 11.616 fr. 60. On demande le prix du mètre carré. On compte l'année de 360 jours et le mois de 30 jours.

496. On place les 3/8 d'un capital à 4 fr. 50 % par an pendant 4 ans, et le reste à 5 % par an pendant le même temps. Sachant que la somme des intérêts simples ainsi produits est de 1.455 fr. 30, calculer ce capital.

497. On a un lingot d'argent au titre de 0,839 qui peut fournir des pièces divisionnaires pour une somme de 63.760 francs. On demande la quantité d'argent fin qu'il faut ajouter à ce lingot pour obtenir un alliage de 0,900.

498. Trois blocs de glace sont tels que le volume du premier surpasse de 1/8 celui du deuxième, que celui du deuxième n'est que les 16/27 de celui du troisième et que la différence des volumes du premier et du troisième est de 1 m³ 005093. Calculer combien de litres d'eau donnera la fusion de toute cette glace, en supposant que l'eau augmente de 1/9 de son volume en passant de l'état liquide à l'état solide.

499. Une personne a placé à intérêt simple deux sommes, l'une en argent, l'autre en or, la première à 6 % et la deuxième à 4 1/2 %. On demande de déterminer ces deux sommes, sachant qu'elles ont le même poids, et que la différence de leurs intérêts au bout d'un an est de 2.868 fr. 75.

500. Partager 252 francs entre trois personnes de manière que la seconde ait les 3/4 de la part de la première, et que la part de la troisième soit égale à la demi-somme des parts des deux autres.

501. On partage une certaine somme entre trois personnes : la première en prend 1/8 plus le 1/4 du reste; la deuxième prend les 3/5 du reste plus 20 francs; enfin il reste 70 francs à la troisième; quelles sont les parts de chacune?

502. On avait un lingot composé d'argent et de cuivre de façon que le poids du cuivre était les 4/11 du poids de l'argent pur. On a fondu ce lingot avec 610 grammes d'argent pur et l'on a pu, avec l'alliage ainsi obtenu, fabriquer de la monnaie divisionnaire.
Quel était le poids du lingot primitif?
Quelle somme de monnaie a-t-on obtenue finalement?

503. Trois associés ont fait une entreprise qui a procuré à leurs capitaux un intérêt annuel de 8 %. La mise du premier a été placée pendant 15 mois; celle du deuxième qui en était les 5/4 a été avancée pendant 8 mois; celle du troisième qui était les 7/10 de la mise du deuxième, a été placée pendant 10 mois. Sachant que le troisième associé a retiré 24.000 francs en capital et en bénéfice, on demande de calculer les mises et les bénéfices des 3 capitalistes.

504. Trois héritiers se sont partagé une certaine somme en raison inverse des nombres 3, 4 et 5. Le troisième héritier a placé sa part à 4 1/2 %, et il en obtient un revenu annuel qui, en monnaie d'argent pèse autant que les 2/5 de l'eau distillée contenue dans une caisse rectangulaire dont les dimensions sont 0ᵐ15, 0ᵐ12 et 0ᵐ09. Quelle était la somme à partager?

505. On fond ensemble 100 francs en pièces de 5 francs en argent, 100 francs en pièces de 1 franc, 100 grammes d'argent pur et 30 grammes de cuivre; 1° quel est le titre de l'alliage obtenu; 2° est-il supérieur ou inférieur à celui des pièces de 5 francs; 3° quel poids de métal devra-t-on ajouter à l'alliage obtenu pour faire un lingot qui puisse servir à la confection de pièces de 5 francs, et combien de ces pièces en pourrait-on faire?

506. Une marchande a acheté 340 mètres de dentelle au prix de 2 fr. 35 le mètre. Elle revend 220 mètres avec un bénéfice de 10 % sur le prix d'achat, mais elle est obligée de céder le reste à perte. La vente terminée, elle fait un bénéfice de 21 fr. 70. On demande les divers prix de la vente de la dentelle.

507. Trois associés ont placé dans une entreprise, le premier 8,000 fr. pendant 10 mois; le deuxième 12.000 francs pendant 6 mois; le troisième 5.000 francs pendant 13 mois. Le bénéfice s'est élevé à 17.360 francs.
On demande quel est le bénéfice de chaque associé, et à quel taux s'est trouvé placé l'argent employé à cette entreprise.

508. Deux automobiles sont parties de Paris en suivant une même direction : la première à 8 heures du matin avec une vitesse égale aux 3/5 de celle de la seconde qui est partie à 10 h. 50. Après la rencontre, les automobiles ont poursuivi leur route pendant 2 h. 1/2 et, à l'heure de l'arrêt, la seconde avait distancé la première de 30 kilomètres.
A quelle heure a lieu la rencontre, et quelles sont les distances parcourues par chacune d'elles à la fin de la course ?

509. Une personne place une partie de sa fortune à 5 % et l'autre à 4 %; elle a ainsi un revenu de 1.240 francs. Si la somme placée à 4 % l'était à 5 % et réciproquement, son revenu augmenterait de 40 francs. On demande les sommes placées à 5 % et à 4 %.

510. J'achète un terrain de 1 hectare 1/2. Ne pouvant payer immédiatement, je paie les intérêts du prix d'achat à 3 1/2 %. Au bout de 3 ans, je verse, pour le prix d'achat et les intérêts, une somme dont les 9/10 sont en monnaie d'or et le reste en monnaie d'argent. Cette somme pèse 24 kgr. 500. Quel est le prix d'achat de l'are du terrain ?

511. Trois entrepreneurs ont construit une maison qui leur a été payée 123.650 francs. Le premier avait avancé 42.000 fr. pendant 8 mois, le deuxième 26.000 francs pendant 15 mois, le troisième 31.000 francs pendant 4 mois.
Quel est le bénéfice de chacun ?

512. Un marchand a acheté du charbon à 35 fr. 40 la tonne. Il paie 223 fr. 60 de transport et de frais. Il revend son charbon à raison de 4 fr. 95 l'hectolitre en faisant, sur son prix de revient, un bénéfice de 20 %. Le mètre cube de charbon pesant 937 kilogrammes et demi, on demande le poids du charbon qu'il a acheté.

513. On met dans un plateau d'une balance un poids P, et dans l'autre plateau un poids triple, 3 P. On rétablit ensuite l'équilibre en remettant dans le premier plateau 3 litres d'huile contenus dans un récipient, et dans l'autre plateau 620 francs en or.
Le récipient où l'huile est contenue pèse, vide, 400 grammes et on sait que la densité de l'huile est de 0,90. Quelle est la valeur de P ?

514. Un marchand vend une pièce de drap en trois fois. Le premier coupon est les $\frac{2}{7}$ de la pièce; le second est formé des $\frac{4}{5}$ du reste, et le troisième, qui a une longueur de 8 mètres, est vendu 22 francs. Dans chacune de ces ventes, le marchand réalise un bénéfice de 10 %. On demande : 1° combien de mètres contenait la pièce; 2° le prix de vente total; 3° le prix d'achat.

515. Une personne achète deux champs; la superficie du premier est à celle du second comme 7 est à 21; mais 25 m² du premier valent autant qu'un are du second. Sachant que les deux champs ont coûté ensemble 15.125 fr. 60 et que leur superficie totale est de 4 hectares 32 ares 16 centiares, trouver le prix de l'are de chacun d'eux.

516. On fond un décimètre cube d'argent pur avec un volume de cuivre suffisant pour former un alliage au titre de 0,900. Calculez en centimètres cubes et millimètres cubes le volume du cuivre, sachant qu'un décimètre cube d'argent pèse 10 kgr. 47 et un décimètre cube de cuivre 8 kgr. 85. Calculez le plus grand nombre de pièces de 5 francs que l'on peut fabriquer avec le lingot résultant de cet alliage.

517. On fond du cuivre avec 400 pièces de 5 francs en argent pour fabriquer de la monnaie divisionnaire.
1° Quelle quantité de cuivre faut-il ajouter pour opérer cette transformation?
2° Combien pourra-t-on fabriquer de pièces de 1 franc avec le nouvel alliage?

518. Une personne place dans une entreprise un certain capital. A la fin de la première année ce capital s'est accru de ses $\frac{2}{7}$, mais pendant la deuxième année, il a diminué de $\frac{1}{8}$ de ce qu'il était devenu après la première. Le bénéfice de la troisième année représente le $\frac{1}{12}$ du capital primitif; enfin le gain réalisé pendant la quatrième année est égal à celui de l'ensemble des trois premières. Calculer la valeur du capital primitif sachant qu'au bout de ces quatre années, il est devenu 26.180 francs.

519. Une étoffe perd au lavage 1/20 de sa longueur et 1/16 de sa largeur. Quelle longueur de cette étoffe faut-il pour obtenir, après lavage, 85 m² 1/2 la largeur primitive étant de 0m80.

520. Une somme de 2.317 francs se compose de poids égaux de monnaies d'or, d'argent et de bronze. On demande quelle somme représente chacune de ces trois espèces de monnaie.
Sachant que la partie qui est en monnaie d'argent est formée de pièces de 5 francs, quelle quantité de cuivre faudrait-il y ajouter pour obtenir un alliage d'argent au titre de 0,835?

521. Un négociant commence une entreprise avec une somme de 21.000 francs; 8 mois plus tard, un associé s'y intéresse pour une somme de 180.000 francs; et 14 mois plus tard, un nouvel associé s'y intéresse pour une somme de 300.000 francs. L'entreprise, après avoir duré 6 ans donne un bénéfice de 148.000 francs. Sachant que le premier négociant doit prélever une prime de 6 % sur le bénéfice avant tout partage, on demande ce qui revient à chacun des trois associés.

522. On a vendu les 7/12 d'une propriété à raison de 1.280 francs l'hectare et le reste à raison de 1.125 francs l'hectare. Si l'on avait vendu la propriété tout entière à raison de 1.209 fr. 65 l'hectare, on aurait perdu 16.954 francs. Trouver l'étendue de la propriété et le prix qu'on en a retiré par la vente en deux lots.

523. Un homme boit le tiers du vin qui remplit un verre, il le remplit ensuite en y versant de l'eau et il boit le tiers du tout; il le remplit une seconde fois avec de l'eau et en boit encore le tiers. Quelle partie du vin primitif reste-t-il encore dans le verre?

524. Ma montre avance de 11 minutes tous les 4 jours. Je la mets à l'heure le lundi à midi; le samedi suivant, je veux aller prendre le train à 8 h. 45 du matin; ma maison est à 25 minutes de la gare, et je désire arriver 5 minutes avant le départ du train. Quelle heure sera-t-il à ma montre au moment où je devrai partir de la maison?

525. Un propriétaire vend un terrain de 45 ares et fait à l'acheteur, qui paie comptant, un rabais de 2 % sur le prix convenu; d'autre part, il reçoit les 4/5 de la somme à percevoir en monnaie d'or et le cinquième en monnaie d'argent. Calculer le prix du mètre carré du champ, sachant que le vendeur a reçu 2 kgr. 925 de monnaie.

526. Un propriétaire achète à crédit, à raison de 5.400 francs l'hectare, deux terrains, dont le second a la moitié de la contenance du premier plus 3 ares. Au bout de quinze mois, il paie, prix d'achat et intérêt à 4 % compris, la somme de 13.948 fr. 20.
On demande les surfaces des deux terrains.

527. Un vase contient le tiers de sa capacité de mercure; on met de l'eau dans les 5/6 du reste, et on achève de remplir le vase avec de l'huile. Le poids du vase est alors de 97 kilogrammes. Vide, il pesait 3 kgr. 000. On demande la capacité totale de ce vase, sachant qu'un centimètre cube de mercure pèse 13 gr. 6, et un centimètre cube d'huile 0 gr. 90.

528. Un lingot cylindrique d'or pur a 3 centimètres de rayon, et 7 décimètres de hauteur. La densité du métal est 19. On demande : 1º le poids du lingot; 2º le nombre de pièces d'or de 10 francs qu'on pourra fabriquer avec ce lingot.

On prendra :
$$\pi = \frac{22}{7}.$$

529. Une automobile ayant une vitesse de 60 km. 8 à l'heure est partie de Paris pour Bordeaux par Tours, à midi. Une seconde automobile est partie à 2 h. 5 (ou 2 h. 1/2) de Tours pour Bordeaux avec une vitesse de 48 kilomètres à l'heure.
On demande : 1º à quelle heure la première automobile a atteint la seconde; 2º à quelle distance de Bordeaux la rencontre a eu lieu.
On sait que la distance de Paris à Tours est de 232 kilomètres et celle de Paris à Bordeaux de 585 kilomètres.

530. 24 kilogrammes de sucre, 25 kilogrammes de chocolat et 10 kgr. 1/2 de thé ont coûté ensemble 256 fr. 20. On demande de trouver le prix du kilogramme de chacune de ces denrées en admettant que 2 kgr. 25 de chocolat coûtent autant que 9 kilogrammes de sucre, et que 7 kilogrammes de thé coûtent autant que 20 kilogrammes de chocolat.

531. Un marchand a reçu deux caisses contenant chacune 150 kilogrammes de thé; il a payé pour le tout 4.800 francs, et l'une des caisses lui coûte 600 francs de plus que l'autre. Le marchand veut faire un mélange de thé qui lui revienne à 1.500 francs les 100 kilogrammes. Combien doit-il prendre de chaque espèce?

532. Un tisserand a employé 9 jours pour fabriquer une pièce de toile de 60ᵐ75 de longueur. La quantité de fil nécessaire pour faire 4ᵐ50 est est de 1 kgr. 125; chaque écheveau pèse 0 kgr. 36 et l'on a 34 écheveaux pour 36 fr. 75. Enfin le tisserand est payé à raison de 25 fr. 20 par semaine de 6 jours. On demande d'après cela combien le fabricant devra vendre le mètre pour gagner 20 % sur le prix de revient.

533. Une personne avait placé les $\frac{10}{13}$ d'un capital à 2 1/2 % et le reste à 5 %. Le capital, au bout d'un an, lui est remboursé avec ses intérêts. Elle prélève alors une somme de 10.000 francs et prête le surplus à 4 %; le revenu est alors augmenté de 410 francs. Quel était le capital primitivement placé?

534. On a acheté pour 461 fr. 25 une pièce de velours et une pièce de drap formant ensemble une longueur de 35 mètres. La pièce de velours n'a que les 5/9 de la longueur de la pièce de drap, et 12 mètres de drap coûtent autant que 7 mètres de velours.

On demande : 1° la longueur de chaque pièce; 2° le prix du mètre de chaque étoffe.

535. On veut faire un alliage avec 100 francs en pièces de 5 francs en argent, 50 francs en pièces de 2 francs et 25 grammes de cuivre pur.

Quel sera le titre de cet alliage?

536. Un lingot, alliage d'argent et de cuivre, qui a pour titre 0,840, a été obtenu en faisant fondre dans un même creuset deux lingots dont les titres sont différents, qui ont fourni, l'un, 1.417,5 grammes et l'autre 15.781,5 grammes d'argent fin. Celui qui a fourni le plus grand poids d'argent a aussi apporté 2.961 grammes de cuivre de plus que l'autre. Quels sont les titres de ces lingots?

537. Sur un parcours donné, les grandes roues d'une voiture ont fait en moyenne 7 tours en 8 secondes, et les petites 5 tours en 4 secondes. Sachant que les petites roues ont fait 10.800 tours de plus que les grandes, dire quelle a été la durée du trajet et combien de tours ont fait les grandes roues et les petites.

Si le chemin parcouru est 114 kilomètres, quel est le diamètre de chaque roue?

538. Un boulanger a fait un achat de farine au prix de 28 francs le quintal métrique, il a vendu le pain 0 fr. 55 les 2 kilogrammes et il a réalisé un bénéfice total de 136 fr. 25. Sachant qu'avec 4 kilogrammes de farine

Il a fait 5 kgr. 1/2 de pain, et que les frais de fabrication se montent à 3 francs par 100 kilogrammes de pain, quel était le poids de la farine achetée?

539. Combien pourrait-on fabriquer de pièces en bronze de 0 fr. 10, de 0 fr. 05, de 0 fr. 02 et de 0 fr. 01, avec une masse de cuivre pesant 2.356 grammes, après y avoir ajouté l'étain et le zinc réglementaires?
On impose cette condition que la valeur de l'ensemble des pièces de chaque espèce soit la même.

540. Un commissionnaire en marchandises achète une pièce de drap de 20 mètres de longueur; il en garde le quart et cède le reste en trois coupons, dont les longueurs sont proportionnelles aux nombres 11, 15, 24; sachant que ces trois coupons ont été cédés : le premier à raison de 24 francs le mètre, le deuxième à 18 francs et le troisième à 25 francs, et que le bénéfice ainsi réalisé est de 8 % du prix d'achat de ces trois coupons, on demande : 1º le prix d'achat de la pièce entière; 2º le prix que le commissionnaire devrait vendre le coupon qui lui reste pour obtenir un bénéfice de 33 % sur le prix d'achat de ce dernier coupon.

541. Une étoffe, après avoir été mouillée, est réduite du $\dfrac{1}{15}$ de sa longueur et du $\dfrac{1}{16}$ de sa largeur.

Quelle longueur de cette étoffe ayant 0 m 80 de large faudra-t-il prendre pour en avoir 70 mètres carrés après le lavage?

542. On pourrait faire une robe avec 6 m 50 d'étoffe de 1 m 20 de largeur. Mais l'étoffe dont on dispose n'a que 0 m 75 de largeur et elle coûte 0 fr. 75 le double décimètre. Le montant de la façon et des fournitures devant s'élever aux 5/6 des 2/3 du prix du tissu, quel sera le prix de la robe avec la deuxième étoffe?

543. Un vase plein d'eau pèse 800 grammes, le poids du vase est le $\dfrac{1}{7}$ du poids de l'eau qu'il contient.

Combien pèserait ce vase si, au lieu d'être plein d'eau, il était plein d'alcool de densité 0,875?

544. Les élèves d'une école supérieure paient les uns 800 francs par an, les autres 600 francs. Le nombre total des élèves est de 61, parmi lesquels 4 sont admis gratuitement dont 3 de la première catégorie et 1 de la seconde. La somme représentant le prix de la pension de ces 4 élèves est égale aux $\dfrac{5}{72}$ de la rétribution totale des autres. On demande combien cette école reçoit d'élèves de chaque catégorie.

545. Une somme de 360 francs est composée de pièces d'argent et de pièces de bronze. Les 5/24 de la valeur sont en pièces de bronze, le reste en pièces de 5 francs en argent. Quel est le poids de cette somme et quel est le poids d'argent pur qu'elle contient?

546. Un rentier a placé $\frac{1}{3}$ de sa fortune à 5 %; les $\frac{2}{5}$ à 4 fr. 50 % et le reste à 4 %. Les deux premiers placements lui rapportent ensemble 1.500 francs. Quelle est la fortune de ce rentier? Trouver chacun des trois placements. Quel est le revenu total?

547. Un champ a la forme d'un rectangle : le périmètre est égal à 780 mètres; la différence entre la base et la hauteur est 150 mètres. Quelle est la surface du champ?
Ce champ a été acheté 10.000 francs; on le revend à raison de 35 francs l'are. Quel est le bénéfice total? quel est le bénéfice %?

548. On a placé un certain capital à 4 %. Au bout de deux ans et demi, on a retiré ce capital et les intérêts simples pendant ce temps; avec le tout, on a acheté 330 francs de rente française 3 % au cours de 83 francs. Quel était le capital placé?

549. Un entrepreneur s'est engagé à construire un bâtiment dans un délai déterminé. Il recevra 2.000 francs par jour mais payera 500 fr. par jour de retard. Le travail dure 224 jours et l'entrepreneur reçoit 388.000 francs. En combien de jours le bâtiment devait-il être achevé?

550. Un entrepreneur qui a occupé 15 hommes, 18 femmes et 4 enfants, leur paye une somme totale de 1.815 fr. 40. Combien reçoit chaque homme, chaque femme, chaque enfant, sachant que la part d'une femme est les $\frac{6}{13}$ de celle d'un homme et les $\frac{12}{5}$ de celle d'un enfant?

551. Une personne place les $\frac{2}{5}$ de sa fortune à 3 % et le reste à 4 %. Le deuxième placement lui rapporte 600 francs de plus que le premier. Quelle est sa fortune et quel est son revenu?

552. Un libraire a vendu 328 exemplaires d'un ouvrage; la moitié au prix du catalogue, l'autre moitié avec une remise de 10 % sur ce prix. Il avait obtenu lui-même de l'éditeur une remise de 25 % sur la totalité de la livraison. Il a ainsi gagné 98 fr. 40. Quel est le prix porté au catalogue?

553. Une ménagère porte au marché 7 paires de volailles, poules et canards. Elle vend ses poules 1 fr. 50 pièce, 2 fr. 60 pièce ses canards et reçoit pour le tout 27 fr. 60. Elle calcule qu'elle a fait ainsi un bénéfice de 8 fr. 80 sur le prix de revient. Chaque poule lui procure un bénéfice égal aux 5/8 du bénéfice fait sur un canard. Combien avait-elle de poules et de canards? A combien lui revenait chaque poule, chaque canard?

554. Un cultivateur achète pour en faire de l'engrais un monceau d'os de 52 mètres cubes à raison de 3 fr. 75 les $\frac{5}{6}$ de mètre cube. Il paye pour broyer ces os 1 fr. 50 par hectolitre mesuré après broyage. Par cette opération, le volume a augmenté de 15 %. On demande le prix total de l'engrais obtenu et à combien reviendrait la fumure de 6 hect. 25 de terre à raison de 36 hectolitres d'os broyés par hectare.

555. Une personne a placé au taux de 5 % une somme dont le revenu lui permet d'acheter, au prix de 0 fr. 75 le mètre carré, un champ de forme rectangulaire. Sachant que le périmètre de ce champ a 262 mètres et que sa longueur a 39 mètres de plus que sa largeur, on demande la somme placée au taux de 5 %.

556. Un négociant achète au comptant, à raison de 158 fr. l'hectolitre, 29 hectolitres d'huile d'olive dont la densité est 0,914. Il la revend le même jour 183 francs le quintal. On demande quel est son bénéfice s'il reçoit 4.000 francs au comptant et le reste en un billet payable dans 3 mois. L'escompte du billet sera pris à 6 %.

557. Dans une fabrique où l'on emploie des hommes, des femmes et des enfants, on a payé 309 fr. 50 pour 30 journées d'homme, 21 journées de femme et 28 d'enfant. Les salaires sont tels que 7 journées d'homme sont payées autant que 12 de femme, et que 4 journées de femme le sont autant que 7 d'enfant. On demande :
1° Le prix d'une journée d'homme;
2° Le prix d'une journée de femme;
3° Celui d'une journée d'enfant.

558. Un voyageur de commerce reçoit de son patron 12 francs par jour et 3 % de commission sur les ventes qu'il fait.
Après 112 jours de voyage, il a économisé 924 francs. Quel est le chiffre d'affaires faites par lui, sachant que sa dépense quotidienne s'élève à 15 francs?

559. Une personne place les $\frac{3}{7}$ de son capital à 4 1/2 %; les $\frac{3}{4}$ du reste à 3 1/2 %; le reste à 3 %. Ce dernier placement lui est remboursé au bout de 9 mois et reste 3 mois improductif.
Le revenu total de l'année a été de 3.192 francs.
Quel est le capital?

560. Dans une composition, l'élève classé le premier n'a pas fait de faute, le deuxième a fait $\frac{1}{4}$ de faute, le troisième $\frac{3}{4}$ de faute, le quatrième 1 faute, et le cinquième 1 faute $\frac{1}{2}$; combien chacun de ces cinq élèves aura-t-il de bons points sur 312 qui leur sont destinés, si la quantité donnée au deuxième est les $\frac{2}{3}$ de celle donnée au premier?

561. Deux ouvriers ont entrepris un ouvrage pour le prix de 150 francs. Le premier ferait, seul, l'ouvrage en 16 jours; le second, en 20 jours. Ils s'adjoignent un manœuvre et achèvent l'ouvrage en 8 jours, en travaillant tous les trois ensemble. Quelle sera la part de chaque travailleur proportionnellement à son habileté?

562. Un marchand, ayant acheté un lot de marchandises pour 3.540 fr., en vend le $\frac{1}{3}$ avec une perte de 4 %. De combien % doit-il élever son prix de vente pour qu'après avoir vendu le reste, il ait finalement un gain de 4 % sur la totalité de son affaire?

563. Un marchand a acheté pour 2.560 francs de marchandises, à 1 an de terme pour le payement, avec un escompte de 4 % par an, s'il paye avant le terme. Il se libère quelque temps après en donnant 2.480 fr. 64. Après combien de mois et de jours a-t-il payé?

564. On a acheté deux barils d'huile pesant ensemble, fûts compris, 1.012 kgr. 95. Le poids des fûts vides est $\frac{1}{75}$ du poids de l'huile, dont la densité est 0,925. Le plus grand fût contient $\frac{1}{2}$ hectolitre de plus que l'autre. Quelle est la valeur de l'huile contenue dans le plus petit tonneau à raison de 1 fr. 80 le kilogramme?

565. On allie 5 kilogrammes d'argent au titre de 0,920 à 6 kilogrammes au titre de 0,840 et à 3 kilogrammes au titre de 0,750. Trouver : 1° le titre de l'alliage; 2° le poids d'argent pur qu'il faudrait y ajouter pour obtenir un alliage au titre des pièces de 5 francs; 3° le nombre de ces pièces qu'on pourra fabriquer.

566. Une personne divise un capital en deux parties. Elle place la 1re à 5 % et la 2e à 3 %; elle obtient ainsi 420 francs d'intérêts en 1 an. Si elle avait placé la 1re à 3 % et la 2e à 5 %, elle aurait obtenu 380 francs d'intérêts. Quel était le capital entier?

567. Deux frères héritent d'une vigne et d'un champ dont les superficies sont entre elles comme 3 et 4 $\frac{1}{4}$. La vigne est estimée 32 francs l'are et le champ 25 francs l'are. Celui qui prend le champ donne 92 fr. 25 à celui qui a la vigne, et le partage est alors également fait. On demande la contenance de chaque parcelle.

568. Pendant une première année une personne augmente son avoir des 2/15 de sa valeur; pendant l'année suivante, elle augmente également des 2/15 de sa valeur ce qu'elle possédait à la fin de la première année. Si, chaque fois, l'augmentation au lieu d'être des 2/15, eût été de 1/5, cette personne aurait eu au bout de la deuxième année 10.500 francs de plus. On demande d'évaluer le montant de son avoir primitif.

569. On a trois alliages aux titres : 0,8 0,8, 0,9. On veut obtenir un lingot pesant 1 kgr. 5 au titre 0,82; quel poids faut-il prendre des 2 premiers alliages, si l'on prend 600 grammes du troisième?

570. Quel est le capital qui, placé à intérêts à 5 % pendant 1 an, 2 mois, 15 jours, a donné, capital et intérêts compris, une somme de 10.465 fr. 27? On comptera l'année de 360 jours et les mois de 30 jours.

571. Une dame a fait un héritage. Sur le montant de l'héritage le notaire a prélevé 11 % pour frais de succession. De la somme nette qu'elle a recueillie, l'héritière a fait deux parts; avec les $\frac{2}{7}$ de cette somme, elle a acheté une maison; avec le reste, elle a pu acheter 1.500 francs de rente $3\frac{1}{2}$ % au cours de 102 fr. 35. 1° Quel était le montant de l'héritage? 2° Quelle était la valeur de la maison?

572. Une laitière, voulant vérifier si le lait qu'on lui vend contient de l'eau, en achète 807 décilitres, elle le pèse et trouve que le poids est de 827 hectogrammes. Combien ce lait contient-il de litres d'eau, sachant qu'un litre de lait pèse 1.030 grammes?

573. Un capital inconnu a été placé à intérêt simple, pendant 3 mois, au taux de $2\frac{1}{2}$ %; après ce temps, on ajoute l'intérêt produit au capital primitif, on obtient 483 francs. Trouver la valeur du capital.

574. Une lingère a acheté une pièce de toile de 116 mètres et l'a fait laver. La toile s'est retirée des $\frac{3}{48}$ de la longueur. Si la lingère la revendait au prix coûtant, elle perdrait 18 fr. 20. Combien doit-elle revendre le mètre de toile pour avoir un bénéfice de 64 fr. 50?

575. Une personne a placé 63.420 francs en deux parties : l'une à 4 fr. 75 %, l'autre à 5 fr. 20 %. Les intérêts réunis de ces deux placements s'élèvent en 8 mois à 2.088 fr. 94. Quelle est la somme placée à chacun des deux taux?

576. Un homme emprunte 8.000 francs sous condition de payer un intérêt de 6 %. Au bout de 3 mois, il donne un acompte de 5.000 francs; mais 2 mois après ce versement, il emprunte encore 1.503 fr. 80. Enfin, après un nouvel intervalle, il s'acquitte complètement en donnant 4.748 fr. 10. Trouver le temps qui s'est écoulé depuis le premier versement jusqu'au règlement définitif.

577. Un marchand a du café Moka et du café Brésil. Le kilogramme de Moka lui revient à 0 fr. 90 plus cher que le kilogramme de Brésil. Il fait un mélange d'une partie de Moka contre deux parties de Brésil. Il vend ce mélange au prix de revient du Moka et gagne 20 % du prix auquel lui revient le mélange. A quel prix lui revient le kilogramme de Moka?

578. Une personne, partie à 7 h. 20 du matin par un train qui fait 25 kilomètres à l'heure, fait un séjour de 2 heures et demie dans son lieu de destination, et revient par un train marchant à raison de 36 kilomètres à l'heure, qui la ramène au point de départ à 8 heures du soir. Quelle est la longueur du trajet?

579. Un alliage de 300 kilogrammes contient 90 parties de cuivre et

10 parties d'étain. Quelle quantité de cuivre et d'étain faut-il ajouter pour obtenir un nouvel alliage formé de 67 parties de cuivre et 33 d'étain et pesant 540 kilogrammes?

580. Une somme de 240 francs est composée de pièces d'argent et de pièces de bronze. Les $\frac{5}{12}$ de la valeur sont en pièces de bronze, le reste en pièces de 5 francs en argent. Quel est le poids de cette somme et quel est le poids d'argent pur qu'elle contient?

581. Deux personnes ont à se partager un capital de 50.000 francs, de telle sorte que la part de la première augmentée de ses intérêts pendant 8 ans à 3 %, soit égale à la part de la deuxième augmentée de ses intérêts pendant 12 ans au même taux.

On demande : 1º quelle somme chacune d'elles devra-t-elle prendre sur les 50.000 francs? 2º avec cette somme, combien chacune d'elles pourra-t-elle acheter de rente 3 % au cours de 82 fr. 80 (sans frais)?

582. Un marchand de vin vend la moitié du vin qu'il a acheté avec un bénéfice de 0 fr. 15 par litre; le quart, avec un bénéfice de 0 fr. 10, le huitième avec un bénéfice de 0 fr. 05 et le reste avec une perte de 0 fr. 09 par litre. Il gagne ainsi 570 fr. Quelle quantité de vin a-t-il vendue?

583. Une personne vend une propriété dont la superficie est de 39 a. 49. L'acheteur en payant comptant obtient un rabais de 3 % sur le prix convenu et paye le reste, les $\frac{3}{4}$ en monnaie d'or et $\frac{1}{4}$ en monnaie d'argent. Sachant que la somme pesait au total 12 kgr. 450, on demande quel était le prix du mètre carré de la propriété.

584. Un cultivateur achète, à raison de 35 francs l'are, un champ qui a la forme d'un trapèze ayant une hauteur de 32 m. et dont les deux bases sont entre elles dans le rapport de 4 à 9.

Pour avoir 5 % de son argent, il faut que le cultivateur, fasse avec ce champ annuellement un bénéfice net de 182 francs. On demande de calculer : 1º la surface du champ; 2º les deux bases du trapèze.

585. Trois robinets coulent dans un bassin dont la capacité est de 45 litres. Le 1er et le 2e robinet coulant ensemble rempliraient le bassin en 25 minutes; le 1er et le 3e le rempliraient en 27 minutes. Le débit du 3e est les $\frac{3}{5}$ du débit du 2e.

On demande le débit de chaque robinet à l'heure et le temps que les trois robinets coulant ensemble mettraient à remplir le bassin.

586. Deux capitaux égaux, placés l'un à 3 %, l'autre à 2 fr. 75 % ont rapporté en 440 jours une somme qui, évaluée en argent, pèse 3 kgr. 375. Quels sont les capitaux?

587. Un capital, augmenté de ses intérêts simples, après 15 mois de placement à un certain taux, est devenu 7.437 fr. 50; le même capital, augmenté de ses intérêts pendant 18 mois, au même taux, deviendrait 7.525 francs. Calculer ce capital et le taux auquel il était placé.

588. Un vase A renferme 10 litres de vin et 5 litres d'eau; un deuxième vase B contient 7 litres de vin et 5 litres d'eau. On tire 5 litres de chacun de ces vases et on met les 5 litres provenant du vase A dans le vase B et les 5 litres du vase B dans le vase A. On demande la quantité de vin et d'eau qui se trouve dans chaque vase.

589. Dans quelle proportion faut-il mélanger deux sortes de farine valant l'une 27 francs, l'autre 33 francs le quintal, pour obtenir du pain revenant à 0 fr. 28 le kilogramme?
On sait que 100 kilogrammes de farine donnent 125 kilogrammes de pain et que, pour une fournée de 100 kilogrammes de pain, les frais de main-d'œuvre et de cuisson s'élèvent à 4 francs.

590. Le poids du blé est, à volume égal, les 0,8 du poids de l'eau distillée; le blé réduit en farine perd les 0,16 de son poids, tandis que la farine convertie en pain gagne, en absorbant de l'eau, les 0,4 de son poids; on suppose enfin que 30 gerbes de blé fournissent un hectolitre de grain. Cela posé, calculer en kilogrammes le poids du pain fabriqué avec 135 gerbes de blé.

591. Une personne achète 20 obligations au porteur, de 500 francs 3 %, d'un chemin de fer au cours de 464 francs. Quelle somme dépensera-t-elle pour cet achat, sachant qu'elle paye 1/10 % pour le courtage de l'agent de change? — Quel sera son revenu net et à quel taux place-t-elle son argent sachant qu'il est retenu comme impôt sur l'intérêt brut de l'obligation : 1° 4 % de cet intérêt; 2° 2 p. 1.000 de la valeur de l'obligation au cours de la Bourse?

592. Une pièce de toile de 45 mètres coûte 1 fr. 75 le mètre. On paye comptant et on bénéficie d'un escompte de 3 %.

L toile lavée se rétrécit des $\dfrac{2}{15}$ de sa longueur. On l'emploie alors à la confection de chemises, à raison de 3^m 25 par chemise. La façon des chemises s'élève aux $\dfrac{2}{5}$ de prix d'achat brut de la toile. Le prix des fournitures diverses a été de 3 fr. 90. Calculer le prix de revient d'une chemise.

593. Une ménagère en payant comptant les marchandises qu'elle achète, obtient une remise de 2 % sur la facture et donne 73 fr. 50 aux fournisseurs. Quel était le montant de la facture?
Cette personne a payé son achat 5 pièces de monnaie.
Dites lesquelles et calculez le poids total, ainsi que le poids du métal précieux.

594. Une femme et une jeune fille termineraient ensemble un ouvrage de couture en 10 jours. La femme tombant malade après 2 jours de travail commun, la jeune fille achève la besogne commencée en 12 jours. Si le prix de l'ouvrage est de 60 francs, quelle somme revient à chacune d'elles?

595. Une personne a légué par testament le $\frac{1}{3}$ de sa fortune au bureau de bienfaisance, le $\frac{1}{5}$ à la caisse des écoles; les $\frac{2}{7}$ à un parent pauvre, et le reste à sa domestique. A l'ouverture de sa succession, la domestique reçoit pour sa part 11.400 francs. A combien se montait l'héritage et quelles sont les valeurs des trois premiers legs?

596. Partager 9.800 francs entre trois personnes, de manière que la deuxième ait le double de la première, plus 125 francs et que la troisième ait les $\frac{3}{5}$ de ce qu'auront les deux premières.

597. Une personne place à 4 % une somme de 21.600 francs; 8 mois après, elle place à 5 % une somme de 20.880 francs.
On demande, en années, mois et jours, combien de temps après le premier placement les intérêts rapportés par les deux sommes seront devenus égaux.

598. Trois personnes s'étant associées ont réalisé un bénéfice de 11.330 fr. 45. On demande ce qui revient à chacune d'elles sachant que la mise de la première était de 757.350 francs, que celle de la deuxième était les $\frac{3}{4}$ de celle de la première, et que celle de la troisième était les $\frac{4}{5}$ de la demi-somme des mises des deux autres. On demande aussi à quel taux les deux premières ont placé leur argent.

599. On a un lingot d'argent pur pesant 3 kgr. 94, un autre lingot de 6 kilogrammes au titre de 0,840, et enfin 7.650 gr. de vieilles pièces de 5 francs. Combien faudra-t-il ajouter de cuivre à tout ce métal pour obtenir un alliage propre à la fabrication des pièces divisionnaires d'argent?

600. Deux personnes possèdent, à elles deux, 58.400 francs. La première a dissipé les $\frac{5}{8}$ de sa part et la seconde les $\frac{6}{11}$ de la sienne. Elles possèdent alors la même somme. Quelle est la part de chacune?

601. Un tailleur achète dans un magasin 8^m50 de velours et 12^m60 de toile pour 169 fr. 68. Une seconde fois, il achète 15^m20 de velours et 12^m60 de toile pour 268 fr. 17. Une troisième fois il achète 14^m20 de velours et 6^m80 de toile. Combien devra-t-il payer pour cette dernière acquisition, sachant que les étoffes ont la même qualité dans les trois cas?

602. La betterave donne en sucre 7 % environ de son poids, un mètre carré de terrain produit approximativemnet 3 kgr. 125 de betteraves, et 1.000 kilogrammes de betteraves valent 16 fr. 50. Quelle superficie faut-il ensemencer pour fournir à une fabrique qui doit produire annuellement 87.500 kilogrammes de sucre? Quelle est la valeur totale de la betterave récoltée?

603. Un fabricant a vendu une première fois 225 mètres de toile et 240 mètres de calicot pour 1.098 francs; une seconde fois, pour la même somme, 180 mètres de toile et 375 mètres de calicot de même qualité. Trouver le prix du mètre de toile et du mètre de calicot.

604. Deux champs, dont l'un est double de l'autre en superficie, ont coûté ensemble 3.342 fr. 47. Sachant que 5 ares du premier valent autant que 8 ares du deuxième et que leur superficie totale est de 1 ha. 6 a. 20 ca., on demande le prix de chacun d'eux.

605. Deux sommes diffèrent de 2.030 francs. On place l'une d'elles à 4 % pendant 20 mois, l'autre produit le même intérêt si elle est placée à 4 1/2 % pendant 24 mois. Trouver le montant de chacune des deux sommes.

606. Un négociant achète une pièce de drap qu'il paye à raison de 3 fr. 50 le mètre. Il en vend une première fois les $\frac{3}{7}$ avec un bénéfice de 18 % sur le prix d'achat; une deuxième fois, il vend le $\frac{1}{4}$ du reste avec 2 fr. 75 de bénéfice par mètre, enfin le dernier reste est vendu avec une perte de 4 % sur le prix d'achat. On demande la longueur totale de la pièce, sachant que le bénéfice total réalisé a été de 42 fr. 20.

607. Une étoffe, après avoir été mouillée est réduite de $\frac{1}{15}$ de sa longueur et de $\frac{1}{16}$ de sa largeur. Quelle longueur de cette étoffe faut-il employer pour avoir 101 m² 25 après le lavage, sachant qu'elle a 0^m80 de largeur avant le lavage?

608. Un oncle laisse par testament une fortune totale de 73.100 francs qu'il a distribuée entre ses trois neveux de la manière suivante : le premier reçoit une somme d'argent placée à 3,25 %; le deuxième un capital placé à 2 fr. 80 % et le troisième une maison estimée 20.000 francs et dont le revenu net par mois est 100 francs. Les trois lots ont produit en totalité pendant 10 mois, 2.320 francs d'intérêts. Trouver la part de chacun des deux premiers neveux.

609. Un bijoutier a 2 lingots d'argent pesant ensemble 187 grammes; le rapport du poids du premier au poids du deuxième est $\frac{13}{21}$.

1° Calculer le poids des 2 lingots;

2° Le bijoutier prend une première fois 24 grammes du premier lingot et 36 grammes du second et il en fait 60 grammes d'un alliage au titre de 0,750; une seconde fois il prend 14 grammes du premier lingot et 36 gr. du second, il en fait un alliage qui a pour titre 0,795. Quels sont les titres des deux lingots?

610. Deux personnes séparées par une distance de 7 km. 2 vont à la rencontre l'une de l'autre. Elles se rejoignent à 4 kilomètres de l'un des points de départ.

Si la personne qui va le moins vite était partie 9 minutes avant l'autre, la rencontre aurait eu lieu à mi-chemin. Quelle est par minute la vitesse de chaque personne ?

Vérifier les résultats.

611. Un tapissier a acheté 12 mètres de drap pour confectionner des rideaux. Il a employé pour doubler ces 12 mètres de drap une étoffe dont la largeur n'est que les $\frac{3}{4}$ de celle du drap et dont le mètre coûte les $\frac{2}{9}$ du prix du mètre de drap. Sur le prix total on lui a fait une remise de 10 % et il se trouve avoir payé 75 fr. 60 en tout. Quel est le prix fort du mètre de drap et du mètre de doublure ?

612. Une personne divise un capital en deux parties respectivement proportionnelles aux nombres 4 et 3, et elle les place respectivement à 5 % et à 6 % l'an. On sait que la somme des intérêts annuels de ces deux parties est égale à 1.957 francs.

1° Trouver la valeur du capital ;

2° Avec la somme de ce capital, et de son intérêt annuel, cette personne achète un terrain carré à 30 fr. 90 l'are.

Trouver le côté de ce terrain carré à moins d'un décimètre près.

Vérifier le résultat obtenu.

613. Deux personnes se présentent chez un banquier, la première avec un billet de 2.000 francs, payable dans 6 mois, la seconde avec un billet de 1.500 francs payable dans 90 jours. Le banquier escompte les deux billets au même taux et donne à la première personne 462 fr. 50 de plus qu'à la seconde. Quel est le taux de l'escompte commercial ?

614. Après avoir acheté deux coupons d'étoffe de même qualité, un négociant les revend ensemble 2.160 francs et réalise un bénéfice de 20 % sur le prix d'achat. Sachant que ces deux coupons ont une différence de longueur de 18 mètres, que la largeur du plus petit est les 5/6 de celle du plus grand et que les prix d'achat diffèrent de 360 francs, on demande de calculer la longueur et le prix du mètre de chaque coupon.

Vérifier.

615. Un vase en argent, plein d'eau pure, pèse 5 kgr. 800 ; plein d'huile dont la densité est 0,92, il pèse 5.480 grammes.

On demande : 1° la capacité du vase ; 2° son poids lorsqu'il est vide ; 3° le titre de l'alliage avec lequel il est fait, sachant qu'il contient 54 grammes de cuivre.

Vérifier.

616. Une ouvrière employée dans une maison de confections a reçu pour 22 journées de travail une somme de 81 fr. 50 et 5 mètres de drap. Pour 15 autres journées de travail pendant lesquelles son salaire journalier a été augmenté de 1/5, elle a reçu une somme de 72 fr. 25 et 2 m. 50 de drap de même qualité que le premier.

Calculer le nouveau salaire de cette ouvrière et le prix du mètre de drap. Vérifier.

617. Un tramway met 3/4 d'heure pour effectuer son parcours. Après 1/4 d'heure de marche, une avarie se produit dans la machine et la vitesse se trouve ralentie de 1/4. On demande quelle sera la durée du parcours. Vérifier.

618. Deux sœurs ont à se partager une succession consistant en pièces de terre et en une somme de 9.900 francs.

Le notaire fait deux lots : l'un comprend la somme de 9.900 francs et une partie des terres estimées 1 fr. 50 le mètre carré; l'autre comprend le restant des terres estimées à 30 francs l'are et d'une superficie huit fois plus grande que les terres du premier lot.

Sachant que les parts sont d'égale valeur, calculer les superficies des deux lots de terre.

Vérifier.

619. Trois équipes d'ouvriers pourraient faire le même travail, la 1re équipe en 8 jours, la 2e équipe en 10 jours et la 3e en 12 jours.

On prend la moitié des ouvriers de la 1re équipe, 1/3 de ceux de la 2e et 3/4 de ceux de la 3e. En combien de jours et fraction de jour l'ouvrage entier sera-t-il terminé? Quelle somme reviendra à chaque équipe employée, sachant que le travail entier a été payé 3.230 francs?

Vérifier.

620. Un particulier qui a mis des fonds dans une entreprise, reçoit 21.125 francs au bout de 5 ans pour le capital engagé et le bénéfice produit. Ce bénéfice est les 5/8 du capital engagé. Trouvez le capital, le bénéfice et le taux de placement (Ecole normale).

621. Un commerçant a acheté du drap à 8 fr. 50 le mètre. Il revend une partie de ce drap à raison de 10 fr. 20 le mètre et cède les 40 mètres qui lui restent au prix coûtant; son bénéfice est ainsi de 16 fr. 80 %.

Combien ce commerçant avait-il acheté de mètres de drap? (Ecole normale.)

622. Une boîte prismatique en fer blanc sans couvercle, a pour fond un rectangle dont la largeur est les 3/4 de la longueur; sa profondeur est de 15 centimètres.

Lorsqu'on la remplit avec un mélange formé de volumes égaux d'eau pure et d'un liquide dont la densité est 0,8, cette boîte pèse 18 grammes de plus que quand on la remplit avec un mélange formé de poids égaux des mêmes liquides. Trouver : 1o la capacité et les dimensions de cette boîte; 2o son poids quand elle est vide, le fer-blanc dont elle est faite pesant 20 grammes par décimètre carré (Ecole normale).

623. Un marchand a acheté 632 mètres de drap, il en a vendu une partie en gagnant 10 % et le reste en perdant 6 % sur le prix d'achat.

1o Sachant qu'il n'a ni gagné, ni perdu, trouver le nombre de mètres de chaque partie vendue.

2o Sachant qu'il a reçu 3.128 fr. 40 pour la vente de la première partie, trouver le prix d'achat du mètre.

Vérifier les résultats.

624. Un négociant présente à l'escompte 2 billets payables le 1er dans 5 mois et le 2e dans 2 mois 1/2; la valeur du second billet est les 2/3 de celle du 1er et l'escompte est de 6 %. Ce négociant achète avec la somme qu'il retire un terrain rectangulaire dont le périmètre est de 462 mètres et la largeur les 4/7 de la longueur.

Le terrain ayant été payé à raison de 2.500 francs l'hectare, on demande quelle était la valeur nominale des billets.

Vérifier les résultats.

625. On achète des pains de sucre de deux qualités. On paie pour les uns 1.122 francs et pour les autres 620 francs. Sachant qu'un pain de sucre de deuxième qualité coûte 3 fr. 20 de moins qu'un pain de sucre de première qualité et que 2 pains, un de chaque qualité, coûtent ensemble 34 fr. 20, on demande de calculer le nombre de pains de chaque qualité achetés.

Vérifier le résultat obtenu.

626. Le 25 novembre 1913, un cultivateur refuse de vendre au comptant sa récolte de blé au prix de 25 fr. 20 le quintal métrique.

Le 23 février 1914, il vend au comptant cette récolte au prix de 27 fr. 50 le quintal métrique.

Le blé s'étant desséché, il y a alors une perte de 397 kilogrammes sur la récolte totale. De plus, le cultivateur pouvait placer à 5 % le prix de sa récolte.

Sachant que le cultivateur n'a ni gagné, ni perdu, trouver le nombre de quintaux métriques de sa récolte.

627. Un capital a été placé à un taux tel que, au bout de 7 mois et 25 jours, on retire, capital et intérêts simples réunis, une somme de 51.998 fr. 75. Si on avait laissé ce capital produire intérêts pendant 10 mois et 15 jours, on aurait obtenu, capital et intérêts réunis, 52.338 fr. 75. On demande de calculer le capital et le taux. (On fera les calculs en prenant l'année de 360 jours et les mois de 30 jours.)

628. On verse de l'eau dans un vase jusqu'à ce qu'elle occupe les 2/5 de sa capacité. Un morceau de fer pesant 15 kgr. 912 immergé à moitié seulement dans l'eau, fait monter le niveau de l'eau de façon que le volume du vase compris au-dessous de ce niveau représente les 7/9 de la capacité du vase.

Quelle est cette capacité? La densité du fer est 7,8.

Vérifier le résultat obtenu.

629. Deux poids, dont l'un est double de l'autre, sont placés sur les deux plateaux d'une balance. Si l'on ajoute d'un côté 310 francs en argent et de l'autre 310 francs en or, l'équilibre est établi. Quels étaient ces deux poids?

Vérifier le résultat obtenu.

630. Avec les 5/8 de son capital, une personne achète un terrain qui lui rapporte annuellement 1.200 francs. Avec les 2/3 du reste, elle achète une maison qu'elle loue annuellement 980 francs.

Elle a ainsi un nouveau reste qu'elle place à 4 % l'an.

Sachant que l'intérêt annuel qu'elle retire ainsi est égal à 270 francs, trouver le capital primitif, le prix de la maison, le prix du terrain, le taux de l'intérêt du capital.

Vérifier le résultat obtenu.

631. Deux ouvrières font un certain ouvrage. Ensemble elles le termineraient en 12 jours. Après qu'elles y ont travaillé toutes deux pendant 5 jours, l'une d'elles tombe malade et l'autre achève seule le travail en 17 jours.

D'après cela, calculer combien il revient à chacune de ces ouvrières pour le travail qu'elle a accompli, sachant que tout a été payé 64 francs.

Vérifier le résultat obtenu.

632. Un père partage sa fortune entre ses trois enfants : à l'aîné, il donne les 3/8 de sa fortune; au second, il donne 2.000 francs de moins qu'au premier. La part du troisième, placée à 6 % dans le commerce, lui donne une rente de 3.000 francs. Quelle était la fortune du père et quelle est la part de chaque enfant?

Vérifier le résultat obtenu.

633. Un marchand avait un lot de café. En le vendant à 2 francs le kilogramme, il aurait perdu 318 fr. 75; s'il l'avait vendu à 2 fr. 20 le kilogramme, sa perte aurait été de 63 fr. 75. Or, il a cédé tout son café pour 3.213 francs. Combien en avait-il de kilogrammes et combien pour cent a-t-il gagné sur son prix d'achat?

Vérifier le résultat obtenu.

634. Un négociant avait le matin dans sa caisse une certaine somme. Il en a utilisé les 3/4 pour faire des paiements dans la journée. Mais il a fait, ce jour-là, 7.686 francs de recette; le montant de sa caisse, le soir, est les 5/2 de ce qu'elle était le matin.

Trouver la situation de la caisse au matin et le soir.

Vérifier.

635. Une personne porte chez un banquier un billet de 1.000 francs payable dans 60 jours. Le banquier donne en échange un billet de 920 fr. payable dans 30 jours et une somme de 74 fr. 60.

Quel a été le taux de l'escompte commercial?

Faire la vérification.

636. Deux ouvrières se sont engagées à ourler un même nombre de mouchoirs.

La première en ourle 7 en 3 heures; la deuxième 5 en 2 heures.

La première en a déjà ourlé 28 quand la deuxième se met à l'ouvrage. A partir de ce moment, les deux ouvrières travaillent ensemble et s'arrêtent quand elles ont ourlé le même nombre de mouchoirs. On demande : 1° le temps employé par chacune d'elles; 2° le nombre de mouchoirs faits par chacune.

Vérifier le résultat obtenu.

637. Une montre retarde de 3 minutes par jour. Elle a été mise à l'heure exacte, sur une horloge bien réglée, avant-hier, à midi. D'après cette montre, il serait maintenant 8 heures du matin. Quelle heure est-il réellement?

Vérifier le résultat.

638. Un propriétaire a acheté un terrain ayant 128 mètres de longueur sur 45 mètres de largeur, au prix de 300 francs l'are. Il en revend une partie à raison de 325 francs l'are et le reste à raison de 350 francs et il

réalise un bénéfice de 2.075 francs. — Calculer en ares et centiares la superficie de chacune des deux parties du terrain.
Vérifier le résultat obtenu.

639. L'intérêt d'un capital placé à 4 % est égal à la 41e partie de la somme obtenue en additionnant le capital et cet intérêt lui-même. Quelle est la durée du placement?
Vérifier le résultat.

640. Une personne lègue les 7/9 de sa fortune à ses héritiers naturels, les 3/5 du reste au bureau de bienfaisance et le nouveau reste à la caisse des écoles. Cette dernière part produit une rente annuelle de 1.250 francs. On demande de calculer la fortune du testateur, la part des héritiers, celle du bureau de bienfaisance et celle de la caisse des écoles.
Vérifier le résultat.

641. Le grand-père, le père et le fils sont réunis à la même table; leurs âges réunis forment une somme de 118 ans; les chiffres des unités de ces âges font un total de 18; en ajoutant le chiffre des unités de l'âge du fils à celui du grand-père, on obtient 11, et en l'ajoutant à celui du père, on obtient 10. D'autre part, le chiffre des dizaines de celui du père est le triple de celui du fils et la moitié de celui du grand-père. Quels sont ces âges?
Vérifier le résultat.

642. L'effectif d'une école à plusieurs classes est compris entre 100 et 300 élèves. Si on les range par files de 4, de 5 ou de 6, il en reste toujours 3, mais si on les range par files de 9, il n'en reste pas. Calculer d'après cela 1° le nombre des élèves de cette école; 2° la largeur à 1 centimètre près, d'une salle destinée à 50 d'entre eux, si la surface attribuée à chaque élève est d'un mètre carré et quart et la longueur de la salle de 8 mètres.
Vérifier le résultat.

643. Deux tramways partent en même temps d'un même point et dans des directions différentes.
Le premier met 27 minutes pour se rendre au terminus, là il stationne 15 minutes et revient à son point de départ en 35 minutes. Après 13 minutes de stationnement il repart.
L'aller du second s'effectue en 48 minutes, le retour en 55 minutes; les deux stationnements sont de 10 minutes et de 7 minutes.
Combien chaque tramway aura-t-il fait de trajets (aller et retour) quand ils repartiront de nouveau en même temps du point A?

644. Pour peser un cube de fer de 5 centimètres d'arête, on emploie 217 pièces d'or de 10 francs, 10 pièces d'argent de 5 et 5 pièces d'argent de 1 franc. Si on plongeait ce cube dans de l'eau salée, il faudrait, pour rétablir l'équilibre, enlever une pièce de 5 francs de plus que si on le plongeait dans l'eau pure. Calculer : 1° le poids de 1 centimètre cube de fer; 2° le poids de 1 litre d'eau salée.
Vérifier le dernier résultat obtenu.

645. On veut faire exécuter un travail en réunissant deux troupes d'ouvriers. La première est composée de 10 ouvriers qui gagnent 3 fr. 50 par jour; la seconde de 15 ouvriers qui, plus habiles, gagnent chacun 4 fr. 50 par jour. Les deux troupes réunies pourraient effectuer ce travail en 10 jours, mais à la fin de la 4e journée, 4 ouvriers de la première troupe et 6 de la seconde abandonnent le travail, que les autres poursuivent jusqu'à la fin.

Combien faut-il de jours aux deux troupes ainsi diminuées pour terminer le travail et combien recevra en totalité un ouvrier de chaque troupe s'il est resté jusqu'à la fin?

Vérifier le résultat.

646. Un négociant achète 800 kilogrammes de marchandises et remet en paiement un billet payable dans trois mois et que le vendeur fait escompter à 4 %. Quelque temps après, le prix de la marchandise augmente de 1/9 et ce négociant pour prix de 450 kilogrammes de marchandise achetée dans les mêmes conditions, remet en paiement un billet inférieur au premier de 1.500 francs. Quel est le prix, dans les deux achats, d'un kilogramme de marchandise?

Vérifier les résultats obtenus.

647. Une somme de 56.000 francs a été partagée inégalement, entre deux frères, l'aîné ayant la plus forte part.

Au bout d'un certain temps, le plus jeune a dépensé les 2/3 de sa part et l'aîné a perdu les 3/4 de la sienne. Il leur reste alors, à chacun d'eux, exactement la même somme.

Quelle était la part primitive de chacun et que leur reste-t-il maintenant?

Vérifier le résultat.

648. On fait couler deux robinets dans un réservoir; le premier pendant 2 h. 35 minutes, le second pendant 1 h. 57 minutes et on recueille ainsi 2 m³ 319 d'eau. Sachant que si on les faisait couler tous les deux ensemble, pendant un quart d'heure, on obtiendrait 252 litres, on demande le nombre de litres que chaque robinet débiterait en une heure.

Vérifier le résultat obtenu.

649. Deux personnes ont fait un partage de 18.361 francs. La première dépense les 2/5 de sa part pour payer ses dettes et la seconde dépense les 3/7 de sa part pour acheter une maison qu'elle paie comptant. Il reste alors à la première deux fois plus qu'à la seconde. On demande la part de chaque personne dans l'héritage.

650. Une personne a des pièces de 2 francs et de 0 fr. 10 dont le total représente 109 fr. 80. Si dans ce nombre de pièces, il y avait autant de pièces de bronze que d'argent, la somme n'aurait plus comme valeur que 75 fr. 60.

Calculer : 1º le nombre total des pièces; 2º le nombre total des pièces de chaque espèce.

Vérifier les résultats obtenus.

651. Une personne a engagé deux sommes égales dans deux entreprises différentes. Au bout d'un certain temps la première somme s'est trouvée accrue de 65 %, et la seconde réduite aux 7/9 de ce qu'elle était au début. La première surpasse alors la seconde de 15.600 francs. Quelles sont ces deux sommes?

652. Une personne place un certain capital à 4 1/2 %, un deuxième capital à 4 fr. 20 %, dont la valeur est à celle du premier dans le rapport de 7 à 18. Au bout de 9 mois, elle retire, capital et intérêts compris, 23.245 fr. 20. On demande combien cette personne avait placé à chaque taux.

Vérification.

653. Une personne achète un terrain ayant la forme d'un rectangle dont la longueur est égale à deux fois la largeur. Elle l'entoure d'une palissade qui lui revient à 1 fr. 60 le mètre courant.

Sachant que le prix de cette palissade est les 1/31 du prix du terrain et que l'acquéreur a payé le tout avec le produit de la vente au cours de 96 francs d'un titre de 240 francs de rente 3 %, on demande de calculer :

1º Le prix du terrain ;

2º Le prix de la palissade ;

3º Les dimensions du terrain.

Vérification.

654. Un négociant achète 32 barriques de vin de deux espèces pour la somme totale de 3.645 francs ; chaque barrique contient 225 litres et il a payé pour la 2ᵉ espèce 15 francs de plus par hectolitre que pour la première. Il vend le premier vin avec un bénéfice de 0 fr. 10 par litre, ce qui lui donne un gain égal aux 2/9 du prix d'achat de ce vin. Combien a-t-il acheté de barriques de chaque espèce et combien a-t-il payé chaque barrique ?

655. Un spéculateur a vendu ensemble deux maisons pour la somme de 54.260 francs. Sur la vente de la première, il gagne 15 % du prix d'achat ; sur la vente de la deuxième, il perd 2 1/2 % du prix d'achat. Sachant que le résultat de cette double vente a été, pour lui, un gain de 3.760 francs, on demande quel était le prix d'achat de l'une et de l'autre maison.

Vérifier le résultat obtenu.

656. Dans un vase A on a un mélange de 12 litres de vin et de 5 litres d'eau, et dans un autre vase B un mélange de 8 litres de vin et de 3 litres d'eau. On ôte 4 litres du vase A et 4 litres du vase B, puis on verse les 4 litres enlevés du vase A dans le vase B et les 4 litres enlevés du vase B dans le vase A. On demande la quantité de vin et d'eau qui se trouve alors dans chaque vase.

Vérifier le résultat obtenu.

657. Un marchand achète à des prix différents deux barriques de vin contenant chacune 240 litres. Après avoir mélangé ces deux espèces de vin, il vend 300 litres de mélange à raison de 1 fr. 20 le litre et le reste à raison de 0 fr. 80 le litre. Il réalise ainsi un bénéfice de 20 % sur le prix d'achat. Combien lui coûtait un litre de chaque barrique, sachant que le prix d'achat de la première barrique est les 3/4 de celui de la deuxième ?

Vérifier le résultat obtenu.

658. Deux trains partent de Paris pour Lyon ; le second, qui part 4 h. 10 minutes après le premier et qui fait 24 kilomètres de plus à l'heure rencontre le premier au bout de 7 h. 35 minutes et à 34 km. 250 de Lyon. Trouver combien chaque train fait de kilomètres à l'heure, la distance de Paris à Lyon et combien chacun d'eux met de temps pour parcourir cette distance.

Vérifier le résultat obtenu.

659. Soit A un alliage d'argent et de cuivre formé par des pièces de 5 francs démonétisées et représentant une somme égale à 50.100 francs; on demande :

1° Le poids de cuivre qu'il faut fondre avec l'alliage A pour obtenir un alliage B au titre de 0.835.

2° La différence entre la somme représentée par l'alliage en monnaie d'argent divisionnaire et la somme représentée par les pièces de 5 francs employées.

660. Un entrepreneur a accepté d'exécuter un travail, et il a consenti un rabais de 1/15 sur le devis primitif. Pour intéresser ses ouvriers, il leur alloue en dehors de leur paie, 1/20 de ce qui lui est dû après le rabais; il prélève en outre 1/50 du reste qu'il verse à une caisse d'assurance, après quoi il touche une somme de 52.136 francs. On demande : 1° à combien s'élève le devis primitif; 2° quelles sont les sommes versées aux ouvriers et à l'assurance.

661. Une personne a deux paiements à effectuer; l'un de 3.708 francs au bout de 8 mois; l'autre de 7.470 francs au bout de 10 mois. Elle voudrait s'acquitter au moyen d'un billet unique de 11.043 francs.

On demande au bout de combien de temps ce billet doit être payable. L'escompte étant rationnel (ou en dedans) et au taux de 4,5 %.

Vérifier le résultat obtenu.

662. Quatre pompes A, B, C, D, sont disposées de manière à pouvoir épuiser une citerne parallélipipédique complètement remplie d'eau.

Si on les faisait fonctionner ensemble toutes les quatre, la citerne serait vidée en 14 heures. D'autre part, la pompe A fonctionnant seule l'aurait vidée en 84 heures; la pompe B fonctionnant seule en 21 heures de moins et la pompe C en 33 h. 36 m. de moins que A. Enfin, on sait que la pompe D tire par heure 90 litres de plus que A.

Trouver d'après ces données :

1° La capacité de la citerne;

2° Le débit par heure de chaque pompe;

3° Le temps que mettrait la pompe D pour épuiser la citerne;

4° La surface de base de la citerne où la hauteur d'eau est 1 m. 20 (Ecole normale).

663. Une roue dentée A, ayant 240 dents, engrène avec une deuxième A' qui a 180 dents et celle-ci avec une troisième C ayant 50 dents. Sachant que la roue A fait 300 tours à l'heure, on demande de calculer :

1° Combien la troisième roue C fait de tours en 20 minutes;

2° Combien chacune des trois roues doit faire de tours pour occuper de nouveau, par rapport aux deux autres, la position qu'elle occupait au moment de la mise en marche.

664. Un train de chemin de fer part à midi d'un point A pour arriver à un point B. Un autre train part également à midi pour aller du point B au point A. Ces deux trains se rencontrent à 15 h. 30 dans une gare intermédiaire. On demande l'heure à laquelle chaque train arrivera à destination, sachant que le premier marche avec une vitesse moyenne de 60 kilomètres à l'heure et le second avec une vitesse moyenne de 50 kilomètres à l'heure.

665. Un cycliste et un automobiliste se dirigeant sur Reims partent de Charleville, le premier à 5 h. 45 m., le deuxième à 7 h. 10 m. L'automobile, dont la vitesse est le double de celle de la bicyclette, arrive à Rethel 10 minutes après la bicyclette.

1° A quelle heure l'automobiliste arrivera-t-il à Rethel, dont la dis-·································lle est de 50 kilomètres?

········ ..a distance de Rethel à Reims, sachant que le cycliste s'arrête une heure à Rethel et arrive à 11 h. 9 m.

666. Un cycliste roule pendant 3 h. 20 m. puis prend le train, dont la vitesse égale les 5/3 de la sienne. Le voyage en train ayant duré 40 minutes et la distance totale étant de 80 kilomètres, quelle était la vitesse du cycliste?

667. Deux piétons partent d'un même point, l'un à 6 h. 40 m., l'autre à 7 heures et demie et vont dans le même sens. Le premier fait 90 pas à la minute et le second 95. Mais tandis que 1.200 pas du premier représentent 1.020 mètres, 1.200 pas du second n'en représentent que 960. On demande, d'après cela, de calculer à quelle heure les deux piétons seront distants de 3 km. 900 (Vérifier le résultat obtenu).

668. Un cavalier et un bicycliste se proposent d'aller de Melun à Paris. Le premier part 50 minutes avant le second et parcourt 10 kilomètres à l'heure. Le bicycliste qui fait 12 kilomètres à l'heure, arrive 5 minutes après le cavalier. On demande quelle est la distance entre ces deux villes.

669. Deux personnes partent ensemble d'un même point sur une piste fermée dont la longueur est de 6 kilomètres. L'une, A, fait 1 kilomètre en 15 minutes; l'autre, B, 1 kilomètre en 10 minutes. Au bout de combien de temps se retrouveront-elles ensemble? Quel chemin auront-elles parcouru? A quelle distance seront-elles du point de départ?

On considérera : 1° le cas où les deux personnes vont dans le même sens; 2° le cas où elles vont en sens contraires.

670. Une voiture part d'un certain endroit avec une vitesse de 12 kilomètres à l'heure; 1 h. 45 m. après, un piéton et un cycliste partent du même endroit et dans la même direction en marchant respectivement à des vitesses de 6 kilomètres et de 18 kilomètres à l'heure. Dès que le cycliste a rejoint la voiture, il rebrousse chemin et se porte à la rencontre du piéton. On demande à quelle distance du point de départ commun se fera la rencontre.

671. Deux trains animés d'une vitesse uniforme parcourent en sens inverse la distance qui sépare deux stations A et B. S'ils partaient en même temps de A et de B, ils se croiseraient en un point situé à 15 km. 6 de B et à 10 km. 4 de A. Pour qu'ils se croisent exactement au milieu de AB, il faudrait que le départ du train qui part de A eût lieu 6 minutes avant le départ du train de B. Quelle est la vitesse de ces deux trains? Vérifier le résultat obtenu.

672. Un lingot d'argent dont le titre est $\dfrac{950}{1,000}$ pèse 8 kilogrammes; un autre lingot au titre de $\dfrac{800}{1.000}$ pèse 2 kilogrammes. Quel poids de cuivre faudrait-il fondre avec ces deux lingots pour avoir un alliage de $\dfrac{900}{1.000}$? Combien pourrait-on faire de pièces de 5 francs avec le lingot ainsi obtenu ?

673. On a placé à des taux différents 3 sommes : 3.600 fr., 3.200 fr., 3.000 francs pendant 18 mois. L'intérêt a été le même pour chaque somme. De plus, le total des 3 sommes avec leurs intérêts est de 10.826 fr. Quel était le taux de chaque placement ?
Vérifier le résultat obtenu.

674. Dans un vase à demi rempli d'eau, on plonge un corps dont la densité est 4, ce qui a pour effet d'emplir les 2/3 de ce vase. Le poids du contenu est de 8 kgr. 400. Quelle est la contenance totale du vase et le poids du corps immergé ?

675. Une fermière porte des œufs au marché. Une première fois, elle vend le 1/4 de ses œufs plus 9 œufs; une 2e fois, elle vend le 1/2 du reste plus 6 œufs; une troisième fois, elle vend les 5/6 du reste plus 5 œufs; elle a alors fini sa vente. Combien avait-elle d'œufs ?
Vérifier le résultat obtenu.

676. Une personne place un certain capital à intérêts simples au taux de 3 %. Deux ans après, elle place encore 1.000 francs à 4,5 %. Enfin 8 mois plus tard, elle retire la totalité des capitaux et des intérêts. La somme reçue est formée d'or et d'argent pesant au total 6 kgr. 875 et telle que le poids de l'or est les 24/31 du poids de l'argent. On demande quelle était la somme primitivement placée.
Vérifier le résultat obtenu.

SUPPLÉMENT DE 100 PROBLÈMES DIVERS
DONNÉS AUX BREVETS

677. Un poteau vertical est partagé en 3 parties. L'une, blanche, a 0^m47 de long; l'autre, bleue, vaut le 5/12 de la longueur totale; et la longueur de la 3e, qui est noire, s'obtient en ajoutant 0^m70 aux 2/9 de la longueur du poteau. Quelles sont les longueurs de la partie bleue et de la partie noire ? B. E.

678. Deux fontaines remplissent un bassin, la 1re en 2 heures 3/4, la 2e en 1 heure 2/3. Une pompe est disposée de manière à retirer de ce bassin 40 litres d'eau par minute. Le tiers du bassin étant déjà rempli d'eau on fait fonctionner les deux fontaines et la pompe pendant 1 h. 1/4; au bout de ce temps le bassin est rempli aux 7/9. On demande quelle est, en litres la capacité du bassin. B. E.

679. On a fait les 3/4 d'un voyage en chemin de fer à raison de 9 centimes 1/4 par kilomètre et le reste en voiture à raison de 0 fr. 20, par kilomètre. La dépense totale ayant été 9 fr. 55, on demande la longueur du voyage. B. E.

680. Un négociant augmente chaque année sa fortune de 1/4 de la valeur qu'elle avait au commencement de l'année. Il prélève annuellement sur ses bénéfices 4.000 francs pour ses dépenses personnelles. Au bout de 3 ans il possède 50.000 francs. Combien avait-il au commencement de la première année. B. S.

681. Un terrain est divisé en deux parties inégales dont la différence est de 29 ares 6.530. Les 7/9 de la première partie égalent les 10/11 de la seconde. On demande le prix du terrain tout entier et celui de chacune des d ux parties, sachant que l'hectare vaut 9.876 francs. B. E.

682. Deux pompes d'inégal débit, employées simultanément, peuvent épuiser un réservoir en 11 heures. Au bout de 4 heures de travail, un accident empêche l'une d'elles de fonctionner; l'autre achève seule le travail en 11 heures 2/3. Combien chacune d'elles employée seule aurait-elle mis de temps pour faire l'ouvrage entier? E. N.

683. — Une personne achète chez un marchand 7 mètres 2/3 d'étoffe qu'elle paye 52 fr. 45. Vérification faite, on trouve que le marchand s'est trompé en mesurant et que le coupon ne contient que 6^{m}7/8. Quelle somme doit rendre le marchand à l'acheteur qui consent à garder le coupon? B. E.

684. — Dans un terrain carré d'une superficie de 13 ares 04, un jardinier veut planter des choux. Les premières rangées seront éloignées du bord de 0^{m}50; la distance entre chaque rangée est également de 0^m 50 dans tous les sens. On demande combien il pourra planter de choux.

685. Un plan d'asperges de forme carrée en contient 15.129 pieds. On demande la surface du terrain sachant que la distance entre chaque rangée est de 0^{m}40 dans tous les sens et que les premières rangées sont éloignées des bords de 0^m 50.

686. Un élève veut partager 192 billes entre un certain nombre de ses camarades de manière que chacun ait autant de douzaines de billes qu'il y a d'enfants. Combien y a-t-il d'enfants et combien chacun aura-t-il de billes.

687. Un fondeur a 3 lingots : le 1er au titre de 0,940 pèse 2 kg 5; le 2e au titre de 0,850 pèse 3 kg 2 et le 3e au titre de 0,820 pèse 3 kg 6. Il fond ensemble ces 3 lingots; on demande : 1° le titre de l'alliage obtenu; 2° quelle quantité d'or pur il faudra ajouter à ce dernier lingot pour obtenir un alliage au titre légal des monnaies? B. E.

688. Deux poids dont l'un est le triple de l'autre sont placés sur les plateaux d'une balance, si l'on ajoute d'un côté 930 francs en or, de l'autre côté 930 francs en argent, l'équilibre est rétabli. Quels sont ces poids? B. E.

689. On veut faire de l'argent au titre de 0 835 en fondant ensemble

de l'argent au titre de 0,900 et du cuivre. Combien faudra-t-il prendre
d'argent au titre de 0,900 et de cuivre, pour avoir un kilogr. d'argent
au titre de 0,835? B. S.

690. Quand il est midi à Paris, il est 1 heure 50 minutes à Saint-
Pétersbourg; 12 heures 56 minutes à Vienne; 12 heures 44 minutes à
Berlin; 11 heures 50 minutes à Londres; 11 heures 35 à Madrid. Quelle
est la longitude de ces différentes villes?

691. Deux villes sont situées sur le même méridien et toutes les deux
au nord de l'équateur, leurs latitudes sont respectivement 48°, 50', 49''
et 50°, 38', 44''. Calculer en mètres la distance qui sépare ces deux points
du globe terrestre. B. E.

692. On a un lingot d'or au titre de 0,825. On y ajoute 2.000 grammes
d'or pur et on obtient ainsi un lingot au titre de 0,850. On demande quel
était le poids du 1ᵉʳ lingot. B. E.

693. On a acheté 15 mètres de drap. Pour leur payement on a donné
58 francs en argent et 16 mètres de toile. Si la somme en argent avait été
de 72 francs, il n'eût fallu donner que 9 mètres de toile. On demande :
1° le prix du mètre de toile; 2° le prix du mètre de drap; 3° la dépense
totale pour l'achat du drap. E. N.

694. Un homme et un enfant sont employés à creuser un fossé de
18 mètres de long, 0ᵐ80 de large et 0ᵐ75 de profondeur et reçoivent
3 fr. 2c par mètre cube de terre déplacée. Dire la somme qui revient à
chacun, sachant que par le déplacement, la terre a augmenté de 1/5 de
son volume primitif et sachant en outre que le travail de l'enfant est
considéré comme équivalent aux 2/3 du travail de l'homme. B. E

695. On a une chambre de 4 mètres de hauteur, 7ᵐ24 de longueur et
6ᵐ18 de largeur, percée de 4 croisées rectangulaires de 1ᵐ80 de hauteur,
1ᵐ10 de largeur, surmontées chacune d'un demi-cercle. Il y a, en outre,
deux portes de 2 mètres de hauteur et 1ᵐ25 de largeur. Cela posé, on veut
tapisser cette pièce avec du papier qui coûte 0 fr. 70 le mètre carré. La
bordure placée seulement au bas des murs, qui a 0ᵐ36 de a uteur coûte
3 fr. 40 le mètre carré. Quelle sera la dépense? B. E

696. A poids égal et au même titre l'or vaut 15 fois 1/2 autant que
l'argent. Il pèse à volume égal 19,64 fois plus que l'eau. On demande de
calculer en décimètres cubes le volume d'un lingot d'or d'une valeur de
500.000 francs. B.E

697. Une étoffe se réduit, après avoir été mouillée, de 1 15 de sa
longueur primitive et de 1/16 de sa largeur. Quelle longueur d'étoffe neuve
faut-il mouiller pour avoir 100 mètres carrés d'étoffe? La largeur de cette
étoffe est de 0ᵐ80 avant le lavage. B. S.

698. On a deux points, A et B, distants de 225 kilomètres. Les 100 kgs
de charbon coûtent 3 fr. 75 en A et 4 fr. 25 en B. Trouver quel est le point
de la ligne AB où le charbon reviendra au même prix qu'il vienne de A
ou de B, le prix du transport étant de 0 fr. 08 par tonne t par kilomètre.
B. E.

699. Un épicier achète du thé à 6 fr. 60 le kilogramme. Combien doit-il revendre le kilogramme pour gagner sur 12 kilogrammes le prix de vente de 1 kilogramme ?

700. Une fermière porte au marché des œufs qu'elle se propose de vendre 0 fr. 08 la pièce; en route elle en casse 15. Elle calcule alors qu'en vendant ce qui lui reste 0 fr. 09 la pièce, elle recevra la même somme. Combien pourra-t-elle avec cette somme acheter de mètres de calicot à 1 fr. 50 le mètre ?

701. Deux industriels sont associés pour une entreprise et l'un d'eux apporte 12.000 francs de plus que l'autre. Ils font un bénéfice de 20.000 francs sur lesquels le premier touche 5.000 francs de plus que le second. Combien chacun d'eux avait-il engagé dans l'entreprise ? B. S.

702. A travers un terrain limité par deux bordures parallèles dont la distance est de 60 mètres, on veut ouvrir une voie allant d'une bordure à l'autre et formant avec elles un angle de 45°. Le terrain occupé par cette voie a été payé 750 francs. Sachant que l'hectare vaut 25.000 francs, on demande la largeur AB de la tranchée qu'il faut ouvrir sur chacune des deux bordures parallèles. B. S.

703. Une personne place une partie de sa fortune à 4 % et l'autre à 3 % et son revenu annuel est de 1.985 francs. Si la partie placée à 4 % était placée à 3 % et réciproquement, ce revenu annuel serait 2.145. Dites la fortune de cette personne.

704. Deux propriétaires font l'échange de deux terrains carrés. La propriété du premier a une superficie de 2 ha, 10 a, 25 ca, et est estimée 2.435 francs l'hectare; celle du second a le coté de 25 mètres moins long que celle du premier et est estimée 25 francs l'are. Celui des deux propriétaires qui redoit de l'argent à l'autre lui donne du froment valant 20 francs l'hectol. Combien doit-il lui en donner de doubles décalitres ?

705. Un ménage a dépensé 1.300 francs dans les 7 premiers mois de l'année. De combien faut-il diminuer la dépense de chaque jour pour que la dépense totale ne soit que de 2.000 francs ? L'année n'est pas bissextile et les mois sont comptés avec le nombre de jours qu'ils ont réellement. B. E.

706. Un propriétaire qui vient d'acheter un champ dit : « Si je vendais ma récolte de blé 20 francs l'hectolitre, j'aurais de quoi payer mon champ et il me resterait 140 francs. Mais si je ne la vends que 18 francs l'hectolitre, il me manquera 940 francs. » Combien d'hectolitres a-t-il récoltés et quel est le prix du champ ?

707. — Une propriété a été achetée 142.000 francs. Elle avait une superficie de 52 ha, 68 a, 17 centiares. L'acquéreur en a revendu les 5/7 et ainsi il est rentré dans ses fonds. On demande ce qu'il a vendu l'hectare et combien il a gagné %. B. E.

708. Avec les 2/5 de sa fortune un homme achète une propriété carrée qui lui revient à 2.500 francs l'hectare, il emploie les 2/5 du reste à l'achat d'une maison. Il place les 2/5 du nouveau reste à 4 % et l'autre partie à

4,50 %. Ces deux capitaux lui fournissent un revenu annuel de 4.300 fr. Quel sera le prix de la clôture entourant la propriété à raison de 2 fr. 50 le mètre linéaire?

709. Une personne lègue une somme de 102.050 francs à ses trois enfants sous la condition que les 3 parts, savoir celle du premier augmentée des intérêts à 5 % pendant un an; celle du 2e augmentée des intérêts à 4 fr. 70 % pendant un an; celle du 3e augmentée des intérêts à 4 fr. 25 % pendant un an, seront inversement proportionnelles à leurs âges, 6, 9 et 12 ans. Trouver la part de chaque enfant. B. S.

710. Une personne doit une somme de 740 francs payables dans 3 mois, 840 francs payables dans 4 mois et 950 francs payables dans 5 mois. Elle offre de se libérer en payant dans 6 mois une somme de 2.550 francs. On demande à quel taux on a compté l'intérêt. B. E.

711. — On a deux alliages d'argent et de cuivre dont les titres sont respectivement 0,910 et 0,820. Combien faut-il prendre de grammes de chacun d'eux, pour que, fondus ensemble avec addition de 822 grammes de cuivre, ils donnent un nouvel alliage au titre de 0.600 et pesant 2622 grammes? B. E.

712. On a mélangé des vins à 0 fr. 80 et à 0 fr. 70 le litre, et l'on a obtenu 2.500 litres ayant une valeur totale de 1.850 francs. Combien de litres de chaque espèce a-t-on fait entrer dans le mélange? B. E.

713. On a vendu les 3/4 d'une propriété 35.437 fr. 50 à raison de 3.780 francs l'hectare. Le reste a été vendu ensuite à un prix qui surpasse le premier de 0 fr. 20 par mètre carré. Combien le vendeur a-t-il reçu en tout et quelle était la surface de la propriété? B. E.

714. Des héritiers ont une certaine somme à se partager; le premier prend 1.000 francs plus 1/7 du reste, le second, 2.000 francs plus 1/7 du nouveau reste, le troisième 3.000 francs plus 1/7 du nouveau reste et ainsi de suite. Le dernier prend le reste et l'héritage se trouve également partagé entre tous les héritiers. On demande : 1o la part de chacun; 2o le nombre des héritiers; 3o le montant de l'héritage.

715. Un lingot d'or pèse 770 grammes, et un vase plein d'eau pur pèse 270 grammes. On introduit le lingot d'or dans le vase; il en chasse un volume d'eau égal au sien et le vase pèse alors 1 kilogramme, on demande la densité de l'or

716. Deux personnes ont le même revenu. La première économise 1/5 de son revenu, tandis que la 2e dépense 1.100 francs de plus que l'autre. Il en résulte qu'au bout de 3 ans la seconde a 960 francs de dettes. Quel est leur revenu?

717. Pour un terrain rectangulaire de 87m50 de longueur, acheté le 21 novembre au prix de 72 francs l'are, on a payé le 19 juin suivant, en capital augmenté des intérêts simples à 5 %, une somme de 2.334 fr. 15 Calculer la largeur du terrain. B. E.

718. Un marchand a acheté 80 pièces de vin, les unes de Bordeaux, les autres de Bourgogne pour 7.600 francs. Il y a 3 fois plus de pièces de vin de Bordeaux que de pièces de vins de Bourgogne et chaque pièce de Bordeaux coûte 20 francs de plus qu'une pièce de Bourgogne. Combien y a-t-il de pièces de chaque espèce et quel est le prix de chacune d'elles?

719. Sur de l'huile dont la densité est de 0,915, on pose un morceau de liège ayant la forme d'un parallélipipède rectangle ayant 0ᵐ075 de long, 0ᵐ032 et 0ᵐ02 d'épaisseur. Sachant que la densité du liège est de 0,24, de combien surnagera-t-il? On pose sur ce liège 4 pièces de 0 fr. 20. Surnagera-t-il encore? S'il surnage, de combien émergera-t-il? On sait que lorsqu'un corps flotte à la surface d'un liquide, le poids du liquide déplacé est égal au poids du corps. B. E.

720. Deux marchés A et B sont distants de 17 myriamètres. Le quintal d'avoine vaut 20 francs en A et 21 fr. 50 en B. Les frais de transport par quintal et par kilomètre sont de 0 fr. 035. Déterminer, d'après cela, un point entre A et B où l'avoine reviendra au même prix, qu'on la prenne en A ou en B. B. E.

721. Un marchand de bestiaux a fourni à un cultivateur 3 vaches et 2 génisses : les vaches valent chacune 280 francs et les génisses valent chacune les 3/7 du prix d'une vache; le paiement doit s'effectuer dans 3 ans 5 mois et 12 jours. A combien s'élèvera-t-il en y joignant les intérêts simples à 4 1/2 %?

722. Quel nombre de pièces de 2 francs pourrait-on fabriquer avec 10.000 pièces de 5 francs en argent. Quelle quantité de cuivre faudra-t-il y ajouter? Que gagnera-t-on à cette opération, si le cuivre vaut 8 fr. 70 le kilogramme et si la main-d'œuvre est évaluée à 5 fr. 50 par kilogramme de monnaie fabriquée? B. E.

723. Tout autour d'un champ rectangulaire dont la longueur et la largeur ont ensemble 176 mètres, tandis que la largeur est les 23/65 de la longueur, on plante, à 3 mètres en dedans du bord des arbres espacés de 4 mètres. Dire combien cette plantation exige d'arbres et quelle est la superficie de la portion du champ comprise entre les rangées d'arbres et les bords extérieurs. B. E.

724. Une personne emploie 1/9 de sa fortune pour acheter une maison. Avec le 1/4 du reste, elle achète un bois. Enfin avec ce qui lui reste encore, elle fait 2 parts, qui sont entre elles comme 2 et 3.

La 1ʳᵉ part étant placée à 4 % et la 2ᵉ à 5 fr. 50 %, elle se fait un revenu de 8.820 francs. Calculez les deux parts; la fortune entière; et le prix du bois. B. E.

725. Plein d'eau distillée, un vase pèse 0 kg. 870; plein de mercure il pèse 7 kg. 072. La densité du mercure étant 13,6, trouver le poids et la contenance du vase. B. E.

726. Un vase contient de l'eau qui occupe le 1/3 de sa capacité. On y plonge un morceau de fer forgé dont la moitié seulement est immergée et qui fait monter le niveau de l'eau de façon que le volume d'eau contenu dans le vase représente les 5/8 de la capacité. On demande le poids de la quantité de mercure que ce vase pourrait contenir. Le morceau de fer pèse 1 kg 916,340 et la densité du fer est de 7,79; celle du mercure 13,5. B. E.

727. Une personne a acheté une propriété de 16.000 francs. Elle doit payer 4.000 francs comptant, 4.000 francs dans 30 jours, 4.000 francs dans 60 jours et 4.000 francs dans 90 jours. Elle demande à payer le tout ensemble. A quelle époque doit s'effectuer le payement? On tiendra compte de l'intérêt à 5 %. B. S.

728. Un sac renferme une certaine somme en monnaie d'or et d'argent. On demande la valeur de cette somme sachant que le poids de la monnaie d'or est au poids de la monnaie d'argent comme 2 est à 5 et que la somme en argent vaut 540 francs. B. E.

729. Un marchand a acheté 475 mètres d'une étoffe au prix de 10 fr. 50 le mètre. Il en a revendu d'abord le 1/3 au prix de 12 fr. 60, puis 1/5 au prix de 14 francs et il devra gagner 25 % sur le prix total de la vente. On demande : 1° combien il devra revendre le mètre de ce qui lui reste; 2° combien % il a gagné sur le prix d'achat; 3° combien % il a gagné sur le prix d'achat et sur le prix de vente dans chacune de ces trois ventes partielles. E. N.

730. Une usine à gaz emploie chaque mois 500 tonnes de houille. On sait que 2 quintaux de houille fournissent 42 mc. de gaz et 50 kilogrammes de coke. Le bénéfice est de 1 fr. 50 par 1.000 hectolitres de gaz et de 3 fr. 50 par tonne de coke. Un capitaliste veut acheter cette usine; on demande ce qu'il doit la payer pour placer son argent à 7 1/2 %. B. E.

731. L'actif d'une faillite s'élève à 64.680 francs. Les frais de liquidation absorbent 12 % de cette somme. Un créancier à qui il était dû 24.500 fr. reçoit 16.200 francs. A combien s'élève le passif de la faillite?

732. On a acheté pour 12.000 francs de minerai de cuivre à raison de 16 fr. 75 le quintal. Les frais d'extraction du cuivre s'élèvent à 6 fr. 30 par quintal de minerai. Le minerai contient 15 % de son poids de cuivre. Mais le procédé employé ne permet d'extraire que les 85/100 de ce que le minerai contient réellement. A combien revient la tonne de cuivre et combien vaut tout le cuivre obtenu?

733. Un train part à 6 h. 15 minutes du matin et parcourt 10 kilomètres en 11 minutes. Un autre train part du même point, 2 h. 57 minutes plus tard, va dans le même sens et fait 25 kilomètres en 20 minutes. Trouver la distance du point de départ au point où le deuxième train atteindra le premier et l'heure de la rencontre, en supposant qu'ils ne s'arrêtent à aucune station.

734. Deux capitaux sont placés à 6 %, l'un pendant 6 mois, l'autre pendant 9 mois. L'intérêt du 1ᵉʳ dépasse celui du 2ᵉ de 240 francs. Trouver ces deux capitaux, sachant qu'ils sont entre eux comme 5 est à 3. B. E.

735. En mourant, un oncle laisse à ses neveux une certaine somme qu'ils doivent se partager de la manière suivante : le premier prendra 1.000 fr., plus 1/7 du reste; le 2ᵉ 2.000 fr. et le 1/7 du reste, et ainsi de suite. Le dernier prend le reste et il arrive que les neveux ont tous la même somme. Dire : le nombre des neveux, la part de chacun et le montant de la fortune. B. E

736. Trois personnes recueillent un héritage, leurs parts sont inversement proportionnelles à leurs degrés de parenté qui sont respectivement le 3e, le 4e et le 6e degré. Le premier héritier reçoit 13.675 fr. de plus que le second. On demande la part de chacun et le montant de l'héritage. B. S

737. Trois personnes ont fait un bénéfice de 10.827 fr. 15. On demande quelle part revient à chacun d'eux sachant que leurs mises sont proportionnelles à 3/7 à 5/9 à 5/7 et que les temps pendant lesquels elles sont restées placées sont entre eux comme 2/3, 9/11, 3/4. B. S.

738. La fortune d'une personne est placée de la manière suivante 1/3 à 5 fr. 25 %; les 2/5 du reste à 6 fr. 50 %; les 3/4 du nouveau reste à 4 fr. 50 % et enfin le reste à 3 fr. 66 %. Elle a un revenu de 5.460 fr. Trouver sa fortune. B. S.

739. Une personne partage sa fortune en 3 parties proportionnelles aux nombres 3, 7, 9. Elle place la 1re partie à 4 % ; la 2e à 4,50 % et la 3e à 5 %. Elle se fait ainsi un revenu annuel de 3.097 fr. 50. Quelle est la fortune de cette personne? B. S.

740. On a vendu un champ à raison de 1.280 fr. l'hectare, et l'on a obtenu ainsi une somme qui, placée pendant 30 mois, est devenue 4.576 fr. capital et intérêts compris. On a consacré cette somme de 4.565 fr. à l'achat d'un nouveau champ dont la contenance surpasse de 1/10 celle du premier. Sachant que l'hectare du nouveau champ a été payé aussi 1.280 francs, on demande de trouver l'étendue du champ primitif et le taux du placement qui a été fait pendant 30 mois. E. N.

741. Une somme inconnue vaut 2.190 francs au bout de 5 ans, capital et intérêts réunis; la même somme vaut 2.409 francs au bout de 8 ans capital et intérêts réunis. Trouver : 1º le capital; 2º le taux de l'intérêt.

742. Deux capitaux sont entre eux comme 7 est à 4. Le premier placé à 5 % pendant 8 mois fournit 36 fr. 65 d'intérêt de plus que le deuxième placé à 4 % pendant un an. Quels sont ces deux capitaux?

743. Une personne ayant prêté une certaine somme à 5 %. Au bout de 3 ans on lui rend cette somme avec ses intérêts et elle place le tout dans une affaire industrielle qui rapporte 6 2/ %. Quel était son capital primitif si le dernier placement lui donne 220 fr. 80 d'intérêt? B. É.

744. Une personne place les 4/5 de sa fortune à 3 fr. 50 % et le reste à 4 %. Au bout de 5 ans elle retire 47.200 fr. pour le capital et les intérêts réunis. Quel était le capital ainsi placé?

745. Une personne achète un domaine pour 20.000 francs avec la faculté de payer à la fin de chaque année une partie quelconque du capital avec les intérêts échus à 4 % (intérêts simples). Elle a payé 2.400 francs à la fin de la deuxième année, puis 3.620 francs à la fin de la troisième, enfin 5.000 francs à la fin de la quatrième. A la fin de la sixième, elle veut s'acquitter en entier. Combien doit-elle verser? B. E.

746. Une personne présente à un banquier un billet payable dans 45 jours. Elle reçoit, déduction faite de l'escompte commercial calculé à 6 %, une somme de 1.985 francs. Quelle somme aurait-elle reçue si l'escompte avait été calculé par la méthode rationnelle?

747. Le 15 mai, un banquier escompte à un commerçant, au taux de 6 % plus 1/8 % de commission, un billet de 12.600 fr. payable fin décem-

bre suivant et le revend immédiatement à la banque avec escompte de
4 %. Quel bénéfice réalise-t-il? B. E.

748. Un homme qui doit aujourd'hui une somme de 2.000 francs
offre à son créancier de s'acquitter en lui donnant 3 billets égaux payables
à 3 mois, 6 mois et 9 mois. Calculez le montant de ces billets à 6 %
(escompte en dedans). B. S.

749. Un débiteur s'est engagé à payer une somme de 8.400 francs en
deux fois; les 2/3 dans 6 mois et le reste dans 10 mois. Ses fonds sont
placés chez un banquier à 4 %. Quelle remise doit lui faire son créancier
qui désire être payé tout de suite? B. E.

750. Deux négociants ont chacun un billet, le premier de 980 francs
payable dans 20 jours, l'autre de 1.000 francs payable dans 255 jours;
ils les échangent, mais à la condition que le deuxième soit augmenté de
12 fr. 70. On demande à quel taux s'est faite la négociation. B. S.

751. On demande quelle doit être la valeur nominale d'un billet payable
dans 162 jours pour que la différence entre l'escompte en dedans et
l'escompte en dehors soit de 4 fr. 05, l'escompte étant 6 %. B. E.

752. Un négociant a deux billets dont le total s'élève à 1.400 francs.
Le premier est payable dans 3 mois, le second dans 6 mois. Sachant
que le premier, escompté à 4 %, a produit un escompte double du second
escompté à 6 %, on demande quelle était la valeur nominale de chacun
d'eux? B. E.

753. Deux personnes doivent actuellement des sommes égales. Pour
s'acquitter, la première souscrit un billet de 7.384 fr. payable dans
8 mois et la deuxième un billet payable dans 2 mois. Quel est le montant
de ce dernier? Dans les deux cas, le taux de l'intérêt est de 6 %. B. E.

754. Une personne présente à l'escompte un billet payable dans
120 jours. Le billet est escompté en dehors à 6 %. S'il avait été escompté
en dedans, la personne aurait reçu 5 fr. 49 de plus. Quel est le montant
du billet? B. S.

755. Un propriétaire revend un champ en réalisant un bénéfice de 8 %
du prix d'achat. Il place la somme qu'il retire à intérêt simple au taux
de 4,50 % et il touche au bout d'un an et 7 mois 1.388 fr. 34, capital et
intérêt compris. Combien avait-il acheté le champ? B. E.

756. Un spéculateur achète une certaine quantité de marchandise
qu'il revend ensuite. Le bénéfice brut de cette opération est exactement
les 12/100 du prix de vente, et lorsqu'on le diminue de 1.000 francs, il
est le 1/10 du prix d'achat. Les frais de commission se sont élevés à
518 francs. On demande le bénéfice net de l'entreprise. B. E.

757. Un employé de commerce a un traitement fixe de 1.800 francs
par an et reçoit en outre une commission de 4/5 % sur la vente des
marchandises. Il gagne ainsi 7 fr. 35 par jour. On demande pour combien
il a vendu de marchandises dans son année. C. E.

758. Un architecte ne doit pas dépasser une dépense totale de 12.660

francs. Le devis établi par lui s'élève à 11.285 fr. 50. Quelle somme doit-il porter comme travaux imprévus, sachant qu'il est autorisé à prélever pour honoraires 5 1/2 % pour tous les travaux? B. E.

759. Un négociant achète une certaine quantité de blé à 22 fr. 50 l'hectolitre. Il en vend le 1/3 avec perte de 10 %, le 1/4 avec bénéfice de 20 %, et le reste avec bénéfice de 10 %. En définitive, il a gagné 614 fr. 25 sur le tout. On demande combien il avait d'hectolitres de blé. B. E.

760. Une personne achète une propriété de 68 ha. 33 a. à raison de 1.520 fr. l'hectare. Pour payer son acquisition, elle a dû emprunter pour un an à 5 1/2 % la somme nécessaire pour l'achat; mais pendant ce temps la terre lui a rapporté 2 1/4 % de sa valeur. On demande : 1° à combien revient cette propriété; 2° à quel taux cette personne a placé son argent si elle loue ensuite cette terre 3.680 francs. B. E.

761. Un commerçant vend pour 1.200 francs de marchandises de la façon suivante : 1/3 avec 12 % de bénéfice sur le prix de vente, 2/5 avec un bénéfice de 10 % sur le prix d'achat et le reste avec une perte de 5 % sur le prix d'achat. On demande le prix d'achat et le bénéfice total.

762. Un négociant souscrit 3 billets : le premier de 140 francs, payable dans 5 mois; le 2ᵉ de 250 fr. payable dans 6 mois, et le 3ᵉ de 100 fr., payable dans 4 mois. On lui propose de remplacer ces trois billets par un billet unique de 490 fr. Quelle devra être l'échéance de ce dernier? B. E.

763. Sur 6.000 fr., payables dans 15 mois, on a gardé légitimement 3.000 fr. pendant 2 ans. A quelle époque s'était fait le 1ᵉʳ payement? B. E.

764. Un débiteur s'est engagé à payer une somme de 12.600 fr., en 2 payements : les 2/3 dans 6 mois et le reste dans 10 mois. Il a les fonds nécessaires pour se libérer immédiatement; mais ils sont placés chez un banquier qui lui sert l'intérêt à 4 % par an. Quelle remise doit-on lui faire équitablement s'il offre de payer comptant. Cette remise n'étant pas accordée, il est convenu que la dette sera payée plus tard en une seule fois. Quelle sera l'échéance de ce payement unique? B. S.

765. On a souscrit trois billets : le 1ᵉʳ de 140 fr., à 5 mois d'échéance; le 2ᵉ de 250 fr., à 6 mois d'échéance et le 3ᵉ de 400 fr., à 4 mois. On veut remplacer ces trois billets par un billet unique dont le montant soit égal à la somme des montants des 3 billets. Quelle sera l'échéance de ce nouveau billet? B. E.

766. On a du vin à 0 fr. 35, à 0 fr. 40 et à 0 fr. 60 le litre que l'on veut mélanger pour obtenir du vin à 0 fr. 50 le litre. Sachant que l'on emploiera 72 hectolitres du vin qui coûte le plus cher et que les quantités prises dans les deux premières qualités sont dans le rapport de 2 à 3, combien prendra-t-on de chacune des deux autres qualités?

767. On fond ensemble deux alliages d'or et de cuivre de manière à obtenir un lingot d'or monnayé représentant une somme de 35.805 fr. Calculer le titre et le poids de chacun de ces alliages sachant que le poids du premier est les 2/5 du poids de l'autre et que la différence des titres est de 0,105 à l'avantage du second. B. S.

768. On veut obtenir 2.400 grammes d'un alliage au titre de 0,850 en fondant ensemble des lingots aux titres de 0,920, 0,860 et 0,800. On sait que pour 3 grammes du premier on prend 5 grammes du second. Quel poids faut-il prendre de chacun d'eux?

769. Un lingot d'argent et de cuivre au titre de 0,950 pèse 1.503 grammes. Quel sera le poids de ce lingot lorsqu'on y aura ajouté le cuivre nécessaire : 1° pour l'amener au titre des pièces de 5 francs; 2° au titre des pièces de 1 fr.? Combien obtiendra-t-on de pièces de chaque espèce? B. E.

770. En fondant une somme composée de pièces de 5 francs on lui ajoute la quantité nécessaire de cuivre pour obtenir un alliage au titre des pièces divisionnaires. Sachant que la somme fabriquée avec cet alliage surpasse la somme primitive de 910 francs, on demande quelle était cette somme. B. S.

771. On a deux lingots d'or, le premier au titre de 0,900 pèse 820 grammes de moins que le second qui est au titre de 0,850. On demande le poids de chacun d'eux, sachant que le second vaut 1.694 fr. 441 de plus que le premier. Le prix du cuivre est à négliger. B. S.

772. Deux lingots d'or, l'un au titre de 0,850, l'autre au titre de 0,920, ont des poids tels que si on les fond ensemble, on obtient un lingot au titre de 0,900 pesant autant que 1.085 pièces de 20 francs. Calculer le poids des lingots primitifs. B. S.

773. On a une bille d'ivoire, dont le rayon a 0ᵐ03, et l'on veut fondre un bille de fer creuse ayant le même volume et le même poids. Quel doit être le rayon de la capacité sphérique qu'il faut ménager pour que cette condition soit remplie? La densité de l'ivoire est 1, et celle du fer, 7,8.

774. Un vase cylindrique de 0ᵐ15 de rayon contient de l'eau jusqu'à une hauteur de 0ᵐ28; on plonge dans cette eau une sphère en fer de 0,03 de diamètre. A quelle hauteur s'élèvera l'eau dans le vase après cette immersion?

775. Combien faudra-t-il de tombereaux de 1mc 5 pour enlever les pierres de 4 tas de cailloux dont les dimensions sont : côtés du grand rectangle 1ᵐ90 et 1ᵐ20; côtés du petit rectangle 1 mètre et 0ᵐ80; hauteur 0ᵐ50?
2° Les dimensions précédentes seront doublées.

776. On a un lingot d'argent au titre de 0,825; on y ajoute 2.000 grammes d'argent pur et on obtient un lingot au titre de 0,850. Quel était le poids du premier lingot?

100 PROBLÈMES

SUR LES

APPLICATIONS DE LA THÉORIE ARITHMÉTIQUE

Problèmes choisis selon le Décret du 20 Juillet et l'arrêté Ministériel du 5 Août 1915

NOUVEAU PROGRAMME DE L'EXAMEN DU BREVET ÉLÉMENTAIRE APPLIQUÉ A PARTIR DES SESSIONS DE MAI 1916

La plupart de ces problèmes ont été donnés aux sessions de mai 1916.

777. Au dénominateur de la fraction 21/33, on ajoute 11. Quel nombre faut-il ajouter au numérateur pour que la fraction ne change pas de valeur?

778. Calculer les deux termes d'une fraction égale à 7/8, sachant que leur somme est 750. Justifier l'opération. Le problème serait-il possible, si, au lieu d'être 750, la somme des deux termes était un nombre entier quelconque.

779. Calculer le multiplicande et le multiplicateur d'une multiplication, sachant que le multiplicande est le double du multiplicateur et que si l'on augmente chacun des deux facteurs de 5, le produit primitif augmente de 115. Justifier les opérations et vérifier.

780. Calculer une fraction, sachant que si l'on augmente son numérateur de 32, on a une fraction égale à l'unité; et que si l'on augmente seulement son dénominateur de 69, on a une fraction égale à 1/2.

781. Dans une division, le quotient est 6 et le reste 3. Trouver, à l'aide d'un raisonnement, le dividende et le diviseur, sachant que l'un surpasse l'autre de 38.

782. Dans une division, le quotient est 3 et le reste 2. Trouver à l'aide d'un raisonnement, le dividende et le diviseur de cette division, leur différence étant 62.

783. Deux cyclistes parcourent, d'un mouvement uniforme, une piste circulaire de 500 mètres, en sens inverse. Au bout de 5 minutes, l'un a fait 1 tour de plus que l'autre. Ils se rejoignent toutes les 24 secondes. Quelle est, en kilomètres, leur vitesse à l'heure?

784. Deux enfants ont ensemble 13 ans. Dans un an, l'âge de l'un sera le double de l'âge de l'autre. Quels sont les âges actuels?

785. Deux personnes achètent chacune un coupon d'une même étoffe mais de dimensions différentes, dont l'ensemble des longueurs est de 41 mètres 20. Elles prélèvent l'une et l'autre 8 mètres sur leur coupon et il reste alors à l'une d'elles le double de l'étoffe qui reste à l'autre. Quelle était la longueur de chaque coupon?

786. Dire le nombre des moutons d'un troupeau, sachant que : 1° si on les compte 4 par 4, 5 par 5, 6 par 6, il en reste toujours 1; 2° si on les compte 7 par 7, il n'en reste pas et qu'enfin ce nombre est compris entre 500 et 1.000.

787. Effectuer le plus simplement possible l'expression suivante en indiquant la marche suivie pour chaque opération.

$$\frac{\left(\dfrac{5}{8}+\dfrac{3}{4}\right)\times\dfrac{2}{3}}{\left(\dfrac{76}{95}-\dfrac{69}{92}\right)\times 11}$$

788. Deux personnes sortent avec la même somme. L'une dépense 14 francs, l'autre dépense 58 francs. Il reste à la première 3 fois plus qu'à la deuxième. Combien chaque personne possédait-elle pritinivement?

789. En divisant un nombre entier par 17, on obtient 8 pour quotient et 7 pour reste. Que deviendra le quotient si on multiplie le dividende seul par 5?

790. En divisant un nombre par 15, on obtient 8 pour quotient et 12 pour reste; que deviendra le quotient si l'on multiplie le dividende par 5?

791. En divisant 19.536 par 144, on a trouvé pour reste 26. Peut-on affirmer, sans refaire l'opération, que ce résultat est faux? Pourquoi? Peut-on trouver immédiatement deux diviseurs du reste?

792. Expliquer comment on peut trouver un nombre qui divisé par 12, par 18 ou par 45, donne toujours 11 pour reste. Y a-t-il plusieurs nombres remplissant cette condition?

793. En multipliant les 3/4 d'un nombre par les 2/3 du même nombre, on obtient 288. Quel est ce nombre?

794. En multipliant 823 par 712, on place par erreur le premier chiffre du deuxième produit partiel sous le chiffre des centaines du multiplicateur, les deux autres produits partiels sont placés, suivant la règle. Dire, sans refaire l'opération, ce qu'il faut retrancher au produit obtenu pour obtenir le produit exact.

795. En divisant un nombre par 3 et 6, quotient par 7, on obtient respectivement pour restes 2 et 4. Quel est le reste obtenu en divisant ce nombre par 21? Quels seraient les restes que l'on obtiendrait si l'on divisait le nombre par 7 et le quotient trouvé par 3?

796. En divisant un nombre par un autre, on trouve 30 pour quotient à 1 près, et 64 comme reste. Si on avait ajouté 179 au dividende sans changer le diviseur, le quotient exact eût été 31. Trouver le dividende et le diviseur.

797. Former une fraction égale à 91/147 et dont le numérateur soit 39 et justifier les opérations. Le problème serait-il possible si au lieu d'être 39 le numérateur de la fraction demandée était 40 par exemple?

798. Indiquer le nom du jour qui correspond à la date de la proclamation de la République, le 4 septembre 1870.

799. La division de 118.875 par 2.511 étant effectuée, on veut en faire une seconde en conservant le dividende et en prenant le quotient obtenu comme diviseur. Déduire de la 1re opération le nouveau quotient et le nouveau reste. La même opération étant effectuée, combien peut-on ajouter ou retrancher d'unités au dividende sans changer le quotient?

800. La division d'un certain nombre par 37 donne un reste de 12; de combien faudrait-il augmenter le dividende pour avoir au quotient un entier de plus avec un reste égal à 7?

801. La division d'un nombre par 245 donne pour reste 141. De combien faut-il augmenter le dividende pour que le quotient augmente de 6 et que le reste devienne 53?

802. La division d'un nombre par 258 donne 25 pour reste. De combien faut-il diminuer le dividende pour que le quotient trouvé, diminué de 5, devienne exact?

803. La différence entre les fortunes de deux personnes est de 42.000 fr. Chaque année, l'avoir de chacune d'elles s'augmente de 3.000 francs et au bout de 4 ans, l'une possède deux fois autant que l'autre. Quel était l'avoir primitif de chaque personne?

804. La division de deux nombres entiers donne 38 pour quotient et 197 comme reste. De combien d'unités peut-on augmenter en même temps le dividende et le diviseur sans changer le quotient?

805. La fraction 167/169 peut-elle être simplifiée, oui ou non, et pourquoi? Diminuer cette fraction des 3/16 de sa valeur en opérant seulement sur le dénominateur. Expliquez.

806. La fraction 63/85 peut-elle être simplifiée? Justifiez votre réponse. Diminuez cette fraction des 4/21 de sa valeur en opérant seulement sur le dénominateur. Expliquez.

807. La somme de deux fractions est égale à 5/6, leur différence est égale à 1/9. Quelles sont ces deux fractions?

808. La somme des surfaces de deux carrés est de 2.977 mètres carrés, leur différence est de 385 mètres carrés. Calculer la longueur du côté de chaque carré.

809. La somme de deux nombres est 56 3/8, leur quotient 5/7. Calculer ces deux nombres en raisonnant les opérations effectuées.

810. La somme de deux nombres est 4.256, leur quotient est 9 et le reste de leur division est 179. Trouver ces nombres.

811. La somme des carrés de 2 nombres entiers est 369, la différence des carrés des mêmes nombres est 81. On demande quels sont ces nombres.

812. La somme de deux nombres est 60. Quand on ajoute 48 au premier nombre et 22 au deuxième, leur différence est 50. Quels sont ces deux nombres?

813. La somme des 3/8 et des 11/12 d'un nombre est inférieure de 34 unités au double de ce nombre. Trouver ce nombre.

814. La somme 2.300+230+23 est le produit de 23 par un nombre entier. Quel est ce nombre? Inversement, mettre chacun des nombres suivants 4.444 et 484.848 sous forme de somme analogue à la première. Conclusion.

815. La surface d'un champ rectangulaire est 750 mètres carrés, le périmètre est 110 mètres. Quelles sont les dimensions du champ?

816. Le dividende d'une division est 647, le reste est 22, quel est le diviseur?

817. Le diviseur d'une division de nombres entiers est 26; le quotient est quadruple du reste qui est le plus grand possible. Trouver le dividende.

818. Le plus grand commun diviseur de 2 nombres est 54. Ils sont entre eux comme 24 est à 36. Quels sont ces nombres? Justifier.

819. Le produit de deux nombres est 180. Si l'on augmente le plus petit de 3 unités, on obtient 225 pour nouveau quotient. Quels sont ces nombres?

820. Le produit de 2 nombres est 17.170. Si l'on augmente l'un d'eux de 25, le produit devient 18.020. Trouver ces 2 nombres.

821. Le produit de 2 nombres est 11.877; si l'un de ces nombres augmente de 3, le produit devient 11.988. Quels sont ces nombres?

822. Le quotient de 2 nombres est 23, le reste de la division 7 et leur somme 319. Quels sont ces nombres?

823. Le quotient d'une division est 7 et le reste 152. Si l'on additionne le dividende, le diviseur et le reste, on obtient 2.624. Trouver par le raisonnement le dividende et le diviseur.

824. Le quotient d'une division est 6 et le reste 15. Si l'on additionne le dividende, le diviseur, le quotient et le reste, on obtient 183. Trouver, par le raisonnement, le dividende et le diviseur.

825. Les deux facteurs d'un produit ont été, l'un multiplié par 1/4 l'autre divisé par 1/7. Le produit des résultats de ces deux opérations est 2.114. Quel était le produit des 2 premiers facteurs?

826. L'un des facteurs d'un produit est quadruple de l'autre; si l'on augmente chacun d'eux de 6, le produit est augmenté de 456; quels sont ces deux facteurs?

827. On a acheté deux chapeaux pour 28 francs. La différence de prix entre ces deux chapeaux est égale aux 2/5 du prix de celui qui a coûté le plus cher. Quel est le prix de chacun?

828. On a trouvé dans un livre de comptes la ligne suivante en partie effacée

+ + h. l. de vin à 36 fr. 80 = 5+ + francs.

Les chiffres à la place desquels est le signe sont complètement illisibles. Peut-on rétablir la ligne qu'on a voulu écrire?

829. On a 315 billes bleues et 378 billes rouges avec lesquelles on veut faire jouer 54 enfants. A cet effet, on se propose de répartir ces 54 enfants en groupes, dont chacun comprenne un nombre égal de joueurs et reçoive un même nombre de billes bleues et un même nombre de billes rouges. Trouver : 1° quel est le plus grand nombre de groupes que l'on peut ainsi former? 2° quel est alors le nombre de joueurs de chaque groupe et combien chaque groupe reçoit-il de billes de chaque couleur?

830. On divise 1.849 par un nombre entier; on a pour reste 13. On divise 368 par ce même nombre entier; on a pour reste 28. Quel est le nombre entier qui sert de diviseur dans les deux cas? Dites s'il y en a plusieurs qui répondent à la question.

Justifier les opérations à faire et vérifier.

831. On donne le produit 444 × 36. On augmente le multiplicateur de 1. De combien faut-il augmenter le multiplicande pour que le nouveau produit surpasse le premier de 888?

832. On multiplie le dividende d'une division par 2/7, et on divise le diviseur par 4/11. On obtient ainsi un nouveau quotient. O, 1147 43/231. Peut-on calculer le dividende et le diviseur primitifs?

833. On propose de diminuer la fraction 275/289 des 7/24 de sa valeur en opérant seulement sur le dénominateur. Expliquez.

834. On veut planter le long des bords d'une plate-bande rectangulaire un certain nombre d'arbustes également espacés de plus d'un mètre, mais de moins de deux mètres. Il doit y en avoir un à chaque angle. La longueur de la plate bande est 15 mètres ou 1.500 centimètres, la largeur est 6 mètres ou 600 centimètres. Combien faudra-t-il d'arbustes?

835. Quel est le plus grand nombre par lequel il faut diviser 29.416 et 18.551 pour avoir 224 pour reste dans la première division et 39 pour reste dans la seconde?

836. Un train a marché pendant 12 heures. S'il avait marché 2 heures de moins à une vitesse de 8 kilomètres de plus à l'heure, il aurait fait 20 kilomètres de moins. Quelle est la vitesse primitive?

837. Trois aiguilles se meuvent d'un mouvement uniforme et dans le même sens sur un cadran dans une horloge. La grande aiguille, la moyenne et la petite mettent respectivement 11, 45 et 65 minutes pour faire un tour complet. On constate, le 27 février 1916 à midi, que les trois aiguilles sont superposées sur un même rayon du cadran. Donner la date exacte où les trois aiguilles seront de nouveau superposées sur le même rayon.

838. Si l'on ajoute 11 à chacun des facteurs d'un produit, ce produit augmente de 1.188. Quels sont les 2 facteurs, sachant que leur différence est 7?

839. Trouver 2 nombres dont la différence soit 5 et dont les carrés diffèrent de 8.865.

840. 15 personnes ont fait en commun une dépense totale de 652 fr. 50. Un certain nombre d'entre elles ne peuvent pas payer leur quote-part; les autres sont, par suite, obligées de donner 29 francs de plus que leur part. On demande le nombre de parts insolvables.

841. Si on augmente le numérateur d'une fraction de 18, cette fraction devient égale à 1. Si on augmente le dénominateur de cette première fraction de 105, elle devient égale à 1/2. Quelle est cette fraction ?

842. Un marchand a 3 paniers contenant le même nombre d'oranges; il vend celles du premier par dizaines, celles du second par douzaines. et celles du troisième par quinzaines. Après la vente, il en reste 3 dans chaque panier. Dire quel est le nombre total des oranges, sachant qu'il est inférieur à 200.

843. Quel est le nombre carré parfait qui, ajouté à sa racine carrée, donne 552.792 ?

844. Un train a marché pendant 12 heures. S'il avait marché pendant 1 heure de moins avec une vitesse plus grande de 2 kilomètres, il aurait parcouru 28 kilomètres de moins. Trouver la vitesse primitive.

845. Trouver le multiplicateur par lequel il faut multiplier 4.562 pour que le produit obtenu surpasse le multiplicande de 1.583.014.

846. Trouver le multiplicande qu'il faut multiplier par 724 pour que e produit obtenu surpasse ce multiplicande de 3.061.905.

847. Quels sont les nombres que l'on peut ajouter aux deux termes de la fraction 4/7 sans en altérer la valeur ?

848. Un rectangle a une surface de 283 mètres carrés; si les dimensions avaient chacune 1 mètre de plus, la surface serait de 270 mètres carrés. Calculer le périmètre.

849. Un rectangle a une longueur de 40 mètres. Si l'on augmente cette dimension de 1 mètre et si l'on diminue la largeur de 1 mètre, la surface diminue de 21 mètres carrés. Trouver la largeur.

850. Un père en mourant laisse 15.000 francs à chacun de ses enfants. L'un vient à mourir ce qui porte les parts des autres à 20.000 francs. On demande combien il y avait d'enfants primitivement.

851. Un pépiniériste a reçu un lot de jeunes plants de poiriers. En les groupant par paquets de 15, il lui en reste 8; s'il les groupe par 12, il constate qu'il lui manque un plant pour avoir trois paquets de plus que dans le premier cas. Déterminez le nombre de plants qu'il a reçus.

852. Un homme âgé de 42 ans a 3 enfants qui ont respectivement 14, 12 et 8 ans. Dans combien d'années l'âge du père sera-t-il la somme des âges de ses 3 enfants ?

853. Un terrain vaut 3 fr. 25 le mètre carré. Pour chercher son prix. on multiplie sa surface exprimée en mètres carrés par 3,25; on fait exactement les multiplications partielles, mais on néglige d'avancer le troisième produit partiel de deux rangs vers la gauche, on ne l'avance que d'un rang. Par contre, on place la virgule un rang trop loin vers la droite. On trouve ainsi un prix inexact égal à 532 fr. 80. On demande le prix véritable du terrain.

854. Un marchand voulant payer une somme demande au caissier 44 pièces de monnaie, les unes de 5 francs et les autres de 2 francs. Le caissier se trompe et donne autant de pièces de 2 francs qu'on lui demandait de pièces de 5 francs et inversement. Il manque alors 108 francs. Quelle est la somme à payer et le nombre de pièces demandées primitivement?

855. Un jardinier veut planter des arbres en carré plein, ou comme on dit, en quinconce. S'il en met un certain nombre par rangée, il lui en reste 20. Il essaie d'en mettre un de plus par rangée, il trouve qu'il lui en manque 5 pour compléter le carré. Combien le jardinier a-t-il d'arbres?

856. Un jardinier dispose d'un certain nombre de plants qu'il veut distribuer dans un terrain carré de manière à faire autant de rangées qu'il y a de plants par rangée. S'il en met un certain nombre par ligne, il lui en reste 26, s'il en met un de plus par ligne, il lui en manque 39. Combien a-t-il de plants?

857. Une personne met un piano en loterie. A 1 fr. le billet, elle gagne 20 francs sur le prix qu'elle voudrait toucher. A 0 fr. 50 le billet, elle perd 80 francs. Combien a-t-elle de billets à placer?

858. Une personne a pris 190 repas, tantôt dans un restaurant où chaque fois, elle dépense 2 fr. 75, tantôt dans un autre où elle ne débourse que 2 fr. 25, et pourtant sa note, dans ce dernier, surpasse de 162 fr. 50 celle qu'elle a dû payer dans le premier. On demande combien de repas elle a pris dans chacun d'eux.

859. Un enfant a 7 ans et son père 31. Dans combien d'années l'âge du père sera-t-il triple de l'âge du fils?

860. Une marchande interrogée sur le nombre des œufs qu'elle a vendus répond : Si je les avais comptés par 2, par 3, par 4, par 5, par 6, il m'en serait resté toujours 1. Si je les avais comptés par 7, il ne m'en serait pas resté. Quel est le nombre d'œufs, s'il est compris entre 500 et 800?

861. Une fraction est équivalente à 16/72. Trouver ses 2 termes, sachant que leur plus grand commun diviseur est 13.

862. Une division dans laquelle le diviseur est 372 a donné pour quotient 15 et pour reste 210. Dites, sans connaître, le dividende, quels seraient le quotient et le reste, si l'on divisait ce dividende par 15. Justifiez votre réponse.

863. Trois soldats s'assurent pour partager leurs chaussettes neuves. L'un en fournit 7 paires, l'autre 5 paires. Le dernier n'en fournit pas, mais il verse 6 francs pour sa part. Partager cette somme entre les deux premiers.

864. Si l'on divise 4.373 et 826 par un même nombre, on obtient respectivement 8 et 7 pour restes. Quel est ce nombre? Y en a-t-il plusieurs?

865. Un certain nombre de personnes doivent se réunir en un banquet dont le prix est 6 francs par tête. 5 personnes sont absentes et, de ce fait, le prix est augmenté pour chacun de 3 francs. Trouver le nombre des convives qui devaient prendre part à ce banquet.

866. Trouver un nombre tel qu'en le divisant par 23/40, le quotient surpasse le nombre primitif de 51. Justifier les opérations.

867. Trouver une fraction irréductible qui ne change pas de valeur quand on ajoute 30 au numérateur et 40 au dénominateur.

868. Trouver une fraction équivalente à la fraction $\dfrac{188887}{211109}$ et dont la somme des deux termes soit 108.

869. Trouver toutes les fractions ayant leur numérateur plus petit que 200, leur dénominateur plus petit que 300 et qui sont équivalentes à 57/133. Il sera inutile d'écrire toutes les fractions, il suffira de dire comment on les trouve.

870. Un élève a eu à faire la multiplication du nombre 564 par un autre nombre entier qu'il a oublié. Il se rappelle toutefois qu'en augmentant chaque facteur de 5 unités, le nouveau produit surpasserait de 3.470 le produit primitif. Retrouver d'après cela le facteur oublié.

871. Trouver deux fractions, ayant pour numérateur l'unité, pour dénominateur deux nombres impairs consécutifs et comprenant entre elles la fraction 13/884.

872. Trouver deux nombres qui soient dans le rapport de 15 à 27 et dont le plus grand commun diviseur soit 250 et justifier les opérations.

873. Trouver deux nombres dont la somme est 707, sachant que si l'on divise le plus grand par le plus petit on obtient 21 pour quotient et 3 pour reste.

874. Trouver les deux facteurs d'un produit sachant que le second facteur est les 4/5 du premier et que si on augmente chaque facteur d'une unité, le produit augmente de 28.

875. Trois nombres, divisés par le même diviseur, ont donné pour quotients 3/7, 5/21, 1/3. Quelle est la somme de ces trois nombres ?

876. Trouver les deux termes d'une fraction ordinaire, sachant :
1° Que cette fraction est équivalente à 0,375 ;
2° Que le produit de ses termes est 384.

GÉOMÉTRIE ÉLÉMENTAIRE

GÉOMÉTRIE ÉLÉMENTAIRE

NOTIONS PRÉLIMINAIRES

USAGES DE LA RÈGLE, DE L'ÉQUERRE, DU COMPAS ET DU RAPPORTEUR

1. Règle à dessin. — Si l'on prend une feuille de papier et qu'on la plie, on obtient une ligne droite, indiquée par le pli lui-même.

La *règle à dessin* est plate et en bois, ses arêtes doivent être bien droites. Elle sert à tracer des lignes droites.

FIG. 1.

2. Vérification de la règle. — Soit la règle ci-dessus, dont l'arête inférieure est AB. On place le crayon au-dessous de AB et on trace un trait. Puis faisant basculer la règle autour de AB, on trace un nouveau trait en suivant encore AB. Les 2 traits, si la règle est juste, doivent se recouvrir.

3. Équerre. — L'équerre est une planchette triangulaire dont un angle est droit, c'est-à-dire qu'elle présente 2 arêtes qui sont perpendiculaires l'une sur l'autre.

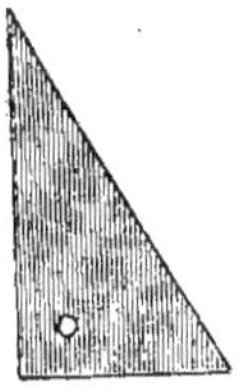

Si l'on suit avec un crayon ces deux arêtes, on trace des angles droits.

Si l'on fait glisser une des arêtes perpendiculaires le long d'une règle et que l'on suive avec un crayon l'autre arête, on trace ainsi une série de perpendiculaires à la même droite.

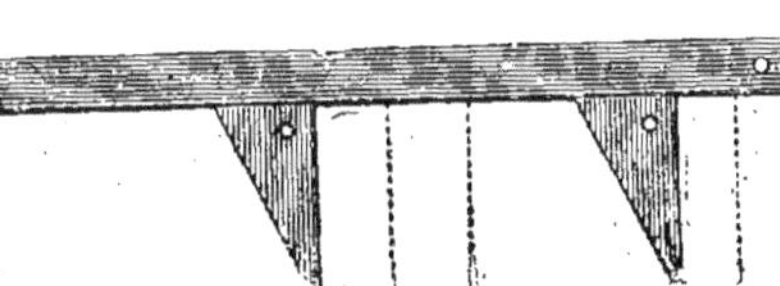

FIG. 2.

FIG. 3.

4. Vérification de l'équerre. — On place le petit côté OM de l'équerre sur l'arête AB et l'on trace OC. On retourne l'équerre au-

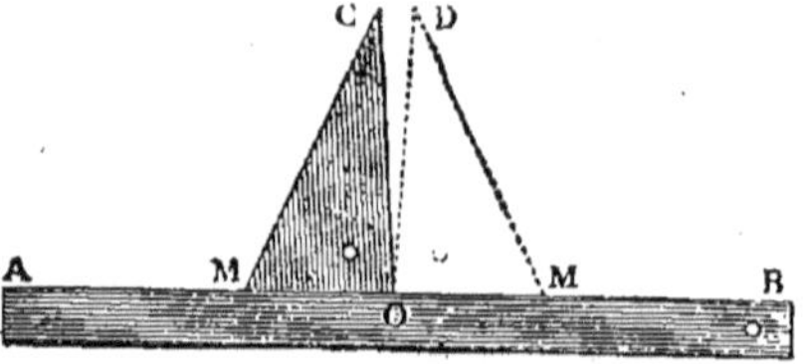

Fig. 4. — Equerre fausse.

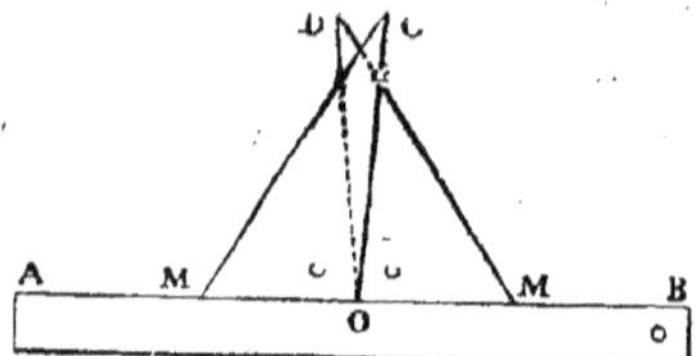

Fig. 5. — Equerre fausse.

tour de CO et on trace une nouvelle ligne OC. Les 2 lignes doivent se recouvrir si l'équerre est juste.

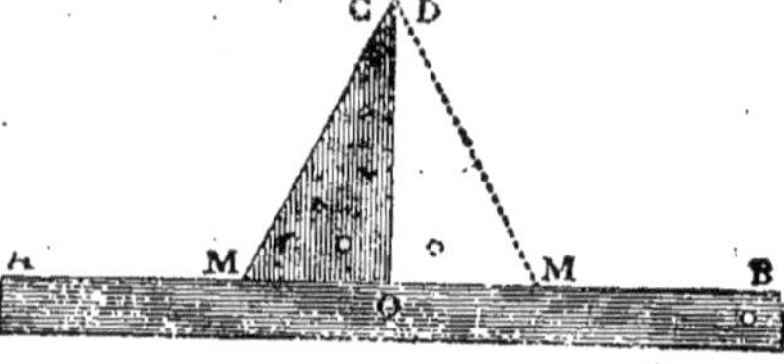

Fig. 6. — Equerre juste.

5. Compas. — Le compas est un instrument se terminant :

1° Par 2 pointes sèches : il sert alors à prendre des distances ;

2° Par une pointe sèche et un porte-mine substitué à la 2e pointe sèche : il sert alors à tracer des arcs ou des circonférences ;

3° Par une pointe sèche et un tire-ligne : il sert alors à tracer des arcs ou des circonférences à l'encre.

Fig. 7.

Pour que le compas soit bien juste, il faut que les 2 pointes sèches ajustées coïncident exactement.

6. Rapporteur. — Le rapporteur est un instrument qui sert à la mesure des angles.

C'est un demi-cercle en corne, en celluloïd ou en métal, dont le contour est divisé en 180 degrés.

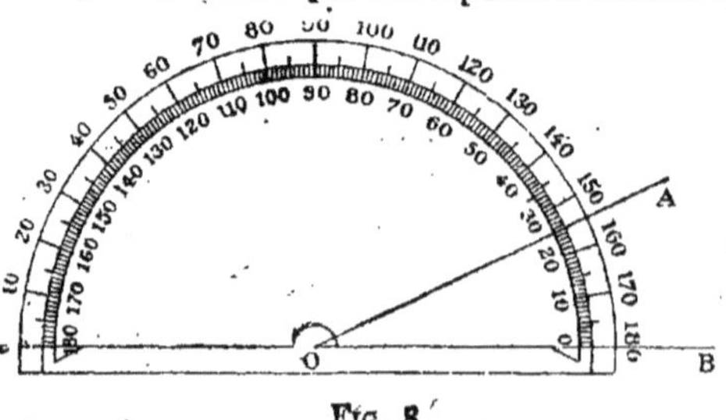

Fig. 8.

Soit à mesurer l'angle AOB. On place le sommet O de l'angle au centre du rapporteur et l'on fait coïncider exactement le côté OB de l'angle avec le rayon formant la base du rapporteur. Il suffit ensuite de lire la valeur de l'angle. Sur la figure 8, ce sera 25 degrés ou 25°.

ÉTUDE SOMMAIRE DES PROJECTIONS

PROJECTION D'UN POINT SUR UN PLAN HORIZONTAL

7. On appelle *projection* d'un point A, sur un plan horizontal M, le pied de la perpendiculaire abaissée du point sur le plan.

Ainsi, dans la figure 9, *a* est la projection horizontale du point A.

PROJECTIONS D'UN POINT SUR 2 PLANS PERPENDICULAIRES

8. On remarquera tout de suite que *a* est non seulement la pro-

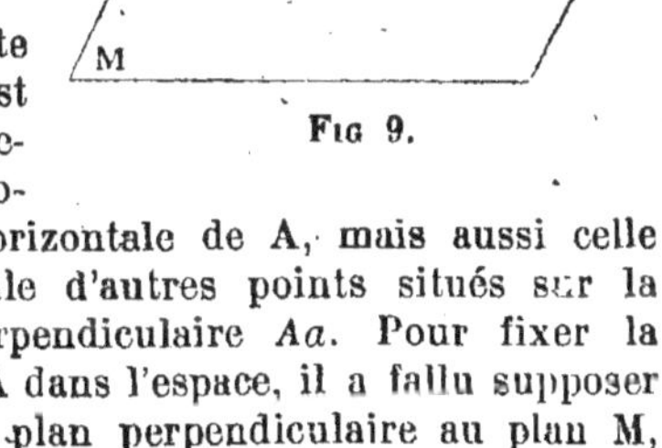

Fig 9.

jection horizontale de A, mais aussi celle d'une foule d'autres points situés sur la même perpendiculaire Aa. Pour fixer la place de A dans l'espace, il a fallu supposer un autre plan perpendiculaire au plan M, c'est-à-dire un plan vertical N selon la figure 10.

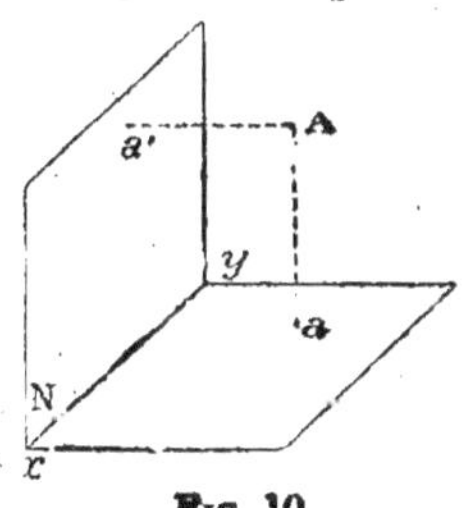

Fig. 10.

Il y aura alors deux projections du point A :
1° la projection *horizontale* au point *a* ;
2° la projection *verticale* au point *a'*.

ÉPURE

9. Épure — Si l'on veut dessiner sur une feuille de papier les 2 projections du point A, il faut faire tourner le plan M autour de *x y* de manière à ne faire qu'un seul et unique plan. On appelle cette opération un *rabattement*.

On a alors la figure 11 ci-dessous :
Les deux projections a' et a sont situées sur une même *ligne de rappel* perpendiculaire à xy.

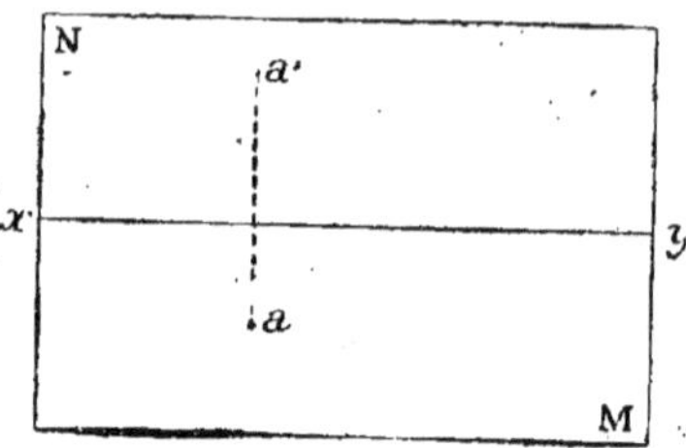

Fig. 11.

La ligne xy prend le nom de *ligne de terre*.

10. Les plans étant supposés illimités, on obtient l'épure suivante :

Tout ce qui est au-dessus de

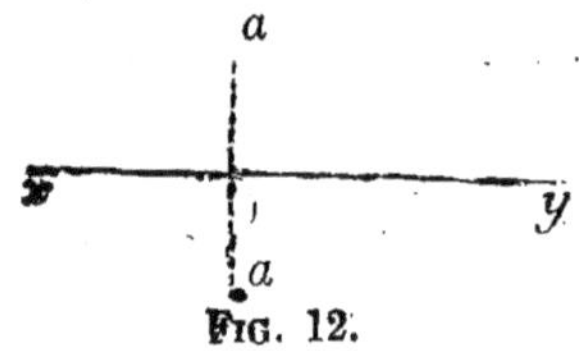

Fig. 12.

la ligne de terre est le *plan vertical*, et tout ce qui est au dessous le *plan horizontal* (fig. 12).

11. **Règles**. — On déduit de l'épure ci-dessus les règles suivantes :

1° La distance de a' à la ligne de terre est égale à la distance du point A au plan horizontal.

2° La distance de a à la ligne de terre est égale à la distance de A au plan vertical.

PROJECTION D'UNE DROITE SUR UN PLAN HORIZONTAL

12. Soit la droite AB et le plan horizontal M, il suffira de chercher les projections des points A et B et de les joindre par une droite (fig. 13).

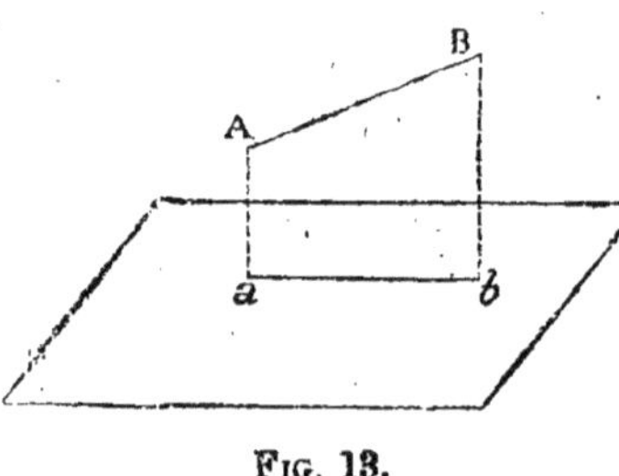

Fig. 13.

Règle. — La projection d'une ligne sur un plan est constituée par l'ensemble des projections de tous ses points sur le plan, c'est une ligne droite.

13. **Remarque I.** — Toute droite parallèle au plan de projection est projetée en *vraie grandeur*.

Remarque II. — Toute droite perpendiculaire à un plan de projection s'y projette en un point.

PROJECTION D'UNE DROITE SUR LES 2 PLANS DE PROJECTION

14. La droite AB se projettera en *ab* sur le plan horizontal et en *a'b'* sur le plan vertical (fig. 14).

Si l'on rabat, comme au n° 9, le plan vertical dans le prolongement du plan vertical, on obtiendra l'épure suivante (fig. 15).

La ligne *a'b'* est la pro-

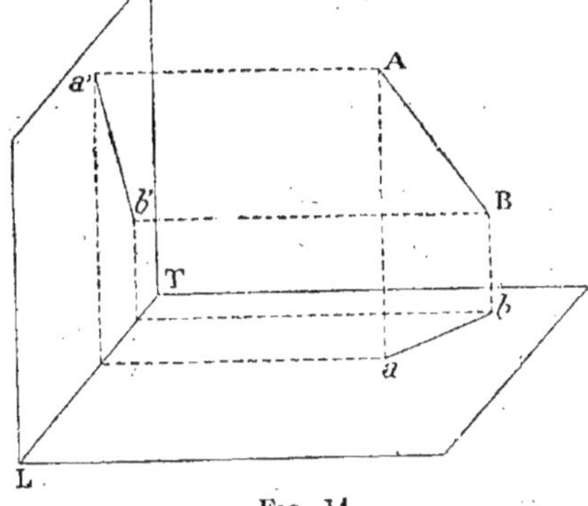

FIG. 14.

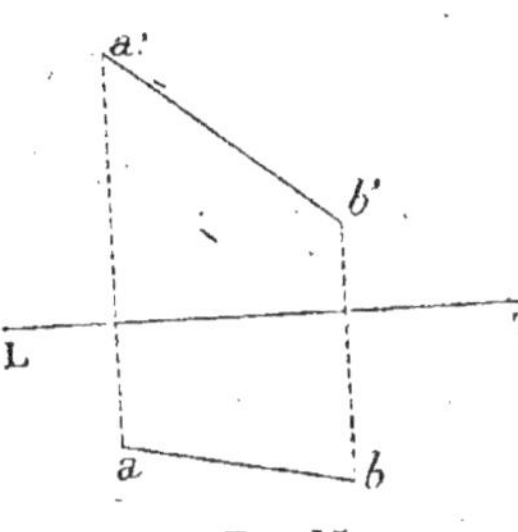

FIG. 15.

jection verticale de AB et la ligne *ab*, la projection horizontale de la même ligne.

15. Remarque I. — Si la droite AB *est parallèle au plan vertical*, sa

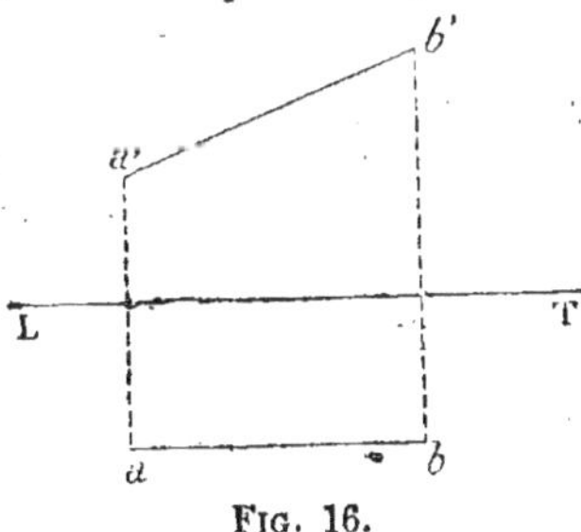

FIG. 16.

projection verticale lui sera égale comme grandeur et sa projection horizontale sera parallèle à la ligne de terre (fig. 16).

Remarque II. — Si la droite AB est *parallèle au plan horizontal*, sa projection horizontale se fera en vraie grandeur et sa projection verticale sera parallèle à la ligne de terre (fig. 17).

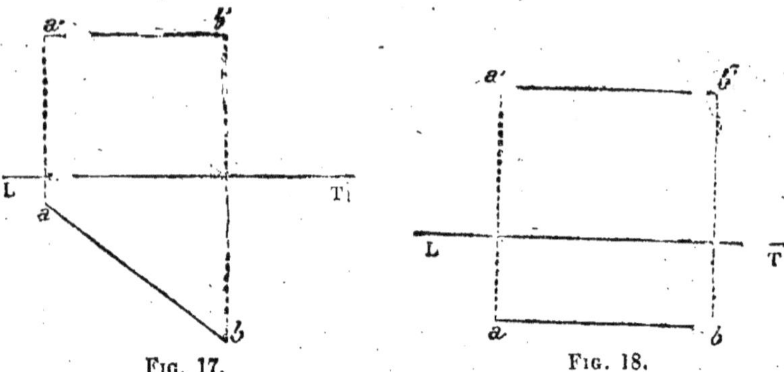

Fig. 17.   Fig. 18.

Remarque III. — Si la droite AB est *parallèle aux 2 plans de projection*, elle se projettera en vraie grandeur sur les 3 plans ; ses projections seront parallèles à la ligne de terre (fig. 18).

RECHERCHE DE LA VRAIE GRANDEUR D'UNE DROITE

16. Soit l'épure suivante :

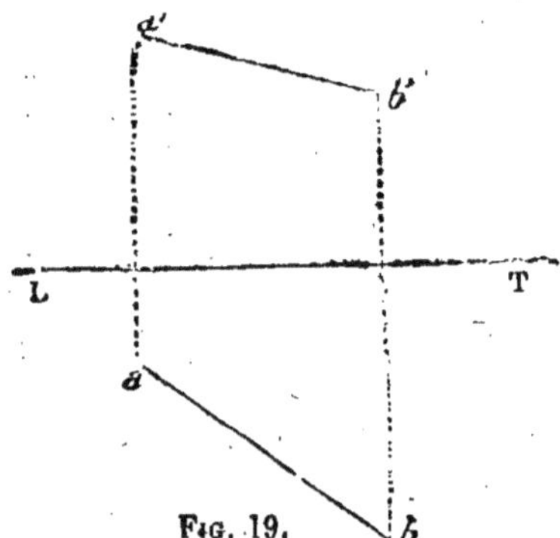

Fig. 19.

On veut, d'après ces données, trouver la longueur exacte de la droite située dans l'espace.

Il y a 2 méthodes :

1° la méthode par rotation ;

2° la méthode par rabattement.

MÉTHODE PAR ROTATION

17. On fait tourner la ligne AB dans l'espace, le point A ne bou-
geant pas et le point B se
tenant toujours à la même
distance du plan horizontal,
jusqu'à ce que cette ligne soit
parallèle au plan vertical. A
ce moment, sa projection horizontale *ab* est parallèle à la
ligne de terre et elle se projette en vraie grandeur sur
le plan vertical. On obtient
l'épure suivante (fig. 20).

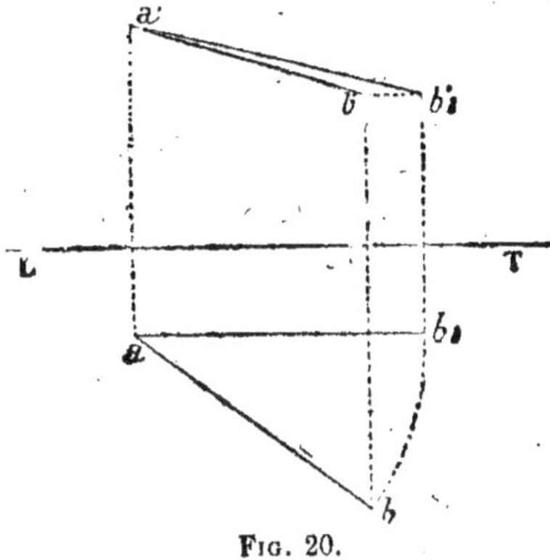

Fig. 20.

ab est venue en ab_1. On a
tracé la ligne de rappel b_1b_1'
jusqu'à la rencontre avec l'horizontale $b'b_1'$. La vraie grandeur est la ligne $a'b_1'$.

Avec une règle ordinaire, on pourra réaliser la figure dans l'es
pace.

MÉTHODE PAR RABATTEMENT

18. Soit l'épure suivante (fig. 21).

On élève en *a* (fig. 22) une
perpendiculaire *a* A égale à *ca'*
et en *b* une perpendiculaire égale
à *b'd*. On joint les points A

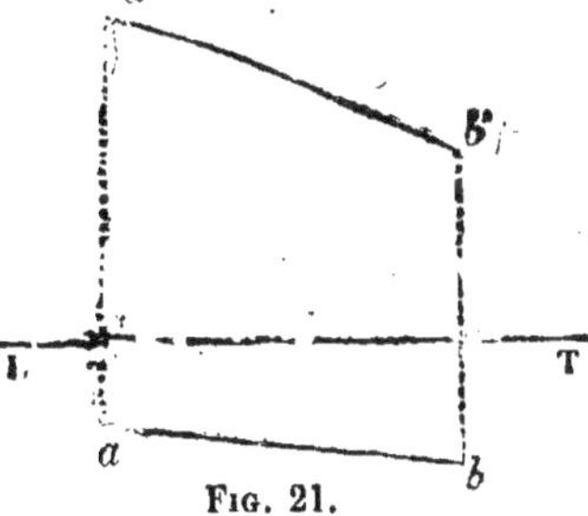

Fig. 21.

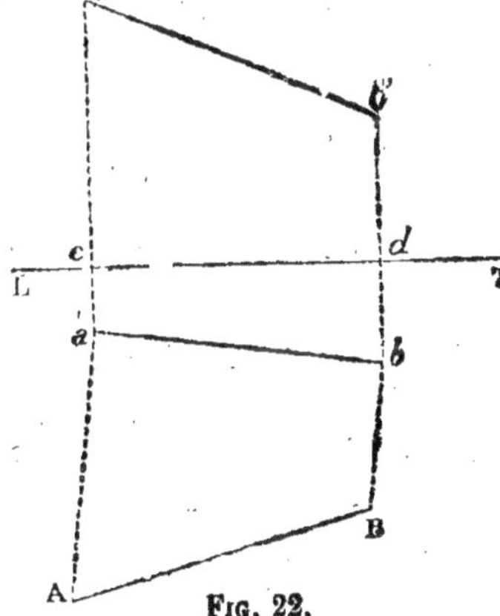

Fig. 22.

et B et l'on a la vraie grandeur de la droite dans l'espace

En effet la droite AB forme avec sa projection horizontale un qua-

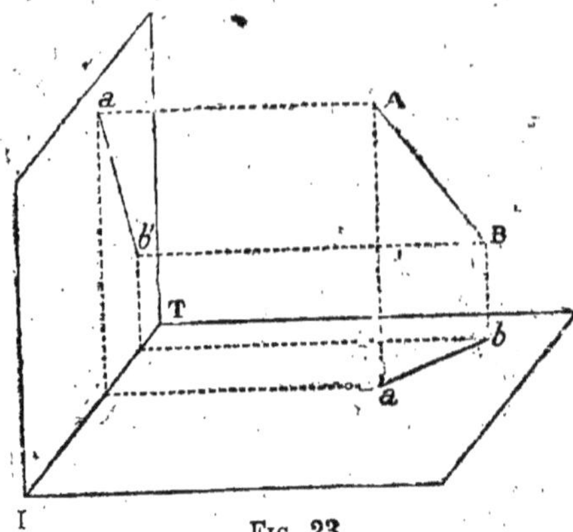

FIG. 23.

drilatère *abBA*, c'est ce quadrilatère qu'on obtient sur l'épure après l'avoir rabattu sur le plan horizontal (fig. 23).

PROJECTION DE SURFACES PLANES

19. Ces projections se font facilement quand les surfaces planes sont parallèles à l'un des plans de projection.

1° Projections d'un carré parallèle au plan vertical.

2° Projections d'un rectangle parallèle au plan horizontal.

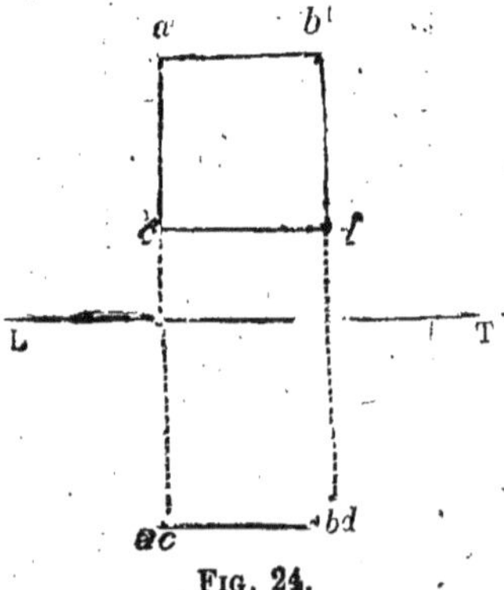

FIG. 24.

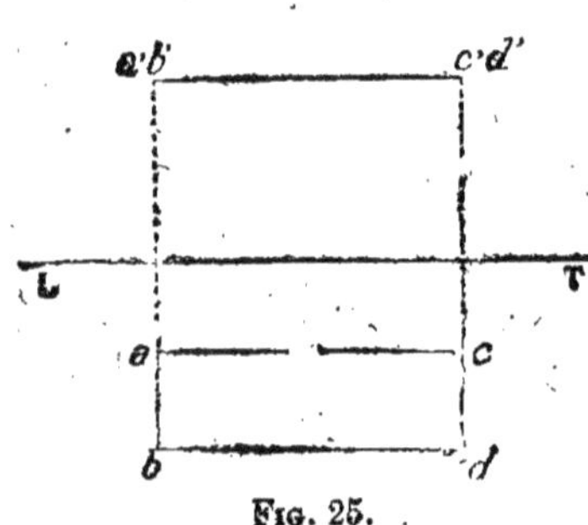

FIG. 25.

*3° Projections d'un triangle
parallèle au plan vertical.*

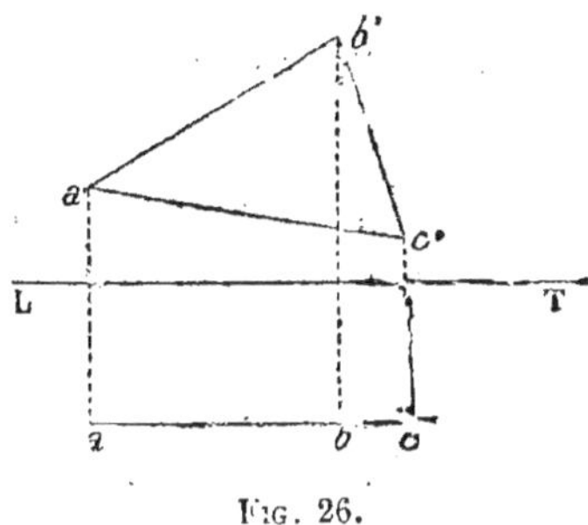

FIG. 26.

*4° Projections d'un cercle
parallèle au plan vertical.*

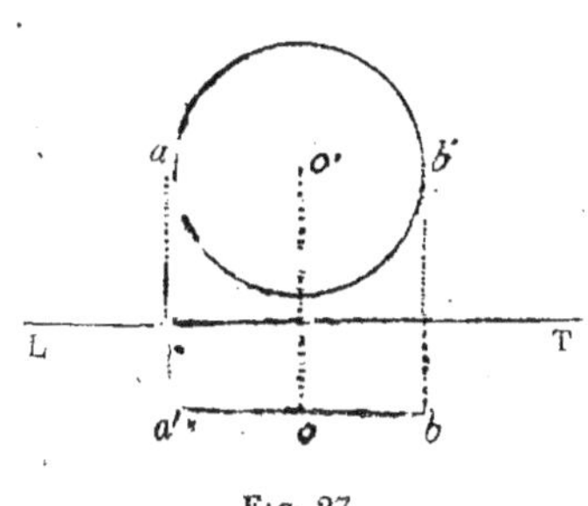

FIG. 27.

REMARQUE I. — Quand les surfaces planes ne sont pas dans une position simple par rapport aux plans de projection, elles sont déformées dans leurs deux projections.

REMARQUE II. — Si le cercle n'est parallèle ni au plan vertical, n aù plan horizontal, il se projette selon 2 ellipses.

PROJECTIONS DE SOLIDES GÉOMÉTRIQUES

20. On supposera le solide placé sur le plan horizontal, la projection verticale s'en déduira.

On pourra ensuite dessiner le développement du solide, puis le construire en papier fort ou en carton.

La projection horizontale prend le nom de *plan.*

La projection verticale prend le nom d'*élévation.*

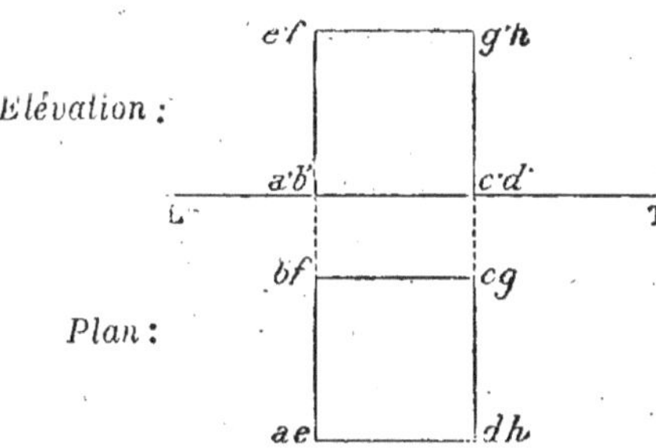

FIG. 28.

CUBE

21. 1er EXEMPLE. — Le cube a des arêtes perpendiculaires au plan vertical (fig. 28).

2e Exemple. — Le cube n'a aucune arête perpendiculaire au plan vertical (fig. 29).

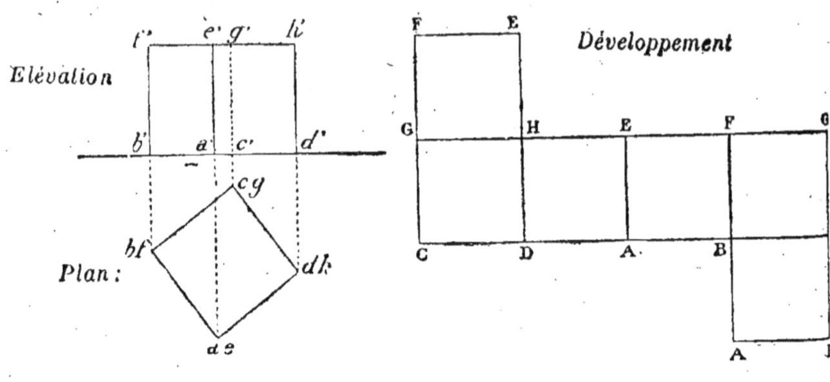

PARALLÉLIPIPÈDE RECTANGLE

22. Ex : — Parallélipipède rectangle placé sur le plan horizon-

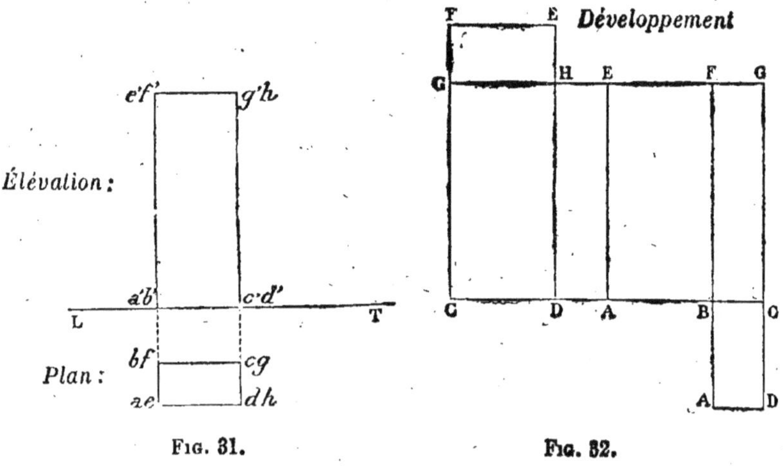

tal avec arêtes perpendiculaires au plan vertical.

PRISME HEXAGONAL RÉGULIER

23. Ex. : — Solide placé sur le plan horizontal avec 2 faces parallèles au plan vertical.

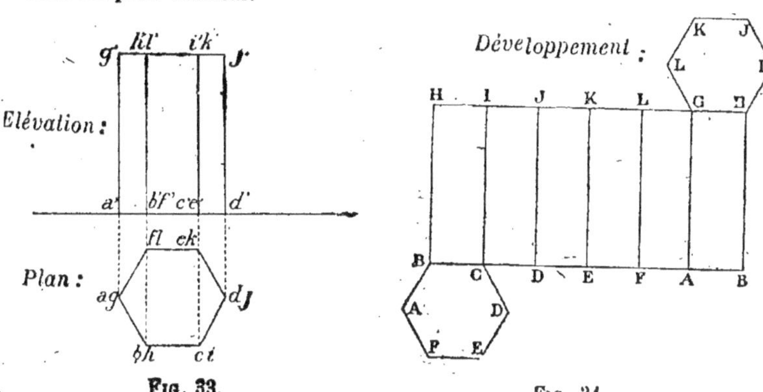

REMARQUE. — On trouvera, en suivant la même méthode, les projections et les développements d'autres solides simples, tels que le cylindre droit, la pyramide à base carrée, le cône.

EXERCICES SUR LES PROJECTIONS

1. Faire l'épure des projections d'un point situé à 35 mm. du plan vertical et 50 mm. du plan horizontal.

2. Faire l'épure des projections d'une droite AB parallèle au plan vertical. Distance de la ligne à ce plan 25 mm. Distances des points A et B au plan horizontal : 35 mm. et 40 mm.

3. Faire l'épure des projections d'une droite AB parallèle au plan horizontal. Distance de la droite à ce plan : 28 mm. Distances des points A et B au plan vertical : 31 mm., 27 mm.

4. Faire l'épure des projections d'une droite AB. Distances des points A et B au plan vertical : 28 mm., 32 mm. Distances des points A et B au plan horizontal : 41 mm., 26 mm.

5. Dans le problème précédent, trouver la vraie grandeur de la droite AB (rabattement).

6. Faire l'épure des projections d'un carré parallèle au plan horizontal et dont 2 côtés sont perpendiculaires au plan vertical. Côté du carré : 30 mm. Distance du carré au plan horizontal : 25 mm.

7. Faire l'épure des projections d'un carré parallèle au plan vertical et dont une des diagonales est perpendiculaire au plan horizontal. Côté du carré : 30 mm. Distance du carré au plan vertical : 25 mm. et distance du sommet le plus rapproché du plan horizontal à ce plan 15 mm.

8. Faire l'épure des projections d'un triangle équilatéral parallèle au plan horizontal et dont un côté est perpendiculaire au plan vertical. Côté du triangle : 38 mm. Distance du triangle au plan horizontal : 40 mm. et distance du sommet le plus rapproché, du plan vertical à ce plan 25 mm.

9. Faire l'épure des projections d'un rectangle parallèle au plan vertical. Distance du rectangle au plan vertical : 28 mm. Dimensions du rectangle : 40 mm. et 25 mm. Les petits côtés du rectangle sont perpendiculaires au plan horizontal et la distance du côté le plus rapproché du plan horizontal à ce plan est de 30 mm.

10. Faire l'épure des projections d'un cercle de 25 mm. de rayon, parallèle au plan horizontal. Distance du cercle à ce plan : 50 mm. Distance du centre du cercle au plan vertical : 65 mm.

11. Faire l'épure des projections d'un cube de 15 mm. d'arête. Distance de la face inférieure au plan horizontal : 40 mm. 4 arêtes sont perpendiculaires au plan vertical. Distance de la face la plus rapprochée du plan vertical à ce plan : 28 mm.

12. Développement du cube de l'exercice précédent.

13. Une brique dont les dimensions sont : 20 cm., 16 cm., 10 cm. est placée sur le plan horizontal avec une face parallèle au plan vertical. Distance de la face la plus près du plan vertical à ce plan : 18 cm.

Tracer l'épure des projections en adoptant l'échelle de $\frac{1}{4}$.

14. Développement des faces de la brique de l'exercice précédent.

15. Faire l'épure d'un prisme hexagonal droit placé sur le plan horizontal, Côté de l'hexagone : 20 mm. Hauteur : 40 mm. On le placera à la distance qu'on voudra du plan vertical.

16. Développement du prisme hexagonal de l'exercice précédent.

17. Une pyramide droite à base carrée de 30 mm. de côté est posée sur le plan horizontal. Deux des côtés du carré de base sont perpendiculaires au plan vertical. Le carré de base est à 40 mm. de distance du plan vertical. Hauteur de la pyramide : 50 mm.

Faire l'épure.

18. Même exercice en supposant que le carré de base de la pyramide ait une de ses diagonales perpendiculaire au plan vertical.

19. Développement de la pyramide dont il est question dans l'exercice 17.

20. Epure des projections d'un cylindre droit reposant sur le plan horizontal par une base. Distance du centre du cercle de base au plan vertical : 40 mm. Rayon de base : 15 mm. Hauteur du cylindre : 50 mm.

21. Développement du cylindre de l'exercice précédent.

22. Epure des projections d'un cône droit reposant sur le plan horizontal par sa base. Distance du centre du cercle de base au plan vertical : 40 mm. Hauteur du cône : 50 mm. Rayon du cercle de base : 15 mm.

23. Développement du cône de l'exercice précédent. Pour avoir l'angle au centre du secteur cherché, on appliquera la formule :

$$\text{angle au centre} = 180° \times \frac{R}{A}.$$

R étant le rayon de la base et A la génératrice du cône.

24. Epure des projections d'une sphère touchant le plan horizontal. Rayon : 40 mm. Distance du centre de la sphère au plan vertical : 60 mm.

GÉOMÉTRIE PLANE

DÉFINITIONS

24. Corps. — On appelle *corps*, tout ce qui occupe une place dans l'espace. On dit encore *solides*.

25. Volumes. — On appelle *volume* une portion de l'espace limitée en tous sens. Ordinairement le volume a 3 dimensions : longueur, largeur, épaisseur.

26. Surfaces. — On appelle *surface d'un corps* les limites d'un corps. Ordinairement la surface a 2 dimensions : longueur et largeur.

27. Lignes. — On appelle *ligne* l'intersection de deux surfaces. La ligne n'a qu'une dimension : la longueur.

28. Points. — On appelle *point* l'intersection de deux lignes. Le point n'a aucune dimension.

29. Figures. — Un ensemble quelconque de points, de lignes, de surfaces ou de volumes a reçu le nom de *figure*.

30. Géométrie. — La géométrie est l'étude des propriétés des figures et des relations qu'elles ont entre elles. Les résultats de cette étude sont énoncés dans des propositions.

31. Il y deux sortes de propositions :

1° Les propositions qu'on admet comme démontrées, ce sont les *axiomes*.

2° Les propositions qu'il est nécessaire de démontrer et qu'on nomme *théorèmes*.

32. Théorèmes. — Un théorème comprend l'*hypothèse*, le *raisonnement* et la *conclusion*.

LIVRE I

LA LIGNE DROITE

I

LIGNES

33. Ligne droite. — La ligne droite est représentée par un fil tendu.

On peut dire aussi que :

La ligne droite est le plus court chemin d'un point à un autre.

A —————————————— B

Fig. 35.

34. Ligne brisée. — La *ligne brisée* est une ligne composée de

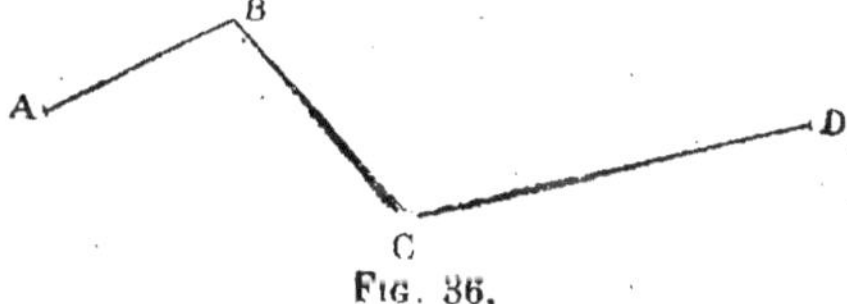

Fig. 36.

portions de lignes droites.

35. Ligne courbe. — La *ligne courbe* est une ligne qui n'est ni

Fig. 37.

droite ni brisée. Ainsi une portion de circonférence est une ligne courbe.

II

ANGLES

36. Angles. — Un *angle* est la figure formée par deux droites qui se coupent et qui sont limitées à leur intersection (fig. 38).

On nommera cet angle : angle AOB, ou plus simplement $\widehat{AOB}$. L'intersection O des côtés s'appelle le *sommet* de l'angle. La lettre qui le représente se trouvera toujours entre les deux autres lettres.

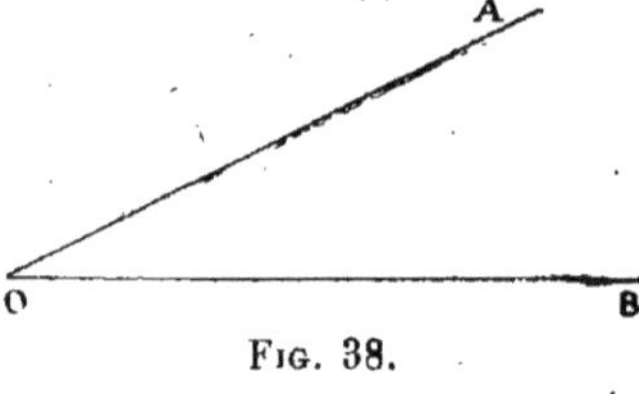

Fig. 38.

37. Grandeur d'un angle. — La grandeur d'un angle ne dépend pas de la longueur de ses côtés, mais de leur écartement.

Ainsi, dans la figure 38, on peut prolonger les côtés OA, OB sans changer la grandeur de l'angle.

38. Angles adjacents. — On dit que deux angles sont *adjacents* lorsqu'ils sont situés de part et d'autre d'un côté commun (fig. 39). Ex. : $\widehat{AOB}$ et $\widehat{BOC}$ sont des angles adjacents.

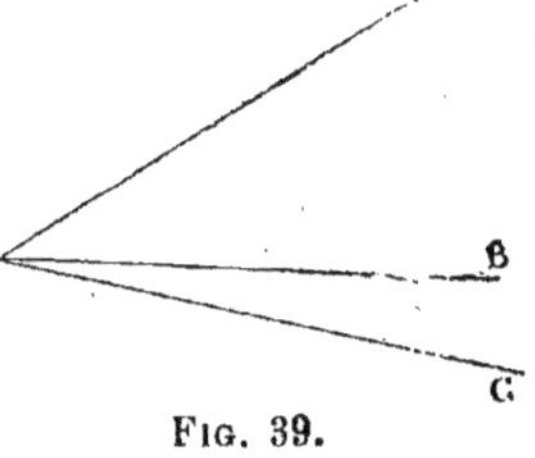

Fig. 39.

39. Bissectrice. — La droite issue du sommet et qui divise un angle en deux parties égales s'appelle *bissectrice* (fig. 40).

40. Angles opposés par le sommet. — On appelle *angles*

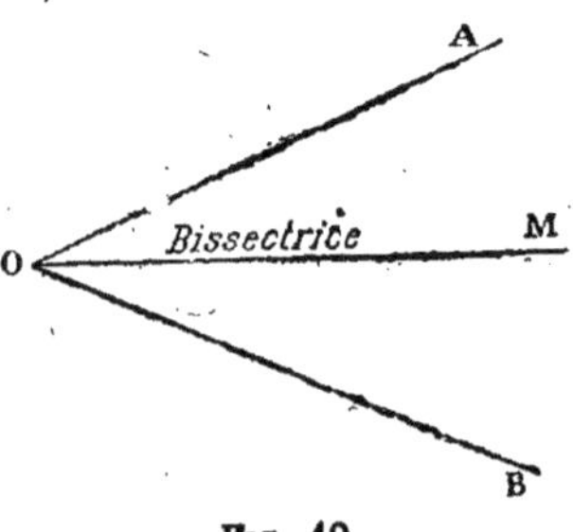

Fig. 40.

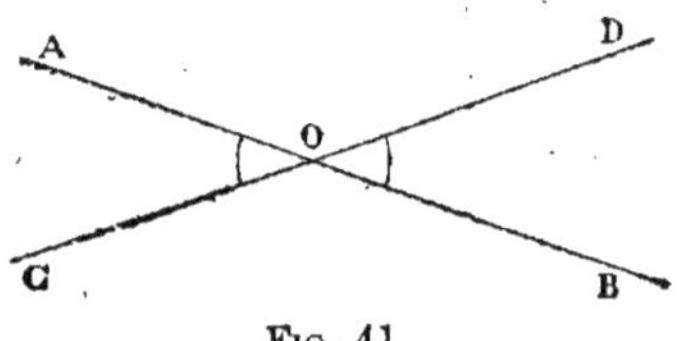

Fig. 41.

opposés par le sommet, deux angles, AOC et DOB, tels que les côtés de l'un soient les prolongements des côtés de l'autre (fig. 41).

41. Droite perpendiculaire à une autre droite. — On dit qu'une droite est perpendiculaire à une autre droite lorsqu'elle forme avec cette dernière *deux angles adjacents égaux* (fig. 42).

Ainsi CD est perpendiculaire à AB.

42. Angle droit. — Dans la figure 42, on voit que la perpendiculaire CD forme avec la droite AB deux angles égaux. Ces angles sont nommés *angles droits*. On dira :

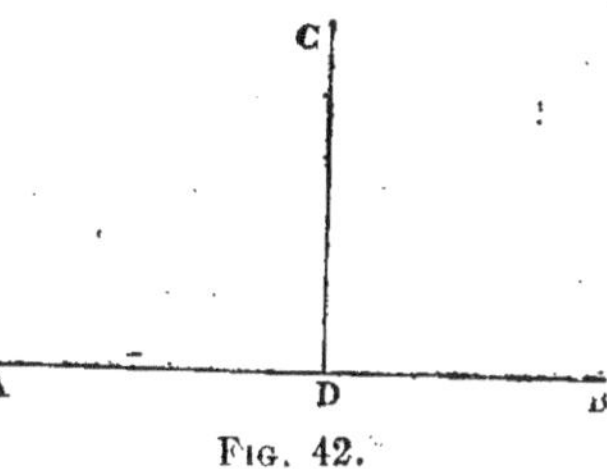

Fig. 42.

Qu'un angle dont les côtés sont perpendiculaires est un angle droit.

43. Théorème. — *Par un point pris sur une droite, on peut mener à cette droite une perpendiculaire et on ne peut en mener qu'une.* (fig. 43).

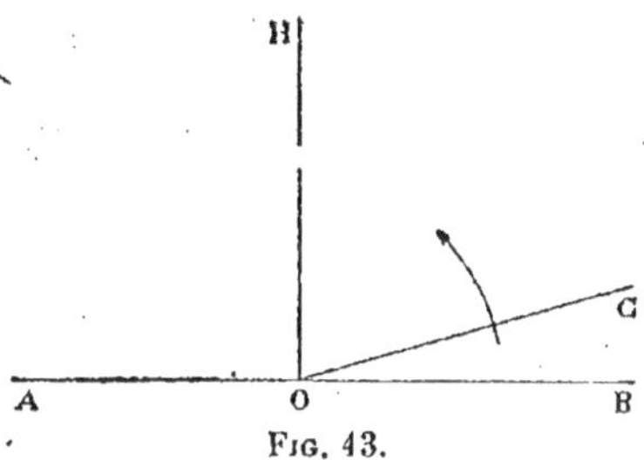

Fig. 43.

Soient la droite AB et le point O. Menons une ligne OC, formant un angle très petit avec la droite AB. Faisons ensuite pivoter la ligne OC autour du point O. L'angle COB grandira peu à peu et l'angle AOC diminuera. Il arrivera un moment, et un seul, où les deux angles seront égaux. Il n'y a donc qu'une perpendiculaire à AB au point O, ce sera OH.

44. Angles supplémentaires. — Dans la figure 43, les angles COB et AOC dont la somme est égale à deux angles droits sont dits *supplémentaires*.

45. Angles complémentaires. — Lorsque deux angles AOC et COB

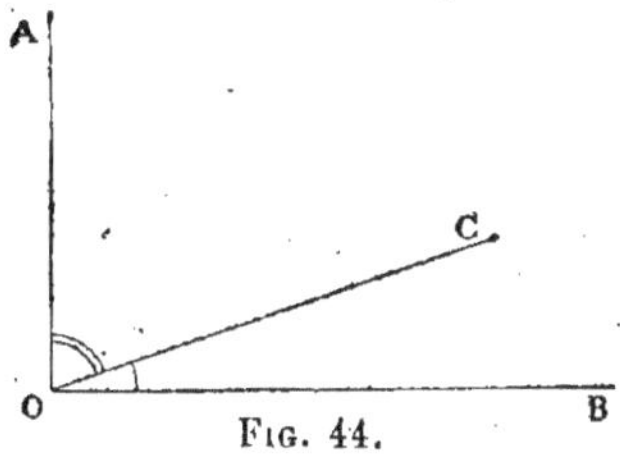

Fig. 44.

forment ensemble un angle droit, on dit qu'ils sont *complémentaires* (fig. 44).

46. Angle obtus. — Un angle *obtus* est un angle plus grand que l'angle droit (fig. 45).

47. Angle aigu. — Un angle

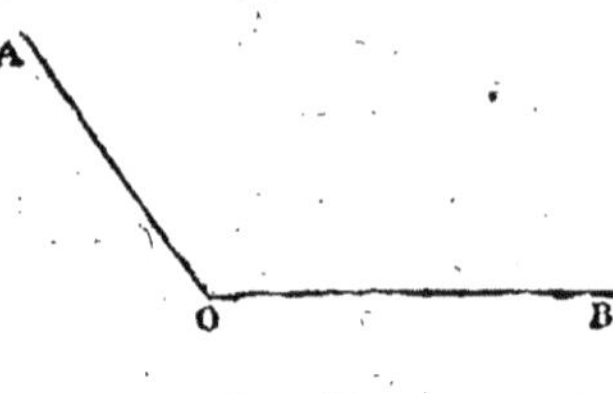

Fig. 45.

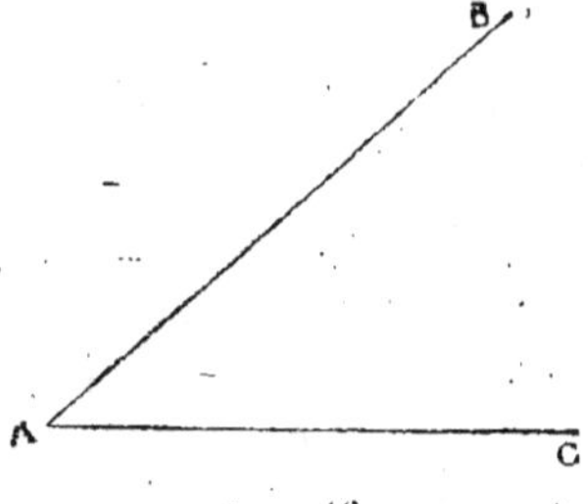

Fig. 46.

aigu est un angle plus petit que l'angle droit (fig. 46).

48. Somme des angles formés d'un même côté d'une droite. — Cette somme est égale à 2 droits. Il suffit de regarder la figure 47 pour s'en convaincre. En effet, élevons OH perpendiculaire à B. On forme 2 droits dans lesquels sont compris les angles primitivement placés.

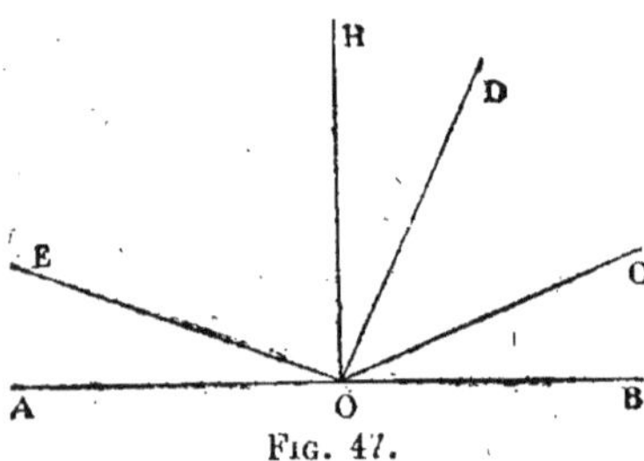

Fig. 47.

49. Somme des angles issus d'un même point. — Cette somme est égale à 4 droits. Il suffit de prolonger le côté OA en OA' pour voir que les angles de chaque côté de la ligne A'OA ont

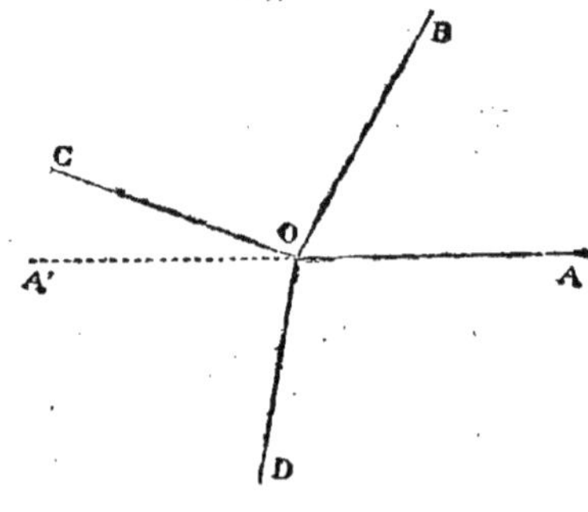

Fig. 48.

pour somme 2 droits, ce qui fait 4 droits pour le tout.

50. Théorème. — *Les angles opposés par le sommet sont égaux.*

Il faut démontrer que :

$$\widehat{AOC} = \widehat{DOB}$$

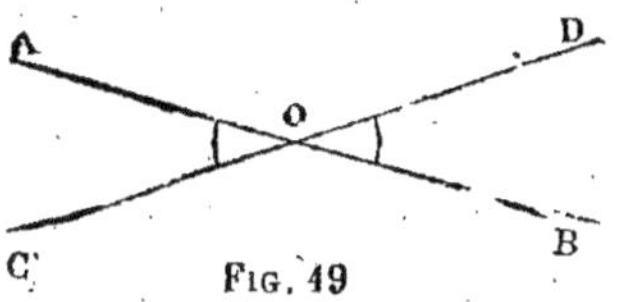

On a :

$$\widehat{AOC} + \widehat{AOD} = 2 \text{ droits,}$$

et :

$$\widehat{AOD} + \widehat{DOB} = 2 \text{ droits.}$$

On tire :

$$\widehat{AOC} + \widehat{AOD} = \widehat{AOD} + \widehat{DOB}$$

D'où :

$$\widehat{AOC} = \widehat{DOB}$$

Fig. 49

III

TRIANGLES

51. Polygones. — On appelle *polygones* des portions de plans limitées par des droites.

Ces droites sont les *côtés* du polygone.

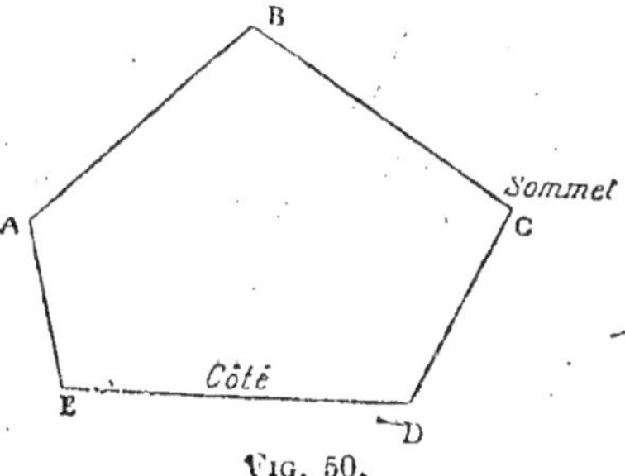

Fig. 50.

Les intersections de ces droites sont les *sommets* du polygone (fig. 50).

52. Polygones divers. — On classe les polygones selon le nombre de leurs côtés :

3 côtés . . . . Triangle.
4 côtés . . . . Quadrilatère.
5 côtés . . . . Pentagone.
6 côtés . . . . Hexagone.
8 côtés . . . . Octogone.
10 côtés . . . . Décagone.

53. Diagonale. — On appelle *diagonale* toute droite joignant 2 sommets non consécutifs d'un polygone.

54. Triangles. — On distingue :

1° Le triangle *scalène* qui a ses trois côtés inégaux (fig. 51).

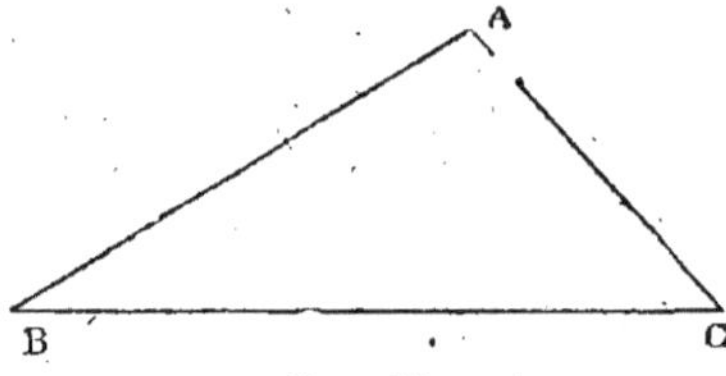

Fig. 51.

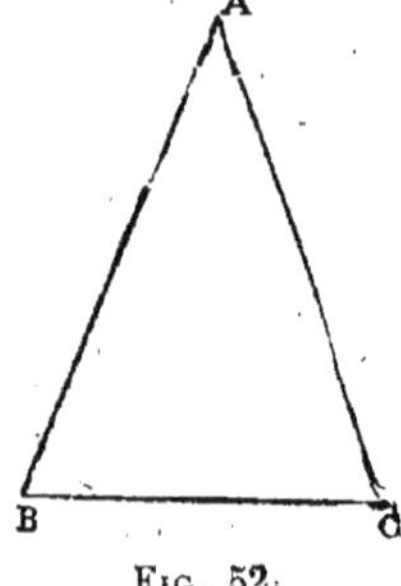

Fig. 52.

2° Le triangle *isocèle* qui a 2 côtés égaux (fig. 52).

3° Le triangle *équilatéral* qui a ses 3 côtés égaux (fig. 53).

4° Le triangle *rectangle* qui a un angle droit. Le côté opposé à l'angle droit s'appelle *hypoténuse* (fig. 54).

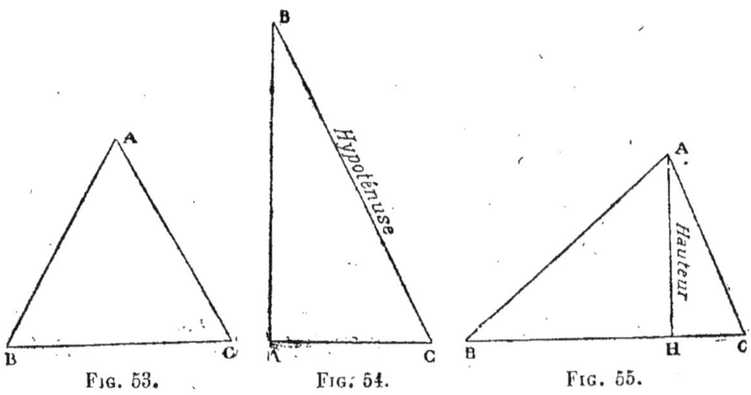

Fig. 53.   Fig. 54.   Fig. 55.

55. Hauteur. — On appelle *hauteur* d'un triangle la perpendiculaire abaissée d'un sommet sur le côté opposé (fig. 55).

Un triangle quelconque a donc 3 hauteurs différentes.

56. Médiane. — On appelle *médiane* la droite qui joint un sommet quelconque au milieu du côté opposé (fig. 56). Il y en a trois.

57. Bissectrice. — On appelle *bissectrice* la droite qui divise un angle intérieur d'un triangle en 2 parties égales (fig. 57). Il y en a trois.

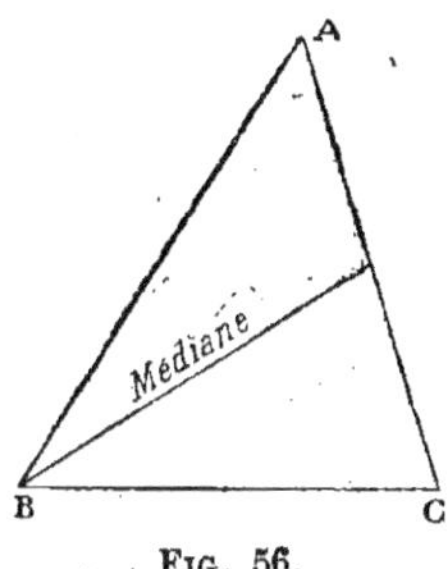

FIG. 56.

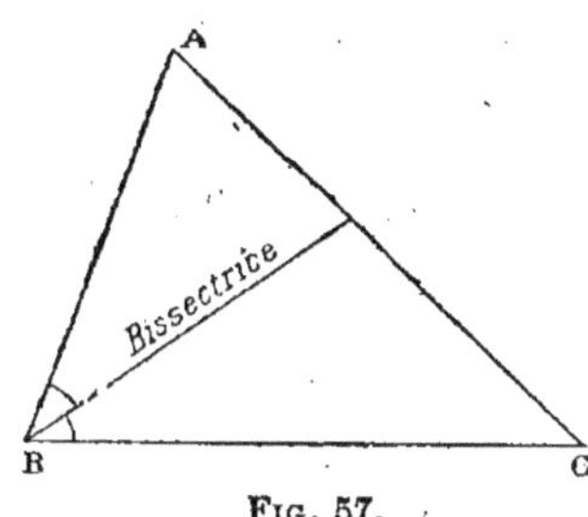

FIG. 57.

REMARQUE. — Dans un triangle isocèle, la médiane est **en même** temps hauteur et bissectrice.

CAS D'ÉGALITÉ DES TRIANGLES

58. — Tout triangle présente 3 côtés et 3 angles. Deux triangles sont égaux quand, posés l'un sur l'autre, leurs côtés coïncident exactement. Ils ont alors les 3 côtés et les 3 angles égaux chacun à chacun.

Ces conditions d'égalité ne sont point toujours nécessaires, et **on** distingue *3 cas plus simples.*

59. 1er CAS. **Théorème.** — *Deux triangles sont égaux s'ils ont un côté égal compris entre deux angles égaux chacun à chacun.*

Soient les triangles ABC et A'B'C' dans lesquels on a BC = B'C', $\hat{B} = \hat{B}'$ et $\hat{C} = \hat{C}'$. Superposons les 2 triangles (fig. 58), de manière que la ligne B'C' recouvre exactement la ligne BC. Comme l'angle B' égale l'angle B, le côté B'A' prendra la direction de BA. Comme l'angle C'

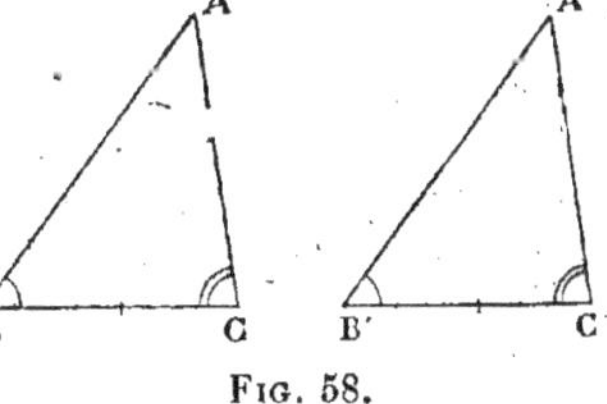

FIG. 58.

égale l'angle C, le côté C'A' prendra la direction de CA. Le sommet A' devant se trouver à l'intersection des lignes recouvertes B'A, BA, C'A', CA, tombera en A et les 2 triangles se recouvriront exactement. Ils sont donc égaux.

2e CAS. **Théorème.** — *Deux triangles sont égaux, s'ils ont un angle égal compris entre deux côtés égaux chacun à chacun.*

Soient les 2 triangles ABC, A'B'C' (fig. 59), dans lesquels AB = A'B', BC = B'C' et $\hat{B} = \hat{B}'$.

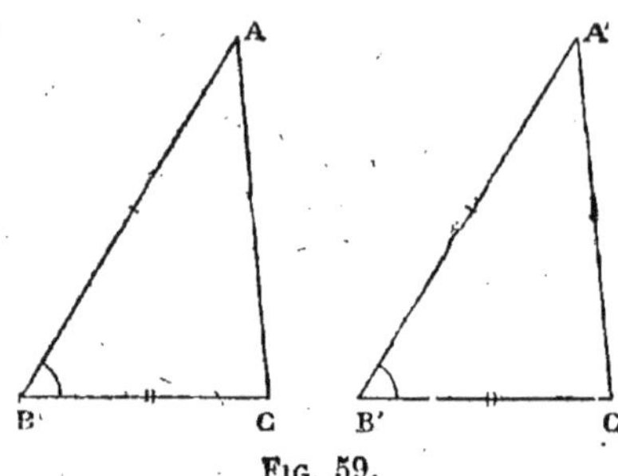

Fig. 59.

Transportons l'angle B' sur l'angle B, de manière que les côtés B'A' et B'C' prennent la direction de BA et BC. Comme on a B'A' = BA, le point A' tombera en A, et comme on a B'C' = BC, le point C' tombera en C. La ligne A'C' recouvrira exactement la ligne AC. Les deux triangles sont superposables, donc ils sont égaux.

3e Cas. Théorème. — *Deux triangles sont égaux s'ils ont les trois côtés égaux chacun à chacun.*

Soient les triangles ABC, A'B'C', dans lesquels on a AB = A'B', AC = A'C' et BC = B'C'.

Portons le triangle A'B'C' au-dessous du triangle ABC, de manière à faire coïncider les lignes égales A'C' et AC, on aura alors la figure ABCB". Menons BB". Le triangle BCB" est isocèle puisque BC = B"C = B'C'. L'angle B"BC égale l'angle BB"C.

De même dans le triangle ABB", l'angle ABB" égale l'angle BB"A.

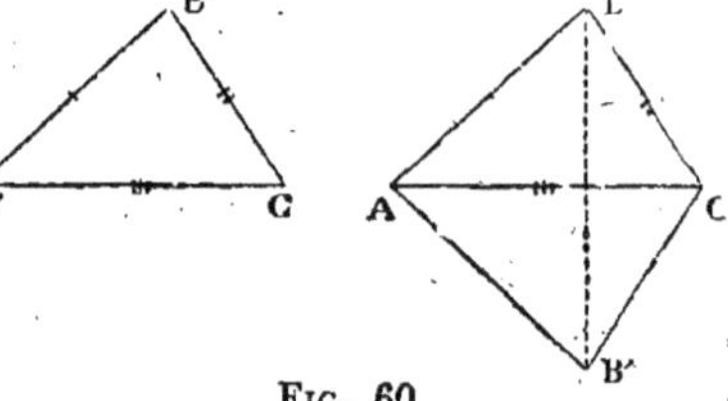

Fig. 60.

La somme des 2 angles en B égale la somme des 2 angles en B".

On a alors 2 triangles ABC et ACB" qui ont un angle B et B" égal compris entre 2 côtés égaux chacun à chacun. Ces 2 triangles sont égaux et par suite A'B'C' = ABC.

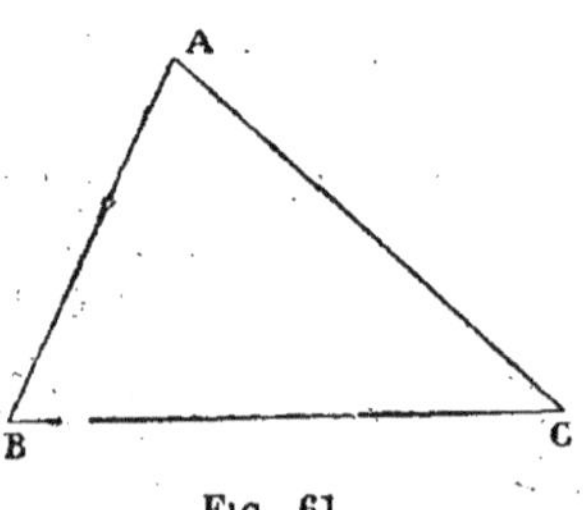

Fig. 61.

60. Théorème. — *Dans tout triangle un côté quelconque est plus petit que la somme des deux autres et plus grand que leur différence.*

Soit le triangle ABC (fig. 61). 1° On doit démontrer que :

$$BC < AB + AC$$

ce qui se voit tout de suite, car la ligne droite BC est le plus court chemin d'un point à un autre.

2° Si nous retranchons AC des deux membres de l'inégalité précédente, on obtient :
$$BC - AC < AB$$
ou en retournant l'inégalité : $AB > BC - AC$.

IV

PERPENDICULAIRES ET OBLIQUES

61. Théorème. — *Si d'un point pris hors d'une droite, on abaisse
une perpendiculaire et diverses obliques :*

1° La perpendiculaire est plus courte que toute oblique ;
Soient la perpendiculaire AB et l'oblique AC. Prolongeons la droite
AB, de l'autre côté de xy, d'une quantité égale à AB. On a BA'. Menons
A'C. Les deux triangles ABC et BCA' sont égaux, comme ayant 1 angle
droit compris entre 2 côtés égaux, et par suite $CA' = AC$.

D'autre part on a : ligne ABA' plus petite que ACA', car la ligne
droite est plus courte que la ligne brisée.

Divisons les 2 membres de l'inégalité par 2 et l'on obtient :
$$\frac{ABA'}{2} < \frac{ACA'}{2} \text{ ou } AB < AC.$$

*2° Deux obliques dont les pieds s'écartent également du pied de la
perpendiculaire sont égales ;*
Soient les 2 obliques AD et AC
(fig. 62). On sait que $DB = BC$. Ici
encore on a 2 triangles égaux : les
triangles ADB et ABC (1 angle
droit compris entre deux côtés
égaux) et on tire : $AD = AC$.

*3° De deux obliques, la plus
longue est celle dont le pied s'écarte
le plus de la perpendiculaire.*
Soient les deux obliques (fig. 62)
AD et AE telles que $EB > DB$. Par
le point D, élevons une perpendiculaire à AD. Elle coupera la ligne

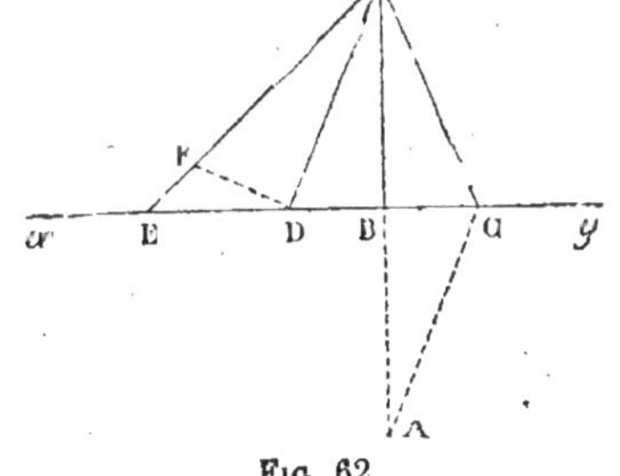

Fig. 62.

AE en F, car l'angle ADE est
obtus et la perpendiculaire reste dans son intérieur.

On voit de suite que :
$$AD < AF,$$
car la perpendiculaire est plus courte que l'oblique.
A plus forte raison on aura :
$$AD < AE.$$

62. Conséquence. — *Tout point situé sur la perpendiculaire élevée au milieu d'une droite est à égale distance des extrémités de cette droite.*

Soit le point H pris sur la perpendiculaire, on dit que HA = HB.

En effet HA et HB sont des obliques qui s'écartent également du pied de la perpendiculaire, donc elles sont égales.

Lieu géométrique. — La ligne HOH' est dite *lieu géométrique* des points équidistants des extrémités de la droite AB.

Un lieu géométrique est une figure dont tous les points possèdent une *même propriété et sont seuls à en jouir.*

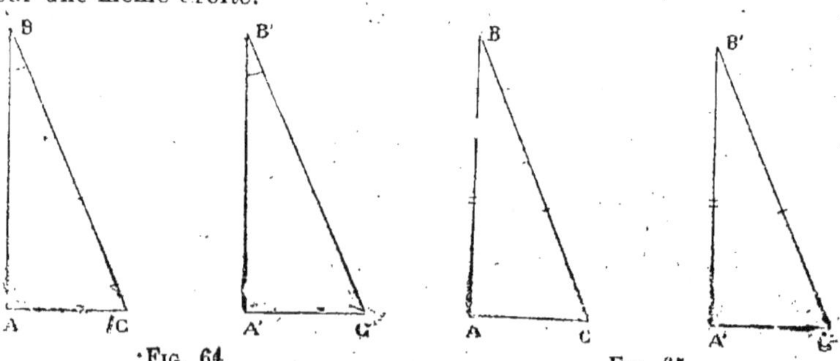

Fig. 63.

CAS D'ÉGALITÉ DES TRIANGLES RECTANGLES

63. 1er Cas. Théorème. — *Deux triangles rectangles sont égaux quand ils ont l'hypoténuse égale et un angle aigu égal.*

Soient les triangles rectangles ABC, A'B'C' (fig. 64). Portons le second triangle sur le premier de manière que les deux angles égaux par hypothèse B et B' se recouvrent.

Comme BC = B'C', le point C' tombera en C. La droite B'A' recouvrira BA et la droite C'A' recouvrira CA puisque ces deux dernières forment la perpendiculaire unique abaissée du même point C ou C' sur une même droite.

·Fig. 64   Fig. 65.

2e Cas. Théorème. — *Deux triangles rectangles sont égaux quand ils ont l'hypoténuse égale et un côté de l'angle droit égal.*

Soient les deux triangles BAC, B'A'C' (fig. 65). Portons le côté B'A' sur son égal BA. Le point A' sera en A et comme l'angle en A est droit, la ligne A'C' recouvrira AC et en prendra la direction.

D'autre part, l'oblique B'C' est égale à l'oblique BC, par conséquent ces deux obliques s'écartent également du pied de la perpendiculaire (n° 61) et A'C' = AC. Le point C' tombera en C. Les deux triangles coïncideront.

V

<h1 style="text-align:center">PARALLÈLES</h1>

64. Droites parallèles. — Deux droites sont *parallèles* lorsque, situées dans un même plan, elles ne se rencontrent jamais à quelque distance qu'on les prolonge.

65. Théorème. — *Deux droites perpendiculaires à une troisième sont parallèles entre elles.*

Soient les deux perpendiculaires CD, AB (fig. 66). Ces droites ne peuvent pas se rencontrer ; si elles se coupaient au point O, il y aurait deux droites perpendiculaires d'un même point sur une droite, ce qui est impossible.

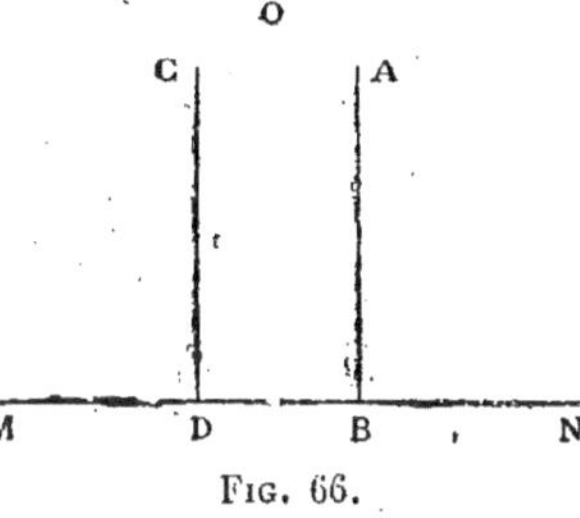

Fig. 66.

66. Théorème. — *Par un point pris hors d'une droite, on peut mener une parallèle à cette droite et on n'en peut mener qu'une :*

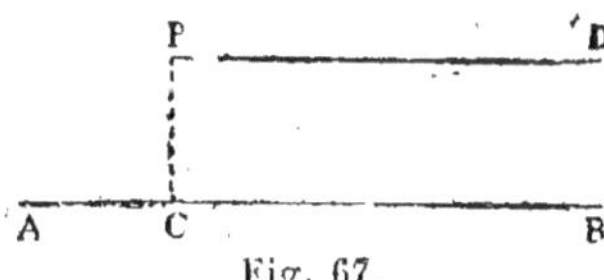

Fig. 67.

Soient la droite AB et le point P. Menons PC perpendiculaire à AB, puis PD perpendiculaire à PC (fig. 67). D'après le théorème précédent PD et CB sont parallèles.

On admet comme évidente la deuxième partie du théorème. C'est ce qu'on appelle le *postulatum d'Euclide*.

<h3 style="text-align:center">ANGLES FORMÉS PAR DEUX PARALLÈLES
COUPÉES PAR UNE SÉCANTE</h3>

67. Quand deux droites parallèles sont coupées par une sécante, celle-ci forme *8 angles* avec les deux droites (fig. 68) :

1° Des angles *alternes-internes* : 4 et 5 ; 3 et 6.

2° Des angles *alternes-externes* : 1 et 8 ; 7 et 2.

3° Des angles *correspondants* :
2 et 6 ; 1 et 5 ; 3 et 7 ; 4 et 8.

68. Théorème. — *Quand deux droites parallèles sont coupées par une sécante :*

1° Les angles alternes-internes sont égaux.

Soient les deux parallèles AB et CD, et la sécante MR (fig. 69).

Par le milieu de PN, menons la perpendiculaire EF commune aux deux parallèles. On obtient deux triangles rectangles dans lesquels on a :

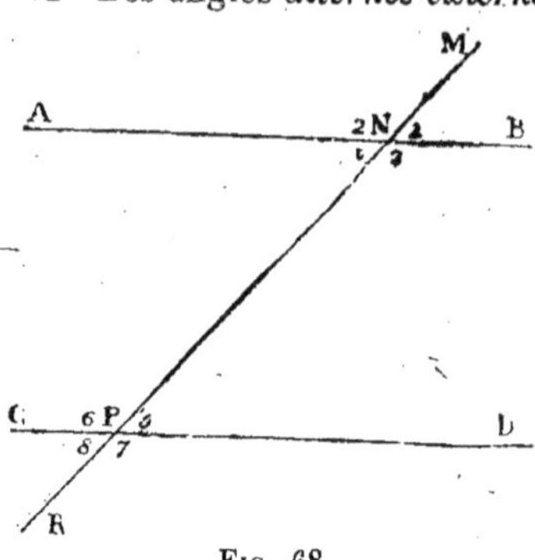

Fig. 68.

angle 3 = angle 4 (opposés par le sommet) et comme ces angles sont complémentaires des angles **1 et 2**, on en tire :

angle 1 = angle 2,
c'est-à-dire que les angles alternes-internes sont égaux.

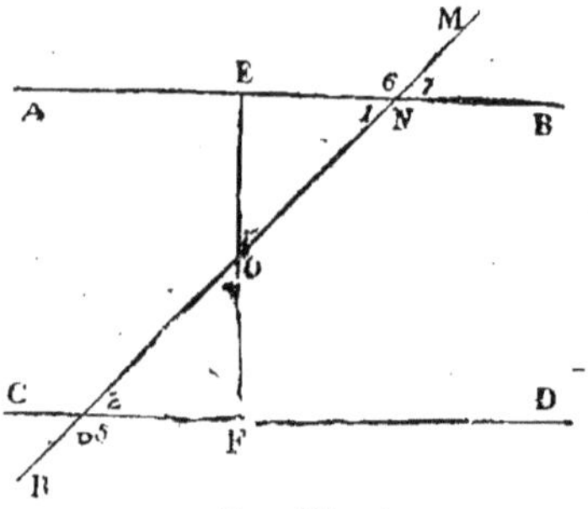

2° Les angles alternes-externes sont égaux.

L'angle 1 étant égal à l'angle 2, leurs suppléments respectifs, c'est-à-dire les angles 5 et 6 sont égaux, c'est-à-dire que les angles alternes-externes sont égaux.

3° Les angles correspondants sont égaux.

L'angle 7 est le supplément de l'angle 6, de même l'angle 2 est le supplément de l'angle 5. Or 5 et 6 sont égaux, donc 7 et 2 sont égaux. Les angles correspondants sont égaux.

Fig. 69.

ANGLES A COTÉS PARALLÈLES

69. Théorème. — *Deux angles qui ont leurs côtés parallèles son égaux ou supplémentaires.*

1° Ils sont égaux.

Soient les angles AOB et CO′D qui ont les côtés parallèles (fig. 70). Prolongeons CO jusqu'en E. L'angle CO′D égale l'angle O′EB comme correspondant.

D'autre part l'angle O'EB égale l'angle AOB pour la même raison.

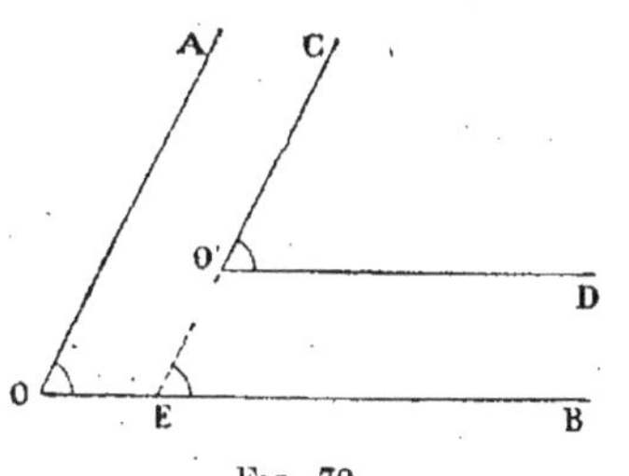

FIG. 70.

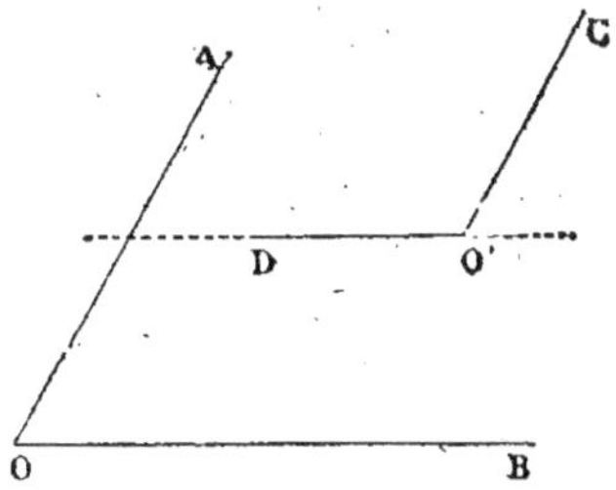

FIG. 71.

Donc l'angle O' = l'angle O.

2° *Ils sont supplémentaires* (fig. 71).

Une démonstration analogue se ferait sur la figure 71.

ANGLES A COTÉS PERPENDICULAIRES

70. Théorème. — *Deux angles qui ont les côtés perpendiculaires sont égaux ou supplémentaires.*

1° *Ils sont égaux :*

Soient les angles AOB et COD

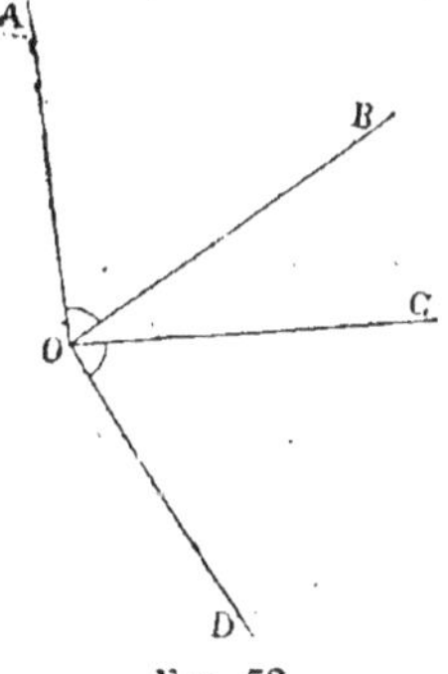

FIG. 72.

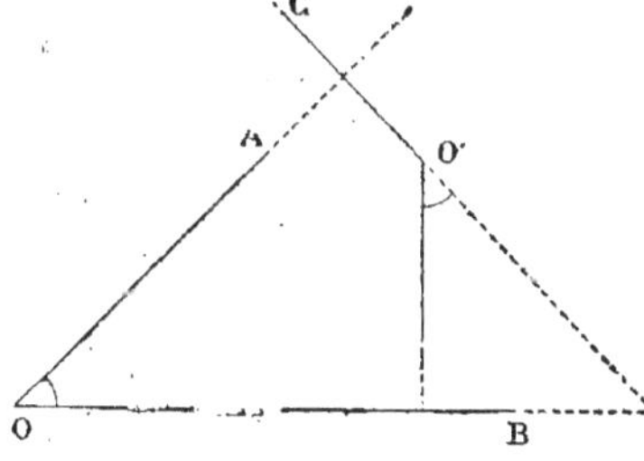

FIG. 73.

(fig. 72) dont les côtés sont perpendiculaires.

On a :

$$\widehat{AOB} + \widehat{BOC} = 1 \text{ droit}$$
$$\widehat{COD} + \widehat{BOC} = 1 \text{ droit}$$

D'où

$$\widehat{AOB} = \widehat{COD}.$$

2° *Ils sont supplémentaires.*

On démontrerait d'une façon analogue la deuxième partie du théorème (fig. 73.)

71. Théorème. — *La somme des angles d'un triangle est égale à deux droits.*

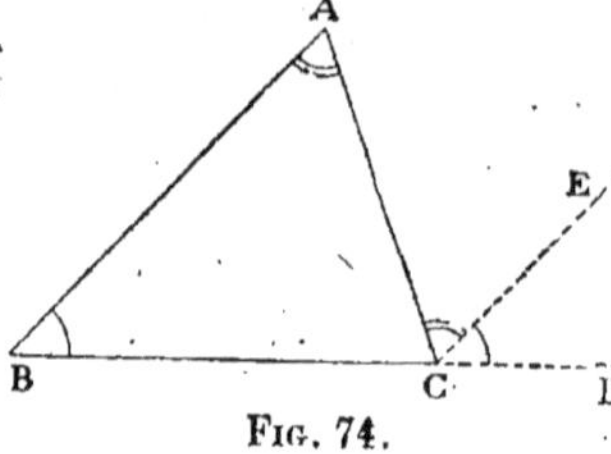

Fig. 74.

Soit le triangle ABC (fig. 74). Prolongeons le côté BC en D et par le point C menons une parallèle CE à BA. La somme des angles en C, pris au dessus de la droite BD, est égale à deux droits.

Or, ces trois angles sont égaux aux trois angles du triangle.

En effet $\widehat{B} = \widehat{ECD}$ comme correspondant.

$\widehat{A} = \widehat{ACE}$ comme alterne-interne.

et le troisième angle ACB est commun

72. Théorème. — *La somme des angles intérieurs d'un polygone est égale à autant de fois deux droits qu'il y a de côtés moins deux.*

Soit le polygone ABCDE (fig. 75).

Joignons le point A aux sommets du polygone. On obtiendra trois triangles, c'est-à-dire autant de triangles qu'il y a de côtés moins deux.

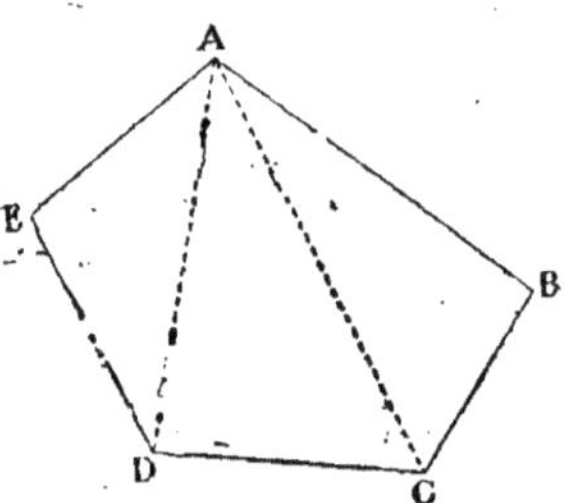

Fig. 75.

On voit que la somme des angles de ces triangles constitue la somme des angles intérieurs du polygone. Il ressort que cette dernière est égale à autant de fois deux droits qu'il y a de côtés moins deux.

VI

QUADRILATÈRES

73. Sortes de quadrilatères. — On distingue :

1° Le quadrilatère irrégulier ;

2° Le trapèze ;

3° Le parallélogramme ;

4° Le rectangle ;

5° Le losange ;

6° Le carré.

PARALLÉLOGRAMMES

74. Définition. — Un *parallélogramme* est un quadrilatère dont les côtés sont parallèles deux à deux.

75. Théorème. — *Dans un parallélogramme :*
1º *Les angles opposés sont égaux ;*
2º *Les côtés opposés sont égaux ;*
3º *Les diagonales se coupent en leur milieu.*
4º *Les angles opposés sont égaux.*

Joignons CB (fig. 76), on obtient deux triangles égaux (1ᵉʳ cas d'égalité). En effet, l'angle 1 égale l'angle 4 comme alternes-internes, et l'angle 3 égale l'angle 2 pour la même raison ; le côté CB est commun. L'angle D égale donc bien l'angle A. On démontrerait de même que l'angle ABD égale l'angle ACD.

2º *Les côtés opposés sont égaux.*

Le triangle ACB est égal au triangle BCD (fig. 76). Ils ont un côté BC commun et àdjacent à deux **angles** égaux ($\hat{3} = \hat{2}$ et $\hat{4} = \hat{1}$). Les triangles étant égaux, le côté **AB égale** le côté CD et AC = BD.

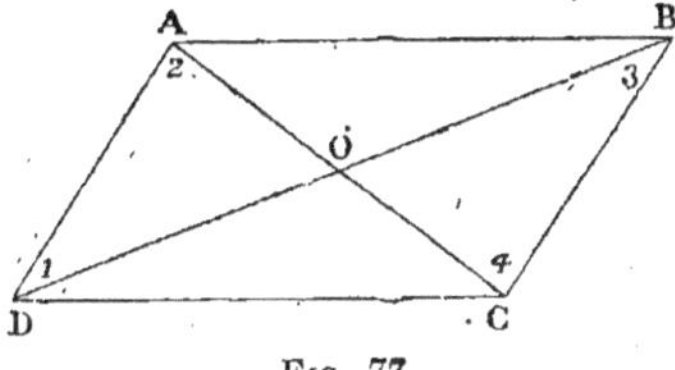

FIG. 77.

3º *Les diagonales se coupent en leur milieu.*

Il faut démontrer que AO = OC (fig. 77). Examinons les triangles AOD et BOC. Ils sont égaux, car l'angle 1 égale l'angle 3 (alternes-internes), l'angle 2 égale l'angle 4 (même raison) et le côté AD égale le côté BC. Si les triangles sont égaux, on a : AO = OC, côtés opposés à des angles égaux.

REMARQUE. — Les réciproques des 3 propositions du théorème précédent sont vraies et s'énoncent :

Quand, dans un quadrilatère : 1º les angles opposés sont égaux ; 2º les côtés opposés sont égaux ; 3º les diagonales se coupent en leur milieu, le quadrilatère est un parallélogramme.

RECTANGLE

76. Définition. — Un *rectangle* est un quadrilatère dont tous les angles sont droits.

77. Théorème. — *Dans un rectangle, les diagonales sont égales.*

Soit le rectangle ABCD. Il faut démontrer que AC = BD (fig. 78). Le rectangle est un parallélogramme, car les angles droits en B et en D sont égaux.

Considérons les deux triangles rectangles ADC et DBC. Ils sont égaux, comme ayant un droit égal compris entre deux côtés égaux.

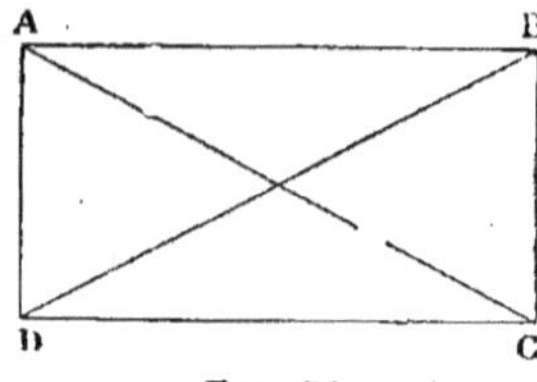

FIG. 78.

En effet, DC est commun aux deux triangles et AD = BC comme côtés opposés d'un parallélogramme. On a donc : AC = DB.

REMARQUE. — Le parallélogramme a ses diagonales inégales.

LOSANGE

78. Définition. — Un *losange* est un quadrilatère dont les quatre côtés sont égaux.

Le losange n'est, au fond, qu'un parallélogramme. Ses angles opposés sont égaux et ses 4 côtés aussi.

79. Théorème. — *Dans un losange, les diagonales sont perpendiculaires entre elles et bissectrices des angles.*

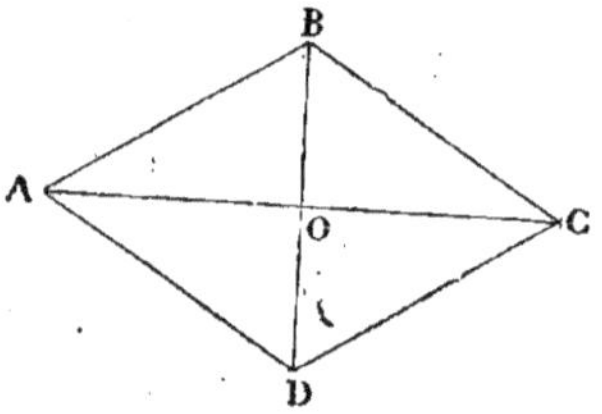

Soit le losange ABCD (fig. 79).

Le triangle ABD est isocèle, or la diagonale AC (le losange étant un parallélogramme) passe par le milieu de BD en O. Donc AO est, à la fois, perpendiculaire sur BD et bissectrice de l'angle en A (voir triangle isocèle n° 57).

De même pour OC, et AO et OC ne sont qu'une seule et même ligne.

FIG. 79.

CARRÉ

80. Définition. — Un *carré* est un quadrilatère dans lequel les quatre côtés sont égaux et les quatre angles droits.

REMARQUE. — Un carré est à la fois un rectangle et un losange, il jouit des propriétés de ces 2 surfaces en ce qui concerne ses diagonales.

VII

DROITES CONCOURANTES DANS UN TRIANGLE

81. Certaines droites d'un triangle jouissent de propriétés intéressantes. C'est ainsi qu'on démontre que :

1° *Dans tout triangle, les perpendiculaires élevées sur les milieux des côtés se coupent en un même point ;*

2° *Dans tout triangle, les trois hauteurs se coupent en un même point ;*

3° *Dans tout triangle, les bissectrices des trois angles se coupent en un même point ;*

4° *Dans tout triangle, les médianes se coupent en un même point et aux deux tiers de leur longueur.*

82. Théorème. — *La droite qui joint les milieux de deux côtés d'un triangle est parallèle au troisième côté et égale à sa moitié.*

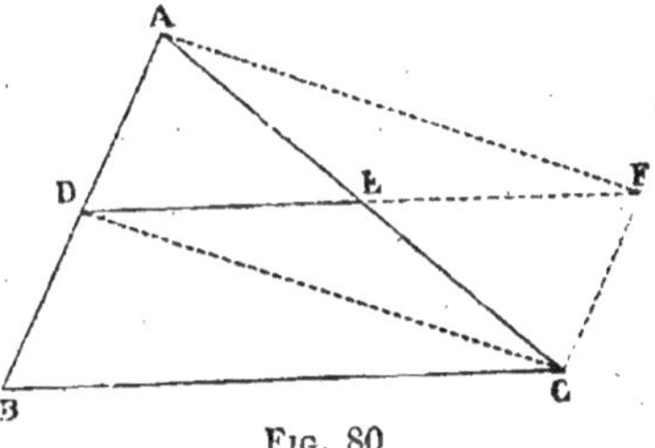

Fig. 80

Soient le triangle ABC et la droite DE qui joint les milieux des côtés AB et AC (fig. 80).

Prolongeons DE d'une quantité égale à elle-même jusqu'en F.

Si l'on joignait DC et AF, on aurait un parallélogramme puisque les diagonales se coupent en leur milieu (n° 73 réciproque). Donc FC = AD = DB. Il s'ensuit que DFCB est un parallélogramme.

Donc DE est parallèle à BC et DE moitié de DF est également moitié de BC.

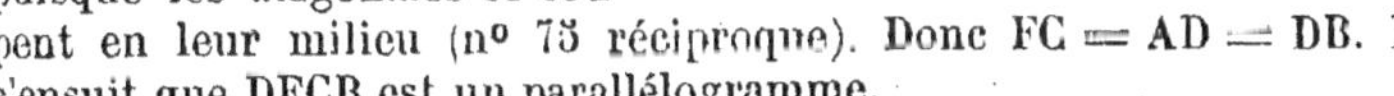

EXERCICES SUR LE PREMIER LIVRE

LA LIGNE DROITE

25. Un angle aigu a 15 degrés 25 minutes, quel est son complément?

26. Un angle mesure 48 degrés 25 minutes 15 secondes, quel est son supplément?

27. Mener la bissectrice de l'angle AOB mesurant 44 degrés.

28. Démontrer que les bissectrices de deux angles supplémentaires sont perpendiculaires.

29 Dans un triangle ABC, on donne $\hat{B} = 45°$ et $\hat{C} = 48°$, quelle sera la valeur de l'angle C.

30. Sur une droite AB trouver un point équidistant de deux points M et N situés d'un même côté de la droite.

31. Même exercice en supposant un point situé de chaque côté de la droite.

32. Dans un triangle rectangle, un des angles aigus vaut 25 degrés, quelle est la valeur de l'autre angle aigu?

33. L'angle au sommet d'un triangle isocèle vaut 40 degrés. Quelle est la valeur de chacun des angles à la base?

34. Etant donnés deux points C et D, d'un même côté d'une droite AB, trouver sur cette droite un point M, tel que le chemin CMD soit le plus petit possible.

35. Etant donnés 2 points M et N d'un même côté d'une droite AB, trouver sur cette droite un point C tel que les angles MCA et NCB soient égaux.

36. Sur les côtés d'un angle, on porte les distances OA = OB et OA′ = OB′. On mène AB′ et BA′. Démontrer que ces deux droites se coupent sur la bissectrice de l'angle.

37. Mener par un point donné une droite qui passe à égale distance de 2 autres points donnés.

38. Démontrer que les bissectrices d'un triangle concourent en un même point.

39. Trouver le lieu des points situés à une distance donnée d'une droite AB.

40. Démontrer que les perpendiculaires élevées sur les milieux des côtés d'un triangle concourent au même point.

41. Démontrer que chaque médiane est plus petite que la demi-somme des côtés adjacents.

42. Deux villages, situés à des distances diverses d'une rivière, veulent construire un pont à frais communs. On demande le lieu où devra être construit le pont pour se trouver à égale distance de chaque village.

43. Démontrer que si des extrémités de la base d'un triangle isocèle on abaisse des perpendiculaires sur les côtés opposés, ces perpendiculaires sont égales.

44. Démontrer que en joignant par des droites les milieux des côtés d'un triangle, on obtient un petit triangle contenu 4 fois dans le premier.

45. Dans un triangle ABC, l'angle BOC des bissectrices des angles B et C égale 1 droit $+ \dfrac{A}{2}$.

46. La somme des distances d'un point quelconque de la base d'un triangle isocèle aux deux autres côtés est constante et égale à la perpendiculaire menée d'une extrémité de la base sur le côté opposé.

47. Démontrer qu'un triangle isocèle a deux médianes égales.

48. Démontrer que dans un triangle équilatéral, les 3 hauteurs sont égales.

49. Si par chaque sommet d'un triangle, on mène des parallèles aux côtés opposés, démontrer qu'on obtient un grand triangle quadruple du premier.

50. Quelle est la somme des angles intérieurs d'un hexagone ?

51. Quelle est la somme des angles intérieurs d'un octogone ?

52. Quel est le polygone régulier dont la somme des angles intérieurs est égale à 16 droits ?

53. Démontrer que dans tout triangle rectangle la médiane relative à l'hypoténuse est égale à la moitié de l'hypoténuse.

54. Dans un triangle rectangle ABC, rectangle en B, l'angle en A vaut 60°. Quelle sera la longueur de BA par rapport à l'hypoténuse ?

55. Démontrer que si on joint les milieux des côtés consécutifs d'un quadrilatère, on obtient un parallélogramme.

56. On donne un carré ABCD. On porte à partir de chaque somme et dans le même sens des longueurs égales et l'on joint les points obtenus. Montrer que la nouvelle figure est un carré.

57. Démontrer que la ligne qui joint les milieux des côtés non parallèles d'un trapèze est égale à la demi-somme des bases.

58. Quel quadrilatère obtient-on en joignant les milieux des côtés d'un losange ?

59. Trouver un point situé à une distance donnée d'une droite et qui soit aussi à égale distance de 2 autres points donnés.

LIVRE II

LA CIRCONFÉRENCE

I

DÉFINITIONS

83. Circonférence. — On appelle *circonférence* une ligne courbe, plane et fermée, dont tous les points sont à égale distance d'un point intérieur appelé *centre*.

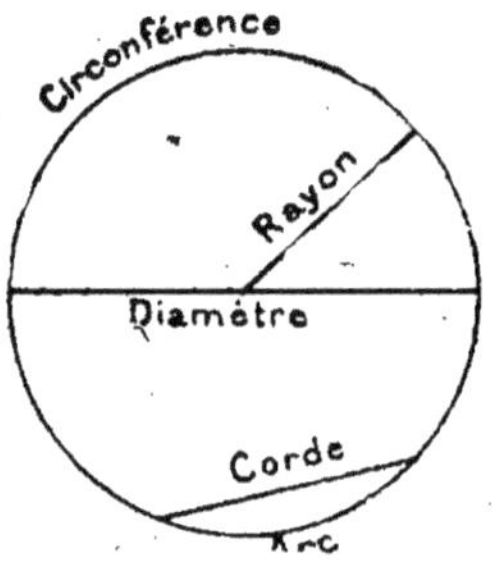

84. Diamètre. — On appelle *diamètre* une droite qui joint deux points de la circonférence en passant par le centre.

85. Rayon. — Le *rayon* est la droite qui joint le centre à un point de la circonférence.

86. Arc. — On appelle *arc* une portion de la circonférence.

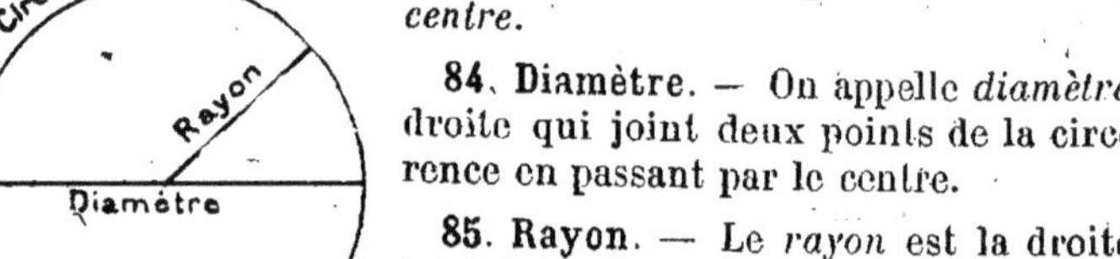

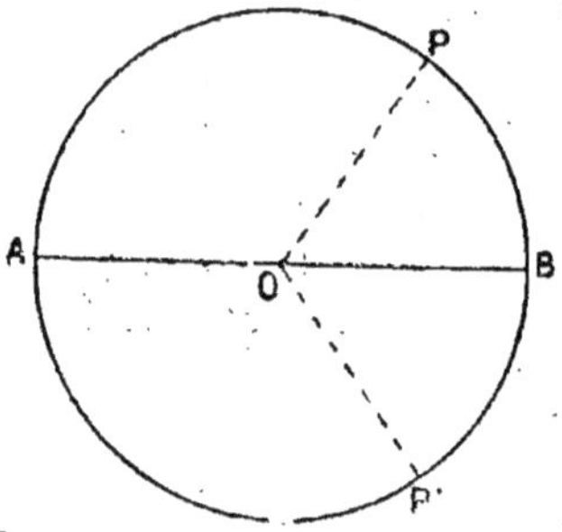

Fig. 81.

87. Corde. — On appelle *corde* la droite qui joint les extrémités d'un arc.

88. Cercle — Le *cercle* est la surface limitée par la circonférence.

89. Théorème. — *Un diamètre partage la circonférence en 2 parties égales.*
Soit la circonférence O (fig. 82). Menons le diamètre AB et prenons un point P quelconque sur la circonférence. Rabattons la partie supérieure de la figure autour de AB comme charnière sur la partie inférieure. Les rayons OP et OP' étant égaux, le point P tombera en P'.

Fig. 82

Il en sera de même de tous les points de la courbe APB. Le théorème est ainsi démontré.

90. Théorème. — *Le diamètre est la plus grande corde du cercle.*

Il faut démontrer que la corde CD est plus petite que le diamètre

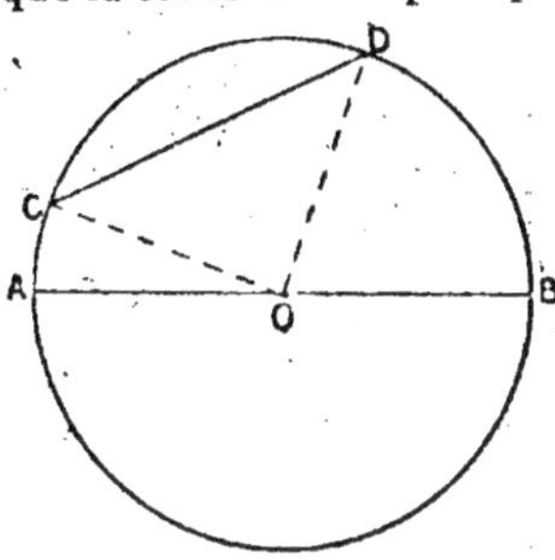

FIG. 83.

AB (fig. 83). Menons les rayons CO et OD. On aura : CO + OD > CD (n° 60). Or CO et OD sont des rayons, leur somme est égale au diamètre AB. Donc AB > CD.

N

DÉPENDANCE MUTUELLE DES CORDES ET DES ARCS

91. Théorème. — *Dans un même cercle ou dans des cercles égaux.*

1° A des arcs égaux correspondent des cordes égales.

Soient les deux arcs égaux CD et AB (fig. 84). Si on les porte l'un sur l'autre, les points D et C, coïncideront avec A et B. Donc les cordes ayant même extrémités sont égales.

2° De deux arcs inégaux, le plus grand correspond à la plus grande corde.

Soient les arcs inégaux AB et EF (fig. 84). Portons l'arc AB sur EF, de manière que A coïncide avec E. Le point B tombera en B′ entre E et F.

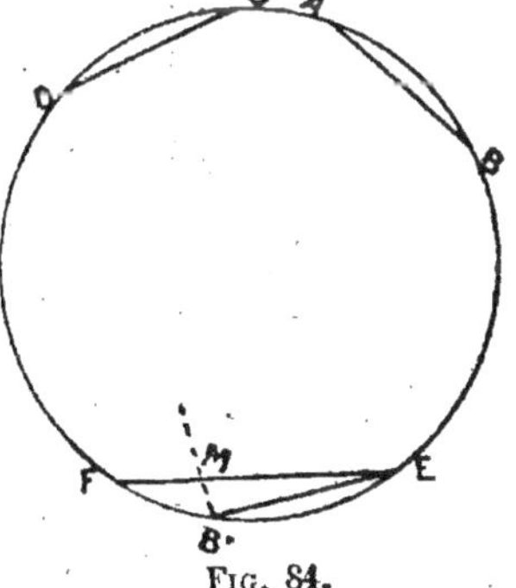

FIG. 84.

Si nous élevons en B′ une perpendiculaire à B′E, elle **coupera** EF

en M. Or B'E est $<$ que EM, à plus forte raison B'E sera $<$ que EF
et par suite : $AB < EF$.

92. Théorème. — *Tout rayon perpendiculaire sur une corde divise
cette corde en 2 parties égales, ainsi que l'arc sous-tendu.*

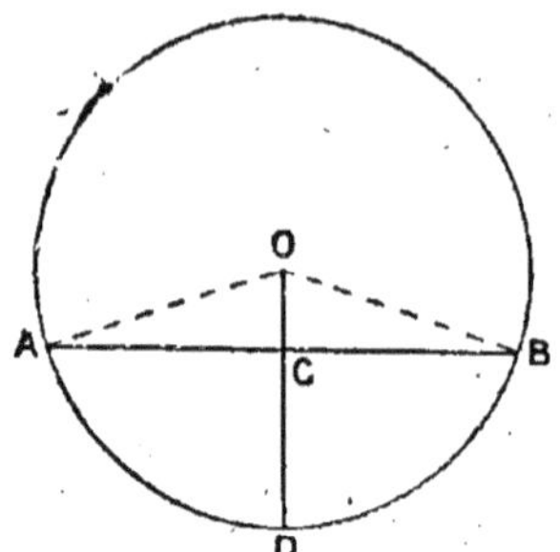

FIG. 85.

Soient la corde AB et le rayon perpendiculaire OD (fig. 85). Menons AO et OB.
Ce sont 2 obliques égales, elles s'écartent
donc également du pied C et l'on a
$AC = CB$.

Si l'on fait tourner la figure autour
de OD, le point B vient au point A et
l'arc BD recouvre l'arc AD.

93. Théorème. — *Dans un même
cercle ou dans des cercles égaux :*

*1° Deux cordes égales sont également
distantes du centre.*

Soient les 2 cordes égales AB, CD
(fig. 86). Menons les distances du centre à ces cordes, c'est-à-dire
les perpendiculaires OM, ON, et traçons
BO et CO. On obtient les 2 triangles
rectangles MBO et CON qui sont égaux
[hypoténuses égales et $MB = CN$
(n° 92)].

Donc $MO = ON$.

*2° De deux cordes inégales, la plus
grande est la moins éloignée du centre.*

Soient les cordes inégales AB, EF
pour lesquelles on a $AB < EF$. Menons
encore la perpendiculaire OM'. Portons
AB à partir de F en ER, et menons la
distance OM'. Nous disons que $OP < OM$

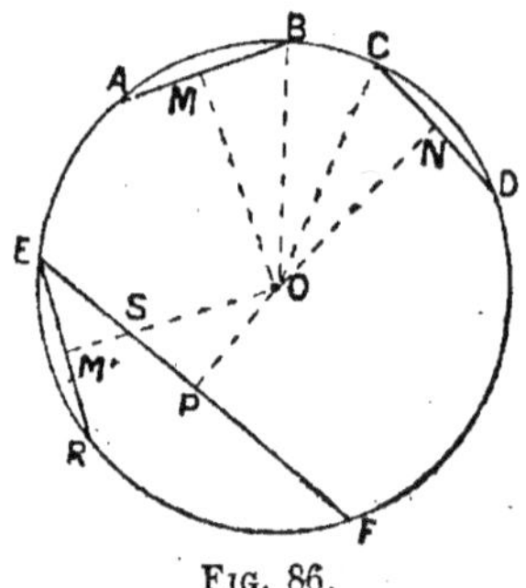

FIG. 86.

ou OM'. En effet $OP < OS$ (perpend. plus courte que l'oblique) et à
plus forte raison $OP < OM'$ ou OM.

III

SÉCANTES ET TANGENTES

94. Définitions. — Toute droite qui coupe la circonférence en
2 points est une *sécante*.

Remarque. — On démontrerait facilement que *deux sécantes parallèles interceptent sur la circonférence des arcs égaux.*

Une *tangente* est une droite qui ne touche la circonférence qu'en un point, appelé point de tangence ou de contact.

95. Théorème. — *Toute tangente à la circonférence est perpendiculaire à l'extrémité du rayon au point de contact.*

Soient la circonférence O et la tangente AB (fig. 87). Le point de contact est P. Si nous prenons un point P′ sur AB et que nous menions OP′, nous aurons une droite plus grande que OP. Le plus court chemin du point O à la ligne AB est la ligne OP. Donc OP est perpendiculaire à la tangente AB.

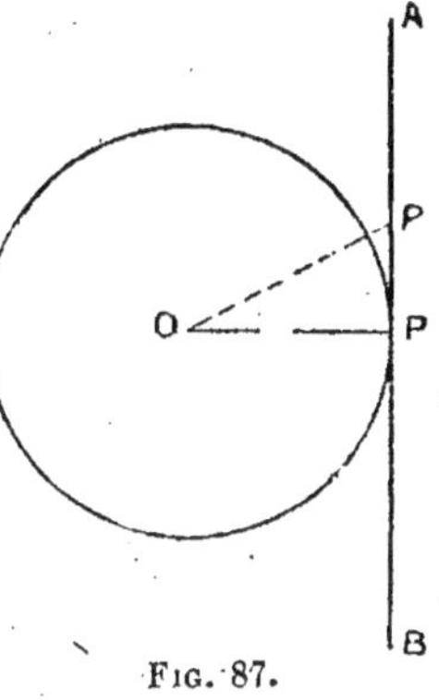

Fig. 87.

IV

POSITIONS RELATIVES DE DEUX CIRCONFÉRENCES

96. 1° Circonférences extérieures. — Quand deux circonférences n'ont aucun point de contact, on dit qu'elles sont extérieures

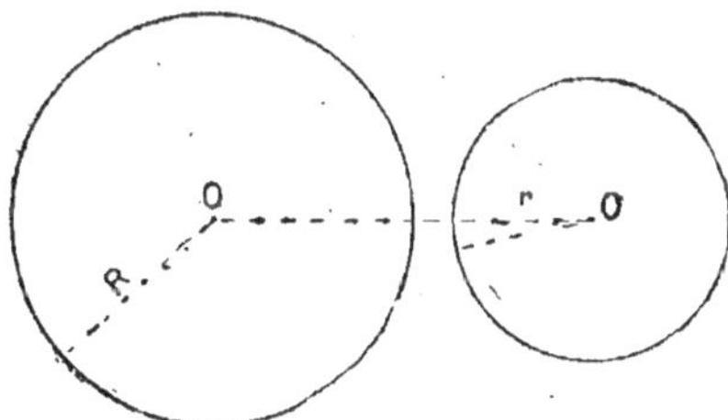

Fig. 88.

(fig. 88). Dans ce cas la distance des centres est plus grande que la somme des rayons.

2° Circonférences tangentes extérieurement. — Si l'on approche la circonférence O′ de la circonférence O, jusqu'à les faire toucher en un point, on a deux circonférences tangentes extérieurement (fig. 89). La distance OO′ égale R + r.

3° **Circonférences sécantes.** — Quand les deux circonférences se

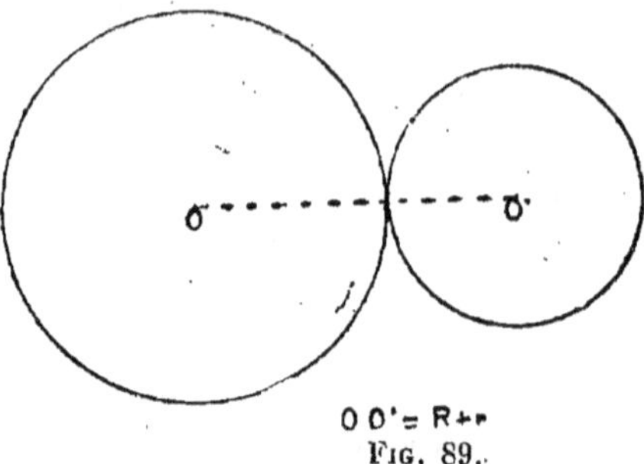

FIG. 89.

coupent, on dit qu'elles sont sécantes. Il y a alors une corde com-

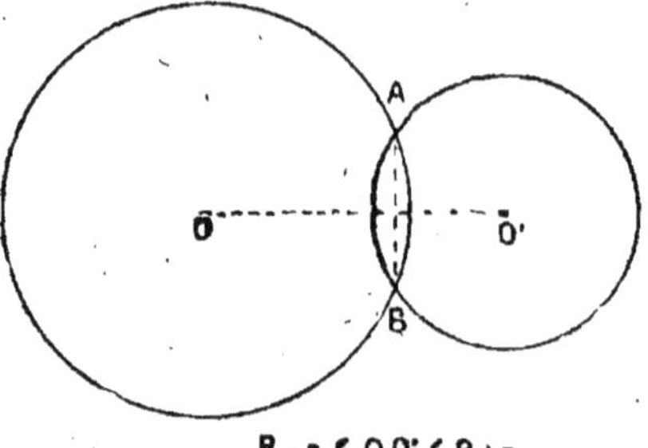

FIG. 90.

mune qui est perpendiculaire à la droite qui joint les rayons (fig. 90).

AB est perpendiculaire sur OO'. La distance des centres est plus petite que la somme des rayons.

4° **Conférences tangentes intérieurement.** — En continuant la translation de la circonférence O' vers la gauche, il arrivera un moment où les deux circonférences sont tangentes intérieurement (fig. 91). On a alors $OO' = R - r$.

5° **Circonférences intérieures.** — La plus petite des circonférences peut se trouver entièrement dans la plus grande ;

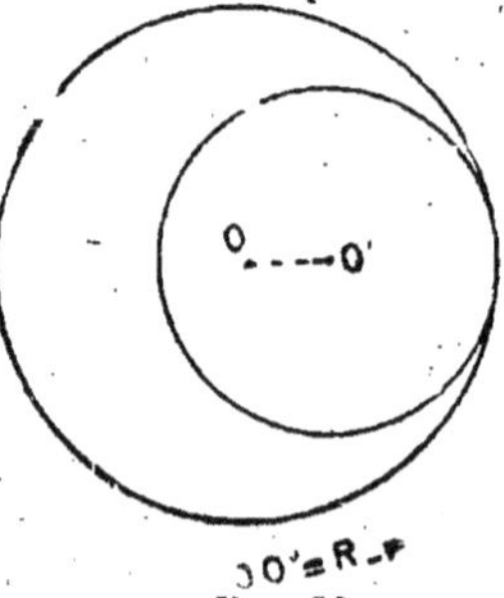

FIG. 91.

1° En place excentrique (fig. 92) ; $OO' < R - r$).

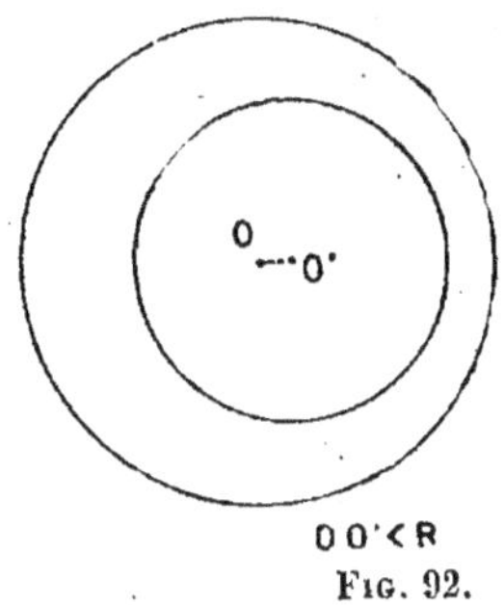

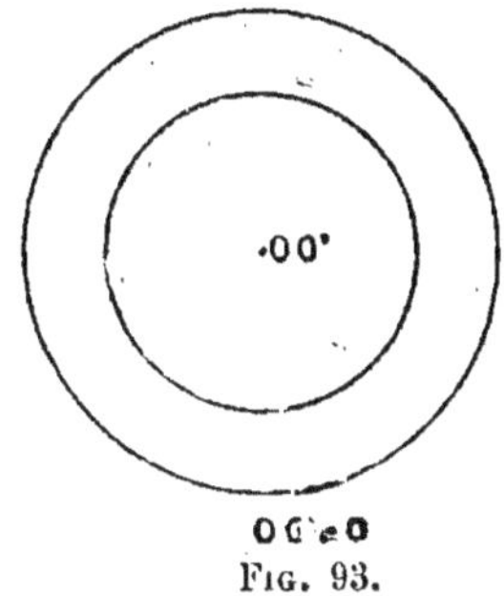

2° En place concentrique (fig. 93); $OO' = 0$.
Dans ce dernier cas, elles ont le même centre.

V

MESURES DES ANGLES AU CENTRE D'UNE CIRCONFÉRENCE

97. Unités de mesure d'angle. — On a choisi 2 systèmes d'unités : les degrés et les grades.

1° **Degrés.** — Le degré est la *360e* partie de la circonférence. Il se subdivise en *60 minutes* et la minute en *60 secondes*.
Ex. : On dira qu'un angle mesure :
$$33° 24' 25''$$

2° **Grades.** — Pour se rapprocher du système décimal, on a divisé la circonférence en *400* parties égales ou *grades*.
Le grade est donc la *400e* partie de la circonférence.
Il se subdivise en *100 minutes* et la minute en *100 secondes*.
Ex. : On dira qu'un angle mesure :
$$42^g 18' 22''$$

Aujourd'hui le degré est encore plus employé que le grade.

REMARQUE. — Les minutes et les secondes du grade s'indiquent par un trait en sens opposé des minutes et des secondes dérivées des degrés.

ANGLES AU CENTRE

98. Définition. — Un angle au centre est un angle qui a son sommet au centre de la circonférence. Ses côtés sont des rayons (fig. 94).

On démontre facilement que :

Dans un même cercle ou dans des cercles égaux, deux angles au centre égaux interceptent des arcs égaux.

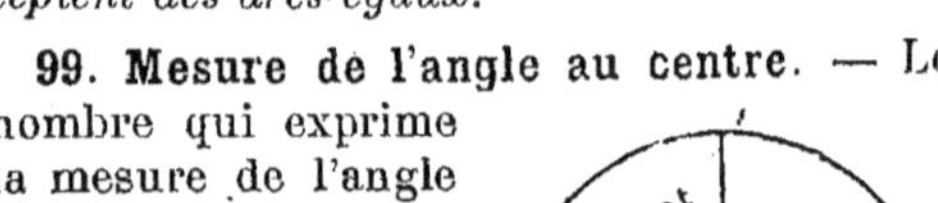

Fig. 94.

99. Mesure de l'angle au centre. — Le nombre qui exprime la mesure de l'angle au centre est le même que celui qui exprime la mesure de l'arc compris entre ses côtés.

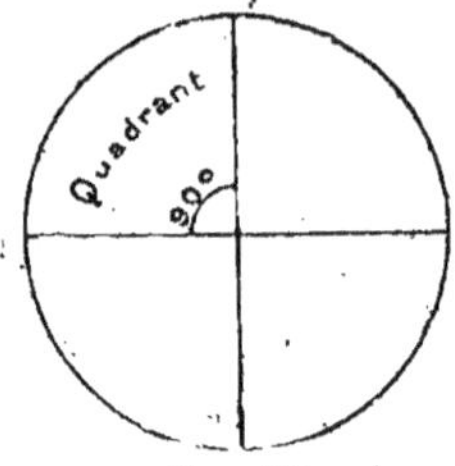

Fig. 95.

Ex. : Dans la figure 94, si l'arc AB mesure 60°, on dira que l'angle AOB mesure 60°.

On en tirera l'expression simple suivante :

L'angle au centre a même mesure que l'arc compris entre ses côtés.

Remarque. — Si l'on mène 2 diamètres perpendiculaires, on voit qu'on forme 4 angles droits. Chacun de ceux-ci vaut donc $\dfrac{360°}{4} = 90°$.

Ce sont des *quadrants* (fig. 95).

VI

ANGLES INSCRITS

100. Définition. — On appelle *angle inscrit* tout angle qui a son sommet sur la circonférence et dont les côtés sont des cordes. Ex. : l'angle BAC (fig. 96).

101. Théorème. — *Tout angle inscrit a même mesure que la moitié de l'arc compris entre ses côtés.*

1er CAS

L'un des côtés de l'angle inscrit passe par le centre.

Soit l'angle inscrit BAC (fig. 96).

Menons BO. On a un triangle isocèle AOB.

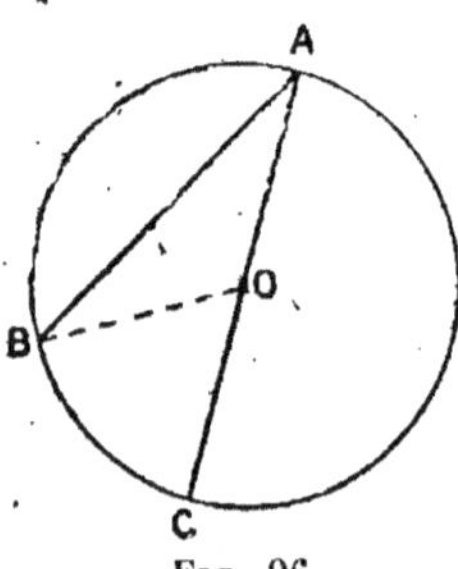

Fig. 96.

L'angle extérieur BOC, supplément de $\widehat{BOA}$, est égal à 2 fois l'angle BAO. Or l'angle $\overline{BOC}$, angle au centre, a pour mesure l'arc BC.

Il s'ensuit que l'angle BAC aura même mesure que la 1/2 de l'arc BC

2e CAS

Le centre du cercle est à l'intérieur de l'angle inscrit.

Soit l'angle inscrit ABC (fig. 97). Menons le diamètre AD. D'après le théorème précédent, la mesure de l'angle inscrit BAD = la mesure du 1/2 arc BD (1er cas); et la mesure de l'angle inscrit DAC = la mesure du 1/2 arc DC (*idem*).

La somme de ces 2 angles inscrits forme l'angle donné BAC, qui a évidemment même mesure que la somme des arcs BD et DC, ou même mesure que le 1/2 arc BC.

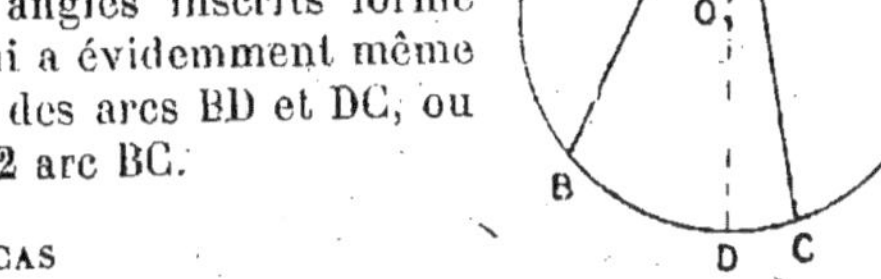

Fig. 97.

3e CAS

Le centre du cercle est à l'extérieur de l'angle inscrit.

Soit l'angle inscrit BAC. Menons le diamètre AD (fig. 98). La me-

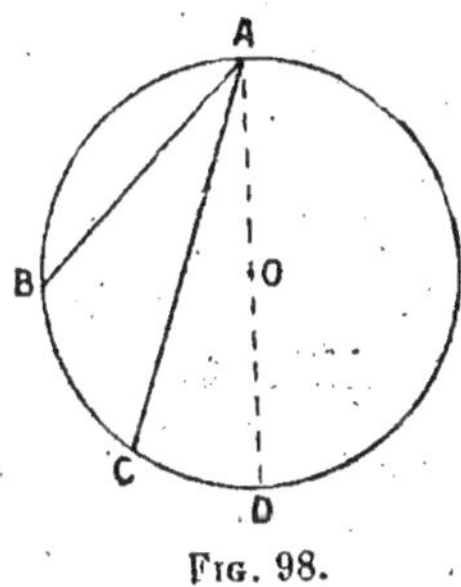

Fig. 98.

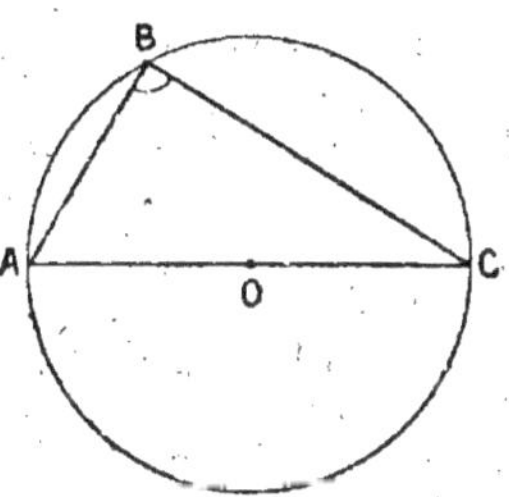

Fig. 99.

sure de l'angle inscrit BAD = mesure 1/2 arc BD (1er cas) et la mesure de l'angle inscrit CAD = mesure 1/2 arc CD (*idem*).

L'angle donné BAC égale la différence des deux angles précédents. Sa valeur sera donc :

Mesure du 1/2 arc BD — mesure du 1/2 arc CD ou mesure 1/2 arc BC.

102. REMARQUE. — I. Tout angle inscrit dans une demi-circonférence est droit (fig. 99).

II. On remarquera que tous les angles inscrits dans un même segment sont égaux (fig. 100).

SEGMENT CAPABLE D'UN ANGLE DONNÉ

103. — Soient la circonférence O et le segment de droite AB
(fig. 100). Tous les points de l'arc ACC'C''C'''B joints aux extrémités

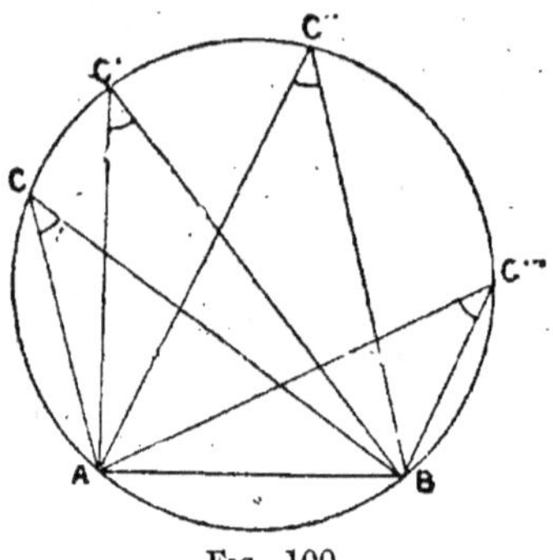

Fig. 100.

du segment AB formeront des angles tous égaux. Si l'arc AB mesure 90°, les angles C, C', C'' vaudront chacun 45°.

Il s'ensuit que l'arc AC....B est le *lieu des points d'où l'on voit la droite AB sous un angle donné.* C'est *le segment capable* de l'angle ACB.

VII

ANGLES FORMÉS PAR DES SÉCANTES

104. Théorème. — *Tout angle formé par deux sécantes qui se coupent à l'intérieur d'un cercle a pour mesure la demi-somme des arcs interceptés par ses côtés.*

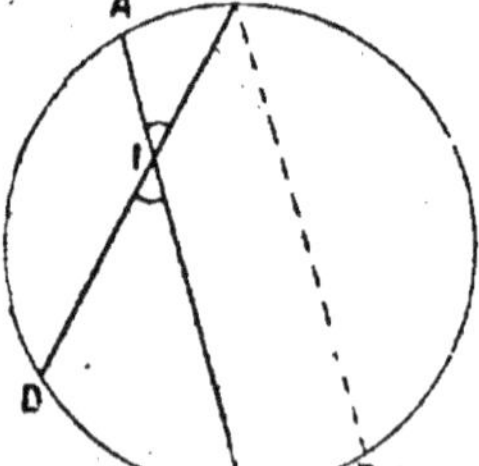

Fig. 101.

Soit l'angle DIB. Prolongeons ses côtés en A et en C et menons par C une parallèle à AB (fig. 101).

L'angle DCE a pour mesure : 1/2 arc (DB + BE), mais arc BE = arc AC (remarque n° 94).

D'où angle DCE a pour mesure : arcs (DB + AC).

D'autre part angle DIB = angle DCE comme correspondants.

On obtient : angle DIB $= \dfrac{\text{arc DB} + \text{arc AC}}{2}$.

105. Théorème. — *Tout angle formé par deux sécantes qui se coupent à l'extérieur d'un cercle a pour mesure la demi-différence des arcs compris entre ses côtés.*

Soit l'angle ABC (fig. 102). Menons par le point D une parallèle à BA, qui sera DE. L'angle EDC a pour mesure : 1/2 arc EC, or l'angle EDC égale l'angle ABC comme correspondants.

D'autre part l'arc EC $=$ arc AC — arc AE.

L'angle ABC a pour mesure : 1/2 arc AC — 1/2 arc AE, or l'arc AF est égal à l'arc DF (remarque n° 94).

Il s'ensuit que l'on a pour mesure de l'angle BAC : $\dfrac{\text{arc AC} - \text{arc FD}}{2}$.

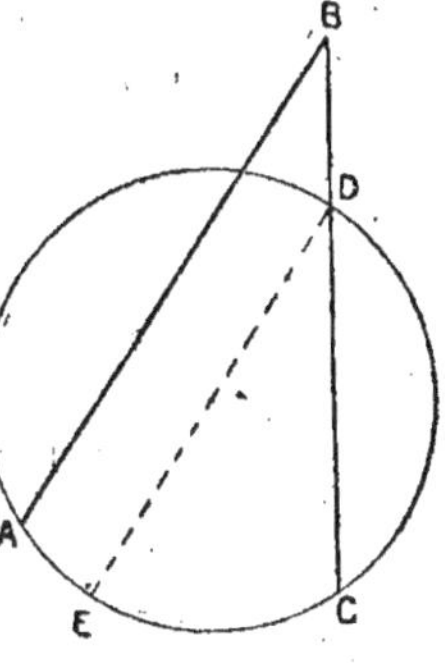

Fig. 102.

VIII

POLYGONES RÉGULIERS

ANGLES

106. Définition. — Un polygone régulier est un polygone qui a *ses côtés égaux et ses angles égaux.*

Les *polygones réguliers sont inscriptibles dans un cercle*, c'est-à-dire qu'ils ont tous leurs sommets sur une même circonférence.

L'angle au centre a évidemment comme valeur : $\dfrac{360}{n}$, n représentant le nombre de côtés.

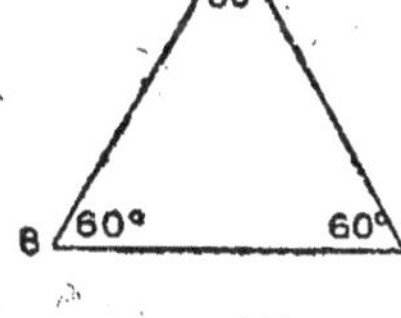

Fig. 103.

107. Triangle équilatéral. — Le triangle équilatéral est le polygone régulier le plus simple.

Chacun de ses angles mesure 60° (fig. 103).

108. Carré. — Le carré a ses 4 angles droits. Il suffit de joindre les extrémités de 2 diamètres perpendiculaires pour l'inscrire dans un cercle (fig. 104).

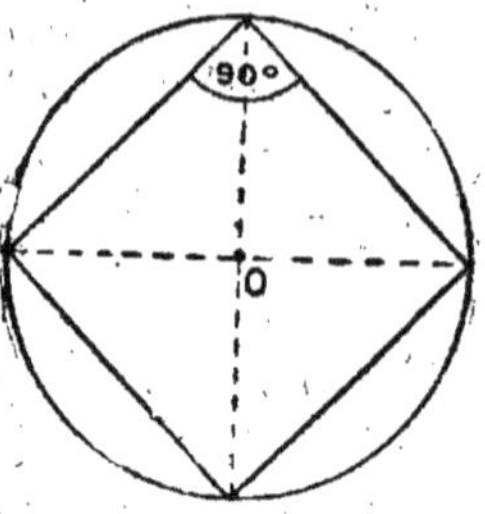

Fig. 104.

109. Hexagone. — Pour inscrire un hexagone régulier, il suffit de porter sur la circonférence **6 fois** une ouverture de compas égale à la longueur du rayon.

Chaque angle intérieur de l'hexagone (pourtour) mesure *120°* (fig. 105).

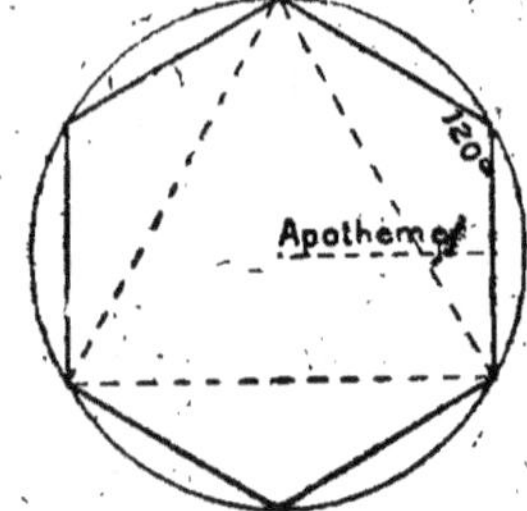

Fig. 105.

Par suite, on inscrira un *triangle équilatéral* en joignant 2 sommets non consécutifs de l'hexagone.

REMARQUE. — On appelle *apothème* la perpendiculaire abaissée du centre sur un des côtés du polygone inscrit (fig. 105).

110. Octogone. — L'octogone régulier a 8 côtés. Chaque côté sous-tend un arc de $\dfrac{360}{8} = 45°$ (fig. 106).

Chaque angle du pourtour mesure 135°.

On l'inscrit dans un cercle, en inscrivant d'abord un carré, puis en divisant les arcs en 2 parties égales et en joignant les points de division nouveaux aux anciens.

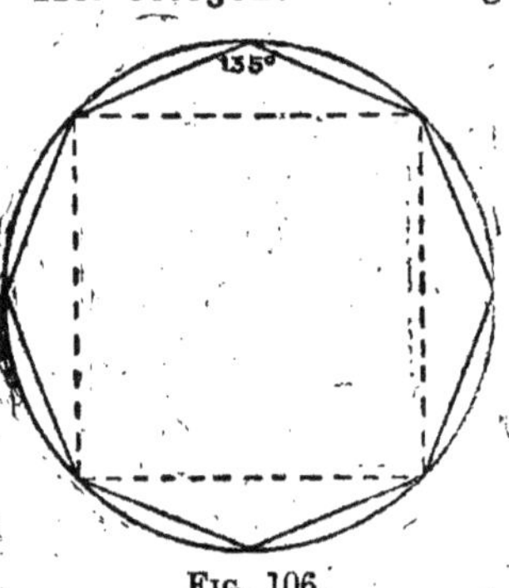

Fig. 106.

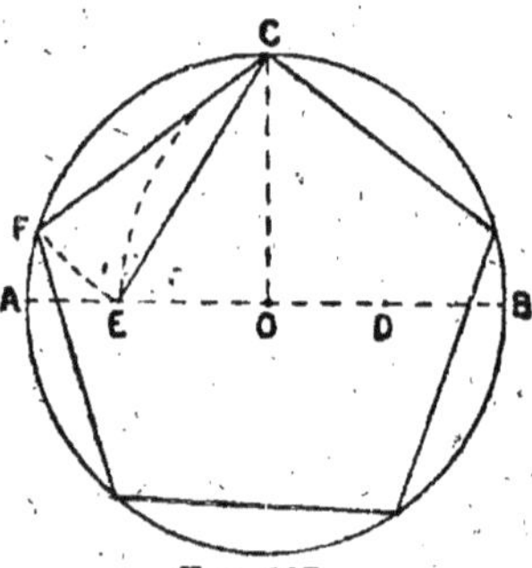

Fig. 107.

111. Pentagone. — Le pentagone régulier mesure pour chaque angle du pourtour 108° (fig. 107).

Il est inscriptible dans un cercle, mais par construction empirique.

Du point D, milieu du rayon OB, on décrit un arc de cercle partant de C. Il aboutit en E sur AO. La ligne CE est le côté du pentagone. Il suffit de la porter cinq fois sur la circonférence.

DIFFÉRENTES ÉQUERRES

112. Dans la pratique, on emploie continuellement certains angles caractéristiques : tels que les angles de 60°, de 30°, de 45°, de 120°, de 135°.

Il a fallu fabriquer des équerres offrant ces angles tout indiqués.

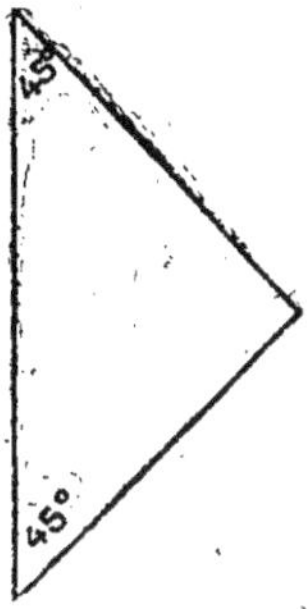

1° *Equerre de 60° et 30°.* — C'est l'équerre ordinaire, moitié d'un triangle équilatéral (fig. 108).

2° *Equerre de 45°.* — C'est une équerre représentant un triangle rectangle isocèle. Les deux angles aigus ont chacun 45°. C'est la moitié d'un carré (fig. 109).

3° *Equerre à onglet.* — A l'atelier on se sert surtout de l'équerre à onglet qui a l'avantage d'offrir des angles de 30°, 45°, 60°, 90°, 120°, 135° (fig. 110).

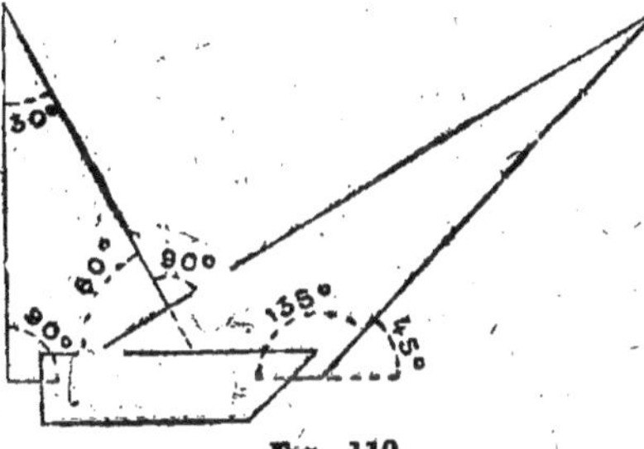

Fig. 108.

Fig. 109.

Fig. 110.

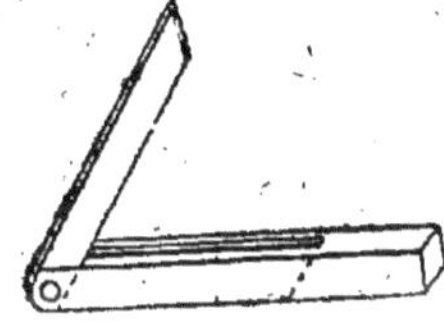

Fig. 111.

4° *Fausse équerre.* — On appelle ainsi une sorte de compas à branches mobiles, en bois. Il permet de prendre l'ouverture d'un angle et même d'un angle dièdre (voir n° 216) sur un solide, mais il n'indique pas la mesure (fig. 111).

IX

CONSTRUCTIONS GRAPHIQUES
SUR LES LIGNES DROITES ET LA CIRCONFÉRENCE

On donne ce nom aux constructions effectuées avec la règle et le compas.

113. *Mener une perpendiculaire au milieu d'une droite AB.*

Soit la droite AB (fig. 112). Des points A et B, avec une même ouverture de compas plus grande que la moitié de la ligne, on trace des arcs de cercle qui se coupent au-dessus et au-dessous de la droite. Il suffit ensuite de joindre les deux points d'intersection.

114. *Mener une perpendiculaire en un point d'une droite.*

Soient la droite AB et le point O (fig. 113). On porte AO sur la partie

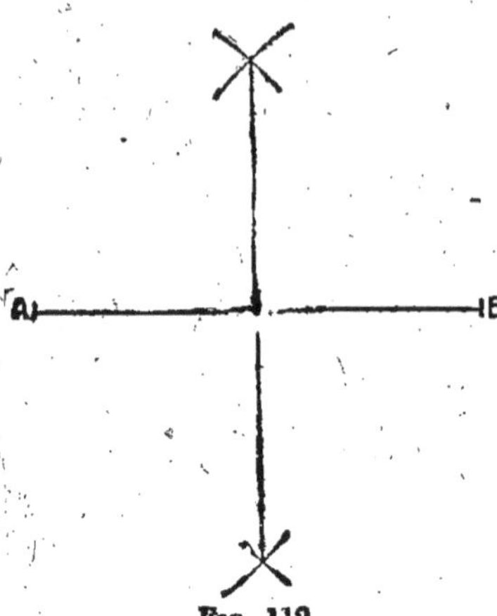

Fig. 112.

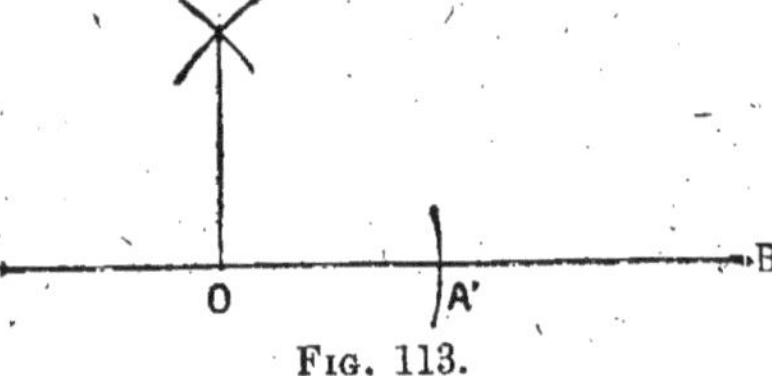

Fig. 113.

droite de la figure en OA'. Puis on décrit au-dessus de la droite AB deux arcs de cercle égaux qui se coupent. En joignant le point d'intersection obtenu au point O, on a la perpendiculaire.

115. *Abaisser une perpendiculaire sur une droite d'un point extérieur.*
Soient la droite AB et le point C (fig. 114). On décrit de C comme centre, un arc ayant comme rayon la distance CA. Cet arc coupe AB en D. Des points A et D, on décrit deux arcs de cercle égaux qui se coupent en C' au-dessous de la droite AB. Il ne reste plus qu'à joindre CC'.

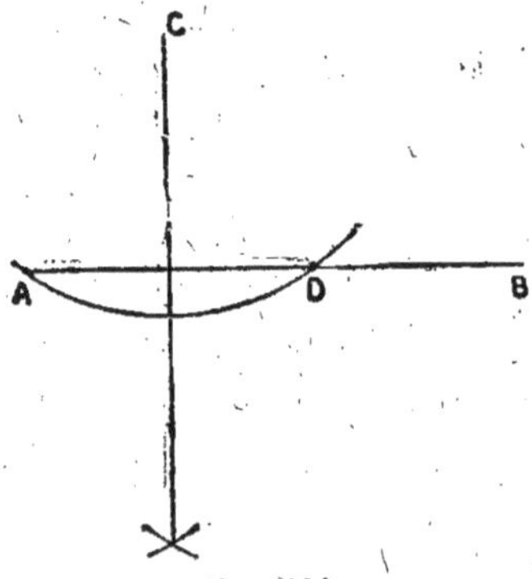

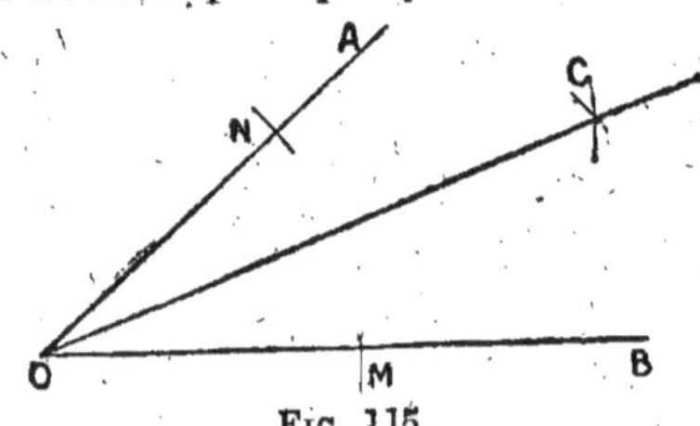

Fig. 114.

Fig. 115.

116. *Mener la bissectrice d'un angle donné.*

Soit l'angle AOB (fig. 115). Sur les côtés de l'angle, on prend une même distance ON et OM. Des points N et M on décrit deux arcs de cercle égaux qui se coupent en C. Il suffit ensuite de tracer CO, qui est la bissectrice.

117. *Construire un triangle connaissant ses trois côtés.*

Soient les longueurs des trois côtés : AB, CD, EF (fig. 116). Sur une droite indéfinie, on porte d'abord AB. Du point A, avec une ouverture de compas égale à CD, on décrit un arc de cercle. De même avec une ouverture de compas égale à EF, on décrit du point B un arc qui vient couper le premier en C'. Il suffit de mener C'A et C'B.

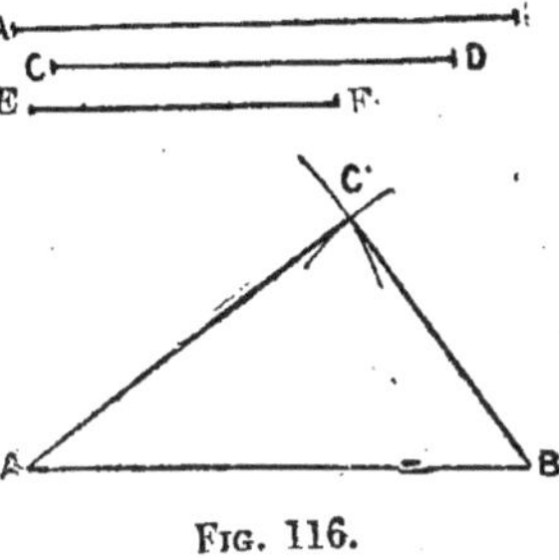
Fig. 116.

REMARQUE. — Il est évident que la construction n'est possible que si CD + EF > AB.

118. *Par un point, mener une parallèle à une droite.*

Soient la droite AB et le point O (fig. 117). De ce point, avec une ouverture de compas appropriée, on trace un arc qui vient couper AB en C. De C, avec la même ouverture de compas, on trace un autre arc qui coupe AB en D. On prend avec le compas la corde DO et on

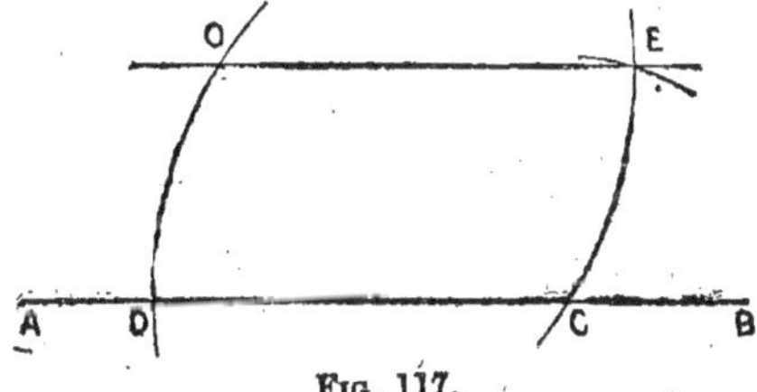
Fig. 117.

la porte à partir de C, de manière qu'elle coupe le premier arc tracé. On obtient E. Il suffit ensuite de joindre O et E.

119. *Diviser un arc de cercle en deux parties égales.*

On agira, pour cette construction, comme pour la division d'une droite en deux parties égales, c'est-à-dire comme s'il s'agissait d'élever une perpendiculaire au milieu d'une droite.

120. *Faire passer une circonférence par trois points non en ligne droite.*

Soient les trois points A, B, C (fig. 118). Joignons-les et élevons une perpendiculaire au milieu des droites AB et BC.

Ces deux perpendiculaires se coupent en O qui est le centre de la circonférence demandée.

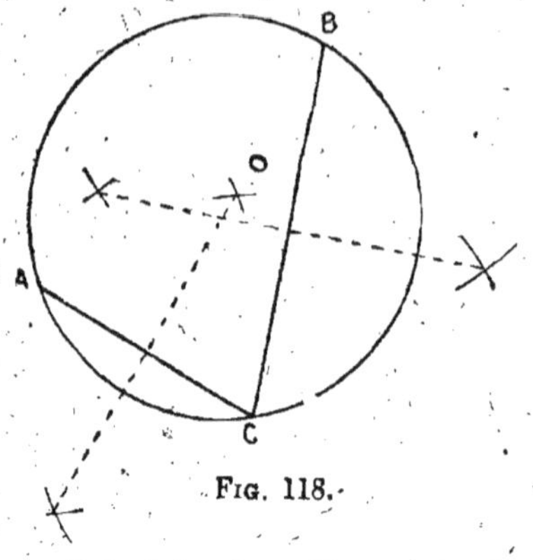

121. *En un point d'une circonférence mener une tangente.*

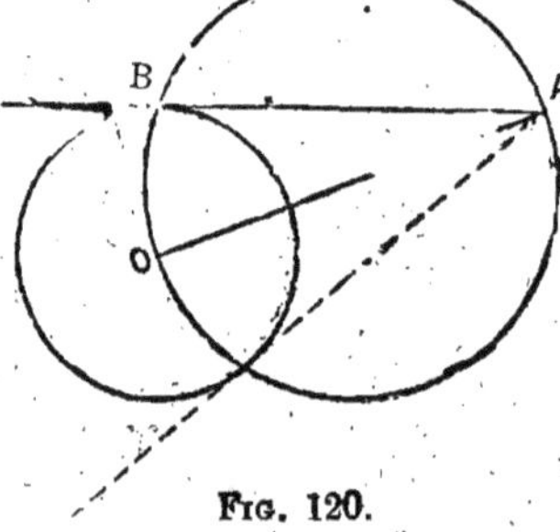

FIG. 118.

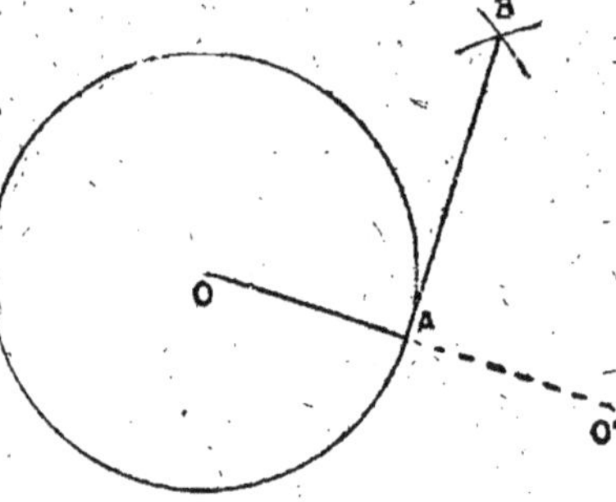

FIG. 119.

Soient la circonférence O et le point A (fig. 119). Joignons OA et prolongeons jusqu'en O′ de manière que O′A = OA. Élevons une perpendiculaire en A à la ligne OO′. On obtient la tangente, qui, on le sait, est perpendiculaire au rayon, à son point de contact.

122. *Mener une tangente à une circonférence d'un point extérieur.*

Soient la circonférence O et le point A (fig. 120). On mène OA, et, sur cette ligne comme diamètre, on décrit une demi-circonférence qui coupe la circonférence O en B. On joint AB qu'on prolonge.

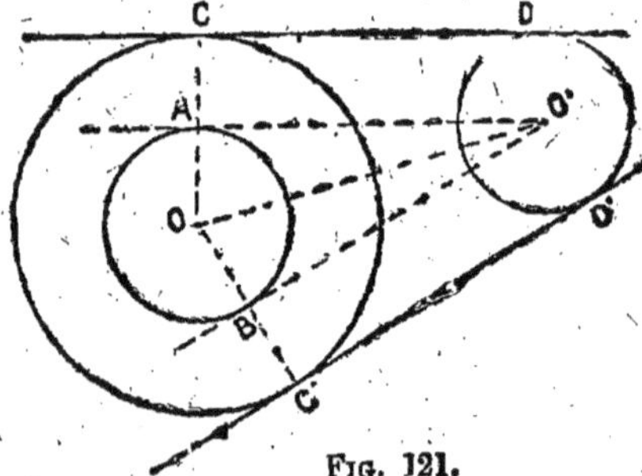

FIG. 120.

FIG. 121.

On remarquera que la même construction peut être faite de l'autre côté de la ligne OA. Il y a donc deux solutions symétriques.

123. *Mener une tangente commune à deux circonférences.*

Soient les deux circonférences O et O' (fig. 121). Joignons OO' et au point O, menons une troisième circonférence dont le rayon soit égal à la différence des deux rayons donnés. Par le point O', nous savons mener les tangentes à cette troisième circonférence. Menons les deux tangentes O'A et O'B. Joignons OA et prolongeons en C. De même OB et prolongeons en C'. Menons par C et C' deux parallèles à AO' et BO' et on aura les deux tangentes.

Remarque. — Il pourra y avoir deux autres tangentes communes qui passeront entre les 2 circonférences données, en coupant la ligne des centres.

124. *Inscrire une circonférence dans un triangle.*

Soit le triangle ABC (fig. 122). Il suffit de mener les bissectrices des angles à la base. Le point O où se coupent les bissectrices est le centre de la circonférence demandée.

En effet, ce point O, étant sur les deux bissectrices, est à égale distance des côtés AC, AB, BC. Il est donc le centre de la circonférence demandée.

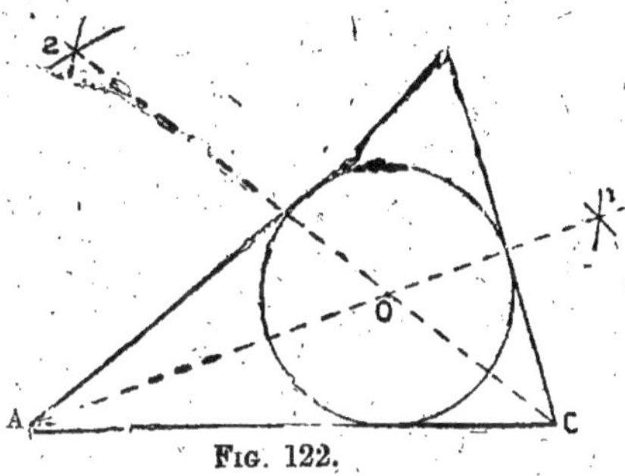

Fig. 122.

125. *Circonscrire une circonférence à un triangle.*

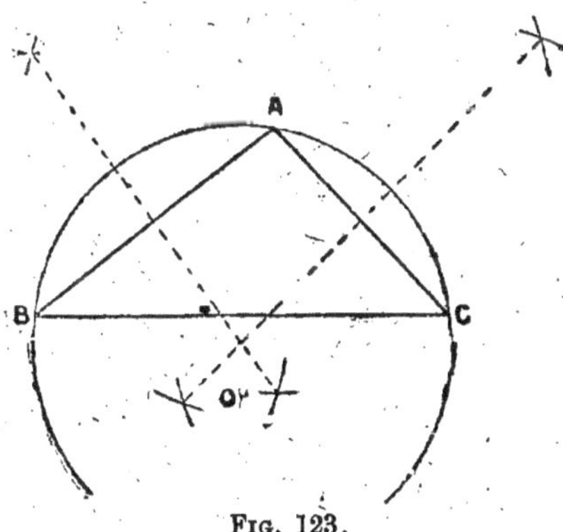

Fig. 123.

Soit le triangle ABC (fig. 123). Sur le milieu des droites AB, AC, on élève des perpendiculaires qui se coupent en O, centre du cercle demandé que l'on trace avec un rayon égal à OA.

126. *Décrire sur une droite donnée un segment capable d'un angle de 30°.*

Soit la droite AB (fig. 124). Au point B, menons la droite BD qui

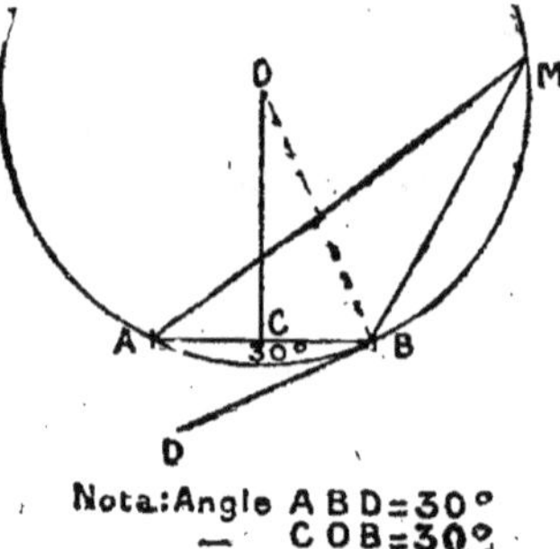

Fig. 124.

forme un angle de 30° avec AB. Au même point B, élevons une perpendiculaire à BD. D'autre part, élevons la perpendiculaire sur le milieu C de AB. Ces deux perpendiculaires se rencontrent en un point O qui est le centre d'un cercle que l'on décrit avec le rayon OB.

Si l'on prend un point M sur la circonférence et que l'on joigne ce point aux points A et B, on obtient un angle AMB de 30° et tous les points de l'arc AMB jouissent de la même propriété.

En effet, l'angle COB égale l'angle ABD (côtés perpendiculaires), donc l'angle COB = 30°. D'où l'arc AB a pour mesure 60° et l'angle AMB inscrit a pour mesure $\frac{60}{2} = 30°$.

EXERCICES SUR LE DEUXIÈME LIVRE

LA CIRCONFÉRENCE

60. Par un point donné dans l'intérieur d'un cercle, tracer une corde dont ce point soit le milieu.

61. Trouver sur une circonférence deux points également distants d'un point donné P pris extérieurement.

62. Dans un cercle, on trace 4 cordes égales. A quelle distance se trouvent-elles du centre ?

63. Trouver le centre d'un cercle tracé.

64. Démontrer que la plus petite corde passant par un point donné à l'intérieur d'un cercle est perpendiculaire au diamètre passant par ce point.

65. Décrire avec un rayon donné une circonférence qui passe à égale distance de trois points donnés non en ligne droite.

66. On donne une circonférence O et une direction xy. On demande de tracer une tangente à cette circonférence parallèle à cette direction.

67. Tracer deux tangentes parallèles dont l'une passe par un point marqué sur la circonférence.

68. Mener une tangente à un cercle de manière qu'elle soit parallèle à une direction donnée.

69. Décrire une circonférence passant par un point donné M et tangente à une droite AB en un point N de cette droite.

70. Inscrire un cercle dans un triangle.

71. Mener dans un cercle une sécante passant par un point P et telle que la corde interceptée soit égale à une longueur donnée.

72. Démontrer que deux cordes parallèles menées des extrémités du même diamètre sont égales.

73. Trouver sur une circonférence O deux points à égale distance d'un point A.

74. Par l'un des points d'intersection de deux circonférences, mener une sécante qui ait son milieu en ce point.

75. Démontrer que lorsque 2 circonférences sont concentriques, toutes les cordes de la grande, tangentes à la petite, sont égales.

76. Si deux circonférences se coupent, deux sécantes parallèles menées par les points d'intersection sont égales.

CONSTRUCTIONS GRAPHIQUES
SUR LES DEUX PREMIERS LIVRES

77. Construire 2 angles adjacents, l'un de 30°, l'autre de 45°.

78. Construire 2 angles opposés par le sommet d'une valeur de 34°.

79. Construire un triangle isocèle connaissant la base et la hauteur.

80. Construire un triangle isocèle connaissant l'angle au sommet et la hauteur.

81. Construire un triangle isocèle connaissant la base et l'angle du sommet.

82. Construire un triangle équilatéral connaissant le côté.

83. Construire un triangle équilatéral connaissant la hauteur.

84. Construire un triangle équilatéral connaissant le rayon du cercle circonscrit.

85. Construire un triangle rectangle connaissant les 2 côtés de l'angle droit.

86. Construire un triangle rectangle connaissant un côté de l'angle droit et l'hypoténuse.

87. Construire un triangle rectangle connaissant l'hypoténuse et un angle aigu de 35°.

88. Construire un triangle rectangle connaissant l'hypoténuse et la hauteur correspondante.

89. Construire un triangle rectangle connaissant un côté de l'angle droit et le rayon du cercle inscrit.

90. Construire un triangle dont les côtés ont respectivement : 30 mm., 20 mm., 10 mm.

91. Construire un triangle connaissant 2 côtés et l'angle compris.

92. Construire un triangle connaissant un côté et les deux angles qui lui sont adjacents.

93. Construire un triangle connaissant un côté, un angle adjacent et la somme des deux autres côtés.

94. Construire un triangle connaissant le rayon du cercle inscrit et les angles.

95. Construire un carré connaissant une diagonale.

96. Construire un rectangle connaissant sa base et sa hauteur.

97. Construire un rectangle connaissant sa base et sa diagonale.

98. Construire un rectangle connaissant sa base et l'angle qu'elle forme avec une diagonale.

99. Construire un rectangle connaissant les diagonales et l'angle qu'elles forment.

100. Construire un parallélogramme connaissant un côté et les diagonales.

101. Construire un parallélogramme connaissant deux côtés adjacents et une diagonale.

102. Construire un losange connaissant ses diagonales.

103. Construire un losange connaissant un côté et un angle.

104. Construire un losange connaissant un angle et le rayon du cercle inscrit.

105. Construire un trapèze isocèle connaissant les bases et un angle.

106. Construire un trapèze isocèle connaissant les bases et la hauteur.

107. Construire un trapèze isocèle connaissant les deux bases et la diagonale.

108. Construire un trapèze connaissant les 4 côtés.

109. Construire un trapèze connaissant les bases, un côté oblique et une diagonale.

110. Construire un trapèze connaissant les deux bases et les deux diagonales.

111. Par un point M extérieur à un cercle, mener une sécante à ce cercle telle que la corde interceptée AB ait une longueur donnée.

112. Mener la tangente commune intérieure à deux circonférences.

113. Décrire une circonférence tangente à 2 droites qui se **coupent** étant donné le rayon R.

114. Inscrire un hexagone dans un cercle.

115. Inscrire un triangle équilatéral dans un cercle.

116. Inscrire un carré dans un cercle.

117. Inscrire un octogone dans un cercle.

118. Inscrire un pentagone dans un cercle.

119. Inscrire un décagone dans un cercle.

120. Un triangle a les dimensions suivantes : 40 mm., 25 mm., 20 mm. Le construire et inscrire un cercle à l'intérieur.

121. Un triangle a les dimensions suivantes : 44 mm., 30 mm., 25 mm. Le construire et lui circonscrire un cercle.

LIVRE III

LES LIGNES SEMBLABLES

———

I

LIGNES PROPORTIONNELLES

127. Théorème. — *Deux sécantes quelconques sont coupées en parties proportionnelles par des droites parallèles.*

1er CAS.

Les distances entre parallèles sont égales.

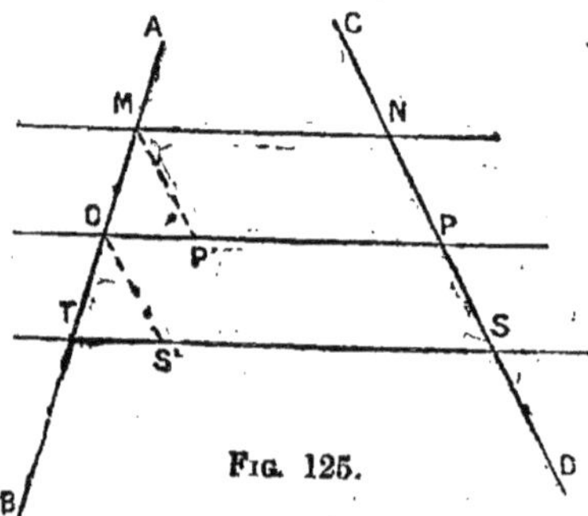

Fig. 125.

Soient les 3 parallèles et les 2 sécantes AB, CD (fig. 125), on sait que MO = OT. On doit avoir :

$$\frac{MO}{OT} = \frac{NP}{PS}$$

Il s'agit au fond de démontrer que NP = PS. Menons en M et O des parallèles à la sécante CD.

On obtient 2 petits triangles égaux, OMP′ et OTS′ (1 côté égal adjacent à 2 angles égaux). Donc MP′ = OS′ et par suite NP = PS.

2e CAS.

Les distances entre parallèles sont inégales.
Soient les 3 parallèles et les deux sécantes AB, CD (fig. 126).

Les distances entre parallèles étant inégales, cherchons une commune mesure de distance. Pour cela supposons que $\dfrac{MO}{OT} = \dfrac{2}{3}$. Marquons les points de division et menons des parallèles. On obtient ainsi 6 parallèles ayant même distance entre elles. Par M et N menons 2 petites parallèles à CD, on obtient 2 petits triangles égaux, pour lesquels on a MI = OJ ou encore NI′ = PJ′. Les 5 segments de MT étant égaux, il en est de même des 5 segments de NS.

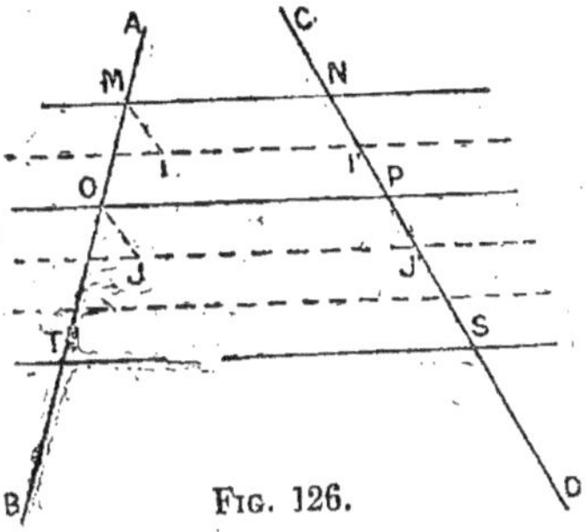

On aura :

$$\frac{NP}{PS} = \frac{2}{3}.$$

D'autre part on avait déjà :

$$\frac{MO}{OT} = \frac{2}{3}.$$

On en tirera :

$$\frac{MO}{OT} = \frac{NP}{PS}.$$

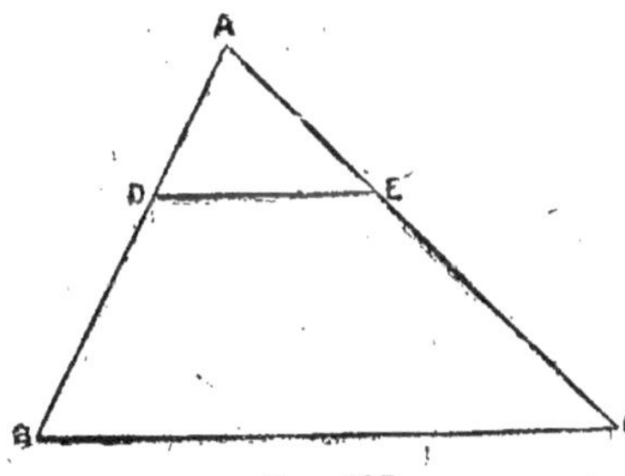

Fig. 126.

Les deux rapports sont égaux et les lignes proportionnelles.

128. — La démonstration précédente s'applique exactement au théorème suivant :

Fig. 127.

Toute parallèle à la base d'un triangle partage les deux côtés en parties proportionnelles :

Soient le triangle ABC et la parallèle DE (fig. 127).

On aura :

$$\frac{AD}{BD} = \frac{AE}{EC}. \qquad (1)$$

On démontre en arithmétique que, dans une proportion, on peut ajouter le numérateur au dénominateur sans changer la proportion.

On pourra donc écrire :

$$\frac{AD}{BD + AD} = \frac{AF}{EC + AF} \quad \text{ou} \quad \frac{AD}{AB} = \frac{AE}{AC}. \qquad (2)$$

REMARQUE. — Les théorèmes et principes qui précèdent donnent lieu à des applications intéressantes. (Voir constructions graphiques, p. 363.)

129. Théorème. — *La bissectrice d'un angle intérieur d'un triangle divise le côté opposé en 2 segments proportionnels aux côtés adjacents.*

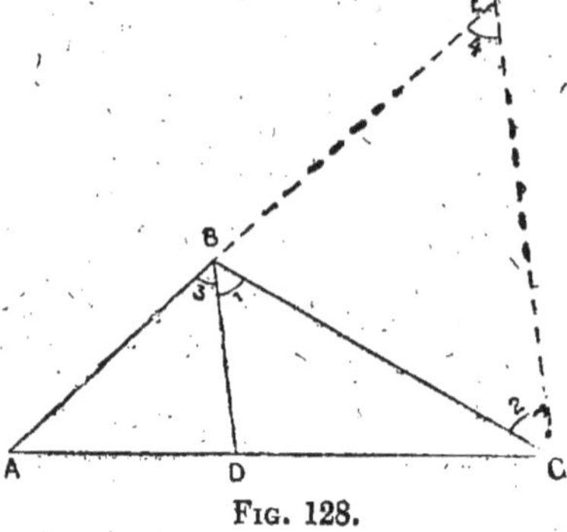

Fig. 128.

Soient le triangle ABC et la bissectrice BD (fig. 128).

On doit démontrer que :

$$\frac{AB}{AD} = \frac{BC}{DC}.$$

Menons CF parallèle à la bissectrice.

Dans le triangle AEC, on a

$$\frac{AB}{AD} = \frac{BE}{DC} \quad \text{(théorème précédent). (1)}$$

Mais l'angle (1) égale l'angle (2) comme alternes-internes et l'angle (3) égale l'angle (4) comme correspondants. Puisque les angles 3 et 1 sont égaux, les angles 4 et 2 le seront et le triangle BEC est isocèle. On a BE = BC.

Modifions la proportion ci-dessus (1) et l'on a :

$$\frac{AB}{AD} = \frac{BC}{DC}.$$

II

TRIANGLES SEMBLABLES

130. Définition. — *Deux triangles sont dits semblables quand ils ont leurs 3 angles égaux et leurs 3 côtés homologues proportionnels.*

On dit vulgairement qu'ils se ressemblent (fig. 129).

Sur les six éléments des triangles, trois éléments suffisent, pour conditionner les autres, Il faut qu'ils soient convenablement choisis.

Fig. 129.

131. Théorème. — *Toute parallèle à l'un des côtés d'un triangle* *détermine, avec les deux autres côtés, un triangle semblable au premier.*

Soient la parallèle DE et le nouveau triangle ADE (fig. 130). Les 2 triangles ont les angles égaux. L'angle A est commun, l'angle ADE = l'angle ABC comme correspondant. De même on a $\widehat{DEA} = \hat{C}$.

Les trois angles sont égaux.

D'autre part on sait (n° 128) que $\dfrac{AD}{AB} = \dfrac{AE}{AC}$.

Menons la parallèle EF à AB, on a de même :

$$\frac{AE}{AC} = \frac{BF}{BC}.$$

Mais BF = DE.

On a donc :

$$\frac{AD}{AB} = \frac{AE}{AC} = \frac{DE}{BC}.$$

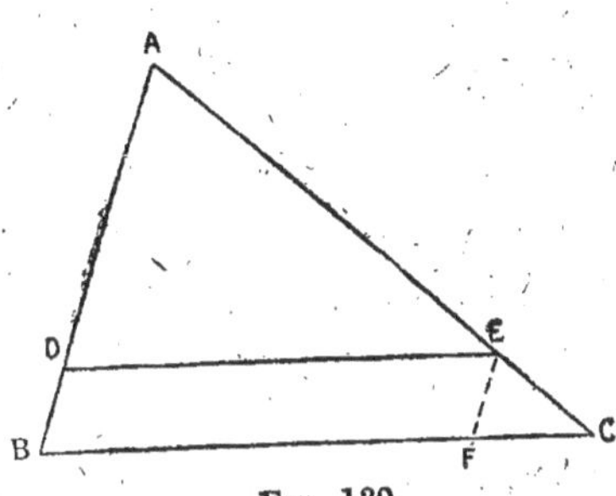
Fig. 130.

Les 3 côtés sont proportionnels.

Les angles étant égaux et les côtés proportionnels, les 2 triangles sont semblables.

1er Cas de similitude.

132. Théorème. — *Deux triangles sont semblables, s'ils ont deux angles égaux.*

Soient les 2 triangles ABC et DEF (fig. 133) dans lesquels : $\hat{B} = \hat{E}$ et $\hat{A} = \hat{D}$.

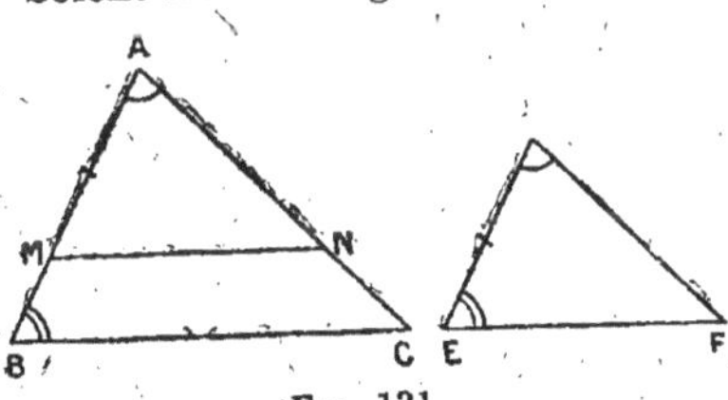
Fig. 131.

Portons le côté DE sur AB, le point D tombant en A. Le point E viendra en M.

Par M, menons une parallèle MN à la base BC. Le triangle AMN est semblable au triangle ABC (n° 131).

Il reste à démontrer que les triangles AMN et DEF sont bien égaux. En effet, ils ont un côté égal adjacent à 2 angles égaux.

D'abord : AM = DE. D'autre part $\hat{A} = \hat{D}$ et l'angle AMN égale l'angle DEF comme égaux tous deux à $\hat{B}$.

2ᵉ Cas de similitude.

33. Théorème. — *Deux triangles sont semblables, s'ils ont un angle égal compris entre 2 côtés proportionnels.*

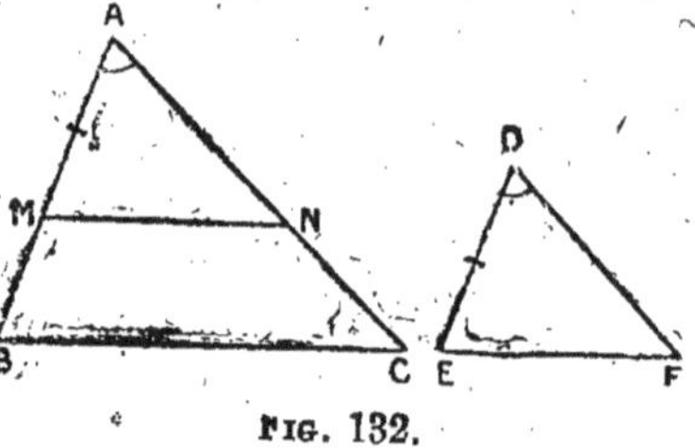

Fig. 132.

Soient les 2 triangles ABC et DEF. L'angle A est égal à l'angle D et l'on a :

$$\frac{DE}{AB} = \frac{DF}{AC}. \qquad (1)$$

Portons le côté DE sur AB, de manière que le point D tombe en A, le point E viendra en M (fig. 132). Par M menons une parallèle à la base BC. Les 2 triangles ABC et AMN sont semblables (n° 131), et l'on peut écrire :

$$\frac{AM}{AB} = \frac{AN}{AC} = \frac{MN}{BC}. \qquad (2)$$

Le premier rapport de chaque expression (1) et (2) étant égal, il s'ensuit que : $\frac{DF}{AC} = \frac{AN}{AC}$, c'est-à-dire que DF = AN.

Les 2 triangles AMN et DEF ont alors 1 angle égal compris entre 2 côtés égaux. Ils sont égaux, et comme AMN est semblable à ABC, le triangle DEF l'est aussi.

3ᵉ Cas de similitude.

134. Théorème. — *Deux triangles **sont** semblables quand ils ont leurs trois côtés proportionnels.*

Soient les triangles ABC, DEF dans lesquels on sait que :

$$\frac{DE}{AB} = \frac{DF}{AC} = \frac{EF}{BC}. \qquad (1)$$

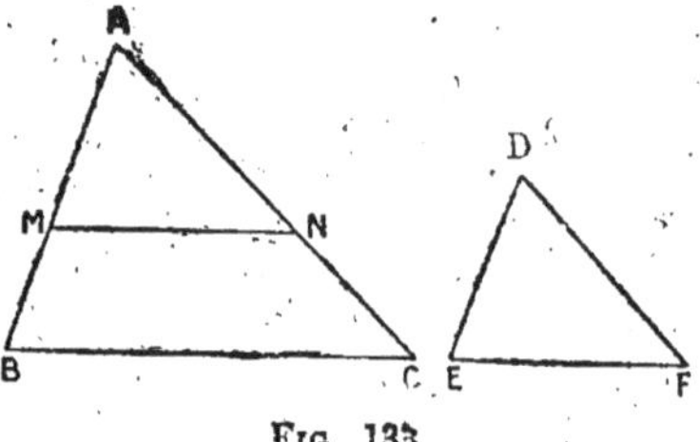

Fig. 133.

Portons le côté DE sur AB jusqu'en M et menons la parallèle MN à la base BC (fig. 133).

On a, dans les 2 triangles ABC et AMN :

$$\frac{AM}{AB} = \frac{AN}{AC} = \frac{MN}{BC}. \qquad (2)$$

Le premier rapport de chaque expression (1) et (2) est égal, les autres le sont donc aussi, et l'on a :

$$\frac{DF}{AC} = \frac{AN}{AC} \text{ ou } DF = AN,$$

puis :

$$\frac{EF}{BC} = \frac{MN}{BC} \text{ ou } EF = MN.$$

Les 2 triangles AMN et DEF sont égaux (3 côtés égaux) et comme AMN est semblable au grand triangle, le triangle DEF le sera aussi.

III

POLYGONES SEMBLABLES

135. — On démontre facilement que :
Deux polygones formés d'un même nombre de triangles semblables et semblablement placés sont semblables.

Figures semblables.

136. — On a une juste idée des figures semblables quand on considère une photographie et son agrandissement, un objet vu à l'œil nu et le même objet vu à travers une loupe.

137. Échelle. — Quand on a à reproduire sur le papier un dessin dont la grandeur naturelle n'y peut être contenue, on est obligé de réduire cette grandeur naturelle à une petite échelle, c'est-à-dire que les vraies mesures sont toutes divisées par le même coefficient.

Soit à dessiner le plan d'une salle de 6 mètres sur 4 mètres.

On pourra prendre l'échelle de $\frac{1}{20}$.

Dans ce cas, les lignes du dessin seront :

$$\text{Longueur : } \frac{6}{20} = 0 \text{ m. } 30.$$

$$\text{Largeur : } \frac{4}{20} = 0 \text{ m. } 20.$$

On peut se servir encore, soit du compas de réduction, soit du pantographe.

LIGNES PROPORTIONNELLES DANS LE CERCLE

138. Théorème. — *Lorsque deux cordes se coupent dans un cercle, le produit des deux segments de l'une est égal au produit des deux segments de l'autre.*

Soient les deux cordes AB, CD (fig. 134).

Joignons A et D et C et B. On a ainsi deux triangles semblables : AID et CIB.

En effet, l'angle B égale l'angle D (valeur 1/2 mesure arc AC).

D'autre part, les angles en I opposés par le sommet sont égaux. Le troisième angle du triangle l'est aussi.

On peut donc écrire la proportion :

$$\frac{AI}{IC} = \frac{DI}{IB}$$

ou $\qquad AI \times IB = IC \times ID.$

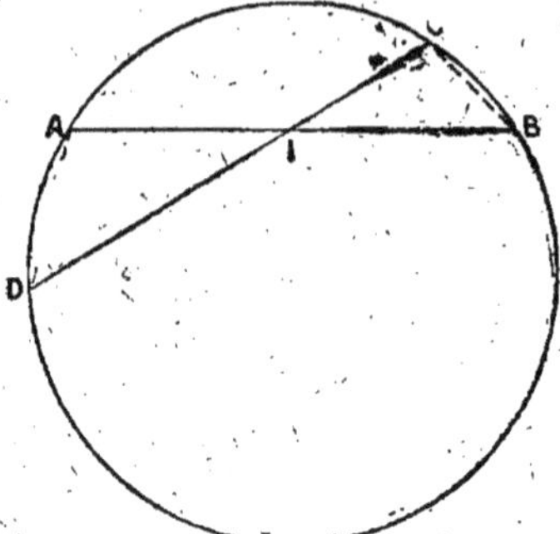

Fig. 134.

139. Théorème. — *Lorsque deux sécantes se coupent à l'extérieur du cercle, le produit d'une sécante entière par sa partie extérieure est égal au produit de l'autre sécante entière par sa partie extérieure.*

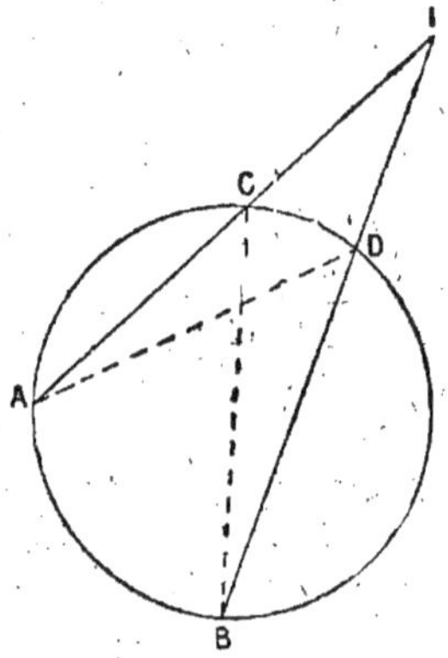

Soient les deux sécantes IA et IB (fig. 135).

Joignons les points B et C et les points A et D. On forme ainsi deux triangles : ADI et BCI qui sont semblables.

En effet, l'angle I est commun et l'angle B a même mesure que l'angle A (1/2 arc DC).

Les triangles ont leurs angles égaux.

On peut écrire :

$$\frac{IC}{ID} = \frac{IB}{IA}$$

ou $\qquad IC \times IA = ID \times IB.$

Fig. 135.

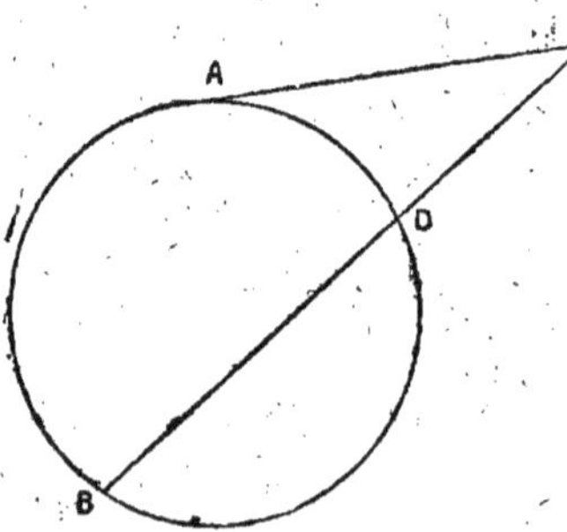

Fig. 136.

140. Remarque. — On peut supposer que la ligne IB restant immobile, la ligne IA se déplace en agrandissant l'angle I. Il arrivera un moment, et un seul, où la ligne IA sécante sera réduite à une tangente.

Dans ce cas, le produit de la sécante par sa partie extérieure sera égal au carré de la longueur de la tangente, et l'on aura (fig. 136) :

$$IA \times IA = IB \times ID$$

ou

$$\overline{IA}^2 = IA \times ID.$$

On en tire le principe suivant :

Si, d'un point hors d'un cercle, on mène une tangente et une sécante à ce cercle, la tangente est moyenne proportionnelle entre la sécante entière et la partie extérieure de celle-ci.

IV

RELATIONS MÉTRIQUES DANS LES TRIANGLES RECTANGLES

141. Moyenne proportionnelle. — En arithmétique, comme en géométrie, on dit qu'une grandeur est moyenne proportionnelle, lorsque cette grandeur forme les deux moyens d'une proportion.

Ex. : $\dfrac{4}{8} = \dfrac{8}{16}$ ou $\overline{8}^2 = 4 \times 16.$

Ex. : $\dfrac{a}{b} = \dfrac{b}{c}$ ou $b^2 = a \times c.$

142. Théorème. — *Dans un triangle rectangle, chaque côté de l'angle droit est moyen proportionnel entre l'hypoténuse entière et sa projection sur l'hypoténuse.*

Soient le triangle rectangle ABC et la perpendiculaire AH (fig. 137). Il faut démontrer que AB est moyen proportionnel entre BC et BH (projection de AB sur BC).

Les triangles rectangles ABC et ABH sont semblables (angles égaux).

On peut écrire :

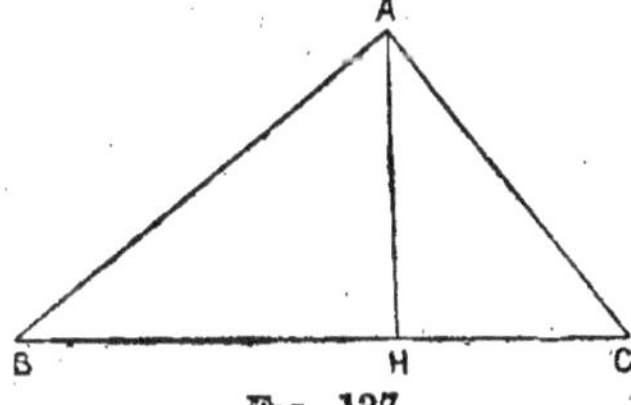

Fig. 137.

$$\frac{BC}{AB} = \frac{AB}{BH} \quad \text{ou} \quad \overline{AB}^2 = BC \times BH.$$

143. Théorème. — *Dans un triangle rectangle, le carré construit sur l'hypoténuse est égal à la somme des carrés construits sur les deux autres côtés.*

Sur la figure 137, on a, d'après le théorème précédent :

$$\overline{AB}^2 = BC \times BH$$

et

$$\overline{AC}^2 = BC \times HC.$$

Additionnant ces deux expressions, on a :

$$\overline{AB}^2 + \overline{AC}^2 = BC\,(BH + HC)$$

ou
$$\overline{AB}^2 + \overline{AC}^2 = \overline{BC}^2.$$

Ce théorème est appelé : théorème de Pythagore.

144. Théorème. — *Dans un triangle rectangle, la hauteur relative à l'hypoténuse est moyenne proportionnelle entre les deux segments qu'elle détermine sur l'hypoténuse.*

Sur la figure 137, les deux triangles ABH et AHC sont semblables comme ayant leurs angles égaux.

On obtient la proportion :
$$\frac{BH}{AH} = \frac{AH}{HC} \quad \text{ou} \quad \overline{AH}^2 = BH \times HC.$$

V

RELATIONS MÉTRIQUES DANS UN TRIANGLE QUELCONQUE

145. Théorème. — *Dans tout triangle, le carré du côté opposé à un angle aigu est égal à la somme des carrés des deux autres côtés, moins deux fois le produit de l'un de ces côtés par la projection de l'autre sur lui.*

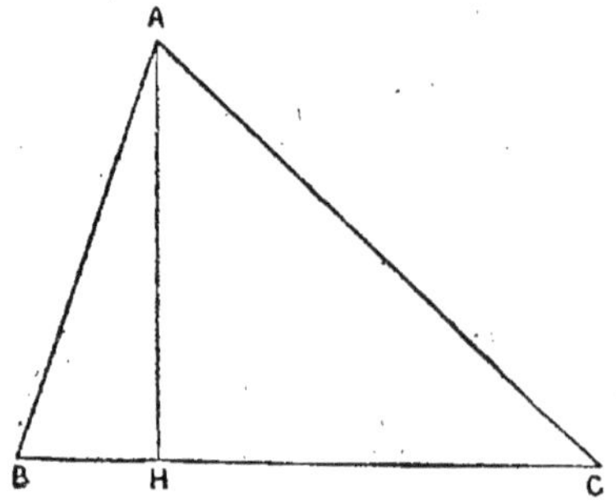

Soit le triangle ABC (fig. 138).

On a : $\overline{AB}^2 = \overline{BH}^2 + \overline{AH}^2$ (n° 143),

mais $\overline{AH}^2 = \overline{AC}^2 - \overline{HC}^2.$

On a donc :
$$\overline{AB}^2 = \overline{BH}^2 + \overline{AC}^2 - \overline{HC}^2. \quad (1)$$

D'autre part :
$$BH = BC - HC$$

et
$$\overline{BH}^2 = \overline{BC}^2 + \overline{HC}^2 - 2\,BC \times HC.$$

Fig. 138.

Introduisons la valeur $\overline{BH}^2$ dans l'expression (1), on a :
$$\overline{AB}^2 = \overline{BC}^2 + \overline{HC}^2 - 2\,BC \times HC + \overline{AC}^2 - \overline{HC}^2$$

ou encore :
$$\overline{AB}^2 = \overline{BC}^2 + \overline{AC}^2 - 2\,BC \times HC.$$

146. On démontrerait de même que dans tout triangle :

Le carré du côté opposé à un angle obtus est égal à la somme des carrés des deux autres côtés, plus deux fois le produit de l'un de ces côtés par la projection de l'autre sur lui.

VI

CONSTRUCTIONS GRAPHIQUES SUR LES LIGNES PROPORTIONNELLES

147. *Partager une droite en cinq parties égales :*

Soit la droite AB à partager en cinq parties égales (fig. 139). Par le point A, on mène une droite quelconque, sur laquelle on porte 5 fois une même distance quelconque. Par le dernier point obtenu C, on mène C B. Il suffit ensuite de mener des parallèles à BC, par les points de division précédents, pour obtenir la division de AB en cinq parties égales.

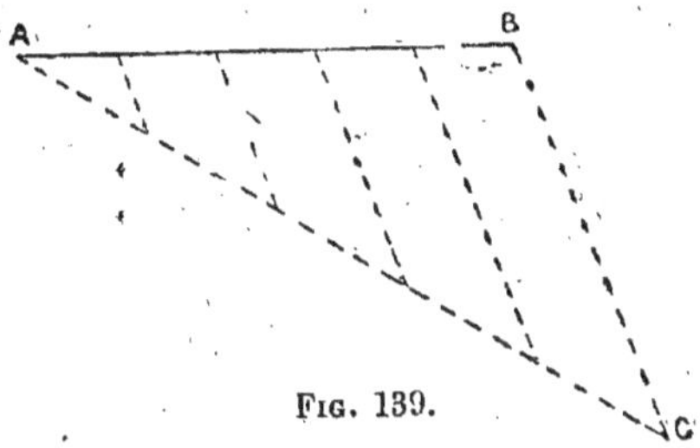

FIG. 139.

148. *Partager une droite en parties proportionnelles à deux droites données.*

Soit la droite AB, à partager en parties proportionnelles aux droites CD, EF (fig. 140). Par le point A, on mène une droite quelconque sur laquelle on porte successivement les lignes CD et EF. On obtient les points M et N. On joint N à B et par le point M on mène une parallèle à BN.

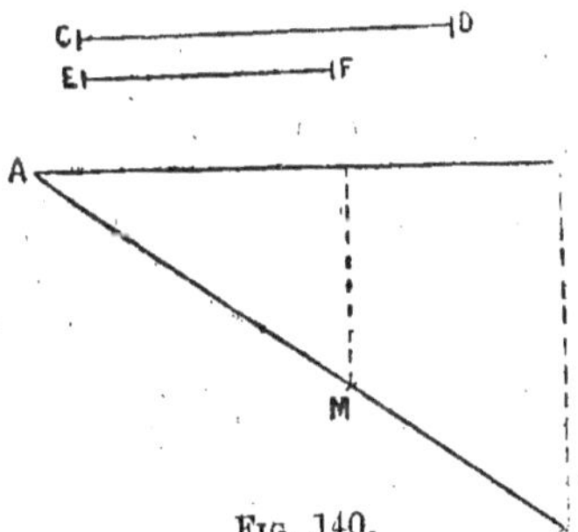

FIG. 140.

149. Quatrième proportionnelle. — Lorsque, entre quatre lignes, il existe la relation $\dfrac{AB}{CD} = \dfrac{EF}{GH}$, si l'une des quatre lignes est inconnue et qu'on veuille en trouver la valeur, on dit qu'on recherche la quatrième proportionnelle.

150. *Construire la 4e proportionnelle à trois droites données* AB, CD, EF.

On a la proportion :

$$\frac{AB}{CD} = \frac{EF}{x}.$$

On trace un angle quelconque xoy (fig. 141). Sur le côté Ox, on porte AB en OM ; sur le côté Oy, on porte CD ; enfin sur le côté Ox, on porte en ON et EF en MP. On joint MN et par le point P on mène une parallèle à MN. On obtient ainsi le point R. La ligne NR est la 4ᵉ proportionnelle demandée.

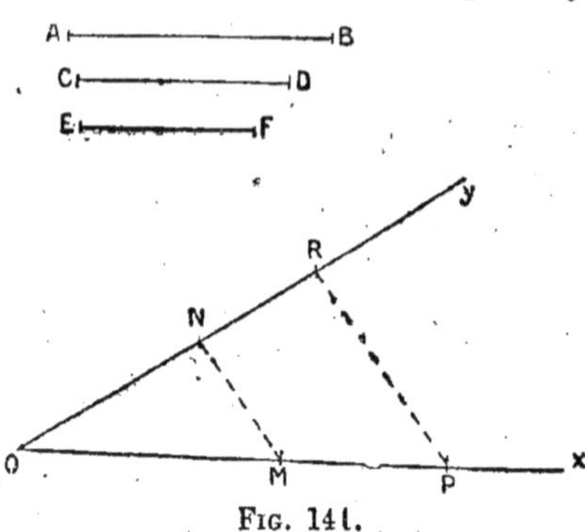

Fig. 141.

151. *Construire la moyenne proportionnelle à deux droites* (voir n° 144).

Soient les deux droites m et n. Sur une droite indéfinie, on porte successivement les longueurs m et n en AB et BC (fig. 142).

Sur AC, pris comme diamètre, on décrit une demi-circonférence. En B on élève une perpendiculaire qui vient couper la demi-circonférence en H. La ligne HB est la moyenne proportionnelle, car dans le triangle rectangle AHC, on a $\overline{HB}^2 = AB \times BC$ (n° 144).

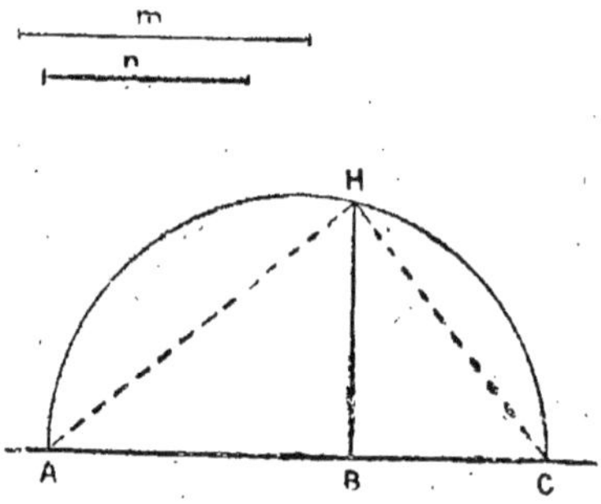

152. *Construire un triangle semblable à un triangle donné.*

Soit le triangle donné ABC (fig. 143). Sur une droite indéfinie on prend un point D et l'on construit l'angle MDy égal à ABC. On prend ensuite un autre point E sur Dy et l'on construit l'angle DEN égal à BCA. Les deux droites se coupent en F. Le triangle DEF est semblable à ABC comme ayant les angles égaux.

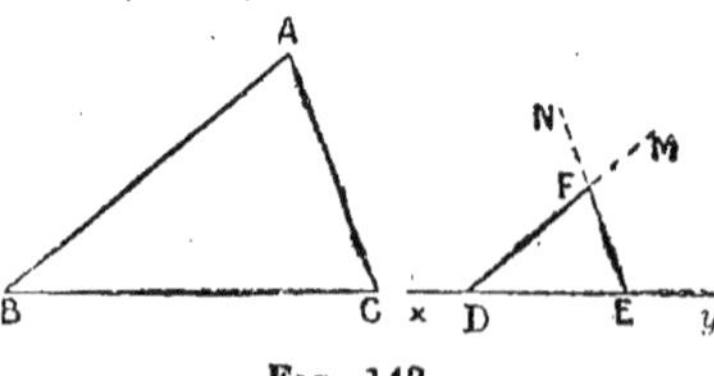

Fig. 143.

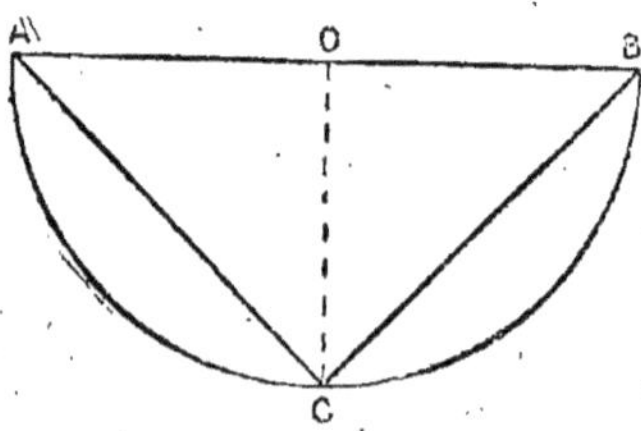

Fig. 142.

Fig. 144.

153. *Construire un carré connaissant sa diagonale.*

Soit la diagonale donnée AB. Sur AB comme diamètre on décrit une demi circonférence (fig. 144). Il suffit d'élever une perpendiculaire du centre O sur AB. Cette perpendiculaire coupe la circonférence en C. On joint AC et BC et on a deux côtés du carré. Les deux autres côtés sont facilement trouvés.

154. *Construire deux droites connaissant leur somme et leur moyenne proportionnelle.*

Soient la somme de deux droites *m* et la moyenne proportionnelle *n* (fig. 145).

Sur AB égal à *m* et pris comme diamètre, on décrit une demi-circonférence. Puis on mène une parallèle à AB à une distance égale à *n*. Cette parallèle coupe la circonférence en deux

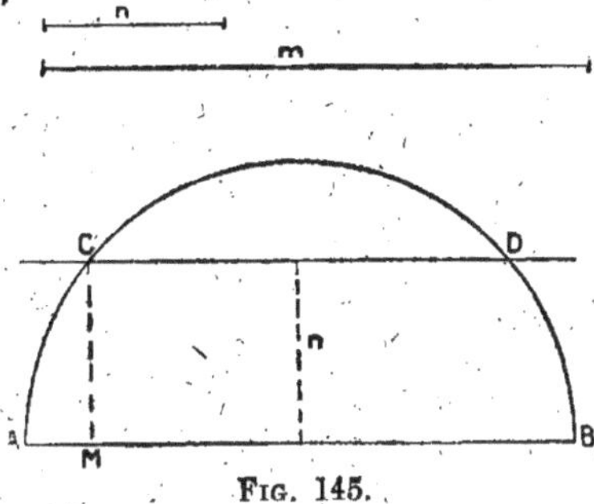

Fig. 145.

points C,D, qui répondent tous deux à la solution. On abaisse une perpendiculaire CM sur AB, et l'on obtient les deux lignes demandées AM et MB.

En effet : $AM + MB = m$ et $\overline{CM}^2$ ou $n^2 = AM \times MB$.

VII

DÉFINITION ET VALEUR DE π

155. Si on mesure le tour d'une table exactement ronde et si l'on divise le nombre obtenu par le diamètre de la table, on trouve un nombre abstrait, qui est le rapport de la circonférence au diamètre. Ce nombre est 3,1416.

Ce rapport est toujours le même, qu'il s'agisse de n'importe quelle grande ou petite circonférence.

On le désigne dans les calculs par la lettre π, appelée *pi*, et sa valeur approchée est 3,1416.

156. Longueur d'une circonférence. — *On obtient la longueur d'une circonférence en multipliant le diamètre par* π.

Formule : $C = \pi D$.

157. Longueur d'un arc dans une circonférence donnée. — *On obtient la longueur d'un arc en multipliant la longueur de la circonférence par le rapport de l'arc considéré à 360°.*

Ex. : Chercher la longueur d'un arc de 45° dans une circonférence ayant 2 mètres de diamètre.

Longueur de la circonférence : 2 m. $\times$ 3,1416 $=$ 6 m. 2832.

Longueur de l'arc : $6,2832 \times \dfrac{45}{360} = 0$ m. 7854.

VIII

NOTIONS ÉLÉMENTAIRES DE TRIGONOMÉTRIE

158. Principe général. — Soit l'angle aigu xOy. Sur le côté Ox, élevons une perpendiculaire au point A, on a la ligne AB (fig. 146).

De même, traçons la perpendiculaire CD.

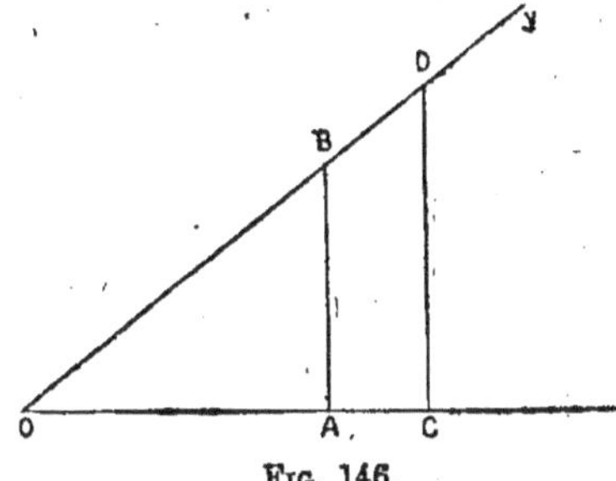

Fig. 146.

Comme les deux triangles rectangles sont semblables, on a les rapports égaux suivants :

$$\frac{AB}{OB} = \frac{DC}{OD}$$

$$\frac{OA}{OB} = \frac{OC}{OD}$$

$$\frac{AB}{OA} = \frac{DC}{OC}$$

$$\frac{OA}{AB} = \frac{OC}{DC}$$

Ces rapports égaux seraient égaux respectivement à d'autres rapports obtenus si les lignes BA, DC se déplaçaient parallèlement dans l'angle.

La grandeur de ces rapports reste la même tant que l'angle ne change pas de grandeur.

159. Définitions. — On a donné les noms suivants à ces rapports divers.

Considérons seulement le triangle rectangle OBA.

$\dfrac{AB}{OB}$ est le *sinus* de l'angle   (1)

$\dfrac{OA}{OB}$ est le *cosinus*   (2)

$\dfrac{AB}{OA}$ est la *tangente*   (3)

$\dfrac{OA}{AB}$ est la *cotangente*   (4)

Sinus.

160. On peut encore écrire :

$$\frac{AB}{OB} = \sin \hat{O} \text{ ou } AB = OB \times \sin \hat{O},$$

c'est-à-dire :

1º *Dans un triangle rectangle, un côté de l'angle droit est égal à l'hypoténuse, multipliée par le sinus de l'angle opposé à ce côté.*

Cosinus.

161. On a aussi : $\dfrac{OA}{OB} = \cos \hat{O}$ ou : $OA = OB \times \cos \hat{O}$

c'est-à-dire :

2º *Dans un triangle rectangle, un côté de l'angle droit est égal à l'hypoténuse multipliée par le cosinus de l'angle aigu adjacent à ce côté.*

Tangente.

162. On a encore : $\dfrac{AB}{OA} = \text{tangente } \hat{O}$ ou : $AB = OA \times \text{tangente } \hat{O}$

c'est-à-dire :

3º *Dans un triangle rectangle, un côté de l'angle droit est égal au produit de l'autre côté de l'angle droit par la tangente de l'angle opposé au côté cherché.*

Cotangente.

163. On a enfin : $\dfrac{OA}{AB} = \text{cotangente } O$ ou : $OA = AB \times \text{cotangente } \hat{O}$

c'est-à-dire :

4º *Dans un triangle rectangle, un côté de l'angle droit est égal au produit de l'autre côté de l'angle droit par la cotangente de l'angle adjacent à ce premier côté.*

164. Formules. — Si on donne les valeurs a, b, c, aux côtés du triangle rectangle offrant les angles A, B, C, (fig. 147) on a les formules suivantes :

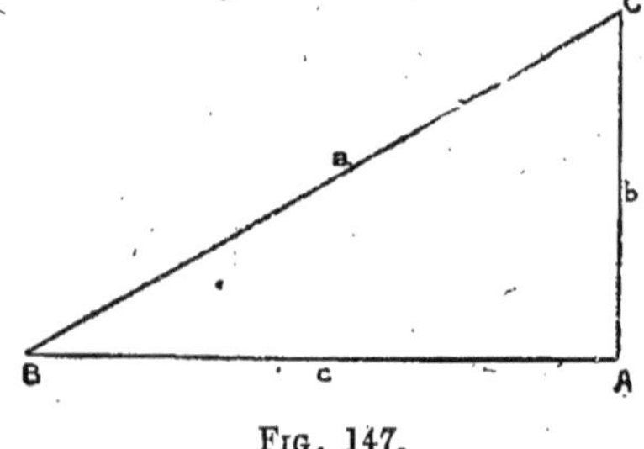

$$
\begin{aligned}
(1) &\quad b = a \sin B \\
(2) &\quad c = a \sin C \\
(3) &\quad b = a \cos C \\
(4) &\quad c = a \cos B \\
(5) &\quad b = c \, \text{tg} \, B \\
(6) &\quad c = b \, \text{tg} \, C \\
(7) &\quad b = c \, \text{cotg} \, C \\
(8) &\quad c = b \, \text{cotg} \, B
\end{aligned}
$$

Fig. 147.

AUTRES FORMULES UTILES

165. On peut faire sur les sinus, cosinus, etc., des opérations arithmétiques comme sur les nombres ordinaires.

Élevons au carré les formules 1 et 4, on a :

$$b^2 = a^2 \sin^2 B,$$
$$c^2 = a^2 \cos^2 B.$$

Additionnons en mettant a^2 en facteurs communs :

$$b^2 + c^2 = a^2 (\sin^2 B + \cos^2 B),$$

ou :

$$\frac{b^2 + c^2}{a^2} = \sin^2 B + \cos^2 B$$

mais : $b^2 + c^2 = a^2$ (th. de l'hypoténuse), donc :

$$\frac{b^2 + c^2}{a^2} = 1$$

et l'on a :

$$\sin^2 B + \cos.^2 B = 1. \qquad (9)$$

166. On a (n' 164) :

$$\frac{b}{c} = \text{tg } B$$

Remplaçons b et c par leur valeur (formules 1 et 4), l'on a :

$$\frac{a \sin B}{a \cos B} = \text{tg } B,$$

ou :

$$\text{tg } B = \frac{\sin B}{\cos B}. \qquad (10)$$

167. Pour la cotangente, on aurait évidemment :

$$\text{cotg } B = \frac{\cos B}{\sin B} \qquad (11)$$

**Variations de grandeur du sinus, du cosinus
et de la tangente.**

168. Sinus. — Si dans la figure 148, représentant un cercle dont le rayon vaut 1 unité, nous faisons grandir l'angle de 0 à 90°, la ligne AB représentant le sinus de l'angle, grandit de 0 à R, c'est-à-dire de 0 à 1 unité. A ce moment, l'angle a 90° et le sinus est représenté par OP.

Si l'angle continue à dépasser 90°, le sinus diminue de 1 unité à 0.

169. Cosinus. — Sur la figure 148, on voit que le cosinus OA, part d'une valeur de R ou de 1 pour diminuer à mesure que l'angle

BOM augmente. Quand l'angle vaudra 90°, le cosinus sera 0. Si l'angle continue à croître, le cosinus ira de 0 à — 1.

170. Tangente. — La tangente MC croît de 0 à une valeur de plus en plus grande. Lorsque l'angle est tout près de 90°, la tangente est infiniment grande. Lorsque l'angle est de 90°, on dit que la tangente a une grandeur infinie, ce qu'on indique par le signe ∞.

De 90° à 180° de grandeur d'angle, la tangente revient de moins l'infini à 0.

REMARQUE. — Le cercle tracé dans la figure 150 et dont le rayon est 1, est appelé cercle trigonométrique.

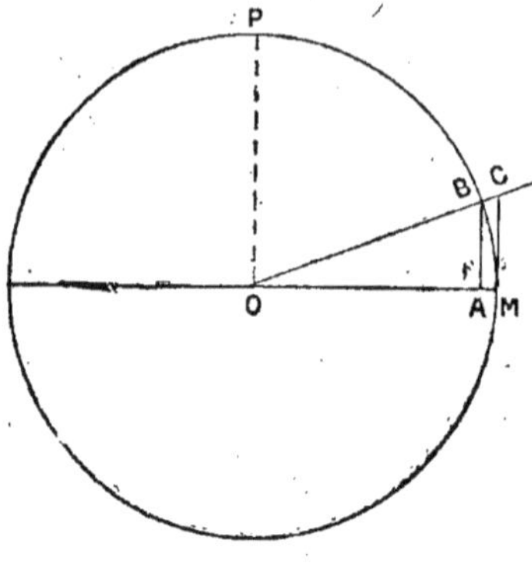

FIG. 148.

Les lignes tracées dans ce cercle ou en dehors et représentant les sinus, les cosinus, les tangentes des angles qu'on veut bien se donner y sont appelées lignes trigonométriques.

Sinus, cosinus, tangente de l'angle de 45°.

171. Sinus. — Soit le triangle rectangle ABC dont les côtés de l'angle droit sont égaux à l'unité ou 1 (fig. 149). C'est un triangle rectangle isocèle dont les angles aigus valent 45°.

Prenons l'angle B, son sinus vaut (formule 1, n° 164) :

$$\sin B = \frac{b}{a}.$$

D'après le théorème de l'hypoténuse, on a :

$$a^2 = b^2 + c^2,$$
$$a^2 = 1 + 1,$$
$$a = \sqrt{2}.$$

On aura donc :

$$\sin B = \frac{1}{\sqrt{2}}$$

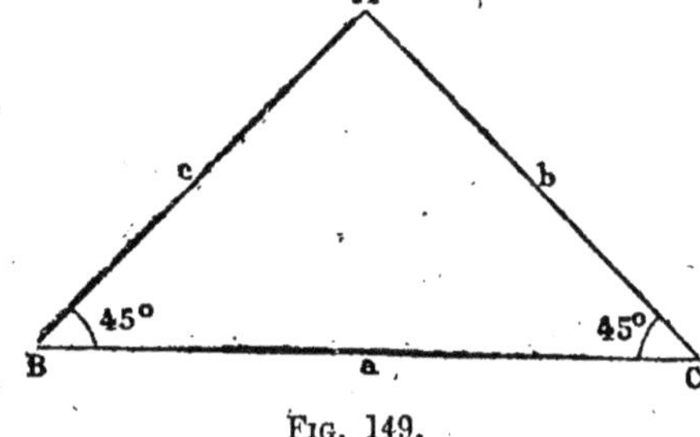

FIG. 149.

et en multipliant les 2 termes par $\sqrt{2}$, on obtiendra :

$$\sin B = \frac{\sqrt{2}}{2},$$

ou $$\sin 45^\circ = \frac{\sqrt{2}}{2}.$$

172. Cosinus. — Il est évident que le cosinus de l'angle de 45°
vaut aussi $\frac{\sqrt{2}}{2}$

ou : $$\cos B = \frac{\sqrt{2}}{2} \qquad \text{ou : } \cos 45^\circ = \frac{\sqrt{2}}{2}$$

173. Tangente. — D'après la formule (5) on a :

$$\operatorname{tg} B = \frac{b}{c}, \quad \text{or } b = 1 \quad \text{et } c = 1,$$

on aura donc :

$$\operatorname{tg} B = 1 \qquad \text{ou } \operatorname{tg} 45^\circ = 1$$

Sinus, cosinus, tangente de l'angle de 60°.

174. Sinus. — Soit le triangle rectangle ABC, dont l'angle B est de 60°
et dont l'hypoténuse égale l'unité (fig. 150).
Ce triangle est la moitié d'un triangle équilatéral, donc : $BA = \frac{1}{2}$.

On aura [formule (1)] :

$$\sin B = \frac{b}{1}.$$

Cherchons b ou CA, on a :

$$CA^2 = 1^2 - \left(\frac{1}{2}\right)^2 = \frac{3}{4}$$

et :

$$CA = \frac{\sqrt{3}}{2}$$

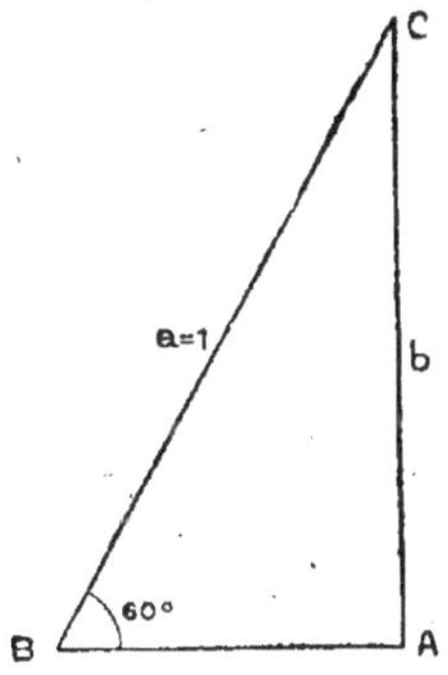

Fig. 150.

D'où : $$\sin B = \frac{\frac{\sqrt{3}}{2}}{1} = \frac{\sqrt{3}}{2} \text{ ou } \sin 60^\circ = \frac{\sqrt{3}}{2}$$

175. Cosinus. — On a [formule (4)] :

$$\cos B = \frac{c}{a}.$$

ou $$\cos B = \frac{1/2}{1} = \frac{1}{2} \text{ ou } \cos 60^\circ = \frac{1}{2}.$$

176. Tangente. — On a [formule (5)] :

$$\operatorname{tg} B = \frac{b}{c}$$

ou :
$$\operatorname{tg} B = \frac{\frac{\sqrt{3}}{2}}{1/2} = \sqrt{3} \text{ ou } \operatorname{tg} 60^\circ = \sqrt{3}.$$

177. Par les mêmes calculs, on trouverait les valeurs suivantes pour un angle de 30° :

$$\sin 30^\circ = \frac{1}{2},$$

$$\cos 30^\circ = \frac{\sqrt{3}}{2},$$

$$\operatorname{tg} 30^\circ = \frac{\sqrt{3}}{3}.$$

178. Nécessité des tables trigonométriques. — Pour les autres angles, il faut se livrer à un calcul spécial pour avoir les longueurs des lignes trigonométriques.

On a ainsi construit des tables trigonométriques qui donnent les valeurs des sinus, cosinus, tangentes, depuis l'angle 0° jusqu'à l'angle de 90°.

Remarque. — On remarquera que lorsque 2 angles sont complémentaires, le sinus de l'un est égal au cosinus de l'autre, la tangente de l'un est égale à la cotangente de l'autre.

Il s'ensuivra que, sur les tables, il ne sera nécessaire que d'indiquer les sinus, etc., des 45 premiers degrés. Le sinus de l'angle de 60° est égal au cosinus de l'angle de 30°. On trouvera donc sa valeur à ce cosinus de 30°, etc.

Ex. : Chercher la valeur du sinus de 65°. On dira que ce sinus égale le cosinus de l'angle de 25°, soit 0,9063.

Dans l'extrait de la table (n° 181), on peut trouver les lignes trigonométriques depuis 0° jusqu'à 90°. De 45° à 90°, on remonte la table par la colonne de droite et on a les lignes indiquées par en bas.

RÉSOLUTION DES TRIANGLES RECTANGLES

179. Dans les triangles rectangles, il y a cinq éléments variables : deux angles aigus et trois côtés. Nous distinguerons les 4 cas suivants :

1er Cas.

Étant donné l'hypoténuse et un angle aigu, calculer l'autre angle aigu et les deux côtés de l'angle droit.

On connaît $\hat{B}$ et l'hypoténuse c (fig. 151).

$$\text{Angle } A = 90° - \hat{B}.$$

Valeur de b. — On a :

$$b = c \sin B.$$

Valeur de a. — On a :

$$a = c \cos B.$$

2e Cas.

Étant donné l'hypoténuse c et le côté a, calculer les deux angles aigus et le côté b.

Dans la figure 151, on a :

$$a = c \cos B,$$

d'où :
$$\cos B = \frac{a}{c}$$

et l'on a ainsi l'angle B et par suite l'angle A.

Valeur de l'angle A. — $(90° - \hat{B}.)$

Valeur du côté b. — On sait que : $b = c \sin B$.

On connaît $\hat{B}$ par la valeur de cos B, on aura donc la valeur de b.

3e Cas.

Étant donné un côté de l'angle droit a et un angle aigu B, calculer l'autre côté b, l'hypoténuse c et l'autre angle aigu.

Dans la figure 151, on a de suite :

$$b = a \operatorname{tg} B.$$

Valeur de c. — On sait que : $a = c \cos B$
on en tire :

$$c = \frac{a}{\cos B} \cdot$$

Valeur de l'autre angle aigu. — On connaît $\hat{B}$, on aura donc :

$$\hat{A} = 90° - \hat{B}.$$

4e Cas.

Étant donné les deux côtés de l'angle droit, calculer l'hypoténuse et les deux angles aigus.

Dans la figure 151, on a :

$$\operatorname{tg} B = \frac{b}{a},$$

ce qui donne le premier angle aigu.

Le second angle aigu vaut :

$$\hat{A} = 90° - \hat{B}.$$

Valeur de l'hypoténuse. — On sait que : $a = c \cos B$, on en tire :

$$c = \frac{a}{\cos B}.$$

180. Problème. — *Un triangle rectangle ABC a pour côté de l'angle droit BC = 3 mètres, l'angle B = 36°. Calculer la longueur de l'hypoténuse AB et la longueur de AC.*

SOLUTION :

On connaît la formule :

$$BC = AB \times \cos B,$$

ou : $\qquad 3 \text{ m.} = AB \times \cos 36°.$

Cherchons dans les tables le cosinus de l'angle de 36° (n° 181). On trouve 0,809.

D'où : $\qquad AB = \dfrac{3}{0,809} = 3 \text{ m. } 708.$

D'autre part, on a la formule :

$$AC = BC \times \operatorname{tg} B,$$

ou : $\qquad AC = 3 \times \operatorname{tg} 36°.$

Cherchons dans les tables la valeur tg 36°, on a :

$$\operatorname{tg} 36° = 0,7265.$$

On tire :

$$AC = 3 \times 0,7265 = 2 \text{ m. } 1795.$$

181. Table des lignes trigonométriques de degré en degré.

Arcs	Sinus	Cosinus	Tang^{tes}	Cotang.	Arcs	Arcs	Sinus	Cosinus	Tang^{tes}	Cotang.	Arcs
0°	0,0000	1,0000	0,0000	∞	90°	23°	0,3907	0,9205	0,4245	2,3559	67°
1°	0,0175	0,9998	0,0175	57,2900	89°	24°	0,4067	0,9135	0,4452	2,2460	66°
2°	0,0349	0,9994	0,0349	28,6363	88°	25°	0,4226	0,9063	0,4663	2,1445	65°
3°	0,0523	0,9986	0,0524	19,0811	87°	26°	0,4384	0,8988	0,4877	2,0503	64°
4°	0,0698	0,9976	0,0699	14,3007	86°	27°	0,4540	0,8910	0,5095	1,9626	63°
5°	0,0872	0,9962	0,0875	11,4301	85°	28°	0,4695	0,8829	0,5317	1,8807	62°
6°	0,1045	0,9945	0,1051	9,5144	84°	29°	0,4848	0,8746	0,5543	1,8040	61°
7°	0,1219	0,9925	0,1228	8,1443	83°	30°	0,5000	0,8660	0,5774	1,7321	60°
8°	0,1392	0,9903	0,1405	7,1154	82°	31°	0,5150	0,8570	0,6009	1,6643	59°
9°	0,1564	0,9877	0,1584	6,3138	81°	32°	0,5299	0,8480	0,6249	1,6003	58°
10°	0.1736	0,9848	0,1763	5,6713	80°	33°	0,5446	0,8387	0,6494	1,5399	57°
11°	0,1908	0,9816	0,1944	5,1446	79°	34°	0,5592	0,8290	0,6645	1,4826	56°
12°	0,2079	0,9781	0,2126	4,7026	78°	35°	0,5736	0,8192	0,7002	1,4281	55°
13°	0,2250	0,9744	0,2309	4,3315	77°	36°	0,5878	0,8090	0,7265	1,3764	54°
14°	0,2419	0,9703	0,2493	4,0108	76°	37°	0,6018	0,7986	0,7536	1,3270	53°
15°	0,2588	0,9654	0,2679	3,7321	75°	38°	0,6157	0,7880	0,7813	1,2799	52°
16°	0,2756	0,9613	0,2867	3,4874	74°	39°	0,6293	0,7771	0,8098	1,2349	51°
17°	0,2924	0,9563	0,3057	3,2709	73°	40°	0,6428	0,7670	0,8391	1,1918	50°
18°	0,3090	0,9511	0,3249	3,0777	72°	41°	0,6561	0,7547	0,8693	1,1504	49°
19°	0,3256	0,9455	0,3443	2,9042	71°	42°	0,6691	0,7431	0,9004	1,1106	48°
20°	0,3420	0,9397	0,3640	2,7475	70°	43°	0,6820	0,7314	0,9325	1,0724	47°
21°	0,3584	0,9336	0,3839	2,6031	69°	44°	0,6947	0,7193	0,9657	1,0355	46°
22°	0,3746	0,9272	0,4040	2,4751	68°	45°	0,7071	0,7071	1,0000	1,0000	45°
Arcs	Cosinus	Sinus	Cotang.	Tang^{tes}	Arcs	Arcs	Cosinus	Sinus	Cotang.	Tang^{tes}	Arcs

EXERCICES SUR LE TROISIÈME LIVRE

LES FIGURES SEMBLABLES
ET NOTIONS DE TRIGONOMÉTRIE

122. Partager une droite AB de 8 cm. en 7 parties égales.

123. Partager une droite AB de 8 cm. proportionnellement à 2 droites de longueur : 8 cm. et 4 cm.

124. Les trois côtés d'un triangle ont respectivement 24 mm., 18 mm., 14 mm. Calculer les côtés d'un triangle semblable dont le côté homologue à celui de 14 mm. vaut 7 mm.

125. Dans un triangle dont les côtés ont respectivement AB = 20 mm., AC = 30 mm. ; BC = 40 mm., calculer la longueur des segments déterminés sur BC par la bissectrice AD.

126. Les bases d'un trapèze ont respectivement pour longueur : 32 mm. et 18 mm. La hauteur est de 12 mm. On demande de calculer la hauteur du triangle obtenu en prolongeant les côtés non parallèles.

127. Démontrer que la droite qui joint les milieux des diagonales d'un trapèze est égale à la demi-différence des bases.

128. Deux cercles dont les rayons sont de : 4 cm. et 3 cm., ont leurs centres à une distance de 5 cm. On demande de calculer la longueur de la corde commune.

129. Démontrer que la somme des carrés des côtés d'un parallélogramme est égale à la somme des carrés des diagonales.

130. Construire un triangle connaissant deux côtés et la médiane de leur angle.

131. Démontrer que le périmètre d'un triangle équilatéral inscrit est la moitié du périmètre du triangle équilatéral circonscrit au même cercle.

132. Trouver la quatrième proportionnelle à 3 droites données dont les longueurs sont : 48 mm., 24 mm., 15 mm.

133. Deux droites ont respectivement 18 cm. et 8 cm. Trouver la longueur de la droite qui serait leur moyenne proportionnelle.

134. Partager une droite de 80 mm. de longueur proportionnellement à 3 droites dont les longueurs sont : 40 mm., 36 mm., 24 mm.

135. Dans un triangle ABC, on a AB = 48 mm. et AC = 36 mm. On mène par le point D, situé sur AB à une distance de 20 mm. de A, une parallèle DE à BC. Calculer la longueur AE.

136. Comment peut-on calculer la distance existant entre 2 points A et B séparés par un espace inaccessible ?

137. On demande de trouver la hauteur d'un arbre, connaissant la longueur de son ombre.

138. On donne un triangle dont les côtés ont respectivement 18 mm., 36 mm., 24 mm. On veut en dessiner une réduction de manière que les côtés soient réduits au tiers de leur valeur. Faire le dessin.

139. Une perche verticale de 2 m. donne, à un moment de la journée une longueur d'ombre sur le sol égale à 2 m. 40. Calculer la hauteur d'un arbre, sachant, qu'il donne 8 m. 40 d'ombre au même moment.

140. Par un point pris dans l'intérieur d'un angle, mener une droite limitée aux côtés de l'angle, qui soit divisée par ce point dans un rapport donné (2 à 1).

141. Calculer la diagonale d'un carré ayant 48 mm. de côté.

142. Calculer la hauteur d'un triangle équilatéral de 30 mm. de côté.

143. Une échelle a 5 mètres de longueur. On l'appuie contre un mur, et son écartement à la base est de 1 m. Calculer la hauteur à laquelle elle est appuyée sur le mur.

144. Prouver que, dans tout triangle équilatéral inscrit, le rayon est double de l'apothème.

145. Calculer la petite diagonale d'un losange, sachant que le côté a 25 cm. et la grande diagonale 40 cm.

146. Calculer la diagonale d'une pièce rectangulaire de 6 mètres sur 4 mètres.

147. Construire la moyenne proportionnelle à 2 lignes dont les longueurs sont : 42 mm. et 14 mm.

148. On connaît la longueur d'une corde dans un cercle, elle est de 20 mm. Calculer le rayon de ce cercle, sachant que la distance du centre à la corde est de 15 mm.

149. Dans un triangle rectangle, un côté de l'angle droit mesure 15 mètres, l'hypoténuse, 25 m. Calculer la longueur de la perpendiculaire abaissée sur l'hypoténuse.

150. Dans un triangle rectangle, un côté de l'angle droit a 3 mètres, le segment adjacent à ce côté, déterminé par la perpendiculaire sur l'hypoténuse, a 2 m. Calculer les 2 autres côtés du triangle.

151. La somme de l'hypoténuse et d'un côté d'un triangle rectangle vaut 25 mm., l'autre côté a 7 mm. Calculer la longueur des côtés inconnus.

152. On a un triangle ABC dans lequel AB = 12 m. AC = 18 m. et BC = 20 m. On demande de calculer la longueur des 2 segments de BC déterminés par la perpendiculaire abaissée de A sur BC.

153. Les rayons de 2 cercles sont 18 mm. et 25 mm., la distance des centres est de 35 mm. On demande la longueur de la corde commune.

154. Trouver la hauteur h d'un triangle dont on connaît les 3 côtés : 12 m., 14 m., 20 m.

155. Même exercice en donnant aux côtés les valeurs : a, b, c.

156. Un trapèze quelconque a les mesures suivantes : B = 26 mm.

$b = 14$ mm., un côté $= 15$ mm., l'autre côté 12 mm. Calculer la hauteur de ce trapèze.

157. Trouver le rayon du cercle inscrit dans un triangle dont les côtés ont respectivement : 9 m., 12 m., 15 m.

158. Même exercice, les côtés étant représentés par a, b, c.

159. Trouver le rayon du cercle circonscrit à un triangle dont les côtés ont respectivement : 8 m., 6 m., 10 m.

160. Même exercice, les côtés étant représentés par : a, b, c.

161. Deux circonférences concentriques ont pour rayons : 40 mm. et 30 mm. Calculer la longueur de la corde menée dans le cercle et tangente au petit cercle.

162. Deux circonférences O et O' ont respectivement pour rayons : 30 mm. et 18 mm. La distance des centres est égale à 60 mm. Calculer la longueur de la tangente commune menée extérieurement.

163. Dans un cercle de 40 mm. de rayon, on mène une corde ayant 30 mm., on demande sa distance du centre.

164. Inscrire un carré dans un triangle.

165. Calculer le côté du carré inscrit dans un cercle de 2 mètres de rayon.

166. Calculer l'apothème d'un hexagone inscrit dans un cercle de 3 mètres de rayon.

167. Calculer le côté d'un triangle équilatéral inscrit dans un cercle de 2 mètres de rayon.

168. Calculer le côté et l'apothème d'un octogone régulier inscrit dans un cercle de 3 mètres de rayon.

169. Calculer en fonction du rayon R :

1° le côté du triangle équilatéral inscrit ;

2° le côté du carré inscrit ;

3° le côté de l'octogone inscrit ;

4° le côté du dodécagone inscrit.

170. On donne une circonférence de 5 cm. de rayon. On demande la longueur de l'arc sous-tendu : 1° par le côté d'un carré ; 2° par le côté d'un hexagone.

171. Un bassin circulaire a 9 m. 40 de tour, calculer son rayon.

172. Une poulie dépendante d'un arbre de transmission fait 80 tours à la minute. Elle est reliée à une autre poulie qui fait 320 tours à la minute. Calculer le diamètre de la 1ᵉ poulie, sachant que la 2ᵉ poulie a 0 m. 20 de diamètre.

173. Quelle est la longueur d'un arc de 15° 25' dans une circonférence de 40 cm. de rayon?

174. Dans une circonférence de 45 cm. de rayon, à quel angle correspond un arc de longueur égale à 65 cm. ?

175. D'un point extérieur à un cercle on mène une tangente et une sécante. Les 2 segments de celle-ci ont pour longueur 25 mm. et 40 mm. Calculer la longueur de la tangente.

176. Décrire une circonférence passant par 2 points donnés et tangente à une droite donnée.

177. Construire la droite $x = \sqrt{m^2 + n^2}$.

178. Construire la droite $x = \sqrt{m^2 - n^2}$.

179. Construire la droite $\dfrac{x}{m} = \dfrac{n}{p}$

180. Construire la droite $x = \sqrt{b^2 - 4\,ac}$.

181. Construire la droite $x = \dfrac{b + \sqrt{b^2 - 4\,ac}}{2}$

EXERCICES SUR LA TRIGONOMÉTRIE

182. Dans un triangle rectangle, l'hypoténuse mesure 50 cm., un des angles aigus a 36°. Calculer les deux côtés de l'angle droit.

183. Dans un triangle rectangle, un côté de l'angle droit mesure 20 mm. L'angle aigu opposé à ce côté a 65°. Calculer l'autre côté de l'angle droit.

184. Dans un triangle rectangle, un côté de l'angle droit mesure 25 cm., l'angle aigu qui lui est adjacent a 20°. Calculer l'autre côté de l'angle droit et l'hypoténuse.

185. Un des côtés de l'angle droit d'un triangle rectangle mesure 25 cm. et l'angle aigu adjacent a 38°. Calculer la hauteur relative à l'hypoténuse.

186. Dans un triangle rectangle, les deux côtés de l'angle droit ont respectivement 25 cm. et 45 cm. Calculer les deux angles aigus à 1 degré près.

187. Dans un triangle rectangle on connaît un des côtés de l'angle droit qui mesure 20 cm., et l'angle aigu opposé qui a 65 degrés. On demande de calculer l'hypoténuse et les deux segments déterminés sur cette hypoténuse par la perpendiculaire issue de l'angle droit.

188. Dans un triangle rectangle, un côté de l'angle droit mesure 30 cm. L'hypoténuse a 45 cm. Calculer les angles aigus à 1 degré près.

189. Une corde d'un cercle ayant comme rayon 40 cm. a une longueur de 25 cm. Calculer l'angle au centre.

190. Dans un triangle rectangle, on connaît les 2 segments déterminés par la hauteur sur l'hypoténuse. Ils mesurent 40 cm. et 20 cm. On demande de calculer : 1° cette hauteur; 2° la valeur des angles aigus du triangle ; 3° les côtés de l'angle droit.

191. Une droite de l'espace fait un angle de 25° avec le plan horizontal. Calculer sa longueur, sachant que sa projection horizontale mesure 0 m. 32.

192. Une droite de l'espace mesurant 0 m. 45 fait un angle de 26° avec le plan horizontal. Calculer la longueur de sa projection horizontale.

193. Un rectangle mesure 48 cm. sur 30 cm. Calculer les angles que fait la diagonale avec les côtés.

194. Calculer la hauteur d'une tour, sachant qu'à 80 mètres du pied l'œil de l'observateur visant le haut de la tour fait un angle de 35° avec l'horizontale. On supposera l'œil à 1 m. 50 du sol.

195. Le soleil faisant à un moment donné un angle de 58° avec l'horizon, calculer la hauteur d'un arbre qui donne une longueur d'ombre égale à 4 mètres.

196. Un triangle a pour mesures de ses côtés : 6 mètres, 5 mètres, 3 mètres. Calculer les angles. Quelle remarque fait-on ?

On appliquera la formule : $A^2 = b^2 + c^2 - 2\,b \times AD$ dans laquelle AD égale $(c \cos A)$.

LIVRE IV

MESURE DES AIRES

182. Définition. — On appelle *aire* l'étendue d'une *surface*. On dit encore *superficie*.

I

SURFACE DU RECTANGLE

183. — Soit le rectangle ABCD (fig. 152). Sa longueur est de 4 mètres et sa largeur de 2 mètres.

Divisons AB en quatre parties égales de 1 mètre chacune et menons par ces points des parallèles à AD.

Divisons de même AD en deux parties égales et menons une parallèle à CD. On obtient huit carrés de 1 mètre de côté. La surface vaut donc 8 mètres carrés.

Ce nombre a été obtenu évidemment en multipliant les quatre carrés d'une bande par le nombre de bandes qui est ici de deux.

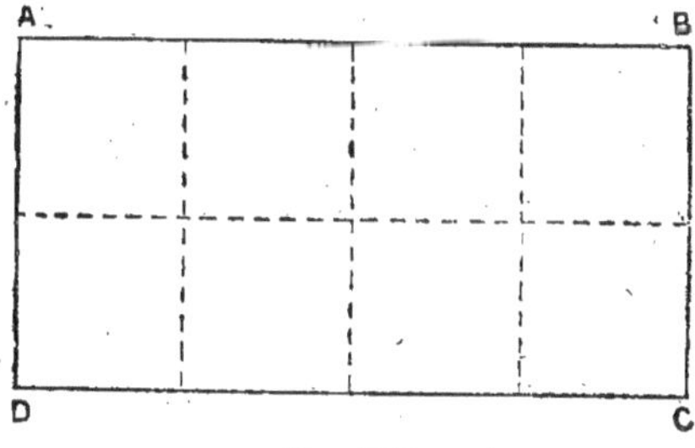

Fig. 152.

Règle. — *On obtient la surface d'un rectangle en effectuant le produit de sa base par la hauteur.*

Formule $S = B \times H$.

SURFACE DU CARRÉ

184. Soit le carré ABCD qui a son côté AB égal à 3 mètres (fig. 153).

FIG. 153.

Il est évident qu'on peut le comparer à un rectangle dont la base et la hauteur sont égales.

On aura comme surface : $3 \times 3 = 9$ mètres carrés.

Règle. — *On obtient la surface d'un carré en multipliant son côté par lui-même.*

Ou encore :

En élevant son côté au carré.

Formule $S = C^2$.

II

SURFACE DU PARALLÉLOGRAMME

185. Soit le parallélogramme ABCD (fig. 154). Abaissons les perpendiculaires AH et BK en prolongeant DC en K.

On voit tout de suite que la surface du parallélogramme est équivalente à celle du rectangle AHKB, car le triangle rectangle

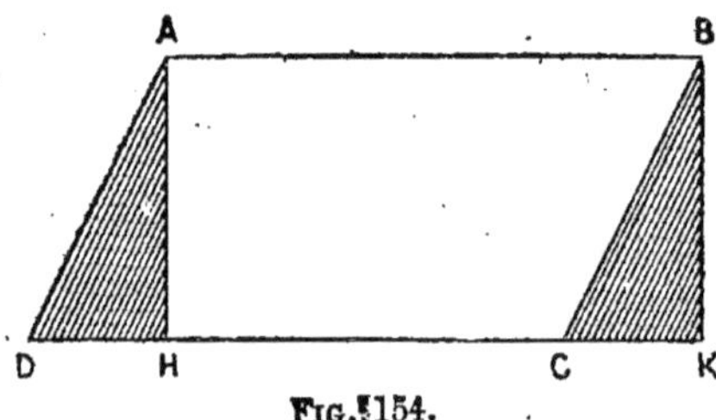

FIG. 154.

enlevé ADH est égal au triangle rectangle ajouté en BCK.

La surface du rectangle AHKB $= AB \times AH$,

mais $AB = DC$.

La surface du parallélogramme sera : $DC \times AH$.

Règle. — *On obtient la surface d'un parallélogramme en effectuant le produit de la base par la hauteur.*

Formule : $S = B \times H$.

III

SURFACE DU LOSANGE

186. Soit le losange ABCD (fig. 155). Menons par ses sommets des parallèles aux diagonales. On obtient ainsi un rectangle ayant une surface double de celle du losange.

La surface de ce rectangle est égale à AC $\times$ BD.

La surface du losange sera de : $\dfrac{\text{AC} \times \text{BD}}{2}$.

Règle. — *On obtient la surface d'un losange en prenant la moitié du produit de ses diagonales.*

Formule : $S = \dfrac{D \times d}{2}$.

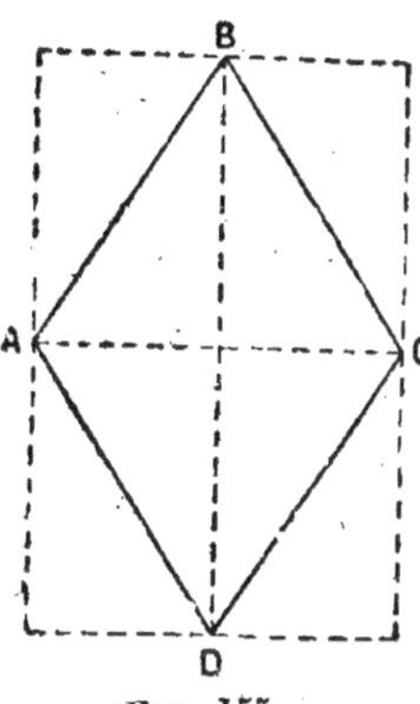

FIG. 155

IV

SURFACE DU TRIANGLE

187. Soit le triangle ABC avec sa hauteur AH (fig. 156). Sur le milieu de celle-ci menons une parallèle à BC, et des points B et C, élevons des perpendiculaires sur la ligne BC. On obtient ainsi un rectangle BFDC,

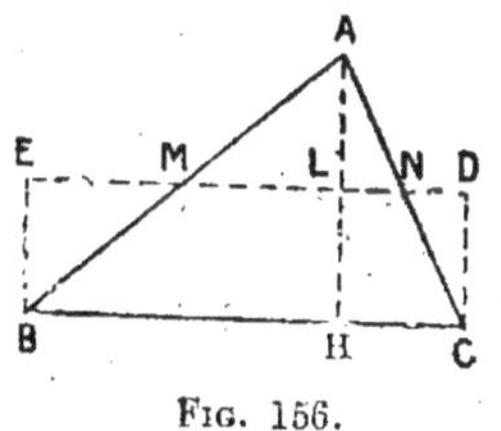

FIG. 156.

dont la surface est égale à la surface du triangle. Les triangles EMB et MAL sont égaux et les triangles ALN et NDC le sont aussi.

La surface du rectangle égale BC $\times \dfrac{\text{AH}}{2}$.

Il s'ensuit que la surface du triangle sera égale à : BC $\times \dfrac{\text{AH}}{2}$.

Règle. — *On obtient la surface d'un triangle en prenant la moitié du produit de la base par la hauteur.*

Formule : $S = \dfrac{B \times H}{2}$.

188. Remarque. — On démontre que l'on peut obtenir la surface d'un triangle en connaissant ses trois côtés.

Formule : $\qquad S = \sqrt{p\,(p-a)\,(p-b)\,(p-c)}.$

p est le 1/2 périmètre et a, b, c sont les côtés connus.

189. Triangle équilatéral. — On peut obtenir la surface du triangle équilatéral à l'aide de la longueur du côté.

Soit le triangle ABC (fig. 157). Menons la hauteur AH. Celle-ci tombe sur le milieu de la base. Soient a le côté du triangle et h la hauteur.

On a :

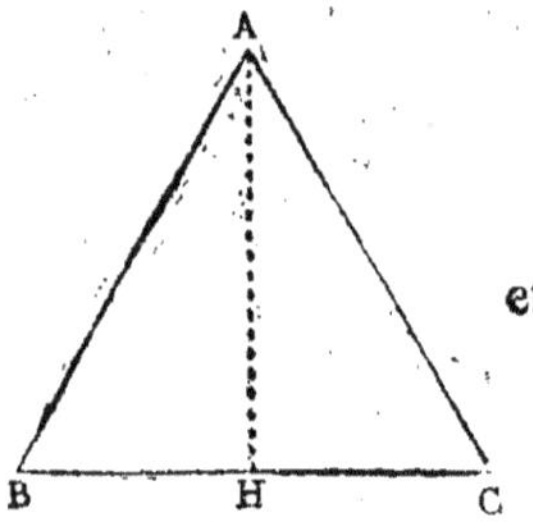

$$h^2 = a^2 - \left(\frac{a}{2}\right)^2 \quad \text{ou} \quad h^2 = a^2 - \frac{a^2}{4}.$$

Ou encore :

$$h^2 = \frac{3a^2}{4}$$

et :

$$h = \frac{a\sqrt{3}}{2} \qquad (1)$$

On tirera :

$$S = \frac{a \times \dfrac{a\sqrt{3}}{2}}{2} = \frac{a^2\sqrt{3}}{4} \qquad (2).$$

Fig. 157.

REMARQUE. — Les deux formules précédentes sont à retenir.

V

SURFACE DU TRAPÈZE

190. Soit le trapèze ABCD (fig. 158). Menons DB. Nous partageons le trapèze en deux triangles.

Surface du triangle ABD $= AB \times \dfrac{AH}{2}$.

Surface du triangle BDC $= DC \times \dfrac{AH}{2}$.

Au total on obtient :

Surface du trapèze $= (DC + AB) \times \dfrac{AH}{2}$.

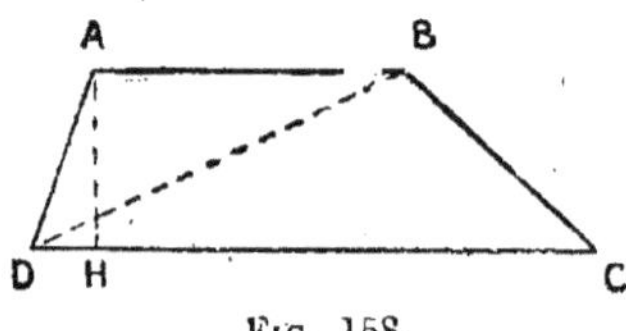

Fig. 158.

Soient B la grande base, b la petite, et h la hauteur. On aura la formule :

$$(B + b) \times \frac{h}{2} \quad \text{ou encore} \quad \frac{B+b}{2} \times h.$$

Règle. — *On obtient la surface d'un trapèze en effectuant le produit de la demi-somme des bases par la hauteur.*

VI

SURFACE D'UN POLYGONE QUELCONQUE

191. — Deux méthodes s'offrent pour obtenir la surface d'un polygone quelconque :

1° On peut le décomposer en triangles dont on cherche séparément la surface (fig. 159). Puis on fait le total des surfaces.

Fig. 159.

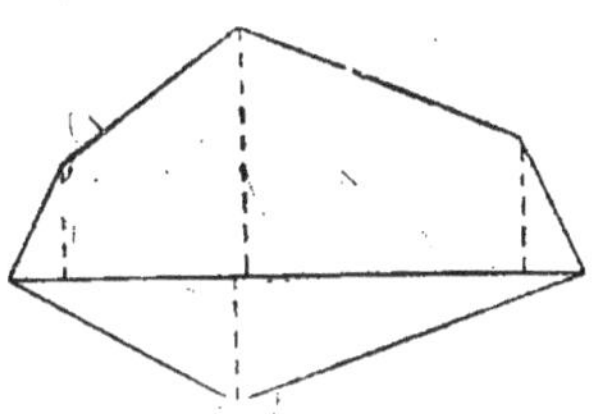

Fig. 160.

2° On peut mener une transversale et le diviser en triangles et trapèzes dont on cherche séparément la surface (fig. 160). Puis on fait le total des surfaces.

VII

SURFACE DES POLYGONES RÉGULIERS

192. Soit l'hexagone régulier (fig. 161). On peut le décomposer en six triangles égaux. L'un des triangles ABO a une surface égale à :

$$\frac{AB \times HO}{2}.$$

D'où, surface des six triangles

$$\frac{AB \times HO}{2} \times 6 \quad \text{ou} \quad 6AB \times \frac{HO}{2}.$$

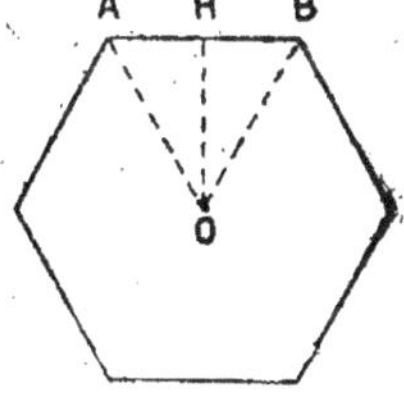

Fig. 161.

L'expression 6AB représente le périmètre du polygone, HO est appelée apothème du polygone.

D'où la règle générale :

On obtient la surface d'un polygone régulier en faisant le produit du périmètre par la moitié de l'apothème.

Tableau des formules donnant les surfaces des polygones réguliers en fonction du rayon R ou du côté C.

193. *Triangle équilatéral* $S = \dfrac{3R^2\sqrt{2}}{4}$ $S = \dfrac{C^2\sqrt{3}}{4}.$

       Carré $S = 2R^2$ $S = C^2.$

       Pentagone $S = \dfrac{5R^2\sqrt{10 + 2\sqrt{5}}}{8}$ $S = \dfrac{C^2\sqrt{25 + 10\sqrt{5}}}{4}.$

       Hexagone $S = \dfrac{3R^2\sqrt{3}}{2}$ $S = \dfrac{3C^2\sqrt{3}}{2}.$

       Octogone $S = 2R^2\sqrt{2}$ $S = 2\,C^2\,(1 + \sqrt{2}).$

       Décagone $S = 5R^2\dfrac{\sqrt{10 - 2\sqrt{5}}}{4}$ $S = \dfrac{5\,C^2\sqrt{5 + 2\sqrt{5}}}{2}.$

VIII

SURFACE DU CERCLE

194. Un cercle peut être considéré comme un polygone régulier d'une infinité de côtés. Dans ce cas, le périmètre équivaut à la longueur de la circonférence et l'apothème égale le rayon.

D'où :

Surface du cercle $=$ Circonférence $\times \dfrac{R}{2}.$

Remplaçons la circonférence par sa valeur, on a :

$$S = \frac{2\,\pi\,R \times R}{2} = \pi R^2.$$

Règle. — *Pour obtenir la surface d'un cercle, on multiplie le carré du rayon par* π.

SURFACE DU SECTEUR DE CERCLE

195. Définition. — On appelle *secteur d'un cercle*, la surface comprise entre 2 rayons et un arc de circonférence.

Dans un cercle, il est évident que la surface d'un secteur est proportionnelle à la grandeur de l'angle au centre.

On obtient la formule, en supposant l'angle du secteur égal à D degrés.

$$S = \pi R^2 \times \frac{D}{360}.$$

IX

SURFACE DU SEGMENT DU CERCLE

196. Définition. — On appelle *segment* la surface comprise entre un arc et sa corde.

Sur la figure 162, on voit que le segment de cercle est égal à la

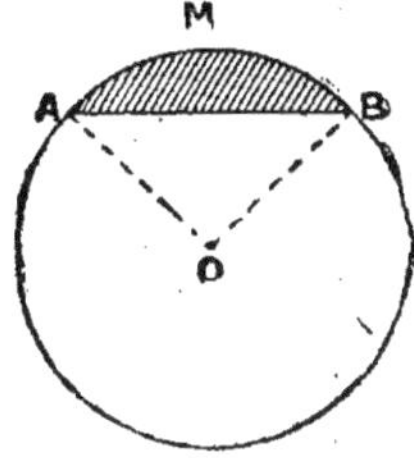

FIG. 162.

différence des surfaces du secteur et du triangle ABO. C'est un calcul simple à faire.

X

SURFACE D'UNE COURONNE CIRCULAIRE

197. Définition. — On appelle *couronne* la surface comprise entre 2 circonférences concentriques (fig. 163).

On a :

Surface du grand cercle $= \pi \overline{AO}^2$.

Surface du petit cercle $= \pi \overline{BO}^2$.

Surface de la couronne $= \pi \overline{AO}^2 - \pi \overline{BO}^2$

ou :

$$\pi (\overline{AO}^2 - \overline{BO}^2)$$

ou encore :

$$\pi (R^2 - r^2).$$

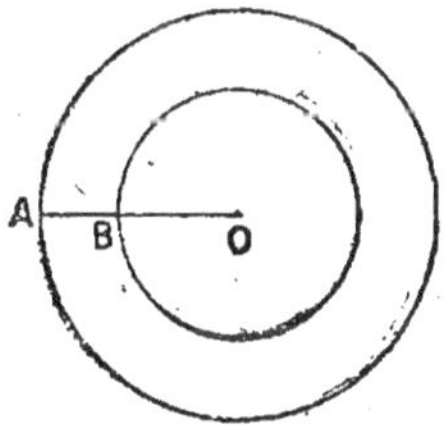

FIG. 163.

XI

RAPPORT DES AIRES DE DEUX FIGURES SEMBLABLES

198. Théorème. — *Le rapport des aires de deux polygones semblables est égal au carré du rapport des côtés homologues.*

On doit démontrer :

$$\frac{\text{Surface ABC}}{\text{Surface A'B'C'}} = \frac{\overline{BC}^2}{\overline{B'C'}^2}.$$

Soient les triangles semblables ABC, A'B'C' (fig. 164). Menons les perpendiculaires AH et A'H'. On détermine 4 triangles semblables deux à deux.

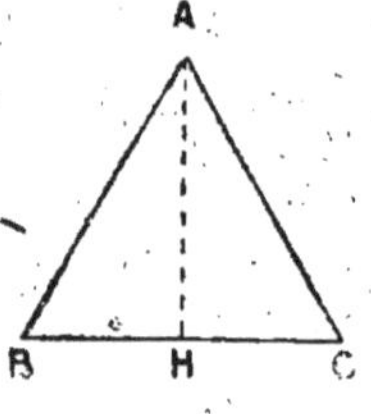
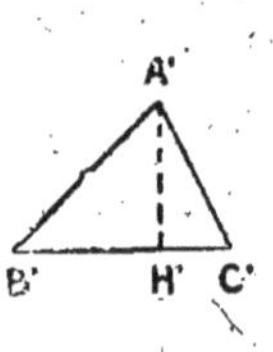

Fig. 164.

Dans les triangles semblables ABH et A'B'H', on a :

$$\frac{AH}{A'H'} = \frac{BH}{B'H'}. \qquad (1)$$

Dans les triangles semblables AHC et A'H'C', on a :

$$\frac{AH}{A'H'} = \frac{HC}{H'C'}. \qquad (2)$$

Additionnons les 2 expressions, on a :

$$\frac{2\,AH}{2\,A'H'} = \frac{BC}{B'C'} \quad \text{ou} \quad \frac{AH}{A'H'} = \frac{BC}{B'C'}. \qquad (2)$$

D'autre part, on a :

Surface du triangle ABC égale $\dfrac{BC \times AH}{2}$.

—   A'B'C' égale $\dfrac{B'C' \times A'H'}{2}$.

Le rapport des aires sera :

$$\frac{\text{triangle ABC}}{\text{triangle A'B'C'}} = \frac{BC \times AH}{B'C' \times A'H'}$$

ou encore :

$$= \frac{BC}{B'C'} \times \frac{AH}{A'H'}.$$

Remplaçons le rapport $\dfrac{AH}{A'H'}$ par son égal (2) $\dfrac{BC}{B'C'}$ et l'on obtient :

$$\frac{S}{s} = \frac{BC}{B'C'} \times \frac{BC}{B'C'} \quad \text{ou} \quad \frac{S}{s} = \frac{\overline{BC}^2}{\overline{B'C'}^2}.$$

XII

CONSTRUCTIONS GRAPHIQUES
SUR L'ÉQUIVALENCE DES SURFACES

199. — *Construire un triangle équivalent à un autre triangle et ayant même base et même hauteur.*

Soit le triangle ABC (fig. 165). Menons par le point A une parallèle MN à BC. Prenons un point quelconque P sur MN et joignons-le aux points B et C. On obtiendra un triangle BPC équivalent au 1er, car il aura même valeur de hauteur AH et même base.

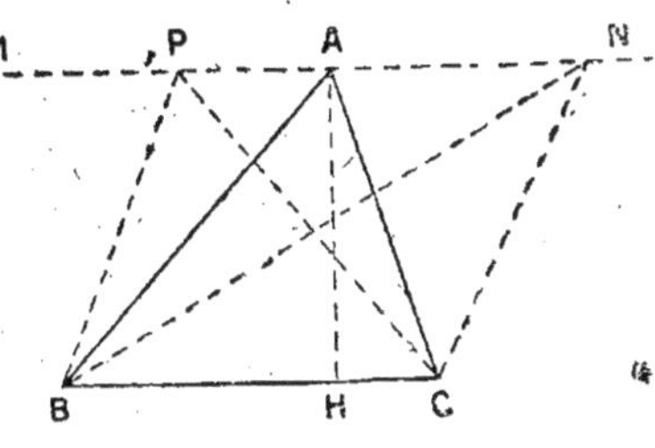

Fig. 165.

, REMARQUE. — On voit facilement qu'on peut construire ainsi une infinité de triangles équivalents.

200. — *Construire un triangle équivalent à un polygone donné.*

Soit le polygone de 5 côtés ABCDE (fig. 166). Je prolonge la base AE de chaque côté et je mène les diagonales CE et CA. Par le point B je mène BM parallèle à la diagonale CA. J'obtiens un point M que je joins à C. J'ai ainsi remplacé le triangle ABC par son équivalent ACM (même base AC et hauteurs équivalentes).

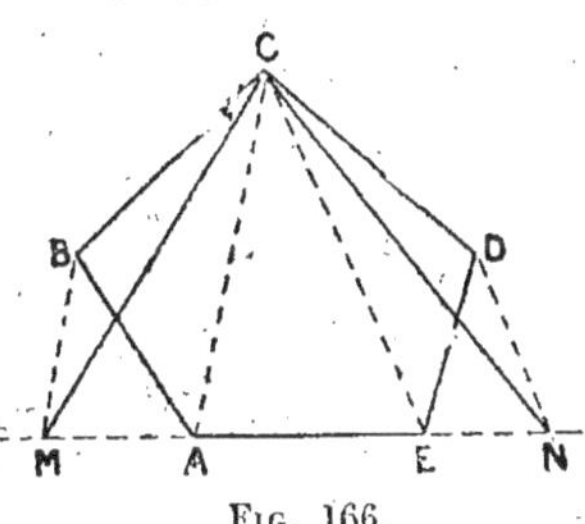

Fig. 166.

Je fais la même construction au point D et je remplace le triangle CDE par son équivalent CEN. Le triangle ACE n'a pas changé, et l'on peut conclure que le triangle MCN est équivalent au polygone donné.

201. — *Construire un carré équivalent à un rectangle.*

Soit le rectangle ABCD. Il faut trouver le côté du carré tel qu'on ait :

$$C^2 = CD \times BD.$$

Sur CD prolongé, portons une distance égale à BD en DE (fig. 167).

Puis sur CE comme diamètre, décrivons une demi-circonférence.

Prolongeons DB jusqu'à sa rencontre avec la circonférence en M. Nous dirons que (n° 144) :

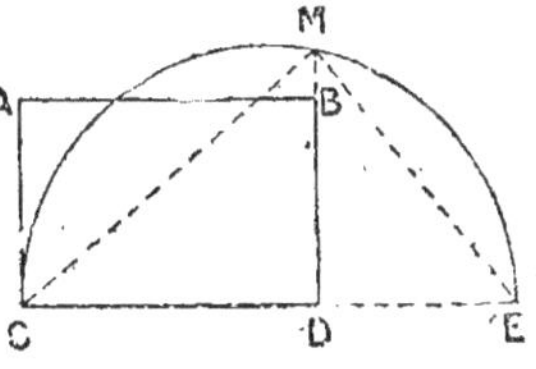

Fig. 167.

$$\overline{DM}^2 = CD \times DE \text{ ou } \overline{DM}^2 = CD \times BD.$$

En effet, joignons C à M et E à M. On trace ainsi un triangle rectangle dans lequel on a : $\overline{MD}^2 = CD \times DE$. Le côté du carré équivalent au rectangle est bien MD.

202. — *Construire un rectangle équivalent à un carré donné.*
Soit le carré ABCD (fig. 168). Prolongeons DC des 2 côtés et sur

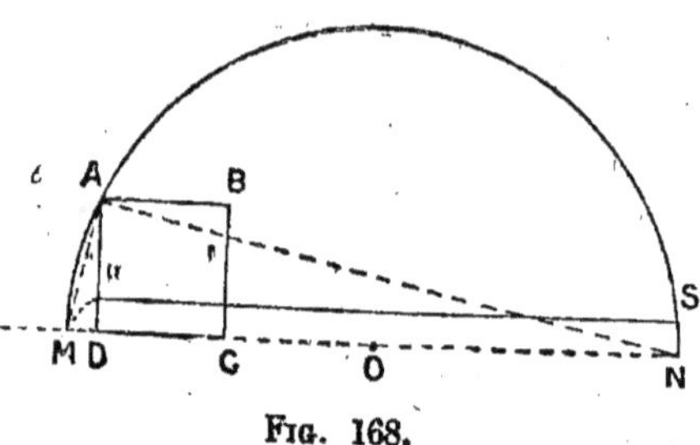

un point quelconque de cette nouvelle ligne, en O, pris comme centre, menons une demi-circonférence avec le rayon OA. Cette courbe coupera la ligne DC prolongée en M et N. Les droites MD et DN seront les côtés du rectangle demandé. On le construira et l'on aura le rectangle DRSN, équivalent au carré.

Fig. 168.

En effet :

$$\overline{AD}^2 = MD \times DN \quad \text{ou} \quad \overline{AD}^2 = RD \times DN$$

REMARQUE. — Le problème, ici, a une foule de réponses, puisqu'on peut prendre O où l'on veut sur la ligne MN.

203. — *Construire un carré équivalent à un triangle donné.*
La surface du triangle ABC (fig. 169) égale :

$$b \times \frac{h}{2}.$$

La surface du carré est c^2.
On aura donc :

$$c^2 = b \times \frac{h}{2}.$$

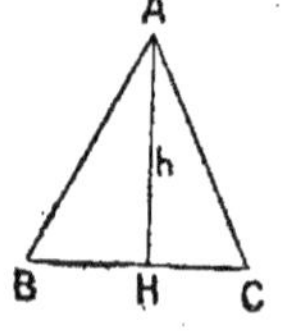 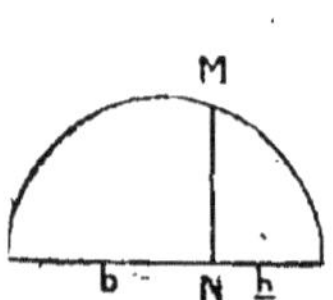

Fig. 169.

C'est-à-dire qu'il faut construire la moyenne proportionnelle entre les lignes b et $\frac{h}{2}$ (n° 151) (fig. 169). Le côté du carré sera MN.

EXERCICES SUR LE QUATRIÈME LIVRE

ÉVALUATIONS DES SURFACES

197. Calculer la surface d'une cour rectangulaire, de 25 mètres sur 32 mètres.

198. Calculer la surface d'une cour rectangulaire sachant que la longueur de la diagonale est de 35 mètres et celle du petit côté de 15 mètres.

199. Un jardin carré a une superficie de 262 m². 25. Quel est son côté?

200. La diagonale d'un carré a une longueur de 60 cm., on demand la superficie de ce carré.

201. Le périmètre d'un carré est de 18 mètres. Calculer sa superficie et la longueur de sa diagonale.

202. Quelle est la surface d'un rectangle dont le périmètre est de 48 mètres, sachant que le grand côté est 4 fois plus grand que le petit?

203. On veut lambrisser une salle à manger de 6 m. 40 sur 4 m. 50. Sachant que le lambris a une hauteur de 1 m. 20, calculer la surface du bois à employer.

204. Une salle doit être tapissée. Elle mesure 3 mètres de hauteur et ses autres dimensions sont 6 m. 80 sur 4 m. 60. Sachant que le papier s'arrête à 0 m. 20 du sol et qu'il faut déduire 6 m² pour les ouvertures, on demande le nombre de rouleaux de papier nécessaires. Les rouleaux ont 8 m. 40 de longueur sur 0 m. 50 de largeur.

205. Combien faudra-t-il de carreaux pour paver une cuisine mesurant 3 m. 50 sur 2 m. 80, sachant que chaque carreau a 0 m. 15 de côté?

206. Calculer la surface d'un triangle rectangle isocèle dont le périmètre mesure 12 mètres.

207. Calculer la surface d'un triangle isocèle, sachant que la base mesure 48 cm. et l'un des côtés 62 cm.

208. Calculer la surface d'un triangle dont les dimensions sont 4 mères, 5 mètres, 6 mètres.

209. Si l'on joint les milieux des côtés d'un losange, quelle figure obtient-on et quelle suface a-t-on par rapport à la surface du losange?

210. Si l'on joint les milieux des côtés d'un quadrilatère quelconque, quelle figure obtient-on? Démontrer.

211. Calculer la surface d'une lucarne losangique dont les diagonales mesurent : 1 m. 60 et 0 m. 60.

212. Les diagonales d'un losange ont respectivement 36 cm. et 20 cm., Calculer le périmètre de ce losange.

213. Un champ, de la forme d'un trapèze, a une superficie de 1.260 m². La hauteur mesure 12 mètres. Calculer les deux bases, sachant que l'une a le double de longueur de l'autre.

214. Si l'on mène les deux diagonales d'un trapèze, on forme 4 triangles. Démontrer que les 2 triangles qui s'appuient sur les côtés non parallèles sont équivalents.

215. Trouver le côté du carré équivalent à la surface d'un triangle mesurant 1 m. 20 sur 0 m. 80.

216. Un trapèze a un côté perpendiculaire sur les bases. La grande base mesure 48 cm., la petite 30 cm. Un des angles non droits vaut 135°. Calculer la surface de ce trapèze.

217. Dans un triangle de base égalant 24 mètres et de hauteur égale à 18 mètres, on mène une parallèle à la base à une distance de 6 mètres du sommet. Calculer la surface du trapèze ainsi obtenu.

218. Démontrer que le carré construit sur la diagonale d'un carré est le double du carré donné.

219. Calculer la surface d'un triangle équilatéral de 30 cm. de côté.

220. Sachant que la surface d'un triangle équilatéral est égale à 640 cm², on demande la longueur du côté.

221. Une lucarne de forme hexagonale régulière, a pour côté 0 m. 40, calculer sa surface.

222. Dans un cercle de 8 cm. de rayon, on inscrit un hexagone régulier. Calculer la surface de celui-ci.

223. La surface d'un hexagone régulier est de 192 cm². Calculer la longueur du côté.

224. Calculer la surface d'un octogone régulier inscrit dans un cercle de 3 mètres de rayon.

225. Calculer la surface d'un pentagone régulier inscrit dans un cercle de 4 mètres de rayon (voir formule).

226. Calculer la surface d'un décagone régulier inscrit dans un cercle de 2 mètres de rayon (voir formule).

227. Un octogone régulier a une surface de 8 m². Calculer le rayon du cercle inscrit.

228. On veut paver une cuisine de 4 m. 50 sur 3 mètres avec des pavés hexagonaux de 8 cm. de côté. Combien faudra-t-il de pavés ?

229. Un cercle a 3 mètres de rayon. Calculer la surface de l'hexagone inscrit et de l'hexagone circonscrit.

230. Comparez les surfaces de l'hexagone et du triangle équilatéral inscrits dans un même cercle.

231. Trouver le rapport des surfaces de l'hexagone régulier inscrit et de l'hexagone régulier circonscrit au même cercle de rayon R.

232. Quelle est la surface d'un bassin circulaire de 1 m. 50 de rayon ?

233. Une cuve circulaire présente une surface de 3 m². 48, calculer le diamètre de cette cuve.

234. Dans un cercle de 1 m. 20 de rayon, calculer la surface du secteur dont l'angle est de 40°.

235. Calculer la surface du segment de cercle dont l'arc mesure 36°, sachant que le rayon de ce cercle est de 80 cm.

236. Calculer l'angle d'un secteur ayant une surface de 30 cm², sachant que le rayon de ce secteur est de 10 cm.

237. Calculer la surface d'un secteur de cercle dont l'angle est de 45°. Le rayon vaut 20 cm.

238. Calculer la surface d'un cercle inscrit dans un triangle équilatéral de 8 cm. de côté.

239. Calculer la surface d'une couronne comprise entre 2 cercles ayant comme rayons : 6 cm. et 4 cm.

240. Calculer la surface de la couronne obtenue en inscrivant et en circonscrivant un cercle à un triangle équilatéral de 10 cm. de côté.

241. Calculer la surface d'un cercle dont la circonférence mesure 80 cm.

242. Calculer le rayon d'un cercle de 345 cm² de surface.

243. Un cercle a 8 cm. de rayon, quel sera le rayon d'un cercle quadruple en surface ?

244. Diviser un cercle en deux parties équivalentes par une circonférence concentrique (rayon 5 cm.)

245. Un rectangle a pour dimensions 28 cm. et 18 cm. Calculer les dimensions d'un rectangle semblable dont la surface soit la moitié de celle du premier.

246. Le côté d'un triangle mesure 5 cm. Calculer la longueur du côté homologue d'un triangle semblable ayant une surface triple.

247. On a relevé le plan d'un terrain de la forme d'un trapèze à l'échelle de $\frac{2}{1000}$ et on a obtenu sur le papier B $=$ 80 cm., $b =$ 68 cm., hauteur $=$ 40 cm. Calculer la surface du terrain réel.

248. Construire sur une droite donnée de 15 cm. un triangle équivalent à un carré de côté égal à 5 cm.

249. Construire un rectangle équivalent à un triangle donné. Base du triangle $=$ 18 cm., hauteur 10 cm. On prendra comme base du rectangle une droite de 15 cm.

250. Un triangle mesure 18 cm. de base et 16 cm. de hauteur. Calculer le côté du carré équivalent.

251. Construire le carré égal à la somme de deux carrés donnés.

252. Partager un triangle en trois parties équivalentes.

253. Diviser un trapèze en 2 parties équivalentes par une droite partant d'un point donné sur la grande base.

254. Partager un quadrilatère en 2 parties équivalentes.

255. Sur une droite donnée construire un rectangle équivalent à un rectangle donné.

256. Un champ rectangulaire a pour périmètre 420 mètres. On sait que ses dimensions diffèrent de 80 mètres. On demande la surface de ce champ.

257. On décrit intérieurement sur chacun des côtés d'un carré pris comme diamètre une 1/2 circonférence. Calculer la surface de la rosace ainsi obtenue.

258. Un jardin carré ayant été entouré d'un mur de 0 m. 40 d'épaisseur, sa surface a diminué de 84 m². Quel était le côté et quelle était la surface du jardin ?

LIVRE V

GÉOMÉTRIE DANS L'ESPACE

LE PLAN

203. **Définition.** — On appelle *plan* une surface telle que, si on joint ux points de cette surface par une ligne droite, toute la droite est mprise dans le plan.

On reconnaît qu'une surface est un plan quand on peut y appliquer exactement, dans tous les sens, l'arête d'une règle droite.

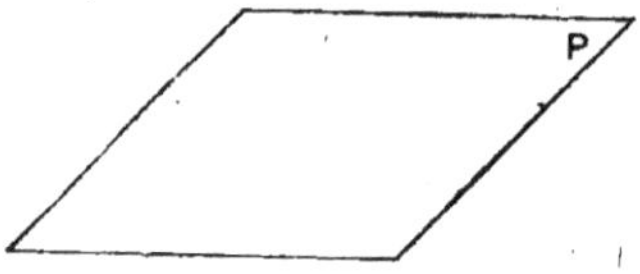

204. **Représentation [du plan.** — En géométrie, on représente un plan par un *parallélogramme* (fig. 170).

Fig. 170.

205. **Détermination.** — On démontre qu'un plan est bien déterminé :

1° par une ligne droite et un point extérieur à cette droite ;
2° par deux droites qui se coupent;
3° par deux droites parallèles.

I

POSITIONS DIVERSES DE DEUX PLANS DANS L'ESPACE

206. Les plans peuvent être :

1° *parallèles*, s'ils n'ont aucun point commun à quelque distance qu'on les prolonge.

2° *non parallèles*, et, dans ce cas, ils se coupent selon une ligne appelée *intersection*.

Dans ce deuxième cas, il y a lieu de démontrer la proposition suivante:

207. Théorème. — *Quand deux plans se coupent, leur intersection est une ligne droite.*

Soient les deux plans P et Q qui se coupent. Prenons deux points A et B sur la ligne d'intersection (fig. 171). Ces points étant communs aux deux plans, la ligne droite AB est contenue à la fois dans chacun des plans. Elle est donc leur ligne d'intersection.

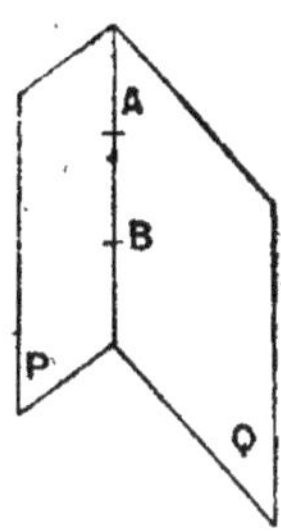

FIG. 171.

II

DROITES ET PLANS PERPENDICULAIRES

208. Définition. — On dit qu'une droite est *perpendiculaire à un plan*, quand elle est perpendiculaire à toutes les droites du plan qui passent par son pied.

Il suffit pourtant qu'elle soit *perpendiculaire à deux droites* du plan, d'après la démonstration suivante.

209. Théorème. — *Lorsqu'une droite est perpendiculaire à deux droites qui passent par son pied dans le plan, elle est perpendiculaire à toutes les droites qui passent par son pied dans le même plan.*

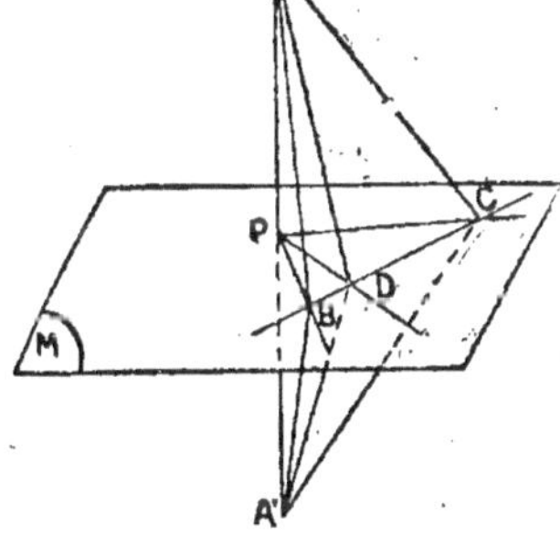

FIG. 172.

Soient le plan M et la droite AP perpendiculaire à PB et à PC (fig. 172). Menons une droite quelconque de P dans le plan, ce sera PD, et nous dirons que AP est aussi perpendiculaire à PD. Coupons les 3 lignes du plan par une droite SDC. Prolongeons AP d'une quantité égale en PA′ et joignons BA, DA, CA, A′B, A′D, A′C.

Dans le plan ABA′, BP est perpendiculaire sur le milieu de AA′. Le triangle ABA′ est isocèle et AB = A′B.

De même pour le triangle ACA′ dans lequel nous aurons :

$$AC = A'C.$$

Faisons tourner le triangle BA′C autour de BC comme charnière. Les lignes A′B et BA, A′C et D′A se recouvriront exactement et la ligne A′D recouvrira AD puisqu'elles ont les mêmes extrémités. Ces deux dernières lignes sont égales. Le triangle ADA′ est isocèle et, par suite, la ligne DP est perpendiculaire sur AA′.

210. Perpendiculaire et obliques. — On démontrerait aussi que :

I. — Si d'un point pris hors d'un plan, on abaisse une perpendiculaire et diverses obliques sur ce plan :

1° *La perpendiculaire est plus courte que toute oblique;*

2° *Deux obliques qui s'écartent également du pied de la perpendiculaire sont égales;*

3° *De deux obliques inégales, la plus grande est celle qui s'écarte le plus du pied de la perpendiculaire.*

II. — *Par un point pris hors d'un plan, on peut toujours mener une perpendiculaire à ce plan et on n'en peut mener qu'une.*

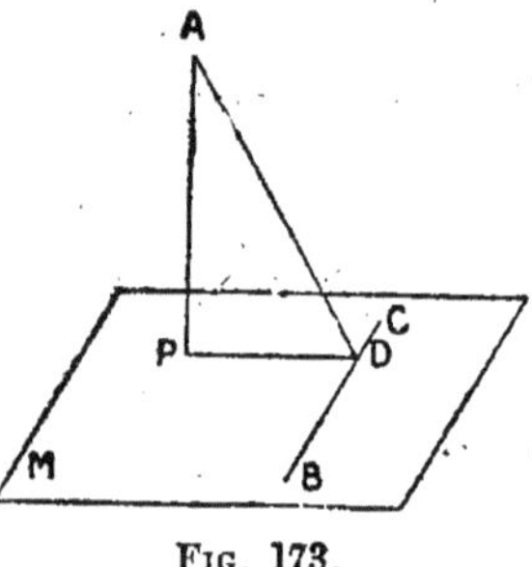

Fig. 173.

211. Théorème des trois perpendiculaires. — *Si du pied P d'une perpendiculaire AP à un plan M, on mène une perpendiculaire PD à une droite BC du plan, la droite DA qui joint le point D à un point quelconque de AP est perpendiculaire à BC* (fig. 173).

La droite BC est, par hypothèse, perpendiculaire à PD, d'autre part AP est perpendiculaire à toutes les droites du plan et par conséquent à la droite BC aussi.

Il s'ensuit que BC est perpendiculaire à deux droites du plan APD, les droites PD et AP, elle est donc perpendiculaire à toutes les droites du plan, c'est-à-dire à AD.

III

DROITES ET PLANS PARALLÈLES

212. Définition. — On dit qu'une droite et un plan sont *parallèles* lorsqu'ils ne se rencontrent pas, à quelque distance qu'on les prolonge.

213. Théorème. — *Quand une droite est parallèle à un plan, tout plan mené par cette droite coupe le premier plan suivant une parallèle à la droite.*

Soient le plan P et la droite AB qui lui est parallèle (fig. 174). Menons par cette droite le plan Q. Celui-ci coupe le plan P selon l'intersection CD.

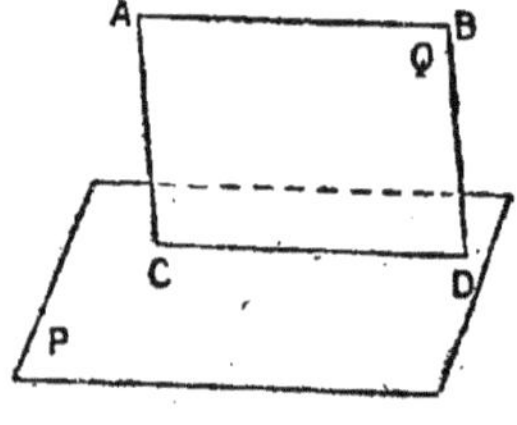

Fig. 174.

On dit que CD est parallèle à AB. Sans cela, les deux lignes AB et CD prolongées se rencontreraient et il y aurait alors un point du plan P qui serait touché par la droite AB, ce qui est impossible.

214. On démontre de même :

I. *Par un point pris hors d'un plan, on peut mener un plan parallèle au premier.*

II. *Quand deux plans parallèles sont coupés par un troisième plan, les intersections sont parallèles.*

III. *Par un point extérieur à un plan, on ne peut mener qu'un plan parallèle au premier.*

215. Théorème. — *Trois plans parallèles, coupés par deux sécantes, déterminent sur celles-ci des segments proportionnels.*

Soient les trois plans parallèles P, M, N et les deux sécantes qui coupent les trois plans aux points A, B, C, et D, E, F (fig. 175).

Par A menons une parallèle à DF, elle coupera les plans M et N, en E′ et F′.

On aura deux triangles ABE′ et ACF′ dans lesquels BE′ et CF′ sont parallèles, et par suite on pourra écrire :

$$\frac{AB}{BC} = \frac{AE'}{E'F'} \quad (\text{n}^\circ\ 127).$$

Mais :

$$AE' = DE \text{ et } E'F' = EF.$$

On tirera :

$$\frac{AB}{BC} = \frac{DE}{EF}.$$

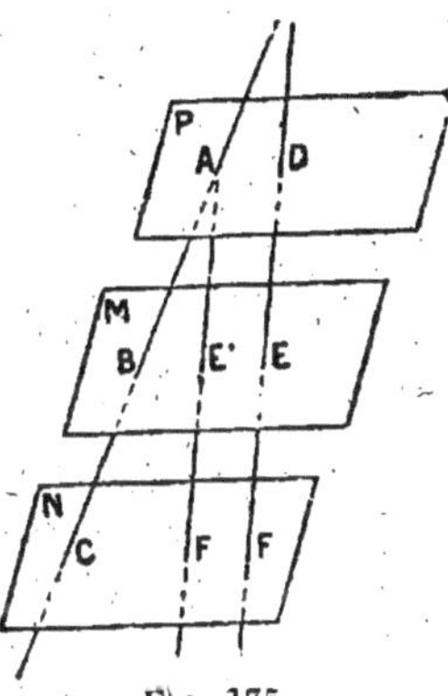

Fig. 175.

IV

ANGLES DIÈDRES

216. Définition. — Un *angle dièdre* est l'espace compris entre deux plans qui se coupent.

Ouvrons légèrement un livre, on détermine un angle dièdre, dont la grandeur augmente à mesure que le livre devient de plus en plus ouvert (fig. 176).

217. Dièdre droit. — Lorsque le livre est à moitié ouvert, c'est-à-dire quand les deux parties sont perpendiculaires l'une sur l'autre, on dit que *l'angle dièdre est droit* (fig. 177).

En superposant deux dièdres droits, on verrait de suite que :

Tous les dièdres droits sont égaux.

218. Remarque. — Toutes les pro-

Fig. 176.

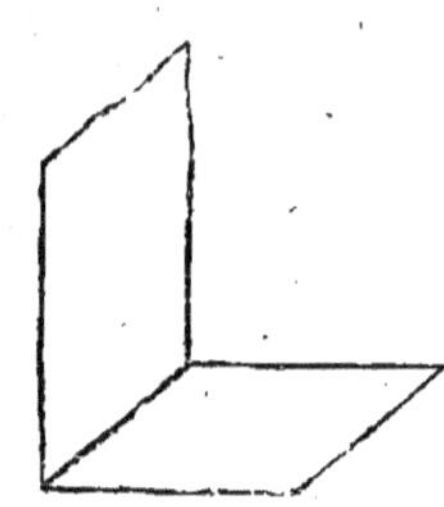

Fig. 177.

priétés des angles, que l'on a étudiées en géométrie plane, se retrouvent chez les angles dièdres. Il existe des *dièdres complémentaires, supplémentaires.*

Remarque. — Les figures de la géométrie dans l'espace sont représentées en perspective.

V

MESURE DES ANGLES DIÈDRES

219 Angle plan. — Si d'un point quelconque de l'intersection dans un dièdre, on mène 2 droites perpendiculaires à cette intersection et contenues chacune respectivement dans chacun des plans, on détermine un angle qu'on appelle *angle plan* ou *rectiligne.*

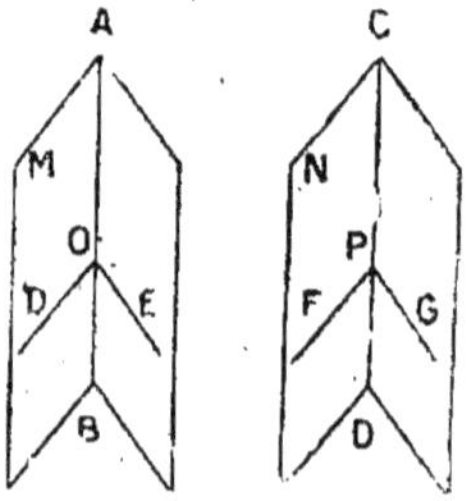

220. Théorème. — *Deux dièdres égaux ont des angles plans égaux.*

Soient les 2 dièdres égaux M et N. Par les points O et P pris sur les intersections, élevons des perpendiculaires à celles-ci, comprises dans les faces des dièdres (fig. 178).

Fig. 178.

Puis portons le dièdre N sur le dièdre M, de manière à faire coïncider les intersections et les faces. Faisons glisser N, jusqu'à ce que le point P soit au point O.

La perpendiculaire PF recouvrira DO, car, d'un point pris sur une droite, il ne peut y avoir qu'une perpendiculaire élevée dans un plan.

De même la droite PG recouvrira OE. Les 2 angles plans coïncident, ils sont égaux.

221. Conséquences. — *Les angles dièdres ont même mesure que leurs angles plans.*

Si l'angle plan d'un dièdre vaut 90°, l'angle dièdre est droit.

Le dièdre droit se trouve partout autour de nous.

L'intersection d'un plafond avec le mur de soutènement est un dièdre droit.

L'angle dièdre formé par une maison et la rue qu'elle borde est un dièdre droit.

On démontre que :

Pour qu'un angle dièdre soit droit, il suffit que son angle plan soit droit.

<h1 style="text-align:center">VI</h1>

ANGLES POLYÈDRES

222. Définition. — On appelle *angles polyèdres* des angles formés par plusieurs plans passant par un même point.

Ex. : l'angle formé par le plancher d'une chambre et les 2 murs qui y sont élevés.

Ou encore :

Si l'on suppose un clocher d'église de forme hexagonale, c'est-à-dire à 6 faces, l'angle polyèdre est l'espace qu'on voit à l'intérieur du clocher en regardant son sommet.

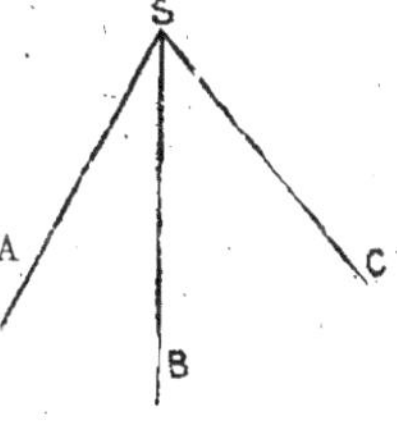

Fig. 179.

223. Angle trièdre. — Un *angle trièdre* est un angle formé par trois plans qui se coupent en un même point (fig. 179), appelé sommet de l'angle.

Les trois faces ici sont : ASC, ASB, BSC.

Un des angles intérieurs d'une boîte rectangulaire est un angle trièdre droit.

EXERCICES SUR LE CINQUIÈME LIVRE

LES PLANS

259. La droite AB perpendiculaire en A à un plan vaut 0 m. 60, la droite AC menée dans le plan vaut 0 m. 45. Calculer la distance BC.

260. Trouver sur une droite un point équidistant de deux points extérieurs donnés.

261. Par un point A, pris dans l'espace, mener une parallèle à un plan donné P.

262. Un point M est à 0 m. 60 du centre d'un cercle qui a 1 m² de surface. On demande la distance du point M à la circonférence du cercle.

263. Trouver le lieu des points de l'espace également distants de 2 points A et B.

264. Trouver le lieu de tous les points également distants de 3 points non en ligne droite.

265. Trouver le lieu des points également distants de deux plans parallèles.

266. Comment mesure-t-on l'angle de deux murs qui se rencontrent ? Peut-on s'assurer, par le calcul, si ces deux murs sont ou non perpendiculaires ?

NOTA. — Nous ne donnons que peu d'exercices sur ce livre purement théorique.

LIVRE VI

LES POLYÈDRES

MESURE DES VOLUMES

224. — Nous étudierons la mesure des volumes, en ce qui concerne les solides énumérés dans le tableau ci-dessous :

Polyèdres.   { *Prismes.*
(solides limités par des   *Pyramides.*
surfaces planes).

Corps ronds.   { *Cylindres.*
(solides limités par des   *Cônes.*
surfaces non planes).   *Sphères.*

I

PRISMES

225. Définition. — Un *prisme* est un polyèdre limité par 2 bases qui sont des polygones égaux et parallèles et dont les côtés homologues sont reliés par des parallélogrammes.

On distingue :

1° **Les prismes droits**, dont les arêtes sont perpendiculaires aux bases.
   { *parallélipipède rectangle.*
   cube.
   prismes droits. { *pentagonal. hexagonal. octogonal.*

2° **Les prismes obliqués**, dont les arêtes ne sont pas perpendiculaires aux bases.
   parallélipipèpe quelconque.
   prismes obliques. { *pentagonal. hexagonal. octogonal.*

226. Parallélipipède. — Le parallélipipède est un prisme dont les bases sont des parallélogrammes.

VOLUME DU PARALLÉLIPIPÈDE RECTANGLE

227. Définition. — Le *parallélipipède rectangle* est un prisme droit dont les bases sont des rectangles.

Il s'ensuit que ses six faces sont des rectangles.

C'est le solide le plus répandu autour de nous.

228. Règle. — *On obtient le volume d'un parallélipipède rectangle en effectuant le produit de la surface de la base par la hauteur du parallélipipède.*

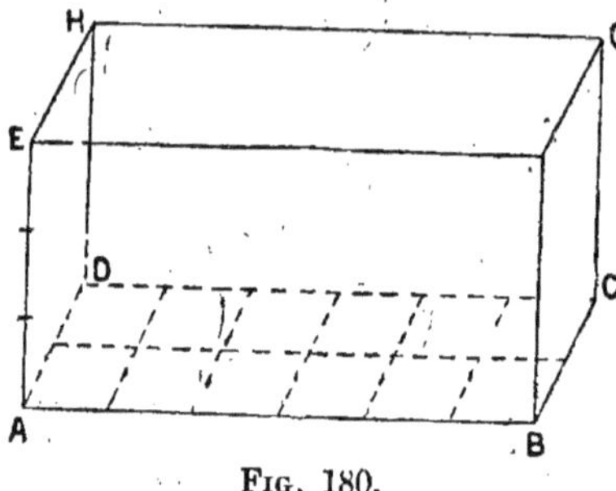

Fig. 180.

Soit le parallélipipède rectangle (fig. 180).

Supposons que le côté AB = 6 dm., le côté CB = 2 dm. et la hauteur EA = 3 dm.

On pourra diviser la surface de base en 12 carrés de 1 décimètre de côté, c'est-à-dire en deux bandes de six carrés ayant 1 dm² de surface.

Sur chaque carré de base, on pourra placer un cube de 1 décimètre d'arête. On aura ainsi une première couche de 12 dm³.

Comme la hauteur de l'arête est de 3 dm., on pourra placer l'une sur l'autre, trois couches de 12 petits cubes, c'est-à-dire 3 fois 12.

Le volume de ce solide sera de 36 dm³ et ce nombre est le résultat du produit de la surface de la base (12 dm²) par la hauteur 3 dm. D'où la règle ci-dessus et la formule :

$$V = \text{surf. de } B \times h.$$

229. Remarque. — Dans la formule ci-dessus, on peut remplacer la lettre B, exprimant la surface de la base, par le produit AB × BC ou longueur × largeur.

Le volume s'écrira :

$$V = \text{longueur} \times \text{largeur} \times \text{hauteur}$$

et l'on en tire la règle suivante :

Le volume d'un parallélipipède rectangle est égal au produit de ses trois dimensions, exprimées avec la même unité de longueur.

SECTION DROITE D'UN PRISME

230. Définition. — On appelle *section droite* d'un prisme toute section perpendiculaire aux arêtes latérales.

231. Théorème de la section droite. — *Tout prisme oblique est équivalent à un prisme droit ayant pour base la section droite et pour hauteur son arête latérale.*

Soit le prisme oblique ayant pour bases ABCDE et FGHIJ (fig. 181).

Par les extrémités de l'arête latérale DI, je mène des plans perpendiculaires à cette arête. Ces plans coupent les arêtes ou leurs prolongements, de manière à former un autre prisme qui est droit et dont les bases sont : IKLMN et DOPQR.

Nous disons que le prisme oblique est équivalent à ce prisme droit. Ils ont une partie commune : le solide ABCDELMNIK.

Il reste à démontrer que le solide ajouté au haut de la figure est égal au solide retranché au bas.

Faisons glisser le solide supérieur entre les arêtes latérales. Il arrivera un moment où le solide supérieur, dont la face DOPQR est perpendiculaire à l'arête DI, recouvrira exactement la face IKLMN.

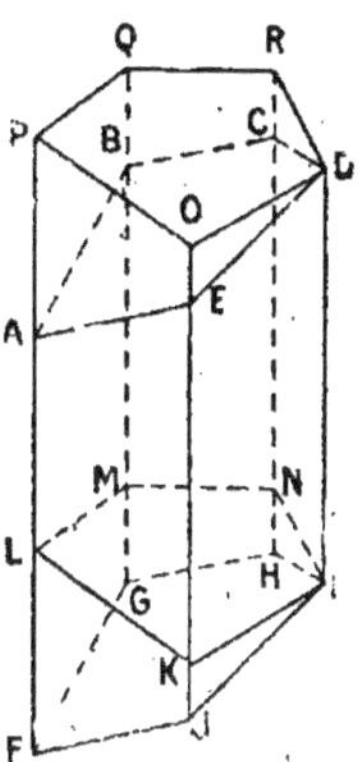

Fig. 181.

D'autre part, on a : PA = LF, QB = MG, etc. Toutes les portions d'arêtes latérales sont égales et se recouvriront.

Il s'ensuit que les bases FJIHGL et AEDCB, coïncideront également.

Le solide ajouté en haut de la figure est donc bien égal au solide retranché en bas, et le prisme droit est équivalent au prisme oblique.

VOLUME DU CUBE

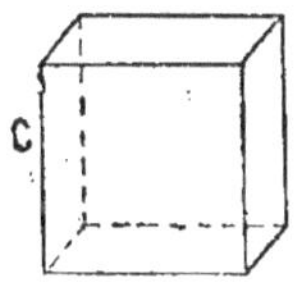

Fig. 182.

232. Définition. — Le *cube* est un parallélipipède rectangle dont les trois dimensions sont égales (fig. 182).

Règle. — *On obtient le volume d'un cube en élevant son arête au cube.*

Cette règle dérive naturellement de ce que les trois dimensions du cube sont représentées par le même nombre.

D'où la formule :

$$\text{Volume du cube} = c^3$$

c représentant l'arête.

VOLUME DU PARALLÉLIPIPÈDE DROIT

233. Définition. — Le *parallélipipède droit* est un prisme droit, dont les bases sont des parallélogrammes.

234. Règle. — *On obtient le volume d'un parallélipipède droit en faisant le produit de la surface de la base par la hauteur du parallélipipède.*

Soit le parallélipipède droit ABCDEFGH (fig. 183). Par le point A,

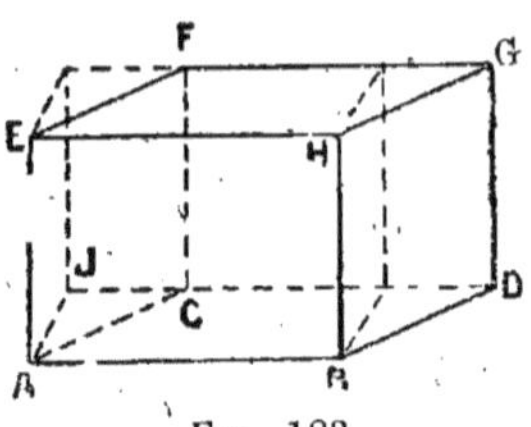

Fig. 183.

menons un plan perpendiculaire à l'arête AB, il coupera les prolongements des arêtes CD et FG en J et en I. On obtient ainsi une section droite IEAJ (n° 231). Le volume du solide donné est équivalent au produit de la surface IJAE par l'arête AB.

Mais surface IJAE = AE × AJ.

D'où le volume sera :

$$AE \times AJ \times AB.$$

Remarquons que AJ × AB, c'est la surface du parallélogramme de base, et nous tirerons la formule :

$$V = \text{surface de base} \times \text{hauteur}$$

ou : $$V = \text{Surf. de B} \times h.$$

VOLUME DU PARALLÉLIPIPÈDE OBLIQUE

235. Définition. — Le *parallélipipède oblique* est un prisme quadrangulaire dont les arêtes latérales ne sont pas perpendiculaires sur la base.

236. Règle. — *On obtient le volume d'un parallélipipède oblique en faisant le produit de la surface de la base par la hauteur du parallélipipède.*

Dans ce parallélipipède, la hauteur n'est plus l'arête latérale, c'est la perpendiculaire abaissée d'un sommet sur le parallélogramme de base. Ici c'est IM.

Soit le parallélipipède ABCDE (fig. 184). Menons la section droite.

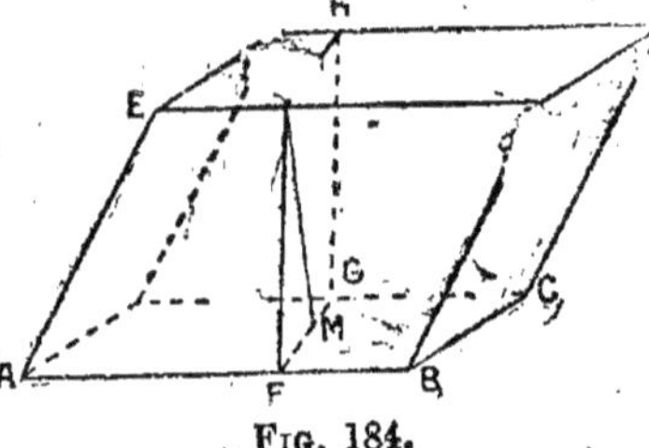

Fig. 184.

Le volume demandé est égal à :

Surface IFGH × l'arête AB (section droite n° 231).

Mais la surface du parallélogramme IHGF égale :

$$FG \times IM.$$

IM est la perpendiculaire abaissée du point I sur la base opposée, c'est la hauteur du prisme.

On a donc :   Volume = FG × IM × AB.

Remarquons que AB × FG égale la surface de la base, car FG est perpendiculaire sur AB, et l'on aura comme expression de volume :

$$V = \text{surface de B} \times H.$$
$$V = \text{Surf. de B} \times h.$$

VOLUME D'UN PRISME TRIANGULAIRE QUELCONQUE

237. Règle. — *On obtient le volume d'un prisme triangulaire quelconque en effectuant le produit de la surface de sa base par la hauteur du prisme.*

En effet, on peut accoler à ce prisme triangulaire un second prisme triangulaire identique et l'on aura alors un parallélipipède oblique (fig. 185) dont le volume sera égal à :

Surface ABCD × *h*.

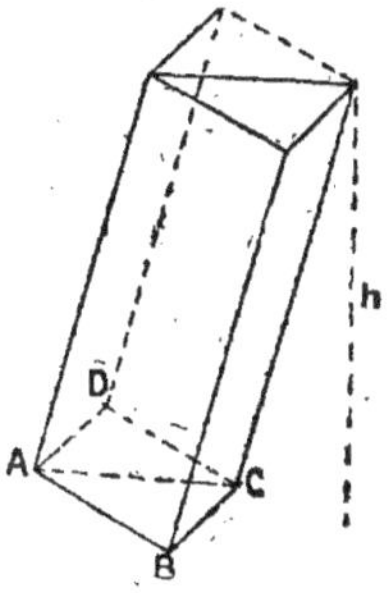

Le volume du prisme triangulaire égalera .

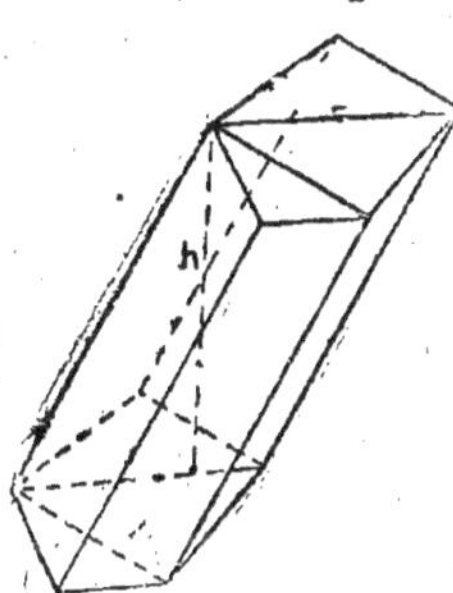

Surface $\dfrac{\text{ABCD} \times h}{2}$

ou Surface ABC × *h*, car les triangles ABC et ADC sont égaux.

Fig. 185.

Formule : $V = \text{Surf. de B} \times h.$

VOLUME D'UN PRISME QUELCONQUE

Fig. 186.

238. — Soit le prisme pentagonal (fig. 186).

On peut toujours le diviser en trois prismes triangulaires dont nous savons trouver le volume. La somme des volumes de ces trois prismes triangulaires est évidemment égale à la surface de base multipliée par la hauteur.

D'où la règle générale :

On obtient le volume d'un prisme quelconque en effectuant le produit de la surface de la base par la hauteur.

Formule : $V = \text{surf. B} \times h.$

SURFACES LATÉRALES ET TOTALES DES PRISMES

239. Parallélipipède rectangle. — La surface latérale est composée de quatre rectangles.

La surface totale comprend, en plus de la surface latérale, deux fois la surface de la base.

(Voir développement n° 22.)

240. Cube. — La surface totale du cube est égale à la somme de six carrés égaux. (Voir développement n° 24.)

241. Parallélipipède droit. — La surface latérale se compose de quatre parallélogrammes.

La surface totale comprend en plus les deux parallélogrammes de base.

On peut encore facilement prouver que :

La surface latérale de ce solide est égale au produit du périmètre de la section droite par arête latérale.

242. Prismes quelconques. — La règle qui précède s'applique à tous les prismes.

II

PYRAMIDE

243. Définition. — Une *pyramide* est un polyèdre qui présente une base polygonale et dont les autres faces sont des triangles ayant pour sommet commun un point extérieur à la base.

Ces triangles sont appelés *les faces* latérales de la pyramide.

244. Pyramide régulière. — Une pyramide est *dite régulière* quand sa base est un polygone régulier et que la hauteur abaissée du sommet sur la base tombe au centre de celle-ci.

Dans ce cas, les faces latérales sont des triangles égaux (fig. 187).

On désigne les sortes de pyramides par le nom du polygone de base : pyramides *triangulaire*, *quadrangulaire*, *hexagonale*, etc.

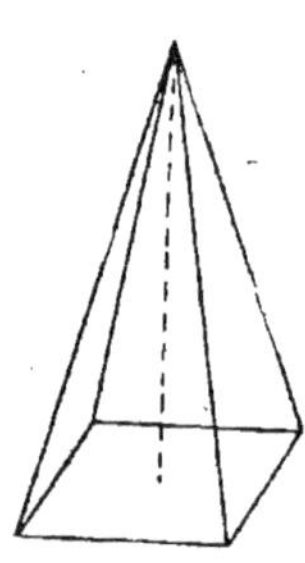

Fig. 187.

245. On démontre que :

I. — *Si l'on coupe une pyramide par un plan parallèle à sa base :*

1° *Les arêtes latérales et la hauteur de la pyramide sont divisées en parties proportionnelles;*

2° *La section est un polygone semblable à la base;*

3° *Le rapport des aires de la section obtenue et de la base est égal au rapport des carrés de leurs distances au sommet*

II. — *Deux pyramides triangulaires de bases équivalentes et de même hauteur sont équivalentes.*

VOLUME D'UNE PYRAMIDE TRIANGULAIRE

246. Théorème. — *Le volume d'une pyramide triangulaire est égal au tiers du produit de sa base par sa hauteur.*

Dans le prisme triangulaire (fig. 188), menons un plan passant par les points ACE. Nous déterminons une pyramide triangulaire ABCE ayant pour base la base du prisme et pour hauteur la hauteur du prisme.

Menons ensuite le plan AEF. Nous déterminons une autre pyramide triangulaire ayant le même volume (ADEF).

Mais si nous considérons le volume ayant pour base la face DAFC et pour sommet le point E, nous voyons qu'en menant FA, nous, avons déterminé deux volumes égaux, le premier ADFE et le second FACE. Leurs bases DAF et FAC sont égales et elles ont même sommet E.

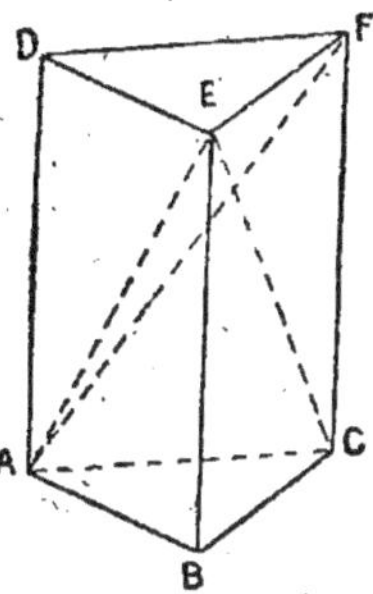

Fig. 188.

Nous avons donc obtenu dans le prisme trois pyramides équivalentes ; il s'ensuit qu'une seule de ces pyramides a un volume égal au tiers du volume du prisme, ou si l'on veut : que son volume est égal au produit de sa base par le tiers de sa hauteur.

Remarque. — On appelle *tétraèdre* une pyramide triangulaire régulière. Les quatre faces sont des triangles équilatéraux.

VOLUME D'UNE PYRAMIDE QUELCONQUE

247. Règle. — *On obtient le volume d'une pyramide quelconque en multipliant la base par le tiers de la hauteur.*

En effet, toute pyramide quelconque peut être décomposée en pyramides triangulaires. Il suffit pour cela de faire passer des plans par les diagonales et le sommet.

$$\text{Formule V} := \text{surf. de B} \times \frac{h}{3}.$$

III

VOLUME DU TRONC DE PYRAMIDE

248. Définition. — Si l'on coupe une pyramide par un plan parallèle à la base, on obtient un solide à deux bases semblables et parallèles. On l'appelle *tronc de pyramide.*

249. Théorème. — *Un tronc de pyramide à bases parallèles est équivalent à la somme de trois pyramides, ayant pour hauteur commune la hauteur du tronc et pour bases : la première, la base inférieure ; la deuxième, la base supérieure ; la troisième, une moyenne proportionnelle entre ces deux bases.*

Soit le tronc de cône (fig. 189). Je détache d'abord la pyramide

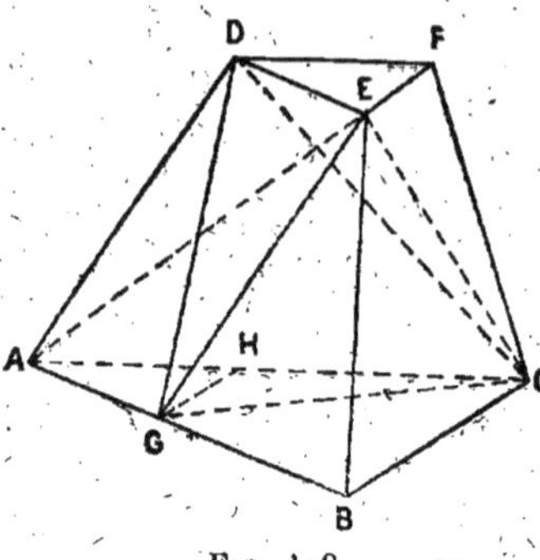

FIG. 189.

ABCE (mesure : grande base $\times \dfrac{h}{3}$), puis la pyramide DFCE (mesure petite base $\times \dfrac{h}{3}$).

Il reste alors la pyramide ayant comme base ADC et dont le sommet est E.

Par E menons EG parallèle à AD et joignons C à D et G.

La pyramide ADCE peut être remplacée par son équivalente AGCD (AGC étant la base et D le sommet). Cette pyramide a bien h comme hauteur. Il reste à démontrer que la surface AGC, c'est-à-dire la base, est moyenne proportionnelle entre les bases ABC et DEF.

Menons GA parallèle à BC. Dans les triangles ABC, AGC on a, puisqu'ils ont même hauteur, issue de C :

$$\frac{\text{Surf. ABC}}{\text{Surf. AGC}} = \frac{\text{AB}}{\text{AG}}$$

et dans les triangles AGC et AGH, on a aussi :

$$\frac{\text{Surf. AGC}}{\text{Surf. AGH}} = \frac{\text{AC}}{\text{AH}}.$$

Mais, GH parallèle à BC, donne

$$\frac{\text{AB}}{\text{AG}} = \frac{\text{AC}}{\text{AH}}.$$

Il s'ensuit que :

$$\frac{\text{Surf. ABC}}{\text{Surf. AGC}} = \frac{\text{Surf. AGC}}{\text{Surf. AGH}} \quad \text{ou} \quad \frac{\text{surf. grande base}}{\text{surf. AGC}} = \frac{\text{surf. AGC}}{\text{surf. petite base}}.$$

La base AGC de la troisième pyramide est bien moyenne proportionnelle entre les deux bases du tronc de cône.

Formule.

On a donc :

$$\text{Volume du tronc} = \frac{B \times h}{3} + \frac{b \times h}{3} + \frac{\sqrt{Bb} \times h}{3}$$

ou, en mettant h en facteur commun,

$$V = \frac{h}{3}\left(B + b + \sqrt{Bb}\right).$$

Règle. — *On obtient le volume d'un tronc de pyramide en multipliant le $\frac{1}{3}$ de la hauteur par la somme de la grande base, de la petite base et de la moyenne géométrique de ces bases.*

IV

VOLUME DU TRONC DE PRISME

250. Définition. — *On obtient un tronc de prisme en coupant un prisme par un plan non parallèle à la base.*

251. Théorème. — *Un tronc de prisme triangulaire est équivalent à la somme de trois pyramides ayant pour base commune l'une des bases du tronc et pour hauteurs respectives les arêtes latérales.*

Soit le tronc de prisme (fig. 190). Détachons d'abord la pyramide ABCF en menant AF et BF.

Son volume égale : surf. ABC $\times \dfrac{FC}{3}$.

Il reste la pyramide ABEDF. Transportons le sommet F en C, en menant DC et EC. On a la pyramide équivalente ABEDC (même base et même hauteur). Menons DB et enlevons la pyramide ABCD ; son volume égale :

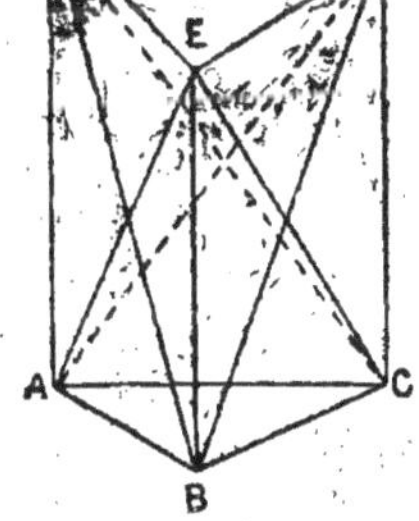

Fig. 190.

$$\text{Surf. ABC} \times \frac{AD}{3}.$$

Il reste la pyramide dont le sommet est en D, transportons-le parallèlement à sa base en A ; et l'on obtient la pyramide ABCE équivalente à la précédente et dont le volume égale :

$$\text{Surf. ABC} \times \frac{EB}{3}.$$

Totalisons, et mettons en facteurs communs, on a :

$$\text{Volume du tronc de prisme : Surf. ABC} \times \frac{H + H' + H''}{3}$$

en remplaçant les trois arêtes par les lettres H, H' et H''

252. Remarque. — Ici la base ABC, étant perpendiculaire aux arêtes représentait la section droite, on peut donc dire que :

Règle. — *Le volume d'un tronc de prisme quelconque est égal au produit de sa section droite par la moyenne arithmétique de ses trois arêtes latérales.*

V

VOLUME D'UN POLYÈDRE A DEUX BASES PARALLÈLES

253. Règle. — *Le volume d'un polyèdre compris entre deux bases parallèles et des faces latérales qui sont des trapèzes ou des triangles s'obtient par la formule :*

$$\frac{1}{6} H (S + s + 4M).$$

H est la hauteur comprise entre les deux bases parallèles.

S et *s* représentent les surfaces des deux bases.

M est la surface de la section faite à égale distance des deux faces, ou section moyenne.

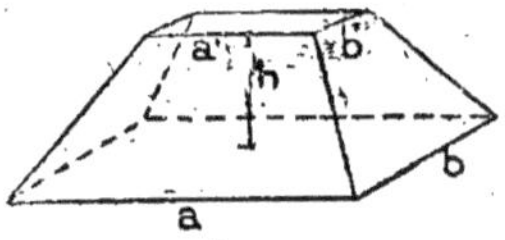

254. Remarque. — La formule précédente est une formule générale qui peut s'appliquer aux prismes, aux pyramides, aux troncs de pyramide.

Elle est applicable à l'évaluation du volume d'un *toil*, d'un *ponton* ou *tas de cailloux* (fig. 191).

Fig. 191.

Pour ce dernier volume, on tire de la formule générale une formule plus applicable, qui est :

$$V = \frac{h}{6} \left[(b \, (2a + a') + b' \, (2a' + a) \right]$$

a est le grand côté de la grande base ;
b est le petit côté de la grande base ;
a' est le grand côté de la petite base ;
b' est le petit côté de la petite base.

VI

SURFACE D'UNE PYRAMIDE

255. — La *surface totale* est égale à la surface latérale augmentée de la surface de la base.

Si la pyramide est régulière, la surface latérale est composée *de triangles* dont la surface est égale au périmètre du polygone de base multiplié par l'apothème de la pyramide.

L'apothème de la pyramide est la hauteur d'un des triangles latéraux.

Remarque. — Il sera bon, chaque fois qu'on cherchera la surface d'une pyramide, de tracer le développement du solide.

SURFACE D'UN TRONC DE PYRAMIDE

256. — La surface totale se compose de la surface des deux bases augmentée de la surface latérale.

La surface latérale est composée de trapèzes égaux quand on considère un tronc de pyramide régulière.

SURFACE DU TRONC DE PRISME

257. — On évalue séparément les surfaces de bases et les surfaces latérales.

EXERCICES SUR LE SIXIÈME LIVRE

LES POLYÈDRES

267. On veut construire en carton un parallélipipède rectangle ayant les dimensions suivantes : 15 cm., 10 cm., 5 cm. Quelle surface de carton sera employée ?

268. Dans l'exercice précédent, calculer le volume du parallélipipède en question.

269. Démontrer que dans un parallépipède rectangle le carré d'une diagonale est égal à la somme des carrés des 3 arêtes.

270. Une chambre a les dimensions suivantes : 6 m., 5 m., 4 m. Calculer le poids de l'air qui y est contenu, sachant qu'un litre d'air pèse 1 gr, 29.

271. Une auge a la forme intérieure d'un parallélipipède rectangle dont les dimensions sont, à la base : 2 m. 50 et 0 m. 80. Calculer en hectolitres le volume d'eau qu'elle contiendra quand elle sera remplie aux 2/3 de la hauteur, qui est 0 m. 60.

272. Calculer le poids d'une bille de bois de la forme d'un parallélipipède rectangle dont les 3 dimensions sont : 3 m. 50, 0 m. 40, 0 m. 07, sachant que la densité de ce bois est 0, 9.

273. Le volume d'une caisse rectangulaire est 1m³. 230. Sachant que les arêtes sont entre elles comme les nombres 2, 3, 4, calculer les longueurs de ces arêtes.

274. Une citerne de la forme d'un parallélipipède rectangle contient 20,000 litres d'eau. On demande sa profondeur, sachant que les dimensions de la base sont : 2 m. et 3 m. 50.

275. On veut construire une citerne dont le rectangle de base mesurera 2 m. 50 sur 1 m. 20. Quelle profondeur faudra-t-il lui donner pour qu'elle puisse contenir 40 hectolitres d'eau ?

276. Une grande caisse a la forme d'un parallélipipède rectangle. On veut la peindre sur ses faces extérieures à raison de 2 fr. 50 le mètre carré. Quel sera le prix de la peinture, sachant que les dimensions de la caisse sont : 2 m. 50, 1 m. 20, 0 m. 80 ?

277. La surface latérale d'une boîte parallélipipède est de 0 m². 60. Calculer son volume, sachant que la hauteur est 0 m. 30 et qu'une des autres dimensions est le double de la dernière.

278. Une poutre a la forme d'un parallélipipède droit qui a pour base un carré de 0 m. 20 de côté. Calculer sa longueur, sachant qu'on l'a payée 60 francs et qu'elle est estimée 150 francs le stère.

279. On veut construire en carton, un petit cube de 3 cm. d'arête. Calculer la surface du carton employé.

280. Dans le problème précédent, évaluer le volume du cube.

281. Mener dans un cube une section qui détermine un carré.

282. Mener dans un cube une section qui détermine un triangle équilatéral.

283. Calculer la longueur de la diagonale dans 1 décimètre cube.

284. La surface totale d'une boîte cubique est de 1 m². 50. Calculer l'arête de la boîte.

285. Calculer le volume d'une pierre cubique dont la diagonale d'une des faces a 0 m. 80 de longueur.

286. Un dé à jouer a un volume de 3 cm³. Calculer l'arête du cube qui compose ce dé.

287. Démontrer que, dans un cube, la diagonale est égale à l'arête du cube multipliée par la racine carrée de 3.

288. Un pilier a la forme d'un prisme triangulaire dont la base est un triangle équilatéral de 0 m. 60 de côté. Calculer le volume de ce pilier, sachant que sa hauteur mesure 3 m. 25.

289. On veut construire avec du carton un petit prisme triangulaire droit. La base est un triangle équilatéral de 6 cm. de côté, la hauteur du prisme doit être de 12 cm. Calculer la surface du carton nécessaire.

290. Dans le problème précédent, calculer le volume du prisme.

291. Une boîte a la forme d'un prisme octogonal régulier. Calculer son volume, sachant que le côté de l'octogone de base mesure 8 cm. et que la profondeur est de 6 cm.

292. Dans le problème précédent, calculer la surface totale du carton employé.

293. Une colonne de soutènement a la forme d'un prisme hexagonal régulier. Le côté de l'hexagone de base mesure 0 m. 10, la hauteur de la colonne est de 4 m. 60. Calculer son volume.

294. On veut peindre la surface latérale de la colonne du problème précédent. A 1 fr. 50 le mètre carré, calculer la dépense.

295. Un bloc de basalte (forme prisme hexagonal régulier) a pour base un hexagone régulier de 0 m. 20 de côté et comme longueur 1 m. 20. Quel est son poids, sachant que la densité du basalte est 2, 72 ?

296. Un pilier a pour section droite un trapèze dont les dimensions sont : B = 0 m. 80, b = 0 m. 40 et h = 0 m. 30. Sachant que la hauteur du pilier est 4 m. 50, calculer le volume de la maçonnerie.

297. Un bassin ayant la forme d'un prisme octogonal droit a pour base un octogone régulier. Sa capacité est de 600 m³ et sa profondeur est au côté de la base comme 2 à 7. Calculer ce côté.

298. Une pyramide régulière a pour base un hexagone régulier de 0 m. 40 de côté et pour faces latérales des triangles isocèles de 0 m. 60 de côté. Calculer son volume.

299. Dans le problème précédent, calculer la surface latérale de la pyramide.

300. Une pyramide régulière a pour base un carré de 6 mètres de côté et pour faces latérales des triangles équilatéraux. Quel est son volume ?

301. Dans le problème précédent, calculer la surface totale de la pyramide.

302. Dans un tronc de prisme droit, la base ABC est un triangle isocèle dont les angles A et C valent chacun 45° et le côté AC égale 0 m. 80. Les arêtes issues de A, de B, de C, ont pour longueurs respectives : 0 m. 50, 0 m. 90, 1 m. 20. On propose de déterminer : 1° le volume ; 2° la surface latérale de ce tronc.

303. La base d'une pyramide régulière est un hexagone dont le côté est égal à 3 mètres. Calculer la hauteur qu'il faut donner à cette pyramide pour que la surface latérale soit égale à 10 fois la surface de la base.

304. Quelle est la surface d'un toit en zinc de la forme pyramide octogonale, sachant que le côté de base vaut 0 m. 40 et l'apothème mesure, 2 m. 40 ?

305. On fait polir la surface latérale de la pyramide de l'exercice précédent. A raison de 8 fr. le m², quel sera le prix à débourser ?

306. Un monument funéraire a la forme d'une pyramide hexagonale régulière de 2 m. 70 de hauteur. Déterminer le côté de l'hexagone de base pour que le volume de la pyramide soit 315 dm³.

307. On double la hauteur d'une pyramide, que devient son volume ?

308. Une pyramide à base carrée en pierre mesure 1 m. 50 de hauteur. Sachant que son volume égale 215 dm³, calculer le côté du carré de base.

309. Une pierre tombale a la forme d'une pyramide à base carrée de 0 m. 50 de côté. Sachant que le volume de la pierre est de 200 dm³, calculer la hauteur de la pierre.

310. Dans le problème précédent, calculer la surface latérale de la pyramide.

311. Quel serait le volume d'une pyramide à base carrée de 6 cm. de côté et dont l'arête latérale mesure 9 cm. ?

312. Quelle est la surface de carton nécessaire pour construire une pyramide à base carrée de 5 cm. de côté et présentant une hauteur de 8 cm. ?

313. Calculer le volume de la pyramide dont les dimensions sont dans l'exercice précédent.

314. Calculer le volume d'un tétraèdre régulier de 8 cm. d'arête.

315. Même exercice si l'arête est représentée par *a*.

316. Surface totale du tétraèdre de l'exercice précédent.

317. Calculer la capacité en hectolitres d'un bassin de forme carrée. Les murs sont en talus. Le fond est aussi un carré. Les deux carrés ont respectivement 13 mètres et 11 mètres de côté. La profondeur du bassin est de 2 m.

318. Un tronc de pyramide régulière à bases parallèles a 12 dm³ de volume et pour bases des hexagones de 1 dm. et de 2 dm. de côté. Calculer la hauteur et l'arête de ce tronc.

319. L'arête SA d'une pyramide a 5 mètres ; quelle longueur faut-il prendre sur cette arête, en partant du sommet, pour que, si l'on mène un plan parallèle à la base, la pyramide soit divisée en 2 parties équivalentes ?

320. Le volume d'un tronc de pyramide à bases carrées est de 4 dm³ et sa hauteur mesure 15 cm. Sachant que la petite base a 6 cm. de côté, calculer le volume de la pyramide obtenue en prolongeant les arêtes.

321. Combien faut-il de tombereaux de 1 m³. 5 pour enlever les pierres de 4 tas de cailloux dont les dimensions sont : côtés du grand rectangle 1 m. 90 et 1 m. 20 ; côtés du petit rectangle 1 mètre et 0 m. 80 ; hauteur 0 m. 50.

322. Un tas de cailloux en forme de ponton a les dimensions suivantes : longueur de la grande base 6 m. 80 ; largeur 2 m. 20 ; longueur de la petite base 5 m. 20 ; largeur, 0 m. 60. La hauteur mesure 0 m. 80. Calculer son volume.

323. Une auge de maçon a une profondeur de 0 m. 36 ; son ouverture est un rectangle de 0 m. 60 sur 0 m. 40, et le fond mesure 0 m. 38 de long sur 0 m. 24 de large. Quelle en est la capacité ?

324. Un tas de sable a pour hauteur 0 m. 45. Les dimensions de sa base inférieure sont de 2 m. 70 sur 0 m. 90, celles de la base supérieure de 1 m. 70 sur 0 m. 60. Trouver son volume.

325. Un tombereau présente les dimensions suivantes : rectangle de grande base : 1 m. 50 sur 1 m. 20 ; rectangle de petite base 1 m. 10 sur 0 m. 80. La profondeur est de 1 mètre. Calculer le volume de ce tombereau.

326. Calculer le volume d'un grenier dont la base est un rectangle de 16 mètres sur 4 m. 50. Le faîtage a 8 mètres de longueur et la hauteur entre le faîtage et le plancher est de 2 mètres.

327. Une pierre tombale a la forme d'un tronc de pyramide hexagonal. Sachant que le côté de la grande base mesure 0 m. 40, que le côté de la petite base mesure 0 m. 20 et que la hauteur du tronc est de 2 m. 40, on demande de calculer le volume de la pierre.

328. Calculer la surface latérale de la pierre tombale dans l'exercice précédent.

329. Une auge ayant la forme d'un tronc de pyramide à bases carrées, a pour côtés de bases : 0 m. 70 et 0 m. 60. Sachant qu'elle peut contenir 28 litres, calculer sa profondeur.

330. Une auge a la forme d'un tronc de pyramide à bases carrées. Quel est son volume, sachant que les côtés des bases ont respectivement 0 m. 80 et 0 m. 50 et que la profondeur est égale à 0 m. 70 ?

331. Trouver la surface totale et le volume d'une cuve de lavoir de la forme d'un tronc de pyramide à bases hexagonales. Côté de la grande base 1 mètre, côté de la petite base, 0 m. 50. Profondeur 1 m. 80.

332. On a coupé en deux, par un plan parallèle aux bases, mené à égale distance de ses bases, un tronc de pyramide dont les dimensions sont : hauteur, 3 m. 45 ; grande base, 10 m². 4384 ; petite base 2 m². 3542. Calculer la surface de la section.

LIVRE VII

LES CORPS RONDS

I

CYLINDRE

258. Définition. — On appelle *surface cylindrique* la surface engendrée par une droite qui se meut parallèlement à elle-même, en suivant une courbe fixe appelée *directrice*.

La droite mobile est appelée *génératrice*.

259. Cylindre. — Si la droite qui se meut suit une directrice qui est une circonférence, elle décrit une surface cylindrique. Coupons celle-ci par deux plans parallèles entre eux, nous déterminons le cylindre.

260. Cylindre droit. — Si la génératrice est perpendiculaire aux plans secteurs, on obtient un cylindre droit; dans le cas contraire, on a un *cylindre oblique* (fig. 192).

261. Définition. — Un *cylindre droit* est le volume engendré par la rotation d'un rectangle tournant autour d'un de ses côtés. C'est un volume extrêmement répandu.

Fɪɢ. 192.

262. Principe. — Un cylindre peut être considéré comme un prisme d'une *infinité de faces*.

En effet, les circonférences de base peuvent être assimilées à des polygones d'un nombre infini de côtés, lesquels sont reliés entre eux par des rectangles infiniment étroits.

On obtiendra donc le volume d'un cylindre comme on a obtenu le volume d'un prisme.

VOLUME DU CYLINDRE

263. — *On obtient le volume d'un cylindre en effectuant le produi*
de la surface de la base par la hauteur.

Formule : $\qquad$ $V = \pi R^2 h$

car la base est un cercle.

SURFACE D'UN CYLINDRE

264. — La surface totale d'un cylindre comprend :
1° La surface des deux cercles de base ;
2° La surface latérale.

Surface latérale. — La surface latérale développée donne un rectangle dont la base est la longueur de la circonférence de base et la
hauteur la hauteur même du cylindre.

La formule sera donc :

$$S = 2\pi R h$$

II

TRONC DE CYLINDRE

265. Définition. — En coupant un cylindre droit par un plan non
perpendiculaire aux génératrices, on obtient le tronc de cylindre.

C'est la forme d'un seau à charbon. La *base* est
un *cercle* et la *surface supérieure* présente la forme
d'une *ellipse*.

VOLUME DU TRONC DE CYLINDRE

266. Règle. — *On obtient le volume d'un cylindre*
tronqué dont une des bases est perpendiculaire à la
génératrice, en multipliant la surface de cette base
par la moyenne arithmétique de la plus petite et de
la plus grande génératrice du solide.

On a : $\qquad$ $V = \pi R^2 \times \dfrac{g + g'}{2}$

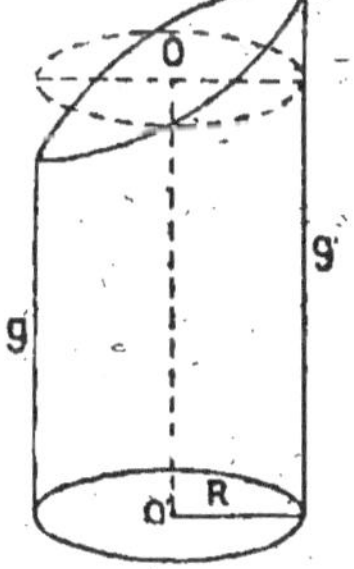

Fig. 193.

En effet, en faisant passer une section droite au
point O (fig. 193) on retranche le même volume qu'on ajoute, or :

$$OO' = \frac{g + g'}{2}$$

SURFACE LATÉRALE DU TRONC DE CYLINDRE

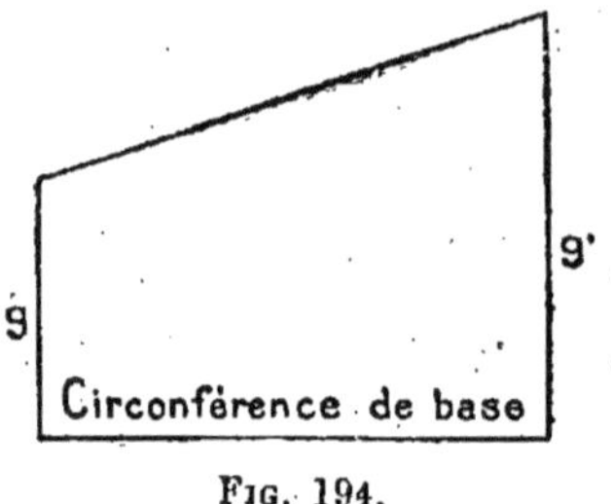

FIG. 194.

267. Si l'on développe sur un plan cette surface, on obtient un trapèze (fig. 194).

Surface de ce trapèze :

$$\frac{g + g'}{2} \times h$$

ou encore :

$$S = \frac{g + g'}{2} \times \text{Circonf.}$$

III

CÔNE

268. Définition. — On appelle *cône droit à base circulaire* le volume obtenu par la rotation d'un triangle rectangle tournant sur un des côtés de l'angle droit.

Le cône a un sommet et une base comme la pyramide.

269. Si l'on suppose une pyramide régulière d'un nombre infini de faces, on arrive à concevoir le cône droit. Il s'ensuit que toutes les formules applicables à la pyramide sont applicables au cône.

C'est ainsi que :

Si l'on coupe un cône par un plan parallèle à la base :

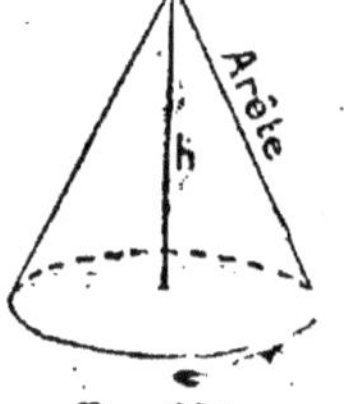

FIG. 195.

1° L'arête latérale et la hauteur du cône sont divisées en parties proportionnelles.

2° Le rapport des aires des deux cercles est égal au rapport des carrés de leurs distances au sommet.

VOLUME D'UN CÔNE

270. — Le cône, n'étant qu'une pyramide d'une infinité de faces, on tire la règle suivante:

Règle. — *Le volume d'un cône est égal au tiers du produit de sa base par la hauteur.*

Formule :

$$V = \frac{\pi R^2 \times h}{3}$$

IV

TRONC DE CÔNE

271. Définition. — Un *tronc de cône* est le volume obtenu en coupant un cône par un plan parallèle à la base du cône (fig. 196).

Le tronc de cône est un tronc de pyramide d'un nombre infini de faces.

VOLUME DU TRONC DE CÔNE

272. On l'obtiendra en appliquant la formule du tronc de pyramide, qu'on modifie ensuite.

On a d'abord :

$$V = \frac{h}{3}(B + b + \sqrt{Bb})$$

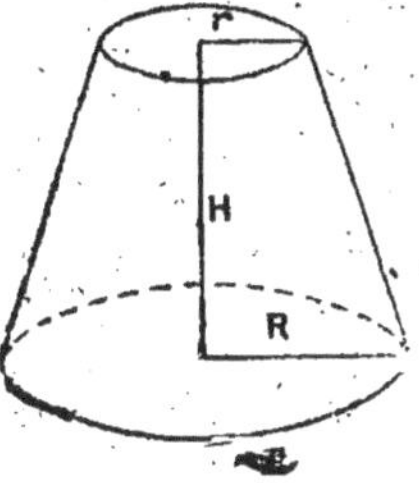

Fig. 196.

Remplaçons les lettres, B et b, par leurs valeurs, on obtient :

$$V = \frac{h}{3}\left(\pi R^2 + \pi r^2 + \sqrt{\pi R^2 \times \pi r^2}\right)$$

ou :

$$V = \frac{\pi h}{3}(R^2 + r^2 + Rr)$$

V

SURFACE DU CÔNE

273. Règle. — La surface totale comprend : *la surface de base*, qui est un cercle, et la *surface latérale*, qui, développée, donne un secteur de cercle.

On obtient la surface latérale d'un cône droit, *en effectuant le produit de la circonférence de base par la moitié de l'arête du cône.*

En effet, il suffit de regarder le développement ci-joint pour justifier la règle.

Pour effectuer ce développement, il faut connaître la grandeur de l'angle en S (fig. 197).

Longueur de l'arc MN correspondant à l'angle cherché s :

$$l = 2\pi MN \times \frac{s}{360} \qquad \text{ou } l = 2\pi A \times \frac{s}{360}$$

D'autre part, cette longueur doit être égale à la longueur de la circonférence de la base, ou :

$$2\pi R.$$

Égalisons, on a :

$$2\pi A \times \frac{s}{360} = 2\pi R$$

ou :

$$s = 360 \times \frac{R}{A}$$

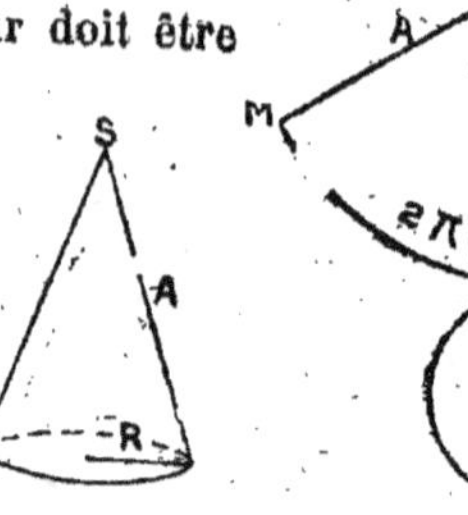
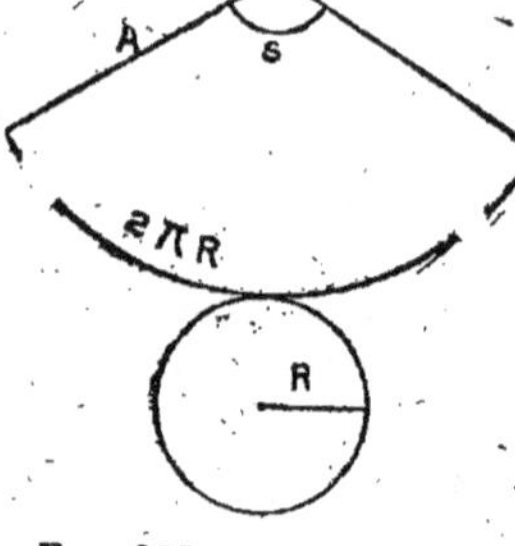

Fig. 197.

Règle. — *L'angle du secteur développé est égal à 360° multiplié par le rapport du rayon à l'arête du cône.*

VI

SURFACE DU TRONC DE CÔNE

274. La surface d'un tronc de cône, développée, donne une *portion de couronne* qui peut être considérée comme une infinité de petits trapèzes (fig. 198). La surface de chacun est de :

$$S = \frac{B + b}{2} \times h$$

Si nous ajoutons toutes les grandes bases de ce trapèze, on obtient la circonférence de la grande base du tronc.

De même, on obtiendra la circonférence de la petite base en additionnant toutes les petites bases des trapèzes.

La surface du tronc de cône aura donc comme formule.

$$S = \left(\frac{2\pi R + 2\pi r}{2}\right) \times A$$

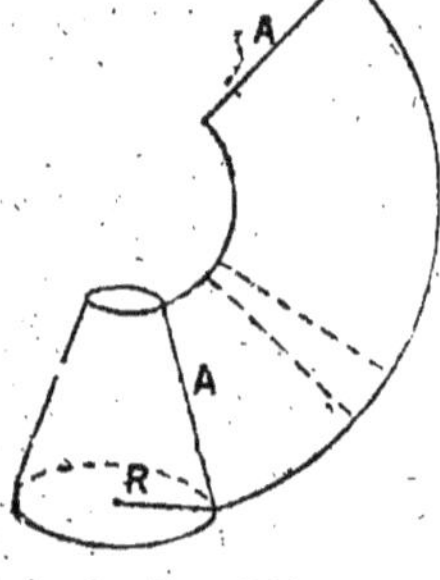

Fig. 198.

ou en simplifiant :

$$S = \pi A (R + r).$$

Règle. — *La surface latérale du tronc de cône a pour mesure le produit de la circonférence équidistante des bases par l'arête du tronc de cône.*

VII

VOLUME D'UN ARBRE EN GRUME

275. — L'arbre en grume est l'arbre non équarri. On pourrait le considérer comme un *tronc de cône* et appliquer la formule de celui-ci, mais ce ne serait pas pratique.

On applique la formule plus simple suivante :

$$V = \pi \left(\frac{R + r}{2}\right)^2 \times H. \qquad (1)$$

C'est-à-dire qu'on considère l'arbre en grume comme *un cylindre* dont la hauteur est la longueur de l'arbre et le rayon de base la moyenne arithmétique entre les rayons des sections extrêmes.

Cette dernière formule (1) n'est pas assez pratique. Déterminer le rayon d'un cercle sur un arbre en grume est difficile.

On a transformé cette formule en considérant que la surface du cercle qui est :

$$S = \pi R^2$$

peut s'écrire en fonction du diamètre :

$$S = \frac{\pi D^2}{4} \text{ ou } \frac{\pi D \times \pi D}{4 \pi}$$

et en fonction de la circonférence elle-même C :

$$S = \frac{C^2}{4 \pi}.$$

La formule (1) deviendra alors :

$$V = \frac{C^2}{4 \pi} \times H. \qquad (2)$$

Règle. — *Pour obtenir le volume d'un tronc d'arbre en grume, on multiplie la surface du cercle correspondant à la circonférence prise en son milieu, par sa longueur.*

VIII

VOLUME D'UN TONNEAU

276. — En considérant le tonneau comme étant formé *de deux troncs de cônes égaux*, unis par leur grande base, on a pour expression de son volume :

$$V = \frac{1}{3} \pi h (R^2 + r^2 + Rr),$$

dans laquelle h désigne les deux hauteurs réunies, c'est-à-dire la longueur même du tonneau.

Mais la courbure des douves étant négligée, il en résulte une erreur en moins assez sensible. Aussi, pour plus d'approximation, emploie-t-on en Angleterre la formule suivante, qui a été proposée par *Oughtred* et qui n'est autre que la précédente dans laquelle on a remplacé le produit Rr par RR ou R².

$$V = \frac{1}{3}\,\pi\,h\,(2\,\mathrm{R}^2 + r^2). \tag{1}$$

En France, on fait usage de la *formule de Dez*, où le tonneau est considéré comme un cylindre dont le rayon de base est égal à celui du bouge diminué des 3/8 de la différence qui existe entre le rayon du bouge et le rayon du fond.

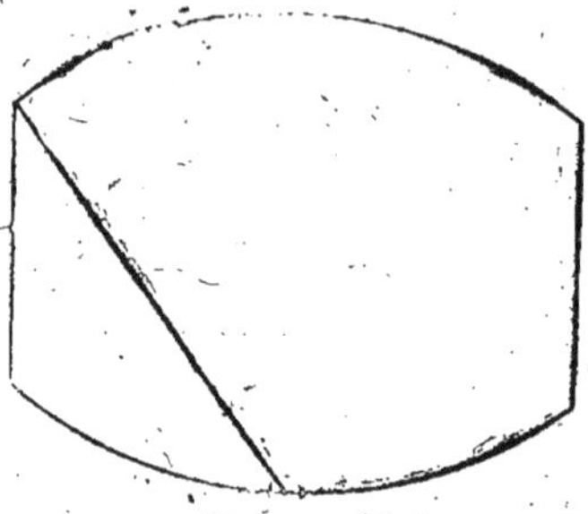

On a :

$$V = \pi\,h\left(\frac{5\,\mathrm{R} + 3\,r}{8}\right)^2. \tag{2}$$

277. REMARQUE. — Dans quelques administrations, on mesure la distance qu'il y a du trou de bonde à l'endroit le plus bas du fond et on multiplie le cube de cette distance par 0,605. Le résultat est le volume du tonneau.

Pratiquement l'on se sert d'une *tige en métal* graduée, qu'on introduit dans le tonneau comme l'indique la figure, et sur laquelle on n'a qu'à lire les résultats tout faits.

FIG. 199.

IX

SPHÈRE

278. Définition. — Une *sphère* est un corps limité par une surface dont tous les points sont également distants d'un point intérieur appelé centre.

On dit encore :

La sphère est le volume *engendré par un demi-cercle tournant* autour de son diamètre comme axe.

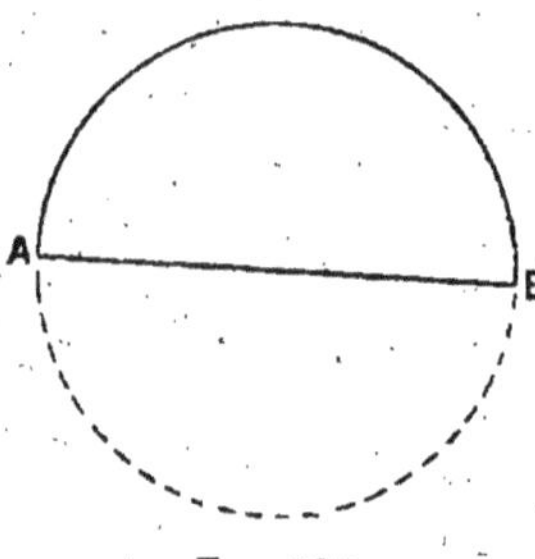

FIG. 200.

Le centre du demi-cercle devient le *centre* de la sphère. Le *rayon* est toute ligne joignant le centre à la surface sphérique.

279. Théorème. — *Toute section plane de la sphère est un cercle* (fig. 201).

Coupons la sphère par le plan ACB. Joignons le point O aux points A, C, B ; les lignes AO, CO, BO sont égales puisqu'elles sont les rayons de la même sphère. Donc ces trois obliques égales s'écartent également du pied de la perpendiculaire menée de O sur le plan sécant et les rayons de la courbe ACB sont égaux. Cette courbe est donc un cercle.

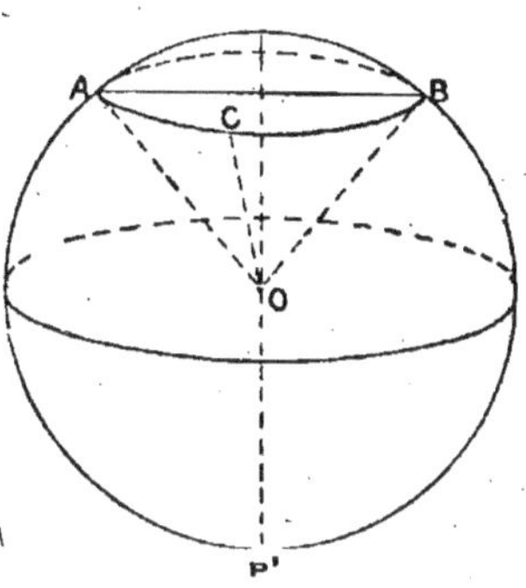

Fig. 201.

REMARQUE. — Si le plan sécant passe par le centre de la sphère, la section est un cercle dont la circonférence-limite a tous ses points à égale distance du centre O. On l'appelle *grand cercle de la sphère*.

Grands cercles. — Il est évident que tous les grands cercles d'une même sphère sont égaux.

PÔLES D'UN CERCLE DE SPHÈRE

280. Définition. — On appelle *pôles d'un cercle* de la sphère, les extrémités du diamètre de la sphère perpendiculaire au plan de ce cercle.

Dans la figure 201, P et P′ sont les pôles du cercle ACB.

Fig. 202.

281. REMARQUE. — Chacun des pôles d'un cercle est également distant de tous les points de la circonférence de ce cercle. Cette proposition se démontre facilement, et il s'ensuit que, d'un point de la sphère, à l'aide d'un compas à branches courbes, appelé compas sphérique (fig. 202), on peut tracer sur la sphère une série de cercles.

PLAN TANGENT A UNE SPHÈRE

282. Définition. — On appelle *plan tangent à une sphère* tout plan qui n'a qu'un point de commun avec la surface de la sphère.

Ce point s'appelle *point de contact.*

283. Théorème. — *Tout plan perpendiculaire à l'extrémité du rayon d'une sphère est tangent à cette sphère.*

Soient la sphère O et le plan M perpendiculaire à l'extrémité du rayon OA (fig. 203). Prenons un autre point quelconque du plan, le point B et menons BO. On aura BO $>$ AO comme oblique, et par conséquent le point B ne sera pas sur la surface de la sphère. Il n'y aura que le point A qui pourra jouir de cette propriété. Le plan M est donc tangent à la sphère.

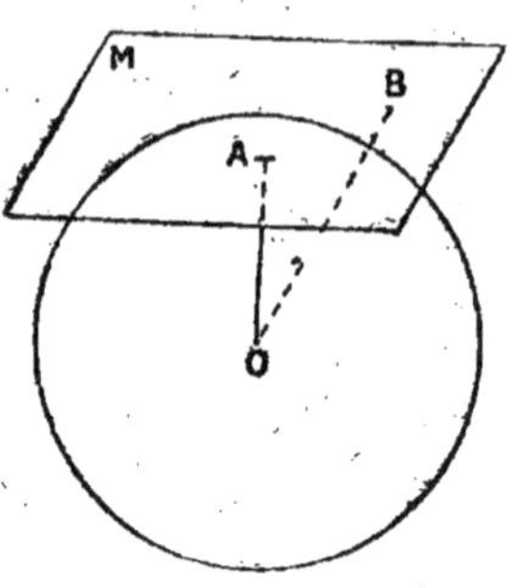

Fig. 203.

284. Mesure du diamètre d'une sphère. — Il y a plusieurs méthodes :

1° On place la sphère entre 2 plans parallèles et on mesure la distance de ces plans. On obtient le diamètre ;

2° On mesure le grand cercle de la sphère avec une ficelle, et, par un calcul, on trouve facilement le diamètre.

X

SURFACE ENGENDRÉE PAR UNE LIGNE BRISÉE TOURNANT AUTOUR D'UN AXE

285. Théorème. — *La surface engendrée par une ligne brisée régulière, tournant autour d'un axe situé dans son plan, passant par son centre, est égale au produit de la circonférence inscrite dans la ligne brisée par la projection de cette ligne sur l'axe.*

Soient la ligne polygonale régulière ABCD, O son centre et l'axe MN (fig. 204).

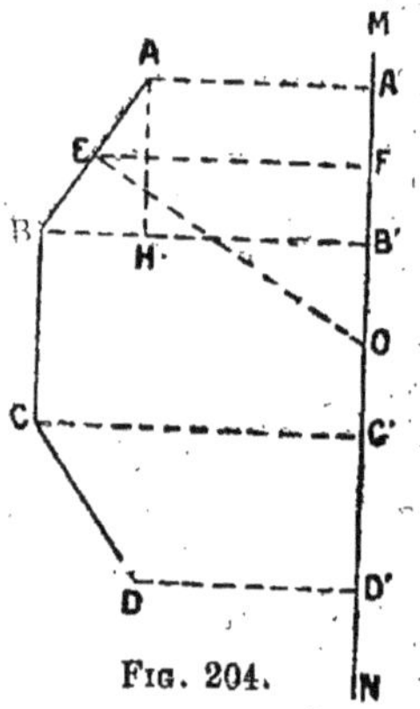

Faisons tourner la figure autour de MN, chacun des côtés de la ligne brisée décrit une surface.

Examinons la surface décrite par la rotation du côté AB autour de l'axe. Ce sera la surface d'un tronc de cône, c'est-à-dire (n° 274).

$$2 \pi \, EF \times AB. \qquad (1)$$

Joignons OE, et abaissons les perpendiculaires AA′ et AH. On obtient 2 triangles semblables ABH et EFO (côtés perpendiculaires) et l'on peut écrire :

$$\frac{EF}{AH} = \frac{OE}{AB}$$

Fig. 204.

On a ensuite : $EF \times AB = AH \times OE = A'B' \times OE$.

Remplaçons dans la formule (1) $EF \times AB$ par son égal $A'B' \times OE$ et nous avons :

$$\text{Surface décrite par } AB = 2\,\pi\,A'B' \times OE. \qquad (2)$$

On voit aussi que la surface engendrée par BC tournant est égale à :

$$\text{Surface décrite par } BC = 2\,\pi\,OE \times B'C',$$

et celle engendrée par CD,

$$\text{Surface décrite par } CD = 2\,\pi\,OE \times C'D'.$$

Additionnons ces trois valeurs, on obtient :

$$\text{Surface décrite par } ABCD = 2\,\pi\,OE\,(A'B' + B'C' + C'D'),$$
$$\text{ou} = 2\,\pi\,OE \times A'D'. \qquad (3)$$

XI

SURFACE DE LA ZONE

286. Définition. — Une *zone* est la portion de la surface de la sphère, comprise entre deux plans sécants parallèles.

Si l'un des plans est tangent à la sphère, la zone prend le nom de *calotte sphérique*.

287. Théorème. — *L'aire d'une zone a pour mesure le produit de sa hauteur par la circonférence d'un grand cercle.*

En effet, supposons que la ligne brisée régulière (fig. 204), soit composée de lignes droites infiniment petites, la ligne brisée deviendra une ligne courbe régulière dont tous les points seront à égale distance du centre O. La ligne EO deviendra égale au rayon R de la sphère engendrée, et, par suite, la surface décrite par l'arc AB tournant sera égale à :

$$2\,\pi\,R \times A'D'.$$

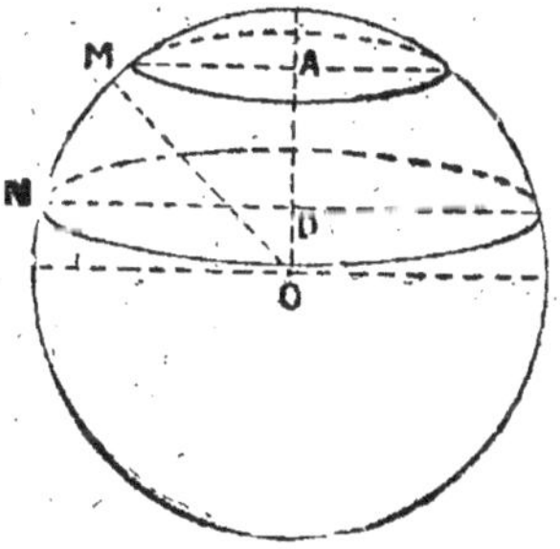

Fig. 205.

A'D' représente la hauteur de la zone, c'est-à-dire la distance entre les deux plans secteurs.

Sur la figure 205, on aura la formule :

$$\text{Surface zone} = 2\,\pi\,R \times AD,$$

et, en représentant AD par h, hauteur de la zone, on a :

$$S = 2\,\pi\,R\,h.$$

XII

SURFACE DE LA SPHÈRE

288. — La surface d'une sphère est engendrée par une demi-circonférence tournant autour d'un diamètre. Appliquons la formule de la surface d'une zone, en considérant que AD hauteur de la zone, devient ici 2 R, longueur du diamètre, et l'on aura :

$$\text{Surface de la sphère} = 2\,\pi\,R \times 2\,R,$$
$$S = 4\,\pi\,R^2,$$

ce qu'on traduira par :

La surface d'une sphère est égale au produit de la circonférence d'un grand cercle par son diamètre.

Ou encore :

La surface d'une sphère est équivalente à quatre fois la surface de son grand cercle.

XIII

VOLUME DE LA SPHÈRE

289. — La sphère peut être considérée comme un volume composé de cônes infiniment petits dont les surfaces de bases forment la surface de la sphère et dont les sommets convergent tous au centre de la sphère.

On en tire la règle suivante :

Le volume d'une sphère s'obtient en faisant le produit de sa surface par le tiers du rayon.

La formule sera :

$$V = 4\,\pi\,R^2 \times \frac{R}{3},$$

ou encore :

$$V = \frac{4}{3}\,\pi\,R^3.$$

XIV

VOLUME DU SECTEUR SPHÉRIQUE

290. Définition. — On appelle *secteur sphérique* le volume engendré par un secteur de cercle AOB tournant autour d'un diamètre.

extérieur à ce secteur. Dans la figure 206, l'axe de rotation est MN.

Ce volume représente une portion de la sphère et on obtient son volume de la même façon.

Règle. — *Le volume d'un secteur sphérique s'obtient en faisant le produit de la zone qui lui sert de base par le tiers du rayon.*

En recourant à la formule de la surface de la zone (nº 287), on a :

$$V = 2\,\pi\,R\,h \times \frac{R}{3} = \frac{2}{3}\,\pi\,R^2\,h.$$

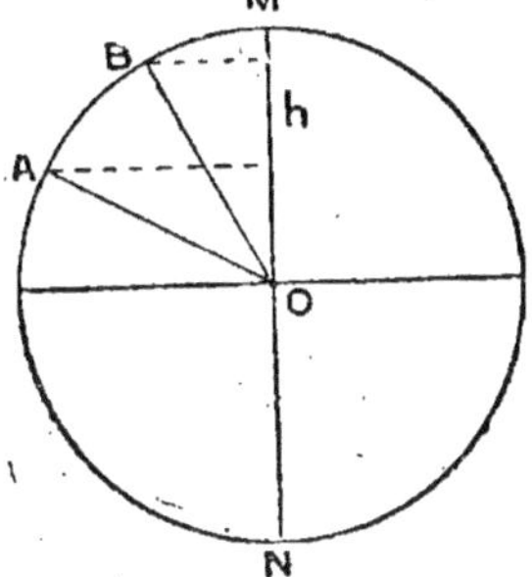

Fig. 206.

XV

VOLUME DE L'ANNEAU SPHÉRIQUE

291. Définition. — On appelle *anneau sphérique* le volume engendré par la rotation d'un segment de cercle tournant autour d'un diamètre qui ne le coupe pas. Dans la figure 207, l'axe de rotation est MN.

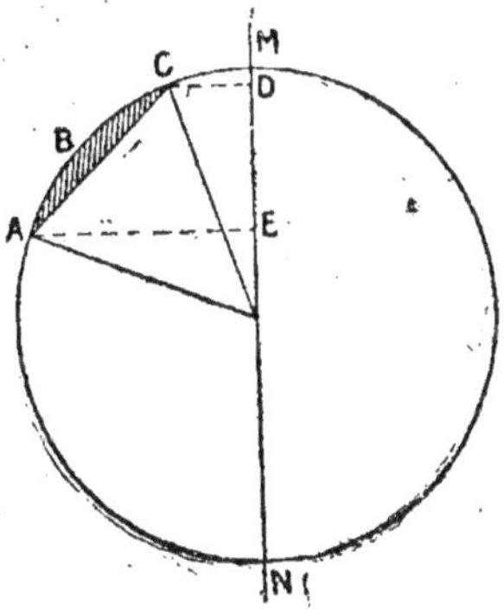

Règle. — *Le volume d'un anneau sphérique est égal au sixième du volume d'un cylindre ayant pour rayon de base la corde du segment et pour hauteur la projection de cette corde sur l'axe.*

D'après la figure ci-contre le volume de l'anneau sphérique engendré serait :

$$V = \frac{1}{6}\,\pi\,\overline{AC}^2 \times DE.$$

Fig. 207.

XVI

VOLUME DU SEGMENT SPHÉRIQUE

292. Définition. — On appelle *segment sphérique* la portion du volume d'une sphère comprise entre 2 plans sécants parallèles.

Les cercles déterminés par les plans sont les bases du segment et la hauteur est la distance entre ces bases.

Règle. — *Le volume d'un segment sphérique équivaut au volume d'un cylindre ayant pour base la demi-somme des bases du segment et*

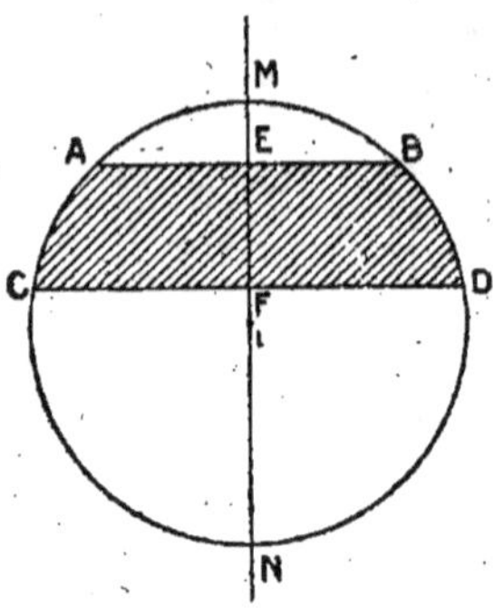

Fig. 208.

pour hauteur la hauteur du segment, augmenté du volume d'une sphère ayant cette hauteur pour diamètre.

$$V = \frac{\pi \,\overline{FD}^2 + \pi \,\overline{EB}^2}{2} \times EF + \frac{4}{3}\pi\,\frac{\overline{EF}^3}{8}$$

où :

$$V = \frac{\pi\,EF}{2}\left(\overline{FD}^2 + \overline{EB}^2 + \frac{\overline{EF}^2}{3}\right).$$

EXERCICES SUR LE SEPTIÈME LIVRE

CORPS RONDS

333. Un vase cylindrique a 0 m. 40 de diamètre intérieur et 0 m. 60 de profondeur, combien peut-il contenir de litres d'eau ?

334. Un verre de forme cylindrique a 0 m. 10 de profondeur, le diamètre d'ouverture mesure 0 m. 08, quelle est la contenance de ce verre, exprimé en centimètres cubes?

335. Un seau cylindrique a une capacité de 6 litres ; sachant que la profondeur est de 0 m. 30, en calculer le diamètre.

336. On veut construire un cylindre en carton dont le rayon de base sera de 6 cm. et la hauteur 10 cm. Quelle surface de carton sera nécessaire?

337. On demande le poids du mercure contenu dans un vase cylindrique dont le diamètre intérieur mesure 0 m. 12, sachant que la hauteur du liquide dans le vase est de 0 m. 08 et que la densité du mercure est de 13, 6.

338. Un verre de forme cylindrique a une contenance de 30 centilitres; sachant que sa profondeur est de 8 cm., quel en est le diamètre intérieur?

339. Dans le décalitre ordinaire du système métrique, on demande de calculer le rayon de base, sachant que la hauteur est égale au diamètre de base.

340. On demande de calculer la longueur du diamètre de la base du litre en étain du système métrique.

341. Une cuve cylindrique contient 3.000 litres d'eau quand elle est pleine. On demande de calculer sa hauteur, sachant que le diamètre de base est de 1 m. 80.

342. On verse dans un vase cylindrique 2.720 grammes de mercure. Quelle hauteur ce mercure atteindra-t-il dans le vase, si le diamètre de base de ce dernier est 8 cm. la densité du mercure étant de 13,6 ?

343. Un tube cylindrique pèse vide 40 grammes et lorsqu'on y introduit une certaine quantité de mercure il pèse 200 grammes. Calculer la hauteur que ce mercure atteindra dans le vase, sachant que le diamètre du tube est de 1 cm. et que la densité du mercure est 13,6.

344. Dans un cylindre de rayon égal à 8 cm. on verse 9 kilogrammes de mercure et 2 kilogrammes d'alcool. Sachant que les densités respectives sont: 13,6 et 0, 79, on demande de calculer les hauteurs respectives de ces deux liquides.

345. Un fil de cuivre a un diamètre de 1 mm ; calculer le poids de 100 mètres de ce fil sachant que la densité du cuivre est 8,8.

346. On sait que le diamètre d'un tuyau creux mesure 0 m. 18 et que sa longueur est de 1 m. 20. On demande de calculer la surface de la tôle qui a servi à le former.

347. Une colonne cylindrique en pierre a 0 m. 80 de circonférence de base, et une hauteur de 4 mètres. Calculer le volume de la pierre employée.

348. Un fil de cuivre cylindrique mesure 500 mètres de longueur et pèse 3.000 grammes. On demande de calculer son diamètre, la densité du cuivre étant de 8,8.

349. Calculer le volume d'une pierre qui, plongée dans l'eau contenue dans un vase cylindrique, fait monter le niveau de 6 cm. On sait que ce vase a un diamètre égal à 10 cm.

350. On retire d'une citerne cylindrique, 25 seaux d'eau contenant chacun 10 litres. On demande de combien le niveau de l'eau s'est abaissé dans la citerne, sachant que le rayon de base égale 1 m. 20.

351. Les gouttières qui conduisent l'eau ont la forme d'un demi-cylindre. Quelle surface de zinc faudra-t-il pour établir une gouttière mesurant 6 mètres de longueur et dont le diamètre doit être de 20 cm.?

352. On veut construire la maçonnerie d'un puits. Celui-ci doit avoir 6 mètres de profondeur, 1 m. 60 de diamètre extérieur, 1 m. 40 de diamètre intérieur. Calculer le volume de la maçonnerie effectuée.

353. On demande le poids de 12 mètres de tuyau de plomb ; sachant que le diamètre extérieur est 24 mm., que le diamètre intérieur est 18 mm. et que la densité du plomb est 11,4.

354. Le rayon intérieur d'une tour exactement cylindrique est de 1 m. 10, l'épaisseur des murs est de 0 m. 40. On demande de calculer le volume de la maçonnerie sachant que la hauteur de la tour est de 10 mètres.

355. La maçonnerie d'un puits cube 9 m³. Sachant que les diamètres extérieurs et intérieurs sont : 1 m. 20 et 1 m. 60, on demande de calculer la profondeur de ce puits.

356. Quel est le diamètre d'un fil de platine qui pèse 30 grammes par mètre de longueur, sachant que la densité du platine est 22 ?

357. Une tige cylindrique a 0 m. 52 de long et 0 m. 10 de diamètre ; on fait argenter cette tige et la couche d'argent qui la recouvre alors a une épaisseur uniforme d'un dixième de millimètre. On demande de combien le volume de cette tige a augmenté et quel est le poids de l'argent déposé à sa surface, sachant que le centimètre cube d'argent pèse 10 gr. 47.

358. Avec une feuille de tôle pesant 44 grammes le décimètre carré, on fait un tuyau cylindrique de 2 m. 75 de long et qui pèse 7 kgr. 0594. Quel est le diamètre de ce tuyau? Quelle est la surface de la feuille de tôle?

359. Une boîte cylindrique en fer-blanc pèse 80 grammes et le fer-blanc dont elle est formée pèse 21 grammes par décimètre carré. Le diamètre de cette boîte étant de 5 centimètres, on demande sa profondeur et sa capacité. Tenir compte du couvercle et du fond.

360. On demande de calculer la capacité d'un récipient de la forme d'un tronc de cylindre. Le diamètre de la base est 0 m. 30, et les génératrices extrêmes ont 40 cm. et 30 cm.

361. Calculer le volume d'un verre en forme de cône. Profondeur 15 cm. Diamètre d'ouverture 10 cm.

362. Un verre de forme conique a un volume de 100 cm³. Sachant que la profondeur est de 6 cm., on demande de calculer le rayon de l'ouverture.

363. On veut construire un petit cône en carton. Les dimensions seront : diamètre de base 8 cm., hauteur 12 cm. Calculer la surface de carton utilisé.

364. Dans le problème précédent, calculer le volume du cône.

365. On veut construire un cône en carton. Les dimensions sont : rayon de base 5 cm., génératrice 8 cm. Calculer la surface de carton utilisé.

366. On a construit un cône en carton avec un secteur circulaire de 15 cm. de rayon et un angle au centre de 135 degrés. Calculer la surface latérale du cône.

367. Dans le problème précédent, calculer le volume du cône.

368. On construit un petit cône en carton de 10 cm. de hauteur et de 8 cm. de diamètre de base. On demande de calculer l'angle au centre du secteur obtenu par le développement.

369. On veut fabriquer un chapeau de cheminée, en tôle, de forme conique. Il doit avoir 30 cm. de diamètre et 15 cm. de hauteur. Calculer la surface nécessaire et dessiner le développement en prenant une échelle de 1/3.

370. Un verre conique présente un volume de 25 centilitres. Sachant que le diamètre d'ouverture mesure 10 cm., on demande de calculer la profondeur du verre.

371. Un vase de forme conique a une capacité de 20 centilitres et un diamètre de 10 cm. et on le remplit par des poids égaux d'eau et de mercure. On demande l'épaisseur de la couche d'eau et celle de la couche du mercure, sachant que la densité du mercure est 13,6. (Remarquer que les volumes des liquides sont inversement proportionnels à leurs densités et directement proportionnels aux cubes des hauteurs.)

372. Sachant qu'un verre conique a 8 cm. de profondeur et que son volume est évalué à 200 cm³, on demande de calculer le rayon d'ouverture.

373. On demande de chercher les dimensions d'un petit cône en argent dont la hauteur égale trois fois le diamètre de la base. Ce cône pèse 3 kilogrammes et on sait que la densité de l'argent est de 10,47.

374. On demande à quelle distance on doit placer un écran d'une lanterne à projections pour avoir un cercle lumineux de 1 m. 80 de diamètre. On sait qu'à 3 mètres de distance, on obtient un cercle lumineux de 1 mètre de diamètre.

375. On veut vider le contenu d'une barrique de 228 litres dans un récipient ayant la forme d'un tronc de cône. Sachant que les diamètres des bases sont 0 m. 20 et 0 m. 28 et que la profondeur du récipient est de 0 m. 30, on demande combien de fois il faudra remplir ce récipient.

376. Une cuve de la forme d'un tronc de cône a pour diamètres extrêmes : 4 mètres et 3 mètres. On demande de calculer la profondeur sachant que son volume est évalué à 20.000 litres.

377. On veut construire un petit abat-jour pour une lampe. Les diamètres extrêmes sont : 12 cm. et 10 cm. La hauteur est 6 cm. Calculer la surface de carton nécessaire et dessiner le développement.

378. On veut établir un abat-jour en papier autour d'une lampe. Les rayons des cercles de base devront avoir 30 cm. et 20 cm. La hauteur devra être de 0 m. 24. On demande la surface du papier nécessaire. On dessinera le développement à une échelle de 1/4.

379. Un cône de 50 cm. de hauteur a pour base un cercle de 10 cm. de rayon. On coupe ce cône à 20 cm. du sommet par un plan parallèle à la base. Quel est le volume du tronc obtenu ?

380. Un cône a 20 cm. de hauteur et un volume de 450 cm³. A 6 cm. du sommet on mène un plan parallèle à la base. Calculer la surface latérale du tronc déterminé par le plan sécant.

381. Un tronc de cône a pour diamètres : 40 cm. et 30 cm. Sa hauteur est de 20 cm. On demande à quelle hauteur on devra faire passer un plan sécteur pour partager ce volume en 2 parties équivalentes.

382. Calculer le volume d'un tronc d'arbre en grume, sachant que les circonférences extrêmes sont : 1 m. 20 et 0 m. 90 et que la longueur est de 8 mètres.

383. Calculer le volume d'un tronc d'arbre en grume sachant que les diamètres des extrémités sont : 0 m. 50 et 0 m. 80 et que sa longueur est de 10 mètres.

384. Calculer le volume d'un tonneau sachant qu'il mesure comme grand diamètre 0 m. 80 et comme petit 0 m. 70. Il a 1 m. 20 de longueur. (Appliquer les deux formules du cours.)

385. Combien contient de litres un tonneau dont la circonférence à la bonde a 1 m. 70, celle des fonds 1 m. 20 et la longueur 1 m. 10.

386. Une sphère en cuivre mesure 25 cm. de grande circonférence, calculer sa surface et son volume.

387. Trouver le rayon d'une sphère géographique dont le volume est de 6 dm³.

388. Calculer le rayon d'une sphère qui a une surface de 20 dm².

389. Une sphère mesure 20 dm² de surface, on demande de calculer son rayon et son volume.

390. Quelle est la surface d'une calotte sphérique dont la hauteur est de 3 cm., sachant que le rayon de la sphère mesure 9 cm ?

391. Une sphère a un volume égal à 113 dm³. 04, quelle sera la surface d'une section menée à 0 m. 20 du centre ? (on prendra $\pi = 3,14$.

392. Un ballon a 10 mètres de diamètre. On demande de calculer le volume de gaz nécessaire à son gonflement.

393. Calculer la surface de la terre en kilomètres carrés, sachant que le tour de la terre mesure 40.000 kilomètres.

394. Un ballon, muni de sa nacelle et d'un passager pèse 250 kilogrammes. Calculer le rayon minimum qu'il faudra donner à cet aérostat pour qu'il puisse se soulever de terre, sachant qu'il a été gonflé avec de l'hydrogène dont la densité est 0,09.

395. Une boule creuse mesure 144 cm³ de volume intérieur. On demande l'épaisseur de la paroi sachant que le rayon extérieur de la sphère est de 5 cm.

396. Dans une sphère de 0 m. 60 de rayon, on mène une section à 0 m. 30 du centre de la sphère, trouver la surface de la section.

397. Calculer la surface d'un globe géographique dont le grand cercle mesure 1 m. 50.

398. Dans le problème précédent, calculer le volume du globe.

399. Dans une sphère de 0 m. 40 de rayon, on mène une section dont la surface est de 0 m², 25. On demande à quelle distance du centre cette section a été menée.

400. Dans un globe géographique de 20 cm. de rayon, une zone mesure 600 centimètres carrés. Calculer sa hauteur.

401. Calculer le volume d'un anneau sphérique sachant que la corde qui sous-tend le segment de cercle tournant mesure 6 cm. et que sa projection sur l'axe est de 4 cm.

402. Calculer la surface engendrée par une ligne AB tournant autour de sa projection horizontale *ab*. On sait que AB = 8 cm., A*a* = 3 cm., B*b* = 5 cm.

403. On demande de calculer le volume engendré par un triangle équilatéral tournant autour d'un de ses côtés. Le côté mesure 16 cm.

404. On demande de calculer la surface d'une zone ayant 8 cm. de hauteur, sachant que le rayon de la sphère à laquelle elle appartient mesure 10 cm.

405. On demande de calculer le volume engendré par un triangle dont les trois côtés mesurent : 8 cm., 6 cm., 5 cm., sachant qu'on le fait tourner autour du côté mesurant 8 cm.

406. Un cube en cuivre pèse 1 kg. 74. On veut en faire une sphère par le tournage. Cette sphère aura pour diamètre l'arête du cube.

On demande le poids de la tournure de cuivre obtenu, sachant que la densité du cuivre est 8,7

407. Si dans une sphère, une section menée à 0 m. 15 de distance du centre a une surface de 2 dm², quel est le volume de la sphère ?

408. Une sphère a 20 cm. de diamètre, calculer le diamètre d'une sphère ayant la moitié du volume de la première.

409. On circonscrit un cylindre à une sphère, et l'on demande de calculer le rapport des deux volumes. On prendra R pour rayon de la sphère.

410. Dans le problème précédent chercher le rapport de la surface de la sphère à la surface totale du cylindre.

411. Un cube est inscrit dans une sphère de rayon R, calculer le rapport des deux volumes.

412. Dans le problème précédent trouver le rapport des deux surfaces.

413. Calculer le volume d'un segment sphérique dont on connaît les rayons des deux cercles de base : 18 cm. et 10 cm. et dont la hauteur égale 8 cm.

414. On coupe une sphère de 15 cm. de rayon par un plan mené à 10 cm. du centre, on demande de calculer la surface de la calotte sphérique.

415. Dans le problème précédent, on demande de calculer le volume du segment sphérique dont on vient de trouver la surface.

416. Calculer la longueur et le rayon d'une chaudière cylindrique terminée par deux hémisphères, connaissant la surface totale 6 m² et le périmètre 6 mètres de la section faite par un plan passant par l'axe.

417. Le rayon de la terre supposée sphérique est de 6.366 kilomètres. On demande à quelle distance peut s'étendre en pleine mer la vue d'un observateur élevé de 40 mètres au-dessus du niveau de l'eau.

418. Une chaudière en fer est composée d'un cylindre terminé à chaque extrémité par une demi-sphère de même rayon que la partie cylindrique qui a 3 mètres de longueur. La circonférence extérieure de la section droite du cylindre est de 3 m. 14 et l'épaisseur de la chaudière est uniformément de 1 millimètre et demi. On demande la capacité de la chaudière et son poids, sachant que la densité du fer est 7,79 (on prendra 3,14 pour valeur de π).

419. Une sphère dont la surface est égale à 60 m². 2656 est inscrite dans un cylindre. On demande : 1° quelle est la surface latérale du cylindre; 2° sa surface totale.

420. On a une bille d'ivoire dont le rayon a 0 m. 03 et l'on veut fondre une bille de fer creuse ayant le même diamètre extérieur et le même poids. Quel doit être le rayon de la cavité sphérique qu'il faut ménager pour que cette condition soit remplie? La densité de l'ivoire est 1,9 et celle du fer 7,8.

COURS D'ALGÈBRE .

COURS D'ALGÈBRE

ESSENTIELLEMENT PRATIQUE

NOTIONS PRÉLIMINAIRES

PROBLÈME I

1. — *Calculer l'intérêt d'une somme de 20.000 francs, placée à 6 0/0, pendant 5 ans.*

Solution (voir *Arithmétique*).

En 1 an, le capital 20.000 francs rapporte :

$$\frac{20.000 \times 6}{100},$$

et en 5 ans, il rapportera :

$$\frac{20.000 \times 6 \times 5}{100}.$$

Si l'on remplace le capital par la lettre a, le taux par la lettre r, le temps par la lettre t, et l'intérêt par la lettre i, on voit qu'on aura :

$$i = \frac{a \times r \times t}{100}.$$

C'est ce qu'on appelle une formule algébrique.

Chaque fois qu'un problème présentera comme donnée la recherche de l'intérêt d'une somme, au lieu de refaire le raisonnement arithmétique, il suffira d'appliquer la formule connue.

2. Formules dérivées. — Reprenons la formule ci-dessus :

$$i = \frac{a \times r \times t}{100}$$

et rendons les deux membres de l'égalité 100 fois plus grands, on a :

$$100 \times i = a \times r \times t.$$

Divisons les deux membres de l'égalité par $r \times t$, on obtiendra :

$$\frac{100 \times i}{r \times t} = a \quad \text{ou} \quad a = \frac{100 \times i}{r \times t}.$$

On obtient ainsi une autre formule, celle de la recherche du capital, quand on connaît les 3 autres éléments du problème : intérêt, taux, temps.

Elle se traduit en arithmétique par la règle suivante :

Le capital s'obtient en divisant 100 fois l'intérêt par le produit du taux et du temps.

3. Par un raisonnement identique au précédent, on obtiendrait les formules du taux et du temps :

$$r = \frac{100 \times i}{a \times t}$$

$$t = \frac{100 \times i}{a \times r}.$$

Ainsi, quels que soient les nombres proposés pour une des quatre formules précédentes, les questions seront toujours résolues selon l'une de ces formules. Le raisonnement est donc *généralisé*.

4. But de l'algèbre. — Le but de l'algèbre est de simplifier et de généraliser les solutions des questions relatives aux nombres.

5. Remarque. — On verra plus loin que deux lettres ou un nombre placés l'un près de l'autre indiquent toujours une multiplication. Les formules précédentes se présenteraient donc :

$$i = \frac{art}{100} \qquad a = \frac{100\,i}{rt} \qquad r = \frac{100\,i}{at} \qquad t = \frac{100\,i}{ar}.$$

PROBLÈME II

6. — *Calculer l'espace parcouru en 3 heures par un train, sachant qu'il parcourt régulièrement 22 km. à l'heure.*

Solution arithmétique

Chemin parcouru : $22 \times 3 = 66$ km.

Formule algébrique. — Représentons l'espace parcouru par la lettre e, la vitesse en 1 heure par v, et le temps ou 3 heures par t, on obtient la formule suivante :

$$e = v \times t.$$

C'est la formule du *mouvement uniforme*, étudiée en Physique. Elle s'applique à la recherche d'une des 3 données (espace, vitesse, temps), quand on en connaît deux.

En effet, de la formule précédente on tire, comme au problème précédent :

$$v = \frac{e}{t} \quad \text{et} \quad t = \frac{e}{v}.$$

EXEMPLE DE SIMPLIFICATION DE CALCUL PAR L'ALGÈBRE

PROBLÈME III

7. — *Deux personnes possèdent la même somme. L'une dépense 12 francs et la seconde 64 francs. Il reste alors à la première 3 fois plus qu'à la deuxième. On demande la somme primitive que chacune de ces personnes possédait.*

Solution arithmétique

Si la première personne n'avait pas dépensé 12 francs, elle posséderait 3 fois plus que la 2e à la condition que cette dernière ait dépensé en moins : $\dfrac{12}{3} = 4$, ou 60 francs.

Mais alors, la 1re personne est en possession de tout son avoir et la 2e n'en a que le 1/3 par suite de sa dépense de 60 francs.

On en déduit que les 2/3 de la somme primitive équivalent à 60 francs.

D'où la somme primitive était :

$$\frac{60 \times 3}{2} = 90 \text{ francs.}$$

On voit combien le raisonnement arithmétique est pénible à énoncer. C'est pourquoi on a recours à l'algèbre.

Solution algébrique

Soit a la somme cherchée ; on n'a qu'à lire l'énoncé et à le traduire par l'égalité suivante :

$$a - 12 = 3 \text{ fois } (a - 64)$$

et l'on tire :

$$a - 12 = 3a - 192$$

ou encore en ajoutant 192 aux 2 termes :

$$192 + a - 12 = 3a$$

et en retranchant une fois a aux 2 termes :

$$192 - 12 = 2a$$
$$180 = 2a$$

$$\frac{180}{2} = a \quad \text{ou } a = 90 \text{ francs.}$$

CHAPITRE PREMIER

I

SIGNES ET DÉFINITIONS

8. Signes. — Les signes sont les mêmes que les signes employés dans l'arithmétique, c'est-à-dire :

+ pour indiquer une addition.   Ex. : $a + b$.

—   —   une soustraction.   Ex. : $a - b$.

$\times$ —   une multiplication. Ex. : $a \times b$, ou simplement ab.

: ou bien   une division.   Ex. : $a : b$, ou $\dfrac{a}{b}$.

REMARQUE. — Le signe de la multiplication ne s'indique pas entre plusieurs lettres ou entre un nombre et une lettre qui se suivent.

C'est ainsi que :
$$5 \times a \text{ s'indique } 5a$$
que :
$$a \times b \text{ s'indique } ab.$$

9. Racine. — Le signe est le même qu'en arithmétique, c'est-à-dire qu'on écrira :
$$\sqrt{8a},$$
pour racine carrée de $8a$,

et :
$$\sqrt[3]{7b},$$
pour racine cubique de $7b$.

10. Coefficients. — On appelle *coefficient* un nombre qu'on place à gauche d'une lettre comme multiplicateur.

Dans l'expression :
$$5a$$
le nombre 5 est le coefficient.

11. Exposants. — On appelle *exposant* un nombre que l'on place à droite et un peu au-dessus d'une lettre pour indiquer sa puissance.

Dans l'expression :

$$a^4$$

le chiffre 4 indique que a est à la 4ᵉ puissance.

On lira : « *a* quatre ».

12. Lettres. — Il est convenu, qu'en algèbre, les lettres qui représentent les inconnues sont choisies parmi les dernières de l'alphabet :

$$x, y, z,$$

et celles qui représentent des quantités connues parmi les premières lettres :

$$a, b, c.$$

$$\text{Ex. : } 3a^2x.$$

Ici, x représente l'inconnue.

13. Terme algébrique. — On appelle *terme* une expression formée d'une ou plusieurs lettres, ayant ou non un coefficient, et qui ne sont séparées par aucun des signes $+$ ou $-$.

Ex. : $4ab^2$ est un terme.

14. Expression algébrique. — On appelle *expression algébrique* un ou plusieurs termes algébriques réunis par un signe $+$ ou un signe $-$.

15. Monôme. — Un *monôme* est une expression algébrique qui ne renferme qu'un terme.

$$\text{Ex. : } 3a^2b.$$

16. Binôme. — Un *binôme* est une expression algébrique qui renferme 2 termes.

$$\text{Ex. : } 2a^2b + 3ab^2.$$

17. Polynôme. — Un *polynôme* est une expression algébrique de plus de 2 termes.

$$\text{Ex. : } 2a + 3b + 4c.$$

II

VALEUR NUMÉRIQUE
D'UNE EXPRESSION ALGÉBRIQUE

18. Définition. — On appelle *valeur numérique* d'une expression algébrique le nombre que l'on trouve lorsqu'on remplace les lettres par leurs valeurs et que l'on effectue les opérations indiquées.

1er Ex. : Calculer la valeur numérique de l'expression suivante surface d'un trapèze), sachant que :

$$B = 12\,m., \quad b = 8\,m. \text{ et } H = 3m.$$

$$S = \frac{B + b}{2} \times H.$$

On obtient :

$$S = \frac{12 + 8}{2} \times 3 = 30\,m^2.$$

2 Ex. : Calculer la valeur numérique du binôme :

$$3a^2 b - 4ab,$$

sachant que : $a = 5$ et $b = 3$.

On obtient :

$$V = 3 \times 5^2 \times 3 - 4 \times 5 \times 3 = 165.$$

III

NOMBRES NÉGATIFS

19. Jusqu'ici, nous n'avons considéré que des nombres positifs, c'est-à-dire que des nombres précédés du signe plus, ou qui étaient supposés l'être.

Il se peut parfois que le résultat d'un calcul, que la valeur numérique d'une expression algébrique soit négative.

Ex. : *Trouver la valeur numérique du binôme :*
$$3ab - 4a^2, \text{ sachant que } a = 5 \text{ et } b = 2.$$
$$\text{Valeur de } 3ab = 3 \times 5 \times 2 = 30.$$
$$\text{Valeur de } 4a^2 = 4 \times 5 \times 5 = 100.$$

On a donc :

$$\text{Valeur} = 30 - 100.$$

Quel peut être le résultat ? On dit que c'est : — 70, et c'est un nombre négatif.

20. Idée d'un nombre négatif. — Lorsqu'une personne possède en argent plus qu'elle ne doit, par exemple, si elle possède 3.000 francs et en doit 2.000, le résultat de la comparaison de ces sommes est + 1.000 francs.

Supposons maintenant qu'elle possède 2.000 francs et qu'elle en doive 3.000, le résultat de la comparaison sera une dette de 1.000 fr. que l'on indiquera par le signe *moins* placé avant le nombre :

$$- 1.000 \text{ fr.}$$

21. Utilité des nombres négatifs. — L'introduction des nombres négatifs simplifie certaines questions et permet d'interpréter certaines solutions de problèmes qui, au premier abord, paraissent absurdes.

22. Nombre algébrique. — Un nombre algébrique est forcément un nombre positif ou un nombre négatif.

IV

USAGE DES PARENTHÈSES

23. 1er Ex. — Soit à effectuer la multiplication :

$$(5 + 2) \times (4 - 3).$$

On doit effectuer d'abord les opérations indiquées dans les parenthèses, pour ensuite effectuer la multiplication.

On aura :

$$7 \times 1 = 7.$$

24. 2e Ex. — Soit à effectuer la multiplication d'un polynôme par un monôme, ou :

$$2a + b + c$$

à multiplier par ab. Pour indiquer cette multiplication, il faut mettre le polynôme entre parenthèses. On aura :

$$(2a + b + c)\, ab.$$

Si l'on n'avait pas mis de parenthèses, on aurait l'expression suivante :

$$2a + b + c \times ab \quad \text{ou} \quad 2a + b + cab.$$

dont la valeur est fausse et entièrement contraire à la véritable.

En effet, donnons des valeurs numériques aux lettres, soit :

$$a = 2, \quad b = 3, \quad c = 4$$

$$(2a + b + c)\,ab = (4 + 3 + 4)\,2 \times 3 = 66$$

et :

$$2a + b + cab = 4 + 3 + 24 = 31.$$

Remarque. — Nous reparlerons des parenthèses plus loin, dans la mise en facteurs communs des valeurs algébriques.

V

TERMES SEMBLABLES

25. Définition. — Deux termes sont dits *semblables* lorsqu'ils sont composés des mêmes lettres et que ces lettres sont affectées des mêmes exposants. Les coefficients et les signes peuvent donc seuls différer.

    1er Ex. : $2a^2b$, $-a^2b$, $4a^2b$.

    2e Ex. : $3a^3b^2$, $-2a^3b^2$, a^3b^2.

RÉDUCTION DES TERMES SEMBLABLES

26. — Soit l'expression algébrique :

$$3a^2b - 5a^2b + 4a^2b + a^2b.$$

On voit de suite que les 4 termes de ce polynôme sont semblables. L'expression a^2b peut être remplacée par le nom d'un objet quelconque. Dès lors, on doit pouvoir réunir tous les termes en un seul.

On dira : $3a^2b + 4a^2b + a^2b$ font $8a^2b$, lesquels, diminués de $5a^2b$, donnent $3a^2b$, comme on dirait : 3 boîtes + 4 boîtes + 1 boîte font 8 boîtes, desquelles nous retranchons 5 boîtes. Il en restera 3.

On appelle cela « faire la réduction des termes semblables ».

RÈGLE. — *Pour résoudre des termes semblables, on additionne les coefficients de tous les termes positifs, puis les coefficients de tous les termes négatifs. On fait la différence des totaux. Celle-ci sera précédée du signe + ou du signe —, selon les cas.*

27. Remarque. — Quand le premier terme d'une expression algébrique est positif, on ne le fait précéder d'aucun signe. S'il est négatif, on met le signe —.

Ex. : Réduire l'expression :

$$3a^2b^2 - 6a^2b^2 + a^2b^2.$$

On obtient :

$$- 2a^2b^2.$$

CHAPITRE II

OPÉRATIONS ALGÉBRIQUES

I

ADDITION

28. 1ᵉʳ Ex. — Soit à additionner les monômes suivants :

$$3a^2b \quad , \quad a^2b \quad , \quad 4a^2b \quad , \quad 2ab^2 \quad , \quad 5ab^2.$$

On écrira les monômes à la suite les uns des autres :

$$3a^2b + a^2b + 4a^2b + 2ab^2 + 5ab^2,$$

et on réduira les termes semblables :

$$8a^2b + 7ab^2.$$

2ᵉ Ex. : Soit à additionner les deux polynômes suivants :

$$1° \quad 3ab^2 - 2a^2b + 4a^2b - ab^2,$$
$$2° \quad 6a^2b - 6ab^2 + 3ab^2 + 3a^2b^2.$$

On écrira les polynômes à la suite l'un de l'autre :

$$3ab^2 - 2a^2b + 4a^2b - ab^2 + 6a^2b - 6ab^2 + 3ab^2 + 3a^2b^2$$

et on réduira les termes semblables :

$$3a^2b^2 - ab^2 + 8a^2b.$$

Règle. — *Pour additionner plusieurs monômes ou plusieurs polynômes, on les écrit les uns à la suite des autres en conservant leurs signes. On fait ensuite la réduction des termes semblables, s'il y a lieu.*

III

SOUSTRACTION

29. 1er Ex. : Soit à soustraire le monône $3a^2b^2$ de $6a^2b^2$.
On écrira :

$$6a^2b^2 - 3a^2b^2,$$

et on aura pour différence :

$$3a^2b^2.$$

2e Ex. : Soit à effectuer la soustraction des **2** polynômes suivants, c'est-à-dire de :

$$8a^2b - 3ab^2 + 5a^2b + 6ab^2,$$

soustraire :

$$2ab^2 - 3a^2b + 7b^2.$$

On écrira le polynôme à soustraire à la suite du premier, en ayant soin de changer tous les signes des termes à soustraire. On aura :

$$8a^2b - 3ab^2 + 5a^2b + 6ab^2 - 2ab^2 + 3a^2b - 7b^2$$

et en réduisant les termes semblables :

$$16a^2b + ab^2 - 7b^2.$$

Règle. — Pour soustraire une expression algébrique d'une autre, il suffit d'écrire l'expression à soustraire à la suite de l'autre en changeant tous les signes des termes à soustraire. On fait ensuite la réduction des termes semblables, s'il y a lieu.

30. Remarque. — On aurait pu indiquer l'opération à faire, ainsi qu'il suit :

$$(8a^2b - 3ab^2 + 5a^2b + 6ab^2) - (2ab^2 - 3a^2b + 7b^2).$$

Dans ce cas, en effectuant la soustraction, c'est-à-dire en supprimant les parenthèses, il faut changer les signes de tous les termes de l'expression à soustraire.

On en tire la règle suivante :

Pour chasser une parenthèse après un signe —, il faut changer tous les signes des termes renfermés dans la parenthèse.

Cette règle est très importante.

III

MULTIPLICATION

31. Règle des signes. — *Deux termes affectés du même signe donnent un produit positif; deux termes affectés de signes contraires donnent un produit négatif.*

On peut dresser le tableau suivant :

$$+ \text{ multiplié par } + \text{ donne } +$$
$$- \text{ multiplié par } - \text{ donne } +$$
$$+ \text{ multiplié par } - \text{ donne } -$$
$$- \text{ multiplié par } + \text{ donne } -$$

Multiplication d'un monôme par un monôme.

32. Soit à effectuer l'opération :

$$3ab^2 \times 2a^2b$$

On multipliera séparément les coefficients et les lettres. On dira : 2 fois 3 égale 6, puis a multiplié par a^2 donne a^3, puis b^2 multiplié par b donne b^3.

Le résultat sera : $6a^3b^3$.

Règle. — *Pour multiplier un monôme par un monôme, il suffit de multiplier les coefficients; de faire suivre ce produit de toutes les lettres qui entrent dans les deux monômes, et de donner pour exposants à chaque lettre la somme des exposants dont elle est affectée dans l'un et l'autre facteur.*

33. Remarque. — Ce calcul des exposants est absolument semblable au calcul des puissances en arithmétique.

Il est évident que :

$$a^2 \times a^3 = a^5$$

car on a :

$$(a \times a) \times (a \times a \times a) = a^5$$

Multiplication d'un polynôme par un monôme.

34. Soit à effectuer l'opération :

$$(3a^2b + 2ab^3 - 3a) \times (4ac)$$

Comme en arithmétique, on multipliera successivement chaque

terme du polynôme par le monôme, et l'on obtiendra en observant bien la règle des signes :

$$3a^2b + 2ab^3 - 3a$$
$$\times\ 4ac$$
$$\overline{12a^3bc + 8a^2b^3c - 12a^2c}$$

Règle. — *On multiplie successivement chacun des termes du polynôme par le monôme en observant bien la règle des signes.*

35. Remarque. — Dans les produits obtenus, il sera indispensable de classer les lettres selon leur rang dans l'alphabet. On écrira $12a^3bc$ et non $12a^3cb$.

Multiplication d'un polynôme par un polynôme.

36. Règle. — *On multipliera chacun des termes du premier par chacun des termes du second en observant bien la règle des signes et on ajoutera les résultats obtenus. On réduira s'il est possible.*

Soit à effectuer :

$$(a^2 + b - c) \times (2a - b)$$

On disposera :

$$
\begin{array}{ll}
\begin{array}{l}
a^2 + b - c \\
2a - b \\
\hline
2a^3 + 2ab - 2ac \\
-\ a^2b - \ b^2 + bc \\
\hline
2a^3 - a^2b + 2ab - 2ac - b^2 + bc
\end{array}
&
\begin{array}{l}
a^2 + b - c \\
2a - b \\
\hline
2a^3 + 2ab - 2ac \\
\quad -\ a^2b - b^2 + bc \\
\hline
2a^3 - a^2b + 2ab - 2ac + bc - b^2
\end{array}
\end{array}
$$

37. Remarque. — On voit que la multiplication, en algèbre, présente les produits partiels en recul vers la gauche, au lieu du recul vers la droite en arithmétique.

IV

PRODUITS REMARQUABLES

**38. En effectuant les produits de certaines quantités, on trouve ce qu'on a appelé des *produits remarquables*. Ceux-ci se retrouvent souvent dans les calculs.

Carré d'une somme de 2 nombres.

39. Soit à effectuer :

$$(a + b)^2 \text{ ou } (a + b)(a + b)$$

on obtiendra comme résultat :

$$a^2 + 2ab + b^2$$

ce qui s'exprime ainsi :

Le carré d'une somme de 2 termes est égal au carré du 1er terme, plus 2 fois le produit du 1er terme par le second, plus le carré du second.

Carré d'une différence de 2 nombres.

40. Soit à effectuer :

$$(a - b)^2 \text{ ou } (a - b)(a - b)$$

on obtiendra comme résultat :

$$a^2 - 2ab + b^2$$

ce qui s'exprime ainsi :

Le carré d'une différence de 2 termes est égal au carré du 1er terme moins 2 fois le produit du 1er terme par le second, plus le carré du second.

Produit d'une somme de 2 nombres par leur différence.

41. Soit à effectuer :

$$(a + b)(a - b)$$

on obtiendra comme résultat :

$$a^2 - b^2$$

ce qui s'exprime ainsi :

Le produit de la somme de deux termes par leur différence est égal à la différence des carrés des deux termes.

V

DIVISION

42. Soit à effectuer :

$$12a^3b^2 : 6ab$$

Comme en arithmétique, il faut trouver une valeur qui, multipliée par $6ab$, reproduise $12a^3b^2$.

On voit tout de suite que, pour permettre d'effectuer la division, il faut que 12 soit divisible par 6, que a^3 soit divisible par a, et que b^2 soit divisible par b.

Ici, on obtiendra $2a^2b$ comme quotient.

43. Remarque I. — Pour qu'une division algébrique d'un monôme par un monôme puisse être effectuée, il faut :

1° Que le dividende présente un coefficient multiple du coefficient du diviseur ;

2° Qu'il comprenne toutes les lettres du diviseur à un exposant au moins égal.

Remarque II. — Du reste, on ne se sert que très rarement de la division algébrique. Elle est remplacée, dans les calculs, par la mise en facteurs communs.

VI

MISE EN FACTEURS COMMUNS

44. Soit l'expression algébrique :

$$12a^3b^2 + 6a^2b - 2ab$$

Rien qu'à l'inspection des lettres et des coefficients de chaque terme, on voit que le facteur 2 est compris dans les 3 termes, de même pour le facteur a, et de même pour le facteur b.

Le produit $2ab$ est donc un sous-multiple des 3 termes. Dès lors, on peut le sortir de ceux-ci et l'on obtient :

$$(6a^2b + 3a - 1)\,2ab$$

Règle. — *Pour mettre plusieurs termes algébriques en facteurs communs, on cherche le P. G. C. D. des termes, on divise chaque terme par ce P. G. C.D., les quotients obtenus sont mis entre parenthèses, et on indique leur multiplication par le P. G. C. D.*

Remarque. — La mise en facteurs communs se présente très souvent dans les calculs algébriques et permet des simplifications très intéressantes.

CHAPITRE III

FRACTIONS ALGÉBRIQUES

---

45. Toute expression algébrique qui n'est pas exactement divisible par une autre a son quotient exprimé par une fraction.

Toutes les propriétés des fractions arithmétiques sont également vraies lorsqu'il s'agit de fractions algébriques. Les opérations sont les mêmes.

I

RÉDUIRE UNE FRACTION A SA PLUS SIMPLE EXPRESSION

46. Soit à réduire la fraction :

$$\frac{720a^5b^3c^2}{540a^3b^4x}$$

Il faut diviser les 2 termes de la fraction par leur P. G. C. D.

Ce P. G. C. D. a pour coefficient le P. G. C. D. des coefficients ou 180. Il a pour lettres, les lettres communes aux 2 termes, affectées de leur plus faible exposant. On obtient :

$$180a^3b^3$$

On trouve alors :

$$\frac{720a^5b^3c^2 : 180a^3b^3}{540a^3b^4x : 180a^3b^3} = \frac{4a^2c^2}{3bx}$$

La fraction est réduite à sa plus simple expression.

47. Soit à réduire la fraction :

$$\frac{3a^2b^3 + 6a^3b^4}{12a^3b^2 - 9a^2b}.$$

On voit que le facteur 3, la lettre a^2, la lettre b se trouvent dans les 4 termes. Il suffira de diviser ceux-ci par le facteur $3a^2b$ et l'on obtiendra :

$$\frac{b^2 + 2ab^3}{4ab - 3}.$$

Remarque. — Cette opération se fait très fréquemment en algèbre.

II

RÉDUCTION AU MÊME DÉNOMINATEUR

48. Soit à réduire au même dénominateur les fractions :

$$\frac{a}{2b} \, , \quad \frac{b}{3c} \, , \quad \frac{c}{4a}.$$

On obtiendra, en appliquant les règles de l'arithmétique :

$$\frac{a \times 3c \times 4a}{2b \times 3c \times 4a} \, , \quad \frac{b \times 2b \times 4a}{3c \times 2b \times 4a} \, , \quad \frac{c \times 2b \times 3c}{4a \times 2b \times 3c} \, ,$$

et par suite :

$$\frac{12a^2c}{24abc} \, , \quad \frac{8ab^2}{24abc} \, , \quad \frac{6bc^2}{24abc}.$$

III

ADDITION

49. Soit à effectuer :

$$\frac{a}{2b} + \frac{c}{a}.$$

On réduira au même dénominateur et on additionnera les numérateurs.

On obtient :

$$\frac{a^2 + 2bc}{2ab}$$

IV

SOUSTRACTION

50. Soit à effectuer:

$$\frac{a}{2b} - \frac{c}{a}.$$

On obtient :

$$\frac{a^2 - 2bc}{2ab}.$$

V

MULTIPLICATION

51. Soit à effectuer :

$$\frac{2a}{bc} \times \frac{3b}{4a^2}.$$

On opérera comme en arithmétique, et l'on aura :

$$\frac{6ab}{4a^2bc}$$

et en simplifiant :

$$\frac{3}{2ac}.$$

VI

DIVISION

52. Soit à effectuer :

$$\frac{2a}{bc} : \frac{3b}{4a^2}.$$

On opérera comme en arithmétique, et l'on aura :

$$\frac{2a}{bc} \times \frac{4a^2}{3b} = \frac{8a^3}{3b^2c}, \text{ fraction irréductible.}$$

VII

REMARQUES DIVERSES

Addition de nombres négatifs.

53. 1er Ex. : Soit à effectuer l'addition :

$$(+ 2) + (— 1).$$

Il suffira d'écrire : 2 — 1.

Effectivement on peut dire que + 2 représente un gain et — 1 une perte. Le résultat sera évidemment, en les réunissant, un gain de 2 — 1 ou 1.

2e Ex. : Soit à effectuer l'addition :

$$(— 3) + (— 5).$$

Il suffira d'écrire :

$$(— 3) + (— 5) = — 8.$$

Ici, on ajoute les 2 valeurs négatives. En effet, on ajoute une perte à une perte. Le résultat donne la somme des pertes.

Soustraction de nombres négatifs.

54. 3e Ex. : Soit à effectuer la soustraction :

$$(+ 8) — (— 3).$$

Le terme (— 3) peut s'écrire (0 — 3), et l'on a :

$$(+ 8) — (0 — 3).$$

D'après les règles algébriques, si l'on fait disparaître la parenthèse on doit changer les signes de la différence.

On a :

$$8 — 0 + 3 = 11.$$

Donc :

$$8 — 0 + 3 = + 11.$$

On voit que pour soustraire un nombre négatif, on fait une addition.

VIII

NOMBRES NÉGATIFS DANS UNE FRACTION

55. 4ᵉ Ex. : Soit la fraction : $\dfrac{a}{-b}$, elle équivant à $-\dfrac{a}{b}$, car le quotient de a par $-b$ est forcément négatif (règle des signes).

5ᵉ Ex. : Soit la fraction : $\dfrac{-a}{-b}$, elle équivaut à $+\dfrac{a}{b}$.

En effet, multiplions les 2 termes par (-1), on obtient :

$$\frac{(-a) \times (-1)}{(-b) \times (-1)} = \frac{a}{b}.$$

La fraction $\dfrac{a}{b}$ est toujours équivalente à $\dfrac{-a}{-b}$.

On tire la règle suivante :
On peut changer les signes de tous les termes d'une fraction sans en altérer la valeur.

IX

CALCUL DES RADICAUX

Multiplication de radicaux.

56. Règle. — *Pour multiplier des radicaux de même nature, on place sous le même radical le produit des nombres contenus dans ces radicaux.*

6ᵉ Ex. : Soit à effectuer la multiplication :

$$\sqrt{a^2b} \times \sqrt{ab^2},$$

on obtient :

$$\sqrt{a^3b^3} \quad \text{sous un seul radical,}$$

mais a^3b^3 peut se mettre sous la forme :

$$a^2b^2ab,$$

et on peut faire sortir du radical le carré a^2b^2.
On obtient :

$$ab\sqrt{ab}.$$

Division de deux radicaux.

Règle. — *Pour diviser des radicaux de même nature, on place sous le même radical le quotient des nombres contenus dans les premiers radicaux et l'on effectue, s'il est possible.*

57. 7e Ex. : Soit à effectuer :

$$\sqrt{15a^3b^2} \; : \; \sqrt{3ab}.$$

On obtient :

$$\sqrt{15a^3b^2 : 3ab} \quad \text{ou} \quad \sqrt{5a^2b} \quad \text{ou encore} \quad a\sqrt{5b}.$$

En effet, on peut indiquer l'opération sous la forme de fraction :

$$\frac{\sqrt{15a^3b^2}}{\sqrt{3ab}} \quad \text{ou} \quad \sqrt{\frac{15a^3b^2}{3ab}} \quad \text{ou} \quad \sqrt{5a^2b}$$

c'est-à-dire, en sortant a^2 du radical :

$$a\sqrt{5b}.$$

58. Remarque. — Par radicaux de même nature, il faut entendre des racines de même indice, c'est-à-dire uniquement des racines carrées, ou uniquement des racines cubiques, etc.

L'indice 2 de la racine carrée ne s'écrit pas. La racine cubique a l'indice 3, etc.

X

RADICAUX DÉNOMINATEURS

59. On ne doit pas conserver des radicaux au dénominateur d'une fraction. Il suffit pour les faire disparaître de multiplier les 2 termes de la fraction par le radical du dénominateur.

Ex. : Soit l'expression :

$$\frac{3}{2\sqrt{2}}.$$

On multipliera les 2 termes par $\sqrt{2}$, et l'on obtiendra :

$$\frac{3\sqrt{2}}{2\sqrt{4}} \quad \text{ou} \quad \frac{3\sqrt{2}}{4}.$$

Les remarques diverses qui précèdent sont très importantes dans les calculs algébriques. Elles permettent de simplifier rapidement des expressions qui paraissent au premier abord très compliquées. On ne saurait donc trop s'exercer à les appliquer.

EXERCICES SUR LES TROIS PREMIERS CHAPITRES

VALEURS NUMÉRIQUES

Trouver les valeurs numériques des expressions suivantes :

1. $a + b + c$
2. $a + b - c$
3. $a - b - c$

pour $a = 12$, $b = 8$, $c = 5$

Même exercice :

4. $\dfrac{a + b}{c}$
5. $\dfrac{a - b}{c}$
6. $\dfrac{a + 2b}{c}$
7. $\dfrac{3a + 4b}{2c}$

pour $a = 10$, $b = 8$, $c = 2$

Même exercice :

8. ab
9. abc
10. $a^2 b$
11. ab^2

pour $a = 5$, $b = 4$, $c = 3$

Même exercice :

12. $a^2 + b^2$
13. $a^2 - b^2$
14. $(a + b)\, a$

pour $a = 6$, $b = 3$

Même exercice :

15. $3a^2 b + 3ab^2 - 4ab$
16. $4a^2 b^2 - 3ab^3$
17. $\dfrac{5a^3 b - 2ab^3}{2ab}$

pour $a = 8$, $b = 3$

TERMES SEMBLABLES

Réduire les termes semblables dans les exercices suivants :

18. $\qquad 7a^3b - 3ab^2 + 4ab^2 + 4a^3b - a^3b$
19. $\qquad 6ab + 3a - 6a + 7ab - b^2$
20. $\qquad 7a^3b^2 - 3a^2b^3 + 2ab^3 - + 3a^2b^3 - 5a^3b^2$

Faire la réduction des termes semblables dans les exercices suivants et calculer la valeur numérique après la réduction.

21. $\qquad 3a^2b - 4a^2b + a^2b - 5a^2b + 12a^2b \quad \begin{cases} a = 3 \\ b = 2 \end{cases}$

22. $\qquad 5a^3bc - a^3bc + 3a^3bc + a^3bc \quad \begin{cases} a = 2 \\ b = 4 \\ c = 5 \end{cases}$

23. $\qquad 2ax^2 - 4ax^2 - ax^2 + 7ax^2 + ax^2 \quad \begin{cases} a = \dfrac{1}{2} \\ x = 2 \end{cases}$

OPÉRATIONS (ADDITION ET SOUSTRACTION)

Additionner les expressions suivantes :

24. $a + b$ et $a - b$
25. $a + b - c$ et $a + b + c$
26. $3a - 2b$ et $5a + 3b$
27. $3ab + a^2b$ et $3a^2b - 2ab$
28. $5a^2b^2 - a^3b$ et $6a^3b - 3a^2b^2$
29. $2a^2b + ab^2 - 4b$ et $3b + 3a^2b - 2ab^2$
30. $a^3 + 3a^2b + 3ab^2 + b^3$ et $a^3 - b^3 - 3a^2b + 3ab^2$
31. $a + b - c - d$ et $c + d - a - b$
32. $2x^2 + 3x + a$ et $3x^2 - 4x - 5a$
33. $a^2 + 2ab + b^2$ et $a^2 - 2ab + b^2$

Réunir en une même somme les expressions suivantes :

34. $5a^3b^2 - 2ab + 2a^2b^2$ et $ab - 6a^3b^2 + 3a^2b^2$
35. $3ab - 4a^3b^2 - a^2b^2$ et $8a^3b^2 - 2a^2b^2$
36. $5a^2b^2 + 6ab - 2a^3b^2$ et $3ab - 4a^3b^2$

Même exercice :

37. $6x^2 - 3x + 3a$ et $5x + 3x^2 - 6a$
38. $4x - 8a + 2x^2$ et $8x - 3x^2 + 2a$
39. $5a - 7x^2 + 8x$ et $2x^2 - 7x + a$

Effectuer les soustractions suivantes :

40.	$a + b$	moins	$a - b$
41.	$a - b$	moins	$a + b$
42.	$5a + 3b$	moins	$2a - 2b$
43.	$6a - b$	moins	$7a + 3b$
44.	$3ab^2 + 2a^2b^2$	moins	$ab^2 - a^2b^2$
45.	$7a^2b^3 - 3ab^2$	moins	$5a^2b^3 + 4ab^2$
46.	$a + b - c$	moins	$a + b + c$
47.	$a + b - c - d$	moins	$c + d - a - b$
48.	$3x^2 - 7x$	moins	$2x^2 + 5x$
49.	$2x^2 + 3x + 2a^2 - b$	moins	$x^2 + 4x + 3a^2 - 4b$
50.	$2(a - b) - c + d$	moins	$a - b - 2(c - d)$

PROBLÈMES SUR L'ADDITION ET LA SOUSTRACTION ALGÉBRIQUES

51. Si on représente l'âge d'une personne par x, quel sera son âge dans n années ?

52. Si on représente par m la somme de deux nombres et par a l'un de ces nombres, quel sera l'autre ?

53. D'une somme représentée par a, on retranche successivement b francs, c francs, d francs. Quelle sera la somme restante ?

54. Jean et Georges jouent ensemble. Jean possède la somme a et Georges la somme b. Jean, dans la 1re partie, gagne autant qu'il possédait au début. Georges, dans la 2e partie, gagne à son tour autant qu'il lui restait après la 1re partie. Combien chacun d'eux possède-t-il alors ?

MULTIPLICATIONS ET PUISSANCES

Effectuer les multiplications suivantes :

55. $a \times b$		**56.** $(a + b)(a + b)$	
57. $a \times b \times c$		**58.** $(a - b)(a - b)$	
59. $(a + b)\, a$		**60.** $(a + b)(a - b)$	
61. $(a + b + c)(a - b - c)$		**62.** $2ab \times a^2b$	
63. $4a^2b^2 \times 2a$		**64.** $6a^2b^2 \times abc$	
65. $7a^3b \times 2c^2$		**66.** $3abc \times 2abc$	
67. $6a^2b^2c \times 2abc$		**68.** $(2ab - bc + c^2) \times a$	
69. $(3a^2 - b^2) \times a^2b^2$		**70.** $(2a^2 - b^2 + c) \times (a - b)$	
71. $(3a^3 + b^2 - c) \times (a + b)$		**72.** $(3a + 2b + c) \times (-b)$	
73. $(3b - 2c) \times (a - b)$		**74.** $(a + b + c) \times (a - b + c)$	

75. $(a + b + 2c) \times (a + b - 2c)$
76. $(2 + c - a) \times (3 - c + a)$
77. $(a + b)^2 \times (a - b)^2$
78. $(x + 2) \times (x - 1)$
79. $(3x - 1) \times (2x + 3)$
80. $(2x^2 - 3) \times (x^2 - x)$
81. $(4x^2 + 5) \times (2x - 3)$
82. $(5a^2b + 3a^3b^2 - a^4b^3 + 3a) \times (2a - 3a^3b^2 - 2a^2b)$

Sans faire l'opération, **donner immédiatement le résultat des opé-**rations suivantes :

83. $(a + c)^2$
84. $(b - c)^2$
85. $(a - c)^2$
86. $(m + n)^2$
87. $(2m - n)^2$
88. $(a - 2b)^2$
89. $(a + c)(a - c)$
90. $(m + n)(m - n)$
91. $(a + 2)(a - 2)$
92. $\left(a + \dfrac{1}{2}\right)\left(a - \dfrac{1}{2}\right)$
93. $(x - 2)(x + 2)$
94. $(y + 3)^2$
95. $(x^2 - 2)^2$
96. $(y^2 + 3)^2$

Décomposer en facteurs les expressions suivantes :

97. $m^2 + 2mn + n^2$
98. $b^2 - 2bc + c^2$
99. $a^2 - 2ab + b^2$
100. $a^2 + 2ab + b^2$
101. $a^2 - b^2$
102. $m^2 - n^2$
103. $x^2 - y^2$
104. $4x^2 + 4xy + y^2$
105. $x^2 + 6x + 9$
106. $a^4 - 1$
107. $x^4 - \dfrac{1}{16}$
108. $x^4 - y^4$

DIVISIONS

Effectuer les divisions suivantes :

109. $4a^3b^2 : 2a$
110. $5ab^3 : ab$
111. $6a^4b^3 : 2a^2b$
112. $8a^3b : 4a^2b$
113. $6x^2y^2 : 3xy$
114. $4x^2y : 2x$
115. $(a^2 - b^2) : (a + b)$
116. $(x^2 - y^2) : (x - y)$
117. $(m^2 + 2mn + n^2) : (m + n)$
118. $(x^4 - 1) : (x^2 - 1)$

Transformer les expressions suivantes par la mise en facteurs communs :

119. $2a^2b - 3ab^2$
120. $10a^3b^2 + 5a^2b^2$
121. $4a^3b^2c^2 - 2a^2bc$
122. $5a^4b^3 - 5a^3b^3$
123. $3x^2 + 4x - 2xy$
124. $4a^2b - ab$
125. $6a^2b^2c^2 - 3abc$
126. $6x^2y + 3xy$
127. $45x^2 - 25x$
128. $8x^2y^2 + 4xy^3$

FRACTIONS

Simplifier les fractions suivantes :

129. 1° $\dfrac{a^2 b}{a^3}$; 2° $\dfrac{ax}{a^2 x}$; 3° $\dfrac{abx}{a^2 b^2 x^3}$;

130. 1° $\dfrac{7a^2 bx}{3b^2 c}$; 2° $\dfrac{35 a^3 c x^2}{7 a c^2}$; 3° $\dfrac{7 a^2 b^3 c}{8ab}$;

131. 1° $\dfrac{a^2 + b^2}{a - b}$; 2° $\dfrac{(a+b)^2}{a+b}$; 3° $\dfrac{x - y}{x^2 - y^2}$;

132. 1° $\dfrac{a^2 + 2ab + b^2}{(a^2 - b^2)}$; 2° $\dfrac{m^2 - 4}{m + 2}$; 3° $\dfrac{m - 3}{m^2 - 9}$;

133. 1° $\dfrac{4a - 2b}{16 a^2 - 4b^2}$; 2° $\dfrac{2x + 5}{4x^2 + 20x + 25}$; 3° $\dfrac{m^2 + mn}{m^2 - mn}$;

Effectuer les opérations suivantes et simplifier en réduisant au même dénominateur.

134. $\dfrac{a}{b} + \dfrac{c}{b}$ **135.** $\dfrac{a}{2b} + \dfrac{a}{b}$

136. $\dfrac{2a}{3} + \dfrac{3a}{4}$ **137.** $\dfrac{a + b + c}{2} + a$

138. $\dfrac{a - b - c}{2} + b$ **139.** $\dfrac{3a + 2b}{3} + \dfrac{a - b}{2}$

140. $\dfrac{a}{c} - \dfrac{b}{c}$ **141.** $\dfrac{3a}{b} - \dfrac{b}{a}$

142. $\dfrac{a + b}{2} - \dfrac{a - b}{3}$ **143.** $\dfrac{2c}{(a + b)^2} - \dfrac{b}{a^2 - b^2}$

144. $\dfrac{4}{(x^2 - y^2)} - \dfrac{1}{x + y}$ **145.** $\dfrac{1}{a + b} - \dfrac{1}{a - b}$

146. $\dfrac{1}{x^2} - \dfrac{1}{x}$ **147.** $\dfrac{2ab}{c} \times \dfrac{c}{a}$

148. $\dfrac{3a^2 b^2}{c^2} \times \dfrac{bc}{a^2}$ **149.** $\dfrac{(a + b)^2}{a^2 - b^2} \times \dfrac{1}{a + b}$

150. $\dfrac{x^2 - y^2}{x^2 + y^2} \times \dfrac{x + y}{x - y}$ **151.** $(x^2 + y^2 + 2xy) \times \dfrac{2a}{x + y}$

152. $\left(\dfrac{1}{a} + \dfrac{1}{b}\right) \times (a + b)$ **153.** $\dfrac{1}{a} : \dfrac{a}{2}$

154. $\dfrac{3a^2}{b^2} : \dfrac{3a}{b}$

155. $\dfrac{(a - b^2)}{(a + b)^2} : \dfrac{a - b}{a}$

156. $\left(\dfrac{x}{x - a} + \dfrac{a}{x + a} \right) : \left(\dfrac{x}{x + a} - \dfrac{a}{x - a} \right)$

157. $\dfrac{x + \dfrac{b - x}{bx + 1}}{1 - \dfrac{bx - x^2}{bx + 1}}$

158. $\dfrac{1}{x\,(x + b)} + \dfrac{2b}{x^2 - b^2} + \dfrac{1}{b\,(x - b)}.$

Effectuer le calcul des radicaux suivants et simplifier.

159. $\sqrt{a} \times \sqrt{b}$

160. $\sqrt{3ab} \times \sqrt{2a}$

161. $\sqrt{25a^2b} \times \sqrt{b^3}$

162. $\sqrt{2a} \times \sqrt{b} \times \sqrt{8ab}$

163. $\sqrt{8ab} \times \sqrt{2b^3}$

164. $\sqrt{4a^2b} \times \sqrt{8a^3b^2}$

165. $\sqrt{x^2y} \times \sqrt{xy^2}$

166. $\sqrt{3x} \times \sqrt{12xy}$

167. $\sqrt{3a} : \sqrt{2a}$

168. $\sqrt{6a^2b} : \sqrt{3ab}$

169. $\sqrt{x^2y} : \sqrt{xy^2}$

170. $\sqrt{3x^3y^2} : \sqrt{9x^2y}$

Calculer et simplifier les expressions suivantes :

171. $\sqrt{25a^3b^2c^2}$

172. $\sqrt{64a^4b^2c^2}$

173. $\dfrac{\sqrt{12a^3b^2}}{\sqrt{2}}$

174. $\dfrac{\sqrt{a^2bc}}{\sqrt{3}}$

175. $\dfrac{\sqrt{x^2y}}{\sqrt{3x}}$

176. $\dfrac{\sqrt{xy}}{\sqrt{3x^2y^2}}$

CHAPITRE IV

ÉQUATIONS

---

60. Définition. — Une *équation* est une égalité qui renferme au moins une inconnue et qui ne peut être vérifiée que lorsque certaines valeurs numériques, qu'il s'agit de trouver, sont mises à la place des inconnues :

Les équations se désignent par le nombre de leurs inconnues et par leur degré.

61. Si l'équation n'a qu'une inconnue, son degré est l'exposant le plus fort dont cette inconnue est affectée dans l'équation.

Ex. :

$$2x + 4 = x - 2$$

est une équation du premier degré.

Ex. :

$$2x^2 + 4 = x - 2$$

est une équation du deuxième degré.

ÉQUATIONS DU PREMIER DEGRÉ A UNE INCONNUE

I

ÉTABLIR L'ÉQUATION D'UN PROBLÈME

62. Pour établir l'équation d'un problème, il suffit de transformer l'énoncé en une égalité. Pour cela, on remplace par une lettre, x habituellement, le nombre cherché ; et l'on établit les relations qui unissent toutes les quantités en ne se servant que des signes employés en algèbre.

PROBLÈME IV

63. — *On veut partager une somme de 60.000 francs entre trois héritiers, de manière à ce que le deuxième ait 5.000 francs de plus que le premier, et le troisième 1.000 francs de moins que le deuxième. Calculer la part de chacun.*

MISE EN ÉQUATION

Appelons x la part du premier. On a :
Part du premier : x ;
   —   deuxième : $x + 5.000$;
   —   troisième : $x + 5.000 - 1.000$ ou $x + 4.000$.
Il est évident qu'on obtient l'équation :

$$x + x + 5.000 + x + 4.000 = 60.000 \qquad (1)$$

PROBLÈME V

64. — *Une marchande apporte au marché un panier de pommes ; elle vend d'abord le $\frac{1}{4}$ de ce que contenait son panier ; puis 12 pommes, puis $\frac{1}{7}$ du reste ; il lui en reste 18. Combien en avait-elle apporté ?*

MISE EN ÉQUATION

Soit x le nombre des pommes apportées.
La marchande a vendu dans ses 2 premières ventes :

$$\frac{x}{4} + 12.$$

Il reste avant la 3ᵉ vente :

$$x - \left(\frac{x}{4} + 12\right) \quad \text{ou} \quad x - \frac{x}{4} - 12.$$

La 3ᵉ vente est :

$$\frac{1}{7} \text{ de } x - \frac{x}{4} - 12 \quad \text{ou} \quad \frac{x}{7} - \frac{x}{28} - \frac{12}{7}.$$

Dans les 3 ventes, on a vendu :

$$\frac{x}{4} + 12 + \frac{x}{7} - \frac{x}{28} - \frac{12}{7}.$$

Si l'on ajoute les 18 pommes qui restent à ce total, on devra égaliser avec le contenu total du panier.

On tire donc l'équation suivante :-

$$\frac{x}{4} + 12 + \frac{x}{7} - \frac{x}{28} - \frac{12}{7} + 18 = x \qquad (2)$$

PROBLÈME VI

65. — *Un père a 38 ans, son fils a 14 ans. On demande dans combien d'années le père aura juste 3 fois l'âge de son fils.*

MISE EN ÉQUATION

Soit x, le nombre cherché ou la différence entre l'âge du père et du fils.

On écrira :

$$38 + x = 3\,(14 + x) \qquad (3)$$

On remarquera qu'évidemment le père et le fils augmentent de même quantité d'années.

II

RÉSOLUTION DES ÉQUATIONS

66. Définition. — Une équation est une égalité qui peut subir toutes les transformations suivantes :

Ex. I. — Soit l'égalité :

$$8 = 8$$

Ajoutons 3 unités à chaque membre :

$$8 + 3 = 8 + 3$$

On a encore l'égalité :

$$11 = 11$$

Règle. — *On peut ajouter un même nombre aux 2 membres d'une égalité sans altérer cette égalité.*

Ex. II. — Retranchons 5 unités à chaque membre. On a :

$$8 = 8$$
$$8 - 5 = 8 - 5$$
$$3 = 3$$

Règle. — *On peut retrancher un même nombre aux 2 membres d'une égalité sans altérer cette égalité.*

Ex. III. — Multiplions les 2 membres par 6. On a :

$$8 = 8$$
$$8 \times 6 = 8 \times 6$$
$$48 = 48.$$

Règle. — *On peut multiplier les 2 membres d'une égalité par un même nombre sans altérer cette égalité.*

Ex. IV. — Divisons les 2 membres par 4. On a :

$$8 = 8$$
$$\frac{8}{4} = \frac{8}{4}$$
$$2 = 2.$$

Règle. — *On peut diviser les 2 membres d'une égalité par un même nombre sans altérer cette égalité.*

Ex. V. — Soit l'égalité :

$$8 = 5 + 3.$$

On peut retrancher 3 unités à chaque membre (II), et l'on a :

$$8 - 3 = 5.$$

D'autre part, soit l'égalité :

$$2 = 5 - 3.$$

On peut ajouter 3 unités de chaque côté de l'égalité, et l'on a :

$$2 + 3 = 5.$$

Règle. — *Si l'on transporte un terme algébrique précédé du signe + ou du signe —, d'un côté d'une égalité dans l'autre côté, ce terme garde sa valeur absolue, mais change de signe.*

67. Ex. VI. — Soit l'équation :

$$5x = 20.$$

Divisons les 2 membres par 5 (IV), on obtient :

$$x = \frac{20}{5}.$$

Règle. — *Pour chasser le coefficient de* **x,** *il suffit de diviser les 2 membres par ce coefficient.*

65. Ex. VII. — Soit l'équation :

$$\frac{2x}{3} = \frac{7}{12}.$$

On a 2 fractions qu'on peut réduire au plus petit commun dénominateur. Celui-ci est 12. Effectuons, on a :

$$\frac{8x}{12} = \frac{7}{12}.$$

Multiplions les 2 membres par 12, on a :

$$8x = 7,$$

et (VI)

$$x = \frac{7}{8}.$$

Règle. — *Lorsqu'une équation présente des dénominateurs différents on réduit tous les termes au même dénominateur. On supprime ensuite ce commun dénominateur.*

Remarque. — La suppression des dénominateurs s'appelle « chasser les dénominateurs ».

69. Résoudre une équation. — Résoudre une équation, c'est transporter les termes inconnus d'un côté du signe $=$ et les termes connus de l'autre côté, de manière à trouver la valeur de l'inconnue.

Pour cela, on appliquera les règles qui précèdent.

Reprenons la résolution des équations posées dans les problèmes 4, 5, 6.

ÉQUATION A SOLUTION POSITIVE

70. Problème IV. — On a à résoudre l'équation trouvée (n° 63) :

$$x + x + 5.000 + x + 4.000 = 60.000.$$

On gardera tous les x du même côté de l'égalité, ce qui fera $3x$, et l'on fera passer les nombres 5.000 et 4.000 du côté opposé. D'après les règles précédentes ; on aura :

$$x + x + x = 60.000 - 5.000 - 4.000$$
$$3x = 51.000$$
$$x = 17.000.$$

La part du 1er sera : 17.000 fr.
Le 2e héritier aura : $17.000 + 5.000 = 22.000.$
Le 3e héritier aura : $22.000 - 1.000 = 21.000$ fr.

Le résultat est positif et devait l'être forcément.

Vérification : 17.000 fr. + 22.000 fr. + 21.000 fr. font bien 60.000 fr.

Remarque. — Ici l'équation était simple, et ne présentait aucun dénominateur à faire disparaître.

ÉQUATION A SOLUTION POSITIVE

71. Problème V. — On a à résoudre l'équation trouvée (n° 64) :

$$\frac{x}{4} + 12 + \frac{x}{7} - \frac{x}{28} - \frac{12}{7} + 18 = x.$$

Il faut chasser les dénominateurs. Le plus petit dénominateur commun sera 28. En réduisant tous les termes à ce dénominateur, on aura :

$$\frac{7x}{28} + \frac{12 \times 28}{28} + \frac{4x}{28} - \frac{x}{28} - \frac{12 \times 4}{28} + \frac{18 \times 28}{28} = \frac{28x}{28}.$$

Faisons disparaître le dénominateur 28 :

$$7x + 336 + 4x - x - 48 + 504 = 28x.$$

Faisons passer tous les termes en x du côté droit de l'équation, et l'on aura :

$$336 - 48 + 504 = 28x - 7x - 4x + x;$$

ou :
$$792 = 18x;$$

ou :
$$18x = 792$$

et en chassant le coefficient 18 :

$$x = \frac{792}{18} = 44.$$

Le nombre primitif de pommes était : 44.

Ce résultat est positif et devait l'être.

72. Remarque. — Si l'on a fait passer les termes inconnus du côté droit de l'équation, c'est qu'on s'était assuré rapidement qu'il y avait moins d'x à gauche de l'équation qu'à droite, et qu'on aurait un nombre positif d'x à droite. C'est une précaution importante. Sans cela on aurait eu :

$$-18x = -792$$

et il aurait fallu changer tous les signes de l'équation, ce qui pourtant n'altérerait pas la valeur de l'équation.

III

ÉQUATION A SOLUTION NÉGATIVE

73. Problème VI. — On a à résoudre l'équation trouvée (n° 65) :

$$38 + x = 3\,(14 + x).$$

Faisons disparaître les parenthèses en effectuant la multiplication

$$38 + x = 42 + 3x.$$

Faisons passer les x à droite ; on obtient :

$$38 - 42 = 3x - x$$
$$- 4 = 2x$$
$$- 2 = x$$

ou :

$$x = - 2.$$

On obtient ici une valeur négative — 2 qui peut facilement s'interpréter. On demandait dans combien d'années l'âge du père serait égal à 3 fois l'âge de son fils. On trouve que ce nombre d'années est — 2. Cela veut dire qu'il y avait *déjà* 2 ans que la condition posée avait été réalisée. En effet, 2 ans auparavant, l'âge du père était 36 ans et l'âge du fils 12 ans.

GÉNÉRALISATION DU PROBLÈME VI

74. Remplaçons l'âge actuel du père par m et l'âge actuel du fils par n, soit toujours x le nombre d'années cherché, l'équation numérique est transformée ainsi :

$$m + x = 3\,(n + x).$$

Résolvons :

$$m - 3n = 2x$$
$$x = \frac{m - 3n}{2}.$$

Pour que la valeur de x soit positive, il est évident qu'il faut que m soit plus grand que $3n$, c'est-à-dire que, dans les données du problème, il faudrait avoir :

$$38 > 3 \times 14$$

ce qui n'est pas.

On a au contraire :

$$38 < 3 \times 14$$

ou:

$$m < 3n$$

la valeur de x sera donc négative.

75. Remarque. — Pour obtenir une solution positive à ce même problème, il suffirait de changer l'âge du fils et de remplacer 14 par 8 ans. On aurait :

$$38 > 3 \times 8$$

et le résultat serait :

$$x = + 7 \text{ ans.}$$

76. Des exemples précédents, on peut tirer une règle générale de la solution des équations du 1er degré à 1 inconnue.

Règle. — Pour résoudre une équation du premier degré à 1 inconnue, il faut :

1° *Chasser les dénominateurs ;*

2° *Faire passer dans l'un des membres tous les termes qui contiennent l'inconnue et dans l'autre tous les termes qui ne la contiennent pas ;*

3° *Faire dans chaque membre la réduction des termes semblables ;*

4° *Diviser le membre qui ne contient pas l'inconnue par le coefficient de l'inconnue.*

INÉGALITÉS A UNE INCONNUE

77. On peut avoir à résoudre l'inégalité :

$$2x - 3 > 3x - 20$$

c'est-à-dire trouver pour quelles valeurs de x l'inégalité est vérifiée.

Pour cela, on applique à la résolution de l'inégalité toutes les règles qu'on applique à la résolution d'une égalité. On aura donc :

$$2x - 3 > 3x - 20$$
$$20 - 3 > 3x - 2x$$
$$17 > x$$

ou :

$$x < 17.$$

Pour que l'inégalité soit vraie, il faut qu'on donne à x des valeurs plus petites que 17.

CHAPITRE V

REPRÉSENTATION GRAPHIQUE

GRAPHIQUE MÉDICAL

78. Quand on visite une salle d'hôpital, on remarque, au chevet de

M: *Dupuis* entré le 4 *Janvier*

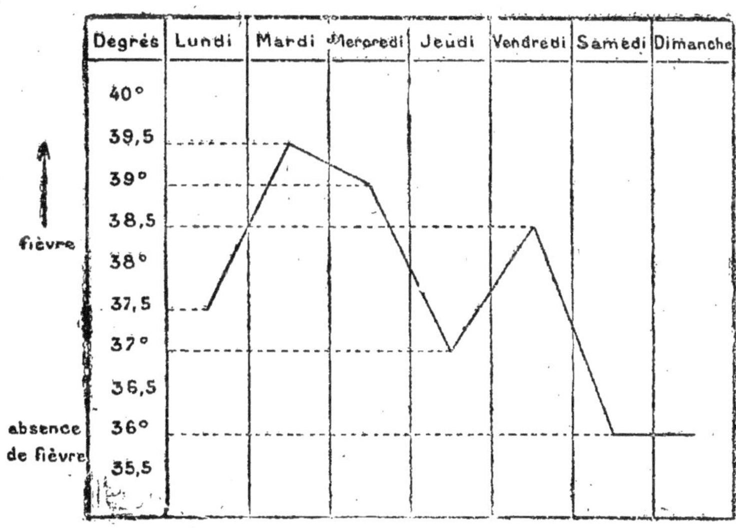

Fig. 1.

chaque lit, une pancarte qui présente ce qu'on appelle un *graphique* de la température du malade.

Tous les jours, à la même heure, la température du malade est prise à l'aide du thermomètre médical, et inscrite ainsi qu'il suit sur la pancarte.

Supposons que les températures relevées les lundi, mardi, mercredi, jeudi, vendredi, samedi, dimanche, d'une semaine aient été de :

$$37°,5 ; 39°,5 ; 39° ; 37° ; 38°,5 ; 36° ; 36°.$$

On marque (fig. 1) dans la colonne du lundi à la hauteur de 37°,5, un point ; dans la colonne du mardi, un point à la hauteur de 39°,5 et ainsi de suite. On joint ensuite tous les points ainsi obtenus et on a une ligne brisée qui indique la marche de la fièvre chez le malade. C'est la *courbe* de la fièvre. On voit de suite les accès fiévreux, puis on constate les samedi et dimanche la disparition complète de toute température. La guérison est faite ou en bonne voie.

GRAPHIQUE DE CHEMIN DE FER

79. La marche des trains est figurée par des traits comme l'indique le graphique ci-contre.

Supposons qu'on veuille tracer la marche (réseau d'Orléans) des trains suivants, pris sur l'indicateur :

De Paris (train express) : Départ à 8 h. 3. Arrivée aux Aubrais Orléans à 10 h. 3.

De Paris (train express) : Départ à 9 h. 54. Arrivée aux Aubrais-Orléans à 11 h. 54.

Des Aubrais-Orléans (express) : Départ à 7 h. 23. Arrivée à Paris à 9 h. 35.

Des Aubrais-Orléans (express) : Départ à 9 h. 36. Arrivée à Paris à 11 h. 30.

Sur une feuille de papier quadrillé, ainsi que l'indique la figure 2, on porte de haut en bas les distances de Paris aux Aubrais de 10 en 10 km. jusqu'aux Aubrais, où l'on marque 123 km.

Puis, de gauche à droite, horizontalement, en haut et en bas de la figure, on porte l'indication des heures : 7 h., 8 h., 9 h., etc.

Pour tracer le graphique du 1er train, on déterminera sur la ligne AB le point indiquant 8 h. 3 et sur la ligne CD le point indiquant 10 h. 3. On reliera les 2 points par un trait qui indique la marche du train.

On fera de même pour le second train.

Pour les express partis d'Orléans, on déterminera l'heure de départ sur la ligne CD et l'heure d'arrivée sur la ligne AB et l'on joindra.

On aura ainsi un graphique complet pour ces 4 trains.

Paris
A
7ᴴ
8ᴴ
8ᴴ3ᵐ
9ᴴ
9ᴴ35ᵐ 9ᴴ54ᵐ
10ᴴ
11ᴴ
11ᴴ30ᵐ B
10ᴷᵐ
20
30
40
43
M
50
60
70
80
90
100
109
110
120
123 C
7ᴴ23ᵐ
8ᴴ26ᵐ
10ᴴ3ᵐ
11ᴴ54ᵐ D
7ᴴ
8ᴴ
9ᴴ
10ᴴ
11ᴴ
12ᴴ
Les Aubrais-Orléans

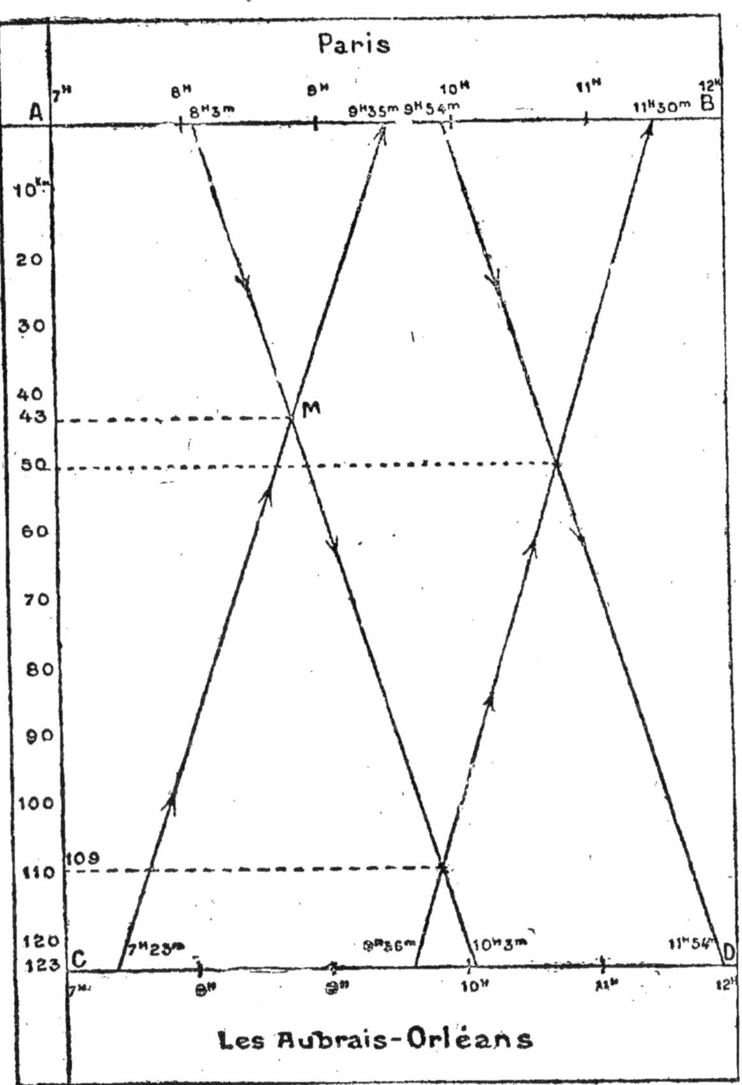

Fig. 2.

80. Remarque I. — On remarquera que les tracés des trains express partant de Paris sont parallèles. Il ne peut en être autrement puisqu'ils ont la même vitesse, effectuant le même parcours en 2 heures sans arrêts.

Il en est autrement des 2 trains express partant d'Orléans, les lignes ne sont pas parallèles, et celle du train de 7 h. 23 est plus oblique, c'est-à-dire plus longue. En effet, ce train met 2 h. 12 pour effectuer son trajet, tandis que le train de 9 h. 36 met 1 h. 54. Ce dernier est donc plus rapide.

81. Remarque II. — On voit que sur la figure 2 on obtient le lieu des croisements des trains.

C'est ainsi que les trains de 8 h. 3 et 7 h. 23 se croisent en M. Si de ce point on mène une horizontale jusqu'à la ligne des distances AC, on détermine un point qui indique, si le dessin est bien exact, la distance de Paris à laquelle s'effectue ce croisement. Ici, ce sera à 45 km. environ.

De même, le croisement des trains de 9 h. 54 et 9 h. 36 s'effectue à environ 50 km. de Paris.

Enfin, le croisement des trains de 8 h. 3 et 9 h. 36 se fera environ à 108 km. de Paris ou à 15 km. des Aubrais.

Des graphiques bien faits rendent de très grands services aux Compagnies de chemins de fer pour l'établissement de leurs horaires.

INTERPRÉTATION GRAPHIQUE DES PROBLÈMES

PROBLÈME VII

82. — *Trouver les poids de 1 dm³, 2 dm³, 3 dm³, etc., de fer, sachant que la densité du fer est 8.*

Solution.

On sait que le poids d'un corps est égal au produit de la densité par le volume.

On aura donc :

$$
\begin{aligned}
\text{Poids de } 1\,dm^3 &= 8\,kg. \times 1 \quad \text{ou} \quad 8\,kg. \\
— \quad 2\,dm^3 &= 8\,kg. \times 2 \quad \text{ou} \quad 16\,kg. \\
— \quad 3\,dm^3 &= 8\,kg. \times 3 \quad \text{ou} \quad 24\,kg. \\
&\cdots\cdots\cdots \\
— \quad 5\,dm^3 &= 8\,kg. \times 5 \quad \text{ou} \quad 40\,kg.\ \text{etc.}
\end{aligned}
$$

On voit que les poids obtenus résentent une augmentation régulière, qu'on peut mettre en relief par un graphique.

Portons sur une ligne horizontale AB des distances égales représentant 1 dm³, 2 dm³, etc. (fig. 3).

Au point A, menons la perpendiculaire AC. Portons sur cette ligne,

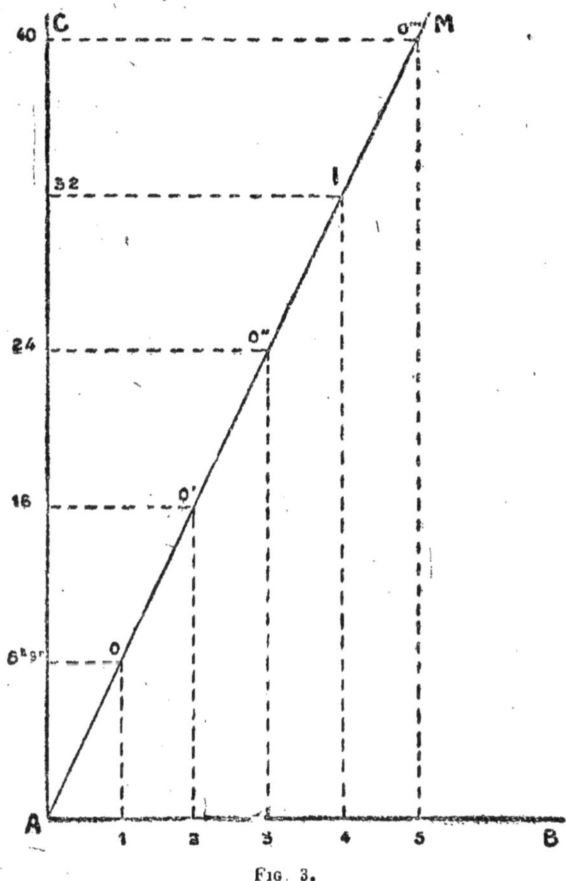

Fig. 3.

à partir de A, des longueurs correspondantes aux poids obtenus :
8 kg., 16 kg., etc.

Du point 8, menons la parallèle à AB.

De même du point 1, menons la parallèle à AC.

Ces deux lignes se coupent en 1 point O.

De même, les parallèles semblables menées par les points 16 et 2 se coupent en O'. On obtient aussi de même les points O'' et O'''.

Joignons tous ces points et le point A. On trace ainsi une seule ligne droite, car les triangles rectangles AO1, AO'2, AO''3 etc., sont semblables.

On a, ce qu'on appelle, *la représentation graphique des poids en fonction des volumes.*

En examinant celle-ci, on s'aperçoit facilement, ce qui est d'ailleurs connu déjà en arithmétique, que les poids croissent dans la même proportion que les volumes, et que cette croissance peut aller jusqu'à un poids infiniment grand pour un volume infiniment grand.

83. **Remarque.** — Si on voulait, sans effectuer de calcul arithmétique, trouver le poids de 4 dm^3 de fer, il *suffirait de fixer le point 4 sur la ligne AB*, d'élever une perpendiculaire en ce point jusqu'à la rencontre de la ligne AM en I. La hauteur de la ligne 4I donne le poids cherché, que l'on trouve en menant du point I une parallèle à AB, parallèle qui coupe la ligne AC en un point indiquant le poids demandé, si le dessin est bien fait. Ici ce sera 32 kgr.

GÉNÉRALISATION

84. L'équation : P = D × V peut s'écrire :

$$y = 8x.$$

la valeur de D étant 8, et V étant remplacé par x, alors que P est remplacé par y.

85. **Variable.** — Le volume représenté par x varie comme nous le voulons. Aussi appelle-t-on cette lettre x, la *variable.*

86. **Fonction.** — Les poids obtenus, représentés par y, suivent les fluctuations de la variable x, on dit que la valeur de y est fonction de la variable x, et que l'égalité :

$$y = 8x$$

est une fonction.

87. **Fonction du 1er degré.** — Comme la variable x n'est affectée d'aucun exposant, elle est du premier degré et la fonction $y = 8x$ est une fonction du 1er degré.

ÉTUDE DE LA FONCTION

$$y = 3x$$

88. Donnons, comme dans le problème précédent, diverses valeurs positives à x et calculons les valeurs correspondantes de la fonction y. On obtient le tableau suivant :

Valeurs de **x**.	*Valeurs de* **y**.
$x = 0$.	$y = 0$
$x = + 1$	$y = 3$
$x = + 2$	$y = 6$
$x = + 3$	$y = 9$
$x = + \infty$ ou l'infini (1)	$y = + \infty$

Rien n'empêche ici de donner également à x des valeurs négatives depuis 0. On obtient le tableau suivant :

Valeurs de x.	*Valeurs de* y.
$x = - 1$	$y = - 3$
$x = - 2$	$y = - 6$
$x = - 3$	$y = - 9$
$x = - \infty$	$y = - \infty$

Classons les valeurs des 2 tableaux précédents en un seul, on a :

Valeurs de x	*Valeurs correspondantes de* y
$x = + \infty$ l'infini	$y = + \infty$
$x = 3$	$y = 9$
$x = 2$	$y = 6$
$x = 1$	$y = 3$
$x = 0$	$y = 0$
$x = - 1$	$y = - 3$
$x = - 2$	$y = - 6$
$x = - 3$	$y = - 9$
$x = - \infty$ l'infini	$y = - \infty$

On voit que si x prend toutes sortes de valeurs de $+ \infty$ à $- \infty$ y prendra des valeurs correspondantes entre $+ \infty$ et $- \infty$.

(1) *Infini ou* ∞. On indique ainsi un nombre infiniment grand, plus grand que tout autre.

REPRÉSENTATION GRAPHIQUE DE LA FONCTION

$$y = 3x$$

89. Comme dans la figure 3, on prend 2 droites perpendiculaires, mais prolongées de manière à former 4 angles droits.

La ligne horizontale $x'ox$ s'appelle la *ligne des abcisses* et la ligne qui lui est perpendiculaire yoy' s'appelle la *ligne des ordonnées*.

90. Convention. — On convient que sur ox, en portera les valeurs positives de x, et sur Ox' les valeurs négatives de x.

De même sur oy, on portera les valeurs positives de y, et sur oy' les valeurs négatives de y (fig. 5).

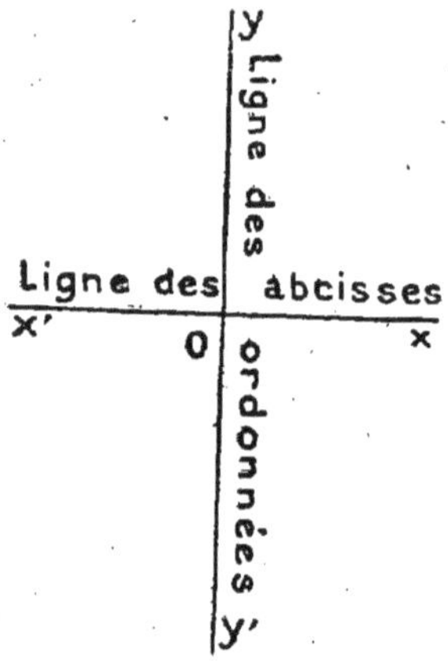

Ces **2** séries de valeurs s'appellent les *coordonnées*.

Consultons le tableau précédent p. 459.

1) Portons d'abord la valeur $x = 1$ sur la ligne Ox et en 1 élevons la perpendiculaire (fig. 5) sur la ligne oy. Portons la valeur correspondante de y ou 3 sur Oy et menons par le point 3 la perpendiculaire à oy. On obtiendra aussi un point d'intersection O'.

2) En prenant les valeurs $x = 2$ et $y = 6$ et en faisant la même construction, on obtiendra le point O''.

3) On trouvera de même le point O'''.

Fig. 4.

4) De même sur Ox' portons les valeurs négatives de x et sur Oy' les valeurs négatives correspondantes de y.

Menons les perpendiculaires aux axes et nous obtiendrons les points $O_{,} - O_{,,} - O_{,,,}$.

Tous les points $O'' - O' - O - O$, etc., sont sur une même droite M'M qui est la représentation graphique de la fonction $y = 3x$, avec une variable x prenant toutes les valeurs de $+ \infty$ à $- \infty$.

91. Remarque I. — On voit que cette fonction *croît indéfiniment* pour les valeurs positives de x, puisque la ligne OM monte sans cesse, et qu'elle *décroît indéfiniment* pour les valeurs négatives de x puisque OM' descend sans cesse.

92. Remarque II. — Diminuons le coefficient de x dans la fonction précédente et remplaçons $3x$ par $2x$. Traçons la ligne représentative. On a alors la nouvelle ligne POP′ dont *la pente est moins forte que celle de la ligne précédente* MOM′ (fig. 6).

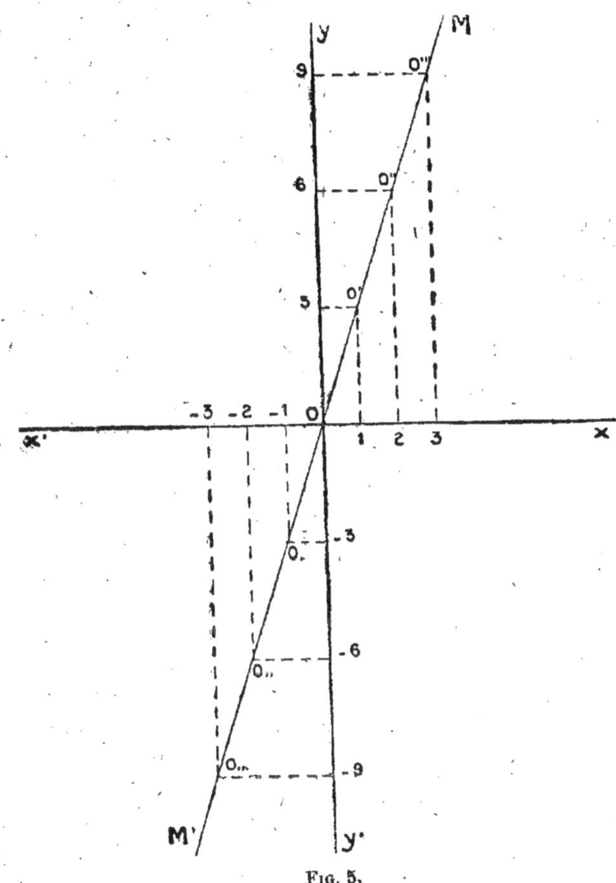

Fig. 5.

On voit que dans une fonction quelconque de la forme

$$y = ax$$

plus le coefficient de x est grand comme valeur absolue, plus l'angle *que sa droite représentative fait avec l'axe des abcisses est grand; ce*

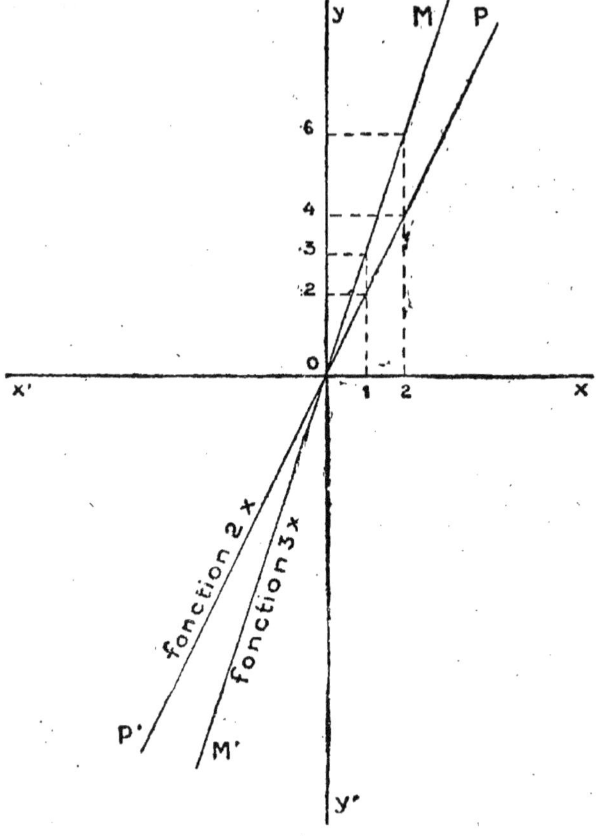

Fig. 6.

qui veut dire que la fonction y de x croît plus vite.

PROBLÈME VIII

93. — *Un train est à 50 kilomètres d'une ville. Il continue à s'éloigner de celle-ci d'un mouvement uniforme. Sa vitesse est de 20 kilomètres à l'heure. On demande à quelles distances il se trouvera de la ville au bout d'une heure, de 2 heures, etc.*

Solution.

La solution arithmétique de ce problème est d'une simplicité remarquable. Nous l'étudierons en ce qui concerne sa représentation graphique, en appliquant les notions déjà connues.

Le train est aux distances suivantes :

$$\text{au bout d'une heure : } 50 + 20 \times 1 = 70 \text{ km.}$$
$$\text{— de 2 heures : } 50 + 20 \times 2 = 90 \text{ km.}$$
$$\text{— de 3 heures : } 50 + 20 \times 3 = 110 \text{ km.}$$

et ainsi de suite.

Portons sur ox les distances égales représentant les nombres d'heures (fig. 7).

Puis sur Oy, portons les distances parcourues, en ayant soin que ces distances soient bien proportionnelles aux nombres trouvés. Joignons les points $0'$, $0''$, $0'''$, on a la droite MN qui coupe l'axe des y, en M, à une distance MO de O.

Si nous comparons graphiquement cette longueur MO à la longueur PP' qui représente une distance de 20 km., on voit que :

$$\text{MO} = 50 \text{ km.}$$

La ligne MN est la représentation graphique de la fonction .

$$y = 20 \times t + 50$$

t représentant le temps.

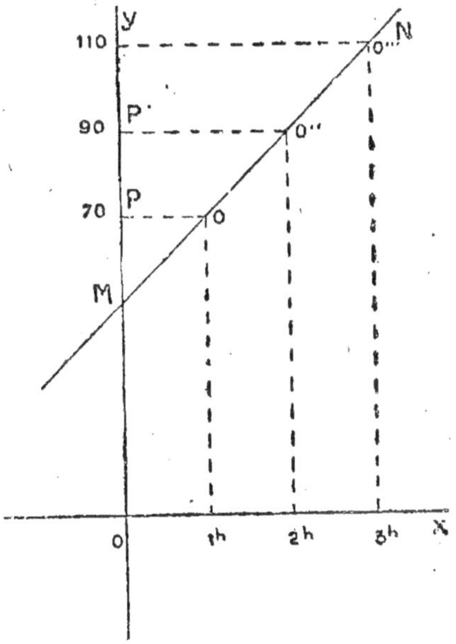

94. Remarque. — Si le train avait été à une distance initiale de 60 km. de la ville, la pente de la ligne MN n'aurait pas changé. Le point M aurait été reporté plus haut sur la ligne des ordonnées et la nouvelle ligne M'N' représentant la fonction aurait été parallèle à MN.

Fig. 7.

GÉNÉRALISATION

95. On peut évidemment remplacer la lettre t par x, on aura alors la fonction:

$$y = 20x + 50$$

ou encore :

$$y = ax + b$$

a représentant le coefficient 20 et b le nombre 50.

GRAPHIQUE DE LA FONCTION
$$y = ax + b$$

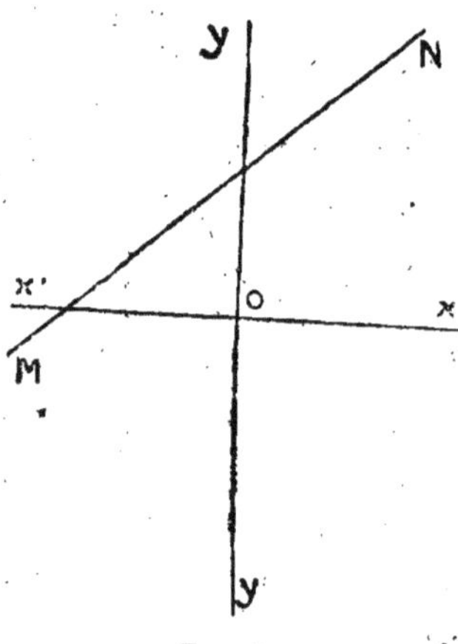

FIG. 8.

96. Si l'on donne à x, non seulement des valeurs positives comme dans le problème précédent, mais aussi des valeurs négatives, on obtient évidemment un graphique identique à la figure 7, mais la ligne MN se prolonge dans les 2 angles droits sur la gauche (fig. 8).

PROBLÈME IX

97. — *Quel volume devra-t-on donner à un ballon sphérique, gonflé d'hydrogène pour lui permettre de s'élever du sol. On sait que le poids total de l'appareil et de la personne qui y prend place s'élève à 1.000 kgr., que la densité de l'air est 1,3 et celle de l'hydrogène 0,09.*

Solution.

Soit x le volume exprimé en mètres cubes.

D'après le principe d'Archimède, la [poussée effectuée de bas en haut par l'air déplacé est évaluée à :

$$1 \text{ kgr. } 3 \times x$$

D'autre part, le poids de l'hydrogène contenu dans le ballon et le poids total de l'appareil et de la personne font un total de :

$$0,09x + 1.000$$

Pour que le ballon puisse s'élever, il faut que l'on ait :

$$1,3x > 0,09x + 1.000$$

ou encore :

$$(1,3 - 0,09)\, x - 1.000 > 0$$

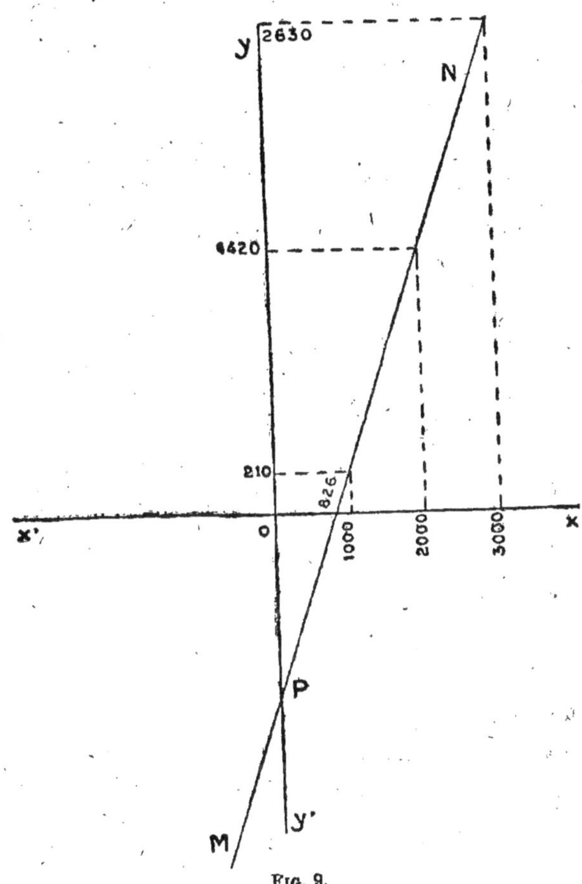

Fig. 9.

Cette expression est celle de la force ascensionnelle, qu'on repré·
sentera par y, et l'on aura :

$$y = 1,21x - 1.000$$

On a ici une fonction qui ressemble à la fonction $y = ax + b$. Elle ne s'en différencie que par le 2e terme du 2e membre qui est négatif.

Donnons à x la valeur minimum pour que y puisse être égal à 0. On a alors :

$$x = \frac{1.000}{1,21} = 826 \text{ m}^3$$

Pour $x = 826 \text{ m}^3$ $y = 0$
— $x = 1.000 \text{ m}^3$ $y = 210$
— $x = 2.000 \text{ m}^3$ $y = 1.420$
etc.

Traçons le graphique, comme précédemment, on obtient la figure 9.

On devra donc donner au ballon un volume plus grand que 826 m³, et plus il sera grand, plus la force ascensionnelle augmentera.

98. Remarque. — On peut constater la différence de la position de la droite dans les figures 7 et 9. Cette différence provient de la différence des fonctions elles-mêmes.

Ici la fonction générale s'écrit :

$$y = ax - b$$

Si le graphique est bien établi, la distance OP doit correspondre à une valeur égale à 1.000 unités, comptées sur la ligne yy', c'est-à-dire à la valeur de b dans la fonction étudiée.

———

EXERCICES SUR LES ÉQUATIONS DU 1ᵉʳ DEGRÉ A UNE INCONNUE

Résoudre les équations suivantes :

177. 1° $4x + 5 = 3x + 12$;   2° $5x - 13 = 2x - 4$

178. 1° $6x + 160 = 40 + 8x$;   2° $2x - 1 = 3x + 2$

179. 1° $\dfrac{3x}{2} + 20 = x + 25$;   2° $\dfrac{2x}{3} + 5 = 2 + x.$

180. 1° $\dfrac{3x}{5} + 7 = \dfrac{2x}{6} + 6$;   2° $\dfrac{x}{2} + \dfrac{x}{3} = 50$

181. 1° $\dfrac{x + 2}{3} = 5x - 46$;   2° $\dfrac{x}{2} + \dfrac{x}{5} = x + 3$

182. 1° $\dfrac{2\,(x+5)}{3} = x - 2$;   2° $\dfrac{x-5}{4} - \dfrac{8x-6}{8} = \dfrac{3a+7}{8}$

183. 1° $\dfrac{3}{2}\,(x-7) = \dfrac{5}{9}\,(x-2)$;   2° $\dfrac{x}{x-4} = 3$

184. 1° $\dfrac{2x-4}{3x-2} = \dfrac{4}{7}$;   2° $\dfrac{x-9}{x+3} = \dfrac{4}{x+3} - 5$

Chercher la valeur de x dans les équations suivantes :

185. 1° $3ax = b$;   2° $2ax - x = 3a - b$

186. 1° $\dfrac{x+a}{3} = \dfrac{x+b}{2}$;   2° $\dfrac{1}{x} + \dfrac{1}{b} = \dfrac{2}{x}$

187. 1° $\dfrac{x}{a} = \dfrac{x}{b} = 1$;   2° $\dfrac{x-b}{a} - \dfrac{x+a}{b} - \dfrac{2b}{a}$

Résoudre les inégalités suivantes :

188. 1° $2x + 3 > x + 5$;   2° $3x > 4x - 18$

189. 1° $\dfrac{7x}{3} - 1 < 2x$;   2° $\dfrac{4x}{5} + 3 < 3x - 8$

PROBLÈMES

SUR LES ÉQUATIONS DU PREMIER DEGRÉ A UNE INCONNUE ET SUR LEUR REPRÉSENTATION GRAPHIQUE

190. Un porte-monnaie et la somme qui y est contenue valent ensemble 105 francs. Quelle est cette somme, sachant qu'elle vaut 6 fois le prix du porte-monnaie ?

191. Quatre personnes ont : la première, 57 ans ; la deuxième, 25 ans ; la troisième, 11 ans, et la dernière, 9 ans. Dans combien de temps l'âge de la première sera-t-il égal à la somme des âges des 3 autres ?

192. Les roues d'une voiture ont pour circonférences respectives 2 m. 40 et 3 mètres. On demande quel chemin aura parcouru la voiture, lorsque les petites roues auront fait 200 tours de moins que les grandes.

193. On partage 88 francs entre un certain nombre d'ouvriers ; les $\frac{2}{3}$ reçoivent 6 francs, les autres 10 francs. Combien y a-t-il d'ouvriers ?

194. Trouver le capital qui, placé à 5 0/0 pendant quatre ans, est devenu, capital et intérêts réunis, 4.800 francs.

195. Quel nombre faut-il ajouter aux 2 termes de la fraction $\frac{3}{4}$ pour obtenir la fraction $\frac{8}{9}$?

196. Quel nombre faut-il retrancher des termes de la fraction $\frac{11}{12}$ pour obtenir la fraction $\frac{1}{2}$?

197. Un cycliste dispose de 7 heures pour faire une promenade. Il part dans un bateau qui fait 20 kilomètres à l'heure. On demande à quelle distance du point de départ il doit débarquer, s'il revient à bicyclette à raison de 15 kilomètres à l'heure.

198. Un père et son fils ont respectivement 41 ans et 18 ans. Dans combien de temps l'âge du père sera-t-il le double de l'âge du fils ?

199. Donner une solution graphique claire du problème précédent.

200. Deux personnes sortent avec la même somme. L'une dépense 135 francs, l'autre 165 francs. Il reste alors à la première 3 fois plus qu'à la deuxième. Combien ces personnes possédaient-elles chacune ?

201. On a reçu une somme totale de 280 francs en pièces de 5 francs et en pièces de 2 francs. Il y a en tout 65 pièces. On demande combien il y avait de pièces de chaque sorte.

202. Un père en mourant laisse 15.200 francs à chacun de ses enfants ; l'un d'eux vient à mourir, et sa part est divisée entre chacun des survivants. Sachant que ceux-ci touchent alors 19.000 francs chacun, trouver le bien du père et le nombre des enfants.

203. Un marchand a acheté 40 chapeaux pour une certaine somme. Si chaque chapeau avait coûté 5 francs de moins, il aurait pu en acheter 10 de plus avec la même somme. On demande le prix d'un chapeau.

204. Partager une somme de 5.000 francs entre deux personnes de manière que l'une ait 1.280 francs de plus que l'autre. Vérifier.

205. Une plaque de liège, dont la densité est 0,6, flotte sur l'eau. Elle mesure 10 centimètres carrés de surface et 6 centimètres d'épaisseur. On demande de calculer la partie de l'épaisseur qui est immergée.

206. Un forgeron veut placer un bandage en fer autour d'une roue qui mesure 3 m. 108 de circonférence extérieure. Pour cela, il le fera chauffer à 300°. On demande de calculer la circonférence que devra avoir un bandage à 0°, sachant que le coefficient de dilatation linéaire du fer est de 0,000012. Formule à appliquer : $l_t = l_0 (1 + at)$; $t =$ température ; $a =$ coefficient de dilatation.

207. Dans un verre à expériences qui contient 270 grammes d'eau à 25°, on jette un peu de glace à 0°. On demande quel poids de glace il faudra jeter pour amener l'eau à 10°, sachant que la chaleur de fusion de la glace est de 80 calories.

208. Une pièce de bois qui flotte sur l'eau a un volume de 125 dm³. Sachant qu'elle déplace 112 dm³ 5 d'eau, on demande de calculer la densité de ce bois.

209. Calculer la valeur de la somme que possède une personne, sachant que si elle dépense d'abord les $\frac{2}{3}$ de cette somme et ensuite les $\frac{5}{7}$ du reste, la somme en pièces d'argent qui lui reste en dernier lieu pèse autant que 3 lit. 13 d'eau distillée.

210. Une personne met une montre en loterie. A 3 francs le billet, elle récupérerait le prix de la montre plus 20 francs. A 2 francs le billet, elle perdrait 60 francs. Quel est le nombre de billets ?

211. Un vigneron achète un terrain. S'il vend son vin 220 francs la pièce, il peut payer le terrain et il lui restera 440 francs. S'il vend son vin 170 francs, il lui manquera 760 francs. Quel est le nombre de pièces de vin qu'il possède ?

212. Un train a marché pendant 13 heures ; s'il avait marché 2 heures de moins avec une vitesse moindre de 5 kilomètres à l'heure, il aurait parcouru 145 kilomètres de moins. Trouver la première vitesse.

213. Quel est le nombre dont la moitié, diminuée de 4, égale le cinquième du même nombre augmenté de 14 ?

214. La différence entre les $\frac{5}{7}$ et les $\frac{3}{11}$ du prix d'une étoffe est de 34 francs. Quel est le prix de la pièce d'étoffe ?

215. La somme de 2 nombres est 56 ; le quotient du plus grand par le plus petit est 3 avec 4 pour reste. Quels sont ces 2 nombres ?

216. Deux personnes se sont partagé une somme de 5.225 fr. 60. La première dépense les $\frac{2}{9}$ de sa part et la seconde perd le $\frac{1}{5}$ de la sienne. Elles sont alors aussi riches l'une que l'autre. Quelles étaient leurs parts primitives ?

217. On donne un trapèze ABCD, dont la grande base AB mesure 12 mètres, la petite base DC, mesure 8 mètres et la hauteur DH égale 4 mètres. On prolonge les côtés non parallèles jusqu'à ce qu'ils se rencontrent en E. On demande de calculer la hauteur EH' du grand triangle obtenu.

218. Deux ouvriers travaillent à un même ouvrage ; le premier gagne 2 francs par jour de moins que le deuxième. Le premier a travaillé 25 jours et le deuxième a travaillé 37 jours. Ce dernier a reçu 254 francs de plus que l'autre. Trouver le gain journalier de chacun.

219. Une garnison de 1.800 hommes a des vivres pour 230 jours ; au bout de 52 jours, elle reçoit un renfort de 336 hommes. Combien de jours encore pourra-t-on nourrir toute la garnison ?

220. Il y a dans une place forte 9.000 hommes qui ont encore des vivres pour 64 jours. La ville est sur le point de subir un siège qui peut durer 150 jours. Combien doit-on faire sortir d'hommes pour qu'en diminuant la ration de 1/5, les vivres puissent être suffisants pour ce temps ?

221. On demande de déterminer le point où la tangente commune à 2 circonférences rencontrera la ligne des centres. Les circonférences données sont extérieures, leurs centres sont O et O', leurs rayons R et r, et la distance des centres d.

222. Un décimètre cube de bois, de densité 0,750, flotte successivement sur de l'eau pure à 4° et sur de l'eau salée de densité 1,25. On a marqué par un trait, sur la même arête du cube, le niveau du liquide dans les 2 cas. Calculer la distance qui sépare ces 2 traits.

223. Dans un litre en fer blanc destiné à mesurer le lait et ayant par conséquent 108 mm. 4 de profondeur, on verse de l'eau jusqu'à la hauteur de 60 millimètres, puis on y met un morceau de plomb pesant 2 kgr. 7, ce qui fait monter l'eau à une hauteur de 86 millimètres. Quelle est la densité du plomb ?

224. Un marchand a acheté une pièce de drap à raison de 10 francs le mètre. En la mesurant, il trouve que la pièce a 5 mètres de plus qu'il ne croyait, mais le drap est de médiocre qualité et il devra le revendre au prix de 8 francs le mètre. Il fera ainsi une perte de 13 1/3 0/0. Quelle est la longueur de la pièce ?

225. Après avoir perdu successivement les 3/8 de sa fortune, 1/9 du reste, puis les 5/12 du nouveau reste, une personne hérite de 60.000 francs. La moitié de sa fortune primitive se trouve alors reconstituée. On demande d'après cela : 1° combien cette personne possédait d'abord ; 2° combien elle a successivement perdu.

226. Deux porte-monnaie contiennent le premier, 12 billets de 50 francs et le deuxième 9 pièces de 20 francs. On enlève du premier un certain nombre de billets et on les place dans le deuxième, mais en même temps, on enlève du deuxième un nombre égal de pièces pour les mettre dans le premier.

Quel est le nombre de billets ou de pièces qu'il faut ainsi déplacer pour que les contenus des 2 porte-monnaie aient la même valeur après l'échange ?

227. Un banquet a réuni 100 personnes parmi lesquelles 10 invités n'ont pas payé leurs parts. Les autres ont payé soit 8 francs, soit 4 francs par tête. Le prix du repas s'est élevé à 500 francs. Il y a en outre 100 francs de frais divers et les recettes ont excédé les dépenses de 40 francs. On demande combien il y avait de convives à 8 francs et de convives à 4 francs.

228. Une personne a perdu dans une entreprise les 2/9 de sa fortune. Elle place les 3/4 du reste à 4 0/0. L'intérêt mensuel qu'elle retire de ce placement est 70 francs. Quelle était la fortune primitive de cette personne ?

229. Un capital de 20.000 francs est partagé en 2 parties, placées l'une à 6 0/0, l'autre à 4 0/0. Le revenu total s'élève à 1.100 francs. On demande de calculer les 2 parties du capital.

230. On a placé à des taux différents 880 francs pendant 75 jours et 350 francs pendant 120 jours. Les intérêts produits par les deux sommes sont égaux. Calculer les taux, sachant que leur somme est égale à 9.

231. Une somme est triple d'une autre. La plus grande est placée à 5 0/0 pendant 11 mois et la plus petite à 4 0/0 pendant 5 mois. La différence de leurs intérêts est 580 francs. Quelles sont les sommes ?

232. La différence de fortune de 2 personnes est de 20.000 francs, l'une place son capital à 3 0/0, l'autre met ses fonds dans le commerce, et ils lui rapportent 15 0/0 ; les deux revenus sont égaux. On demande le capital de chaque personne.

233. On a placé au même taux d'abord 1.200 francs pendant 60 jours, puis 800 francs pendant 30 jours ; le premier capital a rapporté 8 francs de plus que le deuxième. Quel est le taux ?

234. Une personne pouvant disposer de 1.800 francs en place une partie à 4 fr. 50 0/0 et le reste à 3 fr. 75 0/0. Après 4 ans et 3 mois, elle retire 318 fr. 75 pour l'intérêt de son capital. Quelle est la somme qui a été placée à chaque taux ?

235. Une personne a divisé un capital de 42.000 francs en 2 parties ; elle a placé la première à 6 0/0 pendant 80 jours ; la 2ᵉ à 4 0/0 pendant 72 jours. La somme des intérêts est 446 fr. 40. Trouver le montant des sommes placées.

236. Une personne avait placé les 5/6 de son capital à 3 0/0 et l'autre 1/6 à 5 0/0. Après avoir prélevé 2.800 francs pour le paiement de quelques dettes, elle place ce qui lui reste à 4 0/0 et se trouve ainsi avoir augmenté son revenu de 208 francs. Quel était ce capital ?

237. Une personne a placé deux capitaux à intérêt simple ; le premier à 4 0/0 et le deuxième à 5 0/0. Elle a retiré au bout de 7 ans 9 mois une somme de 23.800 francs pour le capital et les intérêts réunis. Trouver quels sont ces 2 capitaux, sachant que le premier est les 5/6 du second.

238. Un capital est divisé en 3 parties telles que la seconde est les 5/6 de la première, et la troisième les 4/5 de la seconde. On place la première à 3 0/0, la seconde à 4 0/0 et la troisième à 5 0/0. On a alors un revenu annuel de 2.900 francs. On demande de trouver le capital total placé, ainsi que chacune des 3 parts.

239. Un oncle laisse par testament une somme de 32.500 francs à partager entre ses deux nièces âgées, l'une de 8 ans et l'autre de 12 ans, à la condition qu'en plaçant les 2 parts de l'héritage à intérêts simples à 3 0/0, chacune des nièces ait la même somme à l'âge de 20 ans. Trouver les deux parts et la somme que chacune aura à 20 ans.

240. Deux capitaux font un total de 167.280 francs. Le premier placé à 4 0/0 pendant 3 mois produirait un intérêt double de celui du deuxième placé à 5 0/0 pendant 7 mois. Quels sont les 2 capitaux ?

241. Une personne place 14.400 francs à un certain taux, 24.300 francs à un taux double et 26.100 francs à un taux qui surpasse le premier de 0 fr. 50. De ces 3 placements, elle retire un intérêt total annuel de 2.358 francs. Trouver le taux de chaque placement.

242. On veut remplacer 2 billets dont les montants sont de 2.400 francs et 1.800 francs, et dont les échéances sont à 90 jours et à 70 jours, par un billet unique dont le montant égale la somme totale des 2 billets. Déterminer le nombre de jours de l'échéance pour ce billet unique. Taux 4 0/0.

243. Généraliser le problème précédent en remplaçant les montant, par les lettres a et b, les échéances par les lettres t et t', l'échéance du nouveau billet par x, le taux par m.

Tirer une règle générale pour la résolution de ce genre de problèmes.

244. Un industriel a 3 billets à payer : le premier de 2.400 francs à 36 jours, le second de 5.300 francs à 45 jours et le troisième de 8.400 francs à 90 jours. Il désirerait payer ce qu'il doit en une seule fois à 40 jours. Quel sera le montant du nouveau billet, le taux de l'escompte étant de 4 0/0 ?

245. Un corps solide dont la densité est 2,17, pèse 525 grammes. On l'attache à un fil et on le suspend au plateau d'une balance. Quel poids faudra-t-il mettre dans l'autre plateau pour maintenir horizontal le fléau de la balance :

1° Si on plonge le corps dans l'eau ?

2° Si on le plonge dans un liquide de densité égale à 0,79 ?

246. Un billet souscrit le 20 septembre et payable le 1ᵉʳ décembre, a été escompté en dedans à 6 0/0 le 2 octobre, et l'escompte a été de 28 fr. 60. On demande quelle était la somme énoncée dans le billet.

247. On doit une somme de 2.874 francs et on voudrait la payer par 8 billets égaux, payables : le 1ᵉʳ dans 60 jours, le 2ᵉ dans 80 jours, le 3ᵉ dans 120 jours. Quel doit être le montant de chaque billet, le taux de l'escompte étant de 4,5 0/0 ?

248. On doit une somme de 3.060 francs payables dans un an. On veut se libérer en 3 paiements égaux de 4 en 4 mois. Les intérêts étant calculés à 6 0/0, quel sera le montant de chaque paiement ?

249. Un marchand a acheté pour 2.560 francs de marchandises, à un an de terme pour le paiement, avec un escompte de 4 0/0 par an, s'il paye avant le terme. Il se libère quelque temps après en donnan 2.480 fr. 64. Après combien de mois et de jours a-t-il payé ?

250. Partager 7.000 francs entre 3 personnes de manière que la part de la première soit les 3/4 de la part de la deuxième, et que celle-ci soit les 6/7 de la part de la troisième.

251. On a fondu ensemble deux lingots d'or et de cuivre aux titres de 0,920 et 0,680. On a obtenu ainsi un alliage au titre des monnaies divisionnaires. Le premier lingot pesait 744 grammes ; quel était le poids du second ?

252. Trois personnes se sont associées pour placer dans une entreprise une somme d'argent qui s'est augmentée du quart de valeur et est ainsi devenue 60.500 francs.

Trouver la part de chaque personne dans le bénéfice, sachant que la première personne avait déposé les 3/8 de la somme, la deuxième les 2/5 et la troisième le reste.

253. Un cycliste monte une côte à la vitesse de 12 kilomètres à l'heure et la redescend avec une vitesse de 21 kilomètres. La différence des temps mis pour la montée et la descente est 9 minutes. Trouver la longueur du trajet.

254. Un cycliste qui fait 15 kilomètres à l'heure a une avance de 20 kilomètres sur un cycliste qui fait 20 kilomètres à l'heure. On demande au bout de combien de temps le second cycliste rattrapera le premier.

255. Établir la représentation graphique du problème précédent.

256. Un cycliste qui va à une vitesse v est en avance de a kilomètres sur un second cycliste dont la vitesse est v'. On demande au bout de combien de temps ce second cycliste rattrapera le premier.

257. Un voyageur quitte Bordeaux pour se rendre dans une autre ville en prenant un train qui fait 70 kilomètres à l'heure. Il revient dans un deuxième train qui fait 55 kilomètres à l'heure. La durée du voyage, aller et retour, est de 5 heures. Quelle est la distance des deux villes ?

258. Un train omnibus qui fait 27 kilomètres à l'heure part à 13 heures 55 minutes de la gare d'Aurillac, dans la direction de Paris ; un train-poste va dans la même direction et part à 16 heures ; il fait 43 km., 25 à l'heure. A quelle distance d'Aurillac le train-poste atteindra-t-il le train omnibus ?

259. Pour faire une promenade une personne prend une voiture publique qui fait 9 kilomètres à l'heure ; elle en descend à un moment donné et revient à pied par la même route en faisant 5 kilomètres à l'heure. A quelle distance du point de départ cette personne doit-elle quitter la voiture pour être de retour 3 heures 1/2 après son départ ? Quelle sera la durée du trajet en voiture et de la marche à pied ?

260. Un cycliste roule pendant 3 heures 20 minutes, puis pour revenir prend le train, dont la vitesse égale 5/3 de la sienne. Le voyage en train ayant duré 40 minutes et la distance totale étant de 80 kilomètres, quelle était la vitesse du cycliste ?

261. Une voiture qui fait 12 kilomètres à l'heure part de la ville A pour la ville B. Un piéton qui fait 4 kilomètres à l'heure part de la ville B à la même heure que la voiture, pour faire une promenade dans la direction de la ville A. Lorsque le piéton rencontre la voiture, il y monte pour rentrer chez lui et il met 1 heure 1/2 de moins pour l'en retourner qu'il n'avait mis à pied jusqu'à la rencontre de la voiture. On demande la distance qui sépare les villes A et B.

262. Un canotier parcourt 60 mètres par minute en descendant une rivière et 20 mètres par minute en la remontant. Trouvez à quelle distance il peut descendre d'un point donné pour que, en partant à 10 heures 25 minutes, il soit de retour à son point de départ à 12 heures 45 minutes.

263. Un observateur placé sur la ligne de chemin de fer, à Facture, entend à 10 heures 5 minutes 8 secondes 8/10 le sifflet d'une locomotive lancée au moment où celle-ci quitte la station de Lamothe qui est à 3 kilomètres de Facture. La locomotive passe devant l'observateur, qui n'a pas bougé à 10 h. 7 min. 57 sec. 3/10. On demande de calculer la vitesse par heure de la locomotive, sachant que la vitesse du son dans l'air est de 340 mètres.

264. Un train express est parti de Douvres pour Londres en même temps qu'un aéroplane. Le train a roulé à une vitesse de 60 milles à l'heure pour parcourir les 113 kilomètres qui séparent Douvres de Londres. L'aéroplane, allant en ligne droite, avait à faire 6 milles de moins que le train ; il est arrivé 20 minutes plus tôt. On demande la vitesse de son vol par minute en kilomètres.

Le mille anglais sera compté pour 1.600 mètres.

265. Un voyageur quitte une ville pour se rendre dans une autre avec une voiture automobile qui parcourt 32 kilomètres à l'heure. Il est resté 2 heures dans cette ville et revient à son point de départ avec une vitesse de 40 kilomètres à l'heure. Entre son départ et son retour, il s'est écoulé 11 heures. Quelle est la distance des deux villes ?

266. Une barque est abandonnée au courant au moment où un bateau à vapeur qui remonte la Seine avec une vitesse de 11 km. 592 à l'heure, n'est qu'à 168 mètres de cette barque. Après 37 secondes 1/2 le bateau et la barque se rencontrent. Quelle est, par seconde, la vitesse du courant ?

267. Une personne va de A en B par la grande route à l'aide d'une voiture qui fait 125 mètres par minute. Après être restée 25 minutes en B, elle revient en A à pied, par un sentier raccourci qui n'a que les 4/5 de la longueur de la grande route ; elle parcourt d'ailleurs 75 mètres par minute. La durée totale de sa course a été de 2 h. 52 minutes. On demande la longueur de la grande route de A à B.

268. Deux villes sont distantes de 150 kilomètres. Le charbon est payé en A, 155 francs la tonne, et en B, 145 francs la tonne. Sachant que le transport coûte 0 fr. 20 par tonne et par kilomètre, on demande de déterminer entre A et B un point où le charbon venant de A ou de B reviendra au même prix.

269. Donner une solution graphique du problème précédent.

270. Une personne se trouvant dans un train qui marche avec une vitesse de 40 kilomètres à l'heure, voit passer en 3 secondes un train express, marchant en sens contraire et ayant 75 mètres de long. Quelle est la vitesse à l'heure de ce second train ?

271. Un vin blanc, de densité 0,97, a été alcoolisé par l'addition de 25 litres d'alcool de densité 0,79. Sachant que la densité du vin a été ainsi diminuée de 0,005, trouver la capacité du vin blanc primitif.

272. Un aréomètre de Fahrenheit pèse 60 grammes, il affleure avec une surcharge de 50 grammes dans un liquide dont la densité est 1,375. On demande quelle est la surcharge avec laquelle il affleure dans l'eau.

273. On a un lingot d'argent de 1.500 grammes au titre de 0,865. Combien faut-il lui ajouter d'argent pur pour le porter au titre de 0,900 ?

274. Un corps pèse 620 grammes. Plongé dans l'eau pure, il pèse 595 grammes ; dans un mélange d'eau et d'alcool, 598 grammes. Trouver la composition de ce mélange. La densité de l'alcool est 0,78.

275. On a vendu 3 chevaux pour 2.340 francs. On demande le prix te chaque cheval, sachant que le prix du deuxième est en même temps les 5/6 du prix du premier et les 7/8 du prix du troisième.

276. Un vase contient le quart de sa capacité en mercure, les 4/5 du reste en eau et le reste en huile. Il pèse alors 5 kgr. 563. Vide, il pèse 1.120 grammes. Trouver sa capacité, la densité du mercure étant 13,5 et celle de l'huile 0,9.

277. Un réservoir est alimenté par 2 robinets : le premier seul peut e remplir en 1 h. 15, le deuxième en 1 h. 28. Mais une ouverture inférieure viderait le réservoir en 30 minutes. On suppose le réservoir entièrement plein au moment où l'on fait fonctionner les trois ouvertures à la fois et l'on demande le temps que l'on mettrait à le vider.

278. Une jeune fille part de son domicile à 8 heures pour se rendre à l'école. Si elle parcourait 400 mètres en 6 minutes, elle arriverait 2 minutes plus tôt que si elle parcourait 100 mètres en 80 secondes. Quelle est la longueur du chemin parcouru ? A quelle heure arrivera-t-elle à l'école dans l'un et l'autre cas ?

279. Deux poids, dont l'un est double de l'autre, sont placés sur les deux plateaux d'une balance. Si on ajoute d'un côté, 310 francs en argent et de l'autre 310 francs en or, l'équilibre est établi. Quels étaient les 2 poids ? Vérifier les résultats obtenus.

280. Deux personnes ont un revenu égal. La première épargne 1/5 de son revenu, la deuxième qui dépense 600 francs de plus que la première doit au bout de 3 ans, 1.140 francs. On demande quel était le revenu de chaque personne.

281. Une personne a acheté une pièce de toile pour faire des serviettes. Elle calcule que si elle donne 0 m. 95 de longueur à chaque serviette, il lui restera 0 m. 60 de toile non utilisée, et que si elle fait les serviettes de 0 m. 98 de longueur, elle en aura 2 de moins et il lui restera 0 m. 40 de toile non utilisée.

Évaluer le nombre de serviettes que l'on pourrait faire dans chaque cas et la longueur de la pièce de toile.

282. Un commerçant a été établi pendant 3 ans. La première année son capital s'est accru de 3/7 de sa valeur primitive ; la deuxième année il a diminué de 1/8 de ce qu'il était à la fin de la première année ; enfin, le bénéfice de la troisième année a été de 1/12 du capital primitif ; et le commerçant possède alors 70.000 francs. Quel était le capital primitif ?

283. Un négociant augmente chaque année sa fortune de 1/3 de la valeur qu'elle avait au commencement de l'année. Chaque année pour ses dépenses personnelles, il prélève 3.600 francs sur ses bénéfices. Au bout de 3 ans, il possède 49.200 francs. Combien avait-il au commencement de la 1re année ?

284. Un industriel engage dans une entreprise un certain capital. La 1re année, il perd 13 0/0 de ce capital ; la 2e année, il perd 8 0/0 de ce qui lui restait après la 1re année ; enfin la 3e année, il gagne 0 0/0 du capital restant à la fin de la 2e année, et il s'en faut alors de 11.358 fr. 20 qu'il n'ait reconstitué son capital primitif. Quel était ce capital ?

285. Une personne place dans une entreprise un certain capital. A la fin de l'année, ce capital s'est accru de ses 2/7, mais pendant la 2e année, il a diminué de 1/8 de ce qu'il était devenu après la 1re. Le bénéfice de la 3e année représente le 1/12 du capital primitif : enfin le gain réalisé pendant la 4e année est égal à celui de l'ensemble des 3 premières. Calculer la valeur du capital primitif, sachant qu'au bout de ces 4 années, il est devenu 26.180 francs.

286. Une personne veut acheter une pièce de toile. On lui en présente deux, l'une de 45 mètres et l'autre de 36 mètres ; mais cette dernière coûte, par mètre, 0 fr. 20 de plus que la première. Trouver le prix du mètre de chaque pièce et la somme dont dispose cette personne, sachant qu'il lui manquerait 6 fr. 75 pour payer la première pièce et qu'il lui resterait au contraire 5 fr. 40 si elle achetait la seconde.

Étudier et représenter graphiquement les variations des fonctions suivantes, x variant de moins l'infini à plus l'infini.

287.   1° $y = 4x$ 2° $y = \dfrac{x}{2}$

288.   1° $y = 3x + 4$ 2° $y = 2x + 5$

289.   1° $y = 4x - 3$ 2° $y = 3x - 4$

CHAPITRE VI

ÉQUATIONS DU 1ᵉʳ DEGRÉ A 2 INCONNUES

PROBLÈME X

99. — *On a payé une somme de 410 francs en pièces de 5 francs et de 2 francs, combien a-t-on donné de pièces de chaque espèce, sachant qu'il y en a en tout 130 ?*

Solution.

Soit x le nombre de pièces de 5 francs et y le nombre de pièces de 2 francs.

On obtient d'abord l'équation :

$$5 \times x + 2 \times y = 410$$

ou :

$$5x + 2y = 410. \qquad (1)$$

D'autre part, on peut poser une deuxième équation :

$$x + y = 130 \qquad (2)$$

Avec ces 2 équations, on trouve les valeurs de x et de y.

Il y a, à cet effet, 3 méthodes.

MÉTHODE DE COMPARAISON

100. On cherche la valeur d'une inconnue, soit celle de x, dans les 2 équations et on établit l'égalité de ces valeurs.

On aura :

$$(1) \quad 5x + 2y = 410 \qquad\qquad (2) \quad x + y = 130$$
$$5x = 410 - 2y$$
$$x = \frac{410 - 2y}{5} \qquad\qquad\qquad x = 130 - y$$

et

$$\frac{410 - 2y}{5} = 130 - y$$

ou :

$$410 - 2y = 650 - 5y$$
$$5y - 2y = 650 - 410$$
$$3y = 240$$
$$y = 80$$

On trouvera la valeur de x, en portant la valeur de y dans l'équation (2) :

$$x + 80 = 130$$
$$x = 130 - 80$$
$$x = 50$$

Il faudra 50 pièces de 5 et 80 pièces de 2 francs.

MÉTHODE DE SUBSTITUTION

101. Reprenons les 2 équations et cherchons la valeur de x dans la 2e équation. On a :

$$x = 130 - y$$

Portons cette valeur dans l'équation 1, on aura :

$$5(130 - y) + 2y = 410$$

ou :

$$650 - 5y + 2y = 410$$

ou :

$$650 - 410 = 5y - 2y$$
$$240 = 3y$$
$$y = 80$$

On voit qu'on obtient le même résultat.

MÉTHODE DE RÉDUCTION

102. Reprenons les 2 équations et plaçons-les l'une sous l'autre. On a :

$$5x + 2y = 410$$
$$x + y = 130$$

Multiplions la 2e égalité par 5, on aura le système suivant:

$$5x + 2y = 410$$
$$5x + 5y = 650.$$

On est ainsi parvenu à avoir le même terme $5x$.

Soustrayons la 1re égalité de la 2e, on obtient :

$$3y = 240$$
$$y = 80.$$

C'est toujours le même résultat.

103. Remarque I. — Il est évident que le choix de ces méthodes est déterminé par la nature même des équations qui doivent être résolues. Ainsi, dans le problème précédent, la meilleure méthode à appliquer était la méthode de réduction.

104. Remarque II. — On voit que dans un problème où il y a 2 inconnues à chercher, on doit trouver dans l'énoncé la matière nécessaire à l'établissement de 2 équations.

Si l'on avait à rechercher 3 inconnues, il faudrait trouver à établir 3 équations.

ÉQUATIONS A 3 INCONNUES

105. Pour résoudre un système de 3 équations à 3 inconnues, on cherche dans une de ces questions la valeur d'une des inconnues, et l'on introduit cette valeur dans les 2 autres équations.

On se trouve ramené au système de 2 équations à 2 inconnues.

EXERCICES SUR LES ÉQUATIONS
A PLUSIEURS INCONNUES

Résoudre les systèmes d'équations suivants :

290. 1° $\begin{cases} 5x - 3y = 91 \\ 8x + 7y = 476 \end{cases}$
2° $\begin{cases} 2x + y = 10 \\ x - y = -1 \end{cases}$

291. 1° $\begin{cases} 3x + 2y = 33 \\ 7x + y = 61 \end{cases}$
2° $\begin{cases} 5x + 3y = 58 \\ 3x + 5y = 54 \end{cases}$

292. 1° $\begin{cases} x + y = 12 \\ \dfrac{x}{2} + \dfrac{y}{3} = 8 \end{cases}$
2° $\begin{cases} \dfrac{x}{7} + \dfrac{y}{6} = 10 \\ x - y = 46 \end{cases}$

293. 1° $\begin{cases} \dfrac{x}{3} - \dfrac{y}{2} = 4 \\ 2x + 2y = 44 \end{cases}$
2° $\begin{cases} \dfrac{3x}{8} - \dfrac{2y}{5} = 5 \\ \dfrac{x}{2} + 3y = 95 \end{cases}$

294. 1°
$$\begin{cases} \dfrac{3x}{10} + \dfrac{4y}{9} = 26 \\[2mm] \dfrac{5x}{8} + \dfrac{y}{3} = 43,5 \end{cases}$$
2°
$$\begin{cases} \dfrac{x+y}{2} - \dfrac{x-y}{3} = 11 \\[2mm] x = \dfrac{2y}{5} + 12 \end{cases}$$

295. 1°
$$\begin{cases} ax + by = a^2 + b^2 \\ bx + ay = 2ab \end{cases}$$
2°
$$\begin{cases} \dfrac{x}{m} + \dfrac{y}{n} = 1 \\[2mm] \dfrac{x}{n} + \dfrac{y}{m} = 1 \end{cases}$$

296. 1°
$$\begin{cases} 4x + 2y - 3 = 5 \\ 5x - 3y + z = 2 \\ 2x - y + z = 3 \end{cases}$$
2°
$$\begin{cases} x - y - z = -2 \\ 3x + y + z = 22 \\ 2x + y - z = 9 \end{cases}$$

297. 1°
$$\begin{cases} x - 5y - z = -46 \\ 2x - y + 2z = 16 \\ x - 3y + 6z = 33 \end{cases}$$
2°
$$\begin{cases} x + y - z = -10 \\ 2x - 3y + 5z = 23 \\ 3x + 2y + 2z = 11 \end{cases}$$

298. 1°
$$\begin{cases} \dfrac{x}{3} + \dfrac{y}{4} + \dfrac{z}{5} = 15 \\[2mm] \dfrac{x}{6} - \dfrac{y}{10} - \dfrac{z}{5} = -10 \\[2mm] x + \dfrac{2y}{5} - \dfrac{3z}{5} = 2 \end{cases}$$
2°
$$\begin{cases} \dfrac{x}{2} + \dfrac{y}{3} + \dfrac{z}{4} = 32 \\[2mm] \dfrac{x}{3} + \dfrac{y}{3} - \dfrac{z}{2} = -2 \\[2mm] \dfrac{x}{5} - \dfrac{y}{8} - \dfrac{z}{9} = -1 \end{cases}$$

PROBLÈMES

SUR LES ÉQUATIONS DU PREMIER DEGRÉ
A PLUSIEURS INCONNUES

299. Deux enfants ont ensemble 16 ans. Dans un an, l'âge de l'un sera le double de l'âge de l'autre. Quels sont les âges ?

300. Un père a le triple de l'âge de son fils. S'il avait 30 ans de moins et son fils 8 ans de plus, ils auraient le même âge. Quel est l'âge du fils et celui du père ?

301. Trouver 2 nombres dont la somme soit 40 et dont la différence soit égale aux 2/3 du plus grand.

302. Trouver 2 nombres dont la différence soit 4 1/9 et le quotient 3/7.

303. La somme de deux nombres est 62 ; le triple du premier et le double du second valent ensemble 162. Trouver les 2 nombres.

304. La somme de deux nombres vaut 7 fois le plus petit. Leur différence est égale à 288 ; quels sont ces nombres ?

305. Trouver les 2 facteurs d'un produit, sachant que le second facteur est les 4/5 du premier, et que, si on augmente chaque facteur d'une unité, le produit augmente de 28.

306. Un terrain est divisé en deux parties inégales dont la différence est 34 ares 65. Les 5/7 de la première partie égalent les 8/9 de la seconde. On demande le prix du terrain entier, sachant que l'hectare vaut 8.900 francs.

307. Un directeur de théâtre possède un certain nombre de places ; s'il les vend 3 fr. 50, il perdra 250 francs sur ses frais ; s'il les vend 4 fr. 50, il gagnera 250 francs. On demande quel est le nombre de places et le montant des frais.

308. On augmente le diviseur d'une division du nombre 4, et le dividende du nombre 12 ; il se trouve que le quotient n'a pas changé, non plus que le reste. Trouver le quotient.

309. Trouver un nombre de deux chiffres qui surpasse son renversé de 36 et dont la somme des chiffres est 14.

310. La somme des deux chiffres d'un nombre égale 9. Si l'on intervertit ces deux chiffres, le nombre nouveau est égal aux 4/7 du premier. Quel est ce nombre ?

311. Trouver un nombre composé de deux chiffres, sachant que si le chiffre des dizaines est le double de celui des unités, et que si le chiffre des dizaines remplaçait le chiffre des unités et vice-versa, le nombre diminuerait de 18 unités.

312. Un champ a la forme d'un rectangle ; le périmètre est égal à 180 mètres ; la différence entre la base et la hauteur est 100 mètres. Calculer la surface du champ.

313. Un entrepreneur veut distribuer des gratifications à ses ouvriers. S'il donne 50 francs à chacun, il lui restera 300 francs. S'il donne 70 francs, il lui manquera 100 francs. Calculer le nombre des ouvriers et la somme à distribuer.

314. Des amis font un pique-nique. S'ils avaient été 2 de plus et qu'ils eussent payé 1 franc de plus chacun, la dépense aurait été augmentée de 12 francs. S'ils avaient été 3 de moins et avaient payé 0 fr. 50 de moins chacun, la dépense eût été diminuée de 7 fr. 50. Trouver le nombre des amis et la dépense.

315. Quelle est la fraction qui devient égale à 3/4 quand on augmente ses deux termes de 7 et à 1/2 quand on les augmente de 1 ?

316. Deux joueurs jouent une partie de 8 francs. Le premier gagne et il se trouve alors avoir autant que le second. S'il avait perdu, le second joueur aurait alors possédé 5 fois ce qui restait au premier. Calculer les mises primitives.

317. Un élève reçoit de son père la somme de 35 francs pour 2 prix et 3 accessits. S'il avait eu 3 prix et 2 accessits, il aurait eu 45 francs. Combien touche-t-il pour 1 prix et pour 1 accessit.

318. Un marchand a acheté 8 mètres de toile et 6 mètres de drap pour 192 francs. Une autre fois, il a acheté 6 mètres de même toile et 4 mètres de même drap pour 138 francs. Quel est le prix d'un mètre de toile et quel est le prix d'un mètre de drap ?

319. Une personne a des pièces de 2 francs et de 0 fr. 10, dont le total représente 109 fr. 80. Si, dans ce nombre de pièces, il y avait autant de pièces de bronze que d'argent, la somme n'aurait plus comme valeur que 75 fr. 60. Calculer le nombre des pièces de chaque espèce.

320. Un marchand achète deux pièces de drap d'une longueur totale de 306 mètres. Après avoir retiré 24 mètres de la première et 132 mètres de la seconde, il constate que la longueur de ce qui reste de la première est le double de ce qui reste de la deuxième. Quelle est la longueur de chaque pièce ?

321. En combien de parties égales a été partagé un héritage, sachant que s'il y avait 2 héritiers en plus, chaque part n'aurait été que les 3/4 de ce qu'elle a été ?

322. Deux personnes jouent une partie de 5 francs comme enjeu. La première gagne et a alors une somme triple de ce qui reste à la deuxième. Si elle avait perdu, la deuxième aurait eu alors autant que la première. Quelles sommes possédaient-elles primitivement ?

323. Dans un vase cylindrique, on verse des poids égaux d'eau et d'huile. La hauteur totale des deux liquides est 38 centimètres. Calculer l'épaisseur de la couche d'eau et celle de l'huile, la densité de l'huile étant 0,9.

324. Un commerçant a acheté du drap et du velours, en tout 255 mètres pour 4.675 francs. On sait que 3 mètres de velours coûtent autant que 5 mètres de drap et que le commerçant a acheté 2 fois plus de drap que de velours. Quels sont les prix respectifs du drap et du velours ?

325. Une personne achète pour 10.483 fr. 20 une propriété composée de trois parcelles dont les surfaces sont proportionnelles aux nombres 3, 4, 6. Le prix du mètre carré est 6 fr. 40. Trouver la surface de chaque parcelle achetée.

326. Une somme d'argent, placée pendant 8 mois, est devenue avec ses intérêts 1.277 fr. 20, la même somme, placée pendant 15 mois au même taux est devenue avec les intérêts 1.309 fr. 75. Quelle est la somme placée ?

327. Trois robinets versent de l'eau dans un bassin : le 1ᵉʳ et le 2ᵉ coulant ensemble rempliraient le bassin en 2 heures. le 2ᵉ et le 3ᵉ en 4 heures, le 3ᵉ et le 1ᵉʳ en 3 heures. Quel temps faudra-t-il à chaque robinet coulant seul pour remplir le bassin ?

328. Un billet est payable dans 45 jours. On l'escompte à 6 0/0. Quelle est la valeur nominale de ce billet, sachant que la différence entre l'escompte commercial et l'escompte rationnel est de 0 fr. 09 ?

329. Une personne a placé 2 capitaux à intérêts simples, le premier à 4 0/0 par an et le second à 3 0/0. Au bout de 4 ans 2 mois elle retire une somme de 11.895 francs pour le capital et les intérêts réunis. Trouver quels sont les 2 capitaux, sachant que le second est les 4/9 du premier.

330. Un capital placé à 5 0/0 pendant un certain temps, devient capital et intérêts compris 55.950 francs.

Le même capital, placé à 6 0/0 pendant le même temps, donnerait 390 francs de plus. On demande de calculer : 1° Quel est le montant du capital placé ? 2° Quelle est la durée du placement ?

331. Une somme doit être partagée en parties égales entre un certain nombre de personnes. Après une retenue de 8 0/0 sur le capital, chaque personne reçoit 5.112 fr. 87.

S'il y avait eu 2 personnes de plus et que le capital fût soumis à une réduction de 5 0/0, chaque personne recevrait alors 4.292 fr. 10. On demande de chercher : 1° le nombre de personnes ; 2° la valeur du capital à partager avant la réduction.

332. Un marchand de volailles achète des oies pour une certaine somme. Si les oies lui avaient coûté chacune 1 fr. 25 de plus, il en aurait eu, pour la même somme, une de moins. Si elles avaient coûté 1 franc de moins, il en aurait eu une de plus. Combien le marchand a-t-il acheté d'oies et pour quelle somme ?

333. Deux industriels sont associés pour une entreprise et l'un d'eux a apporté 120.000 francs de plus que l'autre. Ils font un bénéfice de 20.000 francs sur lesquels le premier touche 5.000 francs de plus que le second. Combien chacun d'eux avait-il engagé dans cette entreprise ?

334. Un marchand achète une pièce d'étoffe. Il en revend les 2/7 à raison de 2 fr. 25 le mètre et il gagne 31 fr. 50 sur cette vente ; il revend ensuite le restant de la pièce à raison de 2 fr. 45 le mètre, et il gagne 113 fr. 75 sur cette 2ᵉ vente. On demande : 1° la longueur de la pièce d'étoffe ; 2° le prix d'achat du mètre.

335. Une personne se proposait d'assister 9 pauvres en donnan'
à chacun 4 m. 40 d'une certaine étoffe. Il se présente 12 pauvres au
lieu de 9. Elle distribue alors une étoffe qui coûte 0 fr. 80 par mètre
de moins que la première, et il se trouve qu'en dépensant exactement la même somme totale, elle peut encore donner 4 m. 40 d'étoffe
à chacun des 12 pauvres. Quel est le prix du mètre de chaque
étoffe ?

336. Deux personnes ont fait un héritage de 18.300 francs. La première dépense les 2/5 de sa part pour payer ses dettes, et la seconde
dépense les 3/7 de sa part pour acheter une maison qu'elle paye
comptant. Il reste alors à la première deux fois plus qu'à la seconde.
On demande la part de chaque personne dans l'héritage.

337. L'intérêt d'un capital placé à 4 0/0 est égal à la 41ᵉ partie de
la somme obtenue en additionnant le capital et l'intérêt lui-même.
Quelle est la durée du placement ?

338. Une somme placée, partie à 5 0/0, partie à 3 0/0, donne un revenu
de 506 fr. 34 ; si les taux étaient échangés, le revenu serait de 443 fr. 26.
Calculer la somme ainsi que les 2 parties.

339. Une personne qui possède 61.000 francs en a placé une partie
4 fr. 50 0/0 et l'autre à 3 fr. 50 0/0, elle obtient ainsi un revenu
otal annuel de 2.245 francs. Quelles sont ces 2 parties ?

340. Une personne, en mourant, laisse une fortune de 42.400 francs
à 2 neveux dont l'un a 12 ans, et l'autre 15 ans. Les parts sont telles
que, si chaque héritier plaçait la sienne à 5 0/0 par an et à intérêts
simples jusqu'à ce qu'il ait 20 ans, les deux parts réunies à leurs in
térêts respectifs deviendraient égales. Quelles sont ces parts ?

341. Partager 9.102 francs en deux parts, sachant que ces deux parts
placées, la première à 3 0/0 pendant 7 mois, la deuxième à 4 0/0 pendant 5 mois, produisent le même intérêt.

342. Une personne qui dispose d'un certain capital en place les 2/3
à 3 1/2 0/0 et le reste à 5 0/0. Au bout d'un certain nombre d'années,
ayant dépensé ses revenus, elle retire son capital primitif et le place
tout entier à un certain taux annuel qu'elle n'indique pas. On demande quel est ce taux, sachant que le nouveau revenu annuel est
égal aux 9/8 de l'ancien.

343. Une personne qui avait une propriété de 20 hectares en a fait
deux lots : elle a vendu le premier à 3.600 francs l'hectare et le second à 3.200 francs l'hectare. Elle a placé l'argent provenant de la
première vente à 4 0/0 et celui provenant de la deuxième à 3 0/0.
Les deux placements lui rapportant le même intérêt annuel, on demande la superficie de chaque lot.

344. Deux billets payables, l'un dans 60 jours, l'autre dans 90 jours,
ont été escomptés tous les deux au taux de 5 0/0. Trouver la valeur
nominale de chacun des billets, sachant que la somme des valeurs
nominales est égale à 12.400 francs et que la somme des escomptes
est égale à 130 francs.

345. Deux billets escomptés au taux de 4 0/0 et 90 jours avant l'échéance ont donné lieu à la même retenue. Pour l'un, l'escompte a été pris en dedans ; pour l'autre, il a été pris en dehors. Trouver les valeurs nominales de ces billets, sachant que leur somme est 7.437 francs.

346. Trouver les côtés d'un rectangle, sachant que si l'on augmente la largeur de 5 mètres et si l'on diminue la longueur de 5 mètres, la surface ne change pas, tandis que si l'on augmente la largeur de 5 mètres, et si l'on diminue la longueur de 4 mètres, la surface augmente de 24 mètres carrés.

347. Une ânesse portait du vin côte à côte avec un mulet et, écrasée sous le poids, elle se plaignait fortement. Alors le mulet mit fin à ses plaintes en lui disant : « Qu'as-tu à te plaindre comme une petite fille, la mère ? Si je prenais une de tes mesures, ma charge serait double de la tienne, et si tu en prenais une des miennes, j'en aurais encore autant que toi ». Dis-moi, savant mathématicien, combien ils portaient chacun (Vieux problème grec).

348. Un mulet et un âne portent des charges de quelques quintaux. L'âne se plaint de la sienne et dit au mulet : il ne me manque que de porter encore 1 quintal de ta charge pour être plus chargé que toi du double. Le mulet répond : oui, mais si tu me donnes 1 quintal de la tienne, je serai 3 fois plus chargé que toi. On demande combien de quintaux ils portaient chacun.

(Problème du célèbre mathématicien Euler.)

349. Deux piétons sont séparés par une distance de 21 km. 6. S'ils allaient dans le même sens, ils se rejoindraient au bout de 36 heures ; s'ils allaient l'un vers l'autre, ils se rencontreraient au bout de 2 heures. On demande la vitesse à l'heure de chacun.

350. Un bicycliste et un piéton parcourent dans le même sens une route rectiligne. Ils partent en même temps, le bicycliste du point A, le piéton du point B et vont dans le même sens A B. La distance AB est de 36 kilomètres. La vitesse du bicycliste vaut 4 fois celle du piéton.

On demande : 1° Où sera le piéton quand il n'aura plus sur le bicycliste qu'une avance de 6 kilomètres ? ; 2° où le bicycliste atteindra le piéton.

351. Deux trains de chemin de fer, partant ensemble des deux extrémités d'une ligne, se rencontreraient au bout de 3 h. 36 minutes ; le plus rapide parcourrait toute la ligne en 6 h. 18 m. On demande le temps que mettra le second pour faire tout le chemin et la longueur de ce chemin, sachant que le second train parcourt par heure 20 km. de moins que le premier.

352. Une voiture, faisant 11 kilomètres à l'heure, part de Laval à 7 heures ; à quelle heure part de la même ville un courrier qui, faisant 250 mètres par minute, rejoint la voiture après 2 heures 45 minutes de marche ?

353. Établir la solution de l'exercice précédent par la méthode graphique.

354. Un train part de Lyon à 8 heures et arrive à Paris à 19 heures. Un deuxième train part de Paris à 10 heures et arrive à Lyon à 18 h. 1/2. A quelle heure se croiseront-ils ? Donner aussi la solution graphique.

355. Deux piétons A et B, séparés de 60 kilomètres, partent, en même temps et marchent à la rencontre l'un de l'autre. Ils se rencontrent à 36 kilomètres du point de départ A. Une autre fois, A part 2 heures plus tôt que B et ils se rencontrent à 40 km. 6 de A, tous deux marchant à la même vitesse que la première fois. Quelle est la vitesse des deux piétons ?

356. Un nombre est composé de 3 chiffres dont la somme est égale à 4 fois le chiffre des centaines. Le chiffre des centaines est égal au 1/3 du chiffre des unités, et, lorsqu'on intervertit l'ordre de ces deux derniers chiffres, le nombre augmente de 594 unités. Quel est ce nombre ?

357. Jules et Georges ont ensemble 27 ans ; Georges et Pierre ont ensemble 33 ans. Enfin Jules et Pierre ont ensemble 30 ans. Calculer les âges de Jules, Georges et Pierre.

358. Trois joueurs ont convenu qu'à chaque partie, le perdant devra doubler l'argent des 2 autres. Chaque joueur perd successivement une partie. A ce moment, ils possèdent chacun 48 francs. Calculer les mises primitives.

359. Trois personnes possèdent des sommes différentes. La 1ʳᵉ et la 2ᵉ ont ensemble 2.200 francs, la 1ʳᵉ et la 3ᵉ ont ensemble 2.100 francs de plus que la 2ᵉ, enfin la 2ᵉ et la 3ᵉ ont ensemble 100 francs de plus que la 1ʳᵉ. Déterminer les sommes de chaque personne.

360. 4 joueurs. Jules, Léon, Charles et Pierre, conviennent qu'à chaque partie le perdant doublera l'argent des autres. Ils perdent chacun une partie dans l'ordre indiqué par leurs noms ; après quoi ils ont chacun 64 francs. On demande leurs mises primitives.

CHAPITRE VII

ÉQUATIONS DU SECOND DEGRÉ

---

106. Définition. — On appelle ainsi l'équation qui présente une inconnue à la deuxième puissance.

1er Ex. :

$$3x^2 = 27$$

2e Ex. :

$$4x^2 - 8 = 49 + x$$

107. Équation incomplète. — On appelle ainsi l'équation au deuxième degré qui ne présente que des termes en x^2 à l'exclusion de termes en x, c'est-à-dire sans exposant.

Le premier exemple est une équation incomplète du deuxième degré.

108. Équation complète. — On appelle ainsi l'équation du deuxième degré qui présente des termes en x^2, des termes en x et un terme connu au moins.

Le deuxième exemple est une équation complète du deuxième degré.

ÉQUATION INCOMPLÈTE

PROBLÈME XI

109. (Arithmétique). — *Si du carré d'un nombre, on retire 24 unités, on obtient 120 unités. Calculer ce nombre.*

Solution.

Soit x le nombre demandé.

On posera l'équation :

$$x^2 - 24 = 120.$$

Puis on effectuera :

$$x^2 = 120 + 24$$
$$x^2 = 144$$
$$x = \sqrt{144} \quad \text{ou} \quad x = \pm 12.$$

On voit qu'on obtient 2 réponses : 1 positive et 1 négative.

C'est qu'en effet, le carré de — 12 est 144, et le carré de + 12 est aussi 144.

Remarque. — Dans le problème précédent, les 2 réponses peuvent s'admettre. D'autres problèmes n'admettent que la solution positive.

PROBLÈME XII

110. (Géométrie). — *Un champ rectangulaire a pour surface 4.800 mètres carrés. Sachant que sa longueur est le triple de sa largeur, on demande de calculer ses deux dimensions.*

Solution.

On posera l'équation de la surface d'un rectangle. Soit x la largeur, on aura comme longueur $3x$, et l'on écrira :

$$3x \times x = 4.800$$
$$3x^2 = 4.800$$
$$x^2 = \frac{4.800}{3} = 1.600$$
$$x = \sqrt{1.600}$$
$$x = \pm 40.$$

Ici, la réponse positive est seule admissible.

ÉTUDE ET REPRÉSENTATION GRAPHIQUE
DE LA FONCTION
$$y = x^2$$

PROBLÈME XIII

111. — *Calculer les carrés des nombres entiers consécutifs en commençant par l'unité.*

Carré de 1 égale $1 \times 1 = 1$

   — 2 — $2 \times 2 = 4$

   — 3 — $3 \times 3 = 9$

    etc.

On trouverait ainsi les carrés des *n* premiers nombres.

Remplaçons les nombres par la lettre générale *x*, le carré de ces nombres sera représenté par la lettre *y*, et l'on aura :

$$y = x^2.$$

Construisons le graphique de cette fonction, *x* étant la variable et prenant les valeurs 1, 2, 3, etc. (fig. 10).

On obtiendra pour les valeurs correspondantes de *y* : 1, 4, 9, etc.

En portant ces valeurs sur les deux axes (voir n° 88), on obtient des points d'intersection O′, O″, O‴.

Joignons ces points. On voit qu'on n'obtient plus une droite comme au n° 88, mais bien une courbe d'une forme spéciale.

Donnons maintenant à *x* des valeurs négatives, soit — 1, — 2, — 3, les valeurs correspondantes de *y* seront + 1, + 4, + 9, etc., et la courbe représentative sera la ligne O‴ O₂ O′ O.

Cette portion de courbe est absolument symétrique de la portion O‴ O″ O′ O.

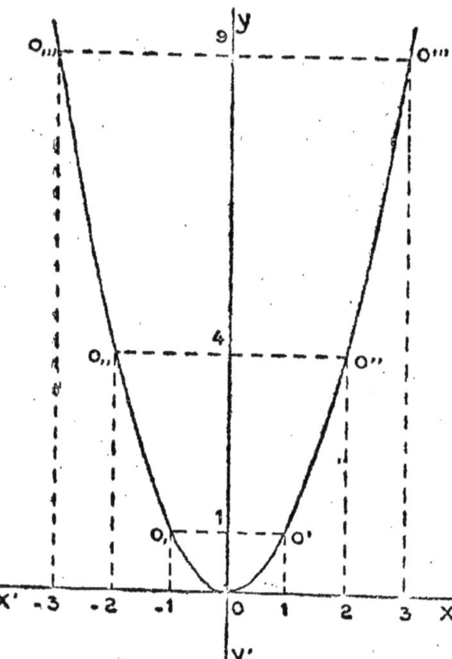

Fig. 10.

Les portions de courbes n'en forment qu'une, qui est tangente à 'axe *x′x* en O.

En géométrie, cette courbe est appelée parabole.

Et on la définit ainsi :

La distance d'un point de la parabole à l'axe x′x *est proportionnelle au carré de la distance de ce point à l'axe* yy′.

ÉTUDE ET REPRÉSENTATION GRAPHIQUE
DE LA FONCTION

$$y = ax^2.$$

PROBLÈME XIV

112. Physique. — *On demande le temps que mettrait une pierre tombant de la tour Eiffel sur le sol, sachant que la hauteur de la tour est de 300 mètres et que la formule de la chute des corps est :*
$e = \dfrac{gt^2}{2}$ *(g est l'accélération ou 9 m. 8, e, l'espace parcouru, et t le temps). On négligera la résistance de l'air.*

Solution.

On aura de suite l'équation :

$$300 \text{ m.} = \frac{9 \text{ m.} 8 \times t^2}{2}$$

ce qui donne après transformation :

$$t^2 = \frac{300 \times 2}{9,8} = 61,224$$

$$t = \sqrt{61,224} = 7 \text{ secondes environ.}$$

Ici la solution positive est encore seule admissible.

On apprend en physique que les espaces parcourus par un corps qui tombe librement *sont proportionnels aux carrés des temps employés à les parcourir.*

PROBLÈME XV

113. Physique. — *On demande de calculer l'espace parcouru par un corps qui tombe : pendant la première seconde, puis après 2 secondes, puis après 3 secondes, etc. (1).*

Solution.

On aura d'après la formule : $e = \dfrac{gt^2}{2}$ *(g représentant l'accéléra-tion ou 9 m. 80))*

(1) *Nota.* — On ne tient pas compte de la résistance de l'air.

Après la 1re seconde :

$$e = \frac{9,8 \times 1^2}{2} = 4 \text{ m. } 90.$$

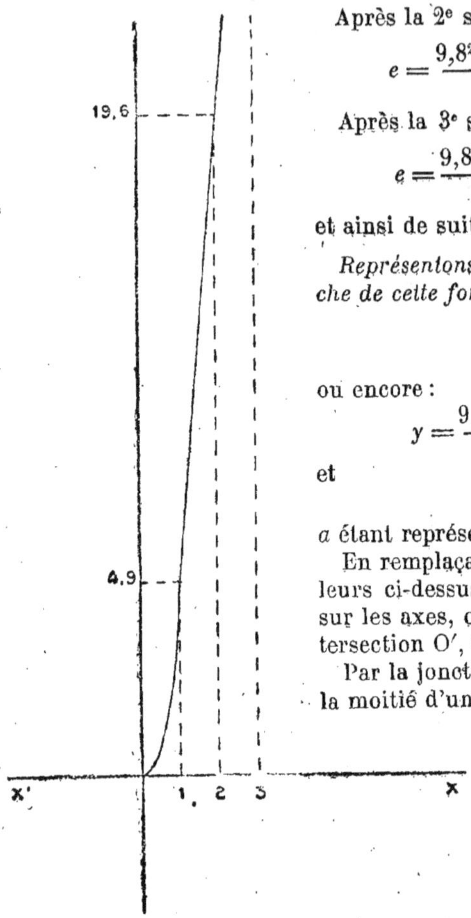

Après la 2e seconde :

$$e = \frac{9,8^2 \times 2^2}{2} = 19 \text{ m. } 60.$$

Après la 3e seconde :

$$e = \frac{9,8 \times 3^3}{2} = 44 \text{ m. } 10.$$

et ainsi de suite.

Représentons graphiquement la marche de cette fonction :

$$e = \frac{gt^2}{2}$$

ou encore :

$$y = \frac{9,8 \times x^2}{2} = 4,9\, x^2$$

et

$$y = ax^2$$

a étant représenté par 4,9.

En remplaçant x et y par leurs valeurs ci-dessus, et en portant celles-ci sur les axes, on obtient les points d'intersection O', O'', O''' (fig. 11).

Par la jonction de ceux-ci, on trouve la moitié d'une parabole, car ici, on ne peut pas envisager des valeurs négatives de x, comme au problème précédent.

114. Remarque I. — Le coefficient de x^2 est ici 4,9 représenté par a, qui est donc un nombre positif.

FIG. 11.

La parabole n'aura donc que la branche positive.

D'autre part, cette branche appartient à une parabole plus effilée, si l'on peut dire, que la parabole de la figure 10. Cela tient à ce que dans cette dernière, a était représenté par 1, et que pour la parabole de la chute des corps, a est plus grand, puisqu'il est représenté par 4,9.

115. Remarque II. — La courbe de la figure 11 est la courbe de la chute des corps.

On peut y vérifier que les vitesses après chaque seconde sont proportionnelles aux temps passés, ce qui se démontre expérimentalement en physique.

Effectivement :

Dans la première seconde, l'espace parcouru a été de 4 m. 90.

Dans la deuxième seconde, cet espace a été de 19 m. 60 — 4 m. 90 ou 14 m. 70, c'est-à-dire de 4 m. 90 + 9 m. 80.

Après la première seconde, la vitesse a donc augmenté de 9 m. 80. Dans la troisième seconde, l'espace parcouru a été de 44 m. 10 — 19 m. 60 ou 24 m. 50, c'est-à-dire 4 m. 90 + 2 fois 9 m. 80.

Après la deuxième seconde, la vitesse a donc augmenté de 2 fois 9 m. 80.

Et ainsi de suite.

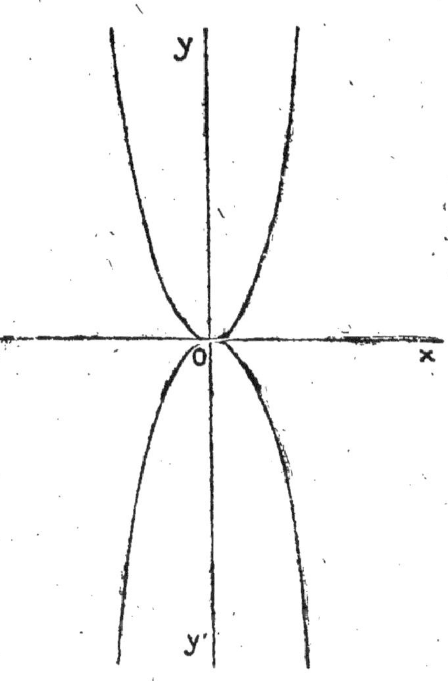

Fig. 12.

La vitesse augmente de 9 m. 80 à chaque seconde. Ce nombre est appelé l'*accélération*.

GRAPHIQUE GÉNÉRAL DE $y = ax^2$.

116. Si a est positif, x pouvant être positif ou négatif, la courbe est identique à celle de la figure 10, c'est-à-dire qu'elle se trouve au-dessus de la ligne $y'Ox$.

Si a est négatif, x pouvant être positif ou négatif, la courbe obtenue est une parabole symétrique à la première, mais disposée au-dessous de la ligne $x'Ox$ (fig. 12).

CHAPITRE VIII

ÉQUATION COMPLÈTE

—

PROBLÈME XVI

117. Arithmétique. — *On achète un certain nombre de mètres de tissu pour une somme de 600 francs. Si on avait payé le mètre 10 francs de moins, on aurait acquis 3 mètres de plus pour la même somme. On demande de calculer le nombre primitif de mètres et la valeur primitive du mètre.*

Solution.

Soit y le nombre primitif de mètres et x le prix primitif du mètre. On tire de suite l'équation :

$$xy = 600 \qquad (1)$$

D'autre part, on peut aussi tirer de l'énoncé, la 2ᵉ équation :

$$(x - 10)\,(y + 3) = 600 \text{ francs} \qquad (2)$$

Tirons la valeur de x, dans l'équation (1) et portons-la dans l'équation (2) on a :

$$\left(\frac{600}{y} - 10 \right)(y + 3) = 600$$

$$(600 - 10y)\,(y + 3) = 600\,y$$
$$600y - 10y^2 + 1.800 - 30y = 600\,y$$
$$10y^2 + 30y = 1.800$$
$$y^2 + 3y = 180 \qquad (3)$$

118. Nous arrivons ainsi à l'équationcomplète du 2ᵉ degré.

L'expression $y^2 + 3y$ est le commencement d'un carré parfait, on sait que le carré d'une somme $(a + b)$ est égal à :

$$a^2 + 2ab + b^2$$

Ici a^2 est représenté par y^2, de même $2ab$ est représenté par $3y$ et par suite $2b$ est représenté par 3.

$$2b = 3$$
$$b = \frac{3}{2}$$

On peut avoir b^2, ce sera :

$$\left(\frac{3}{2}\right)^2 \text{ ou } \frac{9}{4}$$

De sorte que l'expression :

$$y^2 + 3y + \frac{9}{4}$$

sera le carré parfait de :

$$\left(y + \frac{3}{2}\right)$$

Ajoutons $\frac{9}{4}$ de part et d'autre de l'équation (3), on a:

$$y^2 + 3y + \frac{9}{4} = 180 + \frac{9}{4}$$

ou :

$$\left(y + \frac{3}{2}\right)^2 = 180 + \frac{9}{4}$$

Extrayons la racine carrée des 2 membres :

$$y + \frac{3}{2} = \sqrt{180 + \frac{9}{4}}$$

$$y = -\frac{3}{2} \pm \sqrt{\frac{729}{4}}$$

$$y = -\frac{3}{2} \pm \frac{27}{2}$$

On obtient 2 réponses :

$$y' = \frac{27}{2} - \frac{3}{2} = \frac{24}{2} = 12$$

$$y'' = -\frac{3}{2} - \frac{27}{2} = -\frac{30}{2} = -15$$

La réponse positive est seule acceptable dans ce problème.

Le nombre primitif de mètres est donc bien 12, et par suite le prix primitif du mètre était :

$$\frac{600}{12} = 50 \text{ francs.}$$

GÉNÉRALISATION

119. Reprenons l'équation :

$$10y^2 + 30y = 1.800 \ (\text{n}^\circ \ 117)$$

Elle peut se mettre sous la forme :

$$10y^2 + 30y - 1.800 = 0$$

ou encore :

$$10x^2 + 30x - 1.800 = 0$$

Pour plus de simplicité, on peut supposer que le nombre 1.800 est positif et l'on a :

$$10x^2 + 30x + 1.800 = 0$$

D'autre part : remplaçons le coefficient 10 par a, terme connu, le coefficient 30 par b, terme connu, et le nombre 1.800, également terme connu par c. On a l'équation type du 2e degré :

$$ax^2 + bx + c = 0$$

Résolvons-la, comme nous avons résolu l'équation du problème précédent. On a successivement :

$$ax^2 + bx = -c$$

Divisons tout par a :

$$x^2 + \frac{b}{a} x = -\frac{c}{a}$$

Complétons le carré du 1er membre en y ajoutant la moitié du coefficient de x, cette moitié étant élevée au carré : et égalisons :

$$x^2 + \frac{b}{a} x + \frac{b^2}{4a^2} = \frac{b^2}{4a^2} - \frac{c}{a}$$

ou :

$$\left(x + \frac{b}{2a}\right)^2 = \frac{b^2}{4a^2} - \frac{c}{a}$$

Extrayons la racine dans les deux membres :

$$x + \frac{b}{2a} = \pm \sqrt{\frac{b^2}{4a^2} - \frac{c}{a}}.$$

on :

$$x + \frac{b}{2a} = \pm \sqrt{\frac{b^2 - 4ac}{4a^2}}$$

ou :

$$x + \frac{b}{2a} = \pm \frac{\sqrt{b^2 - 4ac}}{2a}$$

ou enfin :

$$x = -\frac{b}{2a} \pm \frac{\sqrt{b^2 - 4ac}}{2a}$$

et :

$$x = \frac{-b \pm \sqrt{b^2 - 4ac}}{2a}$$

Les deux réponses sont :

$$x' = \frac{-b + \sqrt{b^2 - 4ac}}{2a}$$

et :

$$x'' = \frac{-b - \sqrt{b^2 - 4ac}}{2a}$$

On les appelle les racines de l'équation.

120. Règle. — *Pour trouver la valeur de* x *dans une équation complète du* 2e *degré mise sous la forme* $ax^2 + bx + c = 0$, *on écrit que :*

x *est égal au coefficient de* b *changé de signe, plus ou moins la racine carrée de la différence suivante (carré du coefficient de* x *moins 4 fois le produit du coefficient de* x *par* c*). Le tout devra être divisé par deux fois le coefficient de* x^2.

121. Ex. — Soit à résoudre l'équation :

$$3x^2 + 8x - 3 = 0$$

On écrira de suite :

$$x = \frac{-8 \pm \sqrt{64 + 36}}{6}$$

$$x = \frac{-8 \pm 10}{6}$$

et :

$$x' = \frac{2}{6} = \frac{1}{3}$$

$$x'' = -\frac{18}{6} = -3.$$

122. Remarque. — Trois cas peuvent se présenter :

1°
$$b^2 - 4ac > 0.$$

Dans ce cas, l'équation a deux racines, c'est-à-dire 2 réponses :

2°
$$b^2 - 4ac = 0.$$

Dans ce cas, l'équation a deux racines, mais elles sont égales et par conséquent, il n'y a qu'une seule réponse :

3°
$$b^2 - 4ac < 0.$$

Dans ce cas, comme on ne peut pas extraire la racine, carrée d'un nombre négatif, il n'y a pas de racines, c'est-à-dire pas de réponses.

PROBLÈME XVII

123. Géométrie. — *On demande de calculer les 2 côtés d'un rectangle, sachant que le périmètre est de 68 mètres et que la diagonale mesure 26 mètres.*

Solution.

Soient x et y les côtés du rectangle. On a les équations suivantes :

$$2(x + y) = 68 \qquad\qquad (1)$$

$$x^2 + y^2 = \overline{26}^2 \qquad\qquad (2)$$

Cherchons la valeur de y dans l'équation 1, et introduisons cette valeur dans l'équation 2 : On a :

$$x + y = \frac{68}{2} = 34$$

$$y = 34 - x.$$

et :

$$x^2 + (34 - x)^2 = 676$$
$$x^2 + 1156 + x^2 - 68x = 676$$

et après réduction :

$$x^2 - 34x + 240 = 0$$

On tire la valeur de x :

$$x = \frac{34 \pm \sqrt{\overline{34}^2 - 240 \times 4}}{2} = \frac{34 + 14}{2}$$

Les deux réponses sont :

$$x' = 24$$
$$x'' = 10$$

Ces 2 réponses sont applicables en ce sens qu'elles donnent les valeurs des 2 côtés du rectangle.

GÉNÉRALISATION

124. On pourrait se demander dans quel rapport doivent se trouver les deux termes connus : périmètre et diagonale, pour que le problème soit possible.

Pour trouver ce rapport, il faut généraliser la question et remplacer le périmètre par la lettre p et la diagonale par la lettre d.

On a les 2 équations :

$$x + y = \frac{p}{2} \qquad (1)$$

$$x^2 + y^2 = d^2 \qquad (2)$$

puis en résolvant :

$$y = \frac{p}{2} - x \qquad (3)$$

$$x^2 + \left(\frac{p}{2} - x\right)^2 = d^2$$

$$x^2 + \frac{p^2}{4} + x^2 - px = d^2$$

$$8x^2 - 4px + p^2 - 4d^2 = 0$$

On tire :

$$x = \frac{4p \pm \sqrt{16p^2 - 32p^2 + 128\,d^2}}{16} = \frac{4p \pm 4\sqrt{8d^2 - p^2}}{16}$$

et après réduction :

$$x = \frac{p \pm \sqrt{8d^2 - p^2}}{4}.$$

Pour que le problème soit possible (Remarque n° 122), il faut que $8d^2$ soit plus grand que p^2 :

$$8d^2 > p^2$$

$$d^2 > \frac{p^2}{8}$$

$$d > \frac{p}{2\sqrt{2}}$$

$\dfrac{p}{2\sqrt{2}}$ peut être remplacé par son égal $\dfrac{p\sqrt{2}}{4}$.

On voit que le nombre indiquant la diagonale doit être choisi de telle sorte, qu'il soit plus grand que le nombre représentant le périmètre multiplié par $\sqrt{2}$ et divisé par 4.

Dans le problème précédent on avait bien :

$$26 > \frac{68 \times \sqrt{2}}{4}$$

$$26 > 17 \times 1.414$$

$$26 > 24{,}038$$

ce qui était acceptable.

ARTIFICES DE CALCUL

Ex. : *La somme de 2 nombres étant 10 et leur produit 24, quels sont ces 2 nombres* :

On aura évidemment les 2 équations :

$$x + y = 10 \qquad\qquad (1)$$

$$xy = 24, \qquad\qquad (2)$$

En introduisant dans l'équation 1 la valeur de x tirée dans l'équation (2), on aura :

$$\frac{24}{y} + y = 10$$

et :

$$y^2 - 10y + 24 = 0$$

ce qui donne :

$$y = \frac{10 \pm \sqrt{10^2 - 24 \times 4}}{2} = 6 \text{ et } 4.$$

On voit qu'il a fallu appliquer ici les règles de résolution de l'équation du 2e degré. On aurait pu éviter cette résolution par l'artifice de calcul suivant :

Élevons au carré l'équation (1) et quadruplons l'équation (2).

On aura :

$$x^2 + y^2 + 2xy = 100$$

et :

$$4xy = 96$$

Soustrayons ces deux équations, on a :

$$x^2 + y^2 - 2xy = 4.$$

Prenons la racine carrée :
$$x - y = 2 \qquad (3)$$

Additionnons les équations 1 et 3, et l'on a :
$$2x = 12$$
$$x = 6$$

y vaudrait 4.

EXERCICES SUR LES ÉQUATIONS DU 2ᵉ DEGRÉ

Résoudre les équations suivantes :

361. 1° $x^2 - 14 = 107$ 2° $3x^2 - 49 = x^2 + 289$

362. 1° $4x^2 - 7 = 317$ 2° $x^2 + 4x = 45$

363. 1° $3x^2 - 2x = 225$ 2° $7x^2 = 8x + 384$

364. 1° $\dfrac{3x^2}{4} + 5x = 272$ 2° $\dfrac{x^2}{3} + \dfrac{x^2}{5} = 5x + 45$

365. 1° $\dfrac{2x^2}{3} + \dfrac{3x^2}{4} = 108 - 8x$ 2° $5x^2 + \dfrac{x^2}{7} = 9x - 189$

366. Résoudre les systèmes suivants :

1° $\begin{cases} x - y = 5 \\ xy = 84 \end{cases}$ 2° $\begin{cases} x + y = 18 \\ x^2 + y^2 = 164 \end{cases}$

367. 1° $\begin{cases} x^2 - 3y = 15 \\ 3x + 8y = 74 \end{cases}$ 2° $\begin{cases} x(x - 25) = y(25 + y) \\ xy = 19y + 72 \end{cases}$

368. 1° $\begin{cases} 2x - 6 = y \\ x^2 + 96 = y^2 \end{cases}$ 2° $\begin{cases} x(y - 3) = 59 - 3y \\ 2x - y = 6 \end{cases}$

PROBLÈMES SUR LES ÉQUATIONS DU 2ᵉ DEGRÉ

369. Trouver 2 nombres dont la somme soit 16 et le produit 160.

370. Trouver les 2 côtés d'un rectangle sachant que la différence des côtés est égale à 42 mètres et que la surface du rectangle mesure 520 m².

371. Un triangle rectangle a pour hypoténuse 15 mètres. Sachant qu'il mesure 54 mètres carrés de surface, on demande de calculer les deux côtés de l'angle droit.

372. Un capital vaut 4.000 francs de plus qu'un autre et rapporte 600 francs l'an. L'autre capital, placé à 1 0/0 de plus que le premier rapporte 480 francs. On demande le montant de ces 2 capitaux et les taux.

373. On demande de calculer les côtés d'un rectangle dont le périmètre a 68 mètres et dont la diagonale mesure 26 mètres.

374. Deux capitaux diffèrent de 39.000 francs. On les place à 5 0/0. Le plus petit qui est resté placé 4 mois de plus que l'autre a donné un intérêt de 1.400 francs, et le plus grand un intérêt de 3.000 francs. On demande de calculer les deux capitaux et pendant combien de temps ils sont restés placés.

375. Une personne a placé 30.000 francs pendant un an à un certain taux. Au bout de ce temps, elle place de nouveau le capital et les intérêts à l'ancien taux augmenté de 1 0/0. Elle obtient ainsi 1.560 fr. d'intérêts. Quel était le premier taux ?

376. Un ouvrier a reçu 500 francs pour un travail. Sachant que s'il avait travaillé 5 jours de moins, mais en gagnant 2 francs de plus par journée, son salaire aurait été de 540 francs, on demande le nombre de jours de travail et le montant du salaire journalier.

377. On doit partager une somme de 960 francs entre un certain nombre de personnes. Quatre de celles-ci refusent leurs parts, ce qui a pour effet de grossir la part des autres de 40 francs. On demande combien il y avait primitivement de personnes.

378. On demande de trouver les trois côtés d'un triangle rectangle, sachant que leurs longueurs sont trois nombres consécutifs.

379. On partage un héritage de 60.000 francs entre plusieurs héritiers. Si le nombre de ceux-ci était augmenté de 3, les parts seraient diminuées de 4.500 francs chacune. Calculer le nombre primitif d'héritiers.

380. On achète un certain nombre d'exemplaires d'un livre pour 1.000 francs. Si le prix d'achat avait été de 1 franc de moins par exemplaire, on aurait pu avoir 50 exemplaires en plus. Quel était le nombre primitif d'exemplaires et le prix ?

381. Un bicycliste va d'une ville M à une autre ville N, distante de 80 kilomètres. Arrivé en N, il repart vers M avec la même vitesse pendant 2 heures, puis se repose une demi-heure. Il repart ensuite avec une vitesse augmentée de 3 km. 2 à l'heure. De cette façon, il met autant de temps à l'aller qu'au retour. Calculer la vitesse.

382. Deux cyclistes partent ensemble pour un voyage de 224 kilomètres. L'un des deux cyclistes fait 2 km. par heure de trajet en plus que l'autre. Il arrive d'ailleurs 2 heures avant ce dernier. On demande la vitesse de chaque cycliste.

383. Quel est l'espace parcouru et la vitesse acquise au bout de 5 secondes par un corps tombant en chute libre à Paris, sachant que la valeur de l'accélération à Paris est de 9 m. 80 ? On négligera l'influence de l'air.

384. On demande de calculer la hauteur maximum atteinte par un projectile lancé verticalement, de bas en haut, avec une vitesse initiale de 50 mètres par seconde, à Paris où l'intensité de la pesanteur est 9 m. 80. On négligera l'influence de la résistance de l'air.

385. Un corps qui tombe a parcouru un espace de 100 mètres, quelle est sa vitesse quand il touche la terre ? On négligera la résistance de l'air. L'accélération est 9 m. 8.

386. Un triangle rectangle à un périmètre de 120 mètres ; la longueur de l'hypoténuse est inférieure de 20 mètres à la somme des 2 autres côtés. Calculer la surface de ce triangle.

387. Sur un billet de 3.000 francs, on a retenu un escompte de 20 francs. Si l'on s'était servi d'un taux supérieur de 1 0/0 à l'ancien, et si on avait diminué de douze jours le nombre de jours à courir, l'escompte eût toujours été de 20 francs. Calculer le taux et l'échéance du billet.

388. Dans un cercle de 8 centimètres de rayon, on veut inscrire un rectangle de 100 centimètres carrés de surface, calculer les côtés de ce rectangle. Généraliser et discuter.

389. Étudier et représenter graphiquement les variations des fonctions suivantes, x variant de plus l'infini à moins l'infini :

1° $y = 2x^2$

2° $y = -2x^2$

3° $y = 5x^2$

4° $y = -3x^2$

CHAPITRE IX

ÉTUDE DE LA FONCTION

$$y = \frac{1}{x}$$

1er CAS : x EST POSITIF

125. Donnons à x les valeurs positives : 6, 3, 2, 1 puis 0, et cherchons les valeurs correspondantes de y. On a :

$$x = 6 \qquad y = \frac{1}{6}$$

$$x = 3 \qquad y = \frac{1}{3}$$

$$x = 2 \qquad y = \frac{1}{2}$$

$$x = 1 \qquad y = 1$$

$$x = 0 \qquad y = \infty$$

Cette dernière valeur de y est vraie en ce sens que y prend des valeurs de plus en plus grandes à mesure que x diminue de 1 à 0.

En effet, donnons à x les valeurs :

$$\frac{1}{2}, \ \frac{1}{6}, \ \frac{1}{100},$$

on aura :

$$x = \frac{1}{2} \qquad y = 2$$

$$x = \frac{1}{3} \qquad y = 3$$

$$x = \frac{1}{6} \qquad y = 6$$

$$x = \frac{1}{100} \qquad y = 100$$

Quand la valeur de x deviendra infiniment petite, c'est-à-dire 0, y aura une valeur infiniment grande, c'est-à-dire l'infini ou ∞. D'autre part, si x devient très grand, y diminue dans les mêmes proportions et devient infiniment petit.

REPRÉSENTATION GRAPHIQUE DE LA FONCTION

126. Selon la méthode graphique (n° 88), portons sur les 2 axes $x'x$ et yy' les valeurs de x et de y prises dans le tableau précédent. Cherchons les points d'intersection. On obtient les points : $A_1 - A_2 - A_3 - A_4 - A_5 - A_6 - A_7$.

Joignons ces points, on trouve une courbe étudiée en géométrie et qu'on appelle hyperbole (fig. 13).

127. Remarque. — On voit que si l'on mène d'un point quelconque de la courbe les distances aux 2 axes, le produit de ces distances est toujours égal à 1, c'est-à-dire qu'il est *constant*.

En effet, pour A_5, on a :

$$\frac{1}{2} \times 2 = 1, \text{ etc.}$$

128. Remarque. — On voit de même que les deux branches de la courbe sont symétriques par rapport au centre Ox et que ces 2 branches tendent à se rapprocher de plus en plus, l'une de la ligne Oy, l'autre de la ligne Ox. Elles ne peuvent d'ailleurs jamais parvenir à les toucher.

On dit que les 2 droites sont *asymptotes* de la courbe.

2e CAS : x EST NÉGATIF

129. Si maintenant nous donnons à x, la variable, les mêmes valeurs que ci-dessus, mais des valeurs négatives, on constatera que y prendra aussi les mêmes valeurs que précédemment, mais elles seront négatives.

La courbe obtenue sera exactement semblable à la précédente, mais située dans l'angle $x'Oy'$ (fig. 13).

On voit bien, dans la figure, que :

x étant *négatif* et très *grand*, y sera négatif et très petit.

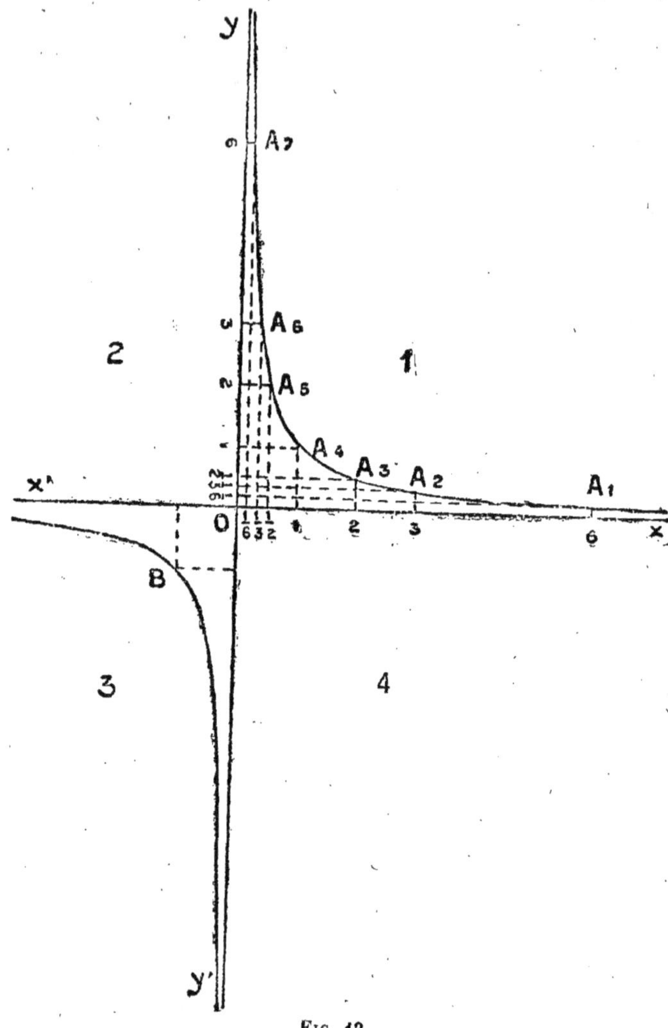

FIG. 18.

La courbe part donc de gauche et est située au-dessous de $x'O$.

Puis x' toujours négatif diminue de valeur absolue et y négatif grandit. On arrive ainsi au point B.

Après ce point, x, toujours négatif, devient très petit en valeur absolue et y toujours négatif grandit. La courbe se dirige en bas à l'infini.

Lorsque $x = 0$, on voit alors que y est négatif à l'infini (on le représente par $-\infty$), mais qu'il passe instantanément de $-$ l'infini à $+$ l'infini, c'est-à-dire que la courbe reprend en haut de la figure à l'infini.

x alors prend toutes les valeurs positives que nous avons vues plus haut, et grandit sans cesse pendant que y diminue rapidement jusqu'à 0. La courbe se dirige à droite.

Les 2 branches de l'hyperbole se trouvent placées dans les angles droits 1 et 3 (fig. 13).

APPLICATION A LA LOI DE MARIOTTE

130. En physique, on étudie la loi de Mariotte qui s'énonce ainsi : *A une même température, les volumes occupés par une même masse gazeuse sont en raison inverse des pressions qu'elle supporte.*

C'est-à-dire qu'on a :

$$\frac{V}{V'} = \frac{H'}{H} \qquad (1)$$

(H$'$ et H représentant les pressions).

On peut écrire, en faisant le produit des extrêmes et des moyens

$$V \times H = V' \times H' \qquad (2$$

Si nous supposons que le volume V est représenté par l'unité de volume soit 1 et que H est représenté par l'unité de pression, soit 1, on a :

$$V \times H = 1 \times 1 = 1$$

et l'expression (2) se traduit par :

$$1 = V' \times H'$$

ou :

$$V'H' = 1$$

Reprenons notre fonction précédente :

$$y = \frac{1}{x}$$

elle peut s'écrire :

$$y \times x = 1$$

et reproduit exactement l'expression de la loi de Mariotte. La courbe de cette loi est donc représentée par la branche d'hyperbole dans l'angle droit n° 1 (fig. 13).

131. Constante. — La fonction $y \times x = 1$ est une constante, comme nous l'avons constaté (Remarque 127).

On aura donc, dans la loi de Mariotte, l'égalité suivante :

$$V \times H = V' \times H' = V'' \times H'', \text{ etc.}$$

PROBLÈME XVIII

132 (Physique). — *Une masse gazeuse occupant un volume de 25 cm. est sous une pression de 760 mm. On fait occuper à la masse gazeuse un volume de 30 cm³ et l'on demande de calculer la nouvelle pression.*

Solution.

La constante $V \times H$ est ici représentée par le produit.

$$25 \times 760$$

et l'on a :

$$25 \times 760 = 30 \times x$$

x étant la nouvelle pression.

On tire :

$$x = \frac{25 \times 760}{30} = 633 \text{ mm.}$$

ÉTUDE DE LA FONCTION

$$y = \frac{a}{x}$$

133 Quand *a est positif*, x pouvant être positif ou négatif, la courbe obtenue se compose des 2 branches de l'hyperbole situées dans les angles droits 1 et 3 (fig. 13).

Quand *a est négatif*, x pouvant être positif ou négatif, la courbe se compose de 2 branches d'hyperbole symétriques et placées dans les angles droits 2 et 4 (fig. 3).

Quand *a augmente en valeur absolue*, la courbe s'éloigne du centre O tout en gardant la même forme.

EXERCICES

390. Étudier et représenter graphiquement les fonctions suivantes, x variant de plus l'infini à moins l'infini.

$$1° \quad y = \frac{2}{x} \qquad\qquad 3° \quad y = \frac{5}{x}$$

$$2° \quad y = \frac{-2}{x} \qquad\qquad 4° \quad y = \frac{-3}{x}$$

391. 2 litres d'air à la pression de 75 centimètres sont amenés à ne plus occuper que 500 cm³. Quelle est la pression de cet air, la température ne variant pas ?

392. Une masse de gaz occupe un volume de 30 cm³ à la pression de 760 mm. On fait occuper à la masse un volume de 40 cm³, quelle est la nouvelle pression de la masse, la température ne variant pas ?

CHAPITRE X

PROGRESSIONS

———

PROGRESSIONS ARITHMÉTIQUES

134. Définition. — *Une progression arithmétique ou par diffé-rence est une suite de nombres tels que chacun d'eux est égal à celui qui le précède augmenté d'une quantité constante, qu'on appelle* **raison de la progression.**

135. La progression est *croissante* ou *décroissante* suivant que la raison est positive ou négative.

Ainsi :

$$\div\ 2 , 7 , 12 , 17 , 22 , 27...$$

est une progression croissante, dont la raison est 5 ;

$$\div\ 20 , 16 , 12 , 8 , 4$$

est une progression décroissante, dont la raison est — 4.

136. Théorème I. — *Dans une progression arithmétique, un terme de rang quelconque est égal au premier, plus ou moins autant de fois la raison qu'il y a de termes avant lui.*

Soit la progression arithmétique :

$$\div\ a , b , c , d , e..... l.$$

Soient **r** la raison et *n* le nombre des termes jusqu'à *l*.

On voit facilement que :

2e terme $\qquad b = a + r$

3e terme $\qquad c = o + r = a + r + r = a + 2r$

4e terme $\qquad d = c + r = a + 2r + r = a + 3r$

Et si l'on veut avoir le l terme, on aura la formule :

$$l = a + (n - 1)\, r.$$

Si la progression arithmétique est décroissante, la formule sera :

$$l = a - (n - 1)r.$$

PROBLÈME XIX

137. — *Quelle est la hauteur d'une tour au-dessus du sol, sachant qu'on doit gravir 90 marches de 18 centimètres chacune au-dessus de la première, qui n'a que 15 centimètres ?*

Solution :

Le premier terme de la progression est 0 m. 15 ; la raison est 0 m. 18.

La progression arithmétique serait, en prenant le centimètre pour unité :

$$\div\ 15\ ,\quad 33\ ,\quad 51\ ,\quad 69\ldots\ldots,\ x.$$
$$\div\ a\ ,\quad b\ ,\quad c\ ,\quad d\ldots\ldots\ l.$$

La hauteur de la tour est égale à la première marche plus autant de fois 0 m. 18 qu'il y a de marches au-dessus de la première, soit 89 :

$$x = 0{,}15 + (89 \times 0{,}18) = 16\ \text{m.}\ 17$$

ou, appliquant la formule générale :

$$l = 0{,}15 + (90 - 1)\, 0{,}18 = 16\ \text{m.}\ 17.$$

138. Théorème II. — *Dans toute progression arithmétique, la somme de 2 termes également distants des extrêmes est égale à la somme des extrêmes. Soit :*

$$\div\ a\ ,\quad b\ ,\quad c\ ,\quad d\ldots\ldots,\ j\ ,\quad k\ ,\quad l.$$

Nous avons :

$$b = a + r$$
$$k = l - r$$

et faisant la somme de ces égalités membre à membre :

$$b + k = a + l.$$

On aurait de même :

$$c + j = a + l$$

car

$$c = a + 2r$$
$$j = l - 2r$$

donc :

$$c + j = a + l.$$

139. Théorème III. — *Dans toute progression arithmétique, la somme des termes est égale à la demi-somme des extrêmes multipliée par le nombre des termes.*

En effet, soit :

$$\div \; a \;,\; b \;,\; c \;,\; d \ldots\ldots, j \;,\; k \;,\; l.$$

Nous aurons pour somme des termes :

$$S = a + b + c + d\ldots\ldots, + j + k + l$$

on aurait de même :

$$S = l + k + j\ldots\ldots, + d + c + b + a.$$

Faisant la somme de ces égalités membre à membre :

$$2\,S = (a + l) + (b + k) + (c + j)\ldots\ldots, + (j + c) + (k + b) + (l + a).$$

Mais chacune de ces sommes partielles est égale à la somme des extrêmes, puisqu'elle est formée de termes situés à la même distance des extrêmes (principe II) ; et il y a autant de sommes que de nombres n de termes

$$2\,S = (a + l)\,n.$$

Donc :

$$S = \frac{(a + l)}{2}\,n.$$

PROBLÈME XX

140. — *Quelle est la somme des 150 premiers nombres ?*

Solution :

On applique la formule :

$$S = \frac{(a + l)n}{2}$$

$$a = 1 \;,\; l = 150 \;,\; n = 150$$

$$S = \frac{(1 + 150)\,150}{2} = 11325.$$

PROGRESSIONS GÉOMÉTRIQUES

141. Définition. — *Une* **progression géométrique ou par quotient** *est une suite de termes tels que chacun d'eux est égal à celui qui le précède multiplié par une quantité constante appelée* **raison.**

142. La progression est *croissante* ou *décroissante*, suivant que la raison est plus grande ou plus petite que l'unité.

Ainsi :

$$\div 3 : 6 : 12 : 24 : 48$$

est une progression géométrique croissante, dont la raison est 2.

En effet :

$$6 = 3 \times 2 ; 12 = 6 \times 2 ; 48 = 24 \times 2$$

$$\div 243 : 81 : 27 : 9 : 3 : 1$$

est une progression géométrique décroissante, dont la raison est $\frac{1}{3}$.

Elles se lisent : 3 est à 6, comme 6 est à 12, comme 12 est à 24. 243 est à 81, comme 81 est à 27, etc.

143. Théorème I. — *Un terme quelconque d'une progression géométrique est égal au premier terme multiplié par la raison prise autant de fois comme facteur qu'il y a de termes avant lui.*

Soient :

$$\div a : b : c : d \dots l$$

q la raison et n le nombre des termes :

$$b = aq$$
$$c = bq = (aq)\, q = aq^2$$
$$d = aq^3$$
$$l = aq^{n-1}.$$

144. Théorème II. — *La somme des termes d'une progression géométrique croissante est égale au produit du dernier terme par la raison, moins le premier terme, différence divisée par la raison diminuée de l'unité.*

Soit la progression géométrique croissante :

$$\div a : b : c : d \dots j : k : l$$

(1) $$S = a + b + c + d + \dots j + k + l.$$

Multipliant par q les 2 membres de cette égalité, on trouve :

(2) $$Sq = aq + bq + cq + dq + \dots jq + kq + lq.$$

Mais :

$$aq = b ; bq = c ; \dots kq = l$$

l'égalité précédente peut donc s'écrire :

(3) $$Sq = b + c + d + \dots k + l + lq$$

retranchant (1) de (3) il vient :

$$Sq - S = lq - a$$

ou :

$$S(q - 1) = lq - a$$

et

$$S = \frac{lq - a}{q - 1}.$$

PROBLÈME XXI

145. — *Sessa, philosophe indien, inventa le jeu d'échecs. Son roi, émerveillé de l'attrait de ce jeu savant et ingénieux, promit à l'inventeur de lui accorder la récompense qu'il pourrait souhaiter. Le philosophe demandant seulement le nombre de grains de blé qu'on obtiendrait en mettant un grain sur la 1re case de son échiquier, 2 sur la 2e, 4 sur la 3e, et ainsi de suite en doublant toujours jusqu'à la 64e. Cette demande sembla ridicule au roi; combien demandait-il de grains ?*

Solution :

Si nous appliquons la formule précédente, nous trouvons :

$$S = \frac{1\,(2^{64} - 1)}{2 - 1} = 18.446.744.073.709.551.615 \text{ grains.}$$

Ces grains, à raison de 1.200.000 par hectolitre, exigeraient 15.372.286.728.091 hectolitres (1).

(1) Nombres empruntés à l'arithmétique U. Auvert.

CHAPITRE XI

LOGARITHMES VULGAIRES

146. Idée des logarithmes. — Soient les deux progressions ; la première géométrique, la deuxième arithmétique :

÷ 0,001 : 0,01 : 0,1 : 1 : 10 : 100 : 1.000 : 10.000, etc.
∹ — 3 : — 2 : —1 : 0 . 1 . 2 . 3 . 4   etc.

La première progression a pour raison le nombre 10.
La deuxième progression a pour raison le nombre 1.

147. 1ᵉʳ Ex. : Soit à effectuer : 10 × 1000.
Cherchons dans la deuxième progression les nombres qui correspondent aux nombres 10 et 1000. On trouve 1 et 3. Additionnons, on obtient 4. Cherchons 4 dans la même progression et relevons le nombre correspondant dans la première progression. On trouve 10.000. Le produit demandé est 10.000.

Les nombre 1, 3, 4 et tous les termes de la deuxième progression sont appelés les *logarithmes* des nombres correspondants de la première progression.

On dira : log.   10 = 1.
        log.   1000 = 3.
        log.   10000 = 4.

On voit que pour effectuer une multiplication, *il a suffi de faire une addition de logarithmes et de chercher le nombre correspondant au total.*

148. 2ᵉ Ex. : Soit à effectuer : 10000 : 100.
Cherchons dans la deuxième progression, les logarithmes de 10.000 et de 100.

On a : log.   10000 = 4.
        log.   100 = 2.

Soustrayons les deux logarithmes, on obtient 2. Cherchons le nombre qui correspond au logarithme 2, c'est 100. Le quotient cherché est 100.

On voit que pour effectuer une division de 2 nombres, *il suffit de faire la soustraction des logarithmes de ces nombres et de chercher le nombre correspondant au logarithme de la différence.*

149. 3e Ex. : Soit à effectuer : 10^3.

On cherche dans la deuxième progression le logarithme de 10, que l'on multiplie par l'exposant 3. On obtient 1×3 ou 3. A ce logarithme 3, correspond le nombre 1.000 qui est la puissance cherchée.

On voit que pour effectuer la puissance d'un nombre, *il suffit de multiplier le logarithme de ce nombre par l'exposant et de chercher ensuite le nombre correspondant au produit trouvé.*

150. 4e Ex. : Soit à effectuer $\sqrt{100}$.

On cherche dans la deuxième progression, le logarithme de 100. C'est 2. On divise ce logarithme par l'indice de la racine, qui est ici 2. On obtient 1. Il suffit de relever le nombre correspondant au logarithme 1. C'est 10 qui est la racine cherchée.

On voit que pour effectuer la racine d'un nombre, *il suffit de diviser le logarithme de ce nombre par l'indice de la racine et de chercher ensuite le nombre correspondant au quotient trouvé.*

151. Remarque. — Ainsi dans le calcul logarithmique :
Une *multiplication* se change en *addition*.
Une *division* se change en *soustraction*.
Une *puissance* se change en *multiplication*.
Une *racine* se change en *division*.

152. Table de logarithmes. — Des savants ont dressé ce qu'on a appelé des *tables de logarithmes*, c'est-à-dire qu'ils ont calculé les termes de progressions géométriques, correspondant à des termes de progressions arithmétiques.

Nous en donnons un extrait page 523. Les calculs sont tout faits. Il suffit de relever les résultats.

Des exercices montreront mieux que toute théorie comment on doit se servir de ces tables.

EXERCICES SUR LES CALCULS DE LOGARITHMES

I

Trouver le logarithme d'un nombre donné.

153. Exercice I. — *Trouver le logarithme du nombre 493.*

On cherche dans la table, page 523, le nombre 493, dans la colonne des nombres, indiquée N. Puis on prend le logarithme inscrit sur la ligne horizontale dans la colonne 0, on trouve 69285. Ce nombre s'appelle *mantisse*.

On compte le nombre de chiffres du nombre 493, c'est 3. On retire 1 et on obtient 2, qui est la *caractéristique*. On place cette caractéristique devant 69285, en les séparant par une virgule ; et on écrit :

$$\log. 493 = 2,69285.$$

154. Utilité de la caractéristique. — La caractéristique 2 indique que le nombre dont provient le logarithme est compris entre 100 et 1000, c'est-à-dire a 3 chiffres.

En effet, en nous reportant aux progressions n° 116, on voit que le nombre 100 a pour logarithme 2 et tous les nombres de 100 à 999 auront comme caractéristique 2.

RÈGLE. — *La caractéristique d'un logarithme est toujours égale au nombre de chiffres entiers moins un du nombre considéré.*

REMARQUE. — On peut tirer de ce qui précède que

$$\log. \text{ de } 49,3 = 1,69285$$
$$\log. \text{ de } 4,93 = 0,69285.$$

155. Ex. II. — *Trouver le logarithme du nombre 0,0493.*

On cherche le logarithme du nombre 493, c'est toujours comme mantisse, 69285. Reste à trouver la caractéristique.

Or : $0,0493 = \dfrac{493}{10.000}$ ou   log. 493 moins log. 10000

ou : $2,69285 - 4.$

Pour retrancher 4 de 2, on inscrira — 2 qui est le résultat, mais en l'indiquant comme ci-dessous :

$$\overline{2},69285.$$

D'où : $\log : 0,0493 = \overline{2},69285.$

156. Remarque. — On voit qu'ainsi, tous les logarithmes obtenus ont leur partie décimale positive, il n'y a que la caractéristique qui peut être négative. Cela facilite les calculs.

Règle. — *La caractéristique d'un nombre inférieur à 1 indique le rang du premier chiffre significatif à droite après la virgule.*

157. Ex. III. — *Trouver le logarithme du nombre 4935.*

Cherchons dans la table le nombre 493, comme précédemment, et suivons la ligne horizontale jusqu'à la rencontre de la colonne 5. On trouve 69.329. D'où :

$$\log. 4.935 = 3{,}69329.$$

158. Ex. IV. — *Trouver le logarithme du nombre 49.358.*

Cherchons dans la table le logarithme de 4935, on trouve 3,69329. Or le logarithme du nombre 4936 est 3,69338.

Les logarithmes des nombres intermédiaires entre 4935 et 4936 seront donc compris entre ces 2 logarithmes.

On admet que la différence des logarithmes : 69338 — 69329 ou 9 est proportionnelle à la différence des nombres 4936 et 4935, c'est-à-dire à 10 unités du cinquième chiffre du nombre proposé.

On fait le calcul suivant :

$$\frac{9 \times 8}{1200} = 7{,}2.$$

On ajoute 7 unités à la partie décimale du logarithme 3,69329, ce qui fait 3,69336 et on écrit :

$$\log. 49358 = 4{,}69336.$$

II

Trouver le nombre correspondant à un logarithme donné.

159. Ex. V. — *Trouver le nombre correspondant au logarithme 1,71113.*

Cherchons dans les colonnes des logarithmes la partie décimale 71113. On l'y trouve juste, et on voit de suite qu'elle correspond au nombre 514 horizontalement et 2 verticalement. On obtient le nombre 5.142.

Or, comme la caractéristique est 1, c'est que ce nombre doit avoir 2 chiffres entiers. On a le nombre 51,42.

160. Ex. VI. — *Trouver le nombre correspondant au logarithme 0,69679.*

On trouve ce logarithme dans les colonnes. Il correspond au nombre 4975. La caractéristique étant 0, cela veut dire que la partie entière du nombre n'est composée que de 1 chiffre. On obtient le nombre 4,975.

161. Ex. VII. — *Trouver le nombre correspondant au logarithme* 1,69082.

On trouve de suite le nombre 4907. La caractéristique $\overline{1}$ indique le rang du premier chiffre significatif après la virgule. On obtient :

$$0,4907$$

162. Ex. VIII. — *Trouver le nombre correspondant au logarithme* 1,70082.

On cherche dans les colonnes des logarithmes. On prend le logarithme approché 70079 qui correspond au nombre 5021.

On peut ensuite déterminer le 5ᵉ chiffre. La différence entre les logarithmes des nombres 5021 et 5022 est 9. Or ici entre les logarithmes 70079 et 70082, il y a une différence de 3.

On fera l'opération suivante :

$$\frac{10 \times 3}{9} = 3$$

c'est-à-dire l'opération inverse de l'exercice IV.

On obtient ainsi le 5ᵉ chiffre et l'on a :

$$50213$$

Reste à déterminer les chiffres entiers. La caractéristique étant 1, il y aura 2 chiffres entiers, soit :

$$50,213$$

163. Ex. IX. — *Effectuer la multiplication* : $492,7 \times 0,51 \times 517$.

On disposera ainsi :

$$
\begin{aligned}
\log. \quad 492,7 &= 2,69258 \\
\log. \quad 0,51 &= \overline{1},70757 \\
\log. \quad 517 &= 2,71349 \\
\hline
\text{Somme :} \quad 5,11364 &= \text{nombre } 129.910
\end{aligned}
$$

Le logarithme 5,11364 est le logarithme du produit.

Recherchons dans une table complète le nombre correspondant à ce logarithme et le produit sera effectué.

On trouve comme nombre approché 1299 et par le calcul pour la différence 3 du logarithme, on obtient un 5ᵉ chiffre, qui est 1.

Le produit est 129910, qu'on retrouve en faisant les multiplications ordinaires.

164. Ex. X. — *Effectuer la division 4968,3 : 51,4.*
On disposera :

$$
\begin{array}{ll}
\text{log.} & 4968,3 = 3,69620 \\
\text{log.} & 51,4 = 1,71096 \\
\hline
\text{Différence} & 1,98524 = \text{nombre } 96,65
\end{array}
$$

165. Ex. XI. — *Effectuer la puissance :*

$$\overline{5,15}^{4}$$

On disposera :

$$
\begin{array}{ll}
\text{log.} \quad 5,15 = 0,71181 \\
4 \text{ fois log.} \quad 5,15 = 2,84724 = \text{nombre } 703,44 \text{ environ.}
\end{array}
$$

166. Ex. XII. — *Effectuer la racine cubique :*

$$\sqrt[3]{5197}$$

On disposera :

$$
\begin{array}{ll}
\text{log.} \quad 5197 = 3,71575 \\
\tfrac{1}{3} \text{ du log.} \quad 5197 = 1,23858 = \text{nombre } 17,3 \text{ environ.}
\end{array}
$$

Nota. — Presque tous les calculs ci-dessus peuvent être effectués en se servant de la page suivante, tirée d'une table de logarithmes. Pour les calculs ordinaires il faudra posséder une table complète.

LOGARITHMES DES NOMBRES DE 1 A 10.000

N	0	1	2	3	4	5	6	7	8	9
490	69 020	028	037	046	055	064	073	082	090	099
1	108	117	126	135	144	152	161	170	179	188
2	197	205	214	223	232	241	249	258	267	276
3	285	294	302	311	320	329	338	346	355	364
4	373	381	390	399	408	417	425	434	443	452
5	461	469	478	487	496	504	513	522	531	539
6	548	557	566	574	583	592	601	609	618	627
7	636	644	653	662	671	679	688	697	705	714
8	723	732	740	749	758	767	775	784	793	801
9	810	819	827	836	845	854	862	871	880	888
500	897	906	914	923	932	940	949	958	966	975
1	984	992	*001	*010	*018	*027	*036	*044	*053	*062
2	70 070	079	088	096	105	114	122	131	140	148
3	157	165	174	183	191	200	209	217	226	234
4	243	252	260	269	278	286	295	303	312	321
5	329	338	346	355	364	372	381	389	398	406
6	415	424	432	441	449	458	467	475	484	492
7	501	509	518	526	535	544	552	561	569	578
8	586	595	603	612	621	629	638	646	655	663
9	672	680	689	697	706	714	723	731	740	749
510	757	766	774	783	791	800	808	817	825	834
1	842	851	859	868	876	885	893	902	910	919
2	927	935	944	952	961	969	978	986	995	*003
3	71 012	020	029	037	046	054	063	071	079	088
4	096	105	113	122	130	139	147	155	164	172
5	181	189	198	206	214	223	231	240	248	257
6	265	273	282	290	299	307	315	324	332	341
7	349	357	366	374	383	391	399	408	416	425
8	433	441	450	458	466	475	483	492	500	508
9	517	525	533	542	550	559	567	575	534	592
N	0	1	2	3	4	5	6	7	8	9

```
4900" = 1° 21 40    S = 6̄,685  53  T.66
5000  = 1 23 20               53     66
5100  = 1 25  0               53     66
```

Spécimen d'une page des tables de logarithmes de Dupuis (édition Hachette).

CHAPITRE XII

INTÉRÊTS COMPOSÉS ET ANNUITÉS

INTÉRÊTS COMPOSÉS

167. — Nous avons vu (Arithmétique, p. 160) qu'un capital est placé à **intérêts composés** lorsqu'à la fin de chaque année les intérêts s'ajoutent au capital de manière à augmenter celui-ci.

Soient C le capital placé, A ce que devient ce capital augmenté de ses intérêts composés au bout de n années ; r l'intérêt de 1 franc.

Le capital C, au bout d'un an, sera devenu $C(1+r)$

$$\text{---} \qquad \text{de 2 ans} \qquad \text{---} \qquad C(1+r)(1+r) \text{ ou } C(1+r)^2$$
$$\text{---} \qquad \text{de 3 ans} \qquad \text{---} \qquad C(1+r)^2(1+r) \text{ ou } C(1+r)^3$$

et ainsi de suite.

Si l'on représente par A, ce que devient le capital C au bout de n années, on aura l'expression :

$$A = C (1 + r)^n$$

De cette égalité on peut tirer la valeur du capital placé C, connaissant A et le temps n :

$$C = \frac{A}{(1 + r)^n}$$

PROBLÈME XXII

168. — *Que devient après 15 ans une somme de 8.000 francs placée à intérêts composés, à 5 0/0 ?*

Solution :

La quantité inconnue est A. Appliquons la formule :

$$A = 8.000 (1 + 0,05)^{15} \quad (1)$$
$$A = 16.623$$

(1) On calculera 1,05 à la puissance 15, soit par les logarithmes, soit en prenant le résultat dans le tableau page 161.

On voit qu'une somme placée à intérêts composés à 5 0/0 est plus que doublée au bout de 15 ans.

ANNUITÉS DE REMBOURSEMENT

169. Lorsqu'un débiteur doit un capital C et qu'il veut s'acquitter au moyen de payements égaux effectués pendant n années, chacun de ces payements égaux est une *annuité*, que nous désignons par a.

La première annuité payée à la fin de la première année porte intérêt pendant $(n-1)$ années, elle devient donc, d'après la formule des intérêts composés :

$$a(1+r)^{n-1}$$

La seconde annuité effectuée à la fin de la 2e année porte intérêt pendant $(n-2)$ années et devient :

$$a(1+r)^{n-2}$$

L'avant-dernière annuité porte intérêt pendant 1 an et devient :

$$a(1+r)$$

La dernière annuité payée à la fin de la dernière année ne porte pas intérêt, elle est :

$$a.$$

Les annuités augmentées de leurs intérêts, forment donc la progression géométrique :

$$\div \; a : a(1+r) : a(1+r)^2 \ldots.. a(1+r)^{n-2} : a(1+r)^{n-1}$$

dont le premier terme est a ; la raison $(1+r)$; le nombre des termes n et le dernier terme

$$a(1+r)^{n-1}$$

La somme des annuités augmentées de leurs intérêts composés, égale donc, en appliquant la formule (n° 144).

$$S = \frac{lq - a}{q - r}$$

soit :

$$S = \frac{a(1+r)^{n-1} \times (1+r) - a}{r}$$

$$S = \frac{a[(1+r)^n - 1]}{r}$$

Mais le capital prêté est devenu, à intérêts composés :

$$C1(+r)^n$$

Pour que le débiteur soit quitte après avoir payé la dernière annuité, il faut qu'on ait :

$$C(1 + r)^n = \frac{a[(1 + r)^n - 1]}{r}$$

Formule d'où l'on tire, en chassant le dénominateur :

$$Cr(1 + r)^n = a[(1 + r)^n - 1].$$

et enfin :

$$a = \frac{Cr(1 + r)^n}{[(1 + r)^n - 1]}$$

PROBLÈME XXIII

170. — *Quelle annuité devra-t-on payer pendant 16 ans pour acquitter une dette de 20.000 francs empruntés à intérêt composé au taux de 4,5 0/0.*

Solution :

Appliquant la formule :

$$a = \frac{Cr(1 + r)^n}{(1 + r)^n - 1}$$

on trouve :

$$a = \frac{20.000 \times 0,045 \times 1,045^{16}}{1.045^{16} - 1} = 1780.$$

L'annuité est de 1.780 francs.

ANNUITÉS DE PLACEMENT

171. On peut concevoir qu'on place, au commencement de chaque année, un certain capital ou annuité a, de manière à se constituer un capital C dans n années.

Par un raisonnement analogue au précédent on trouve la formule des annuités de placement, qui est :

$$C = \frac{a[(1 + r)^n - 1](1 + r)}{r}$$

EXERCICES ET PROBLÈMES

SUR LES PROGRESSIONS, LES INTÉRÊTS COMPOSÉS ET LES ANNUITÉS

393. Quel est le 20ᵉ terme d'une progression arithmétique croissante dont le 1ᵉʳ terme est 2 et la raison 3 ?

394. Quel est le 1ᵉʳ terme d'une progression arithmétique décroissante dont le 21ᵉ terme est 41 et la raison 2 ?

395. Quelle est la raison d'une progression arithmétique croissante dont le 12ᵉ terme est 48 et le 1ᵉʳ 4 ?

396. Un terme d'une progression arithmétique croissante a pour valeur 51. La raison étant 5 et le 1ᵉʳ terme 6, quel est le rang de ce terme ?

397. Trouver la somme des termes d'une progression arithmétique dont le 1ᵉʳ terme est 5, le dernier 60 et le nombre des termes 12.

398. Trouver la somme des mille premiers nombres entiers.

399. Trouver la somme des mille premiers nombres impairs.

400. Trouver la somme des mille premiers nombres pairs.

401. Une personne donne à son domestique 120 francs le premier mois et l'augmente ensuite tous les mois de 20 francs. Combien ce dernier aura-t-il touché au bout d'une année ?

402. Un industriel voit ses affaires péricliter chaque jour. Il constate une diminution d'affaires de 2.400 francs tous les ans. Sachant que la 1ʳᵉ année il faisait 24.000 francs, combien fera-t-il au bout de 8 ans ?

403. Un commerçant augmente le chiffre de ses affaires de 1.800 francs chaque année. La 1ʳᵉ année, il faisait 2.500 francs. On demande son chiffre d'affaires pendant la 15ᵉ année.

404. Dix arbres sont plantés à égale distance en ligne droite ; une fontaine est située au pied du 3ᵉ arbre ; la distance du 1ᵉʳ arbre au dernier est 56 m. 7 ; un jardinier doit arroser ces arbres ; mais ne pouvant porter que l'eau nécessaire à l'arrosage d'un seul arbre, il doit revenir à la fontaine, après avoir arrosé un arbre, pour y puiser l'eau destinée à l'arrosage d'un nouvel arbre. Quel sera le chemin parcouru par le jardinier en supposant qu'il parte de la fontaine et qu'il y revienne après l'arrosage du dernier arbre ?

405. Un puisatier demande pour construire un puits de 30 mètres, 1 fr. 50 pour le 1ᵉʳ mètre, 50 centimes de plus pour le 2ᵉ, et ainsi de suite jusqu'au dernier. Quelle somme touchera-t-il en tout ?

406. On veut s'acquitter d'une dette de 1.000 francs en payant 100 francs la 1ʳᵉ année, 50 francs de plus la 2ᵉ année, et ainsi de suite pour chacune des années suivantes. Combien de temps mettra-t-on à se libérer ?

407. On s'est acquitté d'une dette de 2.310 francs en 11 mois à raison d'un paiement, par mois. Trouver la valeur du premier payement sachant que chaque paiement dépassait le précédent de 25 francs.

408. Combien une pendule qui sonne les heures et les demies sonne-t-elle de coups en 24 heures ?

409. Quel est le 15ᵉ terme d'une progression géométrique dont le 1ᵉʳ terme est 7 et la raison 2 ?

410. Quelle est la somme des termes d'une progression géométrique dont le 1ᵉʳ terme est 4, la raison 5 et le nombre des termes 7 ?

411. Un joueur entêté perd une 1ʳᵉ partie dont l'enjeu était 5 francs, il continue à jouer ensuite 15 fois de suite en doublant sa mise et perd continuellement. Calculer le chiffre total de sa perte.

412. Un commerçant triple le chiffre de ses affaires chaque année, La 1ʳᵉ année, il faisait 1.500 francs d'affaires. On demande à quel chiffre se monteront celles-ci à la fin de la 6ᵉ année.

413. Un terrassier a un fossé de 10 mètres à creuser, il demande 0 fr. 50 pour le 1ᵉʳ mètre, 0 fr. 75 pour le 2ᵉ, et ainsi de suite en augmentant de moitié. On demande le prix que coûtera ce fossé.

414. Qu'est devenue, au bout de 5 ans, une somme de 12.000 francs placée à intérêts composés à 5 0/0 ?

415. Quelle somme faudrait-il verser actuellement pour toucher 15.000 francs dans 8 ans, capital et intérêts composés ? Le taux de capitalisation est 3 0/0.

416. Une personne doit 12.500 francs depuis 7 ans. Elle veut s'acquitter. Sachant que les intérêts composés ont été comptés à 5 0/0, que devra-t-elle verser ?

417. Un négociant déplace une somme de 6.000 francs placée à intérêts simples à 4 0/0 depuis 2 ans. Il replace le capital et les intérêts à intérêts composés au même taux. Quelle somme touchera-t-il au bout de 10 ans ?

418. Un père de famille place à la naissance de son fils une somme de 2.000 francs à intérêts composés à 5 0/0. Quelle somme touchera le fils à l'âge de 21 ans ?

419. Un capitaliste place à 40 ans une somme de 15.000 francs, se réservant de toucher le capital et les intérêts composés à l'âge de 60 ans. Quelle somme touchera-t-il, sachant que le taux de capitalisation est 5 0/0 ?

420. Un oncle donne une somme totale de 25.000 francs à ses trois neveux âgés de 15 ans, 16 ans, 18 ans. Les trois parts doivent être placées à intérêts composés à 5 0/0 par an et chacune d'elles ne doit être touchée par le donataire que lorqu'il aura atteint l'âge de 21 ans. Faire aujourd'hui les trois parts de telle sorte qu'elles acquièrent successivement la même valeur à la majorité de chacun des trois neveux.

421. Une commune a emprunté 30.000 francs à 4 0/0. Elle se propose de rembourser cette somme en 20 ans au moyen d'annuités. Quelle sera la valeur de l'annuité ?

422. Une personne qui a emprunté une somme de 50.000 francs veut se libérer en 6 annuités égales. Sachant que le taux d'intérêt es 4 0/0, quelle sera l'annuité à payer ?

423. Un père de famille place chaque année pendant 8 ans unet somme de 1.500 francs. Le taux de capitalisation étant 5 0/0, quel sera le capital constitué à la fin de la 8ᵉ année ?

424. Un père de famille prévoyant place chaque année, depuis la naissance de son fils, une somme de 100 francs pour lui constituer un capital à sa majorité. Quel sera ce capital, les intérêts composés étant comptés à 5 0/0 ?

425. Un industriel a emprunté une somme de 200.000 francs pour commencer son industrie. Il veut rembourser cette somme en 15 ans, au moyen d'annuités. A combien se monteront celles-ci si le taux est de 5 0/0 ?

TABLE DES MATIÈRES

ARITHMÉTIQUE

CHAPITRE PREMIER

CHAPITRE II

CHAPITRE III

CHAPITRE IV

CHAPITRE V

CHAPITRE VI

CHAPITRE VII

CHAPITRE VIII

GÉOMÉTRIE ÉLÉMENTAIRE

GÉOMÉTRIE PLANE

LIVRE I
La ligne droite.

LIVRE II
La circonférence.

LIVRE III
Les lignes semblables.

LIVRE IV
Mesures des aires.

GÉOMÉTRIE DANS L'ESPACE

LIVRE V

Le plan.

LIVRE VI

Les polyèdres.

LIVRE VII

Les corps ronds.

ALGÈBRE

NOTA. — *Voir ci-après la table de concordance avec le nouveau programme officiel.*

A. BRÉMANT

Les Sciences Mathématiques
Du Brevet Elémentaire

TABLE DE CONCORDANCE
avec le
NOUVEAU PROGRAMME OFFICIEL
DES ÉCOLES PRIMAIRES SUPÉRIEURES
et
Des Cours Complémentaires

Nous donnons ci-après le programme complet, tel qu'il a été pris dans le programme général des écoles primaires supérieures (arrêté ministériel de 1920).

On trouvera en face de chaque matière l'indication de la page correspondante, et l'on pourra ainsi se rendre compte facilement que notre livre comprend toutes les matières exigées.

Il ne faut pas s'étonner si nos « Sciences Mathématiques » ne suivent pas rigoureusement l'ordre donné dans les programmes. Un livre de « mathématiques » doit être divisé en parties logiques, où les notions de même nature (arithmétique, algèbre, géométrie) doivent être groupées. Il n'en est pas de même d'un programme réparti en une ou deux années. Pour établir ce programme, on choisit çà et là, dans le livre ce qui peut s'adapter à l'année d'étude envisagée.

Nous pensons rendre un grand service aux maîtres et aux élèves en établissant la table ci-après.

MATHÉMATIQUES

ARITHMÉTIQUE ET ALGÈBRE

(Les paragraphes en italique ne concernent que les
Cours complémentaires de Garçons.)

PREMIÈRE ANNÉE

Les problèmes porteront de préférence sur les questions relatives à la vie pratique.

Les élèves seront exercés dans tous les cas intéressants à
fournir la solution algébrique au même titre que la solution
arithmétique.

(1) Ces chiffres renvoient aux pages du présent volume. (*Les Sciences mathématiques du Brevet élémentaire*, par A. BRÉMANT).

DEUXIÈME ANNÉE

Remarque importante. — Il résulte du programme précédent
que maîtres et élèves n'ont pas à étudier les notions suivantes :
    Théorie sur les quatre opérations fondamentales;
    Recherche du P. G. C. D. par les divisions successives;
    Racine cubique;
    Escompte en dedans;
    Alliages;
    Étude de la fonction : $y = \dfrac{1}{x}$ et $y = \dfrac{a}{x}$;
    Logarithmes;
    Intérêts composés et annuités;
    Et en plus, pour les Cours complémentaires de Filles, les ma-
tières en italique.

GÉOMÉTRIE

PREMIÈRE ANNÉE

DEUXIÈME ANNÉE

Remarque importante. — Il résulte du programme précédent que maîtres et élèves n'ont pas à étudier les notions suivantes :

Relation métrique dans un triangle quelconque ;

Notions élémentaires de trigonométrie ;

Et en plus, pour les Cours complémentaires de Filles, les matières en italique.

5178. — Tours, imprimerie É. Arrault et Cⁱᵉ.